涡轮机械与推进系统出版项目
航空发动机技术出版工程

航空发动机三维数值仿真技术

曹建国 温泉 金捷 等 编著

科学出版社
北京

内 容 简 介

本书作为航空发动机仿真软件的参考读物,主要包含三大部分:第1章,绪论,包含了航空发动机仿真的基本概念、作用及国内外仿真技术发展研究;第2~7章,气动、燃烧、传热、结构强度、气动声学、多物理场/多学科等专业学科三维数值仿真涉及的基本理论、仿真方法、工程适用性分析及应用案例,站在软件使用者角度,介绍软件使用流程和需要注意的内容,方便软件使用者阅读和理解;第8章,展望,包含了新时期仿真技术的发展方向、面临的关键问题、未来趋势及展望。

本书可作为航空发动机研究所内工程技术人员及研究人员使用航空发动机仿真软件的工具书,也可作为高校相关领域专业的本科生、研究生的指导教材。

图书在版编目(CIP)数据

航空发动机三维数值仿真技术 / 曹建国等编著. —北京:科学出版社,2022.12
航空发动机技术出版工程　国家出版基金项目
涡轮机械与推进系统出版项目
ISBN 978-7-03-074382-4

Ⅰ. ①航… Ⅱ. ①曹… Ⅲ. ①航空发动机—计算机仿真　Ⅳ. ①V231

中国版本图书馆 CIP 数据核字(2022)第 246502 号

责任编辑:徐杨峰 / 责任校对:谭宏宇
责任印制:黄晓鸣 / 封面设计:殷　靓

科学出版社 出版
北京东黄城根北街 16 号
邮政编码:100717
http://www.sciencep.com

南京展望文化发展有限公司排版
广东虎彩云印刷有限公司印刷
科学出版社发行　各地新华书店经销

*

2022 年 12 月第 一 版　开本:B5(720×1000)
2025 年 9 月第七次印刷　印张:29 1/2
字数:570 000
定价:230.00 元
(如有印装质量问题,我社负责调换)

涡轮机械与推进系统出版项目
顾问委员会

主任委员
张彦仲

委 员
（以姓名笔画为序）

尹泽勇　乐嘉陵　朱　荻　刘大响　杜善义
李应红　张　泽　张立同　张彦仲　陈十一
陈懋章　闻雪友　宣益民　徐建中

航空发动机技术出版工程
专家委员会

主任委员

曹建国

副主任委员

李方勇　尹泽勇

委　员

（以姓名笔画为序）

王之林　尹泽勇　甘晓华　向　巧　刘大响
孙　聪　李方勇　李宏新　杨　伟　杨　锐
吴光辉　吴希明　陈少洋　陈祥宝　陈懋章
赵振业　唐　斌　唐长红　曹建国　曹春晓

航空发动机技术出版工程
编写委员会

主任委员
尹泽勇

副主任委员
李应红　刘廷毅

委　员
（以姓名笔画为序）

丁水汀　王太明　王占学　王健平　尤延铖
尹泽勇　帅永宁　勇　朱俊强　向传国
刘　建　刘廷毅　杜朝辉　李应红　李建榕
杨　晖　杨鲁峰　吴文生　吴施志　吴联合
吴锦武　何国强　宋迎东　张　健　张玉金
张利明　陈保东　陈雪峰　叔　伟　周　明
郑　耀　夏峥嵘　徐超群　郭　昕　凌文辉
陶　智　崔海涛　曾海军　戴圣龙

秘书组
组　长　朱大明
成　员　晏武英　沙绍智

航空发动机技术出版工程
设计系列
编写委员会

主　编

李建榕

副主编

李孝堂　高　洁　李中祥　王占学

委　员

（以姓名笔画为序）

王　强	王　鹏	王占学	王延荣	毛军逵
石建成	朱如鹏	刘永泉	刘传凯	刘振侠
米　栋	江　平	李　果	李　维	李中祥
李孝堂	李建榕	李继保	吴　新	邱　天
何小民	邹正平	邹学奇	张世福	张志学
邵万仁	尚守堂	金　捷	洪　杰	姚　华
聂海刚	桂幸民	索建秦	高　洁	高为民
郭　文	黄　敏	黄金泉	黄维娜	梁彩云
程荣辉	温　泉	蔡建兵	廖梅军	

航空发动机三维数值仿真技术
编写委员会

主 编
曹建国

副主编
温 泉 金 捷

委 员
（以姓名笔画为序）

于文君	王 方	王丁喜	王延荣	王希影
王松涛	王佰智	韦劲科	田晓沛	付 强
付 磊	宁方飞	巩萃颖	朱江楠	任祝寅
刘 婷	刘若阳	孙 巍	李义进	李金玮
杨天啸	吴长波	宋文艳	张常贤	陆海鹰
金 捷	项 洋	胡娅萍	钟易成	高包海
高军辉	高浩卜	唐梓杰	曹建国	梁 东
梁仕飞	韩省思	温 泉		

涡轮机械与推进系统出版项目
序

涡轮机械与推进系统涉及航空发动机、航天推进系统、燃气轮机等高端装备。其中每一种装备技术的突破都令国人激动、振奋,但是由于技术上的鸿沟,使得国人一直为之魂牵梦绕。对于所有从事该领域的工作者,如何跨越技术鸿沟,这是历史赋予的使命和挑战。

动力系统作为航空、航天、舰船和能源工业的"心脏",是一个国家科技、工业和国防实力的重要标志。我国也从最初的跟随仿制,向着独立设计制造发展。其中有些技术已与国外先进水平相当,但由于受到基础研究和条件等种种限制,在某些领域与世界先进水平仍有一定的差距。在此背景下,出版一套反映国际先进水平、体现国内最新研究成果的丛书,既切合国家发展战略,又有益于我国涡轮机械与推进系统基础研究和学术水平的提升。"涡轮机械与推进系统出版项目"主要涉及航空发动机、航天推进系统、燃气轮机以及相应的基础研究。图书种类分为专著、译著、教材和工具书等,内容包括领域内专家目前所应用的理论方法和取得的技术成果,也包括来自一线设计人员的实践成果。

"涡轮机械与推进系统出版项目"分为四个方向:航空发动机技术、航天推进技术、燃气轮机技术和基础研究。出版项目分别由科学出版社和浙江大学出版社出版。

出版项目凝结了国内外该领域科研与教学人员的智慧和成果,具有较强的系统性、实用性、前沿性,既可作为实际工作的指导用书,也可作为相关专业人员的参考用书。希望出版项目能够促进该领域的人才培养和技术发展,特别是为航空发动机及燃气轮机的研究提供借鉴。

张彦仲

2019 年 3 月

航空发动机技术出版工程

序

航空发动机被誉称为工业皇冠之明珠,实乃科技强国之重器。

几十年来,我国航空发动机技术、产品及产业经历了从无到有、从小到大的艰难发展历程,取得了显著成绩。在世界新一轮科技革命、产业变革同我国转变发展方式的历史交汇期,国家决策进一步大力加强航空发动机事业发展,产学研用各界无不为之振奋。

迄今,科学出版社于2019年、2024年两次申请国家出版基金,安排了"航空发动机技术出版工程",确为明智之举。

本出版工程旨在总结、推广近期及之前工作中工程、科研、教学的优秀成果,侧重于满足航空发动机工程技术人员的需求,尤其是从学生到工程师过渡阶段的需求,借此也为扩大我国航空发动机卓越工程师队伍略尽绵力。本出版工程包括设计、试验、基础与综合、前沿技术、制造、运营及服务保障六个系列,2019年启动的前三个系列近五十册任务已完成;后三个系列近三十册任务则于2024年启动。对于本出版工程,各级领导十分关注,专家委员会不时指导,编委会成员尽心尽力,出版社诸君敬业把关,各位作者更是日无暇晷、研教著述。同道中人共同努力,方使本出版工程得以顺利开展、如期完成。

希望本出版工程对我国航空发动机自主创新发展有所裨益。受能力及时间所限,当有疏误,恭请斧正。

2024年10月修订

前　言

　　仿真技术是支撑航空发动机自主研发的重要手段，体现了一个国家的高端装备研发水平，可大幅提高航空发动机的研发效率和质量，减少实物试验反复，缩短研制周期，降低研制成本。本书以航空发动机仿真软件为基础，以国内外航空发动机先进三维数值仿真技术为着眼点，重点阐述了气动、燃烧、传热、结构强度、气动声学、多物理场/多学科等专业学科三维数值仿真涉及的基本理论、仿真方法、工程适用性分析及应用案例等内容。

　　在本书编写过程中，参阅了大量代表本方向最新发展动态的国内外著作、文献和研究成果。在内容安排和叙述上力图做到由浅入深、逻辑严密、推导论证细致，语言通俗易懂、精炼准确。

　　本书共8章，第1章，航空发动机仿真的基本概念、作用及国内外仿真技术发展研究；第2~7章，各专业学科三维数值仿真涉及的基本理论、仿真方法、工程适用性分析及应用案例；第8章，新时期仿真技术的发展方向、面临的关键问题、未来趋势及展望。

　　本书理论和实际结合——在内容安排上，层次分明，循序渐进，对各专业学科从基本理论、仿真方法入手，不过于追求其深度和完整性，在此基础上进行工程适用性分析和应用案例介绍，便于自学。

　　本书贴近工程实际——应用案例多是从实际工程、科研项目中提炼而来的，具有很强的参考价值。案例部分从应用的角度介绍网格生成方法、边界条件定义及初场给定、计算流程设定、收敛准则定义、后处理及仿真结果分析方法等，方便软件使用者阅读和理解。

　　本书汇总了常见问题——各专业学科章节中工程适用性分析部分给出了软件在各场景下使用各功能模块时需要注意的内容，并给出指导意见。

　　感谢参与本书编写的各位编委会成员。感谢北京航空航天大学、南京航空航天大学、清华大学、西北工业大学、哈尔滨工业大学、哈尔滨工程大学等高校老师的诸多指导，感谢科学出版社各位编辑的大力支持，正是大家的辛苦付出，才使得本书能够在第一时间与读者见面。若读者在学习过程中发现问题或有更好的建议，请与我们联系。

由于作者水平有限,书中难免存在疏漏和不妥之处,恳请广大读者、同行和有关专家批评指正,以便于今后进一步修改。

作 者

2022 年 6 月于北京

目 录

涡轮机械与推进系统出版项目·序
航空发动机技术出版工程·序
前　言

第1章　绪　　论

1.1　航空发动机仿真的基本概念 …………………………………… 001
1.2　航空发动机仿真的作用 …………………………………………… 003
1.3　国外仿真技术发展研究 …………………………………………… 005
　　1.3.1　国家计划层面 ……………………………………………… 005
　　1.3.2　专业学科发展 ……………………………………………… 006
　　1.3.3　大规模并行计算发展 ……………………………………… 010
1.4　国内仿真技术发展研究 …………………………………………… 011
　　1.4.1　国家计划层面 ……………………………………………… 011
　　1.4.2　专业学科层面 ……………………………………………… 011
　　1.4.3　大规模并行计算发展 ……………………………………… 016
参考文献 ……………………………………………………………………… 017

第2章　气 动 仿 真

2.1　基本理论与叶轮机专用模型 …………………………………… 021
　　2.1.1　基本理论 …………………………………………………… 021
　　2.1.2　叶轮机专用模型 …………………………………………… 053
2.2　工程适用性分析 …………………………………………………… 061
　　2.2.1　工程适用性分析的必要性 ………………………………… 061
　　2.2.2　气动仿真工程应用特点解析 ……………………………… 062

  2.2.3 气动仿真工程应用场景分析 ················· 068
2.3 应用案例 ·························· 081
  2.3.1 单级风扇 ······················· 081
  2.3.2 某高压涡轮 ····················· 085
  2.3.3 标准喷管 ······················· 093
2.4 本章小结 ·························· 095
参考文献 ····························· 096

第 3 章　燃 烧 仿 真

3.1 湍流流动仿真 ························ 098
  3.1.1 基本理论介绍 ···················· 098
  3.1.2 仿真模型介绍 ···················· 100
  3.1.3 工程适用性分析 ··················· 105
3.2 燃油喷雾仿真 ························ 106
  3.2.1 基本理论介绍 ···················· 106
  3.2.2 仿真模型介绍 ···················· 108
  3.2.3 工程适用性分析 ··················· 116
3.3 燃油蒸发仿真 ························ 116
  3.3.1 基本理论介绍 ···················· 116
  3.3.2 仿真模型介绍 ···················· 119
  3.3.3 工程适用性分析 ··················· 122
3.4 湍流燃烧仿真 ························ 122
  3.4.1 基本理论介绍 ···················· 122
  3.4.2 仿真模型介绍 ···················· 123
  3.4.3 工程适用性分析 ··················· 148
3.5 污染物仿真 ························· 149
  3.5.1 基本理论介绍 ···················· 149
  3.5.2 仿真模型介绍 ···················· 151
  3.5.3 工程适用性分析 ··················· 153
3.6 应用案例 ·························· 154
  3.6.1 三级旋流燃烧室 ··················· 154
  3.6.2 某型民用主燃烧室 ·················· 158
  3.6.3 某型双旋流燃烧室 ·················· 160

  3.6.4 高效清洁双环腔燃烧室 ·················· 166
3.7 本章小结 ················ 171
参考文献 ················ 172

第4章 传 热 仿 真

4.1 涡轮叶片流动传热仿真 ················ 175
  4.1.1 基本理论介绍 ················ 176
  4.1.2 仿真方法介绍 ················ 177
  4.1.3 工程适用性分析 ················ 195
  4.1.4 应用案例 ················ 196
4.2 进口部件结冰仿真 ················ 199
  4.2.1 基本理论介绍 ················ 200
  4.2.2 仿真方法介绍 ················ 210
  4.2.3 工程适用性分析 ················ 216
  4.2.4 应用案例分析 ················ 218
4.3 尾喷流红外辐射仿真 ················ 232
  4.3.1 基本理论介绍 ················ 233
  4.3.2 参与性介质辐射特性计算方法 ················ 238
  4.3.3 辐射传输计算方法与原理 ················ 244
  4.3.4 工程适用性与应用案例分析 ················ 251
4.4 本章小结 ················ 257
参考文献 ················ 258

第5章 结构强度仿真

5.1 典型构件应力仿真分析 ················ 263
  5.1.1 基本理论及仿真方法介绍 ················ 263
  5.1.2 应用案例 ················ 267
5.2 典型构件振动仿真分析 ················ 274
  5.2.1 基本理论及仿真方法介绍 ················ 274
  5.2.2 应用案例 ················ 280
5.3 典型构件寿命分析 ················ 286
  5.3.1 基本理论介绍 ················ 286

5.3.2 应用案例(叶片的概率寿命计算) ……………………… 299
5.4 典型构件可靠性分析 ……………………………………………… 300
5.4.1 基本理论介绍 ……………………………………………… 300
5.4.2 常用分布函数 ……………………………………………… 301
5.4.3 结构机构可靠性分析方法 ………………………………… 304
5.4.4 涡轮盘可靠性分析算例 …………………………………… 306
5.5 本章小结 …………………………………………………………… 307
参考文献 ………………………………………………………………… 307

第6章 气动声学仿真

6.1 基于声类比理论的声学仿真 ……………………………………… 309
6.1.1 基本理论介绍 ……………………………………………… 309
6.1.2 方法模型 …………………………………………………… 311
6.1.3 工程适用性分析 …………………………………………… 318
6.1.4 应用案例 …………………………………………………… 318
6.2 计算气动声学仿真 ………………………………………………… 338
6.2.1 基本理论介绍 ……………………………………………… 340
6.2.2 方法模型 …………………………………………………… 344
6.2.3 工程适用性分析 …………………………………………… 359
6.2.4 工程应用案例 ……………………………………………… 360
6.3 本章小结 …………………………………………………………… 374
参考文献 ………………………………………………………………… 374

第7章 多物理场/多学科仿真

7.1 燃滑油系统流动与换热仿真 ……………………………………… 376
7.1.1 基本理论及仿真方法介绍 ………………………………… 377
7.1.2 工程适用性分析 …………………………………………… 393
7.1.3 应用案例 …………………………………………………… 394
7.2 压气机叶片颤振仿真 ……………………………………………… 398
7.2.1 基本理论及仿真方法介绍 ………………………………… 398
7.2.2 工程适用性分析 …………………………………………… 410
7.2.3 应用案例 …………………………………………………… 410

- 7.3 涡轮叶片多场耦合仿真 420
  - 7.3.1 基本理论及仿真方法介绍 420
  - 7.3.2 工程适用性分析 427
  - 7.3.3 应用案例 428
- 7.4 本章小结 440
- 参考文献 441

第 8 章 展　　望

- 8.1 新一代信息技术与仿真融合发展新方向 444
  - 8.1.1 数据驱动的高效、高精度仿真模型构建 444
  - 8.1.2 智能赋能的多学科、多部件仿真模型构建 445
  - 8.1.3 部件/整机级/飞机-发动机一体化全三维高保真仿真 445
  - 8.1.4 面向物理信息融合的数字孪生应用 446
- 8.2 新时期仿真技术面临的关键问题 446
  - 8.2.1 理论及方法革命 446
  - 8.2.2 仿真系统体系的普适化 446
  - 8.2.3 共享智慧高效仿真环境 447
  - 8.2.4 仿真可信度评估 448
  - 8.2.5 仿真支持跨域协同及量化决策 448
  - 8.2.6 仿真文化转型 449
- 8.3 未来趋势及展望 449
- 参考文献 450

第 1 章
绪　论

1.1　航空发动机仿真的基本概念

航空发动机为各类飞行器提供动力,是大国重器之一,是航空工业的重要支柱,其发展水平是一个国家综合国力、工业基础和科技水平的集中体现,是实现国防现代化、确保国家安全的重要战略装备。随着科学技术和现代工业的发展,世界航空发动机技术呈现加速发展的态势,航空发动机已经成为一个国家的战略性支柱产业。

航空发动机正向研发是一项复杂的系统工程。传统的航空发动机研发通常依靠实物试验暴露设计问题,采用"设计—试验验证—修改设计—再试验"反复迭代的试错研制模式,造成研制周期长、耗资大、风险高。未来航空发动机技术复杂程度和性能指标要求越来越高,产品研发难度显著增大,研发进度更加紧迫,传统的研发模式已难以满足发展需求,需要实现从传统设计到预测设计的模式变革,而仿真是助推航空发动机研发模式变革的重要手段。航空发动机仿真的内涵示意见图 1.1。

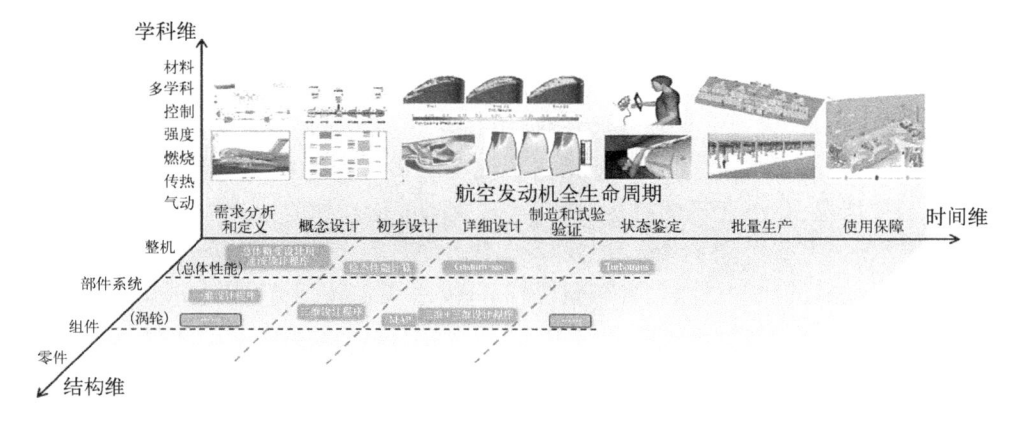

图 1.1　航空发动机仿真的内涵示意图

航空发动机仿真是指将数值仿真应用于发动机全生命周期的各个阶段,针对不同业务需要,对发动机工作中的复杂物理过程进行数值模拟分析,揭示其内部的本质规律,并进行可靠性评估或预测。通过仿真,可深化对航空发动机内部运行本质和规律的认识,提前暴露可能出现的故障、发现设计缺陷,大幅提高研制效率和质量,缩短实物试验周期,降低研制风险和成本,加快研制进程[1]。

航空发动机仿真的内涵可以从三个维度展开:在时间维度上,仿真贯穿于航空发动机的全生命周期;在结构维度上,仿真涵盖航空发动机整机、各部件/系统及零组件;在学科维度上,仿真涉及气动、传热、燃烧、强度等多个学科。具体阐述如下。

1. 仿真贯穿于航空发动机全生命周期

从系统工程的角度出发,可将航空发动机的型号研制过程划分为需求定义和分析、概念设计、初步设计、详细设计、制造和试验验证、状态鉴定六大阶段,再加上批量生产阶段和使用保障阶段,即可构成航空发动机的全生命周期。

在需求定义和分析阶段、概念设计阶段:通过仿真可研究航空发动机技术指标的合理性和技术方案的可行性,典型的是进行使用环境/任务的仿真,如飞机-发动机一体化仿真、总体性能仿真、控制规律仿真等。通过开展多指标通用建模及多维度缩放、整机一体化集成仿真,建立航空发动机虚拟采办应用原型系统,实现对航空发动机作战使用效能、进度、费用等重要指标的评估。

在初步设计阶段:通过仿真比较、确定总体方案,验证技术方案,并选定主要性能参数。其中开展的主要是零维和一维性能仿真,如总体性能匹配仿真、部件性能仿真、部件运动仿真、控制系统仿真等。

在详细设计阶段、制造和试验验证阶段:通过仿真确定所有的设计、工艺、试验参数,减少试错迭代过程。此时,主要开展的是高维仿真(二维、准三维、三维、非定常),包含气动仿真、燃烧仿真、结构强度仿真、材料/工艺仿真、制造仿真等。

在状态鉴定阶段:通过仿真可验证设计的合理性、正确性,如装配仿真、维修性仿真、测试性仿真、可靠性仿真等。

在批量生产阶段:通过仿真可优化、验证和确认生产技术状态,如生产调度仿真、工艺优化仿真、供应链仿真、故障模拟仿真等。

在使用保障阶段:通过仿真可完整透视实际飞行过程中发动机的运行情况,判断其磨损情况,预测合理的维护时间,实现故障前诊断和监控。

2. 仿真涵盖整机、各部件/系统以及零组件

航空发动机的研制过程包含从整机到部件/系统、组件再到零件的分解与定义过程,以及从零件到整机的实现与集成过程。而数值仿真涵盖了上述整机、部件/系统、组件、零件的多个结构层次。

在整机仿真方面,主要包含整机性能仿真和整机结构强度仿真。以整机性能仿真为例,在需求定义和分析阶段、概念设计阶段,主要开展总体特性仿真等;在初步设计阶段,主要开展稳态性能仿真等;在详细设计阶段、制造和试验验证阶段、状态鉴定阶段,主要开展设计点和非设计点总体性能仿真等。

在部件/系统仿真方面，主要包含部件的气动热力仿真、结构强度仿真等，以及空气系统、燃油系统、滑油系统、机械系统仿真等。以涡轮部件的仿真为例，在需求定义和分析阶段、概念设计阶段，主要开展一维特性仿真等；在初步设计阶段，主要开展 S2 子午流场仿真等；在详细设计阶段、制造和试验验证阶段、状态鉴定阶段，主要开展三维气动、结构强度仿真等。

在组件、零件仿真方面，主要包含零组件的气动热力仿真、结构强度仿真等。其常用仿真方法和工具与部件/系统仿真基本一致。

3. 仿真涉及多个专业学科

在进行航空发动机仿真时，将涉及气动、燃烧、传热、结构强度、气动声学、多物理场/多学科等多个专业学科。

气动仿真又称计算流体力学（computional fluid dynamics，CFD），是通过数值方法求解流体力学控制方程，并预测流体运动规律的学科。航空发动机的进排气、风扇、压气机和涡轮都涉及内部流动，因此在航空发动机研制过程中需要进行计算流体力学研究，以评估和优化发动机内部的流体力学特性[1]。

燃烧仿真又称计算燃烧学（computational combustion dynamics，CCD），是对燃烧的基本现象和实际过程进行计算机模拟的一门学科，是深入认识航空发动机燃烧过程和燃烧装置的设计及研制的重要手段[1]。

传热仿真又称计算传热学（computational heat transfer，CHT）或数值传热学（numerical heat transfer，NHT），是指对描述流动与传热问题的控制方程采用数值解法通过计算机予以求解的一门学科，是发动机防冰及热端部件冷却结构设计与优化的重要手段[1]。

结构强度仿真又称计算结构力学（computational structural mechanics，CSM），是指应用计算结构力学等方法计算从零件、组件到部件、分系统和整台发动机的结构性能，包括应力、应变、振动频率、寿命、重量、可靠性等[1]。

气动声学仿真又称计算气动声学（computational aeroacoustics，CAA），是空气动力学与声学相结合而产生的一个研究领域，其主要研究气动发声的过程，运动介质的声学特性及声与流动的相互作用，应用于发动机叶轮机和尾喷管等部件的喷流混合层、超声喷流啸音、超声喷流宽带激波相关噪声、超声速双喷流耦合噪声等复杂问题。

多物理场/多学科仿真的目的之一是多物理场耦合仿真（multi-physics coupling simulation），随着发动机性能的不断提高，各部件负荷不断提升，解耦的仿真难以反映真实物理过程。将多物理场/多学科仿真引入工程设计，对提升设计人员的技术认识、促进设计理念和设计工具的革新，具有积极意义。

1.2 航空发动机仿真的作用

数值仿真技术已成为航空发动机研制全生命周期中不可或缺的重要手段，其在每个阶段所发挥的作用可概括如下。

（1）利用数值仿真技术能迅速对发动机的总体方案进行优化。

（2）通过对发动机各工况下各部件的性能仿真，优化设计流程，减少设计迭代。

（3）通过对制造工艺的仿真，可优化工艺参数，减少试加工次数，降低生产周期和成本。

（4）通过仿真技术初步构建的数字试车台、虚拟装配平台、飞/发一体化仿真平台，在一定程度上可部分代替部件试验和整机试车，提升研发效率，降低研发费用。

（5）开展航空发动机维护/维修任务仿真，可验证维护/维修可达性、维护/维修程序可行性及使用工具的合理性，并迭代优化。

（6）通过仿真技术搭建三维、可视化、可交互的培训系统平台，高效实现发动机维修操作训练、故障排除训练和技术保障训练等课程培训。

美国空军研究实验室（Air Force Research Laboratory，AFRL）2002年发表的研究报告表明[2]，综合考虑F100、F404、F414和F119发动机的研发情况可以得出，一个发动机研发项目理论上需要10年周期、15亿美元研制经费，以及14台整机试车用发动机，试验时数长达11 000多小时。采用先进的设计仿真工具，可使总试验时数减少到7 000多小时，减少约30%（表1.1）。相应地，用于试验的发动机整机数量从14台减少到9台，研制经费也可从约15亿美元减少到约7亿美元，降低幅度约为50%（表1.2）。因此，航空发动机数值仿真是进行现代航空发动机研发的重要技术手段。

表1.1　试验时间比较　　　　　　　　　　　　　　　　　　（单位：时）

试验活动	传统设计方式	先进仿真设计方式
飞行/机械试验	775	400
功能/环境试验	675	500
任务加速测试/疲劳试验	3 225	2 875
操作性试验（海平面）	750	450
操作性试验（高空）	2 595	1 325
放射性/耐久性试验	3 000	2 000
总试验时间	11 020	7 550

表1.2　研发成本比较　　　　　　　　　　　　　　　　　（单位：百万美元）

研发活动	传统设计方式	先进仿真设计方式
初步设计	46	37
最终设计	198	160

续 表

研 发 活 动		传统设计方式	先进仿真设计方式
工装/制造/装配	试验台	30	22
	核心机/发动机	481	164
	飞行试验用发动机	310	156
试验	试验台	16	16
	核心机/发动机试验	202	126
	项目管理/其他	213	52
总计		1 496	733

1.3 国外仿真技术发展研究

1.3.1 国家计划层面

20世纪80年代末,西方航空强国相继制定并实施了多项航空发动机仿真技术专项研究计划,开发了多个航空发动机数值仿真系统。经过数十年的发展与应用,航空发动机仿真理论和算法已经成熟,仿真置信度较高,仿真精度已达到相当高的水平[1](表1.3)。

表1.3 建模与仿真精度

物 理 现 象		目前达到的精度/%	要求达到的精度/%
性能(稳态和瞬态)		±2.0	±0.5
可操作性		±20.0	±2.0
气动热力学		±3.0	±1.0
3D 结构		±5.0	±2.0
断裂力学		±20.0	±10.0
集成控制后性能		±2.0	±0.5
寿命	低周疲劳寿命	±25.0	±5.0
	高周疲劳寿命	±100.0	±20.0
	抗氧化	±10.0	±5.0
	应力断裂	±10.0	±5.0
材料特性		±10.0	±5.0

美国国家航空航天局(National Aeronautics and Space Administration, NASA)于1991年启动了高性能计算机和通信计划[3],其中计算航空科学项目的目标是针对

航空航天研究领域建立集成、多学科的推进系统设计优化软件和数值模拟系统。通过组织业内各方力量,将计算流体力学与其他数值仿真试验和数值仿真技术紧密结合,构建 CFD 集成试验系统,作为数值试验台,并应用了知识库和专家系统,对航空发动机部件和整机的性能、重量、成本及可靠性进行数值分析,在高逼真虚拟条件下获得发动机的内流数据[1]。

美国推进系统数值仿真(Numerical Propulsion System Simulation, NPSS)计划由美国国家航空航天局格伦研究中心负责,联合国防部、军方、生产厂商及有关高校和研究机构共同参与实施[4]。NPSS 计划以大规模、分布式、高性能计算和通信环境为依托,采用最先进的面向对象及远程网络协同技术,针对高度复杂的航空发动机推进系统及其子系统,建立多学科的分析工程模型,实现飞机/发动机的联合仿真[5]。

俄罗斯中央航空发动机研究院制定了涡轮发动机计算机试验技术计划,并开发了燃气轮机计算机仿真系统,包括一系列高精度的计算程序(一维、S1、S2、三维)[6],可完成对整机及其部件流道流动情况的计算,以及在综合考虑黏性损失、泄漏、引气、抽气及间隙的影响下发动机稳态参数的计算,并可扩展到非定常的过渡态计算,实现了航空发动机在不同工况下的真实工作过程以及其主要参数对效率影响的高精度模拟,支撑航空发动机设计开发和评定[1]。

欧洲通过实施 VIVACE(Value Improvement through a Virtual Aeronautical Collaborative Enterprise)计划中的虚拟发动机项目,推动各发动机公司和研究机构建立了统一的行业标准,搭建了统一的仿真平台,即面向对象的推进系统性能仿真软件 PROOSIS[7],其构建的多学科协同设计系统,具有友好的用户操作界面、标准的数据接口、完善的动力系统零部件库,可针对各类航空发动机系统进行建模,功能涵盖发动机可行性研究、概念设计、详细设计、服务保障等全生命周期,目标是新型发动机研制费用降低 50%,研制周期缩短 30%。目前,PROOSIS 已成为西方商业航空发动机公司如罗尔斯-罗伊斯、通用电气、普惠和 MTU 公司(发动机及涡轮机联盟弗里德希哈芬股份有限公司,Motoren-und Turbinen-Union Friedrichshafen GmbH)等开发新型航空发动机的首选标准工具[1]。

航空发动机仿真应用可以从三个维度展开:学科领域维、产品结构层次维、生命周期维。具体阐述如下。

1.3.2 专业学科发展

1. 气动仿真

20 世纪 40 年代,电子计算机的诞生使得复杂非线性偏微分方程组的数值求解逐渐成为可能,从而引起了人们对数值求解流体力学问题(计算流体力学)的浓厚兴趣。在日新月异的计算机技术的强有力推动下,计算流体力学获得了突飞猛进的发展。20世纪80年代,计算流体力学在离散方法、网格生成和求解方法等各方面已基本成熟,针对各种具体流动情况而发展起来的不同的湍流模型,也为各种工程问题的解决起到越来越大的作用,作为计算流体力学的重要组成部分的叶轮机数值模拟技术进入了全三维定常黏性数值模拟阶段;20世纪90年代初,叶轮机CFD技术进一步发展到全三维非定常黏性数值模拟阶段。目前,利用商用/CFD软件,国外能够实现各种气动布局的多级轴流/斜流/离心压气机、涡轮、进排气系统的全三维有黏相对定常内流的高保真数值模拟。

2014年,美国国家航空航天局经过大量的调研,形成了一份综合分析报告[8],对CFD中所涉及的大部分技术到2030年时的需求及能力进行了分析和预测,并给出了技术发展路线图。报告认为:① 到2030年,雷诺平均纳维-斯托克斯方程(Reynolds averaged Navier-Stokes equations,RANS)方法可能仍是工程中主要的分析手段;② 大涡模拟及其基于近壁建模的简化方法将在工程中获得大规模应用;③ 需要在物理模型、数值格式、求解算法、网格生成等一系列方向上开展大量研究,以形成完全自动化的高效分析工具;④ 未来15年CFD的重点研究方向应为高精度数值方法和高效求解算法、与物理现实尽量一致的高保真物理模型及仿真、误差评估(数值误差、几何误差及模型误差等)、多学科/部件耦合分析及多目标优化等技术[8]。

2. 燃烧仿真

20世纪70年代,美国研制了先进的高温升回流燃烧气动热力计算程序,是可以进行实际燃烧室性能预估的第一代计算模拟软件。20世纪80年代,美国先后实施了国家燃烧计算模块、先进模拟和计算、燃烧室设计模拟评估、推进系统数值仿真等一系列数值模拟领域的重大研究计划,开发了可用于燃烧室气动稳态模拟的国家燃烧代码等发动机数值计算核心软件。同时各大航空发动机公司如通用电气公司、普惠公司和罗尔斯-罗伊斯公司等也针对各自的工程研究需要,开发了专门的燃烧性能仿真软件或物理仿真模型[9-12],指导燃烧室设计与研制。2000年以后,已经能够用数值计算预估二维和三维定常有黏的燃烧室内流复杂流动,并用数值计算方法预估三维非定常两相有化学反应的流动,FLUENT、STAR-CD等软件通过不断的技术完善,都可实现对燃烧过程的数值模拟。一些主要航空发动机制造商已经用燃烧数值计算方法进行燃烧室设计,如美国通用公司基于NCC计划搭建性能分析平台,完成了包括CFM56的双环腔燃烧室等多个新型燃烧系统的设计。此外,美国政府发动机热端部件技术项目对燃烧数值仿真软件进行了系统的试验验证和评估,使得发动机研制周期从过去的10～15年缩短到6～8年甚至4～5年。

当前燃烧数值仿真技术进一步朝着高保真、高效的方向发展[13]。美国国家航空航天局在最新公布的CFD2030年远景规划中也将航空发动机燃烧流场高保真、高效模拟列为四个CFD应用重大挑战性和亟须解决的问题之一。高保真、高效燃烧数值仿真技术的需求,对燃烧室内强旋流、三维、非定常两相多物理过程耦合的物理过程建模和数值方法提出了新的挑战。

3. 传热仿真

1981 年 PHOENICS 软件正式投放市场,开创了 CFD/NHT 商用软件市场的先河,对以后的热流科学商用软件的发展具有重要影响[14]。随着计算机工业的发展,CFD/NHT 的计算逐步由二维向三维,由规则区域向不规则区域,由正交坐标系向非正交坐标系发展。近十年来,CFD/NHT 技术在工业界的应用日益普遍,已形成了 50 多种求解热流问题的商用软件。Singhal[15]指出目前 NHT 发展已具备求解导热到气、液、固多相并存的流动与换热问题的能力。前后处理软件也获得迅速发展,从常用的 GRAPHER、GRAPH TOOL 到比较专业的 IDEAS、PATRAN、ICEM-CFD 等多个计算传热与流动问题的大型商业通用软件,如 FLUENT(1983 年)、FIDAP(1983 年)、STAR-CD(1987 年)、FLOW-3D(1991 年)等陆续投放市场,除了 FIDAP 为有限元法,其余产品均采用有限容积法。1989 年,著名学者 Patankar 在美国明尼阿波利斯组建了 Innovative Research 公司,推出了计算流动-传热-燃烧等过程的 Compact 系列软件。流动与传热问题数值计算商业软件的蓬勃发展,一方面有力地推动了计算传热学研究成果应用于求解工业实际活动,另一方面也促进了对高性能数值方法的研究。

未来,传热数值计算方法将向更高的计算精度、更好的区域适应性及更强的健壮性的方向发展,呈现三大趋势:一是对分析结果的精度要求越来越高,需大力开展具有有界性、高分辨率的对流项格式研究;二是对分析对象的要求越来越庞大和复杂(系统级分析),需进一步发展网格生成技术方法、同位网方法和非结构化网格方法;三是对多物理场、多相连续介质耦合分析尤其是气动、结构、传热耦合分析的需求越来越多,需进一步研究算子分裂算法、基于可压流的 SIMPLE 系列算法等压力与速度耦合关系的处理方法。

4. 结构强度仿真

自 20 世纪 70 年代初至今,以美国为代表,在发动机结构强度方面有三次重大理论发展、创新和实践。20 世纪 70 年代,发展了发动机应变疲劳和断裂理论。20 世纪 80 年代,发展了高温材料和结构的非线性应变理论和疲劳/蠕变寿命模型。20 世纪 90 年代,发展了包括高循环疲劳科学与技术计划、高温复合材料结构(火焰筒、涡轮导向叶片)以及概率寿命设计(叶片、轮盘、涡轮)方法等[1]。

以美国为代表的西方发达国家,经过数十年的发展和应用验证,发动机结构强度仿真技术本身的理论和算法已经趋于稳定,积累了大量高置信度仿真模型、仿真输入数据(载荷、边界条件、材料力学性能数据库)和仿真算法程序,仿真置信度较高。如在涡轮盘、叶片、机匣等关键结构寿命设计方面开展了包括低周疲劳、高周疲劳、蠕变、高低周复合疲劳、热机械疲劳等多失效模式的研究,建立了详尽、完备的基础数据库与分析模型。

未来结构强度仿真一方面会朝着更高精度的要求发展,这需要大量的试验数据,包括材料性能数据支撑;另一方面会朝着多学科的耦合,以及整机结构强度仿真方向发展。

5. 气动声学仿真

1952 年,Lighthill 创立了声类比理论[16,17],标志着气动声学学科的诞生。此后的几十年,Lighthill 声类比理论在气动声学理论方法方面占据了绝对主导地位,成为指导降噪设计的基本理论。1969 年,Ffowcs Williams 和 Hawking[18]将 Lighthill 声类比理论推广到适用于任意运动物体固体边界发声问题,建立了著名的 FW-H 方程,是气动声学史上又一里程碑式的工作,成为此后 20 多年解决螺旋桨、直升机旋翼和风扇/压气机等运动物体发声问题最有效的研究手段。基于数值手段或者实验方式得到的流场信息并结合求解 FW-H 方程、基尔霍夫(Kirchhoff)积分等声类比理论方程的气动噪声混合计算方法在工程应用方面发挥了巨大作用。

未来,随着处理问题复杂程度的提高,气动声学仿真仍需在湍流模拟、人工边界条件等方面取得突破才能满足实际工程问题的需求。现有的直接数值模拟和大涡模拟技术在工程应用中都面临着计算量巨大的难题,所以亟待发展先进的湍流模拟技术。随着处理问题复杂程度的提高,需要更精确的人工边界条件,进一步减小数值模拟时所需的计算域,特别是处理三维问题时,将极大地减小计算规模,缩短计算时间[1]。

6. 多物理场/多学科仿真

随着航空发动机高温、高压、高可靠性的性能需求,需要多物理场解决航空发动机实际工程问题。现阶段,主流商软在多物理场/多学科仿真领域的开发主要集中在松耦合仿真方面,并在工程中得到了一定应用。ANSYS 公司自 ANSYS 7.0 开始推出了 ANSYS 经典版(Mechanical APDL)和 ANSYS Workbench 版两个版本,并且均已开发至 2022 R2 版本。Workbench 是 ANSYS 公司提出的协同仿真环境,解决企业产品研发过程中 CAE 软件的异构问题。ANSYS 保持核心技术多样化的同时,建立多物理场协同仿真环境。COMSOL 公司的产品 COMSOL Multiphysics 是一款通用的多物理仿真软件,可用于工程、制造和科学研究的绝大多数领域,提供完全耦合的多物理场和单物理场建模功能、仿真数据管理以及用户友好的工具用于构建仿真应用。近年来,商业软件公司 NUMECA 软件、STAR-CCM+软件均发展了多物理场仿真功能,针对航空发动机领域提出了解决方案。关于多学科过程紧耦合求解方式,国际上也已有一些研究工作,并形成了多学科应用软件[19-31]。Illinois RocSTAR 是一款多学科数值软件,用于全隐求解时间相关的流体、结构和燃烧耦合问题。LIME(Lightweight Integrating Multiphysics Environment)是一个用于耦合多学科模拟程序的软件包。LIME 可以支持多学科过程的松耦合或紧耦合,并在 CASL

计划中得到应用。MOOSE（Multiphysics Object-Oriented Simulation Environment）重点在于多学科过程的紧耦合求解，其算法基础是 JFNK 方法，通过调用非线性解法器（PETSc 和 Trilinos），实现多学科过程的耦合求解。

未来，随着科研人员和工程人员对航空发动机多物理场/多学科问题仿真需求的不断提升，现有商软正致力于提高自身多物理场/多学科仿真能力。一是不断搭建完善的多物理场/多学科仿真平台，通过模块化调用为使用者提供丰富的多物理场/多学科仿真解决方案，增强用户友好性。二是对计算资源统一管理，提高适应耦合求解的分布式大规模并行计算能力，提高计算效率。三是不断开发多尺度耦合分析等耦合计算功能，不断拓展软件应用范围。

1.3.3 大规模并行计算发展

持续为复杂数值模拟应用提供超级计算能力，使应用计算能力的提升同步于超级计算机处理能力的提升，是高性能计算的一个重要挑战问题，受到各国政府、科学界和工业界的高度重视。

1. 通过超大规模计算推动科技进步是全球共识

超大规模计算（即 E 级计算）将超级计算机的能力在千万亿次计算（即 P 级计算）的基础上提升 1 000 倍，可为科学发现和工程设计提供多达三个数量级的计算能力提升，从而推动全球气候、生命科学、高端制造、能源、材料等诸多国计民生重大领域的进步。为此，美国、中国、日本、欧洲等超算大国均在 2010 年左右启动了 E 级计算相关计划。

美国为加速推进 E 级计算启动了 ECP 计划（Exascale Computing Project），2022 年 5 月，美国橡树岭国家实验室正式发布每秒浮点运算速度超过百亿亿次超算的新型超算"前沿"（Frontier）。日本启动了名为 FLAGSHIP 2020 Project 的 E 级计算计划，力图在 K 计算机的技术积累的基础上，通过硬件设计和软件研发，在 2017 年投入运营 Post K 超级计算机。欧盟发布了名为 Horizon 2000 的大型研究计划，支持在一系列研究领域开展算法、软件、并行计算等方面的研究，推动这些领域获得 E 级计算能力。俄罗斯也发布了 2012～2020 年的 E 级计算推动计划，旨在 2020 年研制成功 E 级计算机并支持若干应用获得 E 级计算能力。

在 ECP 计划中，美国能源部联合美国国家核安全管理局列出的超大规模计算的软件栈，明确将数学库和科学计算框架列入介于应用软件与系统软件之间的重要桥梁。可以认为，编程框架是超大规模计算不可或缺的重要技术途径，在桥接复杂应用和领域编程框架之间具有不可替代的作用。

另一个值得关注的趋势是性能可移植的数值内核编程环境，针对计算内核循环级并行和优化提供的性能可移植的编程方式，支持领域专家无须考虑性能优化技术，即可获得较理想的数值内核浮点峰值。

2. 编程模型、数学软件、并行算法和性能优化是 E 级计算的核心技术问题

美国能源部的 ECP 计划中,将软件栈分为系统软件、并行编程模型和工具、数学库三个类别;将并行编程模型、数学软件和性能分析优化工具作为桥接应用软件与超级计算机(包括硬件和系统软件)的核心层级。ECP 计划中,并行编程模型既包括 MPI、OpenMP 等通用并行编程模型,也包括 Legion、PaRSEC 等新型领域专用编程模型,还包括 RAJA、KOKKOS 等性能可移植编程环境。数学库集中了稀疏线性代数解法器、多重网格方法、网格自适应、领域编程框架等,为特定领域提供了更为高级的并行编程模型。性能优化由于其重要性,在软件栈中占据了关键位置。

3. 复杂多学科耦合大规模并行数值模拟是科学与工程计算领域最具挑战性的难题

美国能源部在 *Exascale Software Study* 报告中,对 E 级计算的应用进行了详细分析,发现多物理场/多学科仿真过程是对 E 级大规模计算需求最为强烈的仿真模式之一。一方面,多物理场/多学科耦合计算涉及多个计算域,网格需求和计算负荷远大于单域求解,对高效并行技术的需求更加迫切。另一方面,多物理场/多学科耦合计算需要频繁在不同计算域之间进行海量数据传递,对高效并行技术提出了更复杂的要求。在进行大规模并行技术开发时,需充分考虑各单域求解器和数据传递过程的并行需求,通过合理的并行架构设计和并行算法开发,使并行计算能够适应多物理场/多学科求解器计算的复杂并行需求,达到更高的并行效率。

1.4 国内仿真技术发展研究

1.4.1 国家计划层面

为了加强航空发动机预先研究和探索研究,2000~2014 年,我国开展了航空推进技术验证计划,该计划共完成技术验证项目 300 余个,累积试验总时数超过 3 万小时。同时依托北京航空航天大学成立了面向全行业的航空发动机数值仿真研究中心,开发了我国第一代航空发动机数值仿真系统(CANSS),部分成果已在发动机的预研和型号研制中获得成功应用。另外,在国家自然科学基金、航空基金、航空动力基金等的支持下,开展了部分零散的模型级、部件级仿真基础研究工作。

1.4.2 专业学科层面

1. 气动仿真

在国内,外流 CFD 已初步形成了软件系统,如空气动力学研究与发展中心的"风雷"CFD 软件,支撑了国内多种先进飞行器的研制。相比之下,在航空发动机内流 CFD 方面,由于人才有限、重复性起步工作较多、发达国家先进 CFD 软件处于封锁状态等因素,内流 CFD 发展较为滞后。随着 20 世纪 90 年代初国内引进了

Denton 程序,以及后来大量出现的 NUMECA 和 CFX 商用软件,国内航空发动机技术在过去 20 年间取得了巨大进步。部分高校看到了这一发展契机,开展了大量工作。

北京航空航天大学开发了叶轮机气动仿真专用软件,包括多块网格生成、定常/非定常流动时间推进求解、谐波方法求解以及专业后处理等多项功能。北京理工大学开发了叶轮机气动仿真和伴随优化系统,包括叶片参数化程序、多块网格与混合型网格生成程序、基于多块网格/非结构混合型网格求解程序以及基于连续型/离散型的敏感性分析与伴随优化程序。南京航空航天大学在进排气领域开展了可压缩湍流的高精度湍流模型研究、固体壁面附近的湍流模化和传热模化研究、数值计算格式研究、气体和固体传热耦合计算研究;在压气机领域开展了压气机转子叶尖端区流动控制方法研究;在涡轮领域开展了先进涡轮激波损失控制技术研究;在求解器方面拟开展复杂内流的湍流模型研究、高阶低耗散的数值计算方法研究、叶轮机转静干涉的时均模拟方法研究、风扇/压气机气动稳定性数值模拟方法研究,并开发了相关仿真程序。中国航空发动机研究院开发的三维数值仿真软件气动模块(AESim-TF)具备压气机、涡轮、进气道、盘腔、喷管等典型通流部件定常流模拟、非定常流模拟以及叶轮机快速非定常流模拟、敏感性分析/叶型超差分析能力。

未来,在航空发动机设计领域,气动仿真可能仍以 RANS 求解为主要分析手段,但随着超算水平的快速发展,大涡模拟方法将在工程中获得越来越多的应用。与之相应,气动仿真技术发展的重点方向包括高精度数值格式、高保真物理模型、高效求解方法等。

2. 燃烧仿真

随着国际燃烧室设计技术的快速发展,燃烧室设计对仿真技术的要求也逐渐提高。凭借强大的前后处理功能以及通用性,商用设计分析软件(FLUENT、STAR CD、CFX、CHEMKIN 等)被大量引进国内。国内各大航空发动机和燃气轮机科研院所也逐渐依靠商业燃烧仿真软件开展燃烧室研制和故障诊断工作。各大科研院所先后开展了大量针对商业软件的燃烧计算应用、验证与确认工作,对湍流模型、网格策略、进出口边界等开展了不同应用场景下的研究与验证。但是从应用效果而言,对于航空发动机单相冷态流场计算,商业燃烧仿真软件基本可以满足计算的要求,但在两相热态性能计算方面仍无法满足燃烧室工程设计的要求,为了进一步提高燃烧仿真能力,必须对商业燃烧仿真软件开展进一步的物理模型的修正和算法的完善工作。然而,现有的商业燃烧仿真软件的代码完全封闭,二次开发权限极为有限,并且无法为国内提供先进的两相湍流燃烧模型,导致国内研究院所无法基于商业燃烧仿真软件进一步提升航空发动机及燃气轮机燃烧室两相湍流燃烧仿真能力。由此国内相关高校、发动机科研院所逐渐意识到了燃烧室仿真的瓶颈在于高保真物理模型开发、仿真软件的研制,相关院所已经开展了一些初步的软件开发工作,以期逐步满足航空发动机和燃气轮机燃烧数值模拟的需求。

北京航空航天大学航空发动机数值仿真中心开发了三维两相湍流燃烧仿真软件,该软件采用大涡模拟结合随机场输运概率密度函数燃烧模型,对湍流燃烧中温度、组分场特别是污染物进行预测时有明显的优势。西北工业大学在燃料特性领域开展了燃油物性、多组分航空煤油蒸发模型等方面的研究,开发了基于非结构化网格的燃烧仿真软件。南京航空航天大学在燃料特性领域开展了航空替代燃料、军机高性能燃料、燃烧反应动力学特性、燃油雾化与喷雾特性、燃油蒸发模型等方面的研究,开发了基于结构化网格的燃烧仿真软件。

中国航空发动机研究院开发的三维数值仿真软件燃烧模块(AESim-CB)具备燃烧室复杂结构内的冷态流动仿真功能、喷雾过程的气液两相流仿真功能、燃烧室三维两相湍流燃烧仿真功能。

未来,燃烧数值计算将向高效率、高精度、高置信度方向发展。单一模型受模型假设影响,往往在计算效率、精度、适用范围上存在限制,多模型动态组合的自适应计算方法成为解决这一问题的重要研究方向,如自适应湍流模型、VOF 界面捕捉耦合离散项喷雾模型、自适应燃烧模型等。此外,大数据、人工智能在燃烧模拟中的探索应用也是未来发展方向之一。

3. 传热仿真

国内长期以来针对燃气轮机旋转热端部件内、外的流动与换热问题开展了大量研究工作,发展了大量应用于旋转流动与换热的试验技术和计算手段,开展了大量的航空发动机高温部件热防护的试验与数值研究工作。提出了发动机整机有限元稳态及瞬态热分析软件的开发思路和匹配试验数据修正模型的方法,并在发展的有限元法源程序上初步实现了该方法。

北京航空航天大学发展了一套二维流热耦合数值模拟程序,可以同时模拟高速和低速不可压流动。中国燃气涡轮研究院开发了一种采用三维 CFD 方法求解二维涡轮叶栅外传热系数的程序,通过采用高精度的湍流模型和转捩模型,程序可同时输出气动参数和叶片表面外传热系数,具有一定的模型精度和工程广泛性。中国科学院工程热物理研究所发展的程序以有限体积法、MacCormack 离散格式求解二维、非定常纳维-斯托克斯方程,以有限差分方法求解二维热传导方程。哈尔滨工业大学开展了高温粒子辐射特性的理论及试验研究,解决了高温背景辐射干扰、颗粒悬浮均布等难题,发明了连续/脉冲/调频激光辐照下颗粒光学常数测试技术;建立了微时域光热辐射传输的积分型有限元模型,发展了高效模拟任意微方向辐射强度的广义源项多流法求解策略,在热辐射相关的原理、方法和计算工具方面进行了广泛而深入的研究。中国商飞上海飞机设计研究院和上海交通大学同样基于 Khalil 水膜模型,采用欧拉(Euler)模型,在 FLUENT 软件的基础上进行了准三维的热气防冰内外耦合计算。西安交通大学对格子-玻尔兹曼方法（lattice Boltzmann method，LBM）的研究已经达到世界先进水平。

中国航空发动机研究院开发的三维数值仿真软件传热模块（AESim－HT）具备涡轮叶片和盘腔流热耦合大规模并行仿真计算能力、空气系统流动传热仿真计算能力、静止部件/高速旋转部件结冰仿真计算能力、尾喷焰红外辐射仿真计算能力、进口部件防冰计算能力和燃烧室辐射换热仿真计算能力，基本覆盖了发动机传热设计全流程的稳态仿真功能需求。

未来，在流热耦合仿真方面，主要的发展方向是：一方面提升算法对交界面网格尺度差异较大情况下的鲁棒性，降低流热耦合的成本和工作量；另一方面是提升软件在部分特殊应用场景如航空发动机陶瓷基叶片中的适用性。在结冰/防冰仿真方面，需开展对贝壳冰与羽毛冰的结冰模拟方法研究、防冰表面水膜非稳态流动传热及破裂的模拟方法研究以及复杂冰形脱落机理研究。在红外辐射仿真方面，需进一步研究高效准确的高光谱分辨率气体辐射特性计算模型、适用于复杂结构的高方向分辨率辐射强度求解方法等。

4. 结构强度仿真

"十一五"期间，中国工程物理研究院软件中心组织研发了"结构静力、模态、冲击"力学并行分析软件，并在百万亿次级 MPP 计算机硬件平台上完成了计算分析。"十二五"期间基于北京应用物理与计算数学研究所结构化大规模并行框架对力学并行分析软件进行了重构，扩充了软件功能，提高了并行分析能力，并具有完全知识产权。自 2015 年起，力学并行分析软件在裂纹分析与非连续变形分析方面的功能得到扩展。力学并行分析软件扩展功能支持扩展有限元方法，实现任意（单一和多）裂纹静、动力学扩展的高精度数值模拟。

北京航空航天大学是国内最早开展涡轮部件疲劳寿命和可靠性研究工作的单位，参加并完成了国内几乎所有军用航空燃气涡轮发动机涡轮部件的寿命研究工作；开发完成了国内第一个发动机典型结构概率设计系统，并在 WXX 发动机、WXX 涡轴发动机、CXXX 发动机中得到应用。大连理工大学在计算力学、结构优化及拓扑优化方面开发了相应的软件，能够进行强度、气动、传热等多种物理问题的优化求解。西北工业大学开发了可靠性分析软件，内嵌多种先进的可靠性分析以及优化设计算法。中国航发四川燃气涡轮研究院开展了转子动力学传递矩阵法分析程序的研究，在工程上进行一些验证。

中国航空发动机研究院开发的三维数值仿真软件结构强度模块（AESim－SA）具有线性/非线性静力分析、模态分析、预应力模态分析、谐响应分析、瞬态响应分析、非线性冲击动态响应分析、线性屈曲分析、疲劳寿命分析、可靠性分析、转子动力学分析、结构优化分析、拓扑优化分析、载荷谱分析等功能。

未来，强度部分需结合材料和新构型发动机零部件的发展，建立考虑金属基和陶瓷基复合材料构件的应力和振动阻尼分析方法；充分利用材料性能和增材制造技术，建立考虑材料微观变化的损伤寿命分析方法；建立考虑材料微观变化的损伤寿命分析技术，提高构件疲劳寿命可靠性。

5. 气动声学仿真

我国在气动声学领域的研究相对较晚，气动声学的数值方法和计算程序的基础相比于国外较为薄弱，亟须扩展新的气动声学方法并开发相应的程序，从而对航空发动机进行有效的噪声预测。

北京航空航天大学流体与声学工程实验室在气动声学、叶轮机非定常流动、湍流理论和模型等领域有20多年的基础和应用研究经历，发展了多套航空发动机噪声模拟软件，包括 FaNoSP3D 软件、SoNoJeT3D 软件、JNP 软件、ASPRENAC 软件。FaNoSP3D 软件基于非结构网格、适用于复杂几何、并行化的二维和三维非定常欧拉和纳维-斯托克斯（RANS/DES/LES）方程高精度谱差分数值模拟程序。该程序先后通过了一系列标准模型问题的严格测试，并已经成功应用于包括空腔自持振荡发声、大攻角机翼分离流动、高升力机翼噪声、简化起落架模型噪声等复杂问题。SoNoJeT3D 软件适用于复杂几何边界、多区域非均匀结构网格，目前开发的系列程序已经成功应用于包括喷流混合层、超声喷流啸音、超声喷流宽带激波相关噪声、超声速双喷流耦合噪声等复杂问题。JNP 软件经过十余年积累迭代已经在基于 RANS 平均流场的喷流噪声预测方法方面开展了一系列研究，并已经针对轴对称喷流噪声预测开发了一套预测软件。ASPRENAC 软件已有完整的基于先进气动声学方法的 2.5 维和 3 维时域线化欧拉方程求解器，并经过严格的算例校核。南方科技大学长期从事 LBM 方法求解复杂流动问题的研究，目前在应用 LBM 方法求解燃烧噪声问题方面取得了一定的进展。

中国航空发动机研究院开发的三维数值仿真软件气动声学模块（AESim-CAA）开发了基于物理机制的风扇噪声预测、基于 CAA 的风扇噪声高精度数值模拟、基于 RANS 的喷流噪声数值模拟和基于 CAA 的喷流噪声高精度数值模拟等子模块。

未来，气动声学仿真仍需围绕典型噪声源开展相应基础与应用技术研究。对于基于声类比理论的声学仿真、发动机声源精细化分解和先进传播模型的构建以及系统化工程应用验证是后续发展方向。经历了20多年的发展，计算气动声学在分析噪声机理和传播特性方面发挥了重要的作用，随着处理问题复杂程度的提高，计算气动声学仍需在湍流模拟、人工边界条件和更高效的并行计算方法等方面取得突破才能够满足解决工程问题的需求。

6. 多物理场/多学科仿真

在迫切的多物理场/多学科仿真需求牵引下，各高校积极进行相关技术研究，通过多年的技术发展与积累，也形成了一批多物理场/多学科自编程软件。

南京航空航天大学开发了三维高马赫数可压缩流连续相流场仿真软件,适用于计算分析定常、非定常尤其是动态边界或多体相对运动的非定常空气动力数值模拟。哈尔滨工业大学气体动力研究中心基于有限差分法,开发了具有良好准确性和适用范围较宽的 HIT3D 三维数值求解平台。在此基础上,开发了可以模拟冷气组分扩散影响的气热耦合求解器,从计算网格与耦合方法角度解决了耦合计算的稳定性问题。北京航空航天大学开发了已经过数个版本迭代的气、固、热多学科耦合仿真软件,并在相关科研研究所中应用于型号研究任务,开发了叶轮机流致振动数值仿真软件。西北工业大学开发了航空发动机叶片系统气动弹性仿真分析与预测软件,该软件对于叶片系统的强迫振动和颤振等气动弹性问题有较强的分析能力。开发了多学科优化设计平台(TBMDO),可以实现已有仿真软件集成分析、多场耦合分析、多学科优化设计、数据处理与分析等功能,具备主界面、仿真程序集成、优化算法、参数设定、数据管理等模块,并可根据设计对象的特点增加专用的模块。

中国航空发动机研究院开发的三维数值仿真软件多学科模块(AESim-MP)具备燃滑油系统流动与换热特性耦合求解、涡轮三维气热固耦合仿真求解等主要功能。

未来,针对航空发动机多物理场耦合方法研究,深入开展以下三方面工作:一是面向航空发动机燃滑油系统工程需求,开发高精度的两相流模型;二是面向压气机颤振预测、涡轮气热固耦合仿真评估等工程需求,开展高保真多物理场建模和流固耦合降阶建模研究,发展工程适用性强的数值仿真方法;三是面向航空发动机整机多部件联合仿真,开发兼顾精确性、计算效率和扩展性的耦合算法,解决部件耦合带来的高计算复杂度和算法收敛难题。

1.4.3 大规模并行计算发展

作为超级计算大国,我国政府通过 863 计划、国家重点研发计划等渠道,持续支持超级计算机计算能力的持续突破。目前,神威太湖之光的理论峰值已达到 120 P,实测峰值也接近 100 P,实现了十亿亿次计算,离超大规模计算能力相差一个数量级。在高性能计算国家重点研发计划中,部署了 2018 年实现的三台 E 级计算原型系统,对 E 级计算系统的硬件和软件技术进行探索;并部署了数值发动机、数值反应堆等多个应用项目,推动应用领域获得 E 级计算能力。然而,和同属超算大国的美国相比,我国 E 级计算与国防领域的结合仍需加强,E 级计算机处理能力与应用实际获得的计算能力之间的鸿沟,仍然需要花大力气大投入去弥补。

多学科耦合数值模拟是武器物理、激光聚变、反应堆物理、高端制造所必需的技术条件。国内各大应用单位均开展了大量的技术研究和软件开发工作。北京应用物理与计算数学研究所开发了激光间接驱动惯性约束聚变二维总体程序,用于激光聚变的机理研究和试验设计,这些程序基于结构化大规模并行框架,使用算子分裂的方法进行领域内耦合,多学科耦合计算可扩展到数千处理器核心。中国科学院大气物理研究所开发了 GAMIL 系列气候耦合模拟软件,包括大气、海洋、陆面、海冰等四个耦合计算的组件,其多学科耦合扩展到上万处理器核心。清华大学地学中心启动了"地球模拟"项目,旨在将气候模拟的并行能力从千万亿次提升到十亿亿次以上。并行编程框架方面的主要工作有北京应用物理与计算数学研究所开发的结构化大规模并行框架、非结构化大规模并行框架,以及中国科学院数学与系统科学研究院开发的 PHG 非结构自适应网格框架。目前这些框架可适应千万亿次到亿亿次计算机数万到十万核并行。虽然基于编程框架开发应用程序的模式取得了一定的成果,可以支撑应用扩展到数十万核,并行效率超过 30%,但是对比 Gordon Bell 奖的手工优化应用,数百万核并行效率可以超过 70%,还有一定的差距。同时部分编程框架还不能很好地支撑复杂应用的开发。因此编程框架的并行性能和功能都需要进一步的发展。

参考文献

[1] 曹建国. 航空发动机仿真技术研究现状. 挑战和展望[J]. 推进技术, 2018, 39(5): 961-970.

[2] Skira C A. Reducing military aircraft engine development cost through modeling and simulation[C]. Paris: RTO AVT Symposium on Reduction of Military Vehicle Acquisition Time and Cost through Advanced Modelling and Virtual Simulation, 2002.

[3] Holcomb L, Smith P, Hunter P. NASA high performance computing and communications program[J]. Journal of Supercomputing, 1994, 51(2): 95-96.

[4] Nichols L D, Chamis C C. Numerical propulsion system simulation: An interdisciplinary approach[R]. AIAA-91-3554, 1991.

[5] Panel (AVT) Task Group. Performance prediction and simulation of gas turbine engine operation for aircraft, marine, vehicular, and power generation[R]. TR-AVT-036, 2007.

[6] Ivanov M, Nigmatullin R. Interconnected multi-level design of gas turbine elements[C]. Reno: 41st Aerospace Sciences Meeting and Exhibit, 2003.

[7] Homsi P. VIVACE-value improvement through a virtual aeronautical collaborative enterprise[R]. Technical Leaflet Final, 2007.

[8] Slotnick J, Khodadoust A, Alonso J, et al. CFD vision 2030 study: A path to revolutionary computational aerosciences[R]. NASA/CR-2014-218178, 2014.

[9] Anand M, James S, Zhu J. Large-eddy simulations as a design tool for gas turbine combustion systems[J]. AIAA Journal, 2006, 44(4): 674-686.

[10] Cho C H, Baek G M, Sohn C H, et al. A numerical approach to reduction of NO_x emission from swirl premix burner in a gas turbine combustor[J]. Applied Thermal Engineering, 2013, 59(1): 454-463.

[11] Rizk N K, Mongia H C. NO_x model for lean combustion concept[J]. Journal of Propulsion and

Power, 1995, 11(1): 161-169.

[12] Anand M S, Eggels R, Staufer M, et al. An advanced unstructured-grid finite-volume design system for gas turbine combustion analysis[C]. Karnataka: ASME 2013 Gas Turbine India Conference Bangalore, 2013.

[13] Jones W, Tyliszczak A. Large eddy simulation of spark ignition in a gas turbine combustor[J]. Flow Turbulence and Combustion, 2010, 85: 711-734.

[14] Spalding D B. A general purpose computer program for multi-dimensional one-and two- phase flow[J]. Mathematics & Computers in Simulation, 1981, 23(3): 267-276.

[15] Singhal A K. A critical look at the progress in numerical heat transfer and some suggestions for improvement[J]. Numerical Heat Transfer, 1985, 8(5): 505-517.

[16] Lighthill M J. On sound generated aerodynamically: Ⅰ. General theory[J]. Proceedings of the Royal Society Lond A, 1952, 211: 564-581.

[17] Lighthill M J. On sound generated aerodynamically: Ⅱ. Turbulence as a source of sound[J]. Proceedings of the Royal Society of London A, 1954, 211: 1-31.

[18] Ffowcs Williams J E, Hawkings D L. Sound generated by turbulence and surfaces in arbitrary motion[J]. Philosophical Transactions of The Royal Society of London A, 1969, 264(1151): 321-342.

[19] Townsend J C, Weston R P, Eidson T M. A programming environment for distributed complex computing: An overview of the framework for interdisciplinary design optimization (FIDO) project[R]. NASA-TM-109058, 1993.

[20] Gray J, Moore K, Naylor B. OpenMDAO: An open source framework for multidisciplinary analysis and optimization[C]. Fort Worth: 13th AIAA/ISSMO Multidisciplinary Analysis Optimization Conference, 2010.

[21] Panchenko V, Moustapha H, Mah S, et al. Preliminary multi-disciplinary optimization in turbomachinery design[C]. Paris: RTO AVT Symposium on Reduction of Military Vehicle Acquisition Time and Cost through Advanced Modelling and Virtual Simulation, 2002.

[22] Parker K I, Guo T H. Development of a turbofan engine simulation in a graphical simulation environment[R]. NASA/TM-2003-212543, 2003.

[23] Frederick D K, DeCastro J S. User's guide for the commercial modular aero-propulsion system simulation (C-MAPSS)[R]. NASA/TM-2007-215026, 2007.

[24] Mink G, Behbahani A. The AFRL ICF generic gas turbine engine model[C]. Tucson: 41st AIAA/ASME/SAE/ASEE Joint Propulsion Conference and Exhibit, 2005.

[25] Lytle J, Follen G, Naiman C, et al. Numerical propulsion system simulation (NPSS) 1999 industry review[R]. NASA/TM-2000-209795, 2000.

[26] Lytle J, Follen G, Naiman C, et al. 2001 Numerical propulsion system simulation review[R]. NASA/TM-2002-211197, 2002.

[27] Turner M, Norries A, Veres J. High fidelity 3D SImulation of the GE90 (invited)[C]. Orlando: 33rd AIAA Fluid Dynamics Conference and Exhibit, 2003.

[28] Gallimore S J, Bolger J J, Cumpsty N A, et al. The use of sweep and dihedral in multistage axial flow compressor blading—Part I: University research and methods development[J]. Journal of Turbomachinery, 2002, 124(4): 33-47.

[29] Luppold R H, Roman J R, Gallops G W, et al. Estimation in-flight engine performance variations using kalman filter concepts[R]. AIAA-89-2584, 1989.

[30] Volponi A. Enhanced self tuning on-board real-time model (eSTORM) for aircraft engine performance health tracking[R]. NASA/CR-2008-215272, 2008.

[31] Tersin H. Summary of VERDI public information[R]. AST4-CT-2005516046, 2005.

第 2 章
气动仿真

气动仿真是指基于计算流体力学实现的航空发动机主流道可压/不可压流场的数值模拟,不涉及声场模拟、燃烧等化学能转换模拟、流固等多物理场耦合模拟。随着 CFD 的不断发展成熟,数值计算能力快速提高,特别是具备大规模并行计算能力的超算在航空发动机工程设计领域迅速普及,气动仿真已深度融入航空发动机工程设计体系,广泛用于进气道、压气机、涡轮、过渡段、喷管等航空发动机主流道部件气动设计、强度校核、声场计算,以及航空发动机总体性能、空气系统设计、整机仿真等领域;贯穿于方案论证、方案设计、技术设计、工程设计等各主要设计阶段。

气动仿真的基础学科——计算流体力学从 20 世纪 70 年代开始加速发展,依次经历了求解流-势函数方程或欧拉方程的无黏流模拟、求解雷诺平均纳维-斯托克斯方程(RANS)的有黏流模拟、求解滤波纳维-斯托克斯方程的大涡模拟(large eddy simulation, LES)或脱体涡模拟(detached eddy simulation, DES)、求解未经任何模化纳维-斯托克斯方程的直接数值模拟(direct numerical simulation, DNS)等。其中,求解 RANS 的数值方法于 20 世纪末趋于成熟,目前已成为航空发动机工程设计主要采用的分析手段;大涡模拟方法及其与 RANS 方法结合,通过分区求解实现的脱体涡模拟方法,随着近十年超算在工程设计领域的迅速普及,越来越多地用于压气机、涡轮等通流部件气动性能全面评估、强度振动分析、故障排查,被普遍认为将逐步成为航空发动机工程设计主要采用的分析手段;直接数值模拟方法,则主要在学术领域用于压气机、涡轮等通流部件内复杂湍流研究,已可见基于千亿个网格规模的研究。当然,目前大涡模拟/脱体涡模拟、直接数值模拟用于压气机、涡轮等高雷诺数通流部件气动仿真,计算量仍显过大,还不能满足上述通流部件工程设计必须在多个学科间快速大量迭代的特点;而基于 RANS 的有黏流模拟仍将是近一段时间,压气机、涡轮等工程设计普遍采用的主要分析手段。

本章围绕中国航空发动机集团自研的、基于 RANS 求解的气动仿真模块 AESim - TF 的工程应用: 2.1 节首先介绍三维气动仿真的基本理论,包括计算网格、流场控制方程、常用数值离散方法及算法、湍流及转捩模型、边界条件定义方法等;然后介绍用于航发叶轮机仿真的若干专用流动模型,如掺混面模型、确定性应力模型、几种谐波方法等。2.2 节首先讨论气动仿真在航空发动机工程设计领域的应用特点；然后提出气动仿真模块工程应用的基本原则和方法；最后以压气机工程设计为例，结合工程设计典型流程，解析气动仿真模块应用场景。2.3 节简要介绍基于 AESim-TF 完成的单级风扇、压气机、气冷涡轮等若干典型应用案例，供读者参考。

2.1 基本理论与叶轮机专用模型

本节介绍三维气动仿真的计算网格、流场控制方程、常用数值离散方法及算法、湍流及转捩模型、边界条件定义方法等。

2.1.1 基本理论

1. 叶轮机计算网格

目前主流 CFD 是在已划分好的计算网格上完成控制方程的离散和求解，这也是在所有已知的叶轮机气动仿真中所采用的方法。网格划分是对计算域的空间离散，在叶轮机气动仿真中绝大多数都采用了贴体网格，即网格线/面以包容几何外形的形式对计算域进行离散，网格线/面不会穿透几何外形。贴体网格的优点是可以方便地定义壁面边界条件，能够很容易地在近壁区布置较密的网格以保证对边界层流动较好的解析，以及可以使网格线/面与主流方向接近平行从而降低差分方程的截断误差。

对于叶轮机流动问题，计算网格的划分具有其特殊性和复杂性，不仅需要尽量保证网格的正交性和光顺性以及对几何/流动细节区域足够的分辨率，还要兼顾能够方便地为计算域边界定义边界条件。总体而言，对于 RANS 模拟，在叶轮机计算域的确定和网格划分中需要注意的问题主要有以下几点。

（1）计算域的进出口应选择在子午面流场梯度不大并且周向流动均匀性好的位置，通常进出口应分别与其最近的叶片排有一个弦长以上的距离，这样能够方便定义边界条件，并且可以降低扰动在边界处的反射对流场的影响。

（2）叶片表面和端壁附近区域的网格密度需要尽量保证，以确保能够很好地解析叶片表面边界层和端壁边界层中流场变量梯度。

（3）在几何建模时，应确保叶片前尾缘、叶尖间隙、叶片根部倒角、叶根空腔、根部/顶部带冠、气膜孔等细节结构与实际结构尽量一致，同时计算网格应保证对细节结构以及周围的流场细节有足够的网格分辨率。

（4）在流动梯度较大的区域尽量保证网格正交性和局部加密程度，如跨声压气机通道激波区域、叶片排尾迹线、涡轮气膜孔射流区、涡轮带冠与主流交界区等。

（5）计算网格应当方便在进出口边界、周期性边界、转静子交界面等处定义边界条件，如果进出口边界和转静子交界面处有一簇网格线是等半径的，边界条件的定义将会很方便;在周期性边界处两侧的网格如果能够协调对接,则边界条件的精度就更容易得到保证。

与通用 CFD 一样,叶轮机 CFD 可采用结构化网格,也可采用非结构化网格。具体采用哪种类型的网格,要看所研究的实际问题和所使用的 CFD 求解器是否具备处理该类型网格的能力。叶轮机 CFD 实践总结起来,在模拟叶轮机主流道流场时,既可以采用结构化网格,也可以采用非结构化网格,往往更多地采用结构化网格拟合叶轮机通流几何(如叶片、端壁)和划分主流道空间;在模拟几何非常复杂(如压气机静子根部封严、涡轮带冠封严、高压涡轮内冷通道等)的二次流系统时,由于非结构化网格对复杂外形的适应性更强,因而具有较大的优势,故往往采用非结构化网格来划分和计算二次流系统流场。

在叶轮机主流道中划分网格,通常的方法是沿展向分别在每个回转面上生成网格,然后将各展向回转面网格叠加从而获得三维计算网格。当然,如果是结构化网格,则各展向位置上的回转面网格应保持拓扑结构和网格点数相同,并且沿展向的网格线也应是连续变化的,以保证三维网格的质量。如果在回转面上采用三角形非结构网格,则每个回转面上的网格点数应相同,同样展向网格线应保证光顺,这时三维非结构化网格单元是三棱柱形的。这种在回转面上构造非结构化网格、然后展向叠加的网格构造方法可方便地定义叶片排进出口边界条件,尤其是对于多排叶片流场的模拟。在生成回转面网格时,对网格的主要要求和约束是叶片表面网格需要加密、前尾缘网格分辨率要够、在周期性边界处应尽量使两侧的网格点能够保持连续。

叶轮机主流道中几种典型的回转面网格拓扑结构如图 2.1~图 2.4 所示。最简单的网格划分方式见图 2.1,这种简单 H 型网格可以采用代数网格生成方法快速生成,如果其周向网格线能够保持轴向和径向坐标不变,则在求解流场的控制方程组时可以节省一部分计算量(一般是在通量计算时),计算结果后处理也较方便,如周向平均的处理等,但同时这种网格结构也会在叶片前尾缘出现很大的网格畸变,如图 2.1(b)所示,从而影响模拟的准确性。

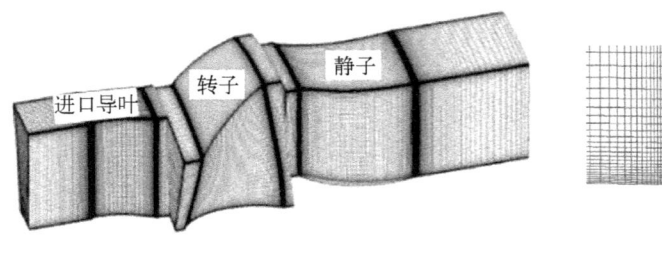

(a) 三维流道H型网格　　　　(b) 叶片前缘处H型网格

图 2.1　叶轮机主流道 H 型网格

为了在 H 型网格拓扑基础上，提高叶片前尾缘附近的网格质量，一种解决途径是不要求周向网格线的轴向和径向坐标不变，并且采用如求解泊松（Poisson）方程的方法以保证前尾缘附近网格的正交性和加密，如图 2.2 所示的 H 型网格。当然，这种网格生成方法容易使叶片通道中间的网格质量变差。

(a) 回转面流道H型网格　　(b) 叶片前缘处H型网格

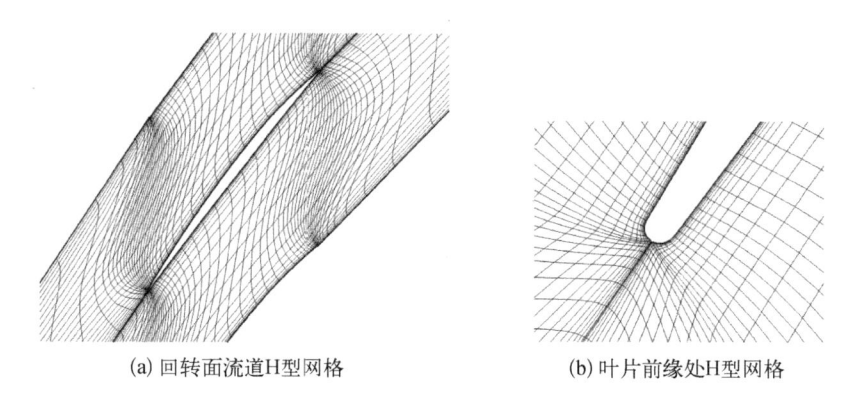

图 2.2　求解泊松方程生成的 H 型网格

为了更好地保证在叶片前尾缘以及叶片通道中的网格质量，目前主流的做法是在叶片周围使用 O 型网格，或者采用 O 型网格和 H 型网格组合的拓扑结构，见图 2.3。这也是大多数叶轮机结构化 CFD 前处理网格生成器（如 ANSYS Turbogrid、Numeca IGG/Autogrid 等）所采用的网格拓扑结构。

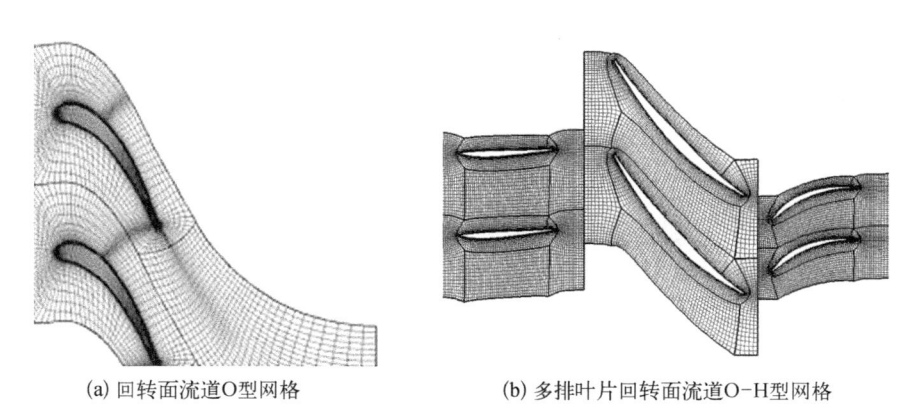

(a) 回转面流道O型网格　　(b) 多排叶片回转面流道O-H型网格

图 2.3　回转面 O 型、O-H 型网格

除此以外，还有一些其他拓扑结构形式的网格，图 2.4 给出了其中一部分示例，其中还给出了在回转面上使用三角形非结构化网格的例子。

作为展现采用非结构化网格求解叶轮机典型流动问题优势的一个例子，图 2.5 展示了采用非结构化网格划分的带冷气高压涡轮流道。可以看到，叶片、端壁以及

(a) I-H型

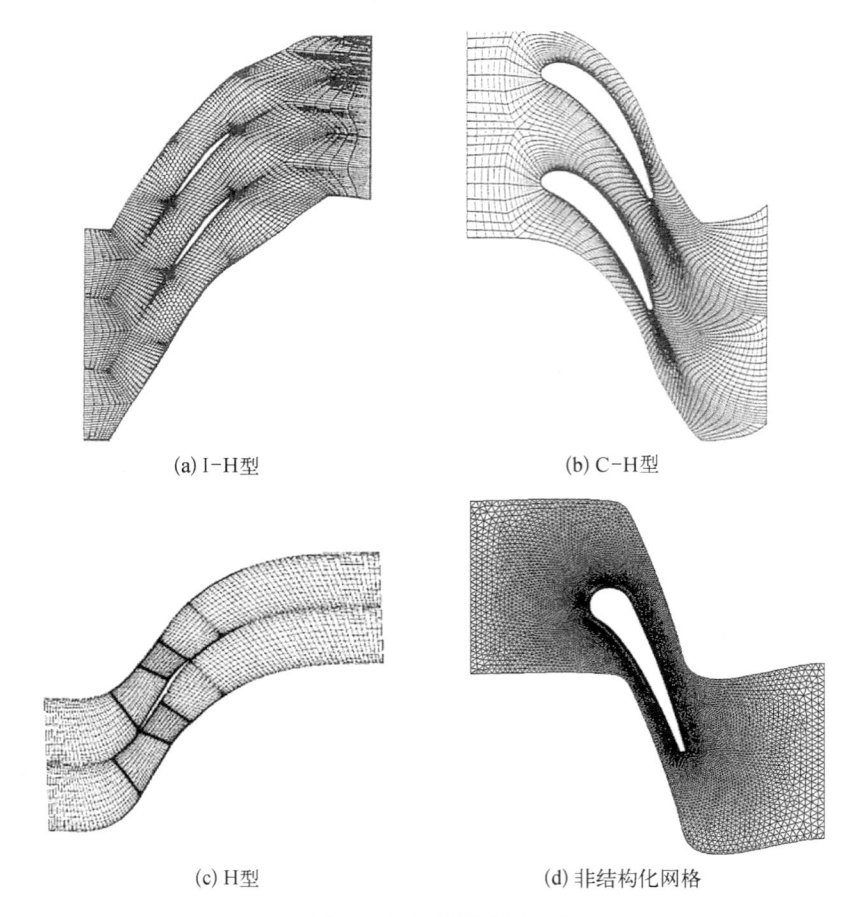

(b) C-H型

(c) H型

(d) 非结构化网格

图 2.4　其他类型网格拓扑

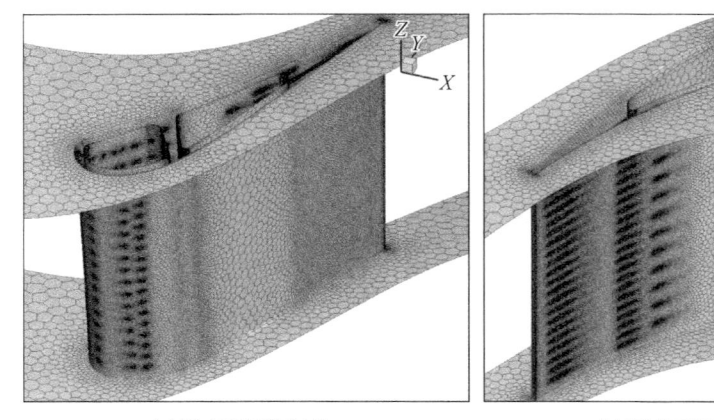

(a) 吸力面网格拓扑

(b) 压力面网格拓扑

图 2.5　带冷气高压涡轮流道非结构化网格

气膜孔均采用了"棱台型"非结构化网格进行表面划分。如果采用结构化网格进行表面划分,则需要对每一个气膜孔进行分块处理,大大增加了网格生成工作量,且在很多时候难以保证网格质量。这是非结构化网格应用于叶轮机内典型流动问题求解的一个生动的实例。

此外,图 2.6 展示了对叶轮机内常见的二次流和二次流路几何网格划分实例,如叶根倒圆、涡轮内冷通道、涡轮叶顶带冠空腔等。可以看到,采用混合结构/非结构化网格生成的方法可以方便灵活地对叶轮机主流道和二次流路进行网格划分和求解,如在涡轮叶片通道区域采用结构化网格划分,在顶部带冠空腔内采用非结构化网格划分,如图 2.6(c)所示,大大降低了网格分块划分人为工作量,提高了网格生成效率、质量,以及求解数值鲁棒性和精度。

(a) 叶根倒圆混合网格

(b) 涡轮内冷通道笛卡儿网格

(c) 涡轮叶顶带冠空腔非结构化网格

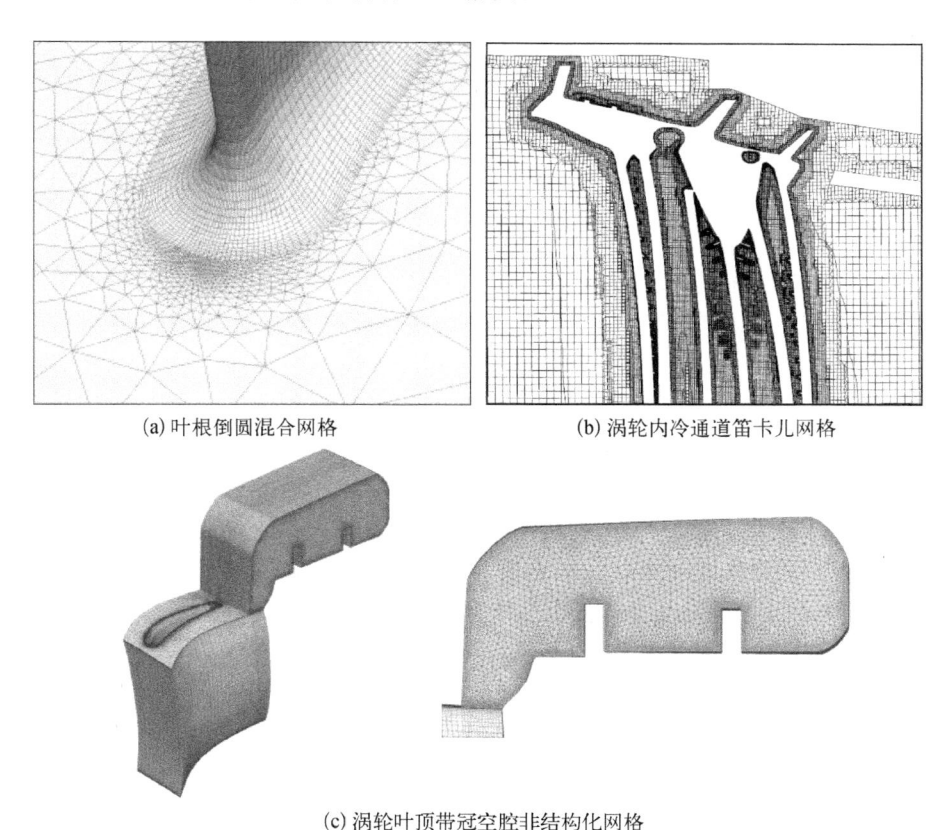

图 2.6 叶轮机二次流路几何网格划分实例

针对叶尖间隙的网格划分主要有两种方法。其一是对叶片尖部进行削尖处理,然后叶尖两侧网格对接,如图 2.7(a)所示,这种方法一般只可用在叶片叶尖厚度比较薄的情形。研究表明,这样简化后叶尖间隙量取值近似 60% 物理间隙时计算结果与实际情况吻合得最好。其二是保持叶片叶尖几何不变,在叶尖间隙内另外添加网格块,如图 2.7(b)所示。一般认为,后者应该对保证模拟准确性更好,但这取决于在叶尖间隙展向应有足够的网格密度以及机匣第一层网格高度,一般展向网格点数至少应大于 11 个点。当然,以上经验性的取值未必在所有情况下均有效,最好根据具体的流动问题进行相应的测试和校验。

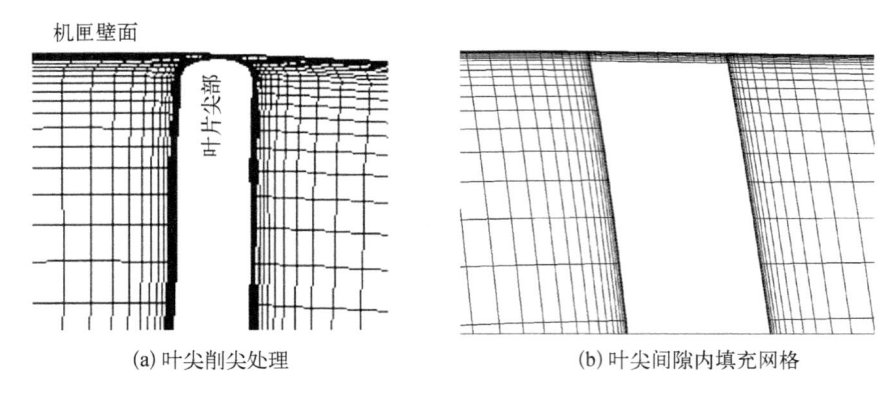

(a) 叶尖削尖处理　　　　　　　(b) 叶尖间隙内填充网格

图 2.7　叶轮机二次流路几何网格划分实例

以上只是对叶轮机计算网格进行了一般性的介绍。随着对气动仿真结果准确性的要求越来越高,对复杂几何及边界条件需考虑得越来越周到,在网格生成上也需要给予更多的重视。在很多情况下,对仿真计算误差的关注主要是在数值格式和物理模型上,而计算网格本身的空间离散误差以及网格质量的问题而导致的数值离散误差往往是容易被忽视的。所以,要获得高质量的仿真结果,应在两个方面对计算网格给予关注:① 应通过网格加密,特别是流动梯度大的区域的加密来保证所获得的解基本是网格无关解,以排除或尽量降低网格空间离散误差;② 网格的质量必须与求解器中具体的空间离散格式相匹配,以降低网格质量对格式精度的影响,如对网格质量的要求应随着格式阶数的增加而提高、基于一维插值的高阶格式对网格质量的要求一般高于基于多维重构的格式。

2. 控制方程

本节简要介绍不同坐标系下的流动控制方程,这些方程为 CFD 的求解对象。

1) 笛卡儿坐标系下的纳维-斯托克斯方程

笛卡儿坐标系下,对于 $\phi = u$、v 或 w 输运方程为

$$\frac{\partial}{\partial t}(\rho\phi) + \frac{\partial}{\partial x}(\rho u\phi) + \frac{\partial}{\partial y}(\rho v\phi) + \frac{\partial}{\partial z}(\rho w\phi)$$

$$= \frac{\partial}{\partial x}\left(\Gamma_{\phi x}\frac{\partial \phi}{\partial x}\right) + \frac{\partial}{\partial y}\left(\Gamma_{\phi y}\frac{\partial \phi}{\partial y}\right) + \frac{\partial}{\partial z}\left(\Gamma_{\phi z}\frac{\partial \phi}{\partial z}\right) + S_\phi \quad (2.1)$$

对于纳维-斯托克斯方程,扩散系数为

$$\Gamma_{ux} = 2\mu + \lambda, \ \Gamma_{uy} = \mu, \ \Gamma_{uz} = \mu \tag{2.2}$$

$$\Gamma_{vx} = \mu, \ \Gamma_{vy} = 2\mu + \lambda, \ \Gamma_{vz} = \mu \tag{2.3}$$

$$\Gamma_{wx} = \mu, \ \Gamma_{wy} = \mu, \ \Gamma_{wz} = 2\mu + \lambda \tag{2.4}$$

其中,$\lambda = -2\mu/3$,源项 S_ϕ 分别为

$$S_u = -\frac{\partial p}{\partial x} + \frac{\partial}{\partial x}\left(\lambda \frac{\partial v}{\partial y}\right) + \frac{\partial}{\partial y}\left(\mu \frac{\partial v}{\partial x}\right) + \frac{\partial}{\partial x}\left(\lambda \frac{\partial w}{\partial z}\right) + \frac{\partial}{\partial z}\left(\mu \frac{\partial w}{\partial x}\right) \tag{2.5}$$

$$S_v = -\frac{\partial p}{\partial y} + \frac{\partial}{\partial x}\left(\mu \frac{\partial u}{\partial y}\right) + \frac{\partial}{\partial y}\left(\lambda \frac{\partial u}{\partial x}\right) + \frac{\partial}{\partial y}\left(\lambda \frac{\partial w}{\partial z}\right) + \frac{\partial}{\partial z}\left(\mu \frac{\partial w}{\partial y}\right) \tag{2.6}$$

$$S_w = -\frac{\partial p}{\partial z} + \frac{\partial}{\partial x}\left(\mu \frac{\partial u}{\partial z}\right) + \frac{\partial}{\partial z}\left(\lambda \frac{\partial u}{\partial x}\right) + \frac{\partial}{\partial y}\left(\mu \frac{\partial v}{\partial z}\right) + \frac{\partial}{\partial z}\left(\lambda \frac{\partial v}{\partial y}\right) \tag{2.7}$$

连续方程为

$$\frac{\partial \rho}{\partial t} + \frac{\partial}{\partial x}(\rho u) + \frac{\partial}{\partial y}(\rho v) + \frac{\partial}{\partial z}(\rho w) = 0 \tag{2.8}$$

2) 圆柱坐标下的纳维-斯托克斯方程

根据莫尔斯(Morse)转换(图2.8),可以得到表2.1的变换。根据表2.1,可以实现从笛卡儿坐标系到圆柱坐标系的速度导数变换。

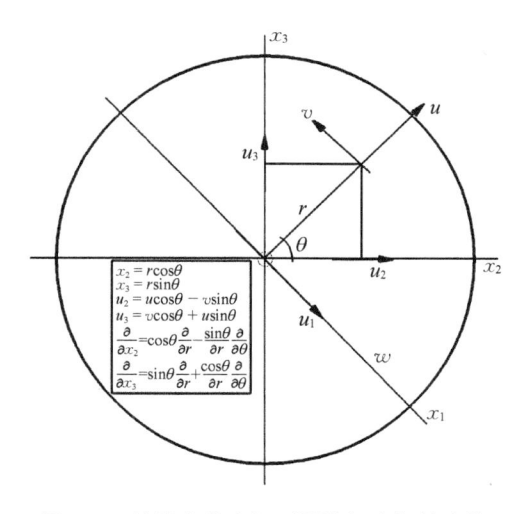

图 2.8 从笛卡儿坐标到圆柱极坐标的变换

表 2.1 从笛卡儿坐标到圆柱极坐标的速度导数的变换

u_i^j	$i=1$	$i=2$	$i=3$
$j=1$	$\partial w/\partial z$	$\partial w/\partial r$	$(1/r)\partial w/\partial \theta$
$j=2$	$\partial u/\partial z$	$\partial u/\partial r$	$(1/r)\partial u/\partial \theta - v/r$
$j=3$	$\partial v/\partial z$	$\partial v/\partial r$	$(1/r)\partial v/\partial \theta - u/r$

在一个圆柱坐标系下，纳维-斯托克斯方程变为

$$\frac{\partial}{\partial t}(\rho\phi) + \frac{1}{r}\frac{\partial}{\partial r}(\rho r u\phi) + \frac{1}{r}\frac{\partial}{\partial \theta}(\rho v\phi) + \frac{\partial}{\partial z}(\rho w\phi)$$

$$= \frac{1}{r}\frac{\partial}{\partial r}\left(r\Gamma_{\phi r}\frac{\partial \phi}{\partial r}\right) + \frac{1}{r}\frac{\partial}{\partial \theta}\left(\frac{1}{r}\Gamma_{\phi\theta}\frac{\partial \phi}{\partial \theta}\right) + \frac{\partial}{\partial z}\left(\Gamma_{\phi z}\frac{\partial \phi}{\partial z}\right) + S_\phi \quad (2.9)$$

扩散系数为

$$\Gamma_{ur} = 2\mu + \lambda,\ \Gamma_{u\theta} = \mu,\ \Gamma_{uz} = \mu \quad (2.10)$$

$$\Gamma_{vr} = \mu,\ \Gamma_{v\theta} = 2\mu + \lambda,\ \Gamma_{vz} = \mu \quad (2.11)$$

$$\Gamma_{wr} = \mu,\ \Gamma_{w\theta} = \mu,\ \Gamma_{wz} = 2\mu + \lambda \quad (2.12)$$

相应的源项为

$$S_u = -\frac{\partial p}{\partial r} - \frac{2\mu u}{r^2} + \frac{\rho v^2}{r} + u\frac{\partial}{\partial r}\left(\frac{\lambda}{r}\right) - \frac{2\mu}{r^2}\frac{\partial v}{\partial \theta}$$
$$+ \frac{\partial}{\partial r}\left(\frac{\lambda}{r}\frac{\partial v}{\partial \theta}\right) + \frac{\partial}{\partial \theta}\left[\mu\frac{\partial}{\partial r}\left(\frac{v}{r}\right)\right] + \frac{\partial}{\partial r}\left(\lambda\frac{\partial w}{\partial z}\right) + \frac{\partial}{\partial z}\left(\mu\frac{\partial w}{\partial r}\right) + \rho g_r$$
$$(2.13)$$

$$S_v = -\frac{1}{r}\frac{\partial p}{\partial \theta} - \frac{\mu v}{r^2} - \frac{\rho uv}{r} - \frac{v}{r}\frac{\partial \mu}{\partial r} + \frac{2}{r^2}\frac{\partial}{\partial \theta}(\mu u)$$
$$+ \frac{1}{r^2}\frac{\partial}{\partial r}\left(\mu r\frac{\partial u}{\partial \theta}\right) + \frac{1}{r^2}\frac{\partial}{\partial \theta}\left[\lambda\frac{\partial}{\partial r}(ru)\right] + \frac{1}{r}\frac{\partial}{\partial \theta}\left(\lambda\frac{\partial w}{\partial z}\right) \quad (2.14)$$
$$+ \frac{1}{r}\frac{\partial}{\partial z}\left(\mu\frac{\partial w}{\partial \theta}\right) + \rho g_\theta$$

$$S_w = -\frac{\partial p}{\partial z} + \frac{1}{r}\frac{\partial}{\partial r}\left(\mu r\frac{\partial u}{\partial z}\right) + \frac{1}{r}\frac{\partial}{\partial z}\left[\lambda\frac{\partial}{\partial r}(ru)\right]$$
$$+ \frac{1}{r}\frac{\partial}{\partial \theta}\left(\mu\frac{\partial v}{\partial z}\right) + \frac{1}{r}\frac{\partial}{\partial z}\left(\lambda\frac{\partial v}{\partial \theta}\right) + \rho g_z \quad (2.15)$$

圆柱坐标系下的连续方程为

$$\frac{\partial \rho}{\partial t} + \frac{1}{r}\frac{\partial}{\partial r}(\rho r u) + \frac{1}{r}\frac{\partial}{\partial \theta}(\rho v) + \frac{\partial}{\partial z}(\rho w) = 0 \qquad (2.16)$$

对于以上方程,如果流体密度是常数,所有涉及 λ 的项都为零。如果密度和黏度都是常数,在 S_ϕ 中的项乘以黏度梯度的都变成了 0,且有 $\Gamma_\phi = \mu$。

3. 数值计算方法

本节简要介绍 CFD 求解流动控制方程常用的数值离散方法。本节奠定了 CFD 基础算法。

对于高速流动,通常采用有限体积法。对于有限体积法,一般输运方程可表示为

$$A(\varPhi) = -\frac{1}{V}\Big[\oint_{\partial V}(F_c - F_V)\mathrm{d}L - \int_V S\mathrm{d}V\Big] \qquad (2.17)$$

其中,$A(\varPhi)$ 为时间偏导项,S 为源项,V 为单元体积,L 为控制面。另外,F_c 和 F_V 分别为对流通量和黏性通量。式(2.17)的离散形式如下:

$$A(\varPhi) \approx -\frac{1}{V_{i,j,k}}\Big[\sum_{m=1}^{N}(F_c - F_V)_m \Delta L_m - S_{i,j,k}V_{i,j,k}\Big] \qquad (2.18)$$

其中,N 为控制体的面数,下标 i,j,k 则是其在网格中对应的坐标参数。对于一个非结构求解器,需要使用单一的索引标号,以及一个包含与该单元相关的所有面的拓扑数组。由上可知,许多微分方程的数值解可以用控制体周围通量的积分来引出。

1) 多种控制体构型及其优缺点

在有限体积法中,有许多可能存在的控制体构形。图 2.9 在基本的四边形网格中总结了这些构形。图 2.9(a)和图 2.9(b)中的控制体很受欢迎,两者都涉及重叠网格。在图 2.9(a)中,在单元格中心计算变量,但最终单元格中心的值会被存储在单元的角点,所以该方案被归类为单元格点型方法。顶点存储是通过平均处理(单元格中心的数据)实现的。图 2.9(b)中网格是交错的,这种网格主要用于不可压缩 CFD 求解器。压力在单元中心测量。交错网格方法使得驱动流体的压力精确地位于控制体面上,具有很好的能量守恒数值性质。但对于交错网格,编程的复杂度大大增加。图 2.9(c)给出了一个典型的以单元为中心的方法,类似于图 2.9(a)。用单元为中心的方法时,控制体积正好与原始网格相对应。另一个替代方案是单元格点方法,如图 2.9(d)所示,典型特征是质心双重(centroid dual)控制体。通过这种方法,控制体是围绕导入的网格构建的。主要有两种实现方式:一是单元质心简单地连接,如图中虚线所示。这些虚线覆盖了垂直边上的全部线条;二是把单元的质心与边中点相连,如图 2.9(d)中的实线线条,称为中点双重(medium dual)。

(a) 重叠格点型控制体

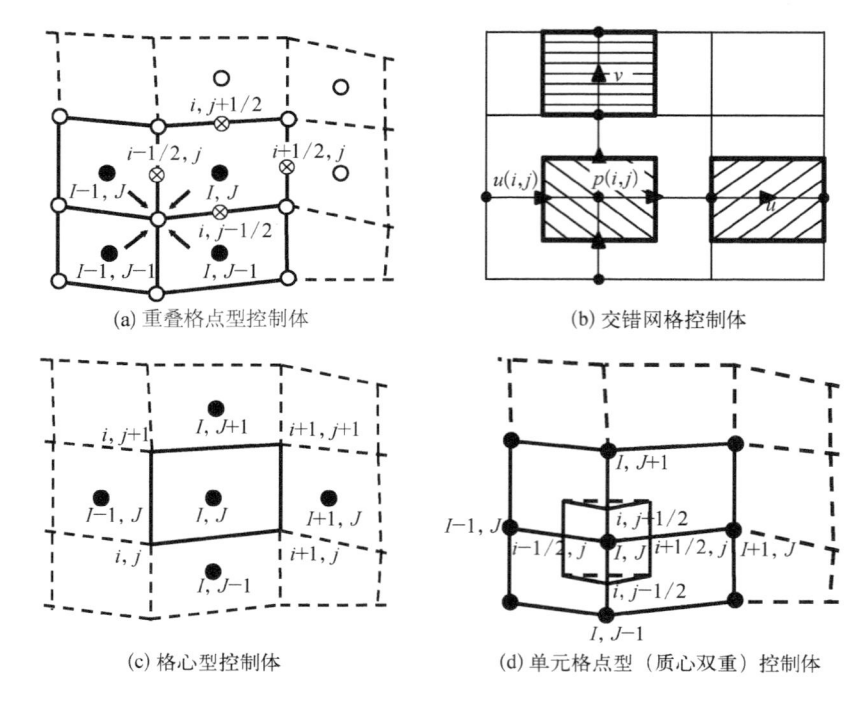

(b) 交错网格控制体

(c) 格心型控制体

(d) 单元格点型（质心双重）控制体

图 2.9　有限体积方法中常用的四边形结构控制体

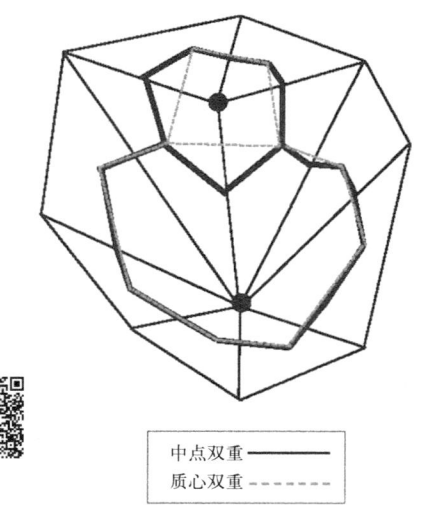

图 2.10　用非结构化方法得到的控制体积

图 2.10 给出了一个图 2.9(d) 网格类型的非结构化三角网格构造的例子。连接质心和面心的缺点是控制面会有多个法向,这将对精度造成一定的损失。优点是能防止单元边缘超出或侵入单元的域,如图 2.11(a) 所示。图 2.11(b) 中质心中点相连的方法就不存在边界超出或入侵单元域的问题。

如图 2.11 所示,近壁面处的控制体变为正常的一半,这是单元格点法的一个主要的缺点。近壁控制体内流动求解的编程变得复杂,因为形成这些近壁控制体的通量需要特殊处理。由于控制体只有一半,这意味着残差的位置正好在壁面上。显然,壁面不是一个理想的位置来定义数值残差。周期边界条件的实现也变得较为复杂。

如上所述,交错网格的一个主要缺点是代码实现较为复杂。图 2.9(a) 的单元格点法的一个严重的问题来自将四个周围单元的值平均到网格节点,这种平均导

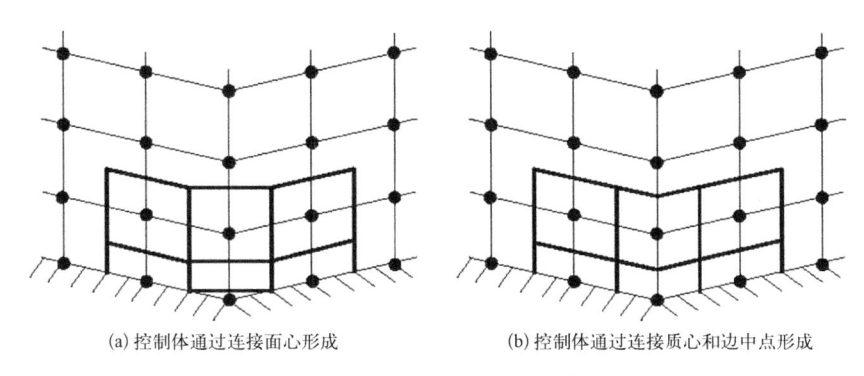

(a) 控制体通过连接面心形成　　　　(b) 控制体通过连接质心和边中点形成

图 2.11　单元格点型控制体

致了内部面的通量被抵消掉。其结果是，求解单元（有效的控制体积）在二维上比预期的要大四倍。显然对于三维网格，实际的控制体积相对于理论的网格控制体大得多。此外，图 2.9(a) 的单元格点方法不允许更先进的高阶对流项处理。

总的来说，相对于经典的单元格点、中点双重控制体，单元格心法似乎是最好的，它能避免需要壁面的半控制体和质量矩阵。然而，在计算域内部，对于质量良好的网格和定常流动，单元中心和单元顶点方法之间的数值差异很小。然而，对于质量较差的网格，所有的控制体离散通量求解方法都可能出现问题。如图 2.12 所示，对于倾斜控制体，用单元格心法求得的平均值可能变得不准确。

对于非结构化网格（非六面体），从图 2.10 可以推断，单元格心法产生更多的

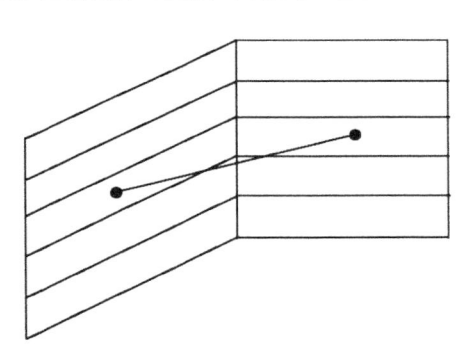

图 2.12　用单元中心有限体积法计算倾斜单元的潜在控制体插值

控制体和自由度。相对于单元格点法，在典型的混合有限体积网格中，单元格心法的控制体积大约为单元格点法的三倍。因此，单元格心法具有更多的通量/连通性，这可能意味着更高的精度。但是，目前尚未有明确的证据表明哪种方法更优越。基于单元格点控制体的另一个关键问题是，它的通量一般假定为正交于单元面，但这可能与实际情况相差甚远。

除了精度，还需要考虑计算成本方面的问题。单元格心法涉及对单元面的求和，而单元格点法涉及对控制体边的求和。对于一个四面体网格，需要循环计算的面的数量大约是边的数量的两倍，由于单元格点法和单元格心法的计算步骤非常相似，对于同一网格，单元格心法的计算成本大约是单元格点法的两倍。对于六面体网格，计算成本也存在差异。此外，如果用棱柱网格来处理边界层区域，两个方法的差距将大幅降低。单元格点和单元格心都需要存储两个整数和三个实数（面

(a) 单元格点法

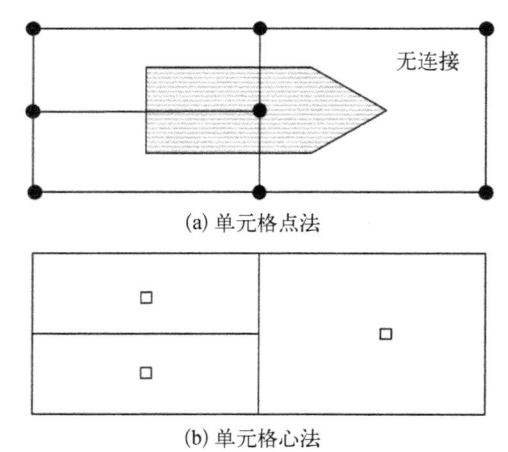

(b) 单元格心法

图 2.13 悬挂节点和中点双重控制体网格

向量)。然而,单元格心法需要另外六个实数来将向量存储到面上。虽然不同的单元类型的存储要求有很大区别,但单元格心控制体的存储空间通常超过单元格点控制体的两倍。需要注意的是,单元格心法将自然地处理如图 2.13 所示的非相容界面。这样的界面无法用于单元格点法。因此,自适应网格较难用于单元格点控制体上。

2) 控制体的面积分

如上所述,输运方程的离散涉及单元边界上的通量求和。为了实现这一点,储存在周围节点的求解变量的值必须插值到控制面上。这里有一系列方法可以采用,它们的复杂程度相差很大。为了估计流入控制体的通量,需要面的法向量和面积,这是通量积分所需要的关键信息。在二维空间中,面积是单位宽度的长度 L。因此可以写出:

$$L_m = n_m \Delta L = \begin{bmatrix} L_{x,m} \\ L_{y,m} \end{bmatrix} \tag{2.19}$$

其中,m 为面的代号。图 2.9(c)显示的控制体的面向量可以用以下公式表示:

$$L_w = \begin{bmatrix} y_{i,j} - y_{i,j+1} \\ x_{i,j+1} - x_{i,j} \end{bmatrix} \tag{2.20}$$

$$L_e = \begin{bmatrix} y_{i+1,j+1} - y_{i+1,j} \\ x_{i+1,j} - x_{i+1,j+1} \end{bmatrix} \tag{2.21}$$

$$L_n = \begin{bmatrix} y_{i,j+1} - y_{i+1,j+1} \\ x_{i+1,j+1} - x_{i,j+1} \end{bmatrix} \tag{2.22}$$

$$L_s = \begin{bmatrix} y_{i+1,j} - y_{i,j} \\ x_{i,j} - x_{i+1,j} \end{bmatrix} \tag{2.23}$$

其中,i,j 为控制体的顶点。面的法向量可以表示为

$$n_m = \frac{L_m}{\Delta L_m} \tag{2.24}$$

$$\Delta L_m = |L_m| = \sqrt{L_{x,m}^2 + L_{y,m}^2} \tag{2.25}$$

其中,$L_{x,m}$ 和 $L_{y,m}$ 分别为 x 和 y 方向上的长度,只需要储存相邻点的信息,其推导很容易扩展到其他形状,如三角形。但 i,j 参考系显然不适用于三角形。对于非结构化网格(如三角形),需基于一个顺时针编号体系,对于一个三维的控制体,也是类似的推导。如图 2.14 所示的三角形和四面体,面法向量可以用以下的方程准确计算:

$$L_w = \frac{1}{2}\begin{bmatrix} \Delta yz_1 + \Delta yz_2 + \Delta yz_3 \\ \Delta zx_1 + \Delta zx_2 + \Delta zx_3 \\ \Delta xy_1 + \Delta xy_2 + \Delta xy_3 \end{bmatrix} \tag{2.26}$$

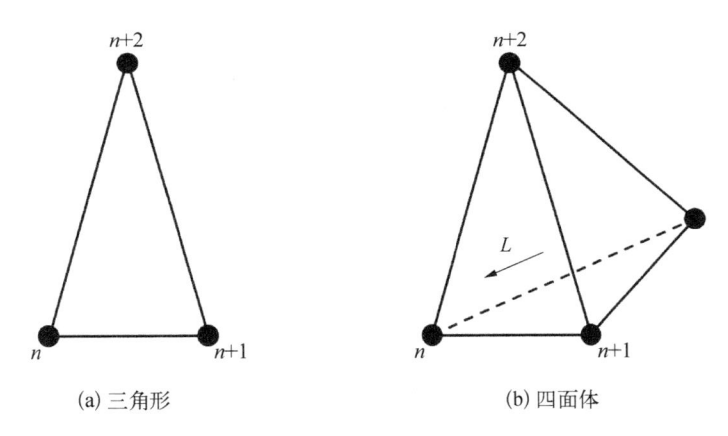

(a) 三角形　　　　(b) 四面体

图 2.14　三角形和四面体单元格

其中,

$$\Delta xy_1 = (x_n - x_{n+1})(y_n + y_{n+1}) \tag{2.27}$$

$$\Delta xy_2 = (x_{n+1} - x_{n+2})(y_{n+1} + y_{n+2}) \tag{2.28}$$

$$\Delta xy_3 = (x_{n+2} - x_n)(y_{n+2} + y_n) \tag{2.29}$$

$$\Delta yz_1 = (y_n - y_{n+1})(z_n + z_{n+1}) \tag{2.30}$$

$$\Delta yz_2 = (y_{n+1} - y_{n+2})(z_{n+1} + z_{n+2}) \tag{2.31}$$

$$\Delta yz_3 = (y_{n+2} - y_n)(z_{n+2} + z_n) \tag{2.32}$$

$$\Delta zx_1 = (z_n - z_{n+1})(x_n + x_{n+1}) \tag{2.33}$$

$$\Delta zx_2 = (z_{n+1} - z_{n+2})(x_{n+1} + x_{n+2}) \tag{2.34}$$

$$\Delta zx_3 = (z_{n+2} - z_n)(x_{n+2} + x_n) \tag{2.35}$$

一个三角形单元[图2.14(a)]的面积可以表示为

$$A = \frac{1}{2}[(x_n - x_{n+1})(y_n + y_{n+1}) + (x_{n+1} - x_{n+2})(y_{n+1} + y_{n+2}) + (x_{n+2} - x_n)(y_{n+2} + y_n)] \tag{2.36}$$

其中,n为边节点代号。除了面积,也需要计算出单元的体积。利用散度定理,可以导出求体积的方程:

$$V = \frac{1}{3}\sum_{m=1}^{N}[r \cdot L]_m \tag{2.37}$$

其中,r为控制体的面;N为面的个数。

3) 对流通量的求解

一旦知道了几何表面信息,通过面的质量、动量和焓流通量的值就可以求得。对于质量和动量通量,需要得到控制体面上的密度和速度。简单的策略是独立地将这些值ϕ从周围节点内插到控制体积的面上,并计算得到通量$F_c(\phi)$。另一种方式是在节点求$F_c(\phi)$的值,然后将其内插到控制体的面上。对于单元格心法[图2.9(c)],最简单的方法是将控制体面上的通量$I-1/2$表示为

$$(F_c)_{I-1/2} = \frac{1}{2}[F_c(\phi)_{I-1} + F_c(\phi)_I] \tag{2.38}$$

$$(F_c \Delta L)_{I-1/2,J} = \frac{1}{2}[F_c(\phi)_{I-1,J} + F_c(\phi)_{I,J}]\Delta L_{I-1/2,J} \tag{2.39}$$

需要注意的是,I,J为正在使用的控制体上的网格节点值。因此,对于质量通量,$F_c(\phi)$为面上法向速度和面上密度的乘积,然后与面积相乘得到质量通量。对于动量通量,质量流量乘以动量分量相关的速度分量。能量方程为质量流量乘以总焓,然后乘以面积以求得总焓通量。对于单元格点法[图2.9(d)],在控制体积重叠的情况下,插值具有更独特的形式,即

$$(F_c \Delta L)_{i,j} = \frac{1}{2}[F_c(\phi)_{i,j} + F_c(\phi)_{i,j+1}]\Delta L_{i,j} \tag{2.40}$$

其中,i,j为单元格点的值。上述公式是计算一个四边形单元网格的"西面",用左下角的节点的索引i,j来表示。这里需要强调,对于单元格点法,控制体单元的数据存储在网格节点处。对于非均匀网格,为了提高精度,插值应基于体积。但是,体积加权插值会导致不稳定性。因此,对周围节点值给予相等的权重。例如,在传统方法中,残差求和如下。注意,此处的残差指的是纳维-斯托克斯方程除时间导数项剩余项的通量面积分之和。

$$A_{i,j} = \frac{1}{4}(A_{i-1,j} + A_{i+1,j} + A_{i,j-1} + A_{i,j+1}) \tag{2.41}$$

得到：

$$\frac{\Delta\phi}{\Delta t} = -\frac{1}{V}A_{i,j}(\phi) \tag{2.42}$$

显然，对于一个结构化的四边形网格，上述通量的总和构成总残差 $A(\phi)$。对于一个非结构化网格，因为求和仍围绕整个控制面，所以需要指针来识别共享相同面的网格单元。

4）扩散通量的求解

纳维-斯托克斯方程扩散项通量的求解比对流项通量简单得多。对于纳维-斯托克斯方程有限体积离散，普遍采用的扩散项梯度求解方法是基于格林-高斯（Green-Gauss）定理来计算。如图 2.15 所示，对于单元格心法，可以定义辅助控制体，辅助控制体是通过连接边中点来构造的。采用格林-高斯定理围绕辅助控制体进行积分，可以得到位于主控制体"西面"上的梯度，即图 2.15 中标记为✖的面。对于变量 ϕ，其梯度可以表达为

$$\frac{\partial\phi}{\partial x} = \frac{1}{V}\int_{\partial V}\phi \mathrm{d}L_x \approx \frac{1}{V}\sum_{m=1}^{N}\phi_m \mathrm{d}L_x \tag{2.43}$$

其中，L 和 V 分别为辅助单元格的面积和体积。对于辅助控制体 ϕ_m 的"西面"和"东面"，用 $\phi_{I-1,J}$ 和 $\phi_{I,J}$ 表示，可以直接获得。"北面"的值可以用 $\phi_{i,j+1} = (\phi_{I,J} + \phi_{I-1,J} + \phi_{I-1,J+1} + \phi_{I,J+1})/4$ 来估算。"南面"也类似。式（2.43）可以扩

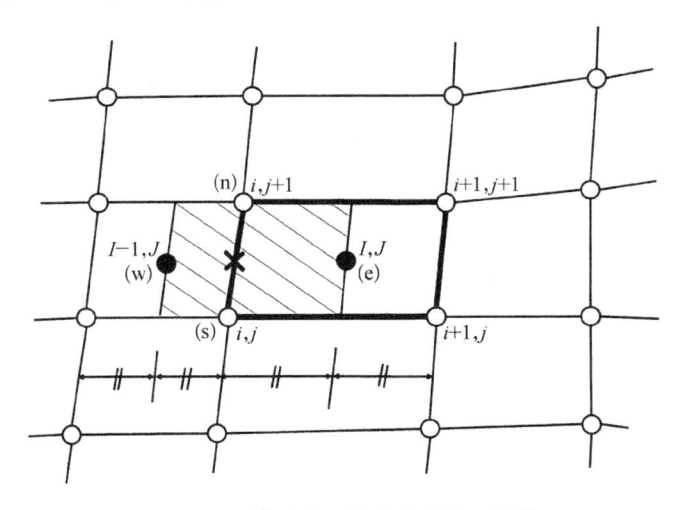

图 2.15 辅助控制体构建扩散项通量

展到三维空间,三维空间的公式在本质上和式(2.43)一样。最后通过对环绕主控制面进行积分,可求得扩散项中的二阶导数。需要注意的是如何避免奇偶解耦(odd-even decoupling)问题,但相对于对流项离散化,黏性项的奇偶失稳现象并不严重。

就计算机运行和储存来说,使用上述的交错控制体代价较高。更一般的做法是将格林-高斯定理应用到主控制体中,然后将控制体中心的梯度简单地平均到控制体表面上。平均通量可以表示为

$$\overline{\nabla \Phi_{f2f1}} = \frac{1}{2}(\nabla \Phi_{f2} + \nabla \Phi_{f1}) \tag{2.44}$$

然而,上述两个中心差分的平均值并不会抑制高频振荡。这在边界层中尤其如此,因为黏性通量占主导地位,与对流通量相关联的任何耗散都不足以抑制高频振荡。为了解决这一问题,沿着边线的组成部分被替换为沿边线的一个简单的差分。因此,有以下修改:

$$\nabla \Phi_{f2f1} = \overline{\nabla \Phi_{f2f1}} - \left[\overline{\nabla \Phi_{f2f1}} \cdot \delta s_{f2f1} - \frac{(\Phi_{f2} - \Phi_{f1})}{|x_{f2} - x_{f1}|}\right] \delta s_{f2f1} \tag{2.45}$$

其中,

$$\delta s_{f2f1} = \frac{x_{f2} - x_{f1}}{|x_{f2} - x_{f1}|} \tag{2.46}$$

利用这个公式能更准确地计算边界层中沿着最短壁面法向边的梯度,又能抑制高频振荡。

图 2.16 展示了使用中心差分和沿一条边的简单差分的拉普拉斯算子的一维模型。图 2.16(a)的计算方法无法减弱图 2.17 所示的振荡,即使使用了五个点的计算模板。然而,图 2.16(b)简单地使用了三个点模板可以有效抑制振荡。上述方法也可以扩展到单元格心法,相关求导可以运用在相邻单元的质心之间的连线。

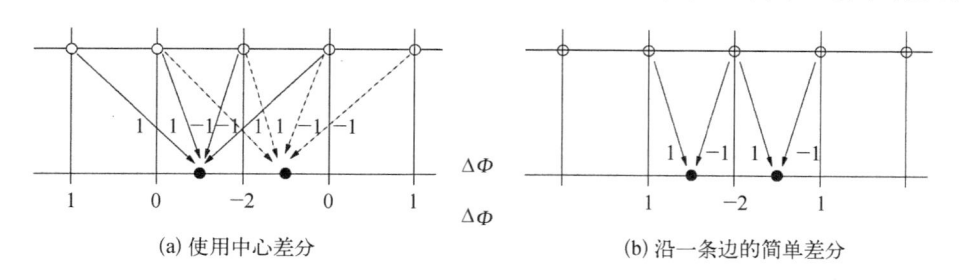

(a) 使用中心差分

(b) 沿一条边的简单差分

图 2.16　$\Delta \phi$ 一维模型

上述方法不需要额外的存储,因此具有一定的吸引力。

5) 时间导数项求解

如方程(2.18)所示,纳维-斯托克斯控制方程只剩下时间偏导项需要进行数值离散,以封闭纳维-斯托克斯方程进行流场变量的时间推进求解。

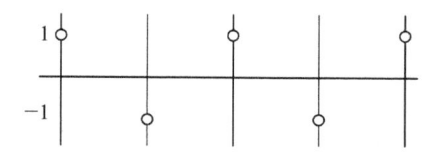

图 2.17　解变量奇偶解耦振荡

对于定常流动问题的求解,常用的时间推进格式主要有显式龙格-库塔(Runge-Kutta)算法以及一些隐式算法。由于显式算法的 CFL 数(即相应的时间推进步长)不能过大,所以通常需要配合一些加速收敛的方法使用,如当地时间步长、几何多重网格方法、残差光顺等。隐式算法则有 LU-ADI 算法、LU-SGS 算法、GMRES 算法等,这些方法各有特点,通常它们比单纯的显式龙格-库塔算法在收敛速度上要快一个数量级。在隐式算法中同样可采用如当地时间步长和多重网格方法进一步加速收敛。实际上,在隐式算法中,时间导数项可以认为是离散方程的松弛因子,其作用是提高了离散方程左端系数矩阵的主对角占优性。

对于非定常流动问题的求解,直接使用显式龙格-库塔算法是可以的,因为其时间离散精度可以达到二阶以上。只是这时不能采用上述的加速收敛方法,并且时间步长必须全场统一,应取为所有控制单元中 CFL 条件所允许的最小步长。对于黏性流动,这会使求解时间非常长,所以在 RANS 模拟中极少使用这种方法。如果采用隐式方法,虽然可以对时间项采用二阶精度的隐式格式离散,但由于对左端系数矩阵的近似处理会引入因子化误差,所以还是会丧失时间精度。针对以上非定常流动问题求解上的困难,1991 年 Jameson[1] 提出了双重时间步方法(也称虚拟时间步方法),该方法的思路是在控制方程组中添加虚拟时间导数项,然后对物理时间导数项进行二阶精度的隐式离散,而对虚拟时间导数项则采用常规的、用于求解定常问题的离散方法,从而将一个非定常问题的求解变为内层为沿虚拟时间的迭代、外层为沿物理时间推进的嵌套迭代过程。当沿虚拟时间方向解向量达到收敛时,解满足非定常的流动控制方程,即得到了当前物理时间的非定常解。由于物理时间导数项是隐式离散,所以原则上没有时间步长的限制,从而可根据所模拟的物理问题选择步长。双重时间步方法大大加快了获得非定常解的速度,并且常规的加速收敛方法也可用于沿虚拟时间方向的迭代,是 RANS 非定常模拟中目前最常用的方法。

4. RANS 湍流模型及转捩模型

尽管近几十年来计算机硬件技术和大规模并行计算技术取得了飞速发展,但在目前工业 CFD 仿真中,RANS 方法仍是最广泛采用的方法。这是由于,根据摩尔(Moore)定律,人类目前拥有的计算机浮点数运算水平与实现工业级流动高精度

(DNS、LES等)仿真所需的算力水平尚存在至少50年的差距。Spalart[2]指出,当前及未来相当长的时间内,RANS模拟将仍是工程流动问题中的主流方法。

雷诺平均纳维-斯托克斯方程对流动预测结果误差的主源之一是RANS湍流模型对复杂流动物理的捕捉能力不足。其中,RANS湍流模型是指用于封闭雷诺平均纳维-斯托克斯方程中出现的雷诺应力张量的模型。关于提升RANS湍流模型对复杂湍流(如叶轮机内流)的预测精度的研究仍进展缓慢,目前尚未有能够在各类复杂湍流问题中给出令人满意结果的湍流模型。雷诺平均纳维-斯托克斯方程如下所示:

$$\rho \frac{\partial U}{\partial t} + \rho \frac{\partial}{\partial x} UU + \rho \frac{\partial}{\partial y} UV + \rho \frac{\partial}{\partial z} UW$$
$$= -\nabla p + \frac{\partial}{\partial x}\left(\mu \frac{\partial u}{\partial x}\right) + \frac{\partial}{\partial y}\left(\mu \frac{\partial u}{\partial y}\right) + \frac{\partial}{\partial z}\left(\mu \frac{\partial u}{\partial z}\right) \qquad (2.47)$$
$$- \rho\left(\frac{\partial \overline{u'u'}}{\partial x} + \frac{\partial \overline{u'v'}}{\partial y} + \frac{\partial \overline{u'w'}}{\partial z}\right)$$

RANS湍流模型总体上可以分为两大类,即基于标量涡黏性假设的湍流模型和雷诺应力模型。标量涡黏性模型将湍流对雷诺平均流的影响集中到一个标量涡黏性系数 μ_t 上,相当于将湍流脉动比拟为分子热运动,相应地可将涡黏性系数叠加到分子黏性系数上,从而得到基于涡黏性的雷诺平均纳维-斯托克斯方程,如下所示:

$$\rho \frac{\partial U}{\partial t} + \rho \frac{\partial}{\partial x}(UU) + \rho \frac{\partial}{\partial y}(VU) + \rho \frac{\partial}{\partial z}(WU)$$
$$= -\nabla p + \frac{\partial}{\partial x}\left[(\mu + \mu_t)\frac{\partial U}{\partial x}\right] + \frac{\partial}{\partial y}\left[(\mu + \mu_t)\frac{\partial U}{\partial y}\right] + \frac{\partial}{\partial z}\left[(\mu + \mu_t)\frac{\partial U}{\partial z}\right]$$
$$(2.48)$$

由式(2.48)可知,构建基于标量涡黏性假设的湍流模型的核心问题在于,如何运用湍流统计量构建模型用以求解涡黏性系数 μ_t,从而封闭雷诺平均纳维-斯托克斯方程(2.48)。

在涡黏性模型中,又可分为代数模型和基于输运方程的模型。代数模型是利用"掺混长度"(mixing length)和雷诺应变率/涡量直接构建涡黏性代数关系式,基于输运方程的模型是通过求解湍流统计量输运方程,再通过涡黏性与湍流统计量函数关系式(如 $\mu_t = \rho k/\omega$)求解涡黏性。基于输运方程的涡黏性模型又可根据方程的数量及其性质,分为半方程模型(求解的是一个常微分方程)、一方程模型、两方程模型。多于两个方程的模型的一个例外是V2F模型,它需要求解四个方程。

代数模型由于其简单性和计算量很小，在 RANS 早期及一些外流问题中得到了广泛应用，但在叶轮机内流这类存在多壁面、上游历史影响显著、部分区域二次流占主导地位的流动问题中，代数模型的适用性非常有限，而输运方程模型虽然需要求解额外的控制方程，但在这里更适合选用。下面将介绍几种叶轮机 CFD 仿真中常用输运方程模型的特点。

Spalart-Allmaras(S–A)模型是一方程模型中应用最为成功的代表。该模型首先从各向同性湍流出发，利用量纲分析和基础自由剪切湍流流动（二维掺混层、尾迹、平板射流、圆孔射流等）湍流特性，标定输运方程中的湍流生成项和扩散项，基于壁面边界层对数区湍流平衡态特性，利用湍流生成与耗散的平衡关系，构建耗散项。然后，基于壁面边界层外层湍流特性和内层湍流特性，标定耗散项。最后，在涡黏性定义中添加近壁修正从而得以实现对各类基础湍流流动（自由剪切流、壁湍流等）的模拟。从学术角度来说，S–A 模型仍是基于湍流现象学行为（phenomenological behaviors）后验得出的，是基于对一系列简单湍流的认识和实验结果拼凑而成的模型，不像其他一方程模型多是基于湍动能 k 方程模化而来的，但这不妨碍 S–A 模型在工程问题中尚可的准确性和数值计算实现上的经济性。自 20 世纪 90 年代初被提出以来，大量的校验工作表明，S–A 模型总体上能够给出与两方程模型精度相当的结果，甚至在一些算例中表现得更好。另外，S–A 模型特别适用于工程的一个优良特性是，其方程因变量在近壁区相对于到壁面的距离是接近线性的，从而对近壁网格密度的需求要远小于其他绝大多数低雷诺数模型。因此，在一些计算资源受限的模拟中，S–A 模型之所以表现优于其他模型，并不一定是模型本身的准确性更高，而是其网格敏感性更低，其他即使很优秀但对网格分辨率要求很高的模型，在同等较粗的网格密度下会丧失其理论精度。从已有的针对 S–A 模型的评估结果来看，它在壁面湍流上的模拟准确性较好，而对于尾迹型流动，它往往会过低地估计尾迹的掺混和恢复，结果是相比于实际情况，下游尾迹区的速度亏损过大、尾迹区过窄。自 S–A 模型被提出以来，陆续有一些改进措施，如近壁区修正、针对大曲率壁面和旋转效应的修正、考虑湍流能量反转机制的修正、显式雷诺应力各向异性修正等，这些修正措施在不同情况和层面上进一步提升了 S–A 模型的预测精度。

相对于一方程模型，两方程模型具有完备性（两个模型方程对应两个湍流尺度，而湍流的长度、速度、时间三个尺度知其二则都可确定）。k-ε 模型是两方程湍流模型中版本最多的一大类。自标准 k-ε 模型提出以来，在其上所做的各类改进和修正很多，如很多基于经验性近壁修正的低雷诺数 k-ε 模型、基于重整化群理论（renormalization group，RNG）的 k-ε 模型、Realizable k-ε 模型等。这些版本的 k-ε 模型各有特点，这里不再一一介绍，而只讨论 k-ε 模型所共有的特性。综合大量已有的校验工作，相对而言，k-ε 模型在自由剪切流和二次掺混流动等方面具有较高的准确性,这对于叶轮机中的叶片尾迹流、间隙泄漏流、篦齿封严流等的流动结构及其掺混损失的模拟是有利的。而对于边界层流动,由于标准 $k-\varepsilon$ 模型本身不能直接积分至壁面,所以要么搭配壁面律使用,要么添加额外的近壁修正方法,形成能够进行壁湍流模拟的低雷诺数模型(这里所提及的高/低雷诺数模型,不是指该湍流模型是用于一般意义上的高/低雷诺数流动:这里雷诺数的定义是用到壁面的距离为长度尺度,即 y^+,以此区分不能直接用于壁湍流模拟的高雷诺数模型)。边界层模拟的壁面律方法是将近壁区的速度型用壁面律(如 Spalding 律)来代替,从而避免了对湍流模型必须沿壁面法向求解至壁面的要求,近壁区也无须划分很密的网格来获得整个边界层速度剖面。在使用壁面律的情况下,一般第一层计算网格的 y^+ 可取 [20, 100],这样网格规模较小、近壁网格尺度较大,从而可大大提升计算收敛速度。但是,虽然可以在壁面律中考虑流向压力梯度的作用,但实际上在叶轮机这类多壁面三维复杂流动中很难实现,所以通常壁面律大多是基于零压力梯度平板边界层的速度剖面得到的,这与风扇/压气机中的逆压梯度流动条件不符。就这一点而言,采用壁面律计算得到的边界层速度型相比实际情况过于饱满,边界层若发生分离,则分离位置会预测得靠下游。另外,壁面律在边界层内存在回流时理论上已失效,所以下游分离流场的模拟准确性难以评价。近壁修正方法大体上是针对壁面对湍流生成和耗散的影响及对湍流尺度的压制作用,在 $k-\varepsilon$ 方程源项中添加修正项,从而改变生成和耗散项在近壁区的量值,使其成为能够正确模拟壁湍流特性的低雷诺数模型。从理论上讲,低雷诺数 $k-\varepsilon$ 模型在边界层模拟上要比壁面律方法好,但代价是近壁区计算网格密度必须满足具体低雷诺数模型的要求,一般需要第一层网格的 y^+ 小于 1.0。最后需要提及的是,使用 $k-\varepsilon$ 模型时,需要注意它在前缘滞止点容易出现滞止点异常现象,即在滞止点附近计算的湍动能会过高,然后随流体输运向下游,导致下游边界层被污染。针对该问题已有一些限制器方法,但实际模拟时仍需注意,应对模拟得到的湍动能场进行查验。

另一类两方程模型是 $k-\omega$ 模型。该类模型与 $k-\varepsilon$ 模型的不同之处是针对湍流比耗散率 ω 建立输运方程,与 k 方程联合使用。由于湍流耗散率 ε 与比耗散率 ω 的关系为 $\omega = \varepsilon/k$,所以也可由 $k-\varepsilon$ 方程导出 ω 方程。在 $k-\omega$ 模型中,具有代表性且应用也较为成功的是 Wilcox 提出的若干版本。$k-\omega$ 模型天然能够积分至壁面,而无须像 $k-\varepsilon$ 模型一样需要针对壁湍流做特殊修正才能用于边界层模拟,这是它的一个显著的优点。然而,$k-\omega$ 模型对来流湍流度过于敏感,湍流度不大的变化就可能造成涡黏性系数成倍的改变,这显然是不可接受的。Wilcox 在其后续版本的 $k-\omega$ 模型中添加了额外的修正处理,能够在一定程度上弱化以上问题。在此必须要提另一个取得了很大成功的模型——Menter 的 $k-\omega$ SST 模型。Menter 提出 SST 模型的初衷部分是为了解决 $k-\varepsilon$ 模型不能直接用于壁湍流和 $k-\omega$ 模型对来流湍流度过于敏感的问题,或者是为了结合 $k-\varepsilon$ 模型对来流湍流度不敏感和 $k-\omega$ 模型能够直接用于壁湍流模拟这两种模型的各自优点。Menter 利用一个过渡函数,实现了模型在近壁区表现为 $k-\omega$ 模型、而在远离壁面的区域切换为 $k-\varepsilon$ 模型。$k-\omega$ SST 模型在壁湍流和自由剪切流模拟中表现良好,特别是 SST 模型在各类内外流模拟中获得的认可度很高。然而,这两种模型如果不使用壁面律,则对近壁网格密度的要求也很高:近壁第一层网格的 y^+ 至少要小于 1.0,甚至一些测试结果指出,在 $y^+<1$ 的范围内,应当沿壁面法向布置至少三层网格。在工程 CFD 模拟中,满足这种密度的网格规模是保证其理论精度的一大要素。

除了以上介绍的两方程模型,还有如 $q-\tau$ 模型、$k-kl$ 模型等。总体上这些模型没有表现出明显超越其他模型的能力,这里不再赘述。对于一般的湍流模型,如不做特殊设定,壁面边界条件是在假设壁面是水利光滑表面的条件下定义的。若要计及壁面粗糙度的影响,可以在高雷诺数模型的壁面律中体现,也可以在低雷诺数模型的壁面边界条件中考虑。在叶轮机流动中,是否需要考虑壁面粗糙度根据特定问题具体分析,在雷诺数较低时,粗糙度可能会对叶轮机气动性能造成重要影响。

雷诺应力模型则是对雷诺应力张量中的每个分量进行建模[式(2.47)],由此需要再增加六个模型方程(雷诺应力张量是对称张量,所以独立分量为六个)。由于其计算量很大,求解有难度,数值鲁棒性难以保证,所以有研究者提出了简化的雷诺应力模型,如代数雷诺应力模型。它以两方程涡黏性模型为基础,通过将雷诺应力张量用平均流的高阶特性和求解两方程模型所得到的湍流尺度进行模化,从而实现在基本不增加计算量的条件下,反映湍流的各向异性特性。从理论上讲,雷诺应力模型更能反映湍流对平均流影响的本质,因而在复杂湍流模拟中具有明显的优势,但受限于其计算量大和具体求解上的困难,雷诺应力模型并未在工程中得到广泛应用。涡黏性模型仍是当前 CFD 模拟中的主流模型,且以代数雷诺应力模型为代表的高阶雷诺应力修正模型在叶轮机内流这样的强三维、强各向异性流动模拟中获得了越来越广泛的应用。

作为对 RANS 湍流模型的小结,对于三维、有壁面曲率、带有分离、旋转壁面、非定常的湍流流动都属于复杂湍流,而对于复杂湍流,目前还没有一个 RANS 湍流模型都能给出令人满意的预测结果。这是从湍流模型研究的角度形成的看法。而前面已经提到,不同湍流模型对计算网格的要求是不同的,从另一个角度,影响湍流模型准确性的因素有其本身,还有在具体问题中所使用的计算网格,在计算资源受限的情况下,后者带来的误差可能更大。由此,既然没有一个模型能确保模拟准确性,那么在工程中壁湍流有较高重要性,且资源受限或需要快速完成模拟的问题中,选择对近壁网格密度需求较低的模型不失为较好的做法,如选用 S-A 模型或者使用一个模型搭配壁面律。如果没有资源限制,那么对湍流模型的网格无关性测试是必要的,实际使用时也应使用基本能满足网格无关解的计算网格。

除了湍流模型,还有边界层转捩问题。S-A模型和$k-\varepsilon$模型(包括高低雷诺数模型)默认流动是全湍流,它们大多不能直接用于模拟边界层转捩过程,需要添加额外的转捩模型,如代数AGS模型、与S-A模型搭配的γ方程模型、与SST模型搭配的$\gamma-Re_\theta$模型等。$k-\omega$模型由于不需要添加额外的近壁修正,原则上是可以直接模拟转捩的。在风扇/压气机/低压涡轮流动中,叶片边界层转捩都会存在,但其转捩过程要远比外流流动问题复杂。首先,在旋转和横向压力梯度下叶片表面边界层具有与主流方向不一致的三维速度分布,这可能涉及横流失稳及转捩问题,但在壁面旋转条件下,横流转捩是否与静止壁面情形一致很难判断;其次,由于转静之间的非定常干涉,上游尾迹和势场对下游叶片边界层的周期性扫掠将进一步使叶片边界层的转捩过程复杂化,对其所致效应进行较准确的定量预测目前还难以做到,但定性上可以认为,相对于"干净"来流条件,转静干涉条件下的边界层转捩位置应会提前。总体而言,对于风扇/压气机进口级以及低压涡轮,转捩应当予以考虑,但转捩模型需要对风扇/压气机/低压涡轮的实际流动情况进行相应修正和改进。而对于风扇/压气机后面级,将叶片表面边界层视为全湍流可能也是适合的,当然在没有更多证据的情况下,这有一定猜测成分。

5. 大涡模拟方法

大涡模拟方法(LES)是介于DNS与RANS之间的一种高精度湍流尺度解析模拟方法,其出发点是基于一个认识,即小尺度湍流结构的各向异性要弱于大尺度湍流结构,如果利用数值模拟将大尺度湍流直接模拟出来,而将小尺度湍流的效应用湍流模型模化,由于小尺度结构各向异性弱,所以有可能建立在各种情况下都能适用的通用湍流模型,这将大大提高湍流模拟的准确性。另外,由于小尺度湍流是被模化的,所以大涡模拟的计算量又要比DNS小很多。大涡模拟方法20世纪70年代就已被提出,但真正获得大规模工程应用是在近20年,这与计算能力的大幅度提高是分不开的。LES理论上是求解滤波的纳维-斯托克斯方程,与雷诺平均类似,滤波后控制方程组中出现了亚格子应力项,它们对应于计算网格同尺度的湍流的作用,需采用亚格子模型模化。由此角度而言,大涡模拟是不存在网格无关解的。在工程中,对射流、自由剪切流这类无边界层湍流流动的LES目前相对容易完成,但对于壁湍流,近壁亚格子模型还不具备普遍适用性和准确性、高雷诺数下壁湍流的计算量巨大、进口湍流边界条件较难给出等问题阻碍了LES的应用。针对这些问题,20余年来已有不少解决方案,其中在目前看来工程应用潜力较大的是RANS/LES组合模拟方法。该方法可以通过人工定义RANS和LES区域来缩减计算量和降低模拟难度,也可以通过重新定义RANS湍流模型中的长度尺度,使模型在近壁区表现为RANS湍流模型、远离壁面的区域表现为LES亚格子模型,从而实现壁面边界层为 RANS 模拟,而远离壁面的区域为 LES。这类方法中应用最成功的是脱体涡模拟(DES)方法,但它是否能准确模拟叶轮机内部湍流流动目前还存疑,主要原因在于近壁区是 RANS 模拟,所以要么湍流场与壁面边界层关系不大(如大迎角下翼型绕流、起落架这类钝体绕流等)、要么 RANS 湍流模型/转捩模型能够准确模拟边界层,否则整个流场解就有可能存在较大的偏差。而对于壁面众多、普遍存在逆压梯度及边界层分离的风扇/压气机流动,目前 DES 方法可能不一定都能给出优于 RANS 的结果,但发展以 DES 为代表的先进 RANS 与 LES 混合方法是实现叶轮机内流高精度仿真的重要途径。

在叶轮机三维流动分析中,大规模应用 LES 目前算力仍难以承受,但在一些机理性研究中已较为常见。中国航空发动机研究院近年来在叶轮机内流大涡模拟方面做了大量的基础性研究,例如,图 2.18、图 2.19 展示了其针对低压涡轮、压气机转子的大涡模拟研究。可见,相对于 RANS,LES 对流动细节结构分辨得更好,定量准确性也更高。

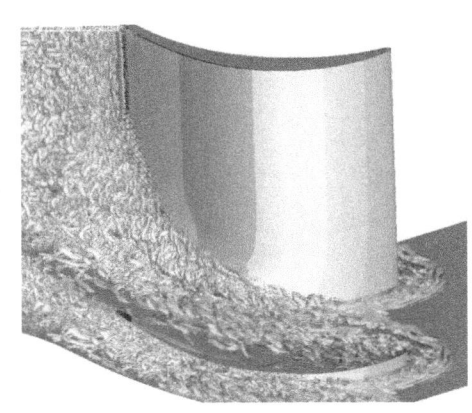

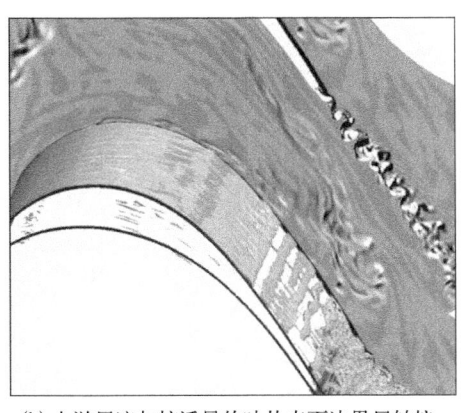

(a) 三维流场涡系结构　　(b) 上游尾迹扫掠诱导的叶片表面边界层转捩

图 2.18　T106D 低压涡轮 LES 结果

近十年来,随着大规模并行计算技术和大规模存储技术的飞跃式发展,LES 在航空发动机仿真中得到了越来越广泛的应用。Tucker[3] 介绍了大涡模拟用于航空发动机的现状,并针对不同的流动问题如何正确使用大涡模拟进行了分析。在该领域,法国的欧洲科学计算研究与高级培训中心作出了突破性研究。2016 年,其采用十亿单元量级网格,分别对单级压气机整级叶片组[图 2.20(a)]和 3.5 级压气机 1/16 全环[图 2.20(b)]进行了 LES 仿真,随后又在法国赛峰(SAFRAN)集团的支持下,完成了包括风扇的单级压气机的大涡模拟仿真[图 2.20(c)]。

在部件级大涡模拟仿真基础上,CERFACS 研究中心于 2021 年开展了复合压气机和燃烧室耦合的大涡模拟计算[图 2.20(d)]。该计算没有在圆周方向上进

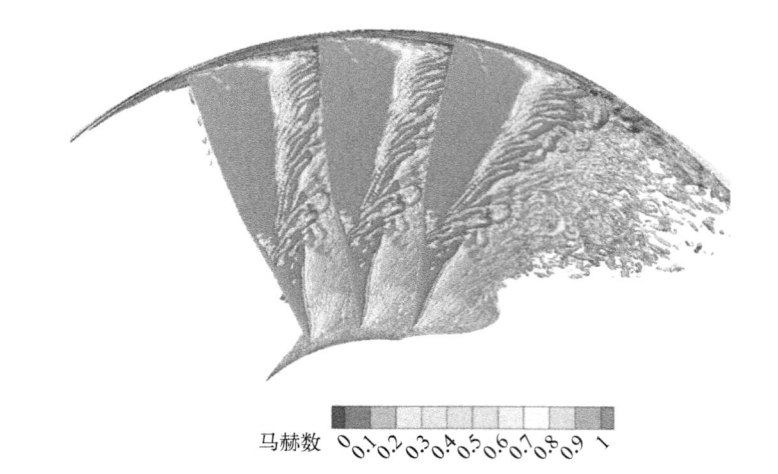

马赫数 0 0.1 0.2 0.3 0.4 0.5 0.6 0.7 0.8 0.9 1

图 2.19　NASA Rotor67 LES 结果

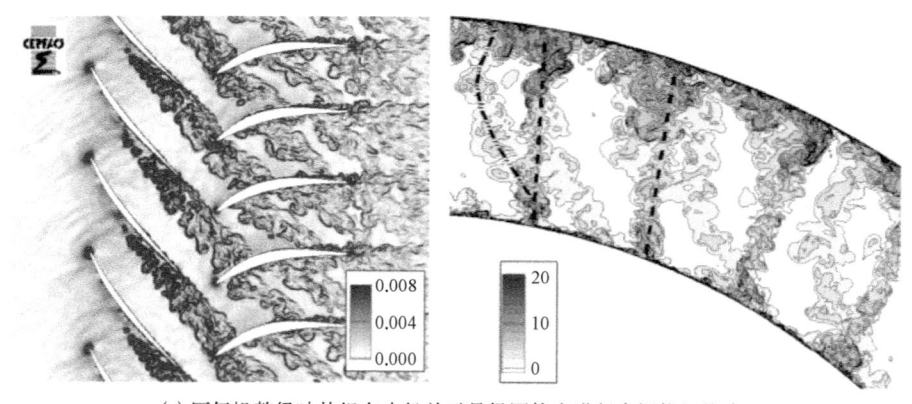

(a) 压气机整级叶片组在十亿单元量级网格上进行大涡模拟仿真

(b) 3.5 级压气机 1/16 全环在十亿单元量级网格上进行大涡模拟仿真

(c) 风扇与第一级压气机的整体大涡模拟仿真

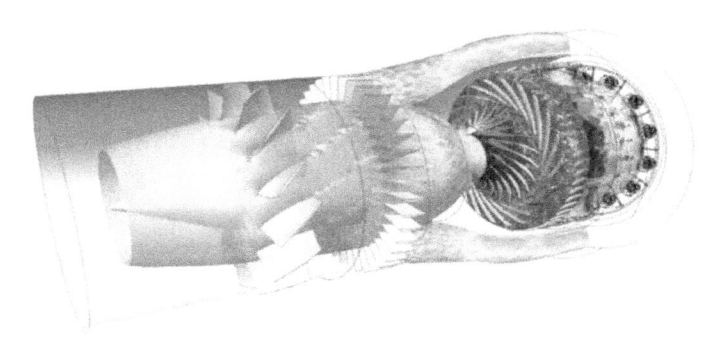

(d) 复合压气机与燃烧室大涡模拟计算

图 2.20　法国 CERFACS 研究中心 LES 算例

行缩减,直接对 360°整圈进行数值计算。该算例网络量高达 20 亿个,是迄今为止内流领域公开发表的最大规模算例,计算共消耗 3 000 万计算核时。

6. 定解条件

要完成一个气动问题的模拟,需要给定适当的边界条件和初始条件(即初场)。在叶轮机气动仿真中,计算域边界的类型主要有进口、出口、壁面、周期性边界、转静子交界面等。对这些边界条件的定义,首先应保证物理上的正确性,其次则是保证数值上的精度。下面对进出口、壁面、周期性以及转静子交界面这些边界条件分别进行讨论,最后介绍初场的给定问题。

7. 进口边界条件

对于绝大多数叶轮机流动问题,子午面绝对马赫数是小于 1.0 的,这意味着流场中的前传扰动波能够向上游传播,进口边界的类型为亚声进口。从流动方程的特征关系可知,对于三维流动需要给定四个流场参量,对于二维流动则需要给定三个参量,剩余一个参量从计算域内外推。能够在进口给定的是绝对系下的总参数,通常是给总温和总压,以及绝对周向气流角和子午面俯仰角,其中周向气流角用于三维模拟。如果模拟叶轮机一个工作点的定常流场,通常可认为它们沿周向是均匀的,所以只需给定其展向分布即可。需要特别指出的是,这里只有给定绝对系下的总参数和气流角是符合物理的,而不能给转子相对坐标系下的参数,因为相对总参数和相对气流角与具体的流场解相关,不是能事先给定的参数,即使是模拟单转子流场或者跨声叶栅流场都是如此。如果除了流场的控制方程,还需要求解其他的输运方程,如湍流模型方程,则在进口处还需要给定这些输运方程的因变量作为其进口条件。

对于从计算域外推至进口边界的参量,方法有多种。最简单的方法是外推静压或者绝对速度的大小或者前传的一维黎曼(Riemann)不变量,然后由已给定的边界参量根据气动热力学关系式可以求得其他流场变量。但目前用得更多的是基于线化的控制方程而得到的特征边条方法,也称无反射边条方法,其中分别以Tompson 和 Pinsky[4]以及 Giles[5]的方法为两类无反射边条方法的代表,这里不做详述,感兴趣的读者可参阅相关文献。

对于进口总参数和气流角展向分布的给定,是与所模拟的叶轮机部件的具体工作状况相关的,而这却往往容易被忽视。例如,在一台压气机部件的台架实验中,依其工作点的不同流量会在较大的范围内变化,而不同的流量下压气机来流的轮毂和机匣端壁边界层厚度也不同,即不同工作点时来流在端壁处的总压亏损是有变化的。总温可以视为沿展向是均匀的,因为对于湍流边界层,普朗特(Prandtl)数近似为1,黏性应力做功项与热传导项抵消,从而沿边界层法向总温近似不变。如果要利用这样的部件实验来对 CFD 进行校验,除非计算域进口一直延伸到进气机匣进口以及进气锥的上游,则应当在给定的进口总压展向分布中考虑所模拟的各工作点下端壁处的总压亏损,并且在湍流模型中还需要考虑进口条件是正确反映了来流湍流边界层的。实际上,这种考虑端壁亏损的进口总压剖面也可以视为径向总压畸变。更复杂的情况是对部件的气动特性在子系统乃至发动机整机环境中的模拟,如高压压气机其进口条件与低压压气机或风扇的具体工作状态直接相关,低压涡轮进口条件也与高压涡轮的工作状态直接相关等。这时,除非对整个压缩系统或热端部件进行整体的模拟,否则进口条件通常也难以准确给定。要强调的是,对单一部件的模拟,即使数值上的准确性能够得到保证,在实际的环境中其气动特性也会有偏差,对这一点应有清醒的认识。

8. 出口边界条件

与进口边界一样,在绝大多数情况下,叶轮机出口子午面流动是亚声的,根据流动的特征关系,在出口需要给定一个参量,其他流场参量外推。给定的参量通常是静压,并且考虑到出口处流动的周向速度分量往往不为零,所以需要采用径向平衡方程来确定静压的展向分布。如果出口位置的流动是沿圆柱面的,则简化的径向平衡方程如下:

$$\frac{\mathrm{d}p}{\mathrm{d}r} = \rho \frac{V_\theta^2}{r} \tag{2.49}$$

具体计算出口静压分布的方法是先给定展向某个位置处的静压(通常是给定机匣或轮毂处的静压值),然后离散以上方程计算出其他展向位置的静压分布。当出口处轮毂和机匣沿流向不是等半径的时,流动速度有径向分量,则应使用如下径向平衡方程来求解静压分布:

$$\frac{\mathrm{d}p}{\mathrm{d}r} = \rho \frac{V_\theta^2}{r} - \rho \frac{V_r^2}{r} - \frac{\mathrm{d}\rho V_r^2}{\mathrm{d}r} \tag{2.50}$$

另外,采用以上两种径向平衡方程的前提是认为静压沿周向是均匀的,所以以上方程中右侧的变量要取周向平均值。

除了以上的出口压力边条方法,常用的还有出口流量边条方法,即将出口流量作为外部给定的条件。实际上,流量边条也是通过给定压力来实现的,即在时间推进求解的过程中,根据给定的流量和当前计算的流量之差,不断调整出口压力,直至收敛后出口流量与给定值一致。这里给出一种简单迭代方法,如下:

$$p^{n+1} = p^n \left(1 + \phi \frac{G^n - G_{\mathrm{ref}}}{G_{\mathrm{ref}}}\right) \tag{2.51}$$

其中,压力 p 为轮毂或机匣处的静压;G 为出口流量,下标 ref 为给定值,上标 n 为时间步;ϕ 为松弛因子,一般可在区间(0.1,1.0)中取值,以不导致发散并且收敛较快为准。

通过式(2.51)获得了轮毂或机匣处的静压后,可采用径向平衡方程进而得到静压的展向分布。流量边条方法主要是在模拟一些特定的叶轮机流动时使用。例如,一台压气机的压比裕度不高但流量裕度大,其等转速总/静压升特性线的特点是在失速边界右侧压升系数变化很小。这时,如果采用压力边条,则模拟的失速点位置往往流量偏大,采用流量边条则可以在压升特性线变平后模拟出失速前小流量工作点的流场。再如,多级压气机在低转速时进口级可能已经失速,但由于后面级仍处于正常工作状态,所以该压气机整体特性是在稳定边界右侧的,这时进口级工作状态是在确定的流量下的,如果要对其进行专门的模拟,可以使用出口流量边条。

至于出口处需要外推的参量,简单的方法是外推三个速度分量以及熵或者总焓。更好的是采用无反射边条方法。如果还需要求解除流场控制方程以外其他的输运方程,如湍流模型方程,则直接外推附加的输运方程的因变量即可。

9. 壁面边界条件

如果是无黏流动的模拟,则壁面处需要满足滑移的无渗透边界条件,如果是黏性流动模拟,则可以给定无滑移条件。当前对叶轮机流场进行无黏模拟已很少,这里主要针对黏性流动模拟介绍边界条件方法。无滑移条件是指流体在壁面上的速度与壁面的运动速度一致,这样可以得到壁面边界处的速度分量。得到了速度后还缺两个条件,通常采用压力和温度条件。对于压力条件,习惯上取壁面边界层内的法向压力梯度等于0,这也是一般的外流模拟中的做法。但是,叶轮机中是有旋转的壁面的,在无滑移条件下,壁面上流体的速度等于壁面旋转速度,这时壁面处法向压力梯度是不等于0的。实际上,壁面上的径向压力梯度满足如下简单径向平衡方程:

$$\left.\frac{\partial p}{\partial r}\right|_b = \frac{\rho_b V_{\theta b}^2}{r_b} \tag{2.52}$$

设径向单位矢量为 n_r,壁面处法向单位矢量为 n_s,则壁面法向压力梯度可以用下式计算:

$$\left.\frac{\partial p}{\partial n}\right|_b = \frac{\rho_b V_{\theta b}^2}{r_b} n_r \cdot n_s \tag{2.53}$$

由式(2.53)可以看出,当壁面为静止或者壁面法向单位矢量 n_s 的径向分量为0时(径向积叠的转子叶片近似如此),法向压力梯度是等于0的。对于温度条件,如果是绝热壁面,则沿壁面法向的温度梯度等于零;如果是等温壁面,则壁面温度可以直接给出;如果是气热耦合模拟,则壁面处的热流量可以通过气热间的迭代得到,从而可得到壁面法向的温度梯度。最后,将壁面的压力和温度条件结合,可以外推得到壁面上的压力和密度,这样壁面边界条件可完全定义。

10. 周期性边界条件

周期性边界是叶轮机三维 CFD 仿真中一种常见的特殊边界。当只用非全环计算域进行定常/非定常模拟或采用时间/空间周期性流动的建模方法进行模拟时,都涉及在周向边界处定义周期性边界条件。对于定常模拟,可以设置简单周期性边界条件,即周向上一侧边界处的流场变量等于对面一侧的流场变量,若速度用笛卡儿坐标系描述,则还需将速度矢量根据两侧边界的周向转角进行相应旋转。对于非定常模拟,若计算域不是全环而是一个扇区,也可以使用以上周期性条件,但这里需要特别说明的是,采用了周期性条件,就意味着默认了非定常流场在空间上是周期性的,其波长是所取扇区的周向宽度及其整数倍分之一,在时间上也只允许满足相应时间周期性的扰动频率及其整数倍频率存在。这种隐含的限制条件在一些情况下可能会造成问题。例如,叶尖泄漏流/涡在一些条件下会出现明显的自激非定常性,其频率未必会与周期性条件所隐含的非定常频率一致,这时,周期性条件要么会抑制其自激非定常流,要么会迫使其频率与周期性频率一致。除此以外,还有旋转失速流场模拟、流固耦合模拟、存在较大分离/角区旋涡等流动结构的非定常模拟等,也有可能出现以上情况,所以在划分计算域前必须注意。对于以上问题,有时只能通过取全环计算域,从而避免设置周期性条件来解决。

除了以上直接定义周期性条件的方法,还有一类常用方法是相延迟(phase-shift)周期性边界条件方法,在具体解决方案中又以 He[6] 提出的基于傅里叶(Fourier)级数的形修正相延迟方法为代表。相延迟周期性边界条件方法可用于非定常模拟,也可用于如谐波平衡法等时间周期性流动建模方法,其主要作用是能够将计算域缩减为单个叶片通道,从而大幅降低计算量。然而由于该类方法仍然需要事先给定周期性假设,所以上面提及的问题也会存在。

11. 转静子交界面边界条件

由于转静子的相对旋转,其流动本质上是非定常的。如果是采用非定常模拟,每推进一个物理时间步,转子网格有一个相应的角度位移,然后在交界面处可采用用于非连续对接网格边界的插值方法或通量传递方法等来传递交界面两侧的流场信息。非定常模拟计算耗费昂贵,特别是转静子叶片数不能够约化只能进行全环非定常模拟时更是如此。所以需要对其进行适当的简化,将非定常流动问题简化为定常问题,从而大大降低计算量。简化建模方法主要有两种,分别为冻结转子方法和掺混面方法。冻结转子方法是简单地认为转静子之间的相对位置固定不变,但描述转子通道内部流场的仍是转子系下的控制方程,在转静子交界面处采用插值方法等直接传递流场两侧的流场信息。这种方法一般情况下很少使用,因为获得的解与转静子间的相对位置有关,不是唯一解。在物理上这种方法也没有依据,只是纯粹数值上的简单处理。下面主要介绍掺混面方法。

掺混面方法最早是由剑桥大学 Denton[7] 提出的,其基本思想和出发点是假设在分别包含转子和静子的两个相邻计算域之间存在一个足够长的通道,使两侧计算域之间相互传递的周向非均匀扰动可在此通道中充分掺混,从而将非定常问题转化为定常问题,进而为两侧计算域分别给定物理上恰当的边界条件。可见,掺混面并不是单纯的数值处理方法,它是有其物理基础的。另外,由于带来流动非定常性的是叶片排间的周向相对运动,所以通常是在从轮毂到机匣的一系列回转面上分别应用掺混面条件,而掺混面前后流场参数的展向分布规律是连续的。对于掺混面的数值建模,较常见的是周向平均方法,即在转子与静子之间的交界面处分别对转子出口和静子进口的流场参数进行周向平均,然后将转子出口周向平均的流场参数作为静子进口边界条件、将静子进口周向平均的流场参数作为转子出口边界条件。这种方法实现简单,不增加计算量,但除了在平均哪些参数、如何平均等方面的不确定性,其最大的问题是周向平均本身只是似是而非地模拟了流动的掺混,当转静子之间的轴向间距较小时,周向平均可能会带来较大的误差。相对于周向平均更好的方法是通量平均(或通量守恒),该方法能够在交界面处保证两侧对流通量的守恒,但是在具体实现上如果处理不好,则在交界面处存在部分倒流的情况时容易导致计算发散。下面将简单介绍由北京航空航天大学提出的基于通量守恒的掺混面方法。

该掺混面方法的一个基本出发点是,掺混面不应被视为一种纯粹的数值处理方法,实际上,掺混面是可以有实际的物理流动与之对应的,而掺混面的建模应当能够再现这种物理流动。具体的建模思想是假设在分别包含转子和静子的两个相邻计算域之间存在一个足够长的通道,从而两侧计算域之间相互传递的非定常周向非均匀的扰动可在此通道中充分掺混,从而将非定常问题转化为定常问题,进而为两侧计算域分别给定物理上恰当的边界条件。需特别指出的是,以上在模型中需要体现的在足够长通道中的充分掺混过程仅限于沿转静交界面两侧等半径的周向,而径向的非均匀性需要保留。另外,这种掺混过程并不一定是指以流体黏性所主导的,实际上,对于周向非均匀的压力扰动,更准确的提法应是扩散过程。

在叶轮机中,在从轮毂到机匣的一系列回转面(一般是由计算网格所划分的回转面)上应用掺混面模型,从而保持掺混面两侧的流场参数的展向分布规律是连续的。以一个压气机级的回转面为例,分别包含转子叶片排和静子叶片排的两个计算域,如图2.21(a)所示。在两个计算域的交界面处使用掺混面方法,则有如图2.21(b)所示的情形与之对应,即两个叶片排之间的距离拉至足够远,直至向下游、上游传递的非定常扰动(上游尾迹、周向压力扰动和下游周向压力扰动)在叶片排间衰减至消失,转子和静子流场各自达到稳定状态(流场定常且数值上为收敛状态),并且在两个叶片排间某处流动是充分掺混的(即该处的流动是周向均匀的)。此时,在流动充分掺混的区域截取一段法向切片[如图2.21(b)所示的直线ml 和 mr 所切出的区域],分别考察关于由转子计算域下游边界与该切片上游边界ml 围成的计算域,以及关于由该切片下游边界 mr 与静子计算域上游边界围成的计算域(这两个计算域可展成周向整环),可以得到:

$$\bar{F}_{\text{ml}} - \bar{F}_{\text{rotor-exit}} = 0 \tag{2.54}$$

$$\bar{F}_{\text{stator-inlet}} - \bar{F}_{\text{mr}} = 0 \tag{2.55}$$

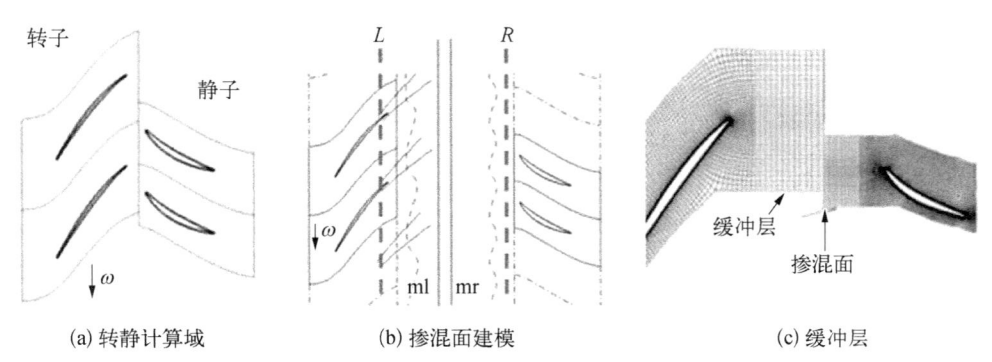

(a) 转静计算域　　(b) 掺混面建模　　(c) 缓冲层

图 2.21　基于通量守恒的掺混面模型示意图

其中，$\bar{F}$ 为通量和，即

$$\bar{F} = N_B \sum S \begin{bmatrix} \rho U \\ \rho U V_x + n_x p \\ \rho U V_\theta + n_\theta p \\ \rho U V_r + n_r p \\ \rho U H \end{bmatrix} \qquad (2.56)$$

其中，N_B 为叶片数；下标 x，θ，r 为柱坐标系；V_x，V_θ，V_r 分别为轴向、周向和径向速度分量；$U = n_x V_x + n_\theta V_\theta + n_r V_r$ 为对流速度；n_x，n_θ，n_r 为交界面法向单位矢量。

对直线 ml 和 mr 所围成的切片建立流场控制方程：

$$\frac{\partial}{\partial t} \int_V Q \cdot \mathrm{d}V + \bar{F}_{\mathrm{mr}} - \bar{F}_{\mathrm{ml}} = 0 \qquad (2.57)$$

将式(2.54)、式(2.55)代入式(2.57)，可得

$$\frac{\partial}{\partial t} \int_V Q \cdot \mathrm{d}V + \bar{F}_{\mathrm{stator-inlet}} - \bar{F}_{\mathrm{rotor-exit}} = 0 \qquad (2.58)$$

该方程的解即为叶片排间充分掺混后的流场解。采用通常的时间推进法求解，对时间导数项采用一阶显式欧拉离散，则有

$$Q^{n+1} = Q^n - \frac{\Delta t}{V}(\bar{F}_{\mathrm{stator-inlet}} - \bar{F}_{\mathrm{rotor-exit}}) \qquad (2.59)$$

在采用时间推进法求解时，当地时间步长可取为

$$\Delta t = \frac{\mathrm{CFL} \cdot V}{(\bar{U} + \bar{c})S} \qquad (2.60)$$

其中，$\bar{U}$ 和 $\bar{c}$ 为交界面处的平均对流速度和声速。将式(2.60)代入式(2.59)，则

$$Q^{n+1} = Q^n - \frac{\mathrm{CFL}}{(\bar{U} + \bar{c})S}(\bar{F}_{\mathrm{stator-inlet}} - \bar{F}_{\mathrm{rotor-exit}}) \qquad (2.61)$$

一般 CFL 数可取为 0.5，以充分保证计算的稳定性。方程(2.61)的收敛解只取决于转子出口和静子进口的通量差，如果该方程完全收敛，则交界面处的通量完全守恒。

在得到了掺混面处的掺混解后，采用一维无反射边界条件可分别为静子计算域上游边界和转子计算域下游边界给定恰当的进出口边界条件。然而，当流动在

周向存在较强的非均匀性时,流动不满足无反射边界条件所依据的线化假设前提,因此在交界面处会存在一定程度的数值反射。为了解决该问题,又进一步提出了通过在掺混面模型中增加缓冲层的方法来吸收掺混面两侧过强的非线性扰动。这与计算气动声学中常用的吸收层(absorbing layer)边界条件方法类似,但是这里需要保证在缓冲层中流动不能有额外的黏性损失,这与声场模拟中的吸收层处理方法不同。缓冲层的添加方式如图 2.21(c)所示,这时,方程(2.61)得到的掺混解不直接传递给转子出口和静子进口,而是利用一维无反射边界条件传递给上游转子缓冲层的出口和下游静子缓冲层的进口。在缓冲层中,流动从非线性强的非均匀状态过渡到接近线性状态,这时再在掺混面处采用无反射边界条件就可以基本消除数值反射,其原理如在上下游的缓冲层中,需要求解如下的无黏控制方程:

$$\frac{\partial Q_{bl}}{\partial t} + \frac{\partial F_{bl}}{\partial x} + \frac{\partial G_{bl}}{r\partial \theta} - \omega \frac{\partial Q_{bl}}{\partial \theta} = 0 \quad (2.62)$$

其中,

$$Q_{bl} = [\rho, \quad \rho U, \quad \rho v_\theta, \quad \rho V, \quad \rho e]^{\mathrm{T}} \quad (2.63)$$

$$F_{bl} = [\rho U, \quad \rho U^2 + p, \quad \rho U v_\theta, \quad \rho UV, \quad \rho UH]^{\mathrm{T}} \quad (2.64)$$

$$G_{bl} = [\rho v_\theta, \quad \rho v_\theta U, \quad \rho v_\theta^2 + p, \quad \rho v_\theta V, \quad \rho v_\theta H]^{\mathrm{T}} \quad (2.65)$$

其中,U 为交界面处的法向速度;$V = l_x v_x + l_\theta v_\theta + l_r v_r$;$l = [l_x, \quad l_\theta, \quad l_r]^{\mathrm{T}}$ 为同时与交界面的法向和周向正交的单位矢量;ω 是缓冲层所对接的叶片排的旋转速度。在缓冲层内求解的是无黏的控制方程,因此在缓冲层内没有黏性带来的损失。数值实践中,缓冲层的流向宽度取为与其相连的叶片排栅距的 0.3,数值试验表明该宽度足够将周向非均匀性降低到可接受的水平。

12. 初场条件

对涡轮流场的模拟,初场的给定方式没有特别的要求,但模拟风扇/压气机流场时则不然,这是由其能量转换方向以及具体的流场特点决定的。在对风扇/压气机进行模拟时,无论是求定常解还是非定常解,如果初场不合适,则其工作点可能会越过失速边界,同时由于从失速后到正常工作的迟滞特性,从而得不到正常工作状态下的流场解。例如,定常模拟一个转子流场,初场取为 0 速度场,那么除非出口反压给得很低,否则随时间的推移,转子流场很可能是处于失速状态的。

对于风扇/压气机模拟中对初场的敏感性问题,通常当风扇/压气机的压比越高时越显著。在定常模拟中,一般给定初场的方法有两种,第一种方法是利用流量守恒、叶轮机欧拉方程、转静子中的转焓或总焓守恒、流道和叶片的几何信息等估算出子午面流场,然后展成三维作为初场。第二种方法则是模拟风扇/压气机的启动过程,即从很低的转速开始,迭代求解流场若干步后,逐步提高转速,直至达到所要模拟的转速。通常这两种方法都很有效,但如果模拟的是级数较多的压气机,则第一种方法不一定好用,第二种方法更保险。另外,如果已经获得了风扇/压气机一个工作点的流场解,则可以以该流场作为下一个工作点流场模拟的初场,这样可以获得风扇/压气机的整个特性。

2.1.2 叶轮机专用模型

为了处理叶轮机非定常流动问题,本节总结了几种针对航发叶轮机的若干专用流动模型,如确定性应力模型、叶片数模化法、相延迟法以及几种谐波方法。

叶轮机中的非定常流动主要包含两类:第一类是确定性的非定常流动,即有转静相对运动所带来的非定常流,如果考虑气固耦合问题,则强迫响应下的流动也可以归为这一类;第二类是非确定性的非定常流动,主要包含旋转失速、非定常分离及旋涡脱落、气固耦合下的颤振等,其非定常脉动频率与转速没有直接的关系。对于非确定性的非定常流动,大多数是出现在叶轮机的非设计点工况(如近失速点),对这些流动现象的模拟也只能采用时间推进的非定常模拟方法,而且往往还需要全环模拟,否则周期性条件就有可能会破坏流动自身的频率信息,甚至获得的解是非物理的。而对于确定性的非定常流动,正如 2.1.1 节所介绍的,利用掺混面方法可以将其简化为定常问题求解,但这样会抹掉转静子之间的非定常干涉效应,当叶轮机负荷较高时,这种简化会带来较大的计算误差。另外,在考虑叶轮机气弹以及气动噪声等问题时,也需要获得流场的非定常解。就目前来看,在设计和数值评估中逐步考虑非定常效应是叶轮机气动的发展趋势[8]。

考虑叶轮机的非定常效应最基本也是最准确的方法自然是时间推进的非定常方法,但同时也是计算代价最大的。例如,Van der Weide 等[9]利用非定常 RANS 方法对普惠公司某发动机的压气机和涡轮进行了全三维非定常 RANS 模拟,如图 2.22 所示。在涡轮的全环计算中,计算网格数目约为 8 800 万个,采用 600 个 CPU(central processing unit,中央处理器)计算,计算时间长达 680 小时,而且一个时刻的流场数据和网格文件就高达 9 GB,整个流场的存储需要 35 TB。而高压压气机由于级数多,其计算网格达到 2.2 亿个,采用 600 个 CPU 计算,仅仅推进一个转子旋转周期的计算时间就需要 3 500 小时,其数据存储量更为巨大。可见,即使采用大规模并行计算,开展多级叶轮机的直接非定常数值模拟也是十分耗时和代价高昂的。这也为发展在计算精度可以接受的前提下,减少计算网格规模或计算量的非定常建模方法提出了迫切的需求。

目前已有的叶轮机转静干涉非定常流动的建模方法可见表 2.2。下面简要叙述这些简化方法的基本原理、计算精度、计算速度以及其发展现况。

图 2.22　涡轮和压气机的三维全环非定常数值模拟

表 2.2　叶轮机非定常流动建模方法

周期性流动模化方法		提 出 者	年 份
	确定性应力法	Adamczyk[10]	1985
	叶片数模化法	Rai 和 Madavan[13]	1989
相延迟法	直接存储	Erdos 等[15]	1977
	时间倾斜	Giles[16]	1988
	形修正	He[6]	1990
谐波方法	时间线化方法	Ni 和 Sisto	1976
	非线性谐波法	He 和 Ning	1998
	谐波平衡法	Hall 等[17]	2002

1. 确定性应力模型

1985 年,美国国家航空航天局刘易斯研究中心的 Adamczyk[10] 通过引入系综平均、时间平均、通道平均三个平均算子,建立了描述叶轮机内确定性非定常流动的通道平均方程。系综平均是对空间点的流场变量做采样平均,把湍流脉动通过雷诺应力项体现,这也是研究统计定常湍流的基本方法。时间平均是针对由于转静子相对运动所致的流场参数周期性变化,从而得到时均分量和确定性的非定常脉动分量,其时间尺度远大于湍流脉动的时间尺度,得到的时均方程相比系综平均方程增加了一些相关项,在动量方程中称为确定性应力项,在能量方程中称为确定性能量项,它们代表了确定性的周期性非定常脉动对时均流场的作用。通道平均用于计入多级叶轮机中的时序效应。在多级叶轮机中,由于时序效应,同一叶片排内不同叶片通道内的时均流场是有差别的。因此,对各个叶片通道内的时均流场再做平均,即通道平均,所得的新方程相比时间平均方程又多了一些相关项,它们反映了时序效应对通道平均流动的影响。这样,通过上述三个平均算子的引入,便可把湍流随机脉动引出的雷诺应力、确定性的非定常脉动引出的确定性应力、叶片排时序效应引出的通道非均匀脉动应力体现在最终的通道平均方程中。

Adamczyk 在 APNASA 程序中加入了确定性应力模型,在 4.5 级低速研究型压气机、10 级高速压气机、3.5 级高速压气机、高速高压涡轮、低压涡轮的计算校验中表现较好,对设计工况和非设计工况的性能都给出了较准确的预估。Rhie 等[11]在三维 RANS 方程中利用体积力来考虑叶排之间的势干扰,利用确定性应力来考虑尾迹的轴向和径向的堵塞与掺混效应,基于此建模思路编写了程序 NASTAR-Ⅱ,并利用某单级压气机进行校核,与采用传统掺混面的 NASTAR-Ⅰ程序相比,其计算的总特性和出口总温/总压分布与实验吻合得更好(图 2.23)。Busby 等[12]利用确定性应力方法计算了涡轮进口热斑在单级涡轮中的迁移,图 2.24 给出了转子 50%弦长和尾缘处叶片通道中总温的分布。包含确定性应力的定常计算和非定常时均结果符合得很好,而且其计算速度比非定常计算快 4 倍左右。

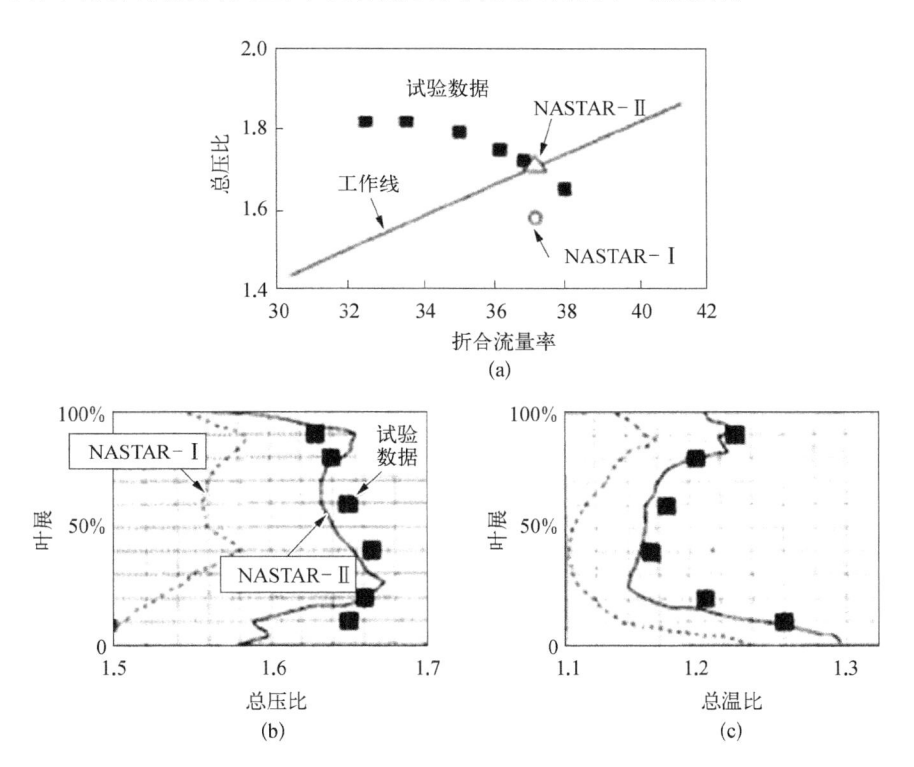

图 2.23 某单级压气机的总特性和出口总压/总温分布

虽然确定性应力方法在计及非定常效应的全面性以及计算速度上有很大的优势,但由其三种平均所引出的应力项中,除了雷诺应力可以用已有的湍流模型模

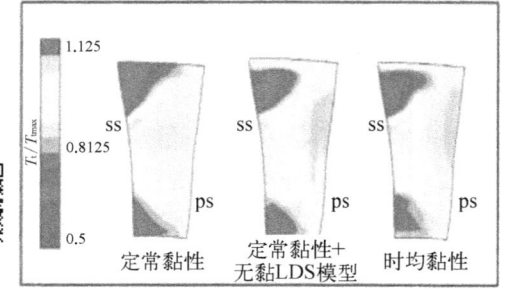

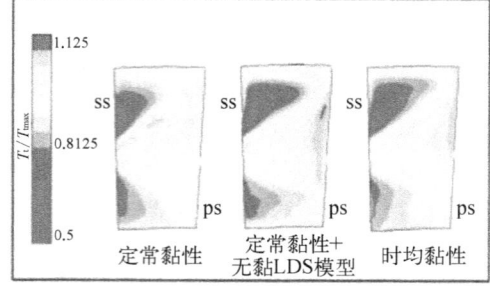

(a) 中弦长处叶片-叶片流道截面总温比云图　　(b) 尾缘处叶片-叶片流道截面总温比云图

图 2.24　转子 50% 弦长、尾缘处叶片通道中总温的分布

化,另两类应力项在模化上的复杂程度上不比雷诺应力小,模化难度同样很大,这限制了该方法的广泛应用。

2. 叶片数模化法

在直接采用非定常模拟方法对叶轮机转静干涉流动进行模拟时,每个叶片排往往需要包含多个叶片通道才能保证所计算的转静子通道有相同的周向扇面角,从而可以应用周期性条件。然而,在叶轮机设计中从气动及振动的角度考虑,转静子叶片数不能直接成倍数。这使得叶片通道能约化的程度往往很小甚至是不能约化的,意味着需要采用全环非定常模拟。这使得实际模拟中所需要的计算网格规模大、内存需求大、计算时间长。为了减少计算量,Rai 和 Madavan[13]提出了叶片数模化方法,其基本思想如下:保证叶片关键几何参数不变,如叶片稠度和喉道面积(图 2.25),对叶片数进行适当的增减,从而能够更大程度地约化各排的叶片数,这样需要模拟的叶片通道可以更少。例如,一个单级压气机,其转静子的叶片数为 16∶23,如果直接模拟则需要全环计算域,但采用叶片数模化方法,可以人为地将其叶片数改为 16∶24,同时根据稠度不变原则缩小静子弦长,这样只需非定常模拟 2∶3 个叶片通道。自叶片数模化方法提出以来,由于实现简单,不需要更改已有的非定常计算程序,同时减少了计算规模、加快了计算速度,在转静干涉等非定常计算中得到了广泛的应用。但由于该方法实际上改变了原来的几何,计算误差也是显而易见的。Pacciani 等[14]采用二维 RANS 方法研究了涡轮级的转静干涉,对不同叶片数模化比例的计算结果进行了对比,发现模化后的叶片数的比值越接近于原始叶片数的比值,其计算误差越小,当模化后的叶片数之比偏离原始值太大时,计算结果会有严重的误差。另外该方法也难以在气动声学模拟中应用,因为声波的传播模态对叶片数很敏感,采用叶片数模化方法计算准确性难以保证。

3. 相延迟法

在转静非定常流动中,相邻两个叶片通道之间没有直接的周期性,但是存在一个相位延迟的周期性。如图 2.26 所示,设某时刻叶片排相对位置如图 2.26(a)所

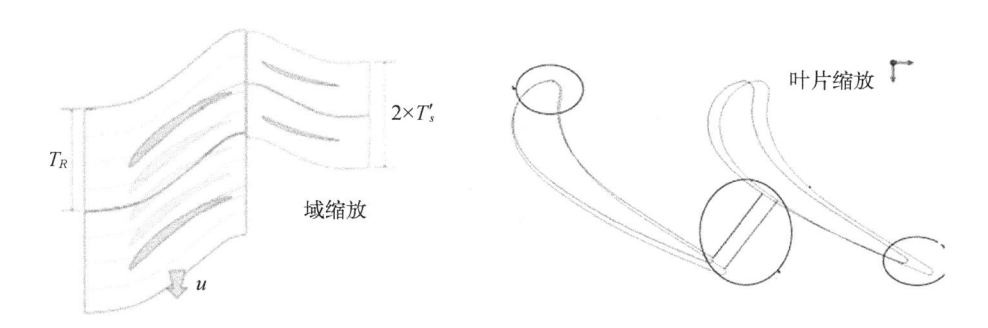

图 2.25 叶片数模化法示意图

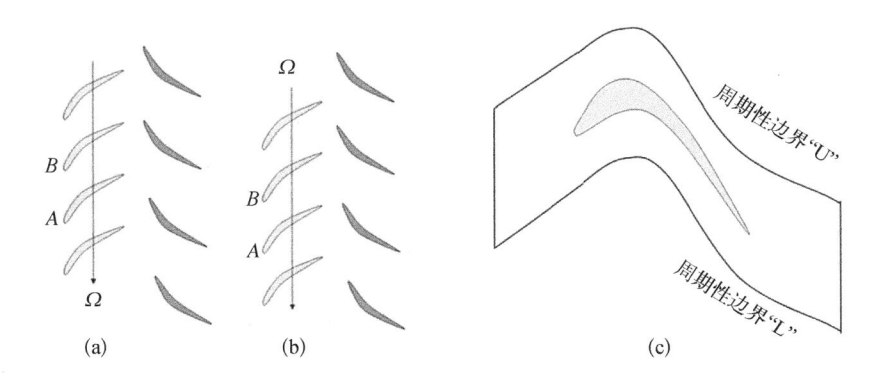

图 2.26 相位延迟的示意图

示,当转子叶片运动到图 2.26(b)所示位置时,可以看到 B 叶片感受到的流场和上一个时刻 A 叶片(相差一个叶片栅距)感受到的流场完全一样,只是两者存在一个时间差,即一个相位延迟角。

Erdos 等[15]在风扇级的二维无黏非定常模拟中首先利用以上相位延迟周期性概念,在计算中转静子叶片排只采用单个叶片通道,时间推进的过程中存储周期边界和转静子交界面处最新的一个周期内的流场变量,然后根据相位延迟角,用所存储的一个周期内对应时刻的结果来更新当前时刻周期边界和转静子交界面上的流场变量值。该方法称为直接存储相延迟方法。由于计算域可以只取单叶片通道,所以计算量可以大大减少。但是该方法往往需要占用很大的存储量,特别是当转静子叶片数互质时要存储边界处整周的信息,而且存储量越大,其收敛速度就会越慢。

Giles[16]提出了另外一种单通道模拟的相延迟方法,称为时间倾斜方法。他将欧拉方程进行了时间变换,使得可以在相位延迟周期边界上应用简单的周期性边界条件,从而避免了如直接存储相延迟方法的存储量大的问题。但是该方法也有明显的缺点,如在低马赫数时收敛性差,而且对于转子静子栅距比有一定的限制,当其远大于 1 时,会有严重的计算稳定性问题,只能通过增加叶片通道数来缓解。而限制该方法应用的最大问题是由于在变换中只考虑了一个栅距比,所以只能用于单级的转静非定常模拟。

为了减少直接存储相延迟方法对内存的需求,He[6]提出了基于傅里叶级数的形修正相延迟方法。其思路是将周期边界和转静子交界面上的流场变量在一个周期内的值用傅里叶级数表示,从而只保存傅里叶系数即可,这样可以使得存储量大大降低,至于傅里叶系数可以每隔一个周期更新一次。随后,He 将上述方法扩展到了可模拟流场中存在多个不同频率扰动的情况。该方法的收敛速度和计算时间与直接存储方法相当,但大大减少了内存需求,尤其是对于低频扰动优势更明显,所以得到了广泛的应用。除了转静子干涉流动问题,该方法还可以用于振荡叶栅以及进气畸变等问题的非定常模拟。图 2.27 给出了部分采用该方法模拟的单/多级压气机和

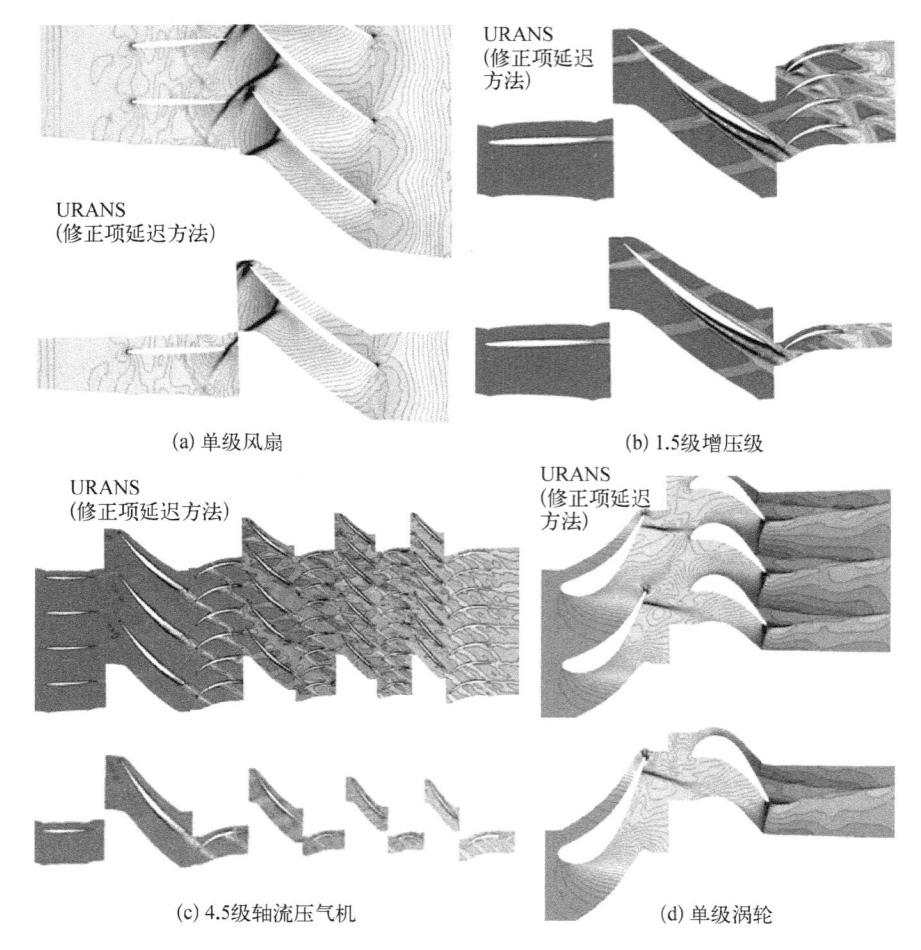

(a) 单级风扇

(b) 1.5 级增压级

(c) 4.5 级轴流压气机

(d) 单级涡轮

图 2.27　相延迟方法在转静干涉中的应用

单级涡轮的非定常流动示例,可见与多通道直接非定常模拟结果吻合得很好。

相延迟方法这种单通道非定常模拟方法是不能捕捉时序效应的,这是其固有的缺陷。但相对于多叶片通道的直接非定常模拟,其计算资源需求大大减少,并且能够反映相邻叶片排的非定常干涉作用,所以在工程中颇具吸引力。

4. 谐波方法

在时间推进求解转静子非定常流场时,实际上大部分计算时间是耗费在从初场推进到所需要的周期性状态的过渡过程中。因此,如果能够直接模化和求解这种时间周期性的流场,就有可能大大降低总的计算量。由于转静子干涉流动的时间周期性,将流场变量表达为同样具有周期性特点的傅里叶级数的形式是一个自然的想法,这也是谐波方法的基本出发点。实际上,也可以把谐波方法看成是对确定性应力的一种建模方法。

在谐波类非定常简化方法中,最先出现的是小扰动法。该方法以小扰动方程为基础,将扰动量分解为不同频率脉动之和,而单个频率的扰动以其一阶傅里叶级数表示,并利用傅里叶级数的正交性,最后可获得每个单一频率扰动量的线化方程。由于对定常流方程和每个频率扰动量的线化方程求解的是其定常解,并且只需要求解单个叶片通道的流动,所以其计算量只与定常模拟相当。小扰动方法已经应用到叶轮机中的二维/三维无黏和黏性流动,用于颤振和转静干涉的计算。图 2.28 给出了采用小扰动方法计算的对转压气机流场,可见该方法捕捉到了下游转子对上游转子的势干扰、上游转子尾迹在下游转子通道中的传播。从实际应用来看,小扰动法一般只需要考虑少量频率就能得到较准确的解。其缺点也很明显,即由于采用了小扰动线化假设,当流动中存在较强的非线性作用时该方法不再适用。

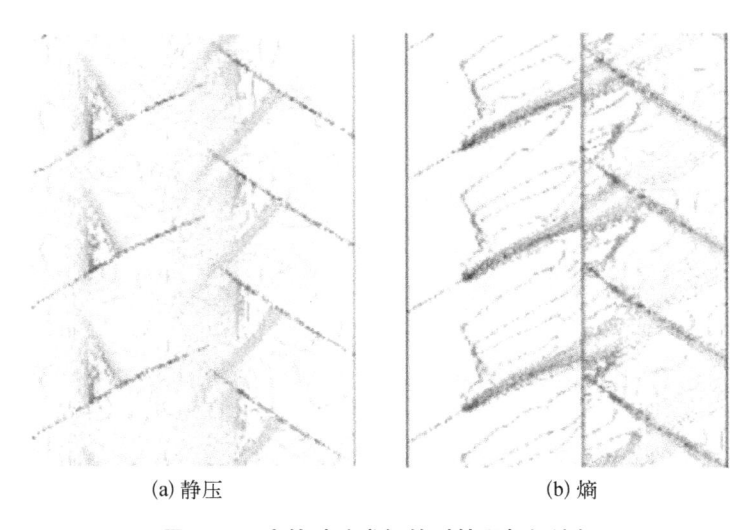

(a) 静压　　　　　　　　　(b) 熵

图 2.28　小扰动法求解的对转压气机流场

为了解决小扰动法的以上问题，He[6]进一步提出了非线性谐波方法，用于克服线化方法的缺点。与小扰动法中将非定常流场变量分解为定常量和小扰动量不同，非线性谐波法是将非定常变量分解为时均量和脉动量，经过一系列方程推导，略去高阶项，可以获得一个时均方程和 $2N_p$ 个脉动方程，这里 N_p 为所考虑的扰动频率的数量，对它们需要耦合求解，计算量和求解 $2N_p+1$ 个定常方程相当。非线性谐波法物理概念清晰，能够计及时序效应，与时域的非定常模拟相比，在保证工程精度的同时大大节省了计算时间，目前已经获得了很多成功的应用（图 2.29）。实际上，非线性谐波法也可以看成是 Adamczyk 确定性应力的一种建模方法。但是该方法也有一些缺点，例如，虽然方法中包括了时均方程和脉动方程的相互作用，但是忽略了高阶项以及不同频率谐波之间的交叉耦合作用，另外在湍流模拟时，为了避免对非线性湍流模型的线化，在计算中假定了涡黏性系数不变，这些简化和假设会引入一定的计算误差。在方法的具体实施上，该方法需要在频域中求解控制方程，并且对计算格式也有特殊的要求，程序编制相对复杂，所以在推广应用上有较大的限制。

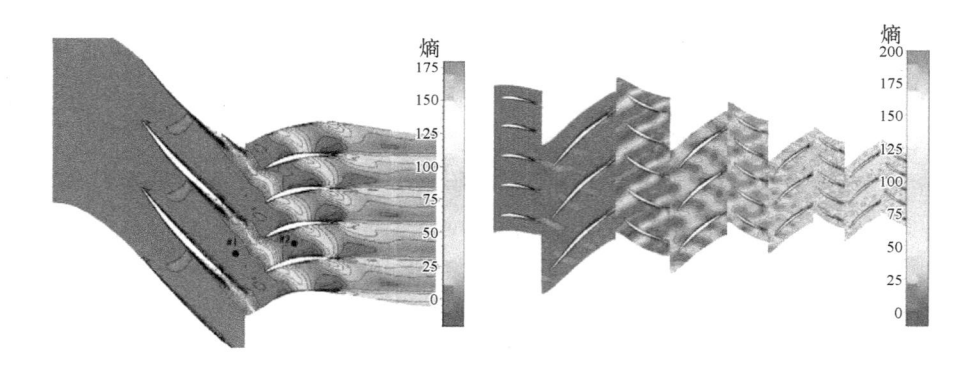

图 2.29　非线性谐波法计算结果示例

与非线性谐波法相对应，Hall 等[17]提出了同样基于傅里叶级数但可直接在时域求解的谐波平衡方法。该方法直接将周期性的流场变量用傅里叶级数展开，选择有限的阶数 N，然后代入原始的流场控制方程，并注意到正弦函数的正交性以及守恒变量的傅里叶系数可通过一个时间周期内均匀分布的 $2N+1$ 个时刻的守恒变量通过傅里叶逆变换得到，从而最终得到 $2N+1$ 个控制方程，可以采用定常方法求解，其解代表了一个周期内 $2N+1$ 个时刻的瞬态解。Du 和 Ning[18]对该方法作了进一步解释，实际上它可以认为是对守恒变量的瞬态解在一个周期内以傅里叶级数为基函数进行拟合的时间谱方法，进一步提出了以周期性样条函数作为基函数的时间拟合方法。谐波平衡方法的主要优势在于，其求解的是时域内的方程，所以很容易在已有的 CFD 程序中实现，对湍流模型的处理方式也可以和主流控制方程一致。另外，如果在计算量允许的情况下能够考虑所有相关的模态，则该方法可以反映周期性流动的所有非线性特征,当然一般只需要较少阶数的模态就足够分辨主要的周期性非定常扰动了。自 Hall 等[17]提出谐波平衡法以来,该方法得到了许多研究者的应用,与传统的时间推进法相比,其计算速度可提高 1~2 个数量级。图 2.30 给出了一些利用谐波平衡法计算的叶轮机转静干涉的例子,计算中均利用相延迟边界条件,采用单通道计算网格,图中为了显示方便,后处理给出了多通道的流场。

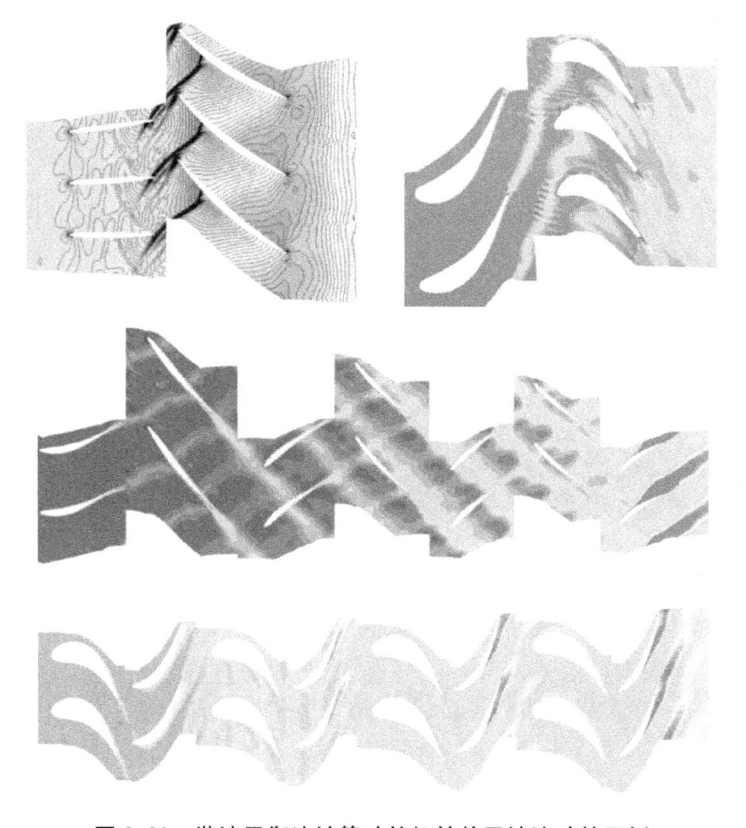

图 2.30　谐波平衡法计算叶轮机转静干涉流动的示例

前面简要概述了目前已有的周期性非定常流动的模化方法,这些方法在模型的复杂程度和适用范围、模拟准确性、程序实现的难易、计算量等方面有各自的优缺点。采用哪种方法为宜,则应视具体的问题而定。

2.2　工程适用性分析

2.2.1　工程适用性分析的必要性

气动仿真技术应用特点随应用对象不同而不同,需要具体问题具体分析。

气动仿真技术应用领域广泛,如湍流模型研究、流动控制原理研究、试验技术研究、工程设计、工程制造等。应用领域不同,气动仿真技术应用特点不同。有的领域,如湍流模型研究、流动控制机理研究等,流场数值求解的数理模型精度、初边值精度等是关注重点;有的领域,如工程设计、工程制造等,流场数值求解的计算精度、计算耗时、鲁棒性、硬件资源消耗等则是普遍关注方面。

在工程设计领域,气动仿真技术应用对象多样,如导弹气动外形设计、飞机机翼气动设计、风机叶片设计、航空发动机气动设计、燃气轮机气动设计等。应用对象不同,气动仿真技术应用特点也不尽相同。例如,用于导弹飞机等外形设计的外流数值求解,会比较关注附面层转捩计算精度、低速收敛性等。但用于航空发动机的高马赫数、高雷诺数内流数值求解,往往假设气流处于完全湍流状态,一般不考虑转捩,也就无所谓转捩计算精度;也很少因主流速度过低导致收敛困难,低速收敛是需要考虑的方面,但不是重点。事实上,对于高马赫数、高雷诺数内流气动仿真,激波计算精度、附面层分离计算精度等是更为关注的方面,与外流气动仿真关注存在根本区别。

综上,针对压气机、涡轮等通流部件气动工程设计特点,梳理与归纳气动仿真在流场求解方法选择、假设与简化方案选择、求解网格生成、数理模型选择、初边值条件给定等方面的注意事项,供工程设计人员参考,有助于减小气动仿真结果的不确定性,有助于工程设计人员对仿真结果的评估,有助于气动仿真工程知识的积累。

2.2.2 气动仿真工程应用特点解析

1. 通流部件工程设计特点概览

1) 快速大量迭代

压气机、涡轮等通流部件工程设计,需要在相对较短的周期内,完成方案论证、方案设计、技术设计、工程设计等多个设计阶段;在各设计阶段,包括气动设计、结构设计、强度校核、声场设计等涉及不同基础学科的设计内容,需要在不同设计内容间反复迭代,是一个典型的,通过快速大量迭代实现的,由简到繁、由粗到细、逐轮完善、快速逼近设计目标的过程。因此,快速大量迭代是工程设计的基本特点。

2) 工程设计各阶段侧重点不同

工程设计是逐轮次完善的,各阶段设计重点并不相同。例如,压气机气动工程设计的基本逻辑是,首先,针对设计转速设计工况,完成叶片和流道的通流设计与造型;其次,评估设计转速非设计工况气动性能;然后,综合评估工作包线内所有工况气动性能;最后,若与涡轮存在匹配关系,还需就不同转速下共同工作点气动性能进行重点评估。因此,即便压气机气动工程设计各阶段都需要就压气机气动性能进行综合评估并做出折中,但在方案论证、方案设计等早期阶段,侧重设计工况气动性能,多数工作围绕设计工况展开;在技术设计阶段,主要任务是在压气机设计与非设计工况气动性能间,在气动性能与结构设计、强度振动性能、空气系统设计等设计内容间取得平衡;在工程设计阶段,主要是比技术设计阶段更为全面和准确的气动性能综合评估,并配合其他学科甄别各类设计风险。

3) 仿真建模数据不完整或偏差较大

一方面,受以由简到繁、由粗到细为特点的工程设计阶段局限性限制,在方案论证等工程设计早期阶段,缺少如叶片倒圆、级间间隙等、通流构型、通流参数、初边值条件的完整描述;另一方面,受技术难度限制,即便在工程设计后期,如热态叶型、封严泄漏量等几何或通流参数,特别在非设计工况,仍很难准确给定,存在较大偏差。

4) 通流构型复杂

与标准模型或试验件通流构型不同,工程中的压气机、涡轮等通流部件除主流通道外,还设计有与结构、冷却、封严等相关的通流构型。以通流构型相对简单的轴流压气机为例,除了主流道,可调导叶或静子叶片两端存在非贯通径向间隙;转静子间有级间间隙;为防止气流经级间间隙倒流设计有篦齿封严;还需要在部分级轮盘或/和机匣处引气,用于涡轮等通流部件冷却等。其中,如压气机轴向间隙、涡轮气膜孔等部分通流尺度与主流道存在较大差异。

2. 气动仿真模型搭建要点简析

压气机、涡轮等通流部件工程设计快速大量迭代的基本特点决定了气动仿真必须在流场求解精度与计算耗时之间取得平衡。一般而言,在基本满足工程设计对气动仿真精度要求的前提下,计算耗时越少对工程设计越有利。

1) 流场控制方程选择

一方面,无黏欧拉方程、降维 RANS 方程关于压气机、涡轮等通流部件的流场描述能力,包括涡系分辨率、激波附面层等流场结构求解精度、总体气动性能求解精度等,与通流设计所采用的,如完全径向平衡方程等流场控制方程的描述能力相当,已经不能满足工程设计流程中气动性能评估环节的基本需求;另一方面,对于高马赫数、高雷诺数的压气机、涡轮等通流部件的内流求解,就目前的超算能力,基于滤波纳维-斯托克斯方程求解的 LES/DES、纳维-斯托克斯方程直接求解的 DNS,计算量仍显过大。因此,工程中主要使用的仍是基于 RANS 的定常流、非定常流求解。其中,定常流求解是更为主要的方面;非定常流求解又包括基于双时间步求解的约化模型、全环模型,基于非线性谐波法或时间拟合法求解的非定常流快速求解模型。

2) 流场求解模型搭建

在工程设计实践中,虽然关于控制方程的选择较为单一,但由于工程设计各阶段侧重不同,所以不同工程设计阶段对气动仿真精度的要求并不相同,相应的气动仿真网格划分规模与数理模型选取也不相同。

以压气机气动工程设计为例,在方案论证与方案设计阶段,重点关注设计转速设计工况气动性能,对流场求解与气动性能计算精度要求不高,因此,关于主流道的、网格规模适中的、基于RANS的定常流仿真就能够满足工程设计需求；在技术设计阶段，仍选用基于RANS的定常流仿真，但需要在主流道中加入引气、可调叶片径向间隙等通流构型，同时，主流与近壁区网格密度都要进一步增加，网格质量也要有所提高，以提高压气机各工况仿真精度；在工程设计阶段，基于RANS的全环非定常流仿真更为合适，并且还应在主流道中进一步引入级间间隙、篦齿封严、处理机匣等通流构型，以有效提高非设计工况仿真精度。

随着具备大规模并行能力的超算在工程设计领域的迅速普及，压气机、涡轮等通流部件基于RANS的定常流仿真本身的耗时已不再是需要主要考虑的因素。因此，从网格规模看，方案论证、方案设计、技术设计、工程设计阶段的定常流求解网格规模间，包括与工程设计阶段非定常流求解网格规模（单通道）之间，已无太大区别，都需要满足网格无关性要求。当然，级间间隙、篦齿封严等通流构型会显著增加流场求解网格搭建耗时，是不同设计阶段流场求解模型的主要区别。

3) 基于简化模型的专有通流构型模拟

级间间隙、篦齿封严、气膜孔缝等与结构、封严、冷却等相关的通流构型，这里简称为专有通流构型，其尺度与主流道存在较大差异，将专有通流构型与主流道视为一个整体，通过网格划分在统一求解域内求解，即直接模拟法，是最为简单的方法。这类方法的特点是专有通流构型与主流道流场耦合求解，可同时得到通流构型内流场求解结果和通流构型对主流场的影响；没有引入额外假设，若流场求解模型应用合适，能得到较为准确的计算结果。但是，在工程设计实践中，这类方法存在以下缺点：

（1）即便采用非结构网格，专有通流构型流场求解网格搭建仍显烦琐；

（2）为准确模拟专有通流构型内流动，必须划分足够密的贴体网格；

（3）专有通流构型与主流道的流场求解信息能够无损传递，即主流道网格密度应与专有通流构型的相当，此时网格规模已接近大涡模拟量级，是目前工程设计无法接受的。

另一类方法是通过简化模型模拟专有通流构型对主流场的影响，不能模拟专有通流构型内部流动，不能与主流场耦合求解，对主流影响的求解精度主要取决于简化模型本身的有效性与适用性及给定的模型参数精度，偏差往往较大。其优点是，只需给定模型参数便可考虑专有通流构型对主流的影响，对主流网格密度的影响较小，特别对于典型的专有通流构型，若给定的模型参数精度较高，计算结果精度能够较好地满足工程设计需要。

总体而言，从工程设计实践角度看，基于简化模型的专有通流构型模拟能力是必要的，至少可以在工程设计中前期，考虑专有通流构型对流场的影响。专有通流构型直接模拟方法则可以考虑在工程设计最后阶段使用，以全面评估通流部件各方面的气动性能。

3. 气动仿真工程应用偏差分析

气动仿真用于压气机、涡轮等通流部件工程设计算例,流场数值求解偏差主要包括气动仿真方法偏差和工程算例附加偏差。气动仿真方法偏差源自气动仿真数理模型偏差,工程算例附加偏差源自工程算例初边值条件的不确定性。

气动仿真方法偏差主要包括计算网格空间离散误差、网格质量误差、数理模型精度、边界条件精度、非定常流模拟的时间离散误差等。其中,网格质量误差主要指网格正交性、扩散率、长宽比等对数值格式精度的影响,可归于数理模型精度误差;数理模型精度则与流动运动学和动力学特征相关,随算例及计算工况的变化而变化。

工程算例附加偏差主要指,对于工程算例,用于流场求解模型搭建的通流构型、几何形面、边值条件等,均存在不可忽略的不确定性,也就是均存在不可忽略的偏差,进而形成在气动仿真方法偏差之外的,固壁边界型面偏差、进出口边界条件偏差、专有通流构型模型参数偏差等附加偏差。

一方面,气动仿真用于仿真方法、数理模型研究等理论研究领域,用于流场求解模型搭建的通流构型、几何形面、边值条件等,都相对完整准确,流场数值求解偏差可以很好地被限制在仿真方法本身。但用于工程设计领域,工程实践表明,流场求解模型搭建不确定性产生的附加偏差往往更为主要,这也是工程设计对气动仿真数理模型精度要求不高的原因之一。

工程算例通流构型、几何形面、边值条件等的不确定性主要源自以下几个方面。

(1) 工程设计早期阶段,各方面设计均较为初步,还不能提供关于通流构型、几何形面、初边值条件等完整描述。

(2) 如压气机、涡轮不同工况热态叶型、流道等几何形面的准确描述,需要气动、强度、传热、空气系统等多学科耦合求解,技术难度大、耗时长。为了保证设计工况流场求解精度,往往会进行冷热态转换,即便冷热态转换本身也存在较大偏差;非设计工况往往不进行冷热态转换,直接用设计工况热态型面近似,从而形成更大的型面偏差。

(3) 如气膜孔、篦齿封严等通流构型,通流型面繁杂,往往需要对通流构型进行简化,或通过简化模型进行模拟,形成通流构型偏差。

(4) 通流部件真实工作环境复杂,受上游、下游通流部件工作状态影响,特别是非设计工况,来流、出流条件很难准确给定,甚至存在较大偏差。

另一方面,如压气机、涡轮等通流部件内流,特别在非设计工况,属于典型的高马赫数、高雷诺数、强剪切、大梯度、大曲率、弱间断、大分离、固有非定常三维流动。此类复杂湍流的高精度数值模拟极富挑战,流场求解引入的假设简化,采用的数理模型都存在适用性问题,若偏离适用范围较远,便可能产生较大偏差。具体而言,不论基于 RANS 的黏流数值模拟,还是脱体涡模拟(DES)、大涡模拟(LES),都需要用经验/半经验模型封闭流场控制方程组,而基于简单流动构建的经验/半经验模型,几乎不可能准确模拟如压气机、涡轮等通流部件内的复杂湍流。为减小计算偏差,针对复杂湍流的某些特征,在标准模型基础上,补充各种修正。但是,修正本身又存在适用范围,同样存在用不用、怎么用的问题。因此,较普通的管道内或外流流场数值模拟,压气机、涡轮等通流部件内流求解,特别在非设计工况,气动仿真方法偏差会明显增加。

另外,计算网格空间离散和网格质量相关误差,可通过网格无关性分析控制在较小范围,但是,网格质量对于流场求解数值稳定性的影响,很难独立评估。但在工程实践中,如压气机失速裕度计算,正是通过非设计点定常流求解是否数值发散搜索稳定工作边界,从而影响失速裕度数值计算结果。

在工程实践中,用于评估工程算例气动仿真精度的试验数据,往往源自以总性能录取为主要目标的部件级试验,受研制周期、研制成本、测试技术等诸多因素限制,流场测试精度、测点密度、数据处理方法等,均会使测试结果本身带有不可忽略的偏差,称为测试数据固有偏差。由于试验数据作为流场数值求解偏差的评估基准,所以该偏差是通过流场数值求解偏差表征的,无法也没有必要从中剥离。

工程实践中,气动仿真用于工程设计,如准确描述不同工况下的热态叶型、进出口边界条件等,多数流场求解模型搭建的不确定性很难从根本上消除。因此,对气动仿真偏差绝对大小的苛求并不现实。有效减小流场数值求解偏差相对现实的方案如下。

(1) 基于代码可控的软件平台、有效可行的标准规范,开展工程算例流场数值求解模型的搭建与求解,获得有效的、高质量的流场数值求解偏差样本。

(2) 基于工程算例流场数值求解偏差样本及合理高效的分离统计方法,通过长期积累获得相对可靠的流场数值求解偏差范围统计结果。

(3) 通过长期的基于试验数据的数理模型标定,以及不间断的数理模型基础理论与工程应用研究,不断提升软件平台技术水平,减小流场数值求解偏差范围。

(4) 基于流场数值求解敏感分析等技术方法,对关键建模参数的不确定度进行控制,在工程可接受范围内,有效提高流场求解模型搭建精度,并以标准规范加以统一。

(5) 基于工程实践和技术水平提升,不断更新流场数值求解标准规范,使流场求解模型搭建、求解、数据处理更为高效合理。

最后,需要说明的是,流场数值求解偏差,是针对具体算例而言的,对于工程设计,具体算例流场求解偏差绝对大小本身的意义相对有限,原因如下。

(1) 由于不确定因素众多,工程设计对偏差绝对大小的要求并不严苛。

(2) 就某个工程算例而言,在工程设计阶段,缺少用于流场数值求解偏差评估的试验数据,在完成部件或整机试验取得试验数据后,得到的流场数值求解偏差只能用于该工程算例设计改型,不能直接用于该工程算例的工程设计。

工程实践中,工程设计人员更为关切的是可靠的流场数值求解偏差范围,以准确评估通流部件气动性能、存在的问题及改进方向。而偏差范围,是以不同类型大量工程算例流场数值求解偏差为样本的统计量,表征不同类型工程算例流场数值求解偏差的平均水平和波动范围。流场数值求解偏差,以压气机为例,一般应包括流量、增压比、效率、失速裕度等总体气动性能,级间间隙周向平均气流角、总压等的展向分布,叶片根、中、尖截面的负荷分布等。而流场数值求解偏差有效样本的获取,需要统一的网格生成器、求解器、数理模型库、经验参数库作为软件平台,统一的流场求解与数据处理标准规范作为制度保障。

由此可见,具体算例流场求解偏差相对更为重要的意义在于流场数值求解偏差范围的获取,其关键是流场求解偏差的长期积累。显见,流场数值求解偏差样本覆盖率越高、样本越多,流场数值求解偏差范围越可靠;软件平台技术水平越高,流场数值求解偏差范围越小。一方面,可靠且较小的流场数值求解偏差,是释放通流部件气动性能提升空间的关键支撑;另一方面,作为软件平台气动仿真技术水平客观指标,牵引软件平台不断完善优化升级。

4. 气动仿真工程应用基本原则

以压气机为例,气动仿真在工程应用中降低流场求解偏差的几个一般性建议如下。

(1) 开展全面的校核计算,根据需求在不同阶段针对不同的设计工作和不同种类的计算工作选取不同的计算模型与方法。针对某一软件开展计算校核时,应对多个算例,分别采用不同湍流模型、不同数值格式、不同转静子交界面模型以及不同数量的网格进行校核计算,计算结果与试验结果从总性能、分级特性和气动参数沿展向分布形式等多个维度对计算结果和试验结果进行对比分析。针对各种压气机不同的流动特点,分别确定其计算时应当采用哪种湍流模型、哪种数值格式、哪种转静子交界面模型、哪种网格以及网格数量等。在用试验对计算进行标定后,积累下的 CFD 使用和计算结果分析经验,就可以帮助计算分析人员在后续的设计中更为准确地预估压气机性能并较为准确地描述流场细节。

(2) 同类别的叶轮机计算性能进行相对比较。鉴于湍流模型对不同流动特征计算精度不同的现状,在应用压气机仿真计算结果进行相对比较时应确定一系列的相似比较准则,如压气机种类相同、级数相同、负荷相近、转子叶尖切线速度相近、轮毂比相近以及叶片展弦比接近等。这样特征或参数越接近的两个算例或方案的计算对比结论就越可靠。

(3) 对压气机的结构细节开展建模和仿真计算。在开展仿真计算时应当尽量让计算模型接近真实模型,尤其对倒圆倒角、叶片热态变形、转静子热态径向间隙和篦齿封严容腔效应等进行细致的分网和计算,同时积累计算修正经验。总的来说计算几何越接近真实几何,计算的网格数越多,离散格式和湍流模型等计算精度越高,则最终的计算结果与真实性能越接近。

当然,以上讨论仅为从一般性角度所做的总结,在实际问题中往往更为复杂,对仿真的准确性也很难做出明晰的判定,这时工程人员的背景知识和经验就相对更重要。对于风扇/压气机部件,由于其内部流动的极端复杂性、大量的几何和气动条件不确定性、试验测量的困难和测量误差,在部件级上对仿真进行客观的评价难度也很大。即使与试验相比,仿真结果存在一定的偏差,也并不意味着 CFD 仿真不可用,工程人员应将对 CFD 仿真的应用从关注绝对性能参数转移到更多关注性能的相对变化及具体流场结构及其物理机制上。

最后,值得讨论的是,在工程中,当一台风扇或压气机设计较成功、试验指标良好时,气动仿真模拟结果也往往与试验结果吻合得较好。通常认为这是由于该风扇/压气机设计得好,从而内部流动组织得较好,无分离或分离影响小,所以湍流模型等能够准确预测的结果。但是,一个好的设计往往也对几何和气动偏差不敏感,即鲁棒性好,这时即便模拟存在一些误差,该设计的容忍度也较高,计算误差不一定会在总特性中体现。利用多软件共同参与设计方案的评估和分析对提高设计方案的气动与几何鲁棒性是有好处的。

2.2.3 气动仿真工程应用场景分析

1. 气动仿真各应用场景简析

在航空发动机工程设计领域,气动仿真已普遍用于风扇、压气机、涡轮、过渡段、喷管、盘腔等高马赫数、高雷诺数通流部件的气动设计、强度校核、声场计算、多物理场耦合计算、多部件联立计算,以及整机的总体性能设计、空气系统设计等,具体如下。

(1) 气动设计,主要用于通流部件总体性能评估、气流组织效果评估、气动设计数值优化等;在强度校核方面,主要为强度振动分析提供气动载荷。

(2) 声场计算,主要为不同的声源计算方法模型提供定常或非定常流场计算结果。

(3) 多物理场耦合计算,主要为固体域计算提供气动力、温度等流体域计算结果。

(4) 多部件联立计算,主要为上、下游通流部件提供出口、进口边界条件。

(5) 整机总体性能和空气系统设计,主要为低维设计系统提供通流部件气动特性。

另外,气动仿真在通流部件试验、故障排查复现、基础与应用技术研究等方面,也有着广泛应用。特别是,通流部件故障排查与复现,需要较高的流场涡系时空分辨率,以获得翔实的非定常流描述,支撑故障分析定位,脱体涡模拟和大涡模拟在该方面有较多应用。

工程实践中,涡轮等顺压流叶轮机,在顺压梯度作用下附面层不易分离,主流较为平顺,一般而言,气动不是工程设计的重点;过渡段、喷管等非叶轮机通流部件,主流较为平顺,几何边界相对简单,影响流场数值求解偏差的不确定因素较少,气动设计难度相对较小。风扇、压气机等跨声、高亚声逆压流叶轮机,特别随着总增压比、级负荷、转速、稳定工作区间的不断增加,气动设计极富挑战,而气动仿真技术则是进一步释放风扇、压气机等通流部件气动性能的重要支撑。

由于气动仿真技术工程应用广泛,难以面面俱到,因此,本节仅以压气机为例,讨论气动仿真用于压气机气动工程设计时需要注意的问题。

2. 气动仿真的工程设计应用

图 2.31 所示为压气机气动工程设计流程。

(1) 气动工程设计快速大量迭代主要集中于主迭代循环,包括 S2 流面设计、叶片造型、低维分析、三维定常流仿真等环节。

(2) 三维定常流仿真是气动工程设计主迭代循环的最后一个环节,主要用于评估压气机气动性能是否达标、气动设计是否合理、流场是否存在问题,并为气动设计优化提供依据。其中,气动设计合理性评估,主要通过判断表征气动设计合理性的一系列无量纲参数是否在基于经验/半经验的许用区间实现。

(3) 三维非定常流仿真评估、颤振分析、气动稳定性分析、轴向间隙分析、冷热态转换等,均在主迭代循环外,主要用于气动性能、危险振动评估,或为强度校核、结构设计、声场计算、流固耦合分析等提供气动数据。

压气机内流是固有非定常的,工程实践中,即便采用基于 RANS 的非定常流求解,计算耗时和硬件资源消耗仍难以满足多级压气机工程设计迭代大量快速的特点,所以,不得不采用引入了较多假设与简化的定常流求解模型[19]。

(1) 定常流求解模型适用的前提是叶轮机内流较为平顺,这要求来流和出流均匀稳定、附面层没有大面积分离、叶片涡脱落可以忽略等。

(2) 若压气机叶排间存在相对运动,则必须在定常流求解模型中引入转静交界面,实现多叶排流场联立计算。在转静交界面一般使用掺混面模型,该类模型会抹平流场固有的、呈循环对称的周向变化,仅保留流场的周向平均信息。

(3) 基于 RANS 的压气机内复杂湍流模拟,必须辅以湍流/转捩模型。

(4) 部分数理模型求解精度与稳定性存在矛盾。

因此,多级压气机定常流仿真结果准确可靠的前提如下。

(1) 流动平稳。若流场出现附面层大面积分离、叶片涡过早脱落,很可能造成流场随时间出现较强波动,增加流场数值求解偏差。

(2) 根据流动特点,选择合适的湍流/转捩模型。若流场出现大面积附面层分离,则必须选择低雷诺数湍流模型,否则势必增加流场数值求解偏差;对于跨声流

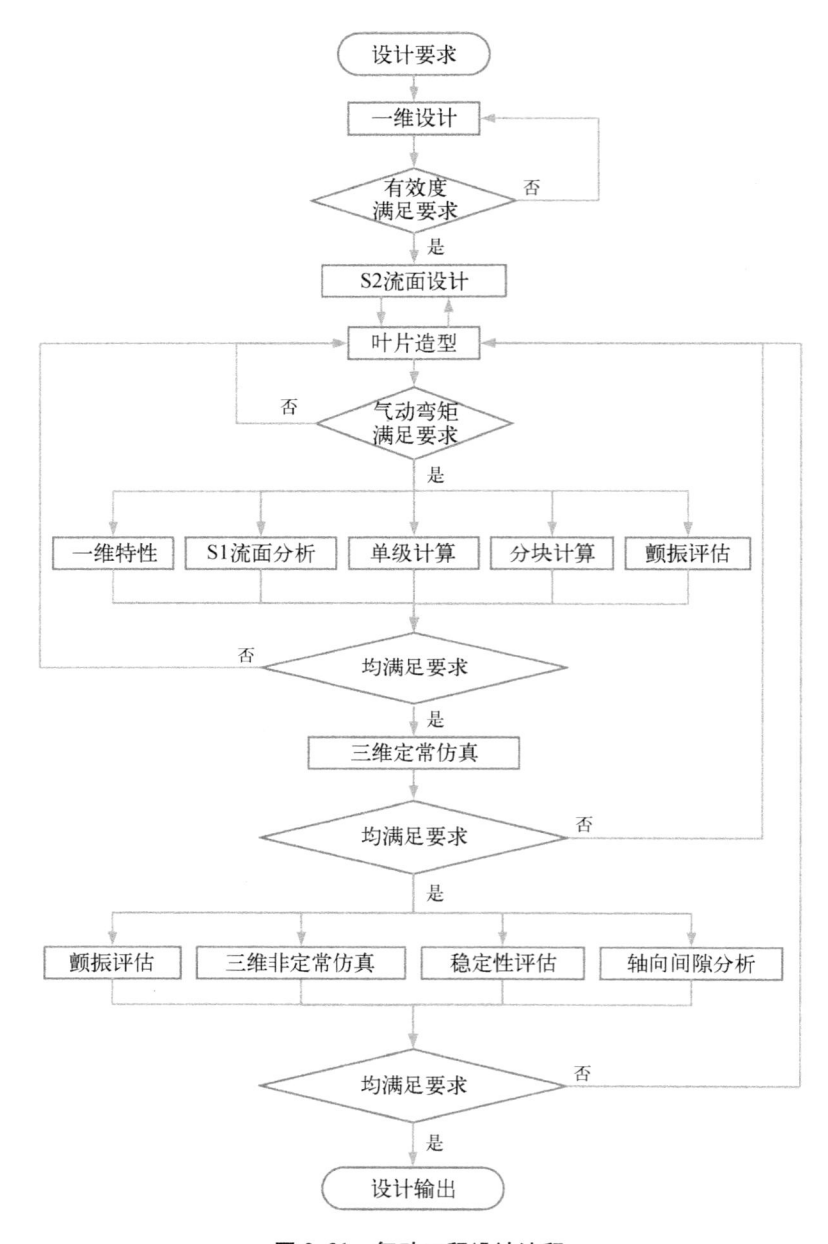

图 2.31　气动工程设计流程

场,对流通量应选择迎风格式,以更为准确地捕捉激波,对于亚声流场,若对流通量采用中心格式,流场求解可能更为稳定,进而影响失速裕度计算结果。

综上,Rotor67 总体气动性能计算结果如图 2.32 所示。

(1) 设计工况及其附近工况,压气机各级流动较为平稳,三维定常流数值求解

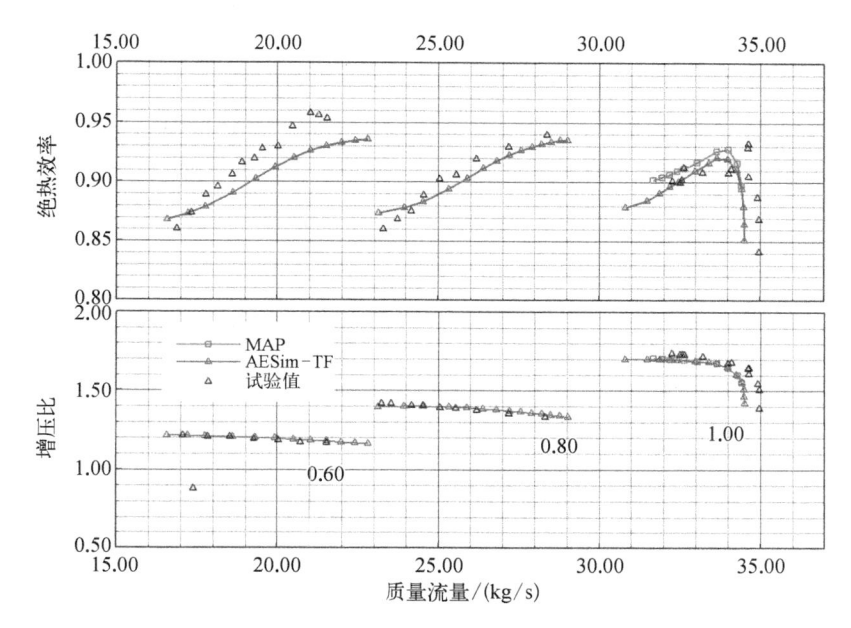

图 2.32 Rotor67 总体气动性能计算结果

偏差较小，计算结果较为可靠。

（2）失速点附近工况，压气机内流附面层分离严重，流场随时间会出现较强波动，非定常对定常流数值计算结果的影响增加；数理模型计算偏差也会增加；因为流场梯度较大，所以流场求解数值稳定性较差，容易数值发散。因此，三维定常流数值求解偏差较大，计算结果不可靠。

压气机工程设计主迭代循环，以压气机设计转速下设计工况的气动性能设计指标为目标，围绕压气机设计参数优化搭建，其中：

（1）压气机通流设计参数和叶片造型参数调整，主要以压气机设计转速下设计工况的气动仿真结果为参考，采用定常流求解模型，流场数值求解偏差较小，计算结果较为可靠，能够较好地满足工程设计需求。

（2）压气机总体气动性能评估，需要综合压气机各工况气动仿真结果。由于基于定常流求解模型的近失速工况流场数值求解偏差较大，所以在主迭代循环后，需要开展基于 RANS 的非定常流仿真，若软硬件条件允许，建议进一步开展基于 DES/LES 的非定常流仿真，以获得对近失速工况气动性能特别是失速裕度等更为准确和全面的评估。

3. 定常流仿真数理模型选择

1）数值格式

对于压气机三维黏性跨声流场数值求解，推荐采用如下数值格式。

对流通量选择二阶空间精度的迎风格式，如自研气动仿真软件 AESim-TF 选用的,经 MUSCL 重构的低耗散对流迎风格式 LDFSS;黏性通量选择二阶空间精度的中心格式。图 2.33 所示为某跨声压气机流场计算结果对比,其中,商用软件 Fine/Turbo 对流通量采用中心格式,自研软件 AESim - TF 为二阶迎风格式。由图可见,迎风格式对激波的描述更为锋利,优于中心格式计算结果。

AESim-TF

Fine/Turbo

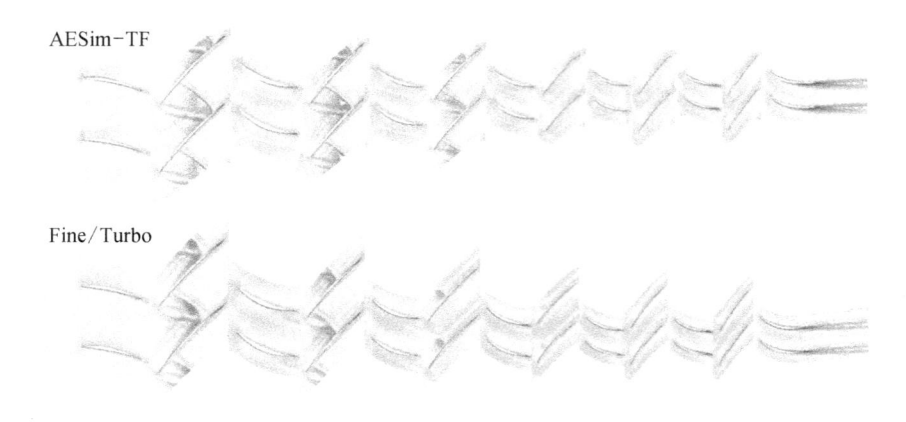

图 2.33　某型高压压气机跨声场计算结果对比

2) 湍流模型

压气机内流附面层分离几乎不可避免,因此,建议选择适于模拟附面层分离的小雷诺数湍流模型,如工程常用的 S - A 模型、SST 模型等,都属于小雷诺数模型。

已有大量研究表明,目前没有任何 RANS 湍流模型能够胜任压气机内流这类复杂湍流的准确模拟,为提高湍流模型模拟精度,往往会针对某些湍流特点引入相关修正。例如,压气机内流模拟常用的近壁区修正、旋转和壁面曲率修正、旋流修正、角区分离修正等。一方面,各种修正对压气机气动仿真结果会产生一定的影响,如图 2.34 所示,某角区分离修正模型对压气机叶片角区分离强度,进而对失速边界等压气机总性能的准确预测,均起到了积极作用。另一方面,在缺乏可靠精细的叶轮机试验测量结果的情况下,从理论上仍很难判断哪个模型的计算结果与物理实际更接近,模型选择具有一定的经验依赖性。因此,自研软件 AESim - TF 关于湍流模型的各类修正均向用户开放参数设置,以便用户根据具体算例进行选择。

关于壁面函数的使用,一般而言,壁面函数通常都是从平板边界层得来的,当实际流场压力梯度较强或者存在大分离时,壁面函数会引入较大误差。因此,在计算资源足够的条件下,应避免使用壁面函数,通过在附面层内布置足够层数的网格,实现对附面层内流动的模拟。但是,若有经试验数据校核的足够准确的壁面函数,如英国某航空发动机内流数值仿真工业软件,则应优先使用壁面函数。当选择

(a) 特性线对比

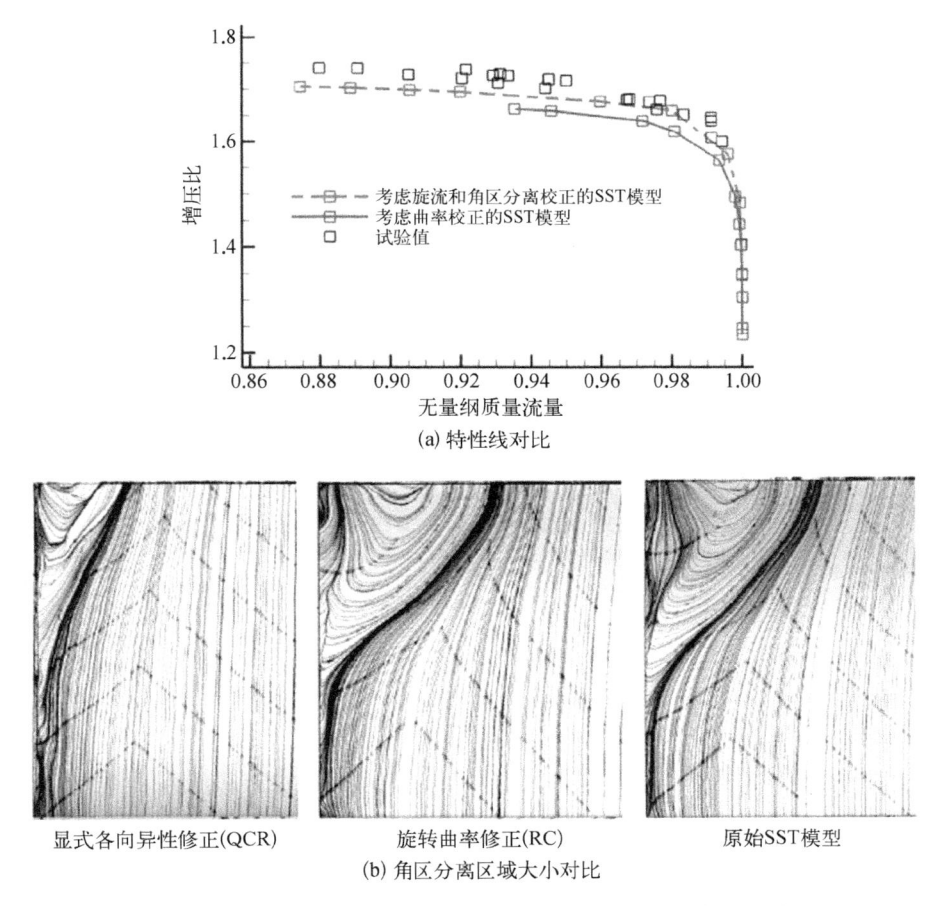

(b) 角区分离区域大小对比

图 2.34 基于不同湍流模型的某单级压气机特性线计算结果对比

使用壁面函数时,壁面首层网格高度应大于附面层厚度,当然也不能太大,以避免超出壁面函数描述范围,即表征当地速度与黏性比的典型雷诺数 $y+$,大致在数十量级;若不选择使用壁面函数,$y+$ 则应足够小,不同湍流模型的推荐值不同,一般而言,在 1 附近。

关于转捩模型的使用,压气机内流三维仿真,一般假设气流处于完全湍流状态,也就是一般不考虑附面层转捩。这主要因为:① 雷诺数较高($>1.0^6$)时,转捩的影响有限;② 缺乏实测数据,特别是多级压气机叶片边界层转捩实测数据;③ 转静干涉使得叶片边界层转捩更加复杂,难以评估转捩模型在实际叶轮机内流中的计算精度。当雷诺数较低或模拟单叶片排流场时,可尝试引入转捩模型。

下面简要介绍压气机工程设计领域,内流三维模拟最主要使用的两种湍流模型。

(1) S-A 模型[20]。自研软件 AESim-TF 提供的 Spalart-Allmaras 模型(S-A

模型),相对于原始版本引入了近壁区修正、旋转和壁面曲率修正、旋流修正(Helicity 修正)、角区分离修正;并添加了壁面函数、γ 方程转捩模型。用户可以通过专家参数选择是否开启旋转和壁面曲率修正、旋流修正、角区分离修正以及壁面函数、转捩模型。

由于 S-A 模型对近壁网格密度的敏感性远小于绝大多数低雷诺数湍流模型,所以近壁网格密度可以适当减小,工程实践表明,第一层网格单元的 y^+<5 即可;若选择使用壁面函数,则壁面第一层网格单元的 y^+<100 即可。从已有的针对 S-A 模型的评估结果来看,S-A 模型对于壁面湍流的模拟准确性较好,对于叶型尾迹、间隙泄漏流、篦齿封严流等的模拟,往往会低估剪切掺混,例如,低估叶型尾迹的掺混和恢复,即下游尾迹区的速度亏损过大、尾迹区过窄,恢复较慢。

(2) SST 模型。自研软件 AESim-TF 提供的 SST 模型,相对于原始版本引入了曲率和旋转效应修正、旋流修正、角区分离修正[21];并添加了壁面函数、$\gamma - Re_\theta$ 转捩模型。同样,用户可以通过专家参数选择是否开启曲率和旋转效应修正、旋流修正、角区分离修正以及壁面函数、转捩模型。

SST 模型在壁面湍流和自由剪切流模拟中表现良好,对于叶型尾迹、间隙泄漏流、篦齿封严流等的流动结构及其掺混损失的模拟是有利的。但该模型对近壁网格密度要求较高,一般需要近壁至少三层网格单元的 y^+< 1.0;也就是说,沿壁面法向需要将网格加得很密,同时在网格长宽比限制下,流向网格也需要很密,能满足此要求的网格规模至少是单叶片通道 100 万量级。打开壁面律可大大降低网格密度需求,但正如前述,壁面律在压力梯度较大、分离较大的流动中会带来较大误差。所以,当网格规模较小时,一般不建议使用 SST 模型,而在一些能保证网格密度的精细化仿真中则首推 SST 模型[22]。

3)转静交界面模型

定常流仿真转静交界面一般使用掺混面模型及较少应用的冻结转子模型。

按周向平均方法,掺混面模型大致分为两类,即基于通量守恒的通量周向平均(掺混平均),以及基于某些流场参数,如守恒变量、总压、总温等参数的周向平均。前者保证周向平均前后通量守恒,后者保证平均前后守恒变量、总压、总温等被平均参数守恒。

掺混平均可能在转静交界面处带来过高的熵增,导致计算的效率偏低,且计算稳定性较差;基于守恒变量平均的方法,转静交界面熵增较小,计算稳定性较好,但不能严格保证掺混面两侧通量守恒,表现为进出口流量的差异。两种方法都得到了广泛应用,自研软件 AESim-TF 同时提供基于通流周向平均和基于守恒变量平均的掺混面模型。其中,基于通流周向平均的掺混面模型,计算量较大,用户可以选择是否通过缓冲层的无黏扩散作用,降低转静交界面两侧非线性扰动的强度,直至接近线性状态。基于守恒变量平均的掺混面模型,计算量明显较小,但进出口流量偏差相对较大,通过加密网格可使该偏差得到有效减小。

当掺混面距上下游叶排较近时,需要在掺混面处采用无反射边界条件以消除或降低流场参数在穿过掺混面时产生的数值反射(图 2.35)以及对流场求解收敛速度的影响。自研软件 AESim-TF 在通量守恒掺混面模型中,采用了一维无反射边界条件将周向平均流场传递给上下游叶排。

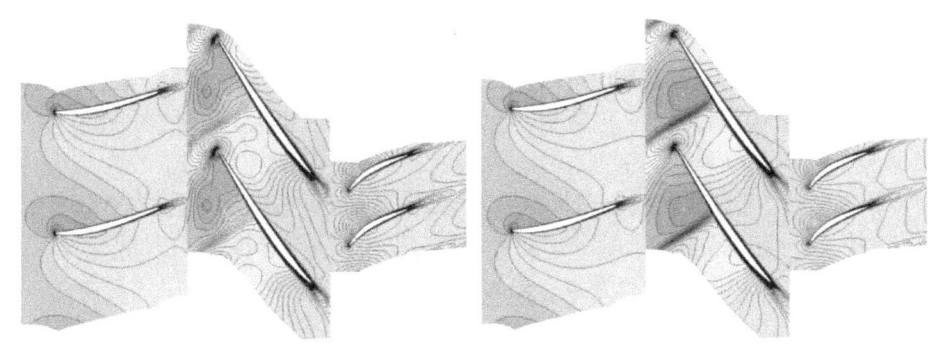

(a) 通量守恒掺混面模型　　(b) 通量守恒无反射掺混模型

图 2.35　激波在转静交界面的数值反射对比

4) 进出口边界条件

进口边界,自研软件 AESim-TF 给定来流总温、总压、速度方向、湍流度作为进口边界条件。进口边界条件的给定,需要考虑来流均匀性,包括主流周向均值的展向分布、主流的周向分布、附面层厚度、随时间的变化等。若考虑来流参数周向变化(周向畸变)或随时间的变化,则不宜采用定常流求解模型;主流周向均值的展向分布、附面层厚度,对压气机总体气动性能仿真精度,特别是多级压气机后面级,会产生不可忽略的影响。压气机工程设计中,由于试验数据支撑不足,常忽略来流展向变化和附面层厚度,在某些情况可能带来较大偏差,需要根据具体情况进行甄别。自研软件 AESim-TF 定常流求解模块,可描述来流周向均值的展向分布,以及轮毂和机匣无量纲附面层厚度。

出口边界,一般给定静压作为出口边界条件,自研软件 AESim-TF 提供了三种静压分布型,即简单径向平衡静压分布(出口边界静压周向没有变化,径向满足简单径向平衡关系,用户给定机匣处静压值)、均值静压分布(出口边界静压相同为用户指定值)、平均静压分布(出口边界静压经面积加权后的均值为用户指定值),供用户选择。对于出流周向速度较大的轴流压气机,应采用简单径向平衡静压分布;对于出流周向速度较小的轴流压气机,推荐采用简单径向平衡静压分布,也可采用均值静压分布或平均静压分布;对于径向出流的离心压气机或斜流压气机,推荐采用平均静压分布,也可采用均值静压分布,但不能使用简单径向平衡静压分布。

4. 定常流仿真求解模型搭建

1）网格密度

随着工程设计领域超算性能的迅速提高与快速普及，基于 RANS 的定常流求解模型，一般都要求网格规模要基本达到网格无关性要求。计算资源需求、计算耗时等已不再是压气机等通流部件三维内流数值仿真网格规模的主要限制因素。因此，建议通过网格无关分析，确定定常流求解模型网格规模。网格无关性分析时，应同时对主流区和近壁区网格进行加密，网格规模应呈量级增加；用于网格无关分析的计算工况，应至少包括 100% 设计转速下的流量设计工况、近失速工况，若设计工况未进入堵塞状态，则还应包括堵塞工况，以遍历压气机特性评估可能涉及的不同工况下不同流场结构的三维数值模拟。网格无关评估则需要基于较为全面的流场计算结果分析，应包括压气机总体性能对比、叶排轴向间隙周向平均总压、气流角等流场参数展向分布对比、叶片根/中/尖负荷分布对比、流场激波位置现状、附面层分离位置、驻点位置、激波在转静交界面的数值反射等非物理解的污染情况等。

在工程设计早期阶段，为避免大量重复工作，可根据具体算例与分析工况，按照既有经验大致估算网格规模。一般而言，压气机单叶片通道网格规模，若选择 S-A 湍流模型，建议大于 60 万个网格单元，若选择 SST 或其他两方程湍流模型，建议大于 100 万个网格单元，近壁区网格需要按照湍流模型的要求进行加密。实践表明，基于估算网格与基于性能与网格密度已经无关的网格，仿真结果不会产生根本差异，但用于支撑压气机设计参数深度优化，精度尚显不足，需要更为精细化的模拟。精细化模拟，则应进行网格无关分析，网格密度还需根据网格无关分析结果，适当加密。

2）几何外形

几何偏差源自几何描述偏差、加工偏差、装配偏差、实际运行条件偏差等，是除气动仿真方法本身外，气动仿真偏差的主要误差源之一。下面罗列风扇/压气机气动仿真涉及的常见且主要的几何外形偏差。

（1）叶片叶型。一方面，设计转速工况下，风扇/压气机转子和静子叶片的热态叶型与试验叶型会因为冷热态转换偏差而不同；另一方面，不同转速、不同工况下，受不同气动力和（或）离心力作用，叶片几何形状并不相同。因此，对于大展弦比叶片或多级压气机，基于相同热态叶型得到的气动仿真结果，在非设计转速和离设计点较远的非设计工况，可能出现较大偏差。

（2）转子叶尖间隙。转子叶尖间隙流动的模拟是否准确，直接影响压气机级的气动仿真偏差，非常重要。① 工程算例叶尖间隙网格展向一般会加密至十数层，但用于间隙内高度复杂湍流模拟，仍显不足；② 湍流模型本身对于高度复杂湍流的计算偏差较大；③ 不同转速工况下，机匣、轮盘/轮毂、叶片的几何尺寸很难精确给定，关于叶尖间隙绝对大小及其分布型的描述存在偏差。因此，转子叶尖间隙流场的准确模拟极富挑战,但对于工程问题,可采用等效补偿的方法,减小数理模型偏差与建模偏差对仿真结果精度的负面影响。一般情况下,较低的叶尖间隙网格密度会高估通过叶尖间隙的流量,因此,可将叶尖间隙取为实际值的 60%~70%,使气动仿真结果更接近实际值。

(3) 叶身与端板倒圆。已有计算结果表明,倒圆可能改善端区二次流,同时,当叶片尺寸较小时,倒圆对有效流通面积减小的影响不宜忽略。因此,气动仿真应考虑该结构。

(4) 引气与气膜冷却。引气会改变主流流量,进而影响子午速度、气流角和叶片负荷分布,是多级压气机气动仿真必须考虑的因素。目前,自研软件 AESim - TF 提供的引气模拟方法是,将引气位置的网格边界类型设定为出口,给定出口边界条件。另外,与引气类似,气膜冷却也会改变主流流量,是涡轮工程设计早期阶段气动设计必须考虑的因素。不过,与引气不同,由于气膜孔几何尺寸较小,不能通过给定进口边界实现入流,而目前工程中较为常见的是源项法,即在气膜孔处布置质量源,实现入流模拟。需要注意的是,前已述及,气动设计并非涡轮工程设计的主要方面,冷气涡轮的重点在于热防护,源项法并不能模拟气膜与壁面的热交换,所以只适于涡轮工程设计早期阶段的气动设计。

(5) 可调导叶/静子。多级压气机导叶和前几级静子安装角一般可小幅调节,以扩大压气机稳定工作范围,可调导叶/静子存在两个额外的几何偏差,分别是调节角度偏差和根尖间隙。对于某些算例,准确模拟可调导叶/静子尖根间隙内流动,能有效减小多级压气机气动仿真精度偏差。

(6) 叶排轴向篦齿封严。压气机叶排轴向间隙存在篦齿封严泄漏流,当泄漏流量较大时,可能对多级压气机气动仿真结果产生一定的影响,应予考虑。篦齿封严泄漏流模拟可通过两种方法实现。第一种,直接求解,如图 2.36(a)所示,即在篦齿封严通道内,划分流场求解网格,将篦齿封严流与主流连成一个整体,整体求解;第二种,简化求解,如图 2.36(b)所示,即以叶排轴向间隙为封严泄漏流与主流的交界面,从交界面向主流外延伸一段流场,作为封严泄漏流的进/出流通道,通道另一侧给定远场边界条件,以模拟封严泄漏流的进出。直接求解,网格生成相对烦琐、篦齿内气流模拟精度较低、鲁棒性不好,但避免了封严泄漏流量的给定。显见,不同工况,封严泄漏量不同,对于压气机工程设计,即便在设计工况也很难准确给定,因此,是相对更为客观的求解模型,推荐使用。当然,若封严泄漏流已知,简化求解模型更为高效,鲁棒性相对较好,推荐使用。

对于压气机工程设计,气动仿真建模误差,目前看,不可能全部避免,即便部分建模偏差,如叶片叶型偏差等,通过大量分析计算,可有效减小,但时间和人力资源消耗过大,不满足工程设计迭代大量快速的特点。压气机工程设计是个由粗到精、由简到繁的过程,在压气机工程设计前期阶段,气动、结构设计还存在较大变化,应

(a) 直接求解模型　　　　　　　(b) 解耦简化模型

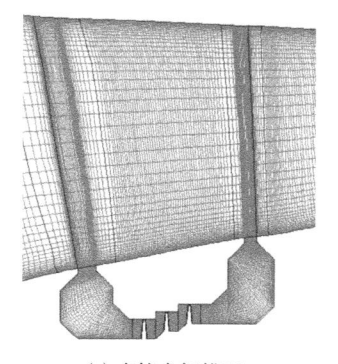

图 2.36　篦齿封严模拟方法

重点关注设计转速设计工况的模拟精度,气动仿真应考虑对计算结果有较大影响,或影响有限但容易考虑的因素,例如,设计工况叶型、转子叶尖间隙、叶片倒圆、引气、涡轮的气膜冷却等;在压气机工程设计后期,气动设计方案冻结前,建议开展一次较为全面和精细的,即网格密度更高、质量更好的,几何偏差方面额外考虑了各转速热态叶型、可调导叶/静子叶尖间隙、叶排间隙封严泄漏流等的,定常流/非定常流气动仿真。以便开展压气机全速域气动特性更为准确的评估,并支撑压气机总体、结构、强度、传热、空气系统等方面更为精细的校验。

5. 失速裕度的工程算法简析

压气机失速裕度由压气机失速工况、共同工作工况的增压比、流量计算得出,用于评估压气机工作稳定性,是压气机最为重要的总体气动性能之一。但是,一方面,压气机失速裕度计算需要近失速工况气动仿真结果,计算偏差相对较大;另一方面,随着航空发动机对压气机气动性能的要求越来越高,压气机转速、级增压比、负荷水平不断增加,进一步增加了失速裕度准确评估的难度。因此,失速裕度是压气机主要总体气动性能中,计算偏差相对最大、最不可靠、最难准确计算的参数之一。下面就压气机气动工程设计中,用于压气机失速裕度求解的几种基于RANS的流场求解模型的适用特点进行简析。

1) 定常流数值求解模型

目前,压气机气动工程设计,常采用定常流数值求解模型评估压气机失速边界,即以流场求解数值发散前的收敛工况,近似为失速边界工况。前已述及,定常流数值求解偏差较大,计算结果不可靠,基于定常流求解模型的压气机失速边界评估,从理论和工程应用结果看,只能算作一种可靠性不高的初步评估方法,建议用于压气机工程设计早期阶段。

图 2.37 所示为某压气机特性图,多款三维定常流求解程序都无法算出压气机100%转速特性线的流量裕度。究其原因,在流场时间推进求解前期,前面级尚未

建立稳定流动,后面级来流总压、总温偏低,但作为物理边界条件的出口静压,不会在时间推进过程中随来流总压、总温变化。因此,在相对不合理的过高背压作用下,后面级附面层会出现过大分离。若流场求解器数值稳定性较好,则随着时间的推移,附面层分离会随着来流条件趋于设计值而恢复正常,并最终收敛;若流场求解器数值稳定性较差,则流场求解可能数值发散。但是,数值稳定性与流场求解精度可能存在矛盾,例如,对流通量采用迎风格式,较中心差分格式对激波的描述更为合理,但数值稳定性相对较差。

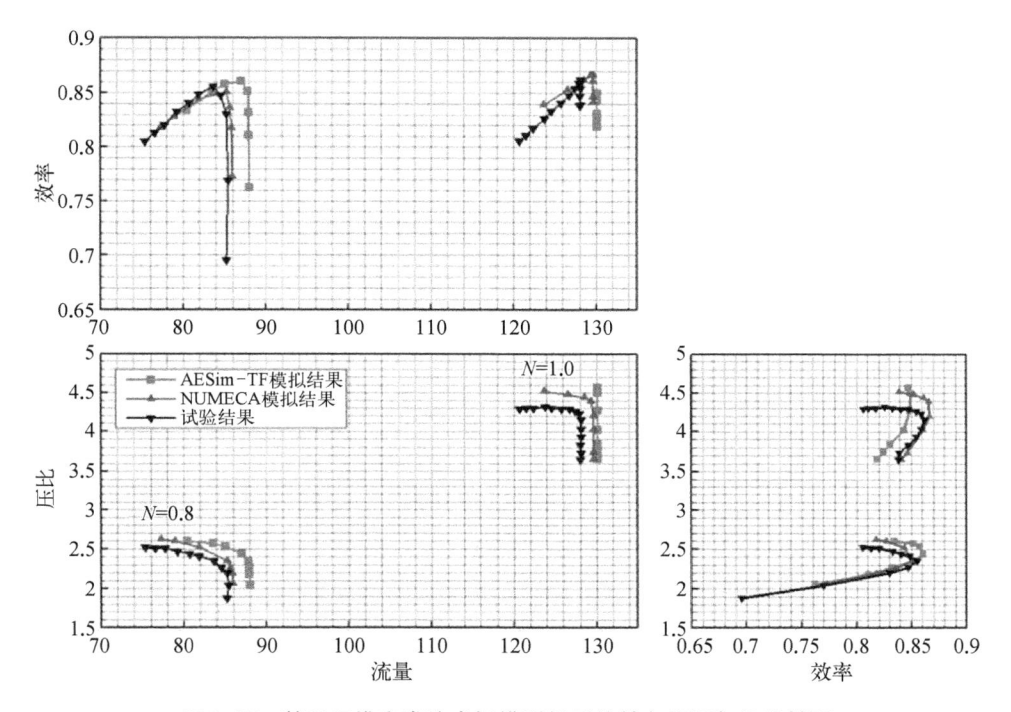

图 2.37 基于三维定常流求解模型得到的某多级压气机特性图

2）基于双时间步推进求解的非定常流求解模型[23]

基于双时间步推进求解的全环非定常流求解,就多级压气机而言,其计算规模与计算耗时,在计算工况较少时,是压气机气动工程设计尚可接受的,较定常流求解更为合理的压气机失速裕度评估方法。该评估方法,理论上,一方面,可在一定程度上考虑流场非定常波动对叶轮机气动性能的影响;另一方面,可以通过流动特征来判断压气机是否进入旋转失速等不稳定工作状态,而无须通过流场求解是否数值发散进行研判,显然更为合理。

当然,非定常流场求解同样存在气动仿真方法偏差、工程算例附加偏差、测试数据固有偏差,但较定常流场求解,假设简化较少,基于直接插值的转静交界面模型更为合理,并且保留了流场随时间的变化,所以,理论上,流场数值求解偏差较小,可靠性较高,并且能够为工程设计人员提供更为完整的流场信息,所以是较定常流求解更为有效的评估方法,其主要问题是全环非定常流场求解的硬件资源消耗和计算耗时较定常流场求解高大约两个量级,所以建议用于气动工程设计主迭代循环后的气动性能全面评估。

针对多级压气机全环非定常流求解硬件资源消耗与计算耗时过大的问题,工程中常采用称为叶片数约化的简化方法,通过减小流场求解域和流场数值求解规模,实现硬件资源消耗的降低与计算耗时的减小,该方法常简称为约化非定常流求解。该方法的核心是利用叶轮机流场周向循环对称的特点,通过在循环对称边界给定周期边界条件,实现流场数值求解规模的减小。该方法通过叶片数约化构建循环对称单元,即约化模型,其中,每个叶排的循环对称单元数相同,每个循环对称单元包含整数个叶片通道。这意味着通过叶片数约化减小流场求解域,所有叶排的叶片数的最大公约数必须大于1,但在工程实践时,为了防止结构共振,特别避免不同叶排叶片数间存在大于1的公约数(多叶片情况下也不大于2),所以,必须通过改变叶片数,实现叶排叶片数间存在大于1的公约数。由于叶片数发生变化,约化流场与原流场势必出现不可忽略的差异,为了保证气流速度三角形相似,需要叶片数约化模型叶栅稠度与原模型的保持一致,这意味着,叶片弦长要随之改变,而叶片弦长发生变化,势必使叶片通流型面发生变化,进而成为约化流场与原流场出现差异的另一个因素。

由此可见,较全环非定常流求解,约化非定常流求解的计算规模较小、硬件资源消耗较少、计算耗时较少,更容易为工程设计人员接受,但是缺点如下。

(1) 该方法引入了流场周向循环对称假设,会过滤流场非周向循环对称信息,如叶片涡脱落等非固有周期流动的求解会受到较大影响,也不能用于周向非均匀来流,即周向畸变来流的非定常流模拟。

(2) 流场求解约化模型搭建引入了不可忽略的假设与简化,虽然气流角偏差通过保证叶片数约化前后叶栅稠度相同得到了一定控制,但约化流场与原流场的差异依旧存在且不宜忽略,当然,叶片数约化模型的搭建也增加了建模工作量与建模时间。

因此,约化非定常流求解模型的工程应用具有较大局限性,在工程应用中,建议根据具体算例就其工程适用性进行评估。

3) 基于时间拟合的非定常流快速求解模型

基于时间拟合的非定常流快速求解方法,简称为时间拟合法,是若干非定常流求解方法中的一种,其他非定常流快速求解方法还有相延迟法(phase lag)、通道平均法、小扰动线化法(linearized method)、非线性谐波法(nonlinear harmonic method,NLH)、谐波平衡法(harmonic balance method,HB)等。

时间拟合非定常流求解方法基本原理,如图 2.38 所示,即通过傅里叶级数拟合流场时间变化,主要用于叶轮机周期非定常流动模拟。被模拟的周期非定常流动的波动频率一般是叶轮机转速的倍频,但从时间拟合法基本原理看,流动只要在时间轴具有周期性,都是可以模拟的。但时间拟合法不适于模拟叶片涡脱落等非周期的非定常流动,会产生较大偏差。时间拟合法采用单通道流场求解模型计算,计算耗时较双时间步推进求解的叶片数模化求解模型呈量级减少,但内存资源消耗显著

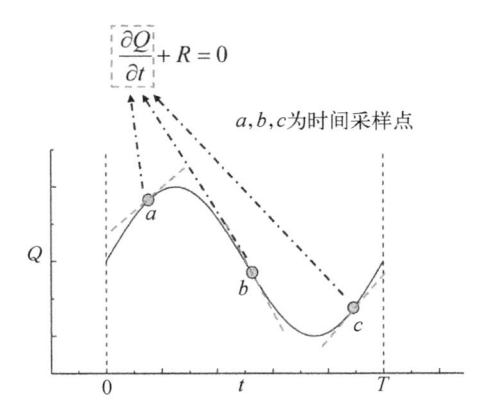

图 2.38 时间拟合非定常流求解方法基本原理图

增加,与双时间步推进求解的全环求解模型相当。时间拟合法计算耗时与求解精度取决于傅里叶级数的截断位置,即傅里叶级数保留的项越多,截断/时间重构误差越小,流场描述越精确,计算耗时越多。

综上可见,时间拟合法较双时间步推进求解的叶片数模化法,无论从方法适用范围、计算耗时、建模工作量,还是从求解精度看,是更为合理有效的求解方法,推荐使用。但在一些需要相对精细描述流场随时间变化,或者需要模拟不具有明显周期特征的非定常流动时,双时间步推进全环求解模型显然更为合理,时间拟合求解模型或叶片数模化求解模型都不能替代。当然,受雷诺平均限制,URAN 对流场涡系描述能力有限,更为精细的非定常流动描述,就需要采用大涡模拟(LES/DES)或直接纳维-斯托克斯模拟。这些方法,目前在压气机工程设计领域的应用还比较少,但随着超算硬件水平的进一步提升,有望替代基于 RANS 的非定常流求解方法,在故障排查等方面获得更多应用。

2.3 应 用 案 例

2.3.1 单级风扇

1. 算例描述

图 2.39 为某单级高负荷跨声风扇几何构型。该高负荷跨声风扇转子叶片数 20、静子叶片数 46;转子叶尖间隙 0.5 mm,静子无间隙。该风扇设计参数如下:转速为 16 500 r/min,流量为 35.6 kg/s,总压比为 1.59,绝热效率为 0.79。

2. 仿真参数设置

图 2.40 为模型风扇网格模型,该模型由 AESim 气动模块(AESim - TF)通过界面操作,调用前处理绘制完成。AESim - TF 网格构型为 OH 型结构化网格,叶片表

图 2.39　模型风扇几何构形　　　　图 2.40　模型风扇网格模型

面包裹 O 型网格,叶片通道及叶片轴向间隙中为 H 型网格,叶尖间隙处为 OH 型网格(外层 O 型网格包裹 2 个 H 型网格块)。整体网格共划分为 11 个块,网格总节点数约为 126 万个。

进口给定海平面标准状态下的总温(288.15 K)、总压(101 325 Pa),轴向进气;出口给定平均半径处的平均静压,通过径向平衡方程计算出口界面静压分布;转静交界面采用通量守恒型掺混面进行处理;固体壁面采用绝热、无滑移边界条件;湍流模型选用 S - A 湍流模型。AESim - TF 中首次由程序自动计算初场,后续计算不断改变出口背压,逐个工况点计算直至近失速点(数值发散点)。

3. 结果分析

图 2.41 为采用 AESim - TF 软件计算的特性线。从图中可以看出,各条转速下计算出的流量-压比、流量-效率、压比-效率曲线趋势符合单级风扇设计特性:随着背压升高,风扇开始节流,体现在气动特性上为流量减小,总压比增大,效率在增大到最高点后降低。

图 2.42~图 2.44 分别为该单转子在设计点工况的叶尖、叶中、叶根三个典型径向位置处的叶片表面压力分布和相应 S1 流面的马赫数分布情况。从图中可以看出:

(1) 在 98% 截面槽道中,AESim - TF 计算出的激波系呈现出 λ 状;转子叶背后半部分激波后流场出现低速分离区,这在压力分布上也可以体现出。

(2) 在 50% 截面槽道中,计算结果显示转子和静子均出现低速区,流动较好。

(3) 在 5% 截面槽道中,计算结果显示静子叶背出现低速区。

图 2.45~图 2.47 分别为该单转子在近喘点工况的叶尖、叶中、叶根三个典型径向位置处的 S1 流面马赫数分布情况。从图中可以看出:

(a) 流量-总压比特性

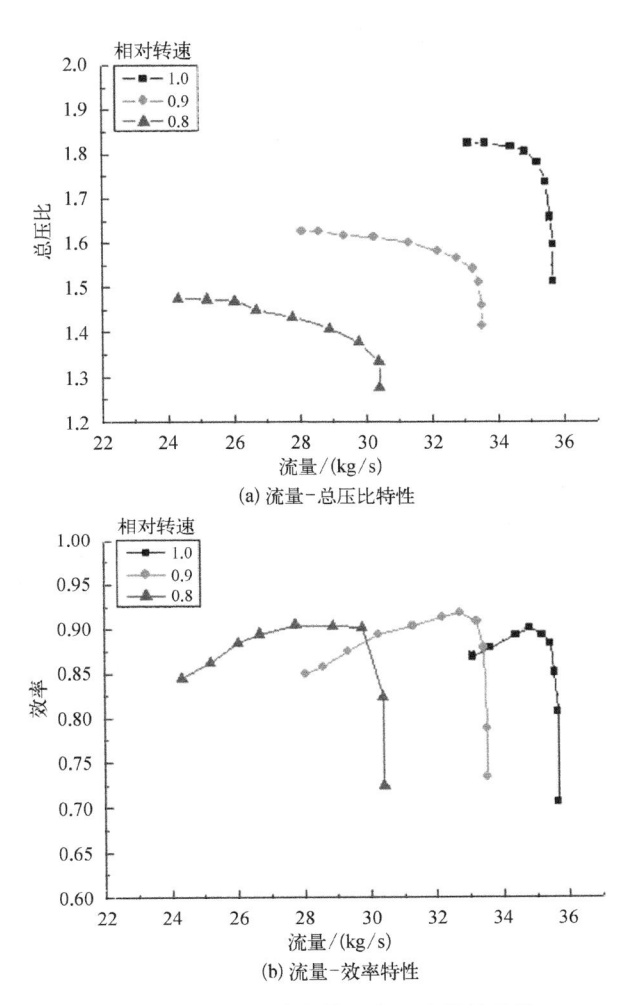

(b) 流量-效率特性

图 2.41　某单级高负荷跨声风扇特性曲线

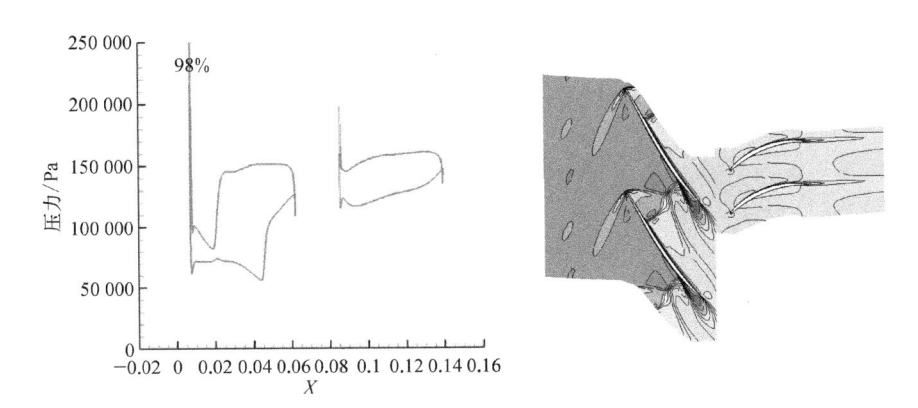

图 2.42　设计点,98%叶高,叶片压力分布和 S1 相对马赫数图

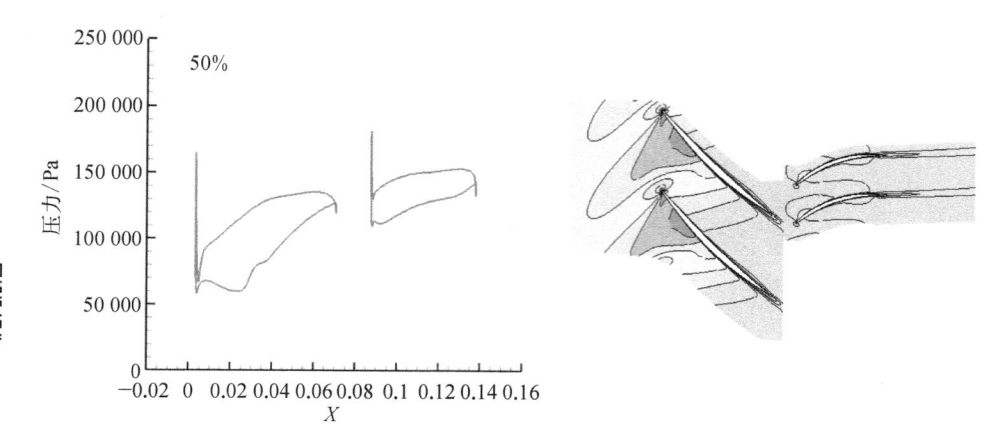

图 2.43　设计点,50%叶高,叶片压力分布和 S1 相对马赫数图

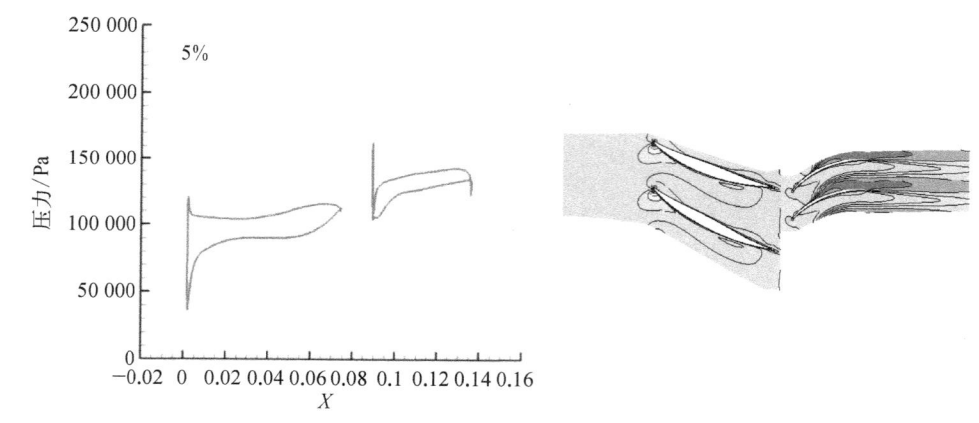

图 2.44　设计点,5%叶高,叶片压力分布和 S1 相对马赫数图

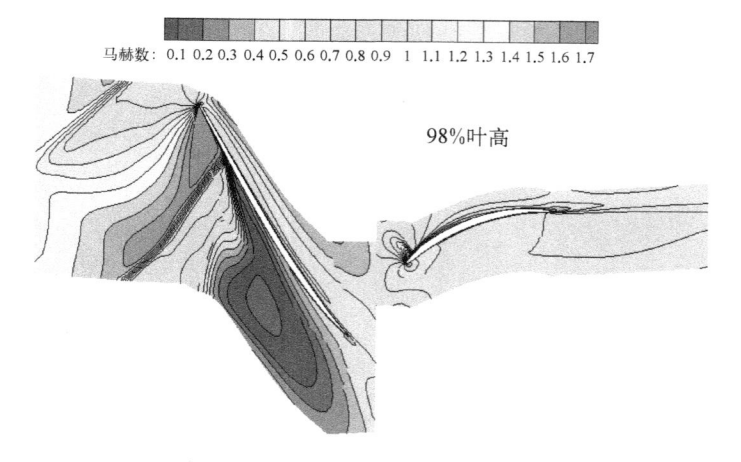

图 2.45　近喘点,98%叶高,叶片压力分布和 S1 相对马赫数图

马赫数: 0.1 0.2 0.3 0.4 0.5 0.6 0.7 0.8 0.9 1 1.1 1.2 1.3

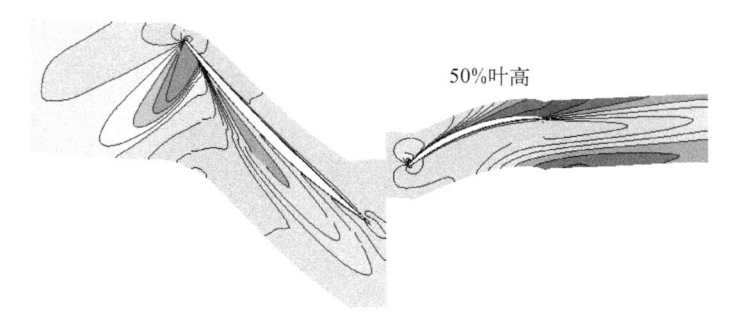

50%叶高

图 2.46　近喘点,50%叶高,叶片压力分布和 S1 相对马赫数图

马赫数: 0.1 0.2 0.3 0.4 0.5 0.6 0.7 0.8 0.9 1 1.1 1.2

5%叶高

图 2.47　近喘点,5%叶高,叶片压力分布和 S1 相对马赫数图

(1) 在叶尖区域(98%叶高),AESim-TF 计算显示斜激波已推到了叶片通道外;相应地,叶尖存在强烈的泄漏流动。

(2) 在 50%截面槽道中,计算结果显示激波与转子叶背出现了低速区,静子叶背也出现了较大的低速区。

(3) 在 5%截面槽道中,计算结果显示静子出现了大范围低速区。

上述流场特征表明该风扇即将流动失稳。

2.3.2　某高压涡轮

1. 算例描述

某高压涡轮是由两级涡轮组成的,其设计状态参数如表 2.3 所示,各级气动参数如表 2.4 所示,子午流道及叶片位置示意图如图 2.48 所示。表 2.5、表 2.6 分别给出了该高压涡轮通道几何参数和叶片几何参数。这里给出的展弦比以叶片尾缘高度为展向高度,中径弦长为弦长。

表 2.3　某发动机两级高压涡轮设计状态参数

性 能 参 数	值
进口总温/K	1 588
转速/(r/min)	-12 630
进口总压/kPa	1 258.4
压比	4.933
出口静压/kPa	230.0

表 2.4　某发动机两级高压涡轮气动参数

某两级高压涡轮	第一级	第二级
落压比	2.25	2.11
载荷系数	1.48	1.12
出口马赫数	0.34	0.42
出口气流角/(°)	16.0	0.0
反力度	0.34	0.33
功率分配比例	0.57	0.43
轮毂比	0.88	0.82
叶尖间隙百分比(叶高)	1.0	0.6

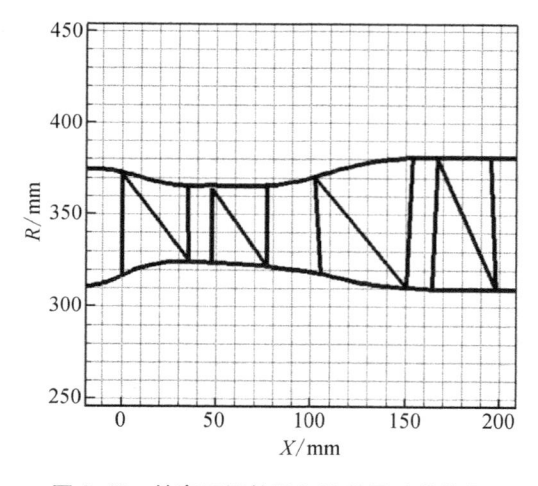

图 2.48　某高压涡轮子午流道及叶片位置

表 2.5 某高压涡轮通道几何参数

几何参数	数值			
进口轮毂半径/mm	311.0			
进口机匣半径/mm	374.6			
出口轮毂半径/mm	309.4			
出口机匣半径/mm	381.2			
通道平均半径/mm	344.0			
	第一级		第二级	
	静子	转子	静子	转子
叶片尾缘高度/mm	41.3	44.0	70.3	71.4
中径展弦比(实际弦长)	0.67	1.23	1.08	1.86
中径展弦比(轴向弦长)	1.24	1.55	1.45	2.38
叶片数	46	76	48	70

表 2.6 某高压涡轮叶片几何参数

		尾缘厚度/mm	截面半径/mm	弦长/mm	轴向弦长/mm	安装角/(°)
S1	叶根	0.0965	325.76	58.2	33.1	55.3
	叶中	0.0965	345.76	61.7	33.4	57.3
	叶尖	0.0965	365.76	64.6	33.4	58.9
R1	叶根	0.0965	323.37	34.1	28.6	33.0
	叶中	0.0965	344.68	35.7	28.3	37.4
	叶尖	0.0965	366.01	38.0	28.6	41.2
S2	叶根	0.0965	312.17	59.2	44.5	41.1
	叶中	0.0965	346.33	65.3	48.5	42.1
	叶尖	0.0965	380.49	71.1	52.6	42.3
R2	叶根	0.1575	311.15	37.6	32.5	30.3
	叶中	0.1118	346.08	38.4	30.0	38.6
	叶尖	0.1270	381.00	40.6	27.3	47.8

2. 仿真参数设置

仿真工作中,不同的数值模拟软件会导致计算结果的差异,本节主要分析了三种软件对该高压涡轮算例气动特性的模拟情况。该高压涡轮计算域如图 2.49 所示。AESim-TF 采用 HOH 型拓扑结构对计算域各叶片通道进行网格划分,其中主流道网格采用 H 型拓扑结构,叶片周围以及间隙内部区域网格采用 O 型网格结构,整体计算域网格共约168万个,其中两级静子各约35万个网格,第一级转子约43万个网格,第二级转子约55万个网格。其中展向高度方向网格数为73个,间隙内部网格数为17个,壁面第一层网格高度设置为0.001 mm,以满足叶片端壁$y+$要求。计算网格示意如图2.50所示。北航叶轮机气动仿真专用软件(MAP)与AESim-TF计算所用网格完全一致。NUMECA计算网格则由AutoGrid生成,拓扑结构采用O4H结构化网格,叶尖区域采用蝶形网格,网格点数与AESim-TF软件计算网格总数一致。

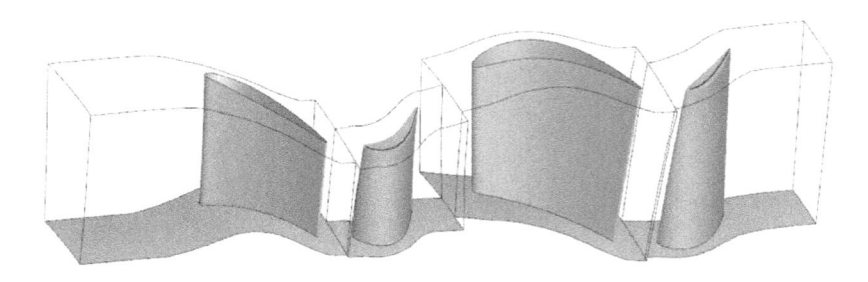

图2.49 高压涡轮计算域

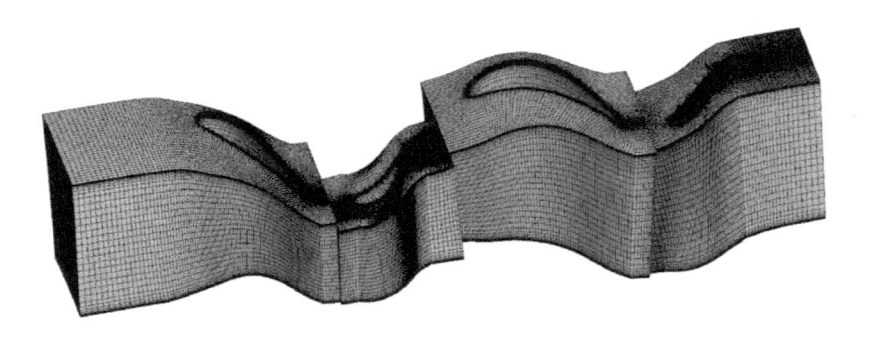

图2.50 高压涡轮计算域网格划分(AESim-TF)

通过求解三维定常黏性RANS方程完成对算例的数值模拟。数值求解时选择S-A湍流模型封闭方程组,数值方法采用时间追赶的有限体积法,并利用二阶迎风格式进行空间离散。计算域由两个静子通道和两个转子通道组成。数值计算时,涡轮第一级静子进口边界条件给定总温、总压以及轴向进气角度,第二级转子出口边界条件给定静压,静子和转子通道周向两侧边界均采用周期性边界条件,静子和转子之间的交接面采用掺混面方法进行数据传递,所有固体壁面均设置为无滑移绝热条件,采用变比热理想气体作为计算工质。

在设计转速条件下,通过调整涡轮出口背压,改变高压涡轮膨胀比,获得不同状态下的涡轮气动性能。表2.7给出了不同工况下的背压设置情况。

表 2.7 设计转速下涡轮特性线的出口背压

工 况	出口背压/kPa
1	180
2(设计点)	230
3	300
4	400
5	500
6	600
7	700
8	800

在非设计转速工况,分别计算 60%、70%、80%、90%、110%转速线,与设计转速线共同组成 6 条等转速线,得到该高压涡轮气动特性。

3. 结果分析

1) 设计转速下该高压涡轮气动性能对比

图 2.51 给出了设计转速下膨胀比-流量计算结果对比和膨胀比-效率计算结果对比。从图 2.51(a)可以看出,三种计算软件得到的流量特性曲线还是存在一定的差异,其后 NUMECA 与 AESim-TF 软件的计算结果较为接近,而 MAP 软件的计算结果与前两种软件计算结果相差较大,特别是在高膨胀比下,涡轮内部流动已经出现壅塞状态,但流量仍存在一定差异。从图 2.52(b)的涡轮效率特性曲线可以看出,三种软件计算结果差异仍比较明显,但与流量特性曲线不同的是,NUMECA 计算结果总体偏高,最大能高近 2%,而其他两种软件计算结果差异相对较小。

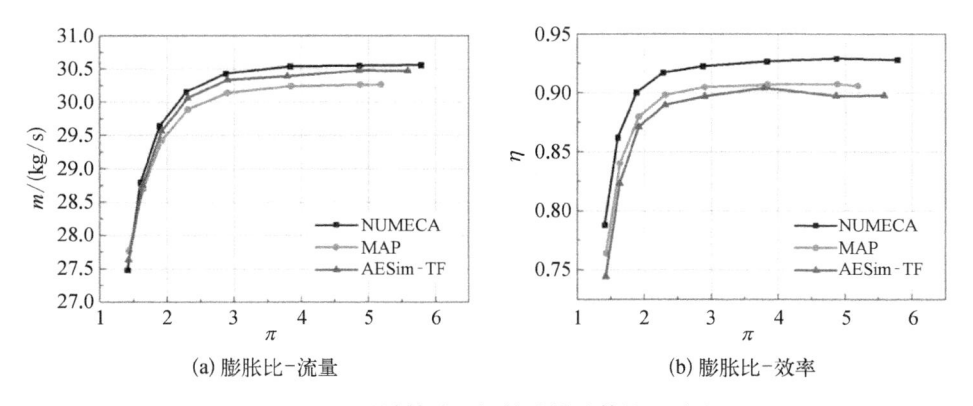

(a) 膨胀比-流量 (b) 膨胀比-效率

图 2.51 设计转速下涡轮特性计算结果对比

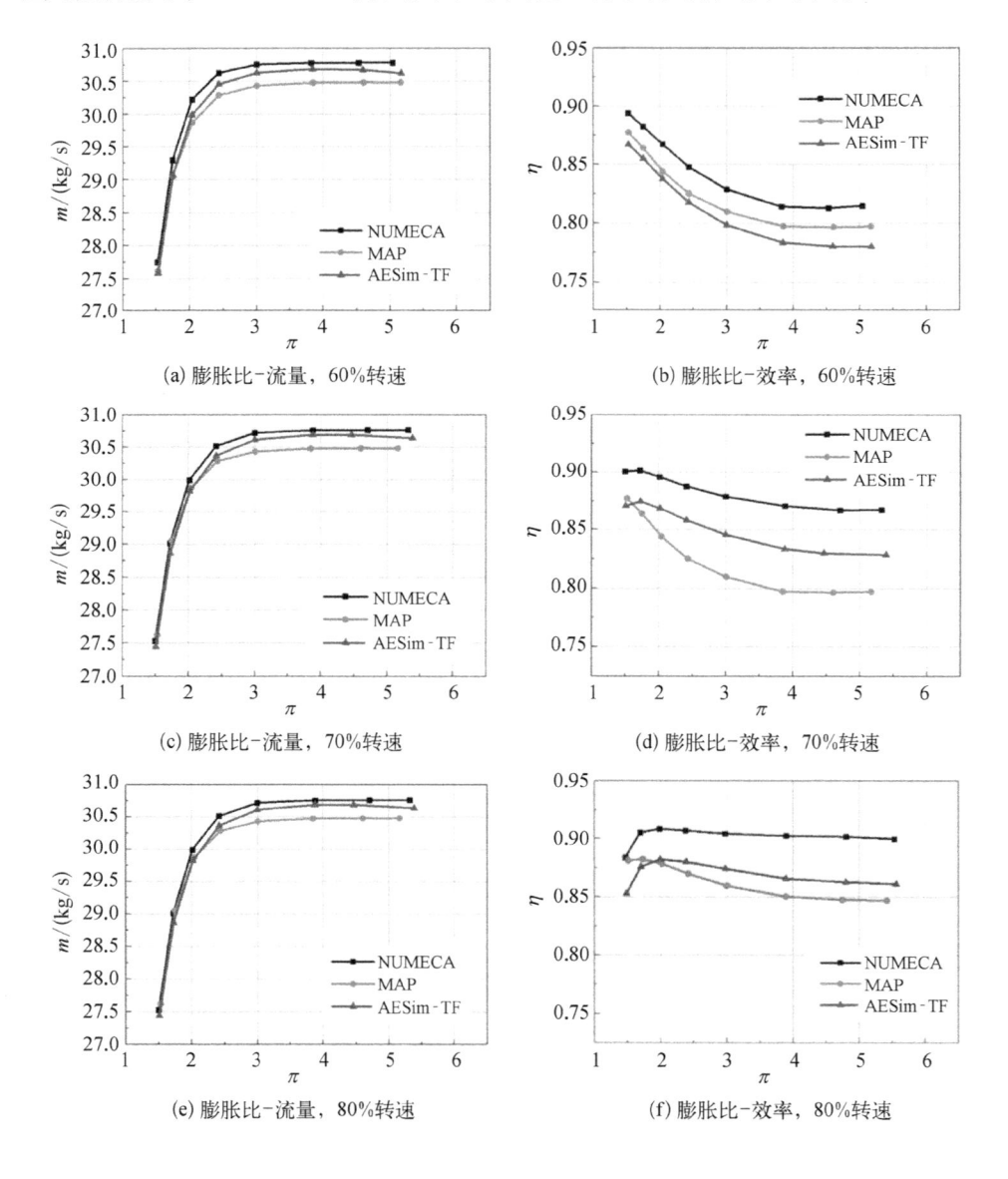

2）非设计转速下涡轮气动性能对比

图 2.52 给出了非设计转速下膨胀比-流量计算结果对比和膨胀比-效率计算结果对比。从图中可以看出，非设计工况下，涡轮的膨胀比-流量特性线变化不大，三种软件对比结果和设计状态对比结果类似。但是在涡轮的膨胀比-效率特性测试对比中发现，三种软件的对比结果差异有所扩大，特别是在 70% 转速下，涡轮效率相差能达到 6% 以上。AESim-TF 软件与其他软件的计算结果相比，并没有出现共同的趋势，在 60%、90%、110% 转速下 AESim-TF 软件的效率计算结果最低；而在其他转速下，AESim-TF 计算结果位于其他两种软件计算结果中间。

(a) 膨胀比-流量，60%转速

(b) 膨胀比-效率，60%转速

(c) 膨胀比-流量，70%转速

(d) 膨胀比-效率，70%转速

(e) 膨胀比-流量，80%转速

(f) 膨胀比-效率，80%转速

(g) 膨胀比-流量,90%转速

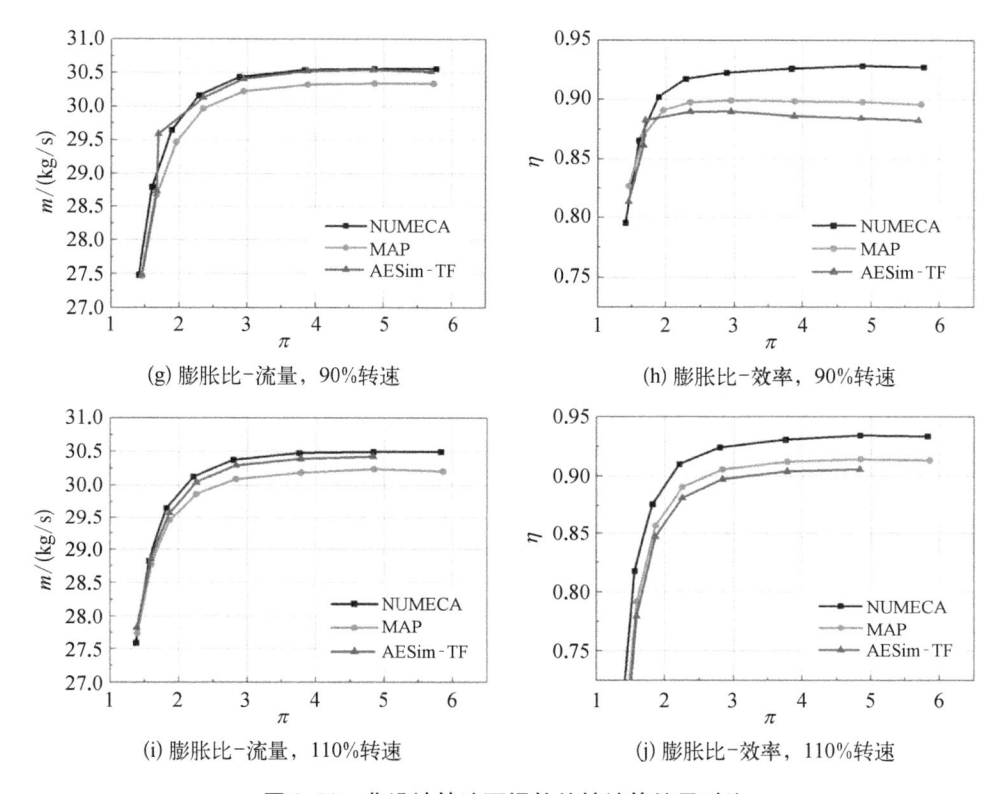

(h) 膨胀比-效率,90%转速

(i) 膨胀比-流量,110%转速

(j) 膨胀比-效率,110%转速

图 2.52 非设计转速下涡轮特性计算结果对比

3) 不同油气比对涡轮性能影响测试对比

本节还通过 AESim-TF 软件数值计算结果研究了不同油气比对涡轮性能的影响。油气比分别选择为 0 和 0.02。不同油气比的曲线和 CP(T) 数值如图 2.53 和表 2.8 所示。

图 2.54 给出了不同油气比影响涡轮气动性能的数值模拟结果。从图中可以看出,不同的油气比下,AESim-TF 软件计算得到的涡轮效率特性线没有出现明

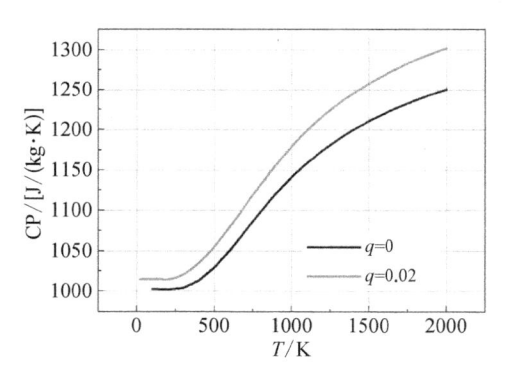

图 2.53 不同油气比的 CP(T) 曲线

显的变化,但是流量特性却出现了一些差异,油气比增大后涡轮的流量开始减小。AESim-TF 软件计算结果是与理论结果相符的。当油气比增大时,燃气的比热比稍有减小,通过计算涡轮流量的理论公式可以得到,在其他参数不变的情况下,比热比减小将导致涡轮理论流量减小。对于涡轮效率,只要保证涡轮膨胀功和理想

膨胀功使用同一个 CP 或者 T，涡轮的效率不变，所以软件对涡轮效率的预测都符合理论推导。

表 2.8 不同油气比的 CP(T) 数值

温度/K	CP(T) ($q=0$)	CP(T) ($q=0.02$)
100	1 002.72	1 002.99
200	1 002.07	1 012.24
300	1 003.89	1 020.90
400	1 012.95	1 034.80
500	1 029.27	1 054.70
600	1 050.68	1 078.96
700	1 074.50	1 105.23
800	1 098.42	1 131.43
900	1 120.91	1 156.09
1 000	1 141.16	1 178.46
1 100	1 158.99	1 198.34
1 200	1 174.57	1 215.86
1 300	1 188.23	1 231.32
1 400	1 200.27	1 245.00
1 500	1 210.94	1 257.14
1 600	1 220.44	1 267.96
1 700	1 228.99	1 277.67
1 800	1 236.81	1 286.52
1 900	1 244.02	1 294.65
2 000	1 250.17	1 301.53

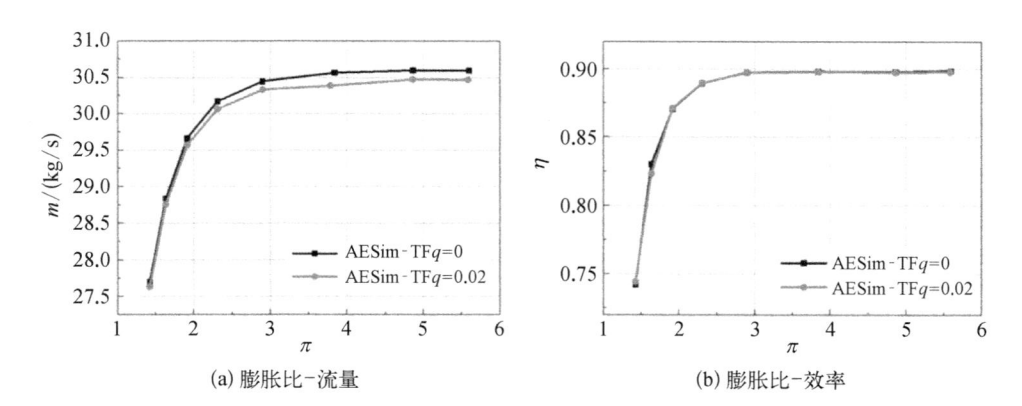

(a) 膨胀比-流量

(b) 膨胀比-效率

图 2.54 不同油气比下涡轮气动性能测试结果对比

2.3.3 标准喷管

1. 算例描述

喷管是一种典型的航空发动机非通流构件,三维流场求解主要用于喷管气动设计结果评估、喷管气动设计优化、声场计算等。喷管流道子午型线如图 2.55 所示。

喷管算例求解域包括喷管内流场和喷管外流场,如图 2.56 所示,求解模型为喷管大气射流定常流场求解。

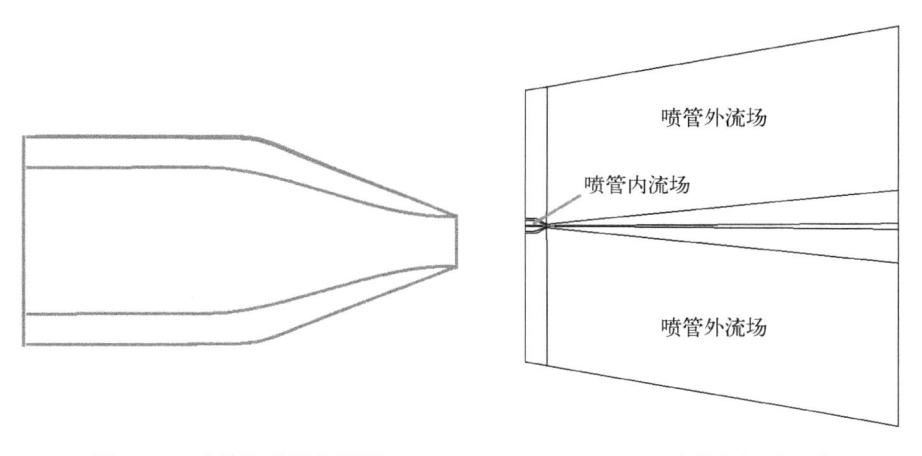

图 2.55 喷管流道子午型线   图 2.56 喷管求解域示意图

2. 仿真参数设置

喷管内流场采用蝶形网格,如图 2.57(a)所示,即图 2.57(b)内流场所指区域;外流场采用四段 H 型网格拼接而成,如图 2.57(b)所示,以便与内流场网格块完全协调拼接;内流场网格划分结果如图 2.57(c)所示,外流场网格子午划分结果见图 2.57(d)。显见,为加速算例求解,相对内场网格,外流场网格非常稀疏。网格总规模为 48 万个。

求解工况选为喷管出口马赫数 0.85;对应的边界条件设定喷管进口总温(371.3 K)、总压(348.6 kPa)、气流方向(轴向)、来流湍流度(0.02)、涡黏系数比(0.01);除壁面外,给定外场边界条件,即静温(环境温度 300 K)、静压(环境压力 101 325 Pa)。

用 NUMECA、AESim-TF 两种软件对喷管某工况进行数值计算,基于两款软件搭建的喷管大气射流数值计算模型,网格、湍流模型等物理模型保持完全一致。

3. 结果分析

软件求解得到的马赫数沿喷管回转中心的分布如图 2.58 所示,可见,喷管回

(a) 内流场拓扑结构　　　　　(b) 外流场拓扑结构

(c) 内流场网格划分结果　　　(d) 外流场网格划分结果

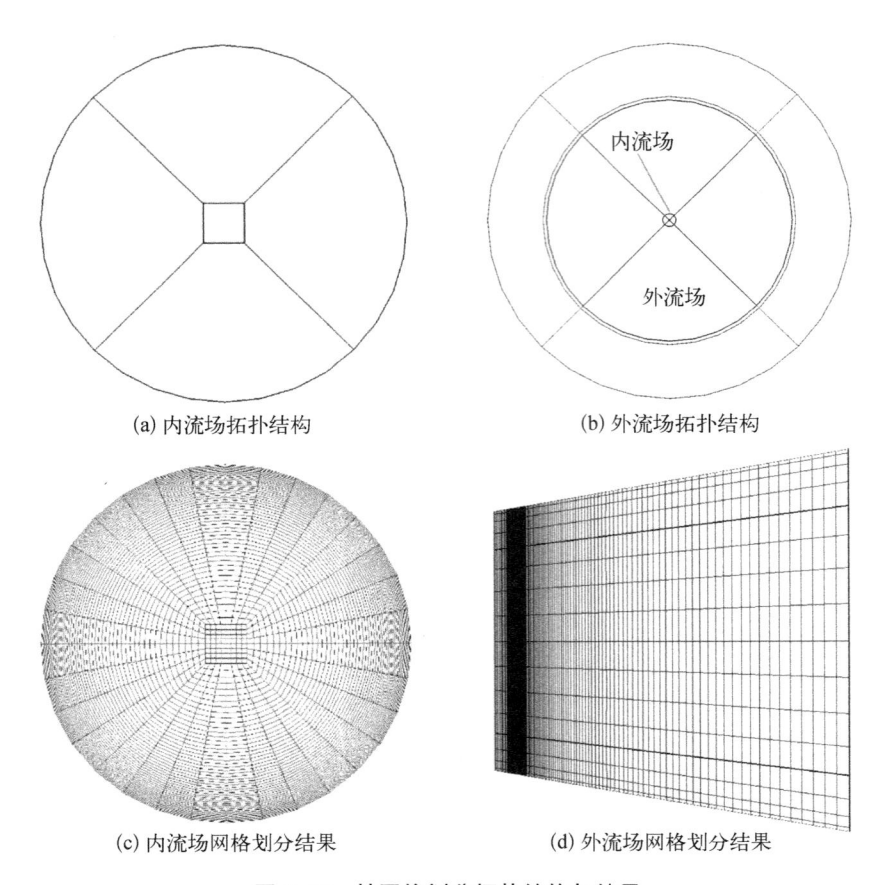

图 2.57　某网格划分拓扑结构与结果

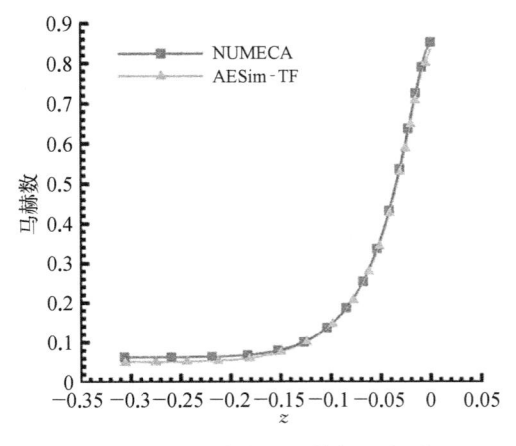

图 2.58　某回转中心马赫数分布对比

转中心气流在靠近喷管出口时迅速升高。

图 2.59 和图 2.60 分别为喷管内和全计算域马赫数计算结果云图。由图可见，在该喷管内部，随着管径的缩小，气流速度逐渐增大，相应地，气流静压力逐渐减小。

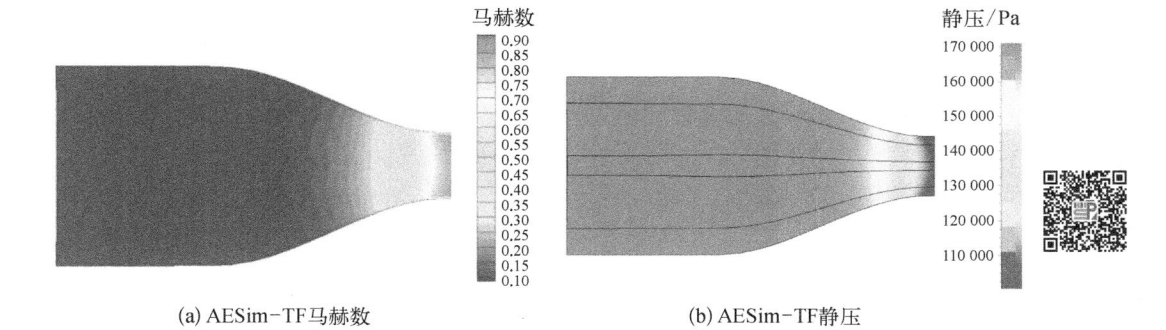

(a) AESim-TF马赫数　　(b) AESim-TF静压

图 2.59　喷管内流场求解结果

图 2.60　AESim-TF 计算得到的喷管全计算域马赫数云图

2.4　本章小结

虽然气动仿真技术，特别在商用 CFD 软件的加持下，很早就在国内航空发动机主机设计研究所得到普遍应用，成为风扇、压气机、涡轮、进排气道、过渡段等通流部件工程型号设计研发不可或缺的工具，但随着航空发动机气动性能的不断提升，理论与越来越多的实践表明，在气动仿真方法偏差、工程算例附加偏差、测试数据固有偏差的共同作用下，获得高精度气动仿真结果极富挑战。

就某个流场数值求解软件而言，基于试验数据的数理模型标定，以及数理模型基础理论与工程应用研究，是减小流场数值求解偏差较为现实可行且有效的途径。

其关键是,试验数据积累、数理模型标定、数理模型研究都需要在工程实践中长期积累、循序渐进。以自研软件气动仿真模块 AESim-TF 为例,首先,该软件应能够实现相似算例气动仿真结果的相对可比性;其次,基于一定数量有效算例的流场数值求解偏差分析,可以大致掌握该软件的流场数值求解偏差范围,此时,该平台已经能够为工程设计人员提供偏差可控的流场数值分析结果;然后,基于长期积累的流场数值求解偏差数据对数理模型进行标定,可不断减小流场数值求解偏差范围,提升流场计算结果可靠性,并最终实现气动仿真精度的有效提升。

气动仿真用于航空发动机通流部件工程设计时,必须基于各设计阶段所能提供的流场求解建模数据,平衡各设计阶段对气动仿真计算耗时、求解精度、涡系分辨率等的需求,划分规模适中的流场求解网格、选择适用有效的流场求解模型、给定准确合理的流场求解参数,才能基于工程可接受的资源消耗,获得求解精度、流场描述能够满足工程设计需要的气动仿真结果,实现对航空发动机通流部件工程设计,进而提升工程设计水平。

参考文献

[1] Jameson A. Time dependent calculations using multigrid, with applications to unsteady flows past airfoils and wings[C]. Honolulu: 10th Computational Fluid Dynamics Conference, 1991: 1596.

[2] Spalart P. Philosophies and fallacies in turbulence modeling[J]. Progress in Aerospace Sciences, 2015(74): 1-15.

[3] Tucker P. Trends in turbomachinery turbulence treatments[J]. Progress in Aerospace Sciences, 2013(63): 1-32.

[4] Thompson L, Pinsky P. A space-time finite element method for structural acoustics in infinite domains part 2: Exact time-dependent non-reflecting boundary conditions[J]. Computer Methods in Applied Mechanics and Engineering, 1996, 132(3-4): 229-258.

[5] Giles M. Nonreflecting boundary conditions for Euler equation calculations[J]. AIAA Journal, 1990, 28(12): 2050-2058.

[6] He L. Fourier methods for turbomachinery applications[J]. Progress in Aerospace Sciences, 2010, 46(8): 329-341.

[7] Denton J. The calculation of three-dimensional viscous flow through multistage turbomachines[J]. ASME Journal of Turbomachinery, 1992(114): 18-26.

[8] Du P, Ning F. Validation of a novel mixing-plane method for multistage turbomachinery steady flow analysis[J]. Chinese Journal of Aeronautics, 2016, 29(6): 1563-1574.

[9] Van der Weide E, Kalitzin G, Schluter J, et al. On large scale turbomachinery computations[J]. CTR Annual Research Briefs, 2005: 139-150.

[10] Adamczyk J. Model equation for simulating flows in multistage turbomachinery[R]. NASA-TM-86869, 1985.

[11] Rhie C, Gleixner A, Spear D, et al. Development and application of a multistage Navier-

Stokes solver: Part 1 — Multistage modeling using bodyforces and deterministic stresses[J]. Journal of Turbomachinery, 1998, 120(2): 205-214.

[12] Busby J, Sondak D, Staubach B, et al. Deterministic stress modeling of hot gas segregation in a turbine[J]. Journal of Turbomachinery, 2000, 122(1): 62-67.

[13] Rai M, Madavan N. Multi-airfoil Navier-Stokes simulations of turbine rotor-stator interaction [J]. ASME Journal of Turbomachinery, 1990, 112(3): 377-384.

[14] Pacciani R, Marconcini M, Arnone A, et al. A CFD study of low Reynolds number flow in high lift cascades[C]. Glasgow: Turbo Expo: Power for Land, Sea, and Air, 2010(44021): 1525-1534.

[15] Erdos J, Alzner E, McNally W. Numerical solution of periodic transonic flow through a fan stage[J]. AIAA Journal, 1977, 15(11): 1559-1568.

[16] Giles M. Calculation of unsteady wake rotor interaction[J]. AIAA Journal of Propulsion and Power, 1988, 4(4): 356-362.

[17] Hall K, Thomas J, Ekici K, et al. Frequency domain techniques for complex and nonlinear flows in turbomachinery[C]. Orlando: 33rd AIAA Fluid Dynamics Conference and Exhibit, 2003: 3998.

[18] Du P, Ning F. Application of the harmonic balance method in simulating almost periodic turbomachinery flows[C]. Düsseldorf: ASME Turbo Expo: Power for Land, Sea, and Air, 2014(45639): V02DT44A006.

[19] 宁方飞. 考虑真实几何复杂性的压气机内部流动的数值模拟[D]. 北京: 北京航空航天大学, 2002.

[20] Spalart P, Allmaras S. A one-equation turbulence model for aerodynamic flows[J]. Recherche Aerospatiale, 1994(1): 5-21.

[21] Sun W, Xu L. Improvement of corner separation prediction using an explicit non-linear RANS closure [J]. Journal of the Global Power and Propulsion Society, 2021(5): 50-65.

[22] Menter F. Two-equation eddy-viscosity turbulence models for engineering applications[J]. AIAA Journal, 1994, 32(8): 1598-1605.

[23] 杜鹏程. 叶轮机转静非定常流动建模技术研究[D]. 北京: 北京航空航天大学, 2014.

第3章
燃烧仿真

工程计算应用中,燃烧室内气液两相湍流燃烧过程主要采用欧拉-拉格朗日模型进行模拟,即液相油滴采用拉格朗日粒子随机轨道模型,气动和燃烧过程采用以控制体为研究对象的欧拉模型。湍流模拟主要采用 RANS 模型,而大涡模拟(LES)方法因其计算量较大,还并未在工程计算中普遍应用。近些年来,结合不同类型湍流模型的优势发展的自适应湍流模型(adaptive turbulence modeling,ATM)及混合湍流模型发展迅速,在燃烧仿真受到广泛关注。因此,本章主要在 RANS 模型基础上进行介绍,并简要介绍新型的 ATM 方法。在航空发动机燃烧室内,按照燃油燃烧物理过程的先后顺序,可分为喷雾破碎、油滴蒸发、混合气燃烧等过程。本章也按照物理过程,分别介绍航空发动机燃烧室内的湍流模型、喷雾破碎模型、油滴蒸发模型、湍流燃烧模型等。湍流模型主要介绍工程中常用的两方程湍流模型(包括 $k-\varepsilon$ 和 $k-\omega$ 系列模型),以及自适应湍流模型等。喷雾破碎模型主要介绍工程常用的一次破碎模型和二次破碎模型。油滴蒸发模型主要介绍以液滴直径平方(D^2)蒸发规律为基础的常用模型。湍流燃烧模型主要介绍现阶段常用的快速化学反应模型、火焰面模型、二阶矩湍流燃烧反应模型、湍流燃烧概率密度函数(probability density function,PDF)方法等。此外,为对工程仿真计算提供指导和参考,本章对三级旋流模型燃烧室、某型民用主燃烧室、某高仿真度燃烧室、高效清洁双环腔燃烧室等典型发动机燃烧室的计算算例进行介绍和说明。

3.1 湍流流动仿真

发动机燃烧室中的雾化、蒸发及燃烧过程均是在湍流流动环境下进行发展演化的,因此湍流流动的仿真是开展燃烧室燃烧仿真的基础。数值仿真中需要湍流模型对湍流应力的不封闭项进行封闭求解。

3.1.1 基本理论介绍

湍流是流体流动的一种基本形态,也是基本的经典物理问题之一。湍流的一个基本特征是由于非线性对流过程导致流体的流动参数呈现随机脉动现象。湍流流动包含众多的涡系结构,不同的涡系在长度尺度、时间尺度等方面跨度巨大。而且,随着雷诺数的增大,尺度之间的跨度急剧增大。尽管纳维-斯托克斯方程可以对湍流的特性进行精确的描述,但是由于湍流流动自身的强非线性和多尺度特性,数值仿真中直接求解纳维-斯托克斯方程进行湍流流动仿真异常困难。基于湍流涡系结构中能够被精确求解的比例,传统的湍流模型通常可以粗略地分为直接数值模拟(DNS)方法、RANS方法、LES方法和近些年来发展迅速的各类混合湍流模拟方法。相比于叶轮机械中可压缩气流的湍流流动,在燃烧室的湍流模拟主要基于不可压流动SIMPLE算法开展,主要区别在于动量方程简化中引入了密度对时间的随体导数为0的假设,且通过压力预估、速度求解、压力修正的流程进行N-S方程求解。而RANS或LES等湍流模拟用于基于SIMPLE算法动量方程雷诺应力项或亚格子应力项的封闭。这些差异使得在燃烧室湍流模拟中,常用的RANS模型为$k-\varepsilon$模型、$k-\omega$模型等两方程模型,而在叶轮机械中常用的S-A模型等单方程模型应用相对较少。

DNS方法要求能解析流场中最小尺度的耗散涡,因此其计算网格要求与科尔莫戈罗夫(Kolmogorov)长度尺度接近。采用DNS方法所需要的三维计算网格量与雷诺数相关,大约正比于雷诺数的9/4。而实际工程问题中的湍流流动雷诺数很高,巨大的计算资源消耗使得DNS方法短期内无法在工程仿真中应用。LES方法的基本思想是直接求解大尺度的各向异性湍流结构,而各向同性的小尺度湍流结构采用模型进行模化。目前,LES方法逐渐成为基础科研领域研究湍流的重要手段。尽管如此,为了保证被模化的小尺度湍流涡系具有良好的各向同性,LES求解的湍流动能需要占比80%以上。而在流场近壁面区域,湍流尺度很小,为了能够达到LES求解的计算网格分辨率要求,固体壁面附近的计算网格通常需要很细密,从而导致计算量急剧增大。因此,目前工程燃烧仿真中,LES方法仍未广泛应用。在工程应用上,平均流场参数的结果基本可以满足特定的工程应用需求。因此,目前工程燃烧仿真中,RANS方法占据主导地位。RANS方法通过对纳维-斯托克斯方程进行雷诺平均,从而对所有尺度的湍流涡系进行平均。

RANS方法存在不封闭问题,即雷诺应力需要模型进行模化。众多学者提出多种模型来封闭雷诺平均方程,主要可以分为涡黏性系数模型和二阶矩模型两大类。涡黏性系数模型最初由布西内斯克(Boussinesq)仿照分子黏性的思路提出。根据如何模化特征速度尺度和特征长度尺度,涡黏性系数湍流模型可进一步分为零方程、单方程和两方程模型等。单方程模型的代表是S-A湍流模型[1],其较多地应用于航空航天领域空气动力学外流计算。工程燃烧仿真中,两方程湍流模型应用最广。两方程湍流模型$k-\varepsilon$系列模型包括经典的标准$k-\varepsilon$模型[2]、RNG $k-\varepsilon$模型[3]和Realizable $k-\varepsilon$模型[4]等。两方程模型$k-\omega$系列包括Wilcox $k-\omega$模型[5]、SST $k-\omega$ 模型[6]和 BSL $k-\omega$ 模型等。

除此之外,近些年来,结合 RANS 和 LES 方法优点的 ATM 方法以及混合 RANS/LES 方法被提出并逐渐应用于解决工程中的湍流流动仿真问题。目前,已经发展的方法主要有超大涡模拟(VLES)、DES、部分积分输运方法(PITM)、部分平均纳维-斯托克斯方法(PANS)等。这些方法基本上可以划分为自适应模拟方法(ATM)和区域化(Zonal)的方法两大类。区域化方法依赖两种模型,即 RANS 模型和亚格子应力模型。实际计算中,区域化方法中的两种模型分别对应不同的区域并通过界面进行过渡和传递数据。自适应湍流模拟方法(ATM)不需要给定界面强制不同的模型转换,它依据模型参数准则实现非定常 RANS、LES 甚至 DNS 计算的连续光滑转变。

3.1.2 仿真模型介绍

常用的湍流模型包括 RANS 方法中的标准 $k-\varepsilon$ 模型、Realizable $k-\varepsilon$ 模型、SST $k-\omega$ 模型[7]等,以及 ATM 方法。

1. 标准 $k-\varepsilon$ 模型

该模型在工程燃烧仿真中应用广泛。该方法求解湍动能 k 和湍动能耗散率 ε 的输运方程,是一个高雷诺数湍流模型。如下所示:

$$\frac{\partial \rho k}{\partial t} + \frac{\partial \rho u_j k}{\partial x_j} = \frac{\partial}{\partial x_j}\left[\left(\mu + \frac{\mu_t}{\sigma_k}\right)\frac{\partial k}{\partial x_j}\right] + P_k - \rho\varepsilon \tag{3.1}$$

$$\frac{\partial \rho \varepsilon}{\partial t} + \frac{\partial \rho u_j \varepsilon}{\partial x_j} = \frac{\partial}{\partial x_j}\left[\left(\mu + \frac{\mu_t}{\sigma_\varepsilon}\right)\frac{\partial \varepsilon}{\partial x_j}\right] + \frac{\varepsilon}{k}(C_{\varepsilon 1}P_k - C_{\varepsilon 2}\rho\varepsilon) \tag{3.2}$$

其中,湍流动能产生项为

$$P_k = 2\mu_t S_{ij} S_{ij} \tag{3.3}$$

其中,湍流黏性系数的求解公式为

$$\mu_t = \rho C_\mu \frac{k^2}{\varepsilon} \tag{3.4}$$

标准 $k-\varepsilon$ 模型仅适用于高雷诺数湍流流动,因此对于受固体壁面影响较小的流动过程计算精度较高。在固体壁面附近需要进行特殊的壁面处理,包括采用壁面函数的方法、加入低雷诺数修正等。

2. 可实现 $k-\varepsilon$ 模型

可实现 $k-\varepsilon$ 模型是在标准 $k-\varepsilon$ 模型基础上的一个修正模型。可实现是指该模型对雷诺应力的求解能够满足一定的数学限定,与物理实际相一致。相比于标

准 $k-\varepsilon$ 模型主要有两个方面的修正：提出了一个更好的湍流黏性系数计算公式；提出了一个更加精确的湍流动能耗散率 ε 的控制方程。控制方程为

$$\frac{\partial \rho k}{\partial t} + \frac{\partial \rho u_j k}{\partial x_j} = \frac{\partial}{\partial x_j}\left[\left(\mu + \frac{\mu_t}{\sigma_k}\right)\frac{\partial k}{\partial x_j}\right] + P_k - \rho\varepsilon \qquad (3.5)$$

$$\frac{\partial \rho \varepsilon}{\partial t} + \frac{\partial \rho u_j \varepsilon}{\partial x_j} = \frac{\partial}{\partial x_j}\left[\left(\mu + \frac{\mu_t}{\sigma_\varepsilon}\right)\frac{\partial \varepsilon}{\partial x_j}\right] + \rho C_1 S\varepsilon - \rho C_2 \frac{\varepsilon^2}{k + \sqrt{v\varepsilon}} \qquad (3.6)$$

其中，模型参数为

$$C_1 = \max\left(0.43, \frac{\eta}{\eta+5}\right),\ \eta = S\frac{k}{\varepsilon},\ S = \sqrt{2S_{ij}S_{ij}} \qquad (3.7)$$

其中，湍流黏性系数的求解公式为

$$\mu_t = \rho C_\mu \frac{k^2}{\varepsilon} \qquad (3.8)$$

可实现 $k-\varepsilon$ 模型中的模型参数 C_μ 不再是一个常数，而是一个与当地流场参数相关的表达式，具体形式为

$$C_\mu = \frac{1}{A_0 + A_s \dfrac{kU^*}{\varepsilon}} \qquad (3.9)$$

其中，参数 U^* 表达式中包含应变率 S_{ij} 和旋转张量 Ω_{ij}。

可实现 $k-\varepsilon$ 模型同样为高雷诺数湍流模型，仅适用于高雷诺数流动。固体壁面附近的流动计算需要进行特殊处理。由于模型参数的模化中引入了当地的流场信息，通常情况下可实现 $k-\varepsilon$ 模型的计算可靠性要高于标准 $k-\varepsilon$ 模型。

3. SST $k-\omega$ 模型

SST $k-\omega$ 模型是 Menter 基于 $k-\omega$ 模型和 $k-\varepsilon$ 模型提出的一个两方程涡黏系数模型。基本思想是保持 $k-\omega$ 模型在近壁区计算的精确度和鲁棒性，同时结合 $k-\varepsilon$ 模型在边界层外区域对于自由湍流计算的优势。基于原始的 $k-\omega$ 模型，首先在 ω 方程中添加一个附加的交叉扩散项，以削弱计算结果对湍流边界条件的敏感性。然后引入合成函数，合成函数在近壁区的数值为 1，即在近壁区表现为 $k-\omega$ 模型。而后随着壁面距离的增加，合成函数数值逐渐减小。在远离壁面的自由流区域为 0，即表现为 $k-\varepsilon$ 模型。控制方程为

$$\frac{\mathrm{D}\rho k}{\mathrm{D}t} = P_k - \beta^*\rho k\omega + \frac{\partial}{\partial x_j}\left[(\mu + \sigma_{k3}\mu_t)\frac{\partial k}{\partial x_j}\right] \qquad (3.10)$$

$$\frac{\mathrm{D}\rho\omega}{\mathrm{D}t} = \omega\left(\gamma_3\frac{P_k}{k} - \beta_3\rho\omega\right) + \frac{\partial}{\partial x_j}\left[(\mu + \sigma_{\omega3}\mu_t)\frac{\partial \omega}{\partial x_j}\right] + 2\rho(1-F_1)\sigma_{\omega2}\frac{1}{\omega}\frac{\partial k}{\partial x_j}\frac{\partial \omega}{\partial x_j} \tag{3.11}$$

SST $k-\omega$ 模型中的模型常数也是由两个模型合成的。例如，假定 ϕ_1 表征原始 $k-\omega$ 模型中的任一常数，ϕ_2 表征 $k-\varepsilon$ 模型转换形式之后的表达式内的任一常数，ϕ 表征 SST 模型中相应的常数，则相应的模型常数可以统一表达为如下形式：

$$\phi = F_1\phi_1 + (1-F_1)\phi_2 \tag{3.12}$$

其中，湍流黏性系数的求解公式为

$$\mu_t = \rho\frac{k}{\omega}\frac{1}{\max\left(1.0, \dfrac{SF_2}{a_1\omega}\right)} \tag{3.13}$$

该模型兼顾了 $k-\omega$ 模型和 $k-\varepsilon$ 模型的优势，考虑了剪切输运的影响，对于复杂的大分离湍流流动计算精度较高，因此在工程湍流仿真中应用广泛。

4. 自适应湍流模拟方法

ATM 方法最初由 Speziale[8] 提出的 VLES 方法发展而来。ATM 方法属于统一的湍流模化方法，能够根据数值计算网格分辨率使得湍流模拟方法在非定常 RANS、LES 和 DNS 方法之间进行光滑、自动转换。2013 年 Han 和 Krajnovic[9,10] 针对 Speziale 原始模型存在的不足进行了大幅改进，提出了一种更有效的 ATM 湍流模拟方法。该模型具有以下主要的优点：在近壁面处 ATM 自动变为纯粹的 RANS 湍流模型，提供了一个壁面模型，类似于大涡模拟方法中的壁面模化方法；在 Speziale 原始模型基础上引入了第三个湍流长度尺度，即积分长度尺度，使得该模型在精细的网格分辨率下自动转化为 LES 亚格子尺度模型，与经典的大涡模拟方法完全一致。Wan 等[11] 提出的 ATM 湍流模拟方法可以在非定常 RANS 模型和 DNS 方法之间提供一种精确的 LES 模型，从而在计算中可以自动地从非定常 RANS、LES 到 DNS 之间自动地光滑过渡。

ATM 模型主要通过引入分辨率控制函数 F_r 对传统的 RANS 湍流应力进行重新模化，这样通过雷诺应力衰减可以得到亚格子尺度湍流应力张量，$\tau_{ij}^{\mathrm{sub}} = F_r\tau_{ij}^{\mathrm{RANS}}$，其中分辨率控制函数为

$$F_r = \left[1.0 - \exp\left(\frac{-\beta\Delta}{L_k}\right)\right]^n \tag{3.14}$$

其中，$\beta \sim O(10^{-3})$，$n \sim O(1)$ 为模型常参数；Δ 为网格尺度（截断长度尺度）；L_k 为科尔莫戈罗夫长度尺度，定义为 $L_k = \nu^{3/4}/\varepsilon^{1/4}$。当 $\Delta/L_k \to 0$ 时，所有相关尺度湍

流都可直接求解（$\tau_{ij}^{\text{sub}} = 0$），表现为 DNS 方法。当 $\Delta/L_k \to \infty$ 时，即网格相对粗糙时（$\tau_{ij}^{\text{sub}} = \tau_{ij}^{\text{RANS}}$），表现为 RANS 方法。在这两个极限之间，则认为是 ATM 方法。

尽管如此，原始的 Speziale 模型方法中雷诺应力衰减过度，从而导致只有在网格极其稀疏的情况下才能达到常规的 RANS 湍流模式。因此，原始模型在壁面处依据 LES 方法需要很密的网格分辨率，对解决壁面受限湍流的计算存在较大的困难。另外，原始 Speziale 模型存在一个较大的缺陷就是该模型无法保证能够包含一个正确的 LES 模式。

在 ATM 基本思想下，亚格子尺度应力通过分辨率控制函数 F_r 对雷诺应力进行重新模化获得。ATM 的准确性依赖于 F_r 和所使用的 RANS 湍流模型。Xia 等[12]基于湍流能谱提出一种通用形式的分辨率控制函数 F_r：

$$F_r = \frac{\int_{L_k}^{L_c} E(L)\,\mathrm{d}L}{\int_{L_k}^{L_i} E(L)\,\mathrm{d}L} \tag{3.15}$$

其中，$L_c = C_x(\Delta_x \Delta_y \Delta_z)^{\frac{1}{3}}$，$L_i = k^{\frac{3}{2}}/\varepsilon$，$L_k = v^{\frac{3}{4}}/\varepsilon^{\frac{1}{4}}$，分别为湍流截断长度尺度、积分长度尺度和科尔莫戈罗夫长度尺度。式（3.15）可以表示可解尺度湍动能与总湍动能的比值。沿用这个思路，Han 等提出一种新的分辨率控制函数形式，即假设式（3.15）对惯性子区适用，可以得到：

$$F_r = \frac{k(L_k \to L_c)}{k(L_k \to L_i)} = \frac{\frac{1}{2}\tau_{ii}(L_k \to L_c)}{\frac{1}{2}\tau_{ii}(L_k \to L_i)} = \frac{\left[1.0 - \exp\left(\dfrac{-\beta L_c}{L_k}\right)\right]^n}{\left[1.0 - \exp\left(\dfrac{-\beta L_i}{L_k}\right)\right]^n} \tag{3.16}$$

式（3.16）给出一种通用函数形式的分辨率控制函数。然而，当 $L_c > L_i$ 时，得到 $F_r > 1.0$，不符合物理实际。为了保证 $F_r \in [0, 1]$，Han 等给出了如下的模化形式：

$$F_r = \min\left\{1.0, \left[\frac{1.0 - \exp\left(\dfrac{-\beta L_c}{L_k}\right)}{1.0 - \exp\left(\dfrac{-\beta L_i}{L_k}\right)}\right]^n\right\} \tag{3.17}$$

值得特别注意的是，在近壁面处，$L_c > L_i$ 得到 $F_r = 1$，ATM 模型恢复为 RANS 模型。此外，式中三个模型参数需要确定，方程中确定湍流截断长度尺度的系数 C_x 以及原始模型式（3.14）中的 β 和 n。Xia 等[13]通过假定当 $L_c = L_i$ 时，标准

RANS 湍流模型等于标准 LES 模型,则模型常数 C_x 可以通过 Smagorinsky LES 模型常数 C_s 获得,即

$$C_x = \sqrt{0.3} C_s / C_\mu \tag{3.18}$$

其中,$C_\mu = 0.09$ 为标准 $k-\varepsilon$ 模型的模型常数。当典型的 Smagorinsky LES 模型常数 C_s 取 0.1 时,可以确定 ATM 方法中的模型常数为 $C_x = 0.61$。

由式(3.17)可以看出,当网格分辨率非常高,即模化的动能趋于 0 时,方程通过泰勒(Taylor)级数展开可以得到另一种形式:

$$F_r \to \left[\frac{\dfrac{-\beta L_c}{L_k}}{\dfrac{-\beta L_i}{L_k}}\right]^n = \left(\frac{L_c}{L_i}\right)^n \tag{3.19}$$

可以看出,式(3.19)和之前国内外文献中的混合 RANS/LES 方法具有完全相同的形式。同时也表明当网格分辨率非常高时,ATM 模型接近于 LES 模式。另外,依据之前的研究,模型常数为 $n = 2.0$,$\beta = 2.0 \times 10^{-3}$。

实际上 Han 等提出的 ATM 模型从根本上已经不同于原始的 Speziale 模型,新 ATM 方法中包含三个湍流尺度,而且其中分辨率控制函数 F_r 具有更加明确的物理含义,表征不可解湍动能与总的湍动能的比例。新提出的 ATM 模型沿用了部分可解湍流模拟方法的思想,只对湍流黏性的形式进行重新模化,即

$$\mu_t^{\text{sub}} = F_r \mu_t^{\text{RANS}} \tag{3.20}$$

可以看出,Han 等提出的 ATM 方法是在常规 RANS 模拟的基础上,通过分辨率控制函数 F_r 对湍流黏性系数进行重新模化,分辨率控制函数 F_r 是 ATM 方法的核心。F_r 的模化中包含了三个湍流长度尺度,L_c、L_i 和 L_k 分别为截断长度尺度、积分长度尺度和科尔莫戈罗夫长度尺度。F_r 的取值根据网格分辨率的不同在 0 到 1.0 之间变化,来决定湍流的模化程度,并可以实现在 RANS、LES 和 DNS 之间的光滑、自动转变。

ATM 方法一般是基于 $k-\varepsilon$ 模型 $k-\omega$ 模型发展的。下面简要介绍基于 Menter 的 BSL $k-\omega$ 模型发展的 ATM 模拟方法。在 ATM 框架下,湍动能 k 及其比耗散率 ω 的输运方程和 RANS 模型中的 BSL $k-\omega$ 模型完全相同,方程形式如下:

$$\frac{\mathrm{D}\rho k}{\mathrm{D}t} = P_k - \beta^* \rho k \omega + \frac{\partial}{\partial x_j}\left[(\mu + \sigma_{k3}\mu_t)\frac{\partial k}{\partial x_j}\right] \tag{3.21}$$

$$\frac{\mathrm{D}\rho\omega}{\mathrm{D}t} = \omega\left(\gamma_3 \frac{P_k}{k} - \beta_3 \rho\omega\right) + \frac{\partial}{\partial x_j}\left[(\mu + \sigma_{\omega3}\mu_t)\frac{\partial \omega}{\partial x_j}\right] + 2\rho(1-F_1)\sigma_{\omega2}\frac{1}{\omega}\frac{\partial k}{\partial x_j}\frac{\partial \omega}{\partial x_j} \tag{3.22}$$

其中，P_k 为亚格子尺度湍动能产生项。在此基础上构造 ATM 湍流模型，其涡黏系数的模化形式为

$$\mu_t = F_r \cdot \rho \frac{k}{\omega} \quad (3.23)$$

上面的 ATM 方法中，分辨率控制函数 F_r 的函数形式为

$$F_r = \min\left\{1.0, \left[\frac{1.0 - \exp\left(\frac{-\beta L_c}{L_k}\right)}{1.0 - \exp\left(\frac{-\beta L_i}{L_k}\right)}\right]^n\right\} \quad (3.24)$$

其中，分辨率控制函数包含的三个长度尺度定义形式分别为

$$L_i = \frac{k^{3/2}}{0.09k\omega}, \quad L_c = C_x(\Delta_x\Delta_y\Delta_z)^{1/3}, \quad L_k = \frac{\nu^{3/4}}{(0.09k\omega)^{1/4}} \quad (3.25)$$

其中，最重要的模型参数 C_x 取值为

$$C_x = 0.61 \quad (3.26)$$

自适应湍流模拟方法中的其他模型常数和经典的 BSL $k-\omega$ 湍流模型参数完全一致，在此不再赘述。

自 2013 年 Han 和 Krajnovic 提出改进的 ATM 湍流模拟方法，该模型在多种不同类型的湍流流动、传热和燃烧问题中得到了充分的验证[14]。结果显示，ATM 方法比 RANS 方法计算精度大幅提升，比 LES 方法对计算网格的需求大幅降低，因此兼顾了计算精度和计算效率，对于复杂的工程计算具有很大的应用潜力。

3.1.3 工程适用性分析

RANS 方法计算效率高，通常用于稳态流动计算，在工程计算中占据主导地位。$k-\varepsilon$ 系列湍流模型对于远离壁面的湍流流动预测精度较高，在燃烧室中的强旋流流动计算方面通常具有优势。$k-\omega$ 系列湍流模型在壁面流动计算中具有较高的精度，更加适用于燃烧室壁面附近的传热问题计算。SST $k-\omega$ 湍流模型对于壁面流动和自由湍流的流动预测均较好，是工程中应用广泛的湍流模型。通常采用 RANS 湍流模型计算可以满足工程的初步设计阶段需求。但是由于 RANS 湍流模型对于强湍流脉动预测精度较差，对于精细化设计需求比较难以满足。

自适应湍流模拟方法可以在常规 RANS 湍流计算的网格上开展高精度的非定常数值计算,计算精度高且计算效率高。对强旋流等复杂湍流的非定常演化具有比较高的预测精度和计算可靠性,在工程燃烧室数值仿真中具有较大的应用潜力。

3.2 燃油喷雾仿真

现代航空发动机采用两相火焰组织燃烧[15]。在燃烧室内部存在着非常复杂的物理化学过程,包括燃油雾化和蒸发、油气混合和燃烧以及传热等多个过程[16]。燃烧室中燃油的雾化、蒸发和混合等过程对燃烧室点火、火焰稳定、燃烧效率、总压损失、出口温度场分布以及污染排放等均有显著影响[17]。而燃油的雾化作为燃烧室一切物理化学过程的开始,显著影响着发动机的燃烧性能和燃烧数值模拟的准确性[18]。深入研究燃油雾化过程,特别是首次雾化过程对于揭示航空发动机燃烧室高温高压和强旋流条件下的喷雾燃烧机理至关重要。工程计算应用中燃烧室内液态燃料喷雾燃烧也不可避免地需要使用燃油喷雾模型。

3.2.1 基本理论介绍

对燃烧室内液相燃油的喷雾破碎过程的模拟,通常是在拉格朗日粒子追踪框架下进行的,一般采用初始雾化模型预测燃油喷出喷嘴的破碎过程,采用二次破碎模型预测剥离后的大液滴和条带的二次雾化情况。

以射流雾化为例,雾化过程可以简单分为几个阶段,首先是液体从喷嘴连续射流而出,射流受气动力、表面张力、黏性力以及自身湍动的影响分裂成液块和较大的液团或液滴,这一过程称为一次破碎过程[19]。对于液滴破碎雾化机理,目前发展比较充分的空气动力干扰理论认为射流柱和周围气体之间的剪切作用产生的不稳定表面波是破碎雾化的主要原因,射流界面的不稳定性使射流柱或液膜破碎成液丝、液带或者较大的液块,空气速度越大,气动作用越强,雾化作用自然越剧烈,雾化后产生的液滴直径也越小。

压力旋流雾化是航空发动机燃油雾化的主要形式,主要通过压差使燃油进入旋流腔,燃油在旋流腔内做旋转运动,最后由喷口射流而出,从而实现燃油的雾化,图 3.1 展示了液膜在大气环境中的不同破碎形态。

二次破碎是指射流经过一次破碎后形成的液丝、液带或较大的液块与周围的空气相互作用,当气动力克服颗粒表面张力时进一步发生破碎,形成更加细小的液滴颗粒的过程。二次破碎后的液滴与燃烧的联系最为密切,二次破碎过程影响着蒸发的快慢、混合是否迅速以及最终的燃烧性能,是燃烧模拟的关键过程。二次破碎阶段大多发生在远离喷嘴区域,液滴浓度较为稀薄,图 3.2 展示了横向气流作用

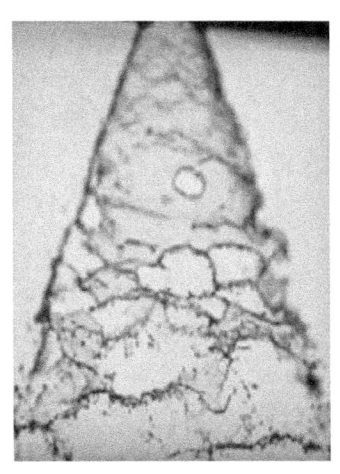

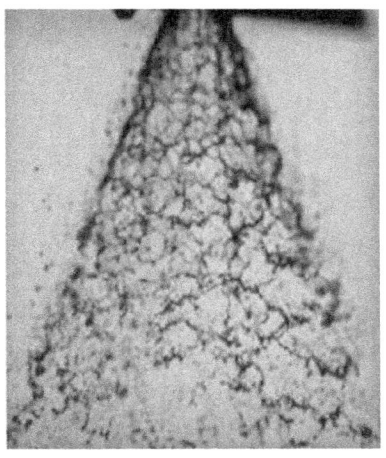

图 3.1 大气中液膜的不同破碎形态

下的破碎雾化过程[20],包含了一次破碎过程和二次破碎过程。让燃油以液膜的形式进入横向气流中,液膜在气动力作用下发生破碎形成液滴,从而与空气进行快速混合,是近年来提出的高效油气混合方法。

对于液滴的二次破碎,气体韦伯数(We)是一个非常重要的控制参数,根据韦伯数的不同划分成几个破碎模式,分别是振荡破碎模式、袋状破碎模式、袋状-雄蕊型破碎模式、剪切破碎模式和爆发式破碎模式。当韦伯数较低时,在液滴的背风面存在低压区,使液滴受到挤压向两侧发展变形,最终克服表面张力的作用破碎成几个较大的液滴。随着气流速度加大,气体韦伯数增加,液滴在气流中形成袋状结构,通常袋状结构的底部先发生破裂,产生大量小液滴,随后袋口部分再发生破碎形成较大的液滴颗粒。袋状-雄蕊型破碎模式和袋状破碎模式类似,不同之处在于在液滴轴线位置,形成一个与气流方向平行的液柱,同样的是袋状的底部先发生破碎,中心液柱与袋口发生破裂形成较大液滴。当气体韦伯数进一步增大时,气流对液滴的剪切作用增强,液滴边缘在气流作用下向下游方向拉伸,并逐渐发生剥落以及破碎现象。气体韦伯数增大到一定程度时,将在液滴表面形成表面波,表面波不断发展致使液滴形成几个较大的液块,液块再进一步破碎成小液滴,通常认为这一过程是由瑞利-泰勒

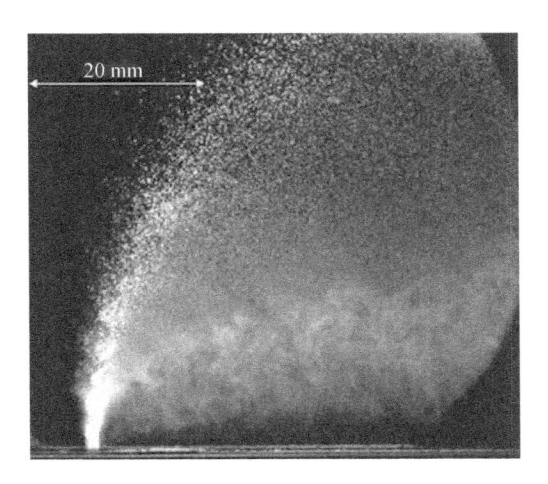

图 3.2 喷雾结构的分叉现象

(Rayleigh-Taylor,R－T)不稳定性所引起的。

3.2.2 仿真模型介绍

针对航空发动机燃烧室应用,常用的一次雾化模型有线性不稳定液膜雾化(linearized instability sheet atomization,LISA)模型和表面破碎(WAVE)模型。二次破碎常用的是 KH－RT 模型和 TAB 模型。

1. LISA 模型

离心喷嘴作为航空发动机中应用最广泛的喷嘴形式,液体燃料通过切向进口进入旋流腔,并贴着旋流腔壁面向前推进,形成中空形式。随后以一个薄膜的形式离开喷嘴。由于存在径向和切向速度,液膜会形成中空的锥形薄膜。该薄膜在周围空气作用下是不稳定的,会进一步破裂为液带,液带随后破裂为液滴,图 3.3 给出了这个过程的示意图[21]。LISA 模型主要是通过对液膜的稳定性分析推导而获得的,往往认为液膜表面的不稳定性是由开尔文-亥姆霍兹(Kelvin-Helmholtz,KH)不稳定波引起的,通过对液膜的线性稳定性分析发展出该模型,用于离心喷嘴一次雾化过程的模拟。LISA 模型包括两个阶段: ① 液膜形成;② 液膜破碎和雾化。

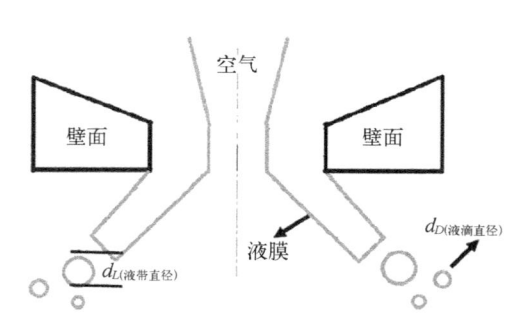

图 3.3 压力离心喷嘴雾化过程示意图

在离心力的作用下旋流腔内首先形成一个中空的液膜,液膜以一定的厚度离开喷嘴。由质量守恒得到质量流量、液相轴向速度和液膜初始厚度的关系如下:

$$m = \pi \rho_l u h_0 (d_0 - h_0) \tag{3.27}$$

其中,m 为质量流量;ρ_l 为液体密度;h_0 为液膜初始厚度;d_0 为喷嘴出口直径;u 为液膜速度 U 的轴向分量,与 U 的关系为

$$u = U\cos\theta \tag{3.28}$$

其中,θ 为喷射角度;U 由喷嘴的压差 Δp 求解。

$$U = K_v \sqrt{\frac{2\Delta p}{\rho_l}} \tag{3.29}$$

其中,K_v 为速度系数,是喷嘴设计和喷射压力的函数,通常采用下式求解:

$$K_v = \max\left(0.7, \frac{4m}{d_0^2 \rho_l \cos\theta}\sqrt{\frac{\rho_l}{2\Delta p}}\right) \tag{3.30}$$

其中，K_v 不能大于 1。假设液膜的初始切向速度与初始径向速度相等。

$$w = v = U\sin\theta \tag{3.31}$$

对于液膜破碎和雾化，LISA 模型考虑了周围气体和液体的黏性及表面张力对液膜破碎与雾化的影响。考虑一个厚度为 $2h$ 的二维、有黏、不可压液膜以速度 U 在一个静止、无黏、不可压气体介质中运动，一个形式为

$$\eta = \eta_0 \exp(ikx + \omega t) \tag{3.32}$$

的极小扰动到初始稳态运动中，这个扰动会使得液体和气体产生波动速度与压力。其中，η_0 为初始振幅；$k = \dfrac{2\pi}{\lambda}$ 为波数；$\omega = \omega_r + i\omega_i$ 为复数增长率。最不稳定的扰动具有最大的 ω_r，表示为 Ω_s，并假设该最不稳定扰动是引起液膜破碎的原因。最终形成的液带尺寸与最大不稳定波长 Λ_s 有关：

$$\Lambda_s = \dfrac{2\pi}{K_s} \tag{3.33}$$

其中，K_s 是 Ω_s 所对应的波数。需要获得一个波动相位相关的色散关系 $\omega = \omega(k)$ 以便引入最不稳定扰动，图 3.4 为液膜破碎机理示意图。

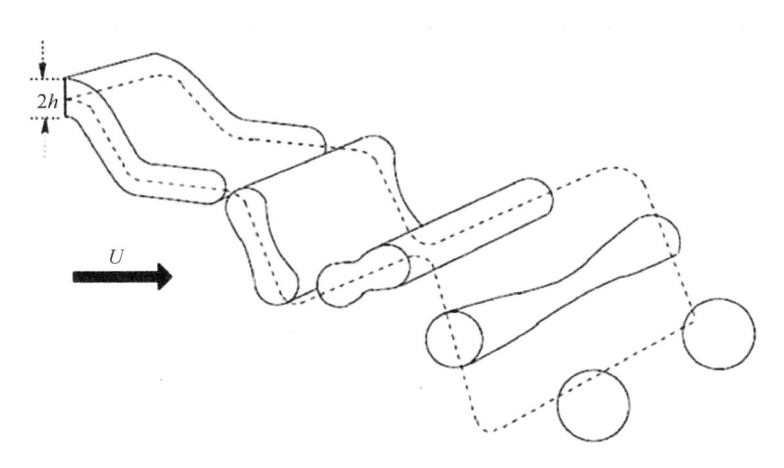

图 3.4 液膜破碎机理示意图

存在两组解满足控制方程和上下界面上的边界条件。第一组解称为正弦模式，上下界面上的波具有相同的相位。第二组解称为曲张模式，上下界面上的波有 180° 的相位差。在低速和低气液密度比情况下，正弦模式控制了曲张模式的增长，而在高速流动中正弦模式和曲张模式没有区别。因此在 LISA 模型中只考虑了正弦模式。对于正弦模式，色散关系为

$$\omega^2[\tanh(kh) + Q] + \omega[4\nu_l k^2\tanh(kh) + 2iQkU] + 4\nu_l^2 k^4\tanh(kh)$$
$$- 4\nu_l^2 k^3 l\tanh(lh) - QU^2 k^2 + \frac{\sigma k^3}{\rho_l} = 0$$

(3.34)

其中,Q 为气液密度比;$l^2 = k^2 + \omega/\nu_l$;σ 为液体表面张力。曲张模式下的色散关系可以采用类似分析。为获得一个简化黏性色散关系,对式(3.34)进行进一步分析,式中二阶黏性项与其他项相比可以忽略。采用这种假设后,正弦模态的增长率可表示为

$$\omega_r = \frac{1}{\tanh(kh) + Q}\{-2\nu_l k^2\tanh(kh)$$
$$+ \sqrt{4\nu_l^2 k^4\tanh^2(kh) - Q^2 U^2 k^2 - [\tanh(kh) + Q](-QU^2 k^2 + \sigma k^3/\rho_l)}\}$$

(3.35)

对于长波(低速),液膜按照长波模式破裂,$\tanh(kh) \approx kh$,并假设 $Q \ll kh$,式(3.35)简化为

$$\omega_r = -2\nu_l k^2 + \sqrt{4\nu_l^2 k^4 + QU^2 k/h - \sigma k^2/(\rho_l h)} \tag{3.36}$$

而在高速条件下,液膜的破裂由短波主导,$\tanh(kh) = 1.0$,并假设 $Q \ll 1$,则

$$\omega_r = -2\nu_l k^2 + \sqrt{4\nu_l^2 k^4 + QU^2 k^2 - \sigma k^3/\rho_l} \tag{3.37}$$

从上面两式可以看出,长波的增长率依赖液膜厚度,而短波则与液膜厚度无关。如果扰动振幅达到 η_b 时发生破碎,则破碎时间为

$$\tau = \frac{1}{\Omega_s}\ln\left(\frac{\eta_b}{\eta_0}\right) \tag{3.38}$$

其中,$\ln\left(\dfrac{\eta_b}{\eta_0}\right)$ 通常取 12,其在 2~200 的 We 范围与试验吻合较好。因此液膜的破碎长度 L 为

$$L = V_l \tau = \frac{V_l}{\Omega_s}\ln\left(\frac{\eta_b}{\eta_0}\right) \tag{3.39}$$

其中,V_l 为液膜绝对速度。

对于短波,认为液带是由一个波长的液膜形成的,而对于长波,液带是由两个波长的液膜形成的。液带直径为

$$d_L = \sqrt{8Xh/K_s} \tag{3.40}$$

其中，对应 $X=1$ 为短波，$X=2$ 为长波。

由于液带垂直于液膜的流动方向，认为周围的气体对它的破碎影响很小，表面张力对液带的破碎起主要作用。如果破碎发生在最不稳定波的波幅等于液带的半径，那么单位波长将形成一个液滴。根据质量平衡，液滴的直径为

$$d_D^3 = 3\pi d_L^2/K_L \tag{3.41}$$

其中，$K_L d_L = [1/2 + 1.5\mu_l/(\rho_l \sigma d_l)^{\frac{1}{2}}]^{-\frac{1}{2}}$。

2. WAVE 破碎模型

WAVE 破碎模型通过射流雾化的线性稳定性分析得出[22]。考虑一个圆形射流以速度 U 进入静止空气中，采用与射流一起运动的坐标系，小扰动形式为

$$\eta = \eta_0 \exp(ikz + \omega t) \tag{3.42}$$

其中，η_0 为波的初始振幅；z 为射流运动方向；ω 为波的增长率；k 为波数。小扰动假设忽略了速度的扰动和其导数的非线性项，因此控制射流柱运动的纳维-斯托克斯方程可以线性化，并满足射流表面的边界条件，包括运动学条件、切向应力平衡和法向应力平衡。通常假设无黏气体，因此不存在切向应力。求解线化方程，得到通解，将通解代入边界条件可以得到色散方程。将色散方程的解拟合得到表面波的最大增长速率和其对应的波长，其表达式如下：

$$\Omega_{KH} \left(\frac{\rho_l r^3}{\sigma_s} \right) = \frac{(0.34 + 0.38 We_g^{1.5})}{(1+Oh)(1+1.4T_p^{0.6})} \tag{3.43}$$

$$\frac{\Lambda_{KH}}{r} = 9.02 \frac{(1+0.45Oh^{0.5})(1+0.4T_p^{0.7})}{(1+0.87We_g^{1.67})^{0.6}} \tag{3.44}$$

其中，Ω_{KH} 为表面波的最大增长速率；Λ_{KH} 为增长最快表面波的波长；r 为液滴半径；σ_s 为表面张力系数；We_g 为气体 We 数；$T_p = Oh \times We_g^{0.5}$。

WAVE 破碎模型表面波示意图如图 3.5 所示，WAVE 破碎模型认为 KH 表面波引起了射流表面的不稳定性，即射流柱表面气液间的剪切力的作用使射流柱出现了不稳定性，因此 WAVE 破碎模型也称 KH 破碎模型。假设射流的首次破碎可以通过喷入尺寸等于喷嘴出口直径的滴状物（Blob）来模拟，如图 3.6 所示[23]。

基于液体射流的稳定性理论，小的子液滴将从滴状物（也称母液滴）表面剥落。假设这些小的子液滴尺寸正比于增长最快的表面波的波长，那么破碎生成的子液滴的半径可以用下式表达：

图 3.5 WAVE 破碎模型表面波示意图

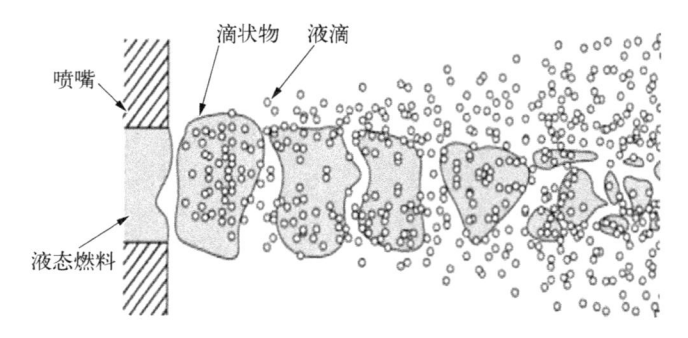

图 3.6 Blob 模型示意图

$$r_{\text{child}} = \begin{cases} B_0 \Lambda_{\text{KH}}, & B_0 \Lambda_{\text{KH}} \leqslant a \\ \min\left[\left(\dfrac{3\pi r^2 v_g}{2\Omega_{\text{KH}}}\right)^{\frac{1}{3}}, \left(\dfrac{3r^2 \Lambda_{\text{KH}}}{4}\right)^{\frac{1}{3}}\right], & B_0 \Lambda_{\text{KH}} > a \end{cases} \quad (3.45)$$

其中,B_0 为常数,取 0.61;$B_0\Lambda_{\text{KH}} > a$ 为射流直径小于破碎波长,假设液滴是由射流核破碎产生的,这种情况产生的液滴直径大于射流直径。母液滴的尺寸变化和破碎时间如下:

$$\frac{\mathrm{d}r_0}{\mathrm{d}t} = -\frac{(r_0 - r_{\text{child}})}{\tau} \quad (3.46)$$

$$\tau_{\text{KH}} = 3.726 \frac{B_l a}{\Lambda_{\text{KH}} \Omega_{\text{KH}}} \quad (3.47)$$

其中,常数 B_l 与喷嘴结构(如不同长径比)、喷嘴内部湍流、空化等相关,通常取 1.73~60。

WAVE 破碎模型认为新液滴从母液滴脱落要具备一个条件：产生新液滴累计质量达到母液滴的 3% 时，才会从母体上脱落。为防止不切实际的尺寸变化，一个母液滴只能发生一次脱落现象。新液滴的速度分量与母液滴保持一致。

目前上述破碎模型已经植入多款常用的 CFD 软件中。

3. KH‑RT 模型

KH‑RT 模型认为射流柱或液膜破碎后形成的液滴在气流中同时受到两种不稳定波的作用，一种是 KH 波，另一种是 RT 波。研究表明在液滴的二次破碎过程中，KH 破碎模型已经不能很好地预测液滴的破碎，液滴的破碎是 KH 不稳定性与 RT 不稳定性之间竞争的结果，如图 3.7 所示。RT 模型与 KH 模型一样，通过预测增长最快的波的波长来判断液滴的破碎时间和破碎方式，但 RT 模型认为扰动是由液滴表面加速不稳定导致的，而不是气动力不稳定性。KH‑RT 混合模型先判断液滴是否发生 RT 破碎，即液滴的破碎特征时间大于 RT 时间尺度。当不发生 RT 破碎时，再判断是否发生 KH 破碎。在 KH 模型中，液滴发生破碎的条件是液滴的韦伯数大于临界韦伯数，通常设定临界韦伯数为 12。

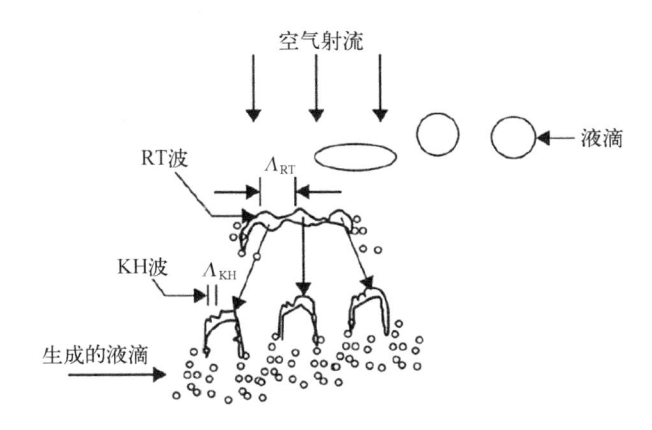

图 3.7 KH‑RT 模型示意图

基于 WAVE 破碎模型中 KH 模型破碎过程的阐述，图 3.8 描述 KH‑RT 方法的计算流程[24]。RT 不稳定性通常存在于气液交界面，如高密度介质向低密度气相加速。通过求解线性方程得到离散方程，并最终得到波长和最快增长速率的表达式：

$$\Omega_{RT} = \left(\frac{2}{3\sqrt{3\sigma_s}} \frac{\left[-g_t(\rho_l - \rho_g) \right]^{\frac{3}{2}}}{\rho_l + \rho_g} \right)^{\frac{1}{2}} \tag{3.48}$$

$$\Lambda_{RT} = \frac{2\pi C_{RT}}{K_{RT}} \tag{3.49}$$

其中，$g_t = gn_j + a_{cc}n_j$，g 为重力加速度；a_{cc} 为颗粒加速度；n_j 为颗粒轨迹的单位切向量；破碎时间常数 C_{RT} 可通过测量结果进行调节；K_{RT} 为波数；Λ_{RT} 为波长。液滴破碎的时间尺度 τ_{RT} 及新液滴大小的表达式分别为

$$\tau_{RT} = \frac{C_\tau}{\Omega_{RT}} \quad (3.50)$$

$$r_{\text{child}} = \frac{\pi C_{RT}}{K_{RT}} \quad (3.51)$$

其中，C_τ 为破碎时间常数，一般取 1.0。

4. TAB 模型

气动力驱使液滴变形，而液滴的表面张力和黏性力却阻碍这一过程的发生，因此可以将液滴的振荡-变形类比为弹簧-质量系统，称为泰勒类比破碎（Taylor analogy breakup，TAB）模型[25]。TAB 模型将液滴颗粒所受的气动力、表面张力和黏性力分别类比为作用在质量上的外力、弹簧的弹力和阻尼力，如图 3.9 所示[26]。强制抑制谐波振荡的线性差分方程可以表达为

$$m\ddot{\xi} = F_t - F_s - F_d \quad (3.52)$$

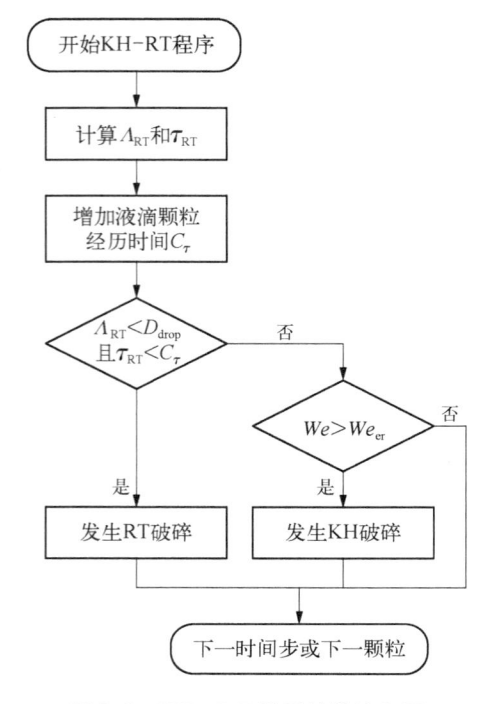

图 3.8 KH-RT 模型计算流程图

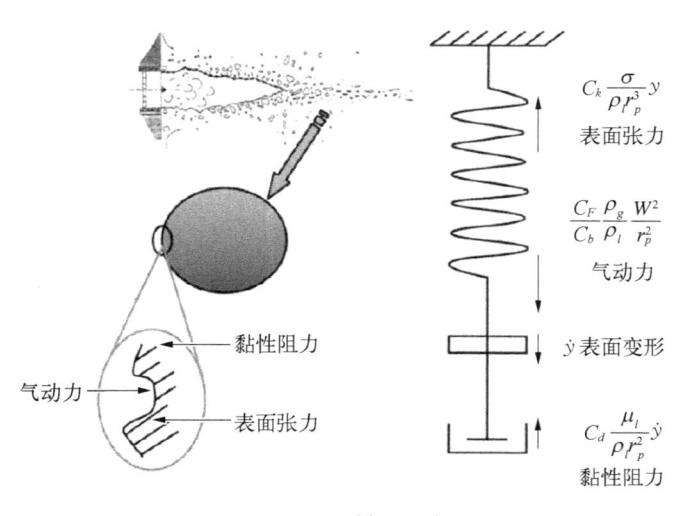

图 3.9 TAB 模型示意图

其中，m 为液滴的质量；ξ 为平衡位置的径向横截面尺度变化；F_t 为气液间的气动力；F_s 为由表面张力引起的液滴形状恢复力；F_d 为由液体黏性效应产生的阻尼力。式中的系数的表达式分别为

$$\frac{F_t}{m} = C_F \frac{\rho_g U^2}{\rho_l r_p} \tag{3.53}$$

$$\frac{F_s}{m} = C_k \frac{\sigma}{\rho_l r_p^3} \tag{3.54}$$

$$\frac{F_d}{m} = C_d \frac{\mu_l}{\rho_l r_p^2} \tag{3.55}$$

其中，ρ_g 和 ρ_l 分别为气液相的密度；U 为颗粒与周围气体的相对速度；r_p 为颗粒半径；σ、μ_l 分别为液滴颗粒的表面张力系数和黏性系数，其中由试验得 C_F、C_k、C_d 分别为常数，等于 1/3、8 和 5。

进行无量纲化后，液滴变形因子 $y = \dfrac{\xi}{C_b r_p}$，C_b 为形变系数，通常取常数 2，于是有方程：

$$\frac{\mathrm{d}^2 y}{\mathrm{d} t^2} = \frac{2}{3} \frac{\rho_g}{\rho_l} \frac{U^2}{r^2} - \frac{8\sigma}{\rho_l r^3} y - \frac{8\mu_l}{\rho_l r^2} \frac{\mathrm{d} y}{\mathrm{d} t} \tag{3.56}$$

其中，μ_l 为液滴黏性系数；U 为气液之间的相对速度。上面的方程的解为

$$y(t) = \frac{We}{12} + \exp\left(-\frac{t}{t_d}\right)$$
$$\cdot \left\{ (y(0) - We/12)\cos(\omega t) + \frac{1}{\omega}[\dot{y}(0) + (y(0) - We/12)/t_d]\sin(\omega t) \right\} \tag{3.57}$$

其中，ω 为振荡频率；t_d 为黏性阻尼时间。

$$We = \frac{\rho_g U^2 r_p}{\sigma} \tag{3.58}$$

$$\frac{1}{t_d} = \frac{C_d}{2} \frac{\mu_l}{\rho_l r_p^2} \tag{3.59}$$

$$\omega^2 = C_k \frac{\sigma}{\rho_l r_p^3} - \frac{1}{t_d^2} \tag{3.60}$$

对于液滴,认为如果 $\omega^2 \leqslant 0$,则表示液滴不发生变形,如果 $\omega^2 > 0$,则非阻尼振荡无量纲数 A 的表达式为

$$A^2 = \left(y^n + \frac{We}{12}\right)^2 + \left(\frac{\dot{y}^n}{\omega}\right)^2 \tag{3.61}$$

当 $A + We/12 \leqslant 1.0$ 时,不发生破碎;当 $A + We/12 > 1.0$ 时,液滴可能发生破碎,破碎后液滴直径为

$$r_{\text{child}} = \frac{r}{\frac{7}{3} + \frac{1}{8}\frac{\rho_l r^3}{\sigma}\dot{y}^2} \tag{3.62}$$

目前上述二次破碎模型已经植入多款常用的 CFD 软件中。

3.2.3 工程适用性分析

一次破碎过程发生在近喷嘴区域,液雾浓度大,很难通过光学手段进行研究,因而工程应用以通过一些经验或半经验公式和理论分析模型得到的破碎模型为主。根据不同喷嘴结构的喷雾特点,需要选用合适的破碎雾化模型,其中 LISA 模型适用于压力离心喷嘴一次雾化过程的模拟,WAVE 破碎模型则基于 KH 不稳定性理论,适用于直喷喷嘴的射流雾化过程的模拟。

KH-RT 模型综合考虑了 KH 及 RT 不稳定性的影响来对液滴的二次破碎过程进行模拟,韦伯数的适用范围较广,而 TAB 模型则将液滴的振荡-变形类比为弹簧-质量系统,该模型主要适用于低韦伯数下的液滴破碎过程。

3.3 燃油蒸发仿真

航空燃料进入燃烧室后先雾化,后蒸发,形成混合气进行湍流燃烧。在工程数值模拟中,一般用欧拉方法描述混合气湍流流动和燃烧过程,用拉格朗日方法描述燃烧室之中的两相湍流燃烧过程,航空燃料蒸发模型见图 3.10。离散相液滴和连续相混气之间存在质量交换,用燃油蒸发模型描述其定量规律。

3.3.1 基本理论介绍

传统观点认为,燃油燃烧机制是液相燃料雾化成液滴之后需要蒸发成气体才会进行燃烧。液滴蒸发是集传热、传质与气体流动于一体的耦合现象,影响因素多,特性规律复杂。随着国内外研究学者对单液滴蒸发研究的不断深入,对液滴蒸发过程的认识先后经历了以下三种不同的观点[27]。

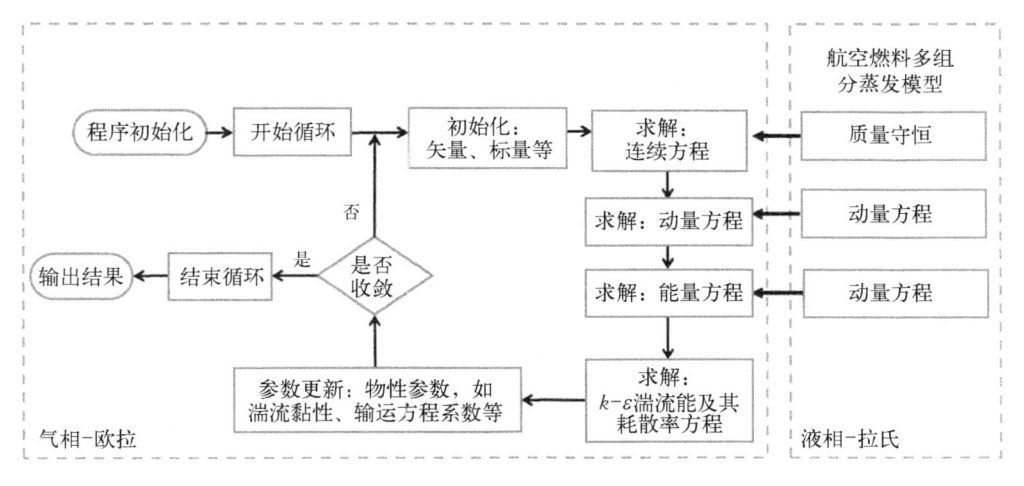

图 3.10 航空燃料蒸发模型示意图

（1）当液滴进入高温空气的环境中时，液滴表面温度瞬间升高，达到一个平衡的蒸发温度开始蒸发。

（2）液滴进入高温环境后，先经历短时间的预热，则液滴吸收的热量全部用于升温，液滴没有蒸发，直到液滴表面温度达到蒸发的平衡温度时，液滴才开始蒸发传质。

（3）液滴进入高温环境后同样经历预热和蒸发平衡两个阶段，但是在预热阶段也存在蒸发传质，即液滴从周围环境吸收的热量一部分用于加热，另一部分用于蒸发。而液滴蒸发也会带走部分热量，当液滴吸收的热量与因蒸发而消耗的热量相等时，液滴温度不再继续升高，而是维持在平衡温度，液滴进入平衡蒸发阶段，相应的预热阶段的蒸发称为非平衡蒸发。温度的升高，气流的加速，易挥发组分的增加，均对液滴的蒸发有着促进作用。除此之外，压力对液滴的蒸发过程影响较为复杂。当液滴处于亚临界状态时，高温环境下压力升高，液滴的饱和压力增大，相应的饱和温度也会增加。当环境温度不变时，液相变成气相过程所吸收的热量将减小，利于液滴的蒸发。压力的增大使得饱和温度增加，液滴从原环境吸热达到饱和温度，变成需要继续吸热达到新的饱和温度下才开始蒸发，即增加饱和温度并不利于液滴蒸发。所以当环境压力增加时，需要考虑温度和压力哪种效应对蒸发影响较大。液滴在高温中蒸发情况见图 3.11。

对于多组分液滴蒸发需要考虑更多的问题。因为不同组分会以不同速率蒸发，在液相内部形成浓度梯度造成液相的质量扩散。理论上需要对液相组分连续方程和多组分相平衡方程进行求解，还需要对气相多组分能量方程和组分方程耦合求解。由于液相质量扩散速率远小于热扩散速率，在液滴表面会出现薄扩散层。易挥发的物质首先蒸发直到液滴表面的浓度值变为零，之后的液滴蒸发取决于液相扩散。

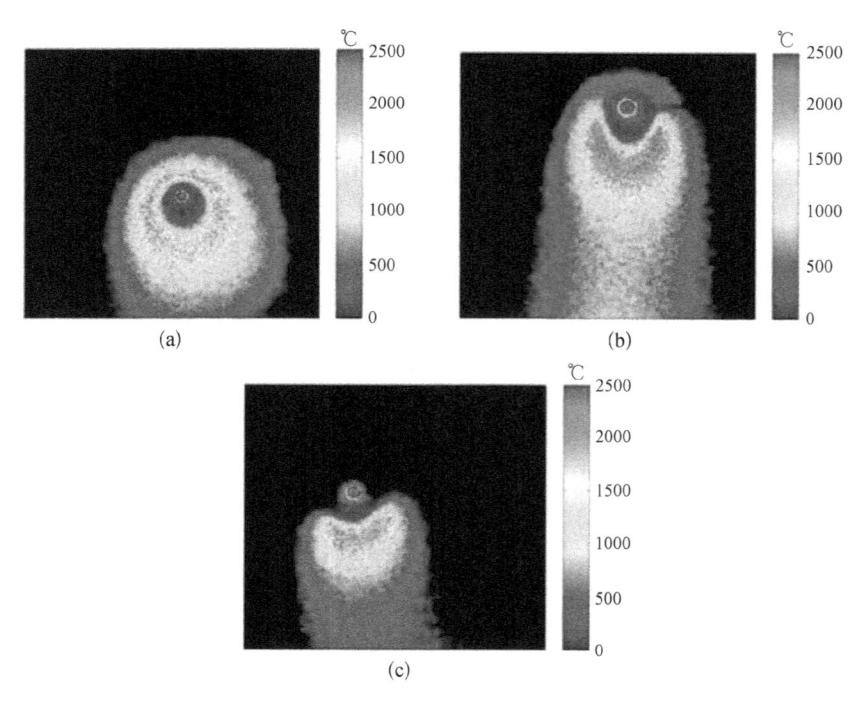

图 3.11　液滴在高温空气中蒸发情况

　　液相中的质量扩散相对于热量扩散较为缓慢,与液相中动量扩散,气相中的动量、质量和热量扩散比极为缓慢。实际上,基于液滴直径的液相质量扩散的特征时间与液滴生存时间相比要更长。在多组分燃料液滴中,质量的扩散对液滴蒸发的影响是最为重要的。在液滴蒸发初期,表面的易蒸发物质会先蒸发,留下相对难蒸发的物质以较为缓慢的速度蒸发。液滴内部由于易蒸发物质的蒸发形成的浓度梯度会向液滴表面扩散,同时,液滴表面不易扩散物质会向内部扩散。其结果使得不同组分在液滴存续期间的蒸发率不同且随时间变化非常大。

　　理论上有两种极限情况:零扩散极限和无限扩散极限。对于实际的燃烧情况,扩散率是有限的,扩散速度比较缓慢。无限扩散极限只适用于环境温度较低的情况,且蒸发速率较低,这种情况下液滴内部温度会随时间均匀变化。

　　零扩散认为液滴表面存在理论上零厚度的扩散层,液滴内部的组分浓度随着时间和初始浓度保持一致,由质量守恒定律可以得到每一组分的蒸发率都与初始组分成正比。在液滴表面每种组分的浓度会自行适应以达到这样的蒸发率。由此可见,易蒸发的组分在液滴表面浓度值要比液滴内部的值更低,反之亦然。若每种组分在气相扩散中相互独立,则在液滴表面的气相浓度与每种组分的蒸发流量成正比,即与液滴中初始的浓度成正比。

　　无限扩散模型认为液滴内部燃料扩散速率无限大,液滴内部环流会减小液滴内部的组分在空间分布上的差别,造成液滴内部组分和温度均匀一致,但随着时间的不断变化,蒸发过程呈现组分阶段性,即各组分按照蒸发的难易程度先后蒸发。

3.3.2 仿真模型介绍

1. 液滴直径平方 D^2 模型

Godsave[28] 和 Spalding[29] 最早提出了单组分孤立液滴于静止高温环境下的液滴蒸发模型—— D^2 模型,也称为恒温模型。Godsave 对该模型的液相及气相均采用了准稳态的球对称假设,同时假定液滴温度恒定且等于液滴的湿球温度。在气液分界面上,假定燃料蒸气的质量分数只是表面温度的函数,这个温度可以由平衡蒸气压力方程得到。该模型相对简单,忽略了液态的传热和传质过程,且没有考虑其他重要的物理过程,只是一个粗略的气相的液滴蒸发速率模型。

2. 无限传导模型

基于 D^2 模型,Lu 和 Law[30] 根据液滴内部温度可快速传导的情况,假设液滴温度在空间上区域一致,且该温度随时间变化,认为液滴受到外界高温环境加热是导致液滴温度时间上不稳定的主要因素,在非稳态液滴蒸发过程的研究中应该考虑该因素。由于液滴内部的快速环流会造成空间温度分布一致性,有研究学者将该模型称为快速混合模型。但 Abramzon 和 Sirignano[31] 在研究中发现液滴内部的涡流强度虽极高,但内部循环减少并不明显,因此快速混合蒸发模型可能并不存在,因此将该模型称为无限传导模型[30]。

3. 有限传导模型

在液滴内部环流不明显的情况下,液滴内部的扩散及传导既不为零也不无限大,而是存在一定的传导速率,有研究学者称该模型为有限传导模型。

上述三种蒸发模型均由球对称假设得到,可直接应用于液滴与环境相对静止的情况。而在实际情况下,一般会有来流,需要提出雷诺数项进行模型的修正。由于气流的影响,液滴内部强烈的环流会加速液滴内部的掺混,下面是三种更为复杂且贴合实际状态的模型。

4. Ranz-Marshall 模型

基于 Godsave 等的结果,研究学者通过添加修正系数的方法得到了相应的蒸发速率表达式:

$$\dot{m}_{\text{convection}} = \dot{m}_{\text{spherical}} f(Re, Pr) \tag{3.63}$$

其中,$f(Re, Pr)$ 为修正系数。在经典的 Ranz-Marshall 模型中:

$$f(Re, Pr) = 1 + 0.3 Re^{\frac{1}{2}} Pr^{\frac{1}{3}} \tag{3.64}$$

式(3.64)是在准稳态情况下由实验数据得到的一个经验公式。在液滴蒸发过程中有一个瞬态加热阶段,此时液相并不严格遵守准稳态假设,因此这个关系式很难准确描述液滴的蒸发过程。

5. Prakash-Sirignano 轴对称模型

Prakash 和 Sirignano[32]研究高温对流下单液滴的瞬时蒸发情况,首先研究了液滴内部的循环流动和液滴受热升温过程,然后提出了气相边界层分析的概念,并与之前的蒸发模型进行耦合。研究学者采用二维轴对称假设模型,将液滴分成四个物理区域,根据不同的特性,对不同的物理区域采用不同的分析方法,得到一个轴对称蒸发模型,称为 Prakash-Sirignano 轴对称模型。该模型因对液滴蒸发过程的物理现象描述十分详细,因此算法复杂,计算成本较大,实际应用该模型时需要进行相应的简化。

6. Tong-Sirignano 轴对称模型

在 Prakash-Sirignano 轴对称模型的基础上,Tong 和 Sirignano[33]对一个一维液滴蒸发模型进行了简化,该模型通过合理分配滞止点区域和侧翼区域来描述液滴内的传热传质,从而简化气相分析,得到了 Tong-Sirignano 轴对称模型。该气相模型可与 Prakash-Sirignano 轴对称模型结合应用,进而简化蒸发模型的计算过程。

7. 非平衡模型

Bellan 和 Harstad[34]假设液滴内部温度分布存在梯度,并非均匀一致,液滴内部温度场是通过求解表面温度和内部平均温度的拉格朗日方程得到的。

8. 折合薄膜理论

折合薄膜[31]的基本假设为:将实际对流环境下的单液滴蒸发等效为某个直径的柱形膜的传热和传质问题。在进行等效估算时,首先不考虑蒸发过程,而只考虑液滴与周围环境之间的热量传递,求出折合薄膜的直径,之后忽略液滴及周围环境之间的对流,只考虑等效圆柱蒸发过程,求出等效的蒸发速率。

9. 厚交换层理论

基于折合薄膜理论假设,随着输运数的增加,无蒸发无燃烧的固球换热努塞尔数与对流换热努塞尔数之比下降。有研究表明,实际上温度对液滴蒸发的影响要比这种理论预计的强烈得多。在有燃烧的情况下,液滴边界层与气相的交换层的厚度一般远远大于液滴半径。因此当液滴处于强迫对流状态时,附近流场、温度场等不是球对称的,并不具备边界层的特点。在该种情况下,周力行[35]于 1961 年提出了厚交换层这一概念。

上述各蒸发模型基于单组分液滴,对于多组分液滴蒸发模型的研究要考虑更多的因素。

10. 冷冻模型

冷冻模型也称作零扩散模型,即假定液滴内部燃料扩散速率为零。液滴内各组分浓度分布不随时间变化,保持恒定。在液滴表面存在零厚度的扩散层,在这一薄层存在对流和扩散的平衡。基于该模型,多组分燃料中易挥发组分在表面的浓度比液滴内部浓度要小,难挥发组分恰好相反。

11. 快速掺混模型

快速掺混模型也称作无限扩散模型,即假设液滴内部扩散速率无限大。1974年,Landis 和 Mills[36]指出液滴内部环流会减小液滴内部的组分在空间分布上的差别,造成液滴内部组分和温度均匀一致但随时间不断变化。蒸发过程呈现组分阶段性,即按照挥发的难易程度,相应的组分先后蒸发。该模型理论上并不适用于高温和燃烧等情况。

上述两种蒸发模型基于径向扩散下的模型,各组分的液相质量输运方程的表达式为

$$\frac{\partial Y_{l,i}}{\partial t} = D_l \left(\frac{\partial^2 Y_{l,i}}{\partial R^2} + \frac{2}{R} \frac{\partial Y_{l,i}}{\partial R} \right) \tag{3.65}$$

基于上述表达式的模型即为分离组分模型,该模型在多组分液滴蒸发中非常基础,只适用于混合液滴组分较少的情况。在实际应用的燃料中,如含有较多组分的柴油和煤油,有一种基于概率论的模型,成为实际应用的替代模型,即蒸馏曲线模型。

12. 考虑自然对流的厚交换层蒸发模型

厚交换层蒸发模型认为液滴附近的流场不是球对称的,且不具备边界层特点,传热和传质层厚度甚至远大于液滴半径。图 3.12 表示液滴在高温静止空气中蒸发原理(具有厚交换层,考虑自然对流)[32]。

基于公开发表的文献,现有的蒸发模型主要是零维和一维的模型,对高温环境的检验和对多组分因素的考虑不足。因此,基于液滴和周围混气存在厚交换层的状态,进行高温、对流、二维因素的蒸发模型研究,形成航空燃料二维多因素蒸发模型——考虑自然对流的厚交换层蒸发模型[37]。

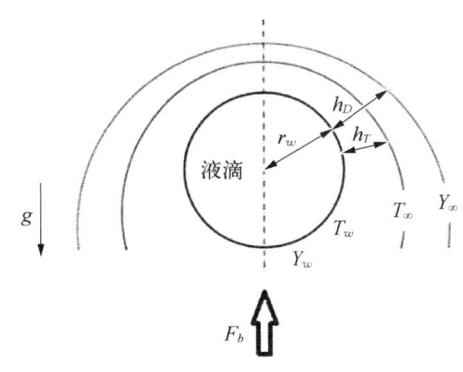

图 3.12 二维轴对称层流流动球坐标图

对于厚交换层蒸发模型的蒸发常数的计算,在高雷诺数强迫对流环境下,可忽略自然对流项(即瑞利数项);在中小雷诺数强迫对流环境下,可兼顾考虑自然对流项;在静止环境下,忽略强迫对流项(即雷诺数项),并考虑自然对流项。厚交换层蒸发模型的蒸发常数为

$$C_V = \frac{4\theta_w \lambda_w}{c_p \rho_l} \left[2 \frac{\ln(1+\theta_w)}{\theta_w} \left(\frac{T_\infty + T_w}{2T_w} \right)^{0.5} + \frac{2}{3\zeta} \frac{\theta_w^2}{1+\theta_w} Re^{\frac{1}{3}} Pr^{\frac{1}{3}} + \frac{2}{3\delta} \frac{\theta_w^2}{1+\theta_w} Ra^{\frac{1}{3}} Pr^{\frac{1}{3}} \right]$$

(3.66)

其中，

$$\theta_w = \frac{c_p(T_\infty - T_w)}{q_e}$$

(3.67)

其中，ζ 和 δ 为实验常数，由实验数据确定；T_∞ 为环境温度；T_w 为液滴表面温度（沸腾温度）；λ 为导热系数；c_p 为比定压热容；q_e 为蒸发潜热；Re 为雷诺数；Pr 为普朗特数；Ra 为瑞利数。

3.3.3 工程适用性分析

单液滴蒸发模型根据对液滴内部温度梯度的处理方法可以分为无限导热模型和有限导热模型。无限导热模型假设液滴内部的传热速率无限大，液滴内部的温度分布时刻保持一致；有限导热模型认为液滴内部存在有限导热，液滴内部沿半径方向存在温度梯度。

无限导热模型忽略各参数在液滴内部的梯度，简化了液滴蒸发过程，降低了计算资源需求，因此广泛应用于工程问题的液滴蒸发计算中。其中，考虑自然对流的厚交换层蒸发模型同时考虑了液滴和环境的相对温度与相对速度，因此适合计算在高雷诺数及高温差环境下的液滴蒸发速率。

有限导热模型计算精度更高，同时对计算量的需求更大，而在燃烧室数值模拟中，燃料液滴颗粒在经过初次雾化和二次雾化后会形成大量的细小液滴，此时有限导热模型对计算量的需求会成倍增长，所以在燃烧室内燃油液滴雾化蒸发的数值计算中，有限导热模型的应用没有无限导热模型广泛。

3.4 湍流燃烧仿真

燃烧室中发生的是湍流燃烧过程，需要湍流燃烧模型处理湍流和化学反应机理之间的强非线性定量关系。

3.4.1 基本理论介绍

燃烧反应通常是伴随剧烈发光、发热的氧化反应过程，使得燃烧产物的温度急剧升高。湍流燃烧仿真用来描述湍流燃烧中各组分的质量分数变化、温度变化和其他物性参数变化的化学反应过程，主要有三种模拟方式：直接求解组分质量分数输运方程的有限速率类燃烧模型(如二阶矩燃烧模型等);求解混合分数、反应进度等中间量输运方程的燃烧模型[如涡旋破碎(eddy break up,EBU)模型、扩散燃烧三点分段快速反应模型(d3p)、火焰面生成流形(flame generated manifold,FGM)模型等];PDF概率密度函数方法类燃烧模型。其中,有限速率类燃烧模型分别求解每个组分质量分数的输运方程,计算精度和计算效率取决于模型求解的组分数量,通常组分数量越多,计算精度越高,但计算效率越低,计算收敛性越差,其组分输运方程的反应源项封闭形式主要利用阿伦尼乌斯公式及其衍生公式进行求解[38]。求解中间量输运方程的燃烧模型根据中间量选择和物理量更新方式又有快速化学反应模型和火焰面类燃烧模型。快速化学反应模型(如EBU燃烧模型、d3p燃烧模型)通常采用一个中间量输运方程进行求解,物理量根据中间量的代数表达式进行更新计算。火焰面类燃烧模型通常采用多个中间量输运方程进行求解,物理量根据多维度火焰面数据库查表获得。PDF燃烧模型主要将每个组分场分成若干个子组分场,对每个子组分场进行输运方程求解,并引入随机量来表征无序的湍流效应,最后统计每个子组分场信息,从而获得最终组分场的数据。该方法对湍流与燃烧相互作用的模拟无须引入特定的概率密度函数,计算精度较高,但计算量较大。

3.4.2 仿真模型介绍

常用的湍流燃烧模型包括快速化学反应模型(EBU湍流燃烧模型、d3p模型)、火焰面生成流形模型、二阶矩湍流燃烧模型、输运概率密度函数方法等。其中,快速化学反应模型考虑因素相对较少,理论相对简单,这里仅做简要介绍。

1. EBU 模型

EBU模型主要用于预混燃烧的快速计算,只需利用输运方程求解,表征化学反应进程的中间量,其中对反应源项利用涡旋破碎相关理论进行模化处理[33],化学反应进度可以用温度或反应物的质量分数定义:

$$C = \frac{T - T_u}{T_b - T_u} \text{ 或 } C = \frac{Y_F - Y_F^u}{Y_F^b - Y_F^u} \quad (3.68)$$

其中,T、T_u 和 T_b 分别为局部的、未燃气体和已燃气体的温度;Y_F、Y_F^u 和 Y_F^b 分别为局部的、未燃气体和已燃气体中燃料的质量分数。

在湍流燃烧问题中,需要对反应进度输运方程进行时均化处理,得到反应进度平均量的方程:

$$\frac{\partial(\bar{\rho}\tilde{C})}{\partial t} + \frac{\partial(\bar{\rho}\tilde{C}\tilde{u}_j)}{\partial x_j} = \frac{\partial}{\partial x_j}(\bar{\rho}D\frac{\partial \tilde{C}}{\partial x_j} - \bar{\rho}\widetilde{C''u''_i}) + \overline{\rho S_C} \quad (3.69)$$

其中,等号左边第一项为时间求导项,第二项为对流项,等号右边第一项为扩散项,第二项为反应源项。

EBU 模型假定燃烧速率和火焰面的面积成正比,火焰面的面积的增加可以用涡旋的串级过程表征,于是可得

$$\overline{\rho S_C} = C_{EBU} \bar{\rho} \tilde{C} (1 - \tilde{C}) / (k/\varepsilon) \tag{3.70}$$

其中,k/ε 为模型串级过程的时间尺度;C_{EBU} 为模型常数,一般取 $C_{EBU} = 3.5 \sim 4.0$。

2. d3p 模型

d3p 模型,假设燃烧反应只取决于燃料和氧化剂的混合比例,认为油气混合后瞬间完成完全化学反应,如果燃料和氧化剂按照化学当量比混合,则只存在最终的产物。因此,d3p 模型只需利用输运方程求解表征油气混合程度的中间量,即混合分数 Z:

$$Z = \frac{\left(Y_F - \dfrac{Y_O}{S}\right) - \left(Y_F - \dfrac{Y_O}{S}\right)_a}{\left(Y_F - \dfrac{Y_O}{S}\right)_f - \left(Y_F - \dfrac{Y_O}{S}\right)_a} \tag{3.71}$$

燃料、氧化剂和产物的质量分数随混合分数的变化关系为分段线性函数 $Y(Z)$,如图 3.13 所示。

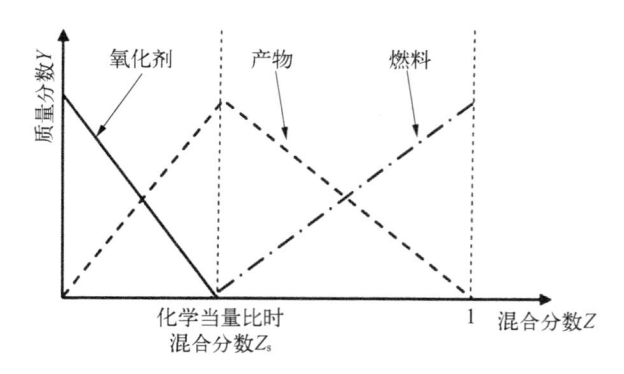

图 3.13 燃料、氧化剂、产物与混合分数的分段线性关系

对于各组分质量分数的求解计算中,在湍流燃烧模拟中,d3p 模型给定了各组分质量分数瞬时值的概率密度分布函数形式,在纯空气和纯燃油蒸气情况下分别有两个脉冲概率密度数值,混合分数在特定的中间区间为等概率密度分布,如图 3.14 所示。为确定概率密度函数的相关参数,需求解混合分数的平均值及其方

差的输运方程。通过输运方程获得的均值及其方差,可确定概率密度函数 $P(Z)$,利用概率密度积分,可获得燃料、氧化剂和产物的质量分数均值:

$$\tilde{Y} = \int_0^1 Y(Z)P(Z)\mathrm{d}Z \tag{3.72}$$

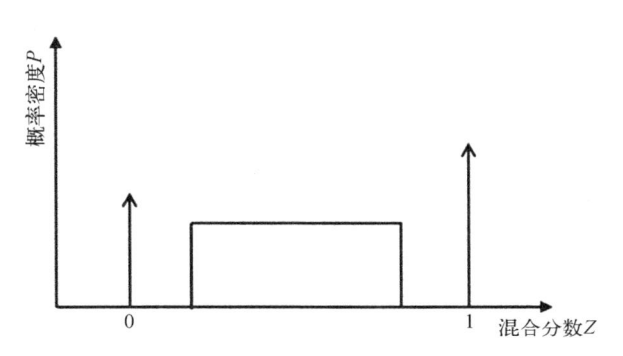

图 3.14　各组分质量分数的概率密度函数

对于温度场的求解计算中,图 3.15 显示了温度与混合分数之间的函数关系形式。通过混合分数、焓、温度间的相互关系,获得温度与混合分数的函数关系 $T(Z)$,即可获得燃烧反应的温度均值场:

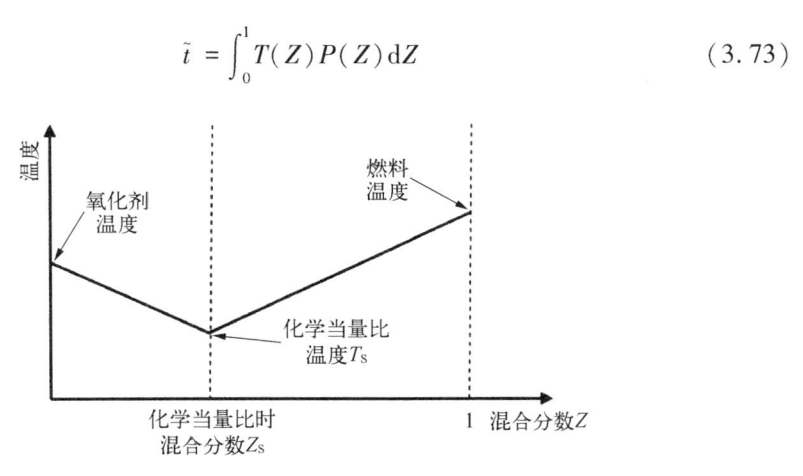

$$\tilde{t} = \int_0^1 T(Z)P(Z)\mathrm{d}Z \tag{3.73}$$

图 3.15　温度与混合分数的关系

3. FGM 模型

对于燃烧的模拟,需要求解质量、动能、能量和组分质量的守恒方程。湍流燃烧模拟要解决的关键问题是守恒方程中的化学反应源项问题。在航空发动机燃烧室中所采用的燃料为航空煤油,通常情况下,描述化学反应过程的详细化学反应机理通常包括较多的组分,如描述典型的大分子碳氢燃料,其真实的两相燃烧过程可能包含上千步中间反应,燃烧过程非常复杂,详细求解这些组分信息的计算量是难以承受的。而且组分通过高度非线性的化学反应源项耦合在一起,同时这些高度非线性的化学反应源项包含了非常宽的时间尺度范围,使得组分质量的守恒方程会出现刚性,燃烧过程的求解变得异常困难。此外,湍流火焰中,平均化学反应速率并不等于由平均组分和温度信息得到的反应速率,而是会产生许多高阶项,这也给模拟带来了许多的困难。因此为求解复杂的化学反应系统,需要发展简化方法,减小求解复杂化学反应过程的计算工作量,同时不过多损失计算精度。层流火焰面方法假设燃烧过程中火焰前锋的尺度远小于流动和湍流的最小尺度,流动和湍流并不能影响火焰锋面的内部结构。火焰面可以由少量控制变量描述,而湍流流场中的火焰则可以认为是层流火焰面的系综,火焰面模型即在火焰面假设的基础上发展而来的燃烧模型。

按照燃料和氧化剂的混合程度不同,燃烧可分为扩散燃烧、预混燃烧和部分预混燃烧。扩散燃烧是燃料和氧化剂分别进入反应区进行混合与燃烧,主要由扩散和混合过程决定,也称为非预混燃烧;预混燃烧是燃料和氧化剂以一定比例预先混合然后进入反应区进行燃烧;部分预混燃烧是扩散燃烧和预混燃烧这两种极端情况之间的情形,燃烧区中既存在预混燃烧也存在扩散燃烧,这也是大量实际燃烧设备中存在的燃烧模式。火焰面假设在湍流扩散、预混合部分预混燃烧中得到了广泛的应用[34]。在火焰面假设下,将热力化学参数映射到若干个控制变量上,如混合分数、化学当量标量耗散率和反应进度变量等,形成以这些控制变量为因变量,热力化学参数为函数值的函数,并将此函数结合 PDF(概率密度函数)构建用于湍流燃烧模拟的火焰面查询表。通过对流场中控制变量的求解,查表获得流场的热力化学参数。这种建表方法实现了湍流和化学反应的解耦,大大降低了流场求解中的自由度,简化了燃烧模拟的复杂度,从而使得考虑复杂的化学反应机理成为可能。

1) 稳态层流火焰面模型(steady laminar flamelet model,SLFM)

燃烧模拟中,求解所有组分的输运方程是一项巨大的任务,需要大量的计算资源和时间,此外由于组分质量分数守恒方程的非线性化学反应源项是强耦合的,组分质量分数守恒方程组往往是刚性的,尤其是对于详细反应机理的模拟。考虑到计算成本和工程应用的需求,需要对组分质量分数守恒方程求解进行简化。通过引入少量控制标量,建立组分质量分数与控制标量的函数关系,将刚性的组分质量分数守恒方程求解转变为对少量控制标量守恒方程的求解,可以很好地解决组分质量分数方程组求解刚性问题。从时间尺度上考虑,燃烧过程的两个主要时间尺度为混合(对流、扩散)特征时间和化学反应特征时间,两者的比值定义为达姆科勒(Damköhler)数(Da)。对于航空发动机燃烧室而言,主要是以非预混或部分预混方式组织燃烧。非预混燃烧中混合特征时间远大于化学反应特征时间($Da \gg$

1),化学反应是快速进行的,燃烧过程可以由守恒标量混合分数描述。而对于部分预混燃烧,混合特征时间并非远大于化学反应特征时间,快速反应假设不再成立,而混合分数并没有包含描述化学反应过程的信息,因此不能合理地预测部分预混燃烧的特征。为合理地描述部分预混燃烧,引入反应进度变量作为表示化学反应过程的反应标量。通过混合分数和反应进度变量两个控制标量就可以对部分预混燃烧过程进行描述[39]。

混合分数 Z 是非预混合部分预混燃烧中的一个重要参数,用于描述混合状态,化学反应并不会改变 Z。在单位路易斯数和等扩散率条件下混合分数是守恒标量,其输运方程为

$$\frac{\partial}{\partial t}(\rho Z) + \frac{\partial}{\partial x_i}(\rho u_i Z) = \frac{\partial}{\partial x_i}\left(\rho D \frac{\partial Z}{\partial x_i}\right) \tag{3.74}$$

方程中忽略了质量源项。最简单的混合分数的定义来自燃料的质量流 $\dot{m}_f$ 与总质量流 $\dot{m}_f + \dot{m}_o$ 之比:

$$Z = \frac{\dot{m}_f}{\dot{m}_f + \dot{m}_o} \tag{3.75}$$

其中,下标 f 和 o 分别表示燃料和氧化剂。

为克服由于不同组分的扩散率差异引起元素质量分数与火焰位置的关系出现非线性,Bilger[40]提出一种基于 C、H 和 O 三种元素质量分数线性组合的混合分数定义:

$$Z = \frac{2(Y_C - Y_{C,o})}{MW_C} + 0.5 \frac{(Y_H - Y_{H,o})}{MW_H} - \frac{(Y_O - Y_{O,o})}{MW_O} \bigg/ \frac{2(Y_{C,f} - Y_{C,o})}{MW_C} + 0.5 \frac{(Y_{H,f} - Y_{H,o})}{MW_H} - \frac{(Y_{O,f} - Y_{O,o})}{MW_O} \tag{3.76}$$

该定义广泛用于数值模拟和试验数据的分析。

反应进度变量 C 反映了反应混合物从未燃到已燃状态的转化过程。为形成唯一确定的映射关系,反应进度变量从未燃到已燃状态的变化必须是单调的。一般用作反应进度变量的是温度或产物质量分数的线性组合,其中产物质量分数的线性组合是目前应用最为广泛的反应进度变量的定义:

$$C = \sum_{k=1}^{N} \alpha_k Y_k \tag{3.77}$$

其中，α_k 为加权因子。反应进度变量 C 的输运方程为

$$\frac{\partial}{\partial t}(\rho C) + \frac{\partial}{\partial x_i}(\rho u_i C) = \frac{\partial}{\partial x_i}\left(\rho D \frac{\partial C}{\partial x_i}\right) + \rho \dot{\omega}_C \tag{3.78}$$

其中，$\dot{\omega}_C$ 为反应进度变量的源项：

$$\dot{\omega}_C = \sum_{k=1}^{N} \alpha_k \dot{\omega}_k \tag{3.79}$$

大多数湍流燃烧中化学反应时间尺度远小于湍流特征时间尺度，即科尔莫戈罗夫尺度，但反应又不是无限快速，因此反应在一个垂直于化学当量表面的一维薄层中进行，即层流火焰面，如图 3.16 所示。流动或湍流并不会直接影响火焰锋面内部结构，而是通过对火焰锋面进行拉伸和变形来产生作用，这个影响的大小是通过变形率或标量耗散率来体现的。因而湍流火焰可以看作嵌入湍流流场中的一维层流火焰面的集合，可以将层流火焰面视为一维对冲层流扩散火焰。

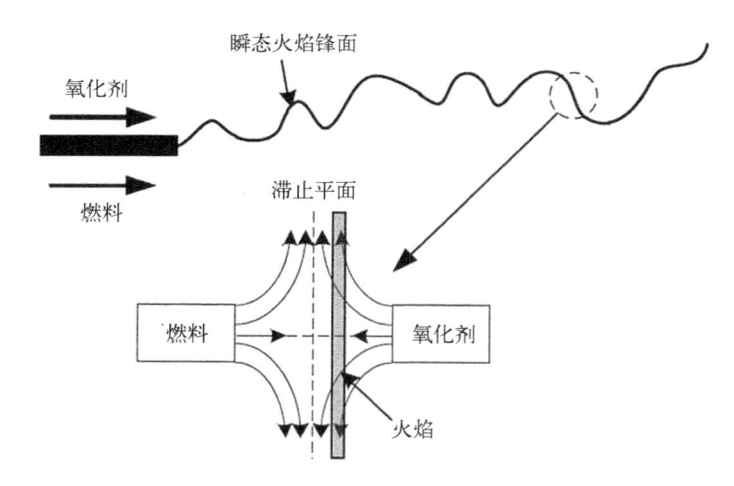

图 3.16 层流火焰面概念示意图

通过坐标变换推导出混合分数空间下用于描述非预混火焰面结构的火焰面方程，单位路易斯数条件下的不可压绝热火焰面方程为

$$\rho \frac{\partial Y_k}{\partial t} - \rho \frac{\chi}{2} \frac{\partial^2 Y_k}{\partial Z^2} - \rho \dot{\omega}_k = 0, \quad k = 1, 2, \cdots, N \tag{3.80}$$

$$\rho \frac{\partial T}{\partial t} - \rho \frac{\chi}{2}\left(\frac{\partial^2 T}{\partial Z^2}\right) + \frac{1}{c_p}\sum_{k=1}^{N} h_k \rho \dot{\omega}_k = 0 \tag{3.81}$$

氧化剂和燃料一侧的 Y_k 和 T 的边界条件均采用狄利克雷(Dirichlet)边界

条件：

$$Y_k(Z=0) = Y_{k,o}, \quad k=1,2,\cdots,N; \quad T(Z=0) = T_o \qquad (3.82)$$

$$Y_k(Z=1) = Y_{k,f}, \quad k=1,2,\cdots,N; \quad T(Z=1) = T_f \qquad (3.83)$$

联合状态方程形成一套封闭的绝热火焰面方程组，对冲扩散火焰是一种典型的可以完全从物理空间映射到混合分数空间的火焰形式。方程中的 χ 为标量耗散率。χ 是控制混合的变量，与变形有关，用于体现流动的影响，其定义为

$$\chi = 2D\left(\frac{\partial Z}{\partial x_i}\right)^2 \qquad (3.84)$$

其中，χ 为火焰面方程的一个参数，也可以表示化学反应偏离平衡的程度。随着 χ 的增加，通过化学当量表面的传热和传质增强，化学反应偏离平衡的程度越大，当 χ 超过临界值时，扩散热损失超过化学反应的产热，导致熄火；随着 χ 的减小，通过化学当量表面的传热和传质减弱，化学反应逐渐接近平衡。因此 χ 和 Z 共同决定了层流火焰面的结构和特性。

χ 的分布形式与火焰形式有关，目前广泛应用于构建非预混火焰面的火焰形式是对冲火焰，对冲火焰的 χ 可以由补余误差函数的逆函数表示，即

$$\chi = \frac{a_s}{\pi}\exp\{-2[\mathrm{erfc}^{-1}(2Z)]^2\} \qquad (3.85)$$

其中，a_s 为变形率，erfc^{-1} 为补余误差函数的逆函数。取化学当量条件下的标量耗散率作为参考值，各个混合分数下的标量耗散率和化学当量条件下标量耗散率的关系为

$$\chi = \chi_{\mathrm{st}}\frac{f(Z)}{f(Z_{\mathrm{st}})} = \chi_{\mathrm{st}}\frac{\exp\{-2[\mathrm{erfc}^{-1}(2Z)]^2\}}{\exp\{-2[\mathrm{erfc}^{-1}(2Z_{\mathrm{st}})]^2\}} \qquad (3.86)$$

其中，χ_{st} 为化学当量条件下的标量耗散率。

以一维稳态火焰面计算模型结合边界条件求解火焰面方程的稳态形式，即忽略方程组左侧第一项的时间项。以 χ_{st} 为控制变量，通过减小或增大 χ_{st}，直至火焰面的解接近平衡或熄火，构建以 Z 和 χ_{st} 为控制变量的层流火焰面解 $\phi_{\mathrm{SLFM}}(Z,\chi_{\mathrm{st}})$，包括温度、密度、组分质量分数以及相关化学反应源项，形成层流火焰面数据库。

湍流燃烧中，混合分数和标量耗散率都是波动量。为考虑混合分数和标量耗散率之间的非线性波动，引入 Z 和 χ_{st} 的联合概率密度函数 $\tilde{P}(Z,\chi_{\mathrm{st}})$，则湍流流场中的平均热力化学参数 $\tilde{\phi}$ 为

$$\tilde{\phi} = \iint \phi_{\text{SLFM}}(Z, \chi_{\text{st}}) \tilde{P}(Z, \chi_{\text{st}}) \mathrm{d}Z \mathrm{d}\chi_{\text{st}} \qquad (3.87)$$

而对于密度:

$$\bar{\rho} = \left[\iint \frac{1}{\rho(Z, \chi_{\text{st}})} \tilde{P}(Z, \chi_{\text{st}}) \mathrm{d}Z \mathrm{d}\chi_{\text{st}} \right]^{-1} \qquad (3.88)$$

由于 χ_{st} 并不是 Z 的函数,假设 Z 和 χ_{st} 的联合概率密度函数 $\tilde{P}(Z, \chi_{\text{st}})$ 统计无关,因此只需要确定 Z 和 χ_{st} 两个单变量的 PDF,即

$$\tilde{P}(Z, \chi_{\text{st}}) = \tilde{P}(Z) \tilde{P}(\chi_{\text{st}}) \qquad (3.89)$$

通常采用 β-PDF 作为混合分数的概率密度函数,β-PDF 广泛用作混合分数的概率密度函数,β-PDF 的定义为

$$\tilde{P}(f) = \frac{f^{\alpha-1}(1-f)^{\beta-1}}{\int_0^1 f^{\alpha-1}(1-f)^{\beta-1} \mathrm{d}f} \qquad (3.90)$$

其中,参数 α 和 β 都是正数,由变量 f 的平均值 $\tilde{f}$ 和方差 $\widetilde{f''^2}$ 确定。

$$\alpha = \tilde{f} \left[\frac{\tilde{f}(1-\tilde{f})}{\widetilde{f''^2}} - 1 \right] \qquad (3.91)$$

$$\beta = (1-\tilde{f}) \left[\frac{\tilde{f}(1-\tilde{f})}{\widetilde{f''^2}} - 1 \right] \qquad (3.92)$$

对于 χ_{st} 采用 δ-PDF 作为其概率密度函数,此外还可以采用对数正态分布,则有

$$\tilde{\phi} = \iint \phi_{\text{SLFM}}(Z, \chi_{\text{st}}) \beta(Z; \tilde{Z}, \widetilde{Z''^2}) \delta(\chi_{\text{st}} - \widetilde{\chi_{\text{st}}}) \mathrm{d}Z \mathrm{d}\chi_{\text{st}} \qquad (3.93)$$

由式(3.93)可知,最终积分得到的平均热力化学参数是平均混合分数 $\tilde{Z}$ 及其方差 $\widetilde{Z''^2}$ 和平均化学当量标量耗散率 $\widetilde{\chi_{\text{st}}}$ 的函数,形成最终的平均热力化学参数的湍流火焰面查询表 $\tilde{\phi}_{\text{SLFM}}(\tilde{Z}, \widetilde{Z''^2}, \tilde{\chi}_{\text{st}})$。对于混合分数,其平均值 $\tilde{Z}$ 及方差 $\widetilde{Z''^2}$ 则通过求解各自的输运方程获得:

$$\frac{\partial}{\partial t}(\bar{\rho}\tilde{Z}) + \frac{\partial}{\partial x_i}(\bar{\rho}\widetilde{u_i}\tilde{Z}) = \frac{\partial}{\partial x_i}\left[\left(\bar{\rho}D + \frac{\mu_t}{\sigma_Z} \right) \frac{\partial \tilde{Z}}{\partial x_i} \right] + S_Z \qquad (3.94)$$

$$\frac{\partial}{\partial t}(\bar{\rho}\widetilde{Z''^2}) + \frac{\partial}{\partial x_i}(\bar{\rho}u_i\widetilde{Z''^2}) = \frac{\partial}{\partial x_i}\left[\left(\bar{\rho}D + \frac{\mu_t}{\sigma_Z}\right)\frac{\partial \widetilde{Z''^2}}{\partial x_i}\right] + C_{1g}\frac{\mu_t}{\sigma_Z}\left(\frac{\partial \widetilde{Z''^2}}{\partial x_i}\right)^2 - \bar{\rho}\tilde{\chi} + S_{\widetilde{Z''^2}}$$

(3.95)

其中，C_{1g} 是常数，取值为 2；σ_Z 是混合分数的湍流施密特数(Sc)，取值 0.7；S_Z 和 $S_{\widetilde{Z''^2}}$ 是分别由离散相添加到连续相的质量引起平均混合分数及其方差的源项，$\tilde{\chi}$ 为平均标量耗散率：

$$S_Z = S_m \tag{3.96}$$

$$S_{\widetilde{Z''^2}} = S_m \frac{\widetilde{Z''^2}(1-2\tilde{Z})}{\tilde{Z}} \tag{3.97}$$

$$\tilde{\chi} = C_\chi \frac{\tilde{\varepsilon}}{\tilde{k}}\widetilde{Z''^2} \tag{3.98}$$

其中，系数 $C_\chi = 2$。

2) 火焰面/进度变量(flame progress variable，FPV)模型

稳态火焰面方程的完整解如图 3.17 所示，图中横坐标为化学当量标量耗散率，纵坐标为化学当量条件下的火焰面温度。解曲线为一条 S 型曲线，包括三个分支：稳定燃烧分支、不稳定燃烧分支和纯混合分支。稳定燃烧分支描述了完全燃烧状态，标量耗散率等于 0 的位置对应化学平衡状态，随着标量耗散率的增加，火焰锋面的传热传质增强，火焰温度降低；纯混合分支则为纯混合状态，火焰面的解与标量耗散率完全无关；而不稳定燃烧分支则描述了部分熄火状态，不稳定燃烧分

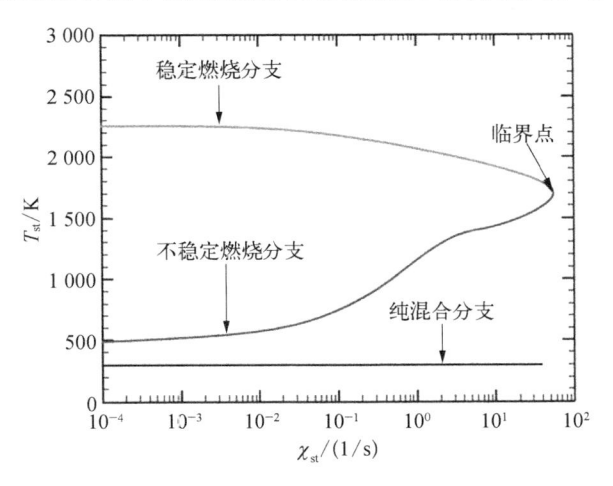

图 3.17 稳态火焰面方程完整解示意图

支上火焰温度进一步降低,使得化学动力学中的阿伦尼乌斯速率因子开始限制反应速率,为保持低的反应速率和混合的平衡,标量耗散率随火焰温度的降低而减小,不稳定燃烧分支是具有物理意义的,虽然不稳定燃烧分支是由稳态火焰面方程求解得到的,但反映了非稳态。SLFM 不能模拟局部熄火和再点火过程就是由于 SLFM 的查询表只包含了火焰面解的稳定燃烧分支。

为克服 SLFM 的不足,在火焰面数据库中包括整个稳态火焰面方程的解,需要将稳态火焰面解的不稳定燃烧分支和纯混合分支添加到层流火焰面数据库中。SLFM 是以化学当量标量耗散率作为火焰面参数描述火焰状态[35]。然而从图 3.17 可以看出,若包含不稳定燃烧分支和纯混合分支,则会出现一个标量耗散率对应多个解的情形,因此化学当量标量耗散率不能代表 S 型曲线上的所有火焰面解,不再适合作为火焰面参数。为解决这一问题,Pierce[41]提出火焰面/进度变量模型,引入反应进度变量 C 替换标量耗散率使得稳态火焰面的解与 C 形成一一对应关系。

由于反应进度变量 C 是混合分数 Z 的函数,为使得 Z 和 C 的 PDF 满足统计无关假设,Ihme 等[42]引入一个反应进度参数 Λ——化学当量条件下的反应进度变量代替化学当量标量耗散率。

$$\Lambda = C|_{Z_{st}} \tag{3.99}$$

Λ 与稳态火焰面解的 S 型曲线上的解形成一一对应的关系,Λ 代表稳态火焰面方程的每个火焰面,并且与 Z 无关,这样大大简化了 Z 和 Λ 的联合 PDF。热力化学参数可以表示为

$$\phi = \phi_{FPV}(Z, \Lambda) \tag{3.100}$$

反应进度变量 C 同样可以表示为

$$C = C_{FPV}(Z, \Lambda) \tag{3.101}$$

Λ 作为稳态火焰面解的控制变量,在流场中是需要求解的,Λ 的输运方程包括多个未封闭的项,而且没有相关封闭模型。对于 Λ 采用 δ-PDF 的平均热力化学参数为

$$\tilde{\phi} = \iint \phi_{FPV}(Z, \Lambda) \beta(Z; \tilde{Z}, \widetilde{Z''^2}) \delta(\Lambda - \tilde{\Lambda}) \mathrm{d}Z \mathrm{d}\Lambda \tag{3.102}$$

则湍流流场中火焰面查询表为 $\tilde{\phi}_{FPV,\delta}(\tilde{Z}, \widetilde{Z''^2}, \tilde{\Lambda})$。

由于流场中并不求解 $\tilde{\Lambda}$,采用重新插值建立平均热力化学参数与平均反应进度变量 $\tilde{C}$ 的关系:

$$\tilde{\phi} = \tilde{\phi}_{FPV,\delta}(\tilde{Z}, \widetilde{Z''^2}, \tilde{C}) \tag{3.103}$$

湍流流场中,平均反应进度变量 $\tilde{C}$ 的输运方程为

$$\frac{\partial}{\partial t}(\bar{\rho}\tilde{C}) + \frac{\partial}{\partial x_i}(\bar{\rho}\widetilde{u_i}\tilde{C}) = \frac{\partial}{\partial x_i}\left[\left(\bar{\rho}D + \frac{\mu_t}{\sigma_C}\right)\frac{\partial \tilde{C}}{\partial x_i}\right] + \bar{\rho}\widetilde{\omega_C} \qquad (3.104)$$

其中,σ_C 为反应进度变量的湍流施密特数,取 0.4;$\widetilde{\omega_C}$ 为平均反应进度变量的反应源项,$\widetilde{\omega_C} = \widetilde{\omega_{C_{FPV,\delta}}}(\tilde{Z}, \widetilde{Z''^2}, \tilde{C})$。

β-PDF 的积分范围为[0,1]。因此在 Λ 采用 β-PDF 的情况,需对 Λ 进行归一化处理得到归一化反应进度参数 Λ_{norm},其定义为

$$\Lambda_{\text{norm}} = \frac{\Lambda - \Lambda_{\min}}{\Lambda_{\max} - \Lambda_{\min}} \qquad (3.105)$$

则其 PDF 积分为

$$\tilde{\phi} = \iint \phi_{\text{FPV}}(Z, \Lambda)\beta(Z; \tilde{Z}, \widetilde{Z''^2})\delta(\Lambda_{\text{norm}}; \tilde{\Lambda}_{\text{norm}}, \widetilde{\Lambda''^2_{\text{norm}}})\mathrm{d}Z\mathrm{d}\Lambda_{\text{norm}} \qquad (3.106)$$

相应的湍流火焰面查询表为 $\tilde{\phi}_{\text{FPV},\delta}(\tilde{Z}, \widetilde{Z''^2}, \tilde{\Lambda}_{\text{norm}}, \widetilde{\Lambda''^2_{\text{norm}}})$。

与平均反应进度参数的处理方式相似,归一化的平均反应进度参数 $\tilde{\Lambda}_{\text{norm}}$ 和方差 $\widetilde{\Lambda''^2_{\text{norm}}}$ 由平均反应进度变量 $\tilde{C}$ 及其方差 $\tilde{C}$ 代替,则湍流火焰面查询表可以转换为

$$\tilde{\phi} = \tilde{\phi}_{\text{FPV},\delta}(\tilde{Z}, \widetilde{Z''^2}, \tilde{C}, \widetilde{C''^2}) \qquad (3.107)$$

其中,反应进度变量方差 $\widetilde{C''^2}$ 的定义为

$$\widetilde{C''^2} = \overline{(C - \tilde{C})^2} \qquad (3.108)$$

在生成火焰面查询表过程中,一般采用下式计算:

$$\widetilde{C''^2} = \widetilde{C^2} - \tilde{C}^2 \qquad (3.109)$$

这样可以显著降低 PDF 积分计算量,湍流流场中 $\widetilde{C''^2}$ 的输运方程为

$$\frac{\partial}{\partial t}(\bar{\rho}\widetilde{C''^2}) + \frac{\partial}{\partial x_i}(\bar{\rho}\widetilde{u_i}\widetilde{C''^2}) = \frac{\partial}{\partial x_i}\left[\left(\bar{\rho}D + \frac{\mu_t}{\sigma_C}\right)\frac{\partial \widetilde{C''^2}}{\partial x_i}\right] + 2\frac{\mu_t}{\sigma_C}\left(\frac{\partial \tilde{C}}{\partial x_i}\right) + 2\bar{\rho}\widetilde{C''\omega''_C} - \bar{\rho}\tilde{\chi}_C$$
$$(3.110)$$

其中,$\tilde{\chi}_C$ 为反应进度变量的标量耗散率,采用与混合分数的标量耗散率类似的方法求解:

$$\tilde{\chi}_C = C_{\chi_C} \frac{\tilde{\varepsilon}}{\tilde{k}} \widetilde{C''^2} \tag{3.111}$$

其中，C_{χ_C} 取 2。交叉项 $\widetilde{C''\dot{\omega}''}_C$ 的定义为

$$\widetilde{C''\dot{\omega}''}_C = \overline{(C - \tilde{C})(\dot{\omega}_C - \tilde{\dot{\omega}}_C)} \tag{3.112}$$

与反应进度变量方差一样，式(3.112)右端项的 PDF 积分过程计算量同样非常大，因此采用下式求解：

$$\widetilde{C''\dot{\omega}''}_C = \widetilde{C\dot{\omega}}_C - \tilde{C}\tilde{\dot{\omega}}_C \tag{3.113}$$

3) 火焰面生成流形模型(FGM)

火焰面生成流形模型基于流形方法和火焰面思想，在考虑化学动力学的同时，也引入重要的输运过程，反映输运过程对化学反应过程的影响。由于采用了火焰面的思想，FGM 与 SLFM 和 FPV 共享同一个基本思想，即化学反应的特征时间尺度远小于湍流的特征时间尺度，湍流并不会对火焰内部结构造成影响，湍流流场中化学反应可以认为是层流的。最初的 FGM 方法构建火焰面数据库是基于一维稳态层流无拉伸预混火焰完成的，因此称为预混 FGM(premixed FGM)模型，用于预混燃烧的模拟。为实现部分预混燃烧的模拟，在预混 FGM 模型中添加了混合分数这个自由度，形成可用于部分预混或非预混燃烧模拟的预混 FGM 模型，或采用非定常扩散对冲火焰构建火焰面数据库，称为扩散 FGM(diffusion FGM)模型。

物理空间的稳态无拉伸预混火焰面方程为

$$\frac{\partial}{\partial x}(\rho u) = 0 \tag{3.114}$$

$$\frac{\partial}{\partial x}(\rho u Y_k) - \frac{\partial}{\partial x}(\rho Y_k V_k) - \rho \dot{\omega}_k = 0, \quad k = 1, 2, \cdots, N \tag{3.115}$$

$$\frac{\partial}{\partial x}(\rho u h) - \frac{1}{c_p}\frac{\partial}{\partial x}\left(\frac{\lambda}{c_p}\frac{\partial h}{\partial x}\right) + \frac{1}{c_p}\sum_{k=1}^{N}\rho Y_k V_k \frac{\partial h_k}{\partial x} + \frac{1}{c_p}\sum_{k=1}^{N}\rho \dot{\omega}_k h_k = 0 \tag{3.116}$$

其中，u 为混合物速度；V_k 为组分 k 的扩散速度。未燃一侧采用狄利克雷边界条件：

$$Y_k(x \to -\infty) = Y_{k,-\infty}, \quad k = 1, 2, \cdots, N; \quad h(x \to -\infty) = h_{-\infty} \tag{3.117}$$

已燃(平衡)一侧采用诺伊曼(Neumann)边界条件：

$$\frac{\partial Y_k}{\partial x}(x \to \infty) = 0, \quad k = 1, 2, \cdots, N; \quad \frac{\partial h}{\partial x}(x \to \infty) = 0 \tag{3.118}$$

通过固定 $x=0$ 处的温度值固定火焰前锋，取消一个平移自由度。质量燃烧率 $\dot{m}=\rho u=\rho_u s_L$ 为式(3.118)方程组的一个特征值，s_L 为层流火焰传播速度。这套方程联合状态方程组形成封闭的稳态无拉伸预混火焰面方程组，表示从未燃到已燃的状态转变过程，这个过程可以由反应进度变量 C 描述。利用一维稳态无拉伸预混火焰计算模块进行稳态无拉伸预混火焰面方程的求解，建立热力化学参数与反应进度变量之间的函数关系。

为扩展火焰面方程的解空间，使其能够应用于非预混合部分预混燃烧的模拟，将混合分数 Z 作为一个控制变量添加到 FGM 的层流火焰面数据库中，这是通过改变未燃一侧的边界条件来实现的，对应的边界条件为

$$Y_k(x \to -\infty) = Z Y_{k,f} + (1-Z) Y_{k,o}, \quad k=1,2,\cdots,N \tag{3.119}$$
$$h(x \to -\infty) = Z h_f + (1-Z) h_o$$

求解不同混合分数下的稳态无拉伸预混火焰面方程，得到可用于部分预混非预混模拟的火焰面解 $\phi_{\mathrm{FGM}}(Z, C)$。

对式(3.119)方程的求解仅限于可燃极限内的 Z 空间，即 $Z_L \leq Z \leq Z_R$，其中 Z_L 为贫油可燃极限；Z_R 为富油可燃极限。如果 Z 超出了可燃极限范围，则对方程的求解是无法收敛的，需要对热力化学参数进行外插得到可燃极限外的热力化学参数。Bongers[43]提出考虑热力化学行为的处理方法，并且从焓而不是温度的角度考虑可燃极限外热力行为应该满足的热力化学条件。

在 Bongers 提出的方法中，可燃极限外（$Z < Z_L$ 或 $Z > Z_R$），组分的化学反应速率几乎为 0。则采用单位路易斯数假设得到可燃极限外的组分输运方程为

$$\frac{\partial}{\partial x}(\rho u Y_k) - \frac{\partial}{\partial x}\left(\rho D \frac{\partial Y_k}{\partial x}\right) = 0, \quad k=1,2,\cdots,N \tag{3.120}$$

由于采用单位路易斯数假设，焓的方程变为

$$\frac{\partial}{\partial x}(\rho u h) - \frac{\partial}{\partial x}\left(\frac{\lambda}{c_p}\frac{\partial h}{\partial x}\right) = 0 \tag{3.121}$$

可燃极限外的组分质量分数和焓与混合分数之间的关系是线性的。可燃极限外的组分质量分数和焓可以在可燃极限外和纯氧化剂或燃料之间进行线性插值得到。在贫油极限与氧化剂之间的热力化学参数为

$$\phi_{\mathrm{FGM}}(Z, C) = \frac{Z}{Z_L}\phi_{\mathrm{FGM}}(Z_L, C) + \frac{Z_L - Z}{Z_L}\phi_o \tag{3.122}$$

而富油极限与燃料之间的热力化学参数为

$$\phi_{\text{FGM}}(Z, C) = \frac{Z - Z_R}{1 - Z_R}\phi_{\text{FGM}}(Z_R, C) + \frac{1 - Z}{1 - Z_R}\phi_f \tag{3.123}$$

然后由组分质量分数和焓求解出温度,进而通过状态方程求解密度。

由于未燃和已燃组分质量分数、温度、密度和反应进度变量都是混合分数的函数,各个混合分数下的热力化学参数和反应进度变量之间并不存在相应的对应关系,这就给火焰面解空间 $\phi_{\text{FGM}}(Z, C)$ 的构建以及 Z 和 C 的联合概率密度函数的处理带来非常大的困难。为解决这个问题,定义归一化的反应进度变量 y_C 为火焰面参数:

$$y_C = \frac{C - C_0(Z)}{C(Z)_0(Z)_{\max}} \tag{3.124}$$

其中,下标 0 和 max 分别代表未燃和已燃状态下反应进度变量。每个混合分数下反应进度变量采用相同的分布,对每个混合分数下,对由一维稳态层流无拉伸预混火焰面方程的求解得到热力化学参数以及反应进度变量按照该分布进行插值获得火焰面的解空间 $\phi_{\text{FGM}}(Z, y_C)$。

FGM 模型中,Z 的 PDF 采用 β - PDF,y_C 的 PDF 则分别采用 δ - PDF 和 β - PDF,两者的联合概率密度函数可以写成:

$$\tilde{P}(Z, y_C) = \beta(Z; \tilde{Z}, \widetilde{Z''^2})\delta(y_C - \tilde{y}_C) \tag{3.125}$$

$$\tilde{P}(Z, y_C) = \beta(Z; \tilde{Z}, \widetilde{Z''^2})\beta(y_C; \tilde{y}_C, \widetilde{y''^2_C}) \tag{3.126}$$

因此 FGM 模型中的层流火焰面数据库 $\phi_{\text{FGM}}(Z, y_C)$ 的 PDF 积分分别为

$$\tilde{\phi} = \iint \phi_{\text{FGM}}(Z, y_C)\beta(Z; \tilde{Z}, \widetilde{Z''^2})\delta(y_C - \tilde{y}_C)\mathrm{d}Z\mathrm{d}y_C \tag{3.127}$$

$$\tilde{\phi} = \iint \phi_{\text{FGM}}(Z, y_C)\beta(Z; \tilde{Z}, \widetilde{Z''^2})\beta(y_C; \tilde{y}_C, \widetilde{y''^2_C})\mathrm{d}Z\mathrm{d}y_C \tag{3.128}$$

最终应用于湍流燃烧流场模拟中的湍流火焰面查询表分别为

$$\tilde{\phi} = \tilde{\phi}_{\text{FGM}, \delta}(\tilde{Z}, \widetilde{Z''^2}, \tilde{y}_C) \tag{3.129}$$

$$\tilde{\phi} = \tilde{\phi}_{\text{FGM}, \beta}(\tilde{Z}, \widetilde{Z''^2}, \tilde{y}_C, \widetilde{y''^2_C}) \tag{3.130}$$

采用与 FPV 模型相同的方法将以平均归一化反应进度变量或其方差作为控制变量的查询表转换到以平均反应进度变量及其方差为控制变量的查询表上,即

$$\tilde{\phi} = \tilde{\phi}_{\text{FGM}, \delta}(\tilde{Z}, \widetilde{Z''^2}, \tilde{C}) \tag{3.131}$$

$$\tilde{\phi} = \tilde{\phi}_{\text{FGM},\beta}(\tilde{Z}, \widetilde{Z''^2}, \tilde{C}, \widetilde{C''^2}) \tag{3.132}$$

火焰面模型包括稳态扩散火焰面模型(steady diffusion flamelet model)、非稳态扩散火焰面模型(unsteady diffusion flamelet model)和部分预混 FGM 模型。

4. 二阶矩湍流燃烧模型

湍流燃烧的二阶矩模型可以看成是类似于湍流流动的封闭模型[44,45]。最简单的二阶矩模型对反应率表达式中的非线性指数项进行级数展开,取 E/RT 是小量和 $T'/T \ll 1$ 的近似,舍去高阶项。所得到的时间平均的反应率为

$$\begin{aligned}
\bar{w}_s &= B\rho^2 \bar{Y}_1 \bar{Y}_2 \exp\left(-\frac{E}{R\bar{t}}\right) \left[1 + \frac{\overline{Y'_1 Y'_2}}{\bar{Y}_1 \bar{Y}_2} + \frac{E}{R\bar{t}}\left(\frac{\overline{T' Y'_1}}{\bar{t} \bar{Y}_1} + \frac{\overline{T' Y'_2}}{\bar{t} \bar{Y}_2}\right) + \frac{1}{2}\left(\frac{E}{R\bar{t}}\right)^2 \overline{\left(\frac{T'}{\bar{t}}\right)^2}\right] \\
&= B\rho^2 \bar{Y}_1 \bar{Y}_2 \exp\left(-\frac{E}{R\bar{t}}\right)(1 + F)
\end{aligned} \tag{3.133}$$

这种研究思想是希望利用级数展开进行平均化学反应率的封闭,解决湍流燃烧模拟的难题。但是,在许多实际燃烧过程中 $E/(RT)$ 为 5~10,特别是在污染物生成的反应中,同时 T'/T 也并非总是远远小于 1,因此这种级数展开的方法有严重的误差。在假设两个条件成立,即级数收敛时,对二级双组分的简单反应来说,时均化学反应率的封闭问题就转化为温度、浓度之间的二阶矩的封闭问题。可以建立这些二阶矩的输运方程,并应用梯度模拟对其中一些项进行模拟以使这些输运方程封闭。因此,在湍流燃烧的二阶矩封闭模型中,常常需要引入多个二阶标量脉动关联矩的微分方程,这种模型即为二阶矩输运方程模型。这些方程的引入会使计算机的存储量和计算时间增加。为了减少计算量和存储量,提出了一种代数关联矩模型[37]。对强剪切流动,如射流流动,可以将二阶标量脉动关联矩的输运方程中的对流项和扩散项忽略,并认为化学反应对脉动关联的影响是次要的,从而可以得到这些二阶标量脉动关联矩的代数表达式。Khalil[46] 对无旋同轴射流射入突扩燃烧室的湍流燃烧问题用 EBU-阿伦尼乌斯模型、扩散控制的简化的 PDF 模型以及只有浓度脉动的关联矩输运方程封闭模型进行了对比研究。三种模型的预报结果相近,并都和实验符合得比较好。文献[47]用此模型预报了 50 种组分 300 多个基元反应的甲烷-空气扩散燃烧,所预报的温度和主要组分与实验值符合程度尚好,但却明显地低估了 NO_x 的生成,原因就是上述的级数展开近似引起的误差。

为了发挥二阶矩模型的优点并克服其缺点,Zhou 等[48]提出了二阶矩-概率密度模型,即用二阶矩封闭和 PDF 的概念相结合的方法来模拟时均反应率,对浓度脉动关联用二阶矩封闭,对反应率系数 K 和浓度的关联用简化 PDF 封闭,避免了

指数级数展开带来的近似。该模型已用于模拟甲烷-空气的突扩湍流燃烧和射流燃烧,与标准实验数据的对比表明,模拟结果比原有的二阶矩模型和 EBU-阿伦尼乌斯模型更加合理。但是该模型在用 PDF 概念模拟 K 与浓度脉动关联时,仍然使用了温度和浓度的概率密度函数的乘积 $p(T)p(Y)$ 来代替温度和浓度脉动的联合概率密度函数 $p(T,Y)$,未能完全避免原来的 PDF-有限反应率模型的缺陷。

二阶矩模型又可以分为二阶矩输运方程模型和代数式二阶矩模型,下面将对两种模型进行介绍。

1) 二阶矩(second order moment,SOM)输运方程模型

二阶矩输运方程模型适用于简单化学反应机理,湍流脉动适中的情况。输运方程是指任一瞬时系统内物理量 N(如质量、动量、能量)随时间的变化率等于该瞬时其控制体内物理量的变化率与通过控制体表面的净通量之和。对于标量来说,有输运方程统一形式:

$$\frac{\partial(\rho\phi)}{\partial t} + \frac{\partial \rho u_j \phi}{\partial x_j} = \frac{\partial}{\partial x_j}\left(\rho D \frac{\partial \phi}{\partial x_j}\right) + S_\phi + M_\phi \quad (3.134)$$

本模型是求解两个关联量的输运方程,计算量较大。

设有某一个双组分二级总包反应,其瞬时反应率的阿伦尼乌斯表达式为

$$w_{\text{fu}} = B\rho^2 Y_{\text{fu}} Y_{\text{ox}} \exp(-E/RT) \quad (3.135)$$

其中,Y_{fu}、Y_{ox}、T 分别为燃料和氧化剂两种反应物的质量分数和温度的瞬时值;E 为反应的活化能;R 为通用气体常数。

利用类似于湍流模拟中的关联矩封闭方法,对式(3.135)取雷诺平均并忽略密度脉动,可以得到时均反应率:

$$\overline{w_{\text{fu}}} = \overline{B\rho^2 Y_{\text{fu}} Y_{\text{ox}} \exp\left(-\frac{E}{RT}\right)} = \rho^2 \overline{(\overline{Y_{\text{fu}}} + Y'_{\text{fu}})(\overline{Y_{\text{ox}}} + Y'_{\text{ox}}) B\exp\left[-\frac{E}{R(\overline{T}+T')}\right]} \quad (3.136)$$

或

$$\overline{w_{\text{fu}}} = \overline{\rho^2 K Y_{\text{fu}} Y_{\text{ox}}} = \rho^2 \overline{(\overline{K}+K')(\overline{Y_{\text{fu}}}+Y'_{\text{fu}})(\overline{Y_{\text{ox}}}+Y'_{\text{ox}})} \quad (3.137)$$

其中,"-"为变量的时均值;"'"为变量的脉动值。

如果忽略三阶关联量,可以得到时均反应率表达式:

$$\overline{w_{\text{fu}}} = \rho^2 [\,(\overline{Y_{\text{fu}} Y_{\text{ox}}} + \overline{Y'_{\text{fu}} Y'_{\text{ox}}})\overline{K} + \overline{Y_{\text{fu}}}(\overline{K' Y'_{\text{ox}}}) + \overline{Y_{\text{ox}}}(\overline{K' Y'_{\text{fu}}})\,] \quad (3.138)$$

其中,$\overline{K} = B\int \exp(-E/RT)p(T)\mathrm{d}T$,$p(T)$ 为温度分布的概率密度函数。

平均化学反应率中的各关联量需要封闭模型。首先考察浓度-浓度关联量。Y_{fu} 和 Y_{ox} 的瞬时方程分别为(β 为化学当量比)

$$\frac{\partial}{\partial t}(\rho Y_{\text{fu}}) + \frac{\partial}{\partial x_j}(\rho V_j Y_{\text{fu}}) = \frac{\partial}{\partial x_j}\left(\rho D_f \frac{\partial Y_{\text{fu}}}{\partial x_j}\right) - w_{\text{fu}} \qquad (3.139)$$

$$\frac{\partial}{\partial t}(\rho Y_{\text{ox}}) + \frac{\partial}{\partial x_j}(\rho V_j Y_{\text{ox}}) = \frac{\partial}{\partial x_j}\left(\rho D_f \frac{\partial Y_{\text{fu}}}{\partial x_j}\right) - \beta w_{\text{fu}} \qquad (3.140)$$

得到 $\overline{Y'_{\text{fu}} Y'_{\text{ox}}}$ 的精确输运方程为

$$\frac{\partial}{\partial t}(\rho \overline{Y'_{\text{fu}} Y'_{\text{ox}}}) + \frac{\partial}{\partial x_j}(\rho \overline{V_j}(\overline{Y'_{\text{fu}} Y'_{\text{ox}}}))$$

$$= \frac{\partial}{\partial x_j}\left(\rho D_f \frac{\partial \overline{Y'_{\text{fu}} Y'_{\text{ox}}}}{\partial x_j}\right) - \left(\rho \overline{V'_j Y'_{\text{fu}}} \frac{\partial \overline{Y_{\text{ox}}}}{\partial x_j} + \rho \overline{V'_j Y'_{\text{ox}}} \frac{\partial \overline{Y_{\text{fu}}}}{\partial x_j}\right)$$

$$- \rho \frac{\partial \overline{V'_j Y'_{\text{fu}} Y'_{\text{ox}}}}{\partial x_j} - 2\rho D_f \overline{\frac{\partial Y'_{\text{fu}}}{\partial x_j} \frac{\partial Y'_{\text{ox}}}{\partial x_j}} - \left[\overline{w_{\text{fu}}(Y_{\text{ox}} + \beta Y_{\text{fu}})} - \overline{w_{\text{fu}}}(\overline{Y_{\text{ox}}} + \beta \overline{Y_{\text{fu}}})\right]$$

$$(3.141)$$

对于不可压流体,且下标 1 代表 fu,2 代表 ox,瞬时方程可以写为

$$\frac{\partial Y_1}{\partial t} + u_j \frac{\partial Y_1}{\partial x_j} = \frac{\partial}{\partial x_j}\left(D \frac{\partial Y_1}{\partial x_j}\right) - \frac{w_1}{\rho} \qquad (3.142)$$

$$\frac{\partial Y_2}{\partial t} + u_j \frac{\partial Y_2}{\partial x_j} = \frac{\partial}{\partial x_j}\left(D \frac{\partial Y_2}{\partial x_j}\right) - \frac{w_2}{\rho}, \quad w_2 = \beta w_1 \qquad (3.143)$$

对瞬时量方程求平均,得

$$\frac{\partial \overline{Y_1}}{\partial t} + \overline{u_j} \frac{\partial \overline{Y_1}}{\partial x_j} = -\overline{u'_j \frac{\partial Y'_1}{\partial x_j}} + \frac{\partial}{\partial x_j}\left(D \frac{\partial \overline{Y_1}}{\partial x_j}\right) - \frac{\overline{w_1}}{\rho} \qquad (3.144)$$

$$\frac{\partial \overline{Y_2}}{\partial t} + \overline{u_j} \frac{\partial \overline{Y_2}}{\partial x_j} = -\overline{u'_j \frac{\partial Y'_2}{\partial x_j}} + \frac{\partial}{\partial x_j}\left(D \frac{\partial \overline{Y_2}}{\partial x_j}\right) - \frac{\overline{w_2}}{\rho} \qquad (3.145)$$

用瞬时量方程减去平均量方程,得

$$\frac{\partial Y'_1}{\partial t} + \overline{u_j} \frac{\partial Y'_1}{\partial x_j} = -u'_j \frac{\partial \overline{Y_1}}{\partial x_j} - u'_j \frac{\partial Y'_1}{\partial x_j} + \overline{u'_j \frac{\partial Y'_1}{\partial x_j}} + \frac{\partial}{\partial x_j}\left(D \frac{\partial Y'_1}{\partial x_j}\right) - \frac{w_1}{\rho} + \frac{\overline{w_1}}{\rho}$$

$$(3.146)$$

$$\frac{\partial Y_2'}{\partial t} + \bar{u}_j \frac{\partial Y_2'}{\partial x_j} = -u_j' \frac{\partial \overline{Y_2}}{\partial x_j} - u_j' \frac{\partial Y_2'}{\partial x_j} + \overline{u_j' \frac{\partial Y_2'}{\partial x_j}} + \frac{\partial}{\partial x_j}\left(D \frac{\partial Y_2'}{\partial x_j}\right) - \frac{w_2}{\rho} + \frac{\overline{w_2}}{\rho} \tag{3.147}$$

互乘脉动相加,得

$$\frac{\partial Y_1' Y_2'}{\partial t} + \bar{u}_j \frac{\partial Y_1' Y_2'}{\partial x_j} - u_j' Y_2' \frac{\partial \overline{Y_1}}{\partial x_j} - u_j' Y_1' \frac{\partial \overline{Y_2}}{\partial x_j} - \frac{\partial u_j' Y_1' Y_2'}{\partial x_j} + Y_2' \overline{u_j' \frac{\partial Y_1'}{\partial x_j}} + Y_1' \overline{u_j' \frac{\partial Y_2'}{\partial x_j}}$$

$$+ Y_2' \frac{\partial}{\partial x_j}\left(D \frac{\partial Y_1'}{\partial x_j}\right) + Y_1' \frac{\partial}{\partial x_j}\left(D \frac{\partial Y_2'}{\partial x_j}\right) - Y_1' \frac{w_2}{\rho} - Y_2' \frac{w_1}{\rho} + Y_2' \frac{\overline{w_1}}{\rho} + Y_1' \frac{\overline{w_2}}{\rho} \tag{3.148}$$

对式(3.148)取平均,得到不可压条件下关联量 $\overline{Y_1' Y_2'}$ 精确的输运方程:

$$\frac{\partial \overline{Y_1' Y_2'}}{\partial t} + \bar{u}_j \frac{\partial \overline{Y_1' Y_2'}}{\partial x_j} = -\overline{u_j' Y_2'} \frac{\partial \overline{Y_1}}{\partial x_j} - \overline{u_j' Y_1'} \frac{\partial \overline{Y_2}}{\partial x_j} - \frac{\partial \overline{u_j' Y_1' Y_2'}}{\partial x_j} + D \frac{\partial}{\partial x_j}\left(\frac{\partial \overline{Y_1' Y_2'}}{\partial x_j}\right)$$

$$- 2D \overline{\frac{\partial Y_1'}{\partial x_j} \frac{\partial Y_2'}{\partial x_j}} - \overline{Y_1' \frac{w_2}{\rho}} - \overline{Y_2' \frac{w_1}{\rho}} \tag{3.149}$$

其中,方程左边的时间变化项、对流项和方程右边第1项的层流扩散项都不需要模拟。方程右边第2项是由于平均浓度梯度引起的产生项,第3项是湍流扩散,第4项是分子耗散,第5项是与化学反应有关的耗散(或产生),都需要模拟。

产生项:当采用各向同性湍流模型时,该项可以封闭如下:

$$-\left(\rho \overline{V_j' Y_{fu}'} \frac{\partial \overline{Y_{ox}}}{\partial x_j} + \rho \overline{V_j' Y_{ox}'} \frac{\partial \overline{Y_{fu}}}{\partial x_j}\right) = \frac{2\mu_t}{\sigma_Y} \frac{\partial \overline{Y_{fu}}}{\partial x_j} \frac{\partial \overline{Y_{ox}}}{\partial x_j} \tag{3.150}$$

耗散项:假设关联项的耗散正比于湍动能的耗散,由量纲分析可得

$$-2\rho D_f \overline{\frac{\partial Y_{fu}'}{\partial x_j} \frac{\partial Y_{ox}'}{\partial x_j}} = -2\rho \frac{\varepsilon}{k} \overline{Y_{fu}' Y_{ox}'} \tag{3.151}$$

反应项:如果在化学反应项内忽略温度脉动和三阶关联量,展开后可得

$$-[\overline{w_{fu}(Y_{ox} + \beta Y_{fu})} - \overline{w_{fu}}(\overline{Y_{ox}} + \beta \overline{Y_{fu}})]$$

$$= -B\rho^2 \overline{Y_{fu} Y_{ox}} \exp\left(-\frac{E}{R\overline{T}}\right)\left[(\overline{Y_{ox}} + \beta \overline{Y_{fu}}) \frac{\overline{Y_{fu}' Y_{ox}'}}{\overline{Y_{fu} Y_{ox}}} + \frac{\overline{Y_{ox}'^2}}{\overline{Y_{ox}}} + \beta \frac{\overline{Y_{fu}'^2}}{\overline{Y_{fu}}}\right] \tag{3.152}$$

若在式(3.152)中忽略 $\overline{Y'^2_{ox}}$ 和 $\overline{Y'^2_{fu}}$，得

$$S_c = -B\rho^2(\overline{Y_{ox}} + \beta\overline{Y_{fu}})\exp\left(-\frac{E}{R\overline{T}}\right)\overline{Y'_{fu}Y'_{ox}} \tag{3.153}$$

进一步引入双尺度耗散的概念，即引入湍流扩散时间 τ_T 和化学反应时间 τ_A。其中

$$\tau_T = \frac{k}{\varepsilon}, \quad \tau_A = \left[B\rho(\overline{Y_{ox}} + \beta\overline{Y_{fu}})\exp\left(-\frac{E}{R\overline{T}}\right)\right]^{-1} \tag{3.154}$$

综合考虑湍流混合与化学反应率对脉动关联项的影响，$\overline{Y'_{fu}Y'_{ox}}$ 输运方程中的耗散项为

$$-2\rho\left(\frac{a}{\tau_T} + \frac{b}{\tau_A}\right)\overline{Y'_{fu}Y'_{ox}} \tag{3.155}$$

最后得到封闭后的 $\overline{Y'_{fu}Y'_{ox}}$ 的模型输运方程：

$$\begin{aligned}\frac{\partial}{\partial t}(\rho\overline{Y'_{fu}Y'_{ox}}) + \frac{\partial}{\partial x_j}(\rho\overline{V_j}\overline{Y'_{fu}Y'_{ox}}) &= \frac{\partial}{\partial x_j}\left(\frac{\mu_e}{Sc}\frac{\partial\overline{Y'_{fu}Y'_{ox}}}{\partial x_j}\right) \\ &+ C_{g1}\mu_t\frac{\partial\overline{Y_{fu}}}{\partial x_j}\frac{\partial\overline{Y_{ox}}}{\partial x_j} - C_{g2}\rho\left(\frac{a}{\tau_T} + \frac{b}{\tau_A}\right)\overline{Y'_{fu}Y'_{ox}}\end{aligned} \tag{3.156}$$

其中，一般取 $C_{g1} = 0.01$；$C_{g2} = 1.4$；$a = 0.9$；$b = 0.05$。

对于含温度指数函数的反应率系数的脉动和浓度脉动的关联量 $\overline{K'Y'}$，用类似方法，可以推导出该关联量精确的输运方程，如 $\overline{K'Y'_1}$ 的输运方程。

若瞬时化学反应率为

$$w_1 = B\rho^2 Y_1 Y_2 \exp\left(-\frac{E}{RT}\right) \tag{3.157}$$

记 $K = B\exp\left(-\frac{E}{RT}\right)$，则有

$$w_1 = B\rho^2 Y_1 Y_2 \exp\left(-\frac{E}{RT}\right) = \rho^2 Y_1 Y_2 K$$

$$\frac{\partial K}{\partial t} = B\exp\left(-\frac{E}{RT}\right) \cdot -\frac{E}{R} \cdot -\frac{1}{T^2}\frac{\partial T}{\partial t} \tag{3.158}$$

$$\frac{\partial K}{\partial x_j} = B\exp\left(-\frac{E}{RT}\right) \cdot -\frac{E}{R} \cdot -\frac{1}{T^2}\frac{\partial T}{\partial x_j} \tag{3.159}$$

$$\frac{\partial}{\partial x_j}\left(\frac{\partial K}{\partial x_j}\right) = \frac{\partial}{\partial x_j}\left[B\exp\left(-\frac{E}{RT}\right) \cdot -\frac{E}{R} \cdot -\frac{1}{T^2}\frac{\partial T}{\partial x_j}\right]$$

$$= \frac{\partial}{\partial x_j}\left[\frac{BE}{R}\exp\left(-\frac{E}{RT}\right) \cdot \frac{1}{T^2}\frac{\partial T}{\partial x_j}\right]$$

$$= \frac{BE}{R}\left[\exp\left(-\frac{E}{RT}\right) \cdot -\frac{E}{R} \cdot -\frac{1}{T^2} \cdot \frac{1}{T^2}\frac{\partial T}{\partial x_j}\frac{\partial T}{\partial x_j}\right.$$

$$\left. + \exp\left(-\frac{E}{RT}\right) \cdot -\frac{2}{T^3}\frac{\partial T}{\partial x_j}\frac{\partial T}{\partial x_j} + \exp\left(-\frac{E}{RT}\right) \cdot \frac{1}{T^2}\frac{\partial}{\partial x_j}\left(\frac{\partial T}{\partial x_j}\right)\right]$$

$$= \frac{E}{R}\frac{1}{T^2}\frac{\partial K}{\partial x_j}\frac{\partial T}{\partial x_j} - \frac{2}{T}\frac{\partial K}{\partial x_j}\frac{\partial T}{\partial x_j} + \frac{BE}{R}\exp\left(-\frac{E}{RT}\right) \cdot \frac{1}{T^2}\frac{\partial}{\partial x_j}\left(\frac{\partial T}{\partial x_j}\right) \tag{3.160}$$

对于不可压流,则有瞬时方程:

$$\frac{\partial Y_1}{\partial t} + u_j\frac{\partial Y_1}{\partial x_j} = \frac{\partial}{\partial x_j}\left(D\frac{\partial Y_1}{\partial x_j}\right) - \frac{w_1}{\rho} \tag{3.161}$$

$$\frac{\partial T}{\partial t} + u_j\frac{\partial T}{\partial x_j} = \frac{\partial}{\partial x_j}\left(\frac{\lambda}{\rho c_p}\frac{\partial T}{\partial x_j}\right) + \frac{w_1 Q_1}{\rho c_p} \tag{3.162}$$

将温度方程乘以 $B\exp\left(-\frac{E}{RT}\right) \cdot \left(-\frac{E}{R}\right) \cdot \left(-\frac{1}{T^2}\right)$, 得

$$B\exp\left(-\frac{E}{RT}\right) \cdot -\frac{E}{R} \cdot -\frac{1}{T^2}\frac{\partial T}{\partial t} + u_j B\exp\left(-\frac{E}{RT}\right) \cdot -\frac{E}{R} \cdot -\frac{1}{T^2}\frac{\partial T}{\partial x_j}$$

$$= B\exp\left(-\frac{E}{RT}\right) \cdot -\frac{E}{R} \cdot -\frac{1}{T^2}\frac{\partial}{\partial x_j}\left(\frac{\lambda}{\rho c_p}\frac{\partial T}{\partial x_j}\right) + B\exp\left(-\frac{E}{RT}\right) \cdot -\frac{E}{R} \cdot -\frac{1}{T^2}\frac{w_1 Q_1}{\rho c_p} \tag{3.163}$$

即

$$\frac{\partial K}{\partial t} + u_j\frac{\partial K}{\partial x_j} = B\exp\left(-\frac{E}{RT}\right) \cdot -\frac{E}{R} \cdot -\frac{1}{T^2}\frac{\partial}{\partial x_j}\left(\frac{\lambda}{\rho c_p}\frac{\partial T}{\partial x_j}\right)$$

$$+ B\exp\left(-\frac{E}{RT}\right) \cdot -\frac{E}{R} \cdot -\frac{1}{T^2}\frac{w_1 Q_1}{\rho c_p} \tag{3.164}$$

$$\frac{\partial K}{\partial t}+u_j\frac{\partial K}{\partial x_j}=\frac{\lambda}{\rho c_p}\left[\frac{\partial}{\partial x_j}\left(\frac{\partial K}{\partial x_j}\right)-\frac{E}{R}\frac{1}{T^2}\frac{\partial K}{\partial x_j}\frac{\partial T}{\partial x_j}-\frac{2}{T}\frac{\partial K}{\partial x_j}\frac{\partial T}{\partial x_j}\right]$$
$$+B\exp\left(-\frac{E}{RT}\right)\cdot-\frac{E}{R}\cdot-\frac{1}{T^2}\frac{w_1 Q_1}{\rho c_p} \tag{3.165}$$

$$\frac{\partial K}{\partial t}+u_j\frac{\partial K}{\partial x_j}=\frac{\lambda}{\rho c_p}\frac{\partial}{\partial x_j}\left(\frac{\partial K}{\partial x_j}\right)-\frac{\lambda}{\rho c_p}\frac{E}{R}\frac{1}{T^2}\frac{\partial K}{\partial x_j}\frac{\partial T}{\partial x_j}-\frac{\lambda}{\rho c_p}\frac{2}{T}\frac{\partial K}{\partial x_j}\frac{\partial T}{\partial x_j}$$
$$+B\exp\left(-\frac{E}{RT}\right)\cdot\frac{E}{R}\cdot\frac{1}{T^2}\frac{w_1 Q_1}{\rho c_p} \tag{3.166}$$

对瞬时方程求平均,得

$$\frac{\partial \overline{Y_1}}{\partial t}+\overline{u}_j\frac{\partial \overline{Y_1}}{\partial x_j}=-\overline{u'_j\frac{\partial Y'_1}{\partial x_j}}+\frac{\partial}{\partial x_j}\left(D\frac{\partial \overline{Y_1}}{\partial x_j}\right)-\frac{\overline{w_1}}{\rho} \tag{3.167}$$

$$\frac{\partial \overline{K}}{\partial t}+\overline{u}_j\frac{\partial \overline{K}}{\partial x_j}=-\overline{u_j\frac{\partial K}{\partial x_j}}+\frac{\lambda}{\rho c_p}\frac{\partial}{\partial x_j}\left(\frac{\partial \overline{K}}{\partial x_j}\right)-\frac{\lambda}{\rho c_p}\frac{E}{R}\overline{\frac{1}{T^2}\frac{\partial K}{\partial x_j}\frac{\partial T}{\partial x_j}}$$
$$-\overline{\frac{\lambda}{\rho c_p}\frac{2}{T}\frac{\partial K}{\partial x_j}\frac{\partial T}{\partial x_j}}+\overline{\frac{BE}{R}\exp\left(-\frac{E}{RT}\right)\cdot\frac{1}{T^2}\frac{w_1 Q_1}{\rho c_p}} \tag{3.168}$$

用瞬时方程减去平均方程,得

$$\frac{\partial Y'_1}{\partial t}+\overline{u}_j\frac{\partial Y'_1}{\partial x_j}=-u'_j\frac{\partial \overline{Y_1}}{\partial x_j}-u'_j\frac{\partial Y'_1}{\partial x_j}+\overline{u'_j\frac{\partial Y'_1}{\partial x_j}}+\frac{\partial}{\partial x_j}\left(D\frac{\partial Y'_1}{\partial x_j}\right)-\frac{w_1}{\rho}+\frac{\overline{w_1}}{\rho} \tag{3.169}$$

$$\frac{\partial K'}{\partial t}+\overline{u}_j\frac{\partial K'}{\partial x_j}=-u'_j\frac{\partial \overline{K}}{\partial x_j}-u'_j\frac{\partial K'}{\partial x_j}+\overline{u_j\frac{\partial K}{\partial x_j}}+\frac{\lambda}{\rho c_p}\frac{\partial}{\partial x_j}\left(\frac{\partial K'}{\partial x_j}\right)-\frac{\lambda}{\rho c_p}\frac{E}{R}\frac{1}{T^2}\frac{\partial K}{\partial x_j}\frac{\partial T}{\partial x_j}$$
$$-\frac{\lambda}{\rho c_p}\frac{2}{T}\frac{\partial K}{\partial x_j}\frac{\partial T}{\partial x_j}+\overline{\frac{\lambda}{\rho c_p}\frac{E}{R}\frac{1}{T^2}\frac{\partial K}{\partial x_j}\frac{\partial T}{\partial x_j}}+\overline{\frac{\lambda}{\rho c_p}\frac{2}{T}\frac{\partial K}{\partial x_j}\frac{\partial T}{\partial x_j}}$$
$$+B\exp\left(-\frac{E}{RT}\right)\cdot\frac{E}{R}\cdot\frac{1}{T^2}\frac{w_1 Q_1}{\rho c_p}-\overline{\frac{BE}{R}\exp\left(-\frac{E}{RT}\right)\cdot\frac{1}{T^2}\frac{w_1 Q_1}{\rho c_p}} \tag{3.170}$$

将式(3.169)与式(3.170)互乘相加,得

$$\frac{\partial K'Y_1'}{\partial t}+\overline{u_j}\frac{\partial K'Y_1'}{\partial x_j}=-u_j'K'\frac{\partial \overline{Y_1}}{\partial x_j}-u_j'K\frac{\partial Y_1'}{\partial x_j}+\overline{K'u_j'\frac{\partial Y_1'}{\partial x_j}}+K'\frac{\partial}{\partial x_j}\left(D\frac{\partial Y_1'}{\partial x_j}\right)-K'\frac{w_1}{\rho}$$

$$+K'\overline{\frac{w_1}{\rho}}-u_j'Y_1'\frac{\partial \overline{K}}{\partial x_j}-u_j'Y_1'\frac{\partial K'}{\partial x_j}+\overline{Y_1'u_j\frac{\partial K}{\partial x_j}}+Y_1'\frac{\lambda}{\rho c_p}\frac{\partial}{\partial x_j}\left(\frac{\partial K'}{\partial x_j}\right)$$

$$-Y_1'\frac{\lambda}{\rho c_p}\frac{E}{R}\frac{1}{T^2}\frac{\partial K}{\partial x_j}\frac{\partial T}{\partial x_j}-Y_1'\frac{\lambda}{\rho c_p}\frac{2}{T}\frac{\partial K}{\partial x_j}\frac{\partial T}{\partial x_j}$$

$$+Y_1'\frac{\lambda}{\rho c_p}\frac{E}{R}\overline{\frac{1}{T^2}\frac{\partial K}{\partial x_j}\frac{\partial T}{\partial x_j}}+Y_1'\frac{\lambda}{\rho c_p}\overline{\frac{2}{T}\frac{\partial K}{\partial x_j}\frac{\partial T}{\partial x_j}}$$

$$+Y_1'B\exp\left(-\frac{E}{RT}\right)\cdot\frac{E}{R}\cdot\frac{1}{T^2}\frac{w_1Q_1}{\rho c_p}$$

$$-Y_1'\frac{BE}{R}\overline{\exp\left(-\frac{E}{RT}\right)\cdot\frac{1}{T^2}\frac{w_1Q_1}{\rho c_p}}$$

(3.171)

对式(3.171)取时间平均,得

$$\frac{\partial \overline{K'Y_1'}}{\partial t}+\overline{u_j}\frac{\partial \overline{K'Y_1'}}{\partial x_j}=-\overline{u_j'K'}\frac{\partial \overline{Y_1}}{\partial x_j}-\overline{u_j'Y_1'}\frac{\partial \overline{K}}{\partial x_j}-\overline{\frac{\partial u_j'K'Y_1'}{\partial x_j}}+\overline{K'\frac{\partial}{\partial x_j}\left(D\frac{\partial Y_1'}{\partial x_j}\right)}$$

$$+\overline{Y_1'\frac{\lambda}{\rho c_p}\frac{\partial}{\partial x_j}\left(\frac{\partial K'}{\partial x_j}\right)}-\overline{Y_1'\frac{\lambda}{\rho c_p}\frac{E}{R}\frac{1}{T^2}\frac{\partial K}{\partial x_j}\frac{\partial T}{\partial x_j}}-\overline{Y_1'\frac{\lambda}{\rho c_p}\frac{2}{T}\frac{\partial K}{\partial x_j}\frac{\partial T}{\partial x_j}}$$

$$-\overline{K'\frac{w_1}{\rho}}+\overline{Y_1'B\exp\left(-\frac{E}{RT}\right)\cdot\frac{E}{R}\cdot\frac{1}{T^2}\frac{w_1Q_1}{\rho c_p}}$$

(3.172)

如果数值上 $D=\dfrac{\lambda}{\rho c_p}$,且为常数,反应率系数脉动和浓度脉动关联量 $\overline{K'Y_1'}$ 的精确方程为

$$\frac{\partial \overline{K'Y_1'}}{\partial t}+\overline{u_j}\frac{\partial \overline{K'Y_1'}}{\partial x_j}=-\overline{u_j'K'}\frac{\partial \overline{Y_1}}{\partial x_j}-\overline{u_j'Y_1'}\frac{\partial \overline{K}}{\partial x_j}-\overline{\frac{\partial u_j'K'Y_1'}{\partial x_j}}+D\frac{\partial}{\partial x_j}\left(\frac{\partial \overline{K'Y_1'}}{\partial x_j}\right)$$

$$-2D\overline{\frac{\partial Y_1'}{\partial x_j}\frac{\partial K'}{\partial x_j}}-\frac{\lambda}{\rho c_p}\frac{E}{R}\overline{\frac{Y_1'}{T^2}\frac{\partial K}{\partial x_j}\frac{\partial T}{\partial x_j}}$$

$$-\frac{2\lambda}{\rho c_p}\overline{\frac{Y_1'}{T}\frac{\partial K}{\partial x_j}\frac{\partial T}{\partial x_j}}-\frac{1}{\rho}\overline{K'w_1}+\frac{EQ_1}{\rho c_pR}\overline{\frac{Y_1'Kw_1}{T^2}}$$

(3.173)

其中，左端的时间变化率和对流项是精确的。将右端的各项归纳为产生项、扩散项、分子耗散和反应项，并且对各项采取类似于浓度-浓度关联方程的封闭方法，可以得到封闭后的反应率系数-浓度关联量的输运方程：

$$\frac{\partial}{\partial t}(\rho\overline{K'Y'}) + \frac{\partial}{\partial x_j}(\rho V_j\overline{K'Y'}) = \frac{\partial}{\partial x_j}\left(\frac{\mu_e}{\sigma_g}\frac{\partial \overline{K'Y'}}{\partial x_j}\right) + c_{g1}\mu_T\left(\frac{\partial \overline{K}}{\partial x_j}\right)\left(\frac{\partial \overline{Y}}{\partial x_j}\right)$$
$$-c_{g2}\rho\left(\frac{a}{\tau_A} + \frac{b}{\tau_T}\right)\overline{K'Y'}$$

（3.174）

对反应率系数的时均值，取双 δ 形 PDF，可得

$$\overline{K} = \frac{1}{2}\left\{\exp\left[-\frac{E}{R(T+g_T^{1/2})}\right] + \exp\left[-\frac{E}{R(T-g_T^{1/2})}\right]\right\} \quad (3.175)$$

其中，$g_T = \overline{T'^2}$。

2）代数二阶矩湍流燃烧模型

代数二阶矩模型化学反应源项与输运二阶矩模型相同，即

$$\overline{w_{fu}} = \rho^2\left[(\overline{Y_{fu}Y_{ox}} + \overline{Y'_{fu}Y'_{ox}})\overline{K} + \overline{Y_{fu}}(\overline{K'Y'_{ox}}) + \overline{Y_{ox}}(\overline{K'Y'_{fu}})\right] \quad (3.176)$$

其中，$\overline{K} = B\int\exp(-E/RT)p(T)\mathrm{d}T$，$p(T)$ 为温度分布的概率密度函数。$\overline{Y'_{fu}Y'_{ox}}$ 的模型输运方程为

$$\frac{\partial}{\partial t}(\rho\overline{Y'_{fu}Y'_{ox}}) + \frac{\partial}{\partial x_j}(\rho\overline{V_j}\,\overline{Y'_{fu}Y'_{ox}}) = \frac{\partial}{\partial x_j}\left(\frac{\mu_e}{Sc}\frac{\partial \overline{Y'_{fu}Y'_{ox}}}{\partial x_j}\right) + C_{g1}\mu_t\frac{\partial \overline{Y_{fu}}}{\partial x_j}\frac{\partial \overline{Y_{ox}}}{\partial x_j}$$
$$-C_{g2}\rho\left(\frac{a}{\tau_T} + \frac{b}{\tau_A}\right)\overline{Y'_{fu}Y'_{ox}}$$

（3.177）

反应率系数-浓度关联量的输运方程：

$$\frac{\partial}{\partial t}(\rho\overline{K'Y'}) + \frac{\partial}{\partial x_j}(\rho V_j\overline{K'Y'}) = \frac{\partial}{\partial x_j}\left(\frac{\mu_e}{\sigma_g}\frac{\partial \overline{K'Y'}}{\partial x_j}\right) + c_{g1}\mu_T\left(\frac{\partial \overline{K}}{\partial x_j}\right)\left(\frac{\partial \overline{Y}}{\partial x_j}\right)$$
$$-c_{g2}\rho\left(\frac{a}{\tau_A} + \frac{b}{\tau_T}\right)\overline{K'Y'}$$

（3.178）

对强剪切流动,可以忽略对流和扩散,认为产生等于耗散,并忽略化学反应的作用,得到代数二阶矩模型:

$$\overline{Y'_{fu} Y'_{ox}} = C_{YY} \frac{k^3}{\varepsilon^2} \frac{\partial \overline{Y_{fu}}}{\partial x_j} \frac{\partial \overline{Y_{ox}}}{\partial x_j} \tag{3.179}$$

$$\overline{K' Y'} = C_{KY} \frac{k^3}{\varepsilon^2} \frac{\partial \overline{K}}{\partial x_j} \frac{\partial \overline{Y}}{\partial x_j} \tag{3.180}$$

模型系数取值与使用平台以及算例相关,需要根据算例做一定的调整。k 为湍动能,ε 为耗散率。对反应率系数的时均值,仍然取双 δ 形 PDF,温度脉动关联也用代数方法得到:

$$\overline{K} = \frac{1}{2} \left\{ \exp\left[-\frac{E}{R(T + g_T^{\frac{1}{2}})} \right] + \exp\left[-\frac{E}{R(T - g_T^{\frac{1}{2}})} \right] \right\} \tag{3.181}$$

其中,$g_T = \overline{T'^2}$。

代数二阶矩模型的物理意义表示浓度-浓度关联、化学反应率系数-浓度关联正比于湍流尺度与时均量梯度的乘积,类似于湍流流动的混合长度模型,推测这种湍流燃烧模型比较适于剪切流动。对于复杂化学反应机理的情况,代数二阶矩模型只是增加显式的代数计算式,比起输运方程模型会提高模拟速度。

5. 湍流燃烧的 TPDF(输运概率密度函数)方法

在众多的湍流燃烧模型中,PDF 方法已成为能够反映速度和组分湍流脉动影响的一种具有广泛前景的方法[49]。它为方程的封闭提供了有效的解决方案,对湍流与化学反应之间相互作用的捕捉有着独特的优势[50]。湍流燃烧的 PDF 方法是一种处理湍流和化学反应相互作用的方法。标量 ϕ_α 的单点边缘概率密度函数 P_α 可以定义为

$$P_\alpha = \delta(\psi_\alpha - \phi_\alpha) \tag{3.182}$$

其中,ψ_α 为 ϕ_α 的样本空间,代表流场中网格点值的集合;δ 是狄拉克(Dirac)函数。对于变量 $\psi = [\psi_1, \psi_2, \cdots, \psi_{N_s}]$ 和 $\phi = [\phi_1, \phi_2, \cdots, \phi_{N_s}]$ 有下列关系:

$$\int_{-\infty}^{\infty} \delta(\psi) \mathrm{d}\psi = 1 \tag{3.183}$$

$$\int_{-\infty}^{\infty} f(\psi) \delta(\psi - \phi) \mathrm{d}\psi = f(\phi) \tag{3.184}$$

其中,$\delta(\psi - \phi) = \prod_{\alpha=1}^{N_s} \delta(\psi_\alpha - \phi_\alpha)$;$\mathrm{d}\psi = \prod_{\alpha=1}^{N_s} \mathrm{d}\psi_\alpha$。该式为狄拉克函数的筛选

性,该性质在推导随机场方程中会得到体现。

由于湍流反应流中涉及组分、焓值等众多标量,全部标量的联合 PDF 如下:

$$(\psi; x, t) = \prod_{\alpha=1}^{N_s} \delta[\psi_\alpha - \phi_\alpha(x, t)] \tag{3.185}$$

同样使用 Favre 滤波和上述滤波函数,可以得到滤波后的亚网格 PDF:

$$\tilde{P}_{\text{sgs}}(\psi; x, t) = \frac{1}{\bar{\rho}} \int_\Omega \rho G_\Delta \times \prod_{\alpha=1}^{N_s} \delta[\psi_\alpha - \phi_\alpha(x', t)] \, dx' \tag{3.186}$$

在 LES 中采用等扩散系数假设,用 $\tilde{P}_{\text{sgs}}$ 表示 Faver 滤波后 PDF 输运方程为[51]

$$\bar{\rho} \frac{\partial \tilde{P}_{\text{sgs}}(\psi)}{\partial t} + \bar{\rho} \tilde{u}_j \frac{\partial \tilde{P}_{\text{sgs}}(\psi)}{\partial x_j} + \sum_{\alpha=1}^{N_S} \frac{\partial}{\partial \psi_\alpha} [\bar{\rho} \dot{\omega}_\alpha(\psi) \tilde{P}_{\text{sgs}}(\psi)]$$
$$= -\frac{\partial}{\partial x_j} [\overline{\rho(\psi) F(\psi) u_j} - \bar{\rho} \tilde{u}_j \tilde{P}_{\text{sgs}}] - \sum_{\alpha=1}^{N_S} \frac{\partial}{\partial \psi_\alpha} \left[\overline{\frac{\mu}{\sigma} \frac{\partial \phi_\alpha}{\partial x_i \partial x_i} F(\psi)} \right] \tag{3.187}$$

其中,左侧依次为非定常项、对流项及化学源项,均为封闭形式。化学源项的封闭形式为完全封闭,不经过任何模化,这样可以加入几乎任何化学机理,对化学机理的刚性要求比其他输运性质的燃烧模型都小。

类似 Smagorinsky 模型中的处理方法,式(3.188)右侧第一项表示为

$$\overline{\rho(\psi) F(\psi) u_j} - \bar{\rho} \tilde{u}_j \tilde{P}_{\text{sgs}} = -\frac{\mu_{\text{sgs}}}{\sigma_{\text{sgs}}} \frac{\partial \tilde{P}_{\text{sgs}}}{\partial x_j} \tag{3.188}$$

式(3.188)中右侧第二项为一单点 PDF 条件扩散项,分解为扩散项和单点的小尺度混合项,有

$$-\sum_{\alpha=1}^{N_S} \frac{\partial}{\partial \psi_\alpha} \left[\overline{\frac{\partial}{\partial x_i} \frac{\mu}{\sigma} \frac{\partial \phi_\alpha}{\partial x_i} F(\psi)} \right]$$
$$= \frac{\partial}{\partial x_i} \left[\frac{\mu}{\sigma} \frac{\partial \tilde{P}_{\text{sgs}}(\psi)}{\partial x_i} \right] - \sum_{\alpha=1}^{N_S} \sum_{\beta=1}^{N_S} \frac{\partial^2}{\partial \psi_\alpha \partial \psi_\beta} \left[\frac{\mu}{\sigma} \left(\overline{\frac{\partial \phi_\alpha}{\partial x_i} \frac{\partial \phi_\beta}{\partial x_i}} \middle| \phi = \psi \right) \tilde{P}_{\text{sgs}}(\psi) \right] \tag{3.189}$$

式(3.190)中右侧第一项封闭,第二项常用的几种小尺度混合模型可以归为以 IEM 模型为基础的确定性模型,以 Curl 模型为基础的颗粒相互作用模型和以 EMST 模型为基础的欧几里得最小生成树模型[52]。目前没有任何关于小尺度混合项模型的优劣证明。这里由于随机场解法对于结果的光滑要求,选择 IEM 封闭,即为过滤尺度内的平均值混合:

$$-\sum_{\alpha=1}^{N_s}\sum_{\beta=1}^{N_s}\frac{\partial^2}{\partial\psi_\alpha\partial\psi_\beta}\left[\overline{\left(\frac{\mu}{\sigma}\frac{\partial\phi_\alpha}{\partial x_i}\frac{\partial\phi_\beta}{\partial x_i}\bigg|\Phi=\psi\right)}\tilde{P}_{sgs}(\psi)\right]\tag{3.190}$$

$$=-\frac{\bar{\rho}}{2\tau_{sgs}}\sum_{\alpha=1}^{N_s}\frac{\partial}{\partial\psi_\alpha}\{[\psi_\alpha-\tilde{\phi}_\alpha(x,t)]\tilde{P}_{sgs}(\psi)\}$$

其中,亚网格混合时间尺度 $\dfrac{1}{\tau_{sgs}}=C_D\dfrac{\mu+\mu_{sgs}}{\bar{\rho}\Delta^2}$,$C_D$ 为混合常数,一般取 2.0。

所有项封闭完成后,PDF 输运方程为

$$\bar{\rho}\frac{\partial\tilde{P}_{sgs}(\psi)}{\partial t}+\bar{\rho}\tilde{u}_j\frac{\partial\tilde{P}_{sgs}(\psi)}{\partial x_j}+\sum_{\alpha=1}^{N_s}\frac{\partial}{\partial\psi_\alpha}[\bar{\rho}\dot{\omega}_\alpha(\psi)\tilde{P}_{sgs}(\psi)]$$

$$=\frac{\partial}{\partial x_j}\left[\left(\frac{\mu}{\sigma}+\frac{\mu_{sgs}}{\sigma_{sgs}}\right)\frac{\partial\tilde{P}_{sgs}}{\partial x_j}\right]-\frac{\bar{\rho}}{2\tau_{sgs}}\sum_{\alpha=1}^{N_s}\frac{\partial}{\partial\psi_\alpha}\{[\psi_\alpha-\tilde{\phi}_\alpha(x,t)]\tilde{P}_{sgs}(\psi)\}$$

(3.191)

TPDF 的求解方法比较复杂,主要有蒙特卡罗(Monte Carlo)[53]和随机场[54]两种方法,都有应用。

3.4.3　工程适用性分析

快速化学反应模型的优点在于求解计算量较少,运算速度快,可用于航空发动机稳态燃烧性能计算的定性分析中,可实现快速多轮次迭代设计。但由于其考虑的影响因素较少,假设条件较多,不适用于点火和熄火等瞬态燃烧过程的模拟,也不适用于仿真精度要求较高的稳态燃烧计算。

SLFM 模型使用简单,并且计算资源占用少,对于某些非预混燃烧可以得到较为满意的模拟结果。然而 SLFM 假设标量耗散率的变化足够慢使得火焰面处于稳态,从而忽略时间相关项的影响,因此不能精确模拟 NO_x 排放等慢反应过程,并且无法预测火焰的抬举,而这在许多的燃烧设备中是一种典型的特征,如航空发动机和燃气轮机燃烧室。在抬举高度模拟上的失效引起流场模拟的偏差,进一步导致 NO 预测的不准确,因为 NO 的生成是一个非平衡过程。为克服这个问题,需要采用考虑非稳态效应的非稳态火焰面模型,从实际应用来看,由于需要将 CFD 计算和火焰面的求解交互进行并进行非定常计算,因此非稳态火焰面模型的计算量相比稳态火焰面模型仍是非常大的。SLFM 和 FPV 模型的层流火焰面数据的生成方法相同,但为满足热力化学参数与控制变量之间的函数关系,FPV 模型采用反应进度变量代替 SLFM 模型中的标量耗散率作为控制变量。FPV 模型很好地考虑了局部熄火和再点火,以及火焰的抬举等现象。FGM 模型,在考虑化学动力学的同时,也引入重要的输运过程,反映输运过程对化学反应过程的影响,模型在火焰抬举高度的预测上具有较高的精度。

二阶矩湍流燃烧模型能够和简单化学反应机理结合,已在 AESim – CB 燃烧模块中实现。TPDF 方法专业性比较强,计算量偏大,目前工程计算应用较少。

3.5 污染物仿真

为了满足日益严格的排放标准要求,降低氮氧化物(NO$_x$)等污染物排放已经成为推动发动机技术发展的重要因素之一。现阶段,燃气轮机和民用航空发动机普遍采用完全预混或局部预混燃烧,通过控制火焰温度有效降低氮氧化物的排放。氮氧化物等污染物的高效准确预测是当前低排放燃烧室设计和性能优化的瓶颈难题之一。目前基于包含污染物详细生成机理的三维数值仿真或后处理的计算方法存在计算量大或算不准等难点,亟须深入理解预混燃烧中氮氧化物等污染物生成特性及混合和化学反应相互作用对其生成影响机制,并建立高效预测模型。

3.5.1 基本理论介绍

氮氧化物等污染物的生成过程与氧原子、羟基等中间组分密切相关。因此,使用详细反应动力学机理是准确预测 NO$_x$ 等排放的必要条件。然而,直接求解详细反应动力学机理涉及全部组分的输运方程,由于组分众多、反应时间尺度跨度大等特点,计算量大。当前基于污染物生成特征建表的污染物模型极具潜力,较好地解决了计算量和仿真精度的矛盾。在污染物生成特征建表过程中可以使用详细反应动力学机理,而在实际的 CFD 求解过程中,只需求解少量单一污染物的控制方程。此类方法的核心在于将详细反应动力学计算与 CFD 求解过程解耦,从而显著降低时间成本。

在发动机工况下,湍流(局部)预混燃烧处于皱褶火焰面或薄反应区,连续的火焰面结构仍然是存在的,火焰面局部仍然存在层流火焰特性,局部火焰特征可以视为一维自由传播层流火焰。可依据一维传播层流预混火焰开展污染物的生成特性建表。

已有研究[55]对碳氢燃料如甲烷、正十二烷等的一维自由传播层流预混火焰中 NO$_x$ 的生成特性进行了分析。如图 3.18 所示,预混燃烧

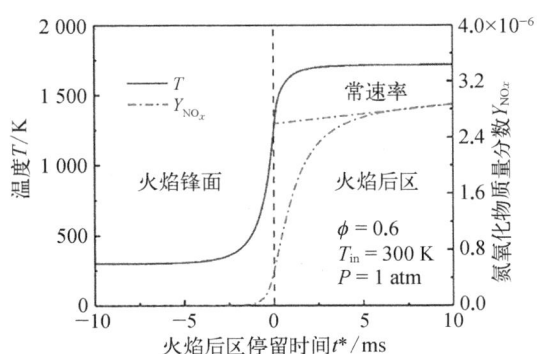

图 3.18 甲烷/空气一维自由传播层流预混火焰中温度及氮氧化物随停留时间的分布

1 atm = 1.013 25×10^5 Pa。

氮氧化物生成可解耦成火焰锋面和火焰后区两部分,并且火焰后区氮氧化物表现出常速率增长的特性。贫预混火焰中氮氧化物的生成可以表示为

$$Y_{NO_x} = Y_{NO_x}^{ff} + \omega_{NO_x}^{pf} t^* \qquad (3.192)$$

其中,上标 ff 表示火焰锋面,pf 表示火焰后区,$\omega_{NO_x}^{pf}$ 表示火焰后区的氮氧化物生成速率,火焰后区停留时间 t^* 可通过用当地速度归一化距离来获得,即

$$t^*(x) \equiv \int_{x_0}^{x} \frac{1}{u(x)} dx \qquad (3.193)$$

其中,x_0 为火焰锋面与火焰后区的分界线;$u(x)$ 为当地速度。已有研究[56]对不同压力、当量比、未燃混合物温度情况下火焰后区 NO_x 生成特性进行了线性拟合,拟合曲线和一维计算吻合良好。因此可通过一维预混火焰计算得到火焰锋面 NO_x 质量分数 $Y_{NO_x}^{ff}$、火焰后区 NO_x 生成速率 $\omega_{NO_x}^{ff}$ 作为压力 P、当量比 ϕ 及未燃混合物温度 T_{in} 的函数,构建湍流预混火焰中 NO_x 生成源项。

贫燃料预混燃烧过程中一氧化碳(CO)主要由以下两种机制控制:① 火焰锋面中燃料氧化生成 CO;② 火焰后区 CO 氧化和 CO_2 分解还原。图 3.19 给出当量比 0.6,未燃物温度 650 K,压力为 15 atm 下温度 T 和 CO 质量分数 Y_{CO} 随位置变化的分布情况。如图 3.19(a)所示,在火焰锋面处,由于燃料氧化 CO 浓度迅速升高,达到峰值后因为 CO 消耗速率大于生成速率浓度开始下降,最终在火焰后的高温区 CO 氧化和 CO_2 分解保持平衡,使 Y_{CO} 达到平衡状态。图 3.19(b)则展示了 CO 的质量分数随时间的变化情况,其中选取火焰区中 CO 质量分数的最大值处为 $t = 0$。

(a) 温度与CO质量分数变化情况

(b) CO质量分数随停留时间变化情况

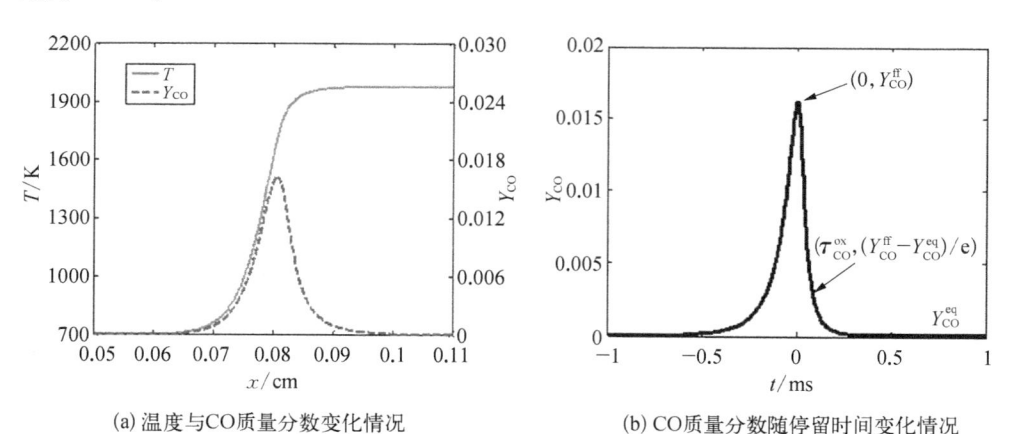

图 3.19 一维甲烷-空气预混火焰中温度、CO 质量分数随停留时间变化情况
$P = 15$ atm, $\phi = 0.6$, $T_{in} = 700$ K

预混火焰中 CO 生成过程可由三个参数表征：火焰锋面 CO 质量分数 Y_{CO}^{ff}、平衡状态 CO 质量分数 Y_{CO}^{eq} 以及 CO 氧化特征时间尺度 τ_{CO}^{ox}。其中，Y_{CO}^{ff} 为火焰区中 CO 质量分数的最大值；Y_{CO}^{eq} 是达到平衡后 CO 的质量分数，可通过平衡计算得到。假设火焰后区域中 CO 浓度呈指数下降，为得到指数因子，在 Y_{CO} 曲线上取 $t > 0$ 范围内 $Y_{CO} = Y_{CO}^{eq} + (Y_{CO}^{ff} - Y_{CO}^{eq})/e$ 的一个点，并标记这一时刻为 τ_{CO}^{ox}，如图 3.19(b)所示。τ_{CO}^{ox} 即 CO 质量分数从 Y_{CO}^{ff} 降至 $Y_{CO}^{eq} + (Y_{CO}^{ff} - Y_{CO}^{eq})/e$ 所需要的时间，e 为自然对数的底。因此，在火焰后区域 Y_{CO} 可表示为

$$Y_{CO}(t) = Y_{CO}^{eq} + (Y_{CO}^{ff} - Y_{CO}^{eq}) \exp\left(-\frac{t}{\tau_{CO}^{ox}}\right), \ t \geq 0 \quad (3.194)$$

已有研究[55,56]对不同压力、当量比、未燃混合物温度情况下对 CO 质量分数变化规律进行了指数拟合，拟合曲线和一维计算吻合良好。因此可通过一维预混火焰计算得到火焰锋面 CO 质量分数 Y_{CO}^{ff}，平衡状态 CO 质量分数 Y_{CO}^{eq} 和 CO 氧化特征时间尺度 τ_{CO}^{ox} 作为压力 P、当量比 ϕ 及未燃混合物温度 T_{in} 的函数，构建湍流预混火焰中 CO 生成源项。

3.5.2 仿真模型介绍

在基于污染物生成特征建表的 NO_x 和 CO 模型中，首先基于（预蒸发）预混合燃料/空气层流火焰中 NO_x 和 CO 生成特性，源项预先建表，其中包含当量比或混合分数 mf、火焰锋面 NO_x 质量分数 $Y_{NO_x}^{ff}$、火焰后区 NO_x 生成速率 $\omega_{NO_x}^{ff}$、火焰锋面 CO 数值 Y_{CO}^{ff}、平衡时 CO 质量分数 Y_{CO}^{eq} 和 CO 氧化时间 τ_{CO}^{ox} 等信息。

在燃烧室三维数值仿真中，采用雷诺平均（RANS）或大涡模拟（LES）湍流模型预测流动信息；某一燃烧模型如涡破碎（EBU）、有限速率/涡耗散（FR/ED）、小火焰类模型（flamelet model）、加厚火焰模型等来预测火焰特性；同时求解单一污染物 NO_x 和 CO 的输运方程，其源项根据当地的混合分数、火焰位置查表得到。具体来说在三维数值仿真中，求解如下单一 NO_x 组分的输运方程：

$$\bar{\rho}\frac{\partial \tilde{Y}_{NO_x}}{\partial t} + \bar{\rho}\tilde{V} \cdot \nabla \tilde{Y}_{NO_x} = \nabla \cdot (\bar{\rho} D_{eff} \nabla \tilde{Y}_{NO_x}) + \bar{\rho}\tilde{\omega}_{NO_x} \quad (3.195)$$

其中，$\bar{\rho}$ 为混合物平均密度；$\tilde{V}$ 是求解的平均速度；$\tilde{\omega}_{NO_x}$ 代表化学反应源项；D_{eff} 是考虑了分子和湍流作用的有效扩散系数。化学源项 $\tilde{\omega}_{NO_x}$ 分解为火焰锋面 NO_x 源项 $\tilde{\omega}_{NO_x}^{ff}$ 和火焰后区 NO_x 源项 $\tilde{\omega}_{NO_x}^{pf}$，其中火焰锋面 NO_x 源项 $\tilde{\omega}_{NO_x}^{ff}$ 和当地燃料消耗率 $\tilde{\omega}_{fuel}$ 成正比，即

$$\bar{\rho}\tilde{\omega}_{NO_x} = -\bar{\rho}\frac{\tilde{\omega}_{fuel}}{Y_{fuel}^0}Y_{NO_x}^{ff} + \bar{\rho}\omega_{NO_x}^{pf} \qquad (3.196)$$

其中，Y_{fuel}^0 为未燃预混气中燃料的质量分数，第二项只在火焰后区域才有。

如需预测 CO，在三维数值仿真中求解如下单一 CO 输运方程：

$$\bar{\rho}\frac{\partial \tilde{Y}_{CO}}{\partial t} + \bar{\rho}\tilde{V}\cdot\nabla\tilde{Y}_{CO} = \nabla\cdot(\bar{\rho}D_{eff}\nabla\tilde{Y}_{CO}) + \bar{\rho}\tilde{\omega}_{CO} \qquad (3.197)$$

其中，$\tilde{\omega}_{CO}$ 为化学反应源项，可分解为火焰锋面 CO 源项 $\tilde{\omega}_{CO}^{ff}$ 和火焰后 CO 源项 $\tilde{\omega}_{CO}^{pf}$。火焰锋面 CO 源项 $\tilde{\omega}_{CO}^{ff}$ 和当地燃料消耗率 $\tilde{\omega}_{fuel}$ 成正比，可表示为

$$\tilde{\omega}_{CO}^{ff} = -\frac{\tilde{\omega}_{fuel}}{Y_{fuel}^0}Y_{CO}^{ff} \qquad (3.198)$$

其中，Y_{fuel}^0 为未燃预混气中燃料的质量分数。火焰后 CO 源项可对指数衰减特性求导得到，即

$$\tilde{\omega}_{CO}^{pf} = -\frac{Y_{CO}^{ff} - Y_{CO}^{eq}}{\tau_{CO}^{ox}}\exp\left(-\frac{t}{\tau_{CO}^{ox}}\right) \qquad (3.199)$$

综上，绝热湍流预混火焰中 CO 的化学反应源项 $\tilde{\omega}_{CO}$ 可表示为

$$\tilde{\omega}_{CO} = -\frac{\tilde{\omega}_{fuel}}{Y_{fuel}^0}Y_{CO}^{ff} - \frac{Y_{CO}^{ff} - Y_{CO}^{eq}}{\tau_{CO}^{ox}}\exp\left(-\frac{t}{\tau_{CO}^{ox}}\right) \qquad (3.200)$$

其中，右边的第 1、2 项分别代表火焰面和火焰后的 CO 源项，其中第 2 项只在火焰后区域才有。上述 NO_x 和 CO 模型，在模拟过程中，瞬时的火焰位置可根据当地的碳的转化率来确定，具体来说，火焰锋面和后火焰区之间的边界可根据当地混合物中指定的百分比碳（如 95%）全部转化为二氧化碳的位置。

图 3.20 和图 3.21 展示了基于污染物生成特征建表的污染物模型对甲烷 DOE-HAT（department of energy-humid air turbine）燃烧室较宽当量比范围内的 NO_x 和 CO 生成的数值预测。DOE-HAT 燃烧器是燃机的一个标准燃烧器，国外研究人员就 DOE-HAT 燃烧器进行过试验与一定的数值模拟，拥有可供参照的试验结果。在三维 CFD 计算中，结合甲烷的两步机理，采用 Realizable $k-\varepsilon$ 湍流模型和 FR/ED 燃烧模型来预测流动与火焰特性。模拟结果表明，在较宽的当量比范围中，污染物预测模型对 NO_x 和 CO 的预测结果与试验值符合较好。在燃料与氧化剂完全预混来流条件下，NO_x 预测值比之试验值略偏低。考虑包含预混段的部分预混 DOE-HAT 算例结果表明，考虑混合不均匀性可以提升预测精度。同时，

氮氧化物 NO_x 和一氧化碳 CO 预测精度显著优于商用软件中基于后处理的 NO_x 预测和基于甲烷两步机理的 CO 预测。相比于基于包含 NO_x 生成详细机理的三维数值仿真,求解的组分输运方程数量大幅降低,计算量可以节省一个数量级以上。

(a) DOE-HAT 燃烧器几何图示(单位:m)

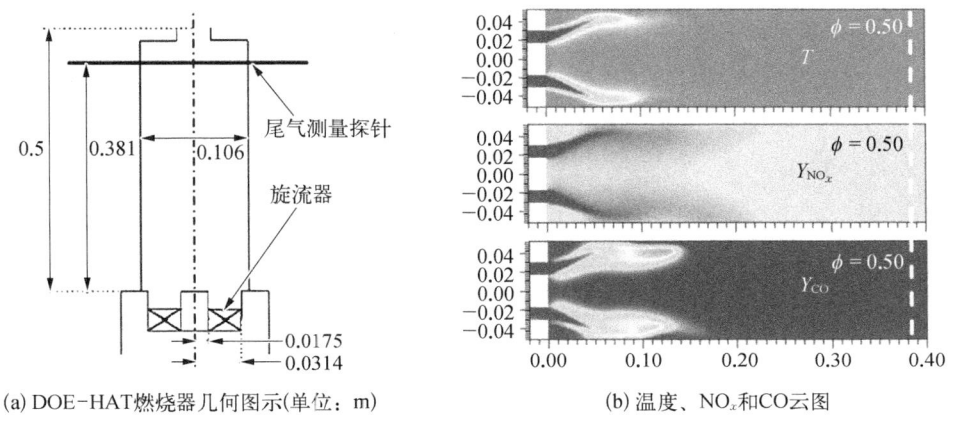

(b) 温度、NO_x 和 CO 云图

图 3.20 DOE-HAT 燃烧器及仿真结果云图

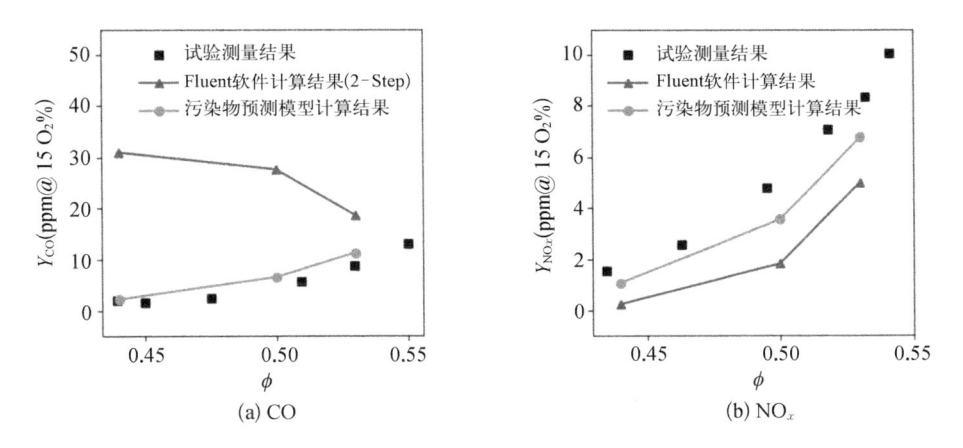

(a) CO

(b) NO_x

图 3.21 燃烧器出口 CO 和 NO_x 排放随当量比的变化

3.5.3 工程适用性分析

上述 NO_x 和 CO 模型可通过 UDF 与商用软件相结合或以独立模块集成入自主软件。基于层流预混火焰污染物生成特征建表的 NO_x 和 CO 模型能应用于各类航空发动机和燃气轮机低排放燃烧室 NO_x 和 CO 的预测,理论上来说不适用于非预混燃烧为主的各类燃烧器污染物预测。为进一步提升预测精度,后期可根据需求修正湍流混合、火焰拉伸、壁面散热和火焰淬熄等对 NO_x 和 CO 生成源项的影响[57]。

3.6 应用案例

3.6.1 三级旋流燃烧室

1. 算例描述

图 3.22 为三级旋流模型燃烧室几何构形。从图 3.22(a)可以看出,预燃级分为两级径向旋流,主燃级为轴向旋流分布。模型燃烧室整体构形如图 3.22(b)所示,气流从圆形入口进入,经过三级旋流器,进入燃烧室内。气流质量流量 0.441 kg/s,圆形入口直径 110 mm,入口湍流强度 5%,入口温度 863 K。在旋流器中央位置喷入液相燃油,燃油流量 $1.15×10^{-2}$ kg/s,环境压力 5.5 bar*。

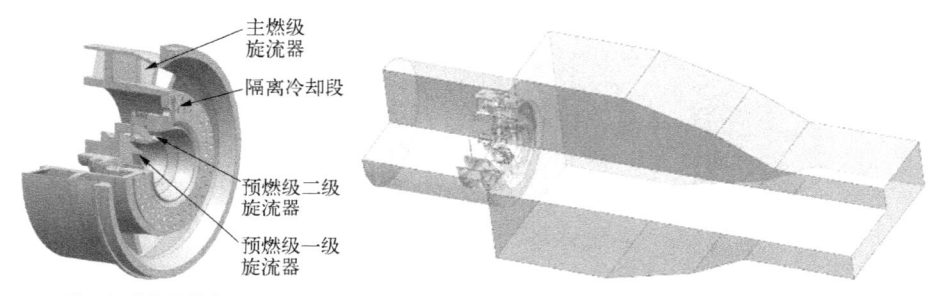

(a) 三级旋流器结构   (b) 模型燃烧室整体构形

图 3.22 模型燃烧室几何构形

2. 仿真参数设置

图 3.23 为模型燃烧室网格模型,该模型由 AESim 燃烧模块通过界面操作,调用前处理绘制完成。网格采用四面体非结构化网格,网格量约为 32 万个,在旋流器预燃级附近进行了局部加密,使得网格保留局部小尺度结构特征。AESim 燃烧

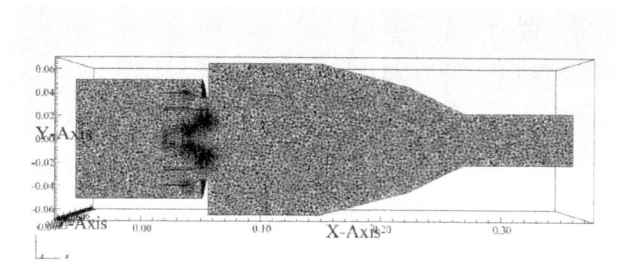

(a) 总体网格分布   (b) 局部网格加密

图 3.23 网格模型

---

* 1 bar = 10^5 Pa = 1 dN/mm^2。

模块采用稳态计算,SIMPLE 算法,梯度重构采用扩展最小二乘方法,湍流模型方程采用中心差分格式,其他标量输运方程离散格式采用二阶迎风格式。湍流模型选用 $k-\varepsilon$ 模型,燃烧模型为 FGM 模型。初始化混合分数为 0,过程变量为 1,表示初始状态全场分布新鲜空气,但全场进行点火,一旦出现燃油蒸气即会发生燃烧反应。

3. 结果分析

图 3.24 为计算收敛后模型燃烧室速度场分布云图。从图中可以看出,气流通过三级旋流器时,由于流通面积变窄,流速增加,在燃烧室内形成旋流流动,并在旋流器下游形成低速回流区域,此区域为发生稳定火焰燃烧过程提供了良好的气流条件。

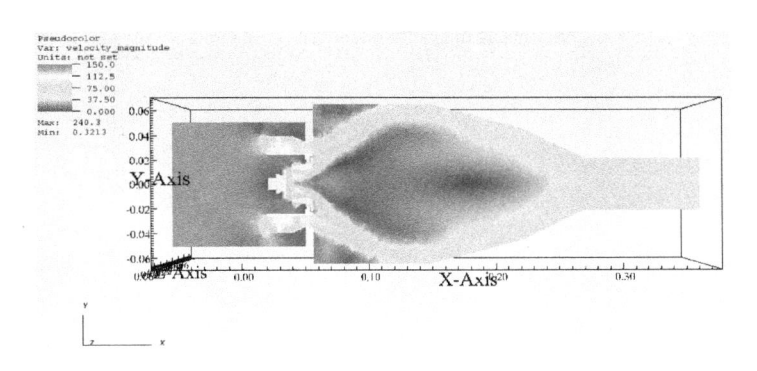

图 3.24 速度场分布

图 3.25 为计算收敛后模型燃烧室湍动能场分布云图。从图中可以看出,由于燃油喷射作用,在喷射点附近形成了较高湍动能分布的现象,之后在锥状喷雾的剪切层附近出现较高的湍动能区域,而中心回流低速区湍动能较小。在燃烧室出口附近,突变缩小燃烧室出口,湍动能分布略有增加,符合实际湍动能发展规律。

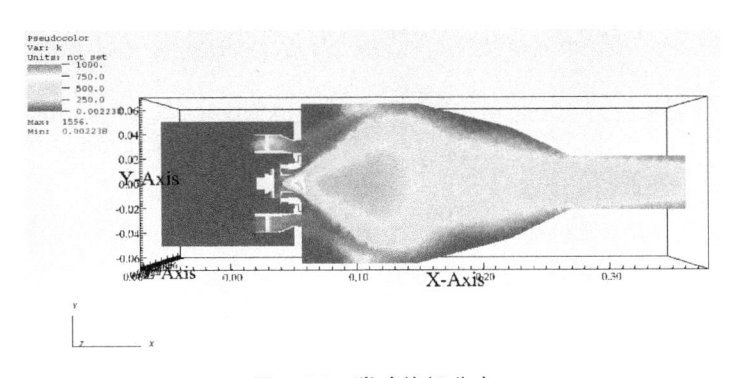

图 3.25 湍动能场分布

图 3.26 为计算收敛后模型燃烧室粒子与流场温度分布图。从图中可以看出,燃油粒子从喷孔喷出,被周围空气加热,温度逐渐升高,最终在喷射进入主燃区一

定距离后完全蒸发。蒸发过程吸收周围气体热量,使得周围局部气体温度较低。随后,蒸发的燃油蒸气与空气混合在主燃区形成稳定的燃烧高温区域。之后随着主燃级空气的混合,在出口附近形成 1 700 K 左右的均匀温度分布。

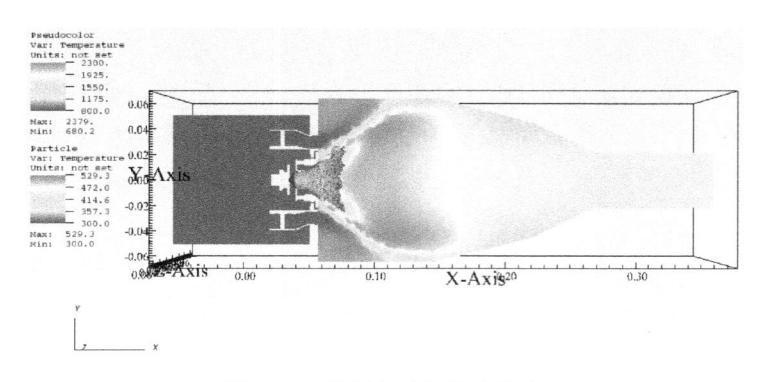

图 3.26　粒子与流场温度分布

图 3.27 为计算收敛后模型燃烧室燃油蒸气浓度场分布云图。从图中可以看出,燃油蒸气在旋流的作用下形成锥状分布。与典型算例燃油蒸气分布不同,由于存在回流燃烧稳定区域,燃油蒸气进入主燃烧室后很快被燃烧反应消耗。

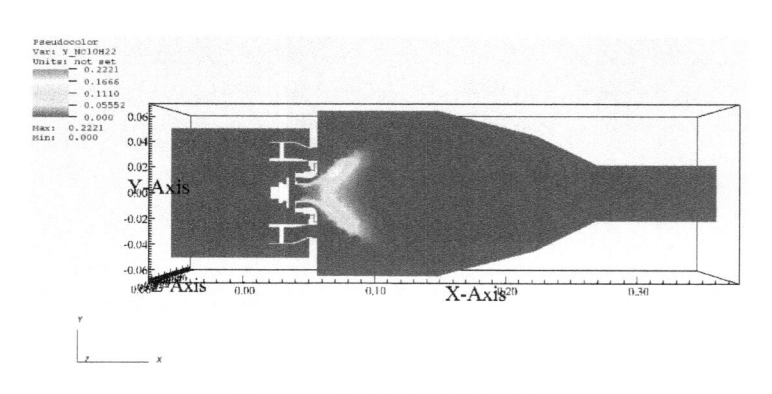

图 3.27　燃油蒸气浓度场分布

图 3.28 为计算收敛后模型燃烧室中间产物 CO 浓度场分布云图。CO 作为燃烧中间产物,在 1 800 K 以下会大量产生,而温度超过 1 800 K 时,会迅速被氧化成 CO_2。从图中可以看出,在蒸发初期,由于温度较低,首先生成大量 CO 气体,随旋流作用形成锥状分布。随着燃烧作用的增强,温度升高,CO 气体被大量氧化,在燃烧室下游已消耗完。

图 3.29 为计算收敛后模型燃烧室羟基 OH 浓度场分布云图。羟基 OH 表征剧烈的燃烧反应过程。结合图 3.28 可以看出,在 CO 形成的下游附近,产生了较多的

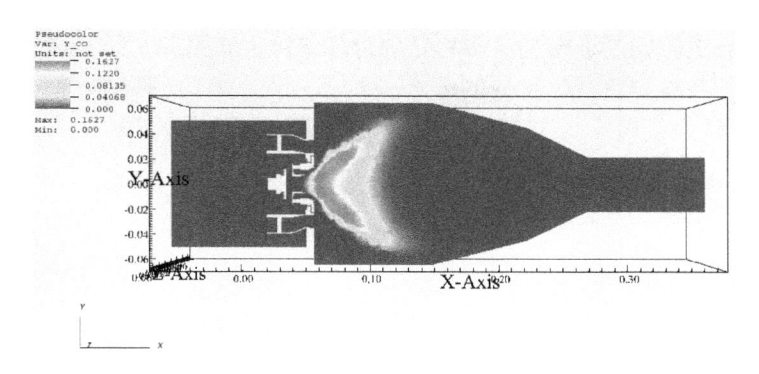

图 3.28 中间产物 CO 浓度场分布

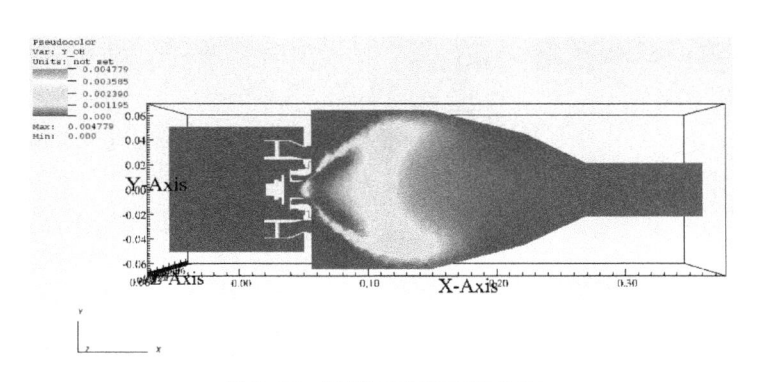

图 3.29 羟基 OH 浓度场分布

OH 分布,说明产生了较为剧烈的燃烧反应,这也与 CO 迅速消失的现象吻合。

图 3.30 为计算收敛后模型燃烧室完全反应产物 CO_2 浓度场分布云图。从图中可以看出,结合图 3.28、图 3.29 所示内容,CO_2 分布较浓的区域与 OH 分布区域一致,说明剧烈的燃烧反应将 CO 氧化,生成了大量 CO_2,但随着主燃级新鲜空气的加入,在燃烧室出口附近 CO_2 浓度有所下降。

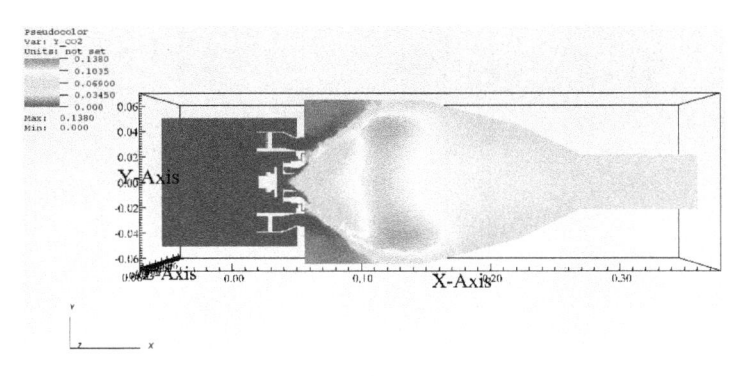

图 3.30 完全反应产物 CO_2 浓度场分布

通过对三级旋流模型燃烧室两相燃烧计算结果分析可知,从气流流动、喷雾形状、温度分布、各种燃烧反应组分的浓度分布等方面来看,计算结果符合燃烧过程的一般规律,较为合理。

3.6.2 某型民用主燃烧室

1. 算例描述

图 3.31 为某型民用主燃烧室几何构形。从图中可以看出,构型包含供油管、点火器、冷却孔、二级旋流器等部件或特征。二级旋流器的一级旋流采用斜切孔形式,二级旋流采用径向旋流形式。气流从左端扩压器入口进入,气流一部分经过二级旋流器,进入燃烧室内,另一部分从二股流通道,经主燃孔、掺混孔或冷却孔进入燃烧室内。气流质量流量 0.441 kg/s,入口湍流强度 0%,入口温度 863 K。在旋流器中央位置喷入液相燃油,燃油流量 1.15×10^{-2} kg/s,环境压力 5.5 bar。

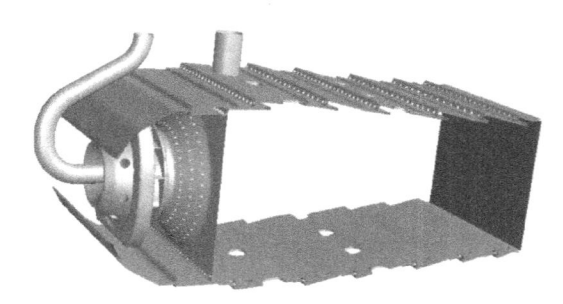

图 3.31 某型民用主燃烧室几何构形

2. 仿真参数设置

图 3.32 为某型民用主燃烧室网格模型。从图 3.32(a)可以看出,在扩压器前端网格尺度较大,到燃烧室区域网格尺度变小,在旋流器和冷却孔处网格尺度更小。从图 3.32(b)可以看出,在旋流器附近网格进行了局部加密处理,保证了小尺寸区域的网格计算精度。网格量约为 233 万个。AESim 燃烧模块采用稳态计算,SIMPLE 算法,梯度重构采用扩展最小二乘方法,湍流模型方程采用中心差分格式,其他标量输运方程离散格式采用二阶迎风格式。湍流模型选用 k-ε 模型,燃烧模型为 FGM 模型。初始化采用与模型燃烧室相同的设置,即混合分数为 0,过程变量

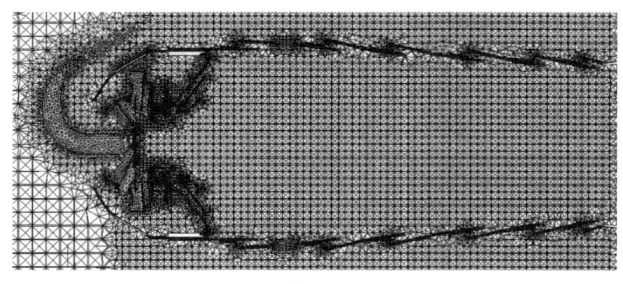

(a) 总体网格分布 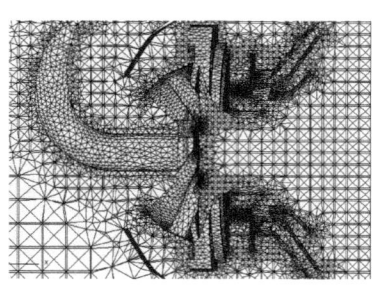　　　　　　　　　(b) 局部网格加密

图 3.32 某型民用主燃烧室网格模型

为1,表示初始状态全场分布新鲜空气,但全场进行点火,一旦出现燃油蒸气即会发生燃烧反应。

3. 结果分析比较

图 3.33 为计算稳定后燃油粒子温度与流场温度分布图。从图中可以看出,燃油粒子锥状喷出,并撞击拉法尔管壁,在旋流流动作用下沿壁面流入主燃烧室内。燃油油滴温度随喷射距离的增加逐渐升高,直至蒸发消失。由于蒸发原因,在油滴周围形成局部低温区域。燃烧室内形成稳定的高温区域,高温区域被主燃孔气流隔断,并随着掺混孔气流的流入,温度逐渐降低,在燃烧室出口形成约 1 700 K 的较为均匀的温度场分布。

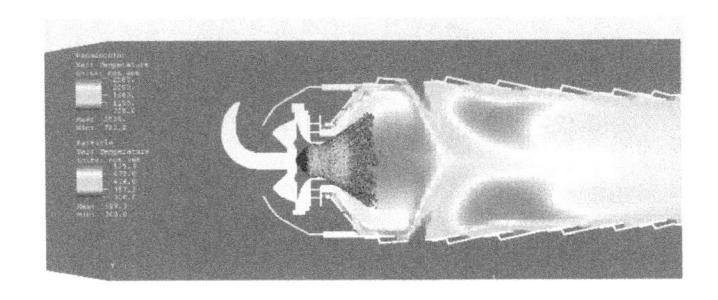

图 3.33 粒子温度与流场温度分布

图 3.34 为计算稳定后 AESim 燃烧模块速度场。从图中可以看出,AESim 燃烧模块速度场在主燃孔形成了高速射流,在旋流器出口附件形成稳定的具有一定锥角的旋流流动,燃烧室内速度场分布合理,计算结果稳定可收敛。

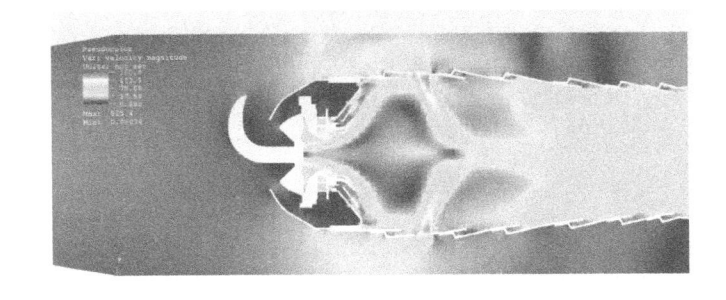

图 3.34 速度场分布

图 3.35 为计算稳定后 AESim 燃烧模块流场温度分布。从图中可以看出,AESim 燃烧模块温度场分布在燃烧室内形成了较为明显的三个高温区域。燃烧室出口均形成了较为均匀的温度分布,且大小为 1 700 K 左右。

图 3.35 中黑色方框区域为试验采集温度区域。仿真结果与试验数据对比如

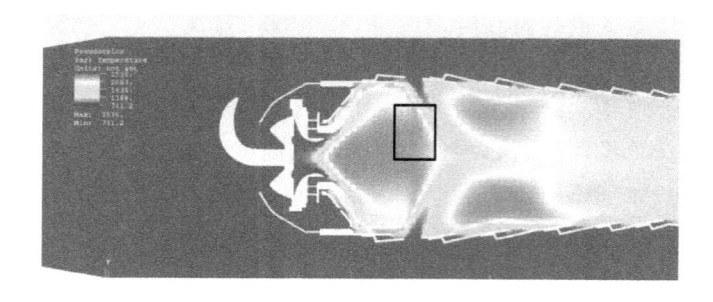

图 3.35 流场温度分布

表 3.1 所示。从表中可以看出,试验测点为 11 个,位置坐标为 x 列、y 列和 z 列。AESim 燃烧模块计算精度最大误差为 18.3%。

通过采用 AESim 燃烧模块对某型民用主燃烧室进行数值模拟,速度场、温度场、粒子场分布均较为合理。其内部温度分布与试验数据比较,计算误差最大为 18.3%,可达到较高的精度水平。

表 3.1 AESim 燃烧模块仿真结果与试验数据对比

测 点	位置坐标 x	位置坐标 y	位置坐标 z	误 差
1	0.064	0.03	0	16.3%
2	0.063	0.02	0	7.4%
3	0.064	0.02	0	9.5%
4	0.063	0.01	0	8.9%
5	0.064	0.01	0	7.6%
6	0.073	0.01	0	18.3%
7	0.074	0.01	0	15.9%
8	0.063	0	0	3.6%
9	0.064	0	0	1.2%
10	0.073	−0.005	0	4.0%
11	0.074	−0.005	0	3.3%

3.6.3 某型双旋流燃烧室

1. 算例描述

某双旋流燃烧室为全环形结构,具有 18 个头部并沿周向均匀分布,由于对全环燃烧室的所需网格数目与计算量过大,且各头部结构相同,流场结构相似,故为节省计算时间,简化计算,取 1/18 圆周的扇形区域作为计算域。图 3.36 为单头部燃烧室几何结构图,其中包括一级压气机出口整流叶片,喷油杆,一级、二级旋流器,文氏管,火焰筒,冷却气膜孔,主燃孔,掺混孔,外机匣等主要部件。

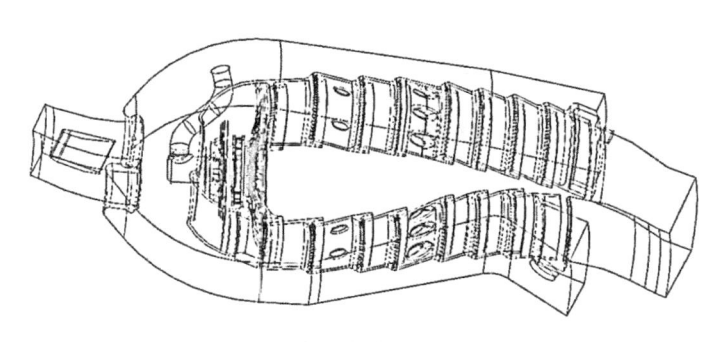

图 3.36 主燃烧室几何结构简图

图 3.37 为燃烧室掺混孔截面(中心截面)剖面图,航空发动机内空气经过压气机压缩减速增压后,进入燃烧室扩压器减速扩压,压缩后的空气分为三股,分别进入旋流器和燃烧室内外环腔。进入旋流器的空气使燃油在旋流通道内破碎雾化,形成油雾在火焰筒内蒸发燃烧;进入内外环腔的空气大部分通过主燃孔和掺混孔进入火焰筒内部,参与火焰筒主燃区的化学反应并调节火焰筒内流场结构与温度分布,另一部分通过冷却气膜孔在火焰筒内壁形成气膜,对火焰筒进行冷却降温。最后已燃混合气从燃烧室出口排出。燃烧室试验测试耙位于模型出口前,距离燃烧室进口 $x \approx 268$ mm 处。计算所用燃烧室模型总长为 324.5 mm,轴向方向为 X 轴方向,进口截面在 $Y-Z$ 平面,即 $x = 0$ mm 处;出口截面为 $x = 324.5$ mm。

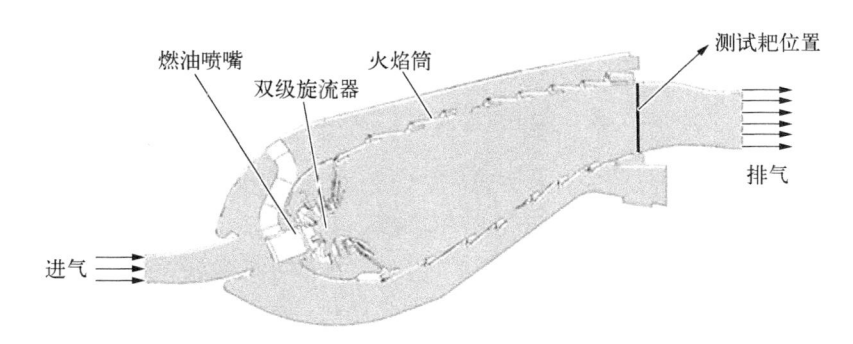

图 3.37 主燃烧室掺混孔截面剖面图

2. 仿真参数设置

燃烧室的结构复杂性在于其含有复杂的曲面造型以及数量众多的掺混孔、主燃孔、冷却气膜孔等结构。冷却气膜孔尺度一般在 1 mm 以下,因此需要更小的网格刻画,而其他区域若都采用此处网格尺度,会导致网格过多,因此对小孔进行局部加密。另外,旋流器是影响燃烧室头部流场的重要结构,对旋流器部分流场结构的准确模拟会影响整个燃烧场的结构,因此需要对旋流器进行局部加密,保证流动模拟的准确性。

采用非结构网格，将燃烧室根据网格尺度分成不同的部分，对主燃孔、掺混孔、冷却气膜孔等微小结构以及旋流器等流动复杂区域进行局部加密。图3.38为燃烧室网格划分，图3.39为计算模型局部加密网格。

图3.38 燃烧室网格划分（377万个）

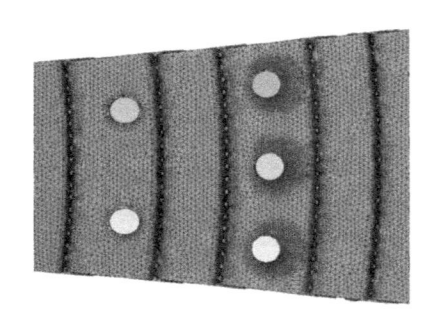

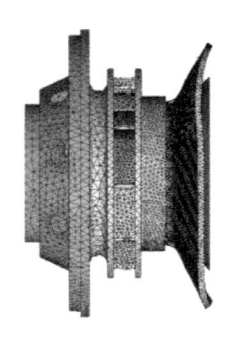

图3.39 计算模型局部加密网格

分别划分了250万个、325万个和377万个网格，使用AESim燃烧模块对三种网格进行了计算，结果发现使用250万个网格所得结果与试验结果差异较大，使用325万个网格和377万个网格计算所得出口截面平均温度误差分别为2.28%和1.81%，为保证计算精度，最终选择了377万个网格，能够满足网格无关性要求。

发动机在设计点工况工作时，能够发挥其最佳性能，因此，选取此燃烧室设计点工况作为模拟条件，此时，总油气比为$f=0.015\,3$。具体进出口及燃油喷射边界条件设置如下所示。

入口边界条件：使用质量入口边界条件，空气流量$\dot{m}=0.508\,8\text{ kg/s}$，进口压力$p=900.8\text{ kPa}$，进口温度$T=703.3\text{ K}$，燃油流量为7.766 g/s。

出口边界条件：出口使用自由流（outflow）边界条件。

壁面边界条件：燃烧室火焰筒及机匣壁面采用绝热无滑移壁面边界。两侧采用对称边界条件进行简化处理。

燃油喷射：燃烧室为双油路离心喷嘴，主副级喷口以喷嘴出口中心为圆心，主喷嘴喷雾锥角设计值为 120°,副喷嘴喷雾锥角设计值为 70°,燃油近似为 R-R 分布。在设计点工况下,主油路燃油雾化角度为 113.5°,SMD 值为 39.3 μm,油雾速度为 13.4 m/s;副油路燃油雾化角度为 67.1°,SMD 值为 25.3 μm,油雾速度为 20.9 m/s。使用 LISA 模型和 KH-RT 模型计算燃油的雾化过程,使得燃油液滴 SMD 值和速度值接近实验测量值。同时,使用二维多因素蒸发模型和二阶矩燃烧模型进行蒸发和燃烧过程计算。

3. 结果分析

图 3.40 为 AESim 燃烧模块仿真燃烧室掺混孔截面流场速度结果。从图中可以看出,流场速度最大值均位于进口、掺混孔区域即旋流器区域,符合实际物理场景;气流从旋流器流出后贴着燃烧室帽罩流出,并在中心区域形成较大的低速回流区,便于燃烧室内的稳定燃烧过程;掺混孔气流流入燃烧室区域后,与上游高温燃气发生掺混并在上游气流推动下流向燃烧室出口。

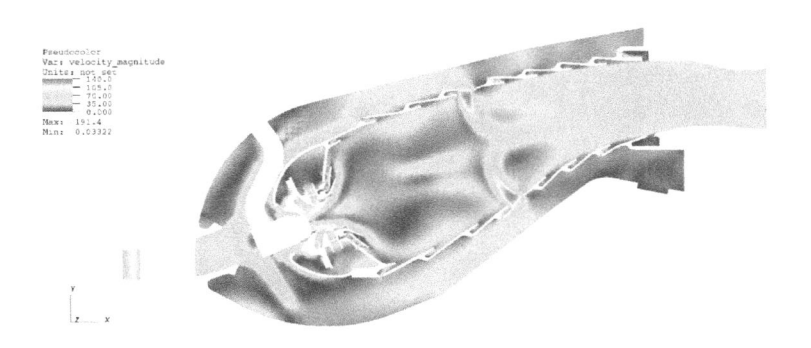

图 3.40 掺混孔截面速度

图 3.41 为 AESim 燃烧模块仿真燃烧室掺混孔截面流场温度分布结果。从图中可以看出,高温区分布位置位于主燃回流区内,且燃烧室中心区域由于存在回流区,形成中心低温区域。然后,从掺混孔流出的未燃空气与高温已燃气掺混,流向

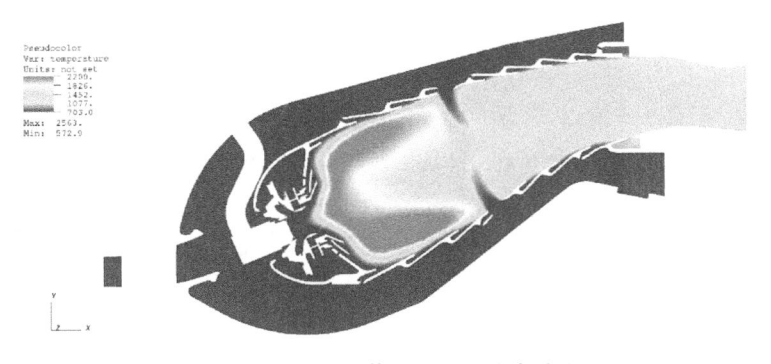

图 3.41 掺混孔截面温度场仿真结果

燃烧室出口。从图 3.42 可以看到,AESim 燃烧模块计算结果中,煤油主要在旋流器出口附近分布,且最大值为 0.15。

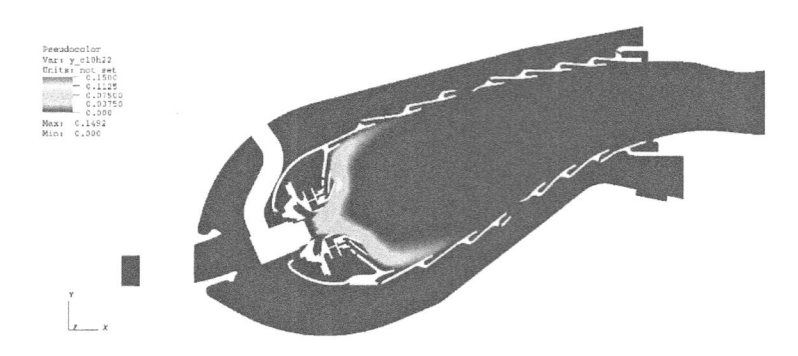

图 3.42　掺混孔截面煤油质量分数仿真结果

图 3.43 为 AESim 燃烧模块粒子分布仿真结果,其中粒子图例选用粒子温度。从图中可以看到,在燃油喷射后,首先进行一次破碎,此时不发生二次破碎和蒸发,因此粒子温度不变;然后,液滴发生二次破碎与蒸发过程,粒子温度快速升高,并在旋流器出口附近达到沸点温度,此时蒸发较快,燃油浓度较高,与燃油质量分数分布图结果一致。最后,燃油在流出旋流器后一段距离后消失,此时蒸发完成,符合实际结果。

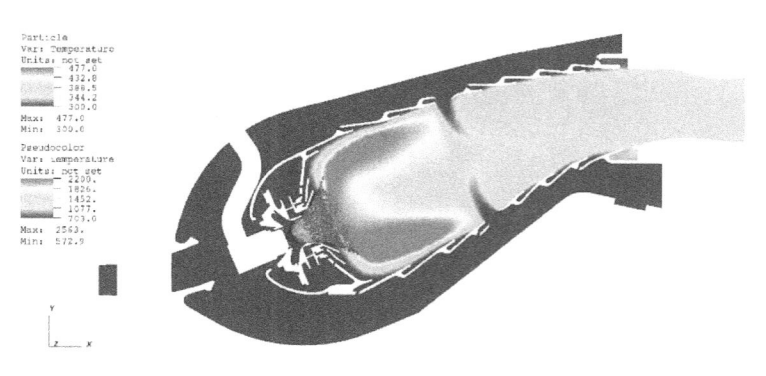

图 3.43　AESim 燃烧模块粒子分布仿真结果

图 3.44 为 AESim 燃烧模块出口温度云图仿真结果。从图中可以看到,温度云图中高温区域相对均匀地分布在出口的中间部分,燃烧室出口上边沿和下边沿由于气膜冷却流动温度分布较低,基本符合物理实际。

表 3.2 为 AESim 燃烧模块仿真所得测点与试验温度对比。从表中可以看到,AESim 燃烧模块仿真结果中,测点温度最大误差约为 5.37%,说明 AESim 燃烧模块能够较好地对主燃烧室燃烧过程进行仿真,二维多因素蒸发模型和二阶矩湍流燃烧模型也能够应用于主燃烧室的仿真。

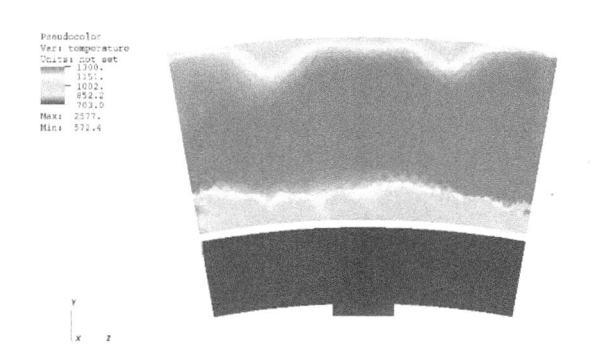

图 3.44 AESim 燃烧模块出口温度云图仿真结果

表 3.2　AESim 燃烧模块仿真所得测点与试验温度对比

序　号	径向相对位置	绝对误差/K	相 对 误 差
测点 1	0.089	−24.43	0.020 056
测点 2	0.264	13.273 33	−0.010 08
测点 3	0.435	25.671 67	−0.018 85
测点 4	0.601	31.895	−0.023 01
测点 5	0.763	74.935	−0.053 66
测点 6	0.922	66.563 33	−0.053 24

图 3.45 为燃烧室出口温度径向分布曲线,从图中可以看到,仿真结果与试验结果温度分布趋势基本一致,仿真结果中,温度最高点出现在 2/3 叶高位置附近,与燃烧室设计要求相符。

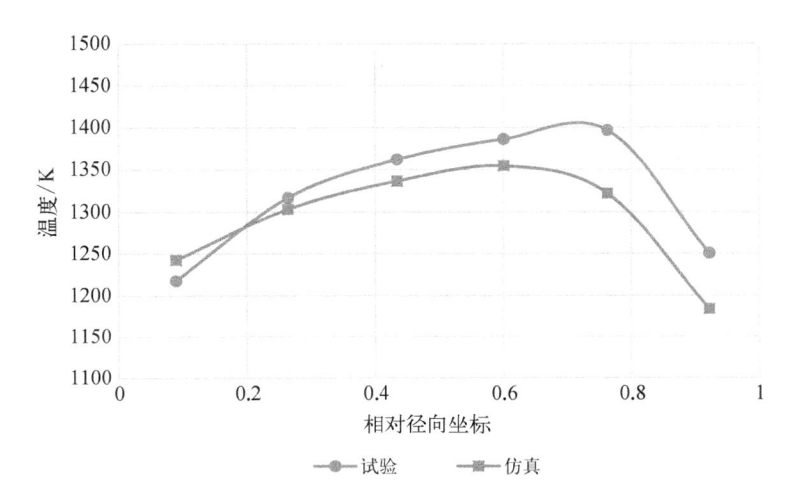

图 3.45　燃烧室出口温度径向分布曲线

通过对比 AESim 燃烧模块测点温度与试验温度的差异,可以发现,AESim 燃烧模块能够较好地计算出燃烧室出口温度分布,最大误差值约为 5.4%,能够满足工程仿真的需要。

3.6.4 高效清洁双环腔燃烧室

1. 算例描述

针对 30 个头部高效清洁双环腔燃烧室,分为 1 个燃烧工况,1 个污染物排放工况,表 3.3 为试验工况参数,其中工况 C1 为燃烧工况,工况 C2 为污染物排放工况。

表 3.3 试验工况参数

工况	工况设计描述	进口总温/K	进口总压/MPa	进口空气流量/(kg/s)	主燃级进口燃油流量/(kg/h)	预燃级进口燃油流量/(kg/h)
C1	燃烧工况精度测试	437	0.101 325	2.42	0	62
C2	污染物排放工况精度测试	640	1.213	26.27	664	664

2. 仿真参数设置

采用四面体网格,算例整体计算域设置最大网格尺寸 2 mm。为保证网格划分对几何构型面有足够的分辨率,准确表征流动特征,在几何尺寸较小的区域对网格单元尺寸进行分别处理,网格尺寸的设置应尽量保证孔道内部能够容纳多层网格。因此冷却孔壁面最大面网格尺寸 0.2 mm,旋流器、主燃孔、掺混孔、火焰筒上的小平面等几何尺寸较小的壁面最大网格尺寸 0.5 mm,外机匣通道壁面最大网格尺寸 2 mm,其他面 1 mm,具体面组划分及参数设置如表 3.4 所示。网格质量 0.19,网格总量 22 584 121,满足计算要求。网格划分示意图如图 3.46~图 3.52 所示。

表 3.4 平板网格参数

面 组	最大单元尺寸/mm	四面体网格拉伸率
CURVES_HYT	0	—
CURVE_XLQ	0	—
HOLE	0.2	1.5
HYT_IN	1	0
HYT_MID	0.5	1.5
HYT_OUT	1	0
HYT_SMALL	0.2	0

续　表

面　组	最大单元尺寸/mm	四面体网格拉伸率
INLET	1	0
INLET_F_MAIN	0.5	1.5
INLET_F_PILOT	0.5	1.5
OUTLET	1	0
PERI_LEFT	0.5	1.2
PERI_RIGHT	0.5	1.2
R_R_MAIN	0.2	1.5
R_R_PILOT	0.2	1.5
WALL_CHK	0.5	1.5
WALL_NOZZLE	1	0
WALL_WJX	2	0
WALL_XLQ	0.5	1.2
WALL_XLQ_SMALL	0.2	1.5
WALL_ZRK	0.5	1.5

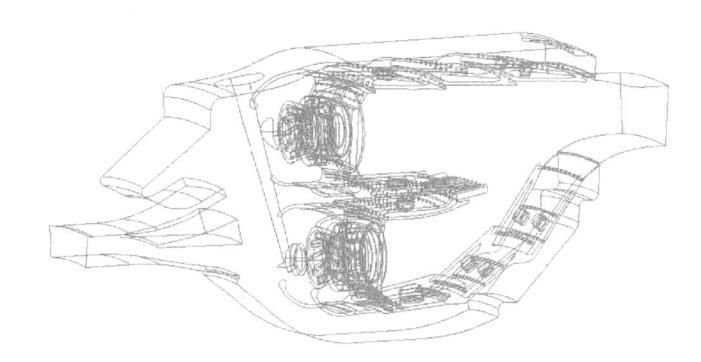

图 3.46　流域示意图

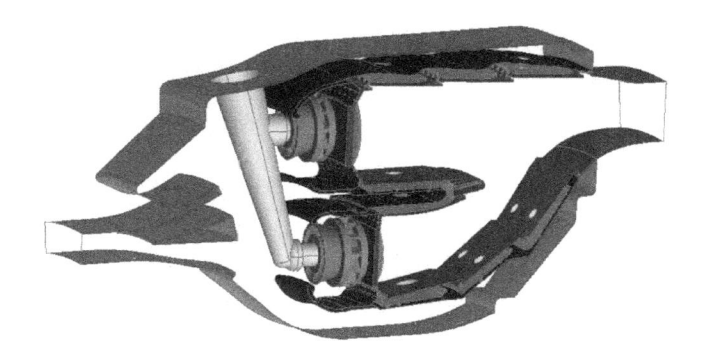

图 3.47　机匣轮廓图

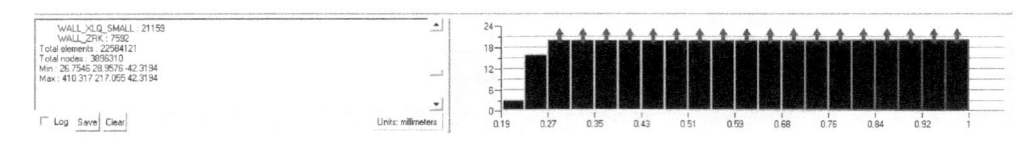

图 3.48 网格质量

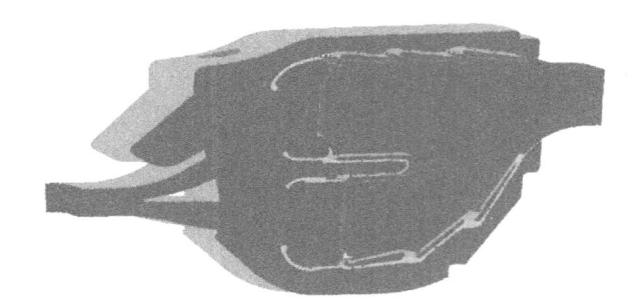

图 3.49 网格划分

图 3.50 火焰筒网格图

图 3.51 预燃级旋流器网格　　图 3.52 主燃级旋流器网格

3. 结果分析比较

1) C1 工况

C1 工况采用了 $k-\varepsilon$ 湍流模型、FGM 燃烧模型,R-R 雾化模型,梯度重构选项选择高斯-最小二乘结合的方法;对流项差分格式选择二阶中心差分,在主预燃级主燃区中心位置设置点火源。图 3.53 为 C1 中心截面温度分布云图,图 3.54 为 C1 中心截面混合分数分布云图,图 3.55 为 C1 中心截面进度变量分布云图,图 3.56 为 C1 中心截面 $C_{10}H_{22}$ 质量分数分布云图,图 3.57 为 C1 中心截面速度分布云图。

图 3.53　C1 中心截面温度分布云图

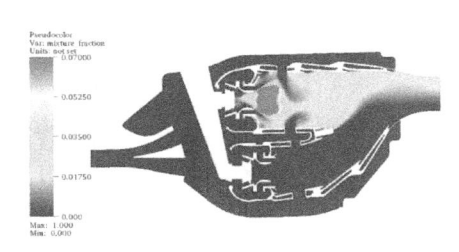

图 3.54　C1 中心截面混合分数分布云图

图 3.55　C1 中心截面进度变量分布云图

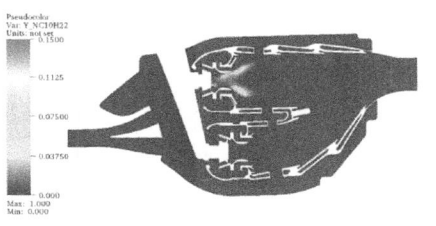

图 3.56　C1 中心截面 $C_{10}H_{22}$ 质量分数分布云图

C1 工况进口总温 437 K,总体油气比为 0.007 12,燃油仅由预燃级供应。C1 模拟了燃烧室在慢车工况条件下的工作状态。由于仅有预燃级供油,燃烧室出口温度主要受来自预燃级高温气体的影响,这使得出口温度的分布难以调控,燃烧室出口温度分布的质量较差,出口温度分布系数(outlet temperature distribution factor, OTDF)较高。

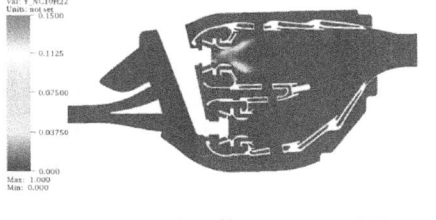

图 3.57　C1 中心截面速度分布云图

表 3.5 对比了燃烧室出口温度分布指标 OTDF,试验值为 1.25,计算结果为 1.37,误差为 9.6%。

表 3.5　C1 工况 OTDF 预测精度验证

工况	仿真进口平均总温/K	仿真出口平均总温/K	OTDF		误差
C1	700	689.2	试验 1.25	计算 1.37	9.6%

2) C2 工况

C2 工况采用了 $k-\varepsilon$ 湍流模型、FGM 燃烧模型、R-R 雾化模型，梯度重构选项选择高斯-最小二乘结合的方法；对流项差分格式选择二阶中心差分，在主预燃级主燃区中心位置设置点火源。图 3.58 为 C2 中心截面温度分布云图，图 3.59 为 C2 中心截面混合分数分布云图，图 3.60 为 C2 中心截面进度变量分布云图，图 3.61 为 C2 中心截面 $C_{10}H_{22}$ 质量分数分布云图，图 3.62 为 C2 中心截面速度分布云图，图 3.63 为 C2 中心截面 NO_x 反应速率分布云图，图 3.64 为 C2 中心截面 NO_x 扩散系数分布云图，图 3.65 为 C2 中心截面 NO_x 质量分数分布云图，图 3.66 为 C2 出口截面 NO_x 质量分数分布云图。此工况下，主预燃级的燃油流量分配为 5∶5。

图 3.58　C2 中心截面温度分布云图

图 3.59　C2 中心截面混合分数分布云图

图 3.60　C2 中心截面进度变量分布云图

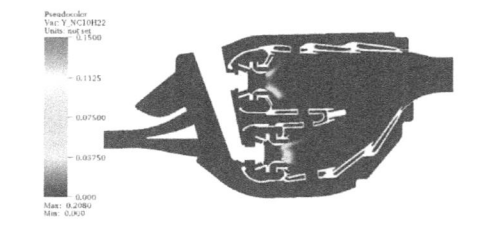

图 3.61　C2 中心截面 $C_{10}H_{22}$ 质量分数分布云图

图 3.62　C2 中心截面速度分布云图

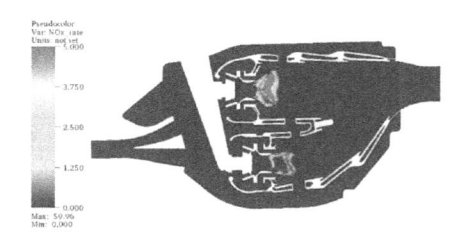

图 3.63　C2 中心截面 NO_x 反应速率分布云图

图 3.64　C2 中心截面 NO_x 扩散系数分布云图

图 3.65　C2 中心截面 NO_x 质量分数分布云图

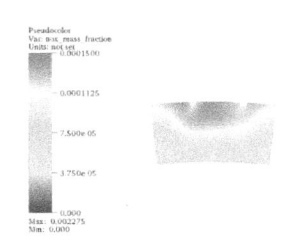

图 3.66　C2 出口截面 NO_x 质量分数分布云图

C2 工况进口总温 640 K，工作压力 1.213 MPa，工况总体油气比为 0.014，主预燃级的燃油流量分配为 5∶5。从模拟结果来看，C2 工况燃烧室内部和出口温度分布比较均匀，由于预燃级空气流量略小于主燃级，导致预燃级局部油气比和混合分数高于主燃级，因此 NO_x 的生成速率高于主燃级；从出口截面的 NO_x 质量分数分布可以看出，出口截面的 NO_x 分布主要受到预燃级 NO_x 生成的影响。为了验证数值仿真的预测精度，表 3.6 统计了燃烧室出口截面的 NO_x 质量，并进行了无量纲化处理，表征为单位燃油质量（kg）产生的 NO_x 质量（g）。将预测结果与试验数据进行对比，其中试验测量值为 6.1，模拟统计结果为 6.83，误差 11.97%。

表 3.6　C2 工况 NO_x 预测精度验证

工况	NO_x/(g/kg)		误差
	试验	计算	
C2	6.1	6.83	11.97%

通过测试，AESim 燃烧模块具有模拟航空发动机燃烧室三维两相湍流燃烧、污染物排放的功能，对计算过程燃烧室中的流动特征、温度场结构以及主要化学组分分布特征具有较高的预测精度。

3.7　本章小结

三维两相仿真计算涉及湍流、喷雾、蒸发、燃烧等过程，本章主要针对不可压流算法，在 RANS 等湍流模拟基础上，介绍了喷雾一次破碎模型、二次破碎模型、油滴蒸发模型、燃烧模型等各模型的基本原理和适用性。通过完整的三维两相燃烧算例介绍，展示出这些模型在实际仿真中的模拟效果，为仿真工程计算提供参考。

参考文献

[1] Spalart P, Allmaras S. A one-equation turbulence model for aerodynamic flows[C]. Seattle: 30th Aerospace Sciences Meeting and Exhibit, 1992.

[2] Launder B E, Spalding D B. Lectures in mathematical models of turbulence[C]. London: Academic Press, 1972.

[3] Takanashi W. Renormalization group analyses of $k-\varepsilon$ model and LES model of turbulence problem[J]. JSME International Journal Fluids Engineering, Heat Transfer, Power, Combustion, Thermophysical Properties, 1992, 35(2): 186-188.

[4] Liou W W, Shabbir A, Yang Z G, et al. A new eddy viscosity model for high Reynolds number turbulent flows[J]. Computers and Fluids, 1995, 24(3): 227-238.

[5] Wilcox D C. Reassessment of the scale-determining equation for advanced turbulence models [J]. AIAA Journal, 1988, 26(11): 1299-1310.

[6] Menter F R. Two-equation eddy-viscosity turbulence models for engineering applications[J]. AIAA Journal, 1994, 32(8): 1598-1605.

[7] Spalart P R. Detached-eddy simulation[J]. Annual Review of Fluid Mechanics, 2009, 41: 181-202.

[8] Speziale C G. Turbulence modeling for time-dependent RANS and VLES: A review[J]. AIAA Journal, 1998, 36: 173-184.

[9] Han X S, Krajnovic S. An efficient very large eddy simulation model for simulation of turbulent flow[J]. International Journal for Numerical Methods in Fluids, 2013, 71: 1341-1360.

[10] Han X S, Krajnovic S. Very-large eddy simulation based on k-ω model[J]. AIAA Journal, 2015, 53: 1103-1108.

[11] Wan P, Han X S, Mao J. Very large eddy simulation of turbulent flow and heat transfer for single cylinder and cylindrical pin matrix[J]. Applied Thermal Engineering, 2020, 169: 114972.

[12] Xia Z, Cheng Z, Han X S, et al. VLES turbulence modelling for separated flow simulation with Open FOAM[J]. Journal of Wind Engineering and Industrial Aerodynamics, 2020, 198: 104077.

[13] Xia Z, Han X, Mao J. Assessment and validation of very-large-eddy simulation turbulence modeling for strongly swirling turbulent flow[J]. AIAA Journal, 2020, 58: 148-163.

[14] Huang Z, Guo T, Han X S, et al. Very large eddy simulation of lean premixed flames to imposed inlet velocity oscillations[J]. Combustion Science and Technology, 2021: 1901280.

[15] 廉筱纯. 航空发动机原理[M]. 西安: 西北工业大学出版社, 2005.

[16] 王慧汝. 航空发动机燃烧室过渡态燃烧数值模拟研究[D]. 北京: 北京航空航天大学, 2011.

[17] 甘晓华. 航空燃气轮机燃油喷嘴技术[M]. 北京: 国防工业出版社, 2006.

[18] 刘邓欢. 基于LES-PDF方法的航空发动机燃烧室液滴雾化模型研究[D]. 北京: 北京航空航天大学, 2021.

[19] 解茂昭. 内燃机计算燃烧学[M]. 北京: 科学出版社, 2016.

[20] 刘晨. 复杂燃烧流场数值模拟方法研究[D]. 南京: 南京航空航天大学, 2009.

[21] 刘日超. 航空发动机燃烧室喷雾燃烧数值方法及应用研究[D]. 西安: 西北工业大学,

2017.

[22] Liu A B, Reitz R D. Modeling the effects of drop drag and breakup on fuel sprays[J]. SAE Transactions, 1993: 83-95.

[23] Reitz R D, Diwakar R. Structure of high-pressure fuel sprays[J]. SAE Transactions, 1987: 492-509.

[24] 刘日超,乐嘉陵,杨顺华,等. KH-RT 模型在横向来流作用下射流雾化过程的应用[J]. 推进技术,2017, 38(7): 1595-1602.

[25] O'Rourke P J, Amsden A A. The TAB method for numerical calculations of spray droplet breakup[R]. SAE Technical Paper, 1987.

[26] Trinh H P. Modeling of turbulence effect on liquid jet atomization[D]. Tuscaloosa: University of Alabama, 2004.

[27] 王淑春. 液滴碰壁和对流条件下蒸发特性研究[D]. 大连:大连理工大学,2012.

[28] Godsave G A. Studies of the combustion of drops in a fuel spray: The burning of single drops of fuel[J]. Symposium (International) on Combustion, 1953, 4(1): 818-830.

[29] Spalding D B. The combustion of liquid fuels[J]. Proceedings of The Combustion Institute, 1953, 4(1): 847-864.

[30] Lu T, Law C K. A directed relation graph method for mechanism reduction[J]. Proceedings of the Combustion Institute, 2005, 30(1): 1333-1341.

[31] Abramzon B, Sirignano W A. Droplet vaporization model for spray combustion calculations [J]. International Journal of Heat and Mass Transfer, 2013, 32(9): 1605-1618.

[32] Prakash S, Sirignano W A. Theory of convective droplet vaporization with unsteady heat transfer in the circulating liquid phase[J]. International Journal of Heat and Mass Transfer, 1980, 23(3): 253-268.

[33] Tong A Y, Sirignano W A. Analytical solution for diffusion and circulation in a vaporizing droplet[J]. Symposium on Combustion, 2015, 19(1): 1007-1020.

[34] Bellan J, Harstad K. The details of the convective evaporation of dense and dilute clusters of drops[J]. International Journal of Heat and Mass Transfer, 1987, 30(6): 1083-1093.

[35] 周力行. 燃烧理论和化学流体力学[M]. 北京:科学出版社,1986.

[36] Landis R B, Mills A F. Effect of internal diffusional resistance on the evaporation of binary droplets[C]. Tokyo: International Heat Transfer Conference 5, 1974.

[37] Wang F, Yao J, Yang S F, et al. A new stationary droplet evaporation model and its validation [J]. Chinese Journal of Aeronautics, 2017, 30(4): 1407-1416.

[38] Spalding D B. Mixing and chemical reaction in steady confined turbulent flames [J]. Proceeding of The Combustion Institute, 1971, 23(1): 649-657.

[39] Pitschand H, Ihme M. An unsteady/flamelet progress variable method for les of non-premixed turbulent combustion[R]. AIAA Aerospace Sciences Meeting and Exhibit, 2005.

[40] Bilger R W. The structure of turbulent nonpremixed flames[J]. Symposium on Combustion, 1989, 22(1): 475-488.

[41] Pierce C D. Progress-variable approach for large-eddy simulation of non-premixed turbulent combustion[J]. Journal of Fluid Mechanics, 2004(504): 73-97.

[42] Ihme M, Shunn L, Zhang J. Regularization of reaction progress variable for application to

flamelet-based combustion models[J]. Journal of Computational Physics, 2012, 231(23): 7715-7721.

[43] Bongers H. Analysis of flamelet-based methods to reduce chemical kinetics in flame computations[D]. Eindhoven: Technische Universiteit Eindhoven, 2005.

[44] 乔丽,周力行,陈兴隆,等.湍流燃烧的统一二阶矩模型[J].燃烧科学与技术,2002(4): 297-301.

[45] 王方,周力行.几种二阶矩模型模拟湍流旋流燃烧的比较[J].工程热物理学报,2005(1): 143-146.

[46] Khalil E E. On the prediction of reaction rates in turbulent premixed confined flames[C]. Pasadena: 18th Aerospace Sciences Meeting, 1980.

[47] Liao C, Liu Z, Zheng X, et al. NO_x prediction in 3-D turbulent diffusion flames by using implicit multigrid methods[J]. Combustion Science and Technology, 1996, 119(1-6): 219-260.

[48] Zhou L X, Qiao L, Chen X L, et al. A USM turbulence-chemistry model for simulating NO_x formation in turbulent combustion[J]. Fuel, 2002, 81(13): 1703-1709.

[49] 陈义良.湍流燃烧中的概率密度函数方法[J].力学进展,1990,20(4): 478-487.

[50] Pope S B. PDF methods for turbulent reactive flows[J]. Progress in Energy and Combustion Science, 1985, 11(2): 119-192.

[51] Jones W P, Prasad V N. Large eddy simulation of the sandia flame series (D-F) using the eulerian stochastic field method[J]. Combustion and Flame, 2010, 157(9): 1621-1636.

[52] 周华.湍流预混燃烧的输运概率密度函数模拟研究[D].北京:清华大学,2017.

[53] Zhou H, Li S, Ren Z Y, et al. Investigation of mixing model performance in transported PDF calculations of turbulent lean premixed jet flames through Lagrangian statistics and sensitivity analysis[J]. Combustion and Flame, 2017, 181: 136-148.

[54] Jones W P, Tyliszczak A. Large eddy simulation of spark ignition in a gas turbine combustor [J]. Flow Turbulence and Combustion, 2010, 85: 711-734.

[55] 陈章.湍流预混燃烧污染物高效预测模型研究[D].北京:清华大学,2021.

[56] Chen Z, Yang T, Zhang S, et al. Efficient emission modelling in lean premixed flames with pre-tabulated formation characteristics[J]. Fuel, 2021, 301: 121043.

[57] Ren Z, Yang H, Lu T. Effects of small-scale turbulence on NOx formation in premixed flame fronts[J]. Fuel, 2014, 115: 241-247.

第4章
传热仿真

传热仿真是基于数值模拟对发动机中典型部件开展热量传递分析,为发动机整机的热分析及隐身特性分析提供仿真技术支撑。根据部件特性不同,可分为热端部件传热仿真(涡轮叶片)、冷端部件结冰仿真(进口支板/帽罩)和燃气尾喷焰红外辐射仿真。不同的部件,由于其功能不同,各个部件中换热规律不尽相同,在开展仿真分析时所依据的理论基础和仿真分析方法也各有差异,这些都是本章要介绍的主要内容。热端部件仿真以涡轮叶片流动传热仿真为例,对其分析所采用的理论公式和仿真方法进行介绍,其中在仿真方法中包含了非协调网格交界面数据传递处理方法和流固耦合交界面计算方法等界面信息传递处理措施。随后根据涡轮叶片流动传热仿真的特点开展了工程适用性分析,并以涡轮工作叶片为例开展了涡轮工作叶片流体域和固体域耦合仿真案例分析。冷端部件结冰仿真针对发动机进口部件结冰仿真中的两相流理论与三维结冰模型理论、结冰模型的离散与求解方法进行了介绍,并结合三维结冰仿真特点开展了工程适用性详细分析,以进口支板表面结冰和旋转帽罩表面结冰为例开展了应用案例分析。尾喷焰红外辐射仿真介绍了气体与粒子辐射特性及辐射传输求解模型的理论公式及其计算方法,并针对发动机尾喷焰特性开展了工程适用性分析及应用案例分析。本章为读者提供了航空发动机传热仿真的相关理论介绍,并分别提供了三种类型典型应用案例,供读者参考。

4.1 涡轮叶片流动传热仿真

涡轮叶片流动传热仿真是采用流热耦合的方法,对涡轮叶片内外流场和叶片固体域同时进行流动和传热现象仿真的过程,目的是获得准确的叶片固体温度分布和叶片内外流的流场信息,为叶片性能设计、传热设计和强度设计提供输入数据。现代航空发动机涡轮气冷叶片广泛采用带有强化换热肋片的蛇形冷气通道和冲击/气膜孔的冷却结构,使得涡轮气冷叶片的外流场存在大量的冷热掺混/分层流动现象,并且内流场冷气流动极其复杂,相比于传统的气动计算,在精确获得叶片外表面流场和温度场的基础上,还需要对冷却结构内伴随强烈扰流/二次流的冷气流动和换热过程实现准确的求解才能获得准确完整的叶片固体温度分布。

4.1.1 基本理论介绍

1. 连续方程

参考文献[1],建立如图 4.1 所示的一个控制体,各边边长分别为 δx、δy 和 δz。根据质量守恒原理,控制体内质量增加量等于流入流体控制体内质量的增加量,考虑流体控制体表面的质量流率,则通过边界进入控制体的质量净流率(流入为正):

$$\left[\rho u - 0.5 \frac{\partial(\rho u)}{\partial x}\delta x\right]\delta y\delta z - \left[\rho u + 0.5 \frac{\partial(\rho u)}{\partial x}\delta x\right]\delta y\delta z$$
$$+ \left[\rho v - 0.5 \frac{\partial(\rho v)}{\partial y}\delta y\right]\delta x\delta z - \left[\rho v + 0.5 \frac{\partial(\rho v)}{\partial y}\delta y\right]\delta x\delta z \quad (4.1)$$
$$+ \left[\rho w - 0.5 \frac{\partial(\rho w)}{\partial z}\delta z\right]\delta x\delta y - \left[\rho w + 0.5 \frac{\partial(\rho w)}{\partial z}\delta z\right]\delta x\delta y$$

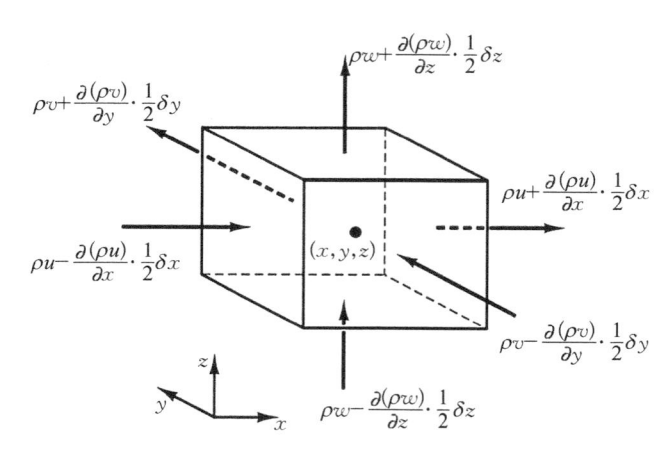

图 4.1 控制体及控制体内单元质量流率

化简可得

$$\frac{\partial \rho}{\partial t} + \mathrm{div}(\rho V) = 0 \quad (4.2)$$

式(4.2)即为可压缩流体中某一点的三维非定常质量守恒方程或连续性方程。左侧第一项为密度的时间变化率,第二项为通过单元边界的质量净流量(对流项)。

2. 动量方程

对于图 4.2 所示的一个控制体,主要受两类力:① 面力,包括压力、黏滞力;

② 体力,包括离心力、科氏力和电磁力。在流体力学中,面力通常作为动量方程的独立项,体力作为方程的源项。根据牛顿第二定律和动量定理,可以得到三个方向的动量守恒方程如下:

$$\rho \frac{\mathrm{D}u}{\partial t} = \frac{\partial(-p+\tau_{xx})}{\partial x} + \frac{\partial(\tau_{yx})}{\partial y} + \frac{\partial(\tau_{zx})}{\partial z} + S_x \quad (4.3)$$

$$\rho \frac{\mathrm{D}v}{\partial t} = \frac{\partial(\tau_{xz})}{\partial x} + \frac{\partial(\tau_{yz})}{\partial y} + \frac{\partial(-p+\tau_{zz})}{\partial z} + S_y \quad (4.4)$$

$$\rho \frac{\mathrm{D}w}{\partial t} = \frac{\partial(\tau_{xz})}{\partial x} + \frac{\partial(\tau_{yz})}{\partial y} + \frac{\partial(-p+\tau_{zz})}{\partial z} + S_z \quad (4.5)$$

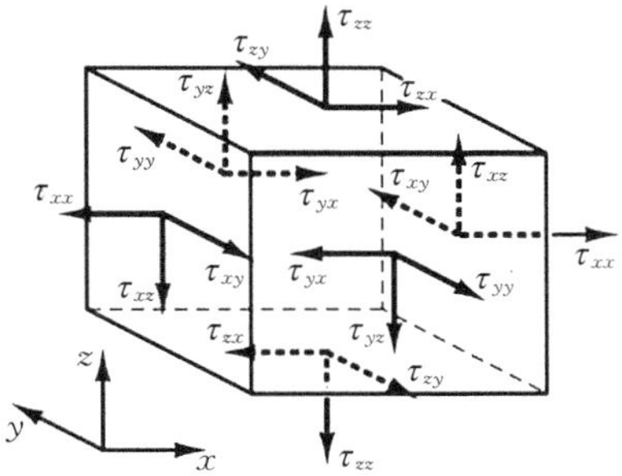

图 4.2 一个流体控制单元及其应力分量

3. 能量方程

流体能量的定义是流体的内能与动能和重力势能之和,在此将重力看作体力,将势能变化的影响作为一个源项,则可压缩流体质点的温度方程可以写成如下的形式:

$$\rho c_p \frac{\partial T}{\partial t} = \mathrm{div}[k \cdot \mathrm{grad}(T)] + \tau_{xx}\frac{\partial u}{\partial x} + \tau_{yx}\frac{\partial u}{\partial y} + \tau_{zx}\frac{\partial u}{\partial z} + \tau_{xy}\frac{\partial v}{\partial x} \\ + \tau_{yy}\frac{\partial v}{\partial y} + \tau_{zy}\frac{\partial v}{\partial z} + \tau_{xz}\frac{\partial w}{\partial x} + \tau_{yz}\frac{\partial w}{\partial y} + \tau_{zz}\frac{\partial w}{\partial z} + S_i \quad (4.6)$$

4. 状态方程

流体在三维空间中的运动由五个偏微分方程组成的系统来描述:质量守恒、动量守恒和能量守恒,此时还有密度、压力、内能及温度四个热力学变量未知。考虑到除了某些强冲击波作用下的流体,其他情况的流体始终保持热力学平衡。若采用密度和温度作为状态变量,对于理想气体,状态方程可以写成如下的形式:

$$p = \rho R T \quad (4.7)$$

$$e = C_v T \quad (4.8)$$

4.1.2 仿真方法介绍

在涡轮叶片流动传热仿真中,叶片外流场一般为混合亚声速-跨声速-超声速三种流动状态的流场,最大马赫数一般不超过 2.0。而对于叶片内流场,由于冷气在叶根处完全依靠压力差流入,并且复杂的冷却结构进一步限制了冷气的流速,因此叶片内部冷气流场为亚声速。可见数值方法必须确保从 0~2.0 的宽广马赫数范围下的稳定性,考虑到基于密度的求解算法在计算低马赫数流场时需要进行预处理,并且最大值仅为 2.0 的马赫数并不能充分利用密度基求解算法在高速流动求解中的优势,因此选用了比较简单、收敛速度更快的基于压力的求解算法,并通过共轭换热的方式,将流固交界面作为只进行能量交换的内部面进行处理构建了流热耦合数值仿真方法,下面参考文献[2],简述在涡轮叶片流动传热仿真中所采用的数值方法。

1. 可压缩流动 SIMPLE 算法

SIMPLE 算法,即压力耦合方程组的半隐式算法(semi-implicit method for pressure linked equations),是针对描述流动和传热过程的纳维-斯托克斯方程组的一种求解算法。SIMPLE 算法自 1972 年问世以来在世界各国计算流体力学及计算传热学界得到了广泛的应用,这种算法提出不久很快就成为计算不可压流场的主要方法,随后这一算法以及其后的各种改进方案成功地推广到可压缩流场计算中,已成为一种可以计算任何流速的流动的数值方法。

描述定常可压缩流动的控制方程组包括连续方程、动量方程和能量方程,可以表示为

$$\nabla \cdot (\rho u) = 0 \tag{4.9}$$

$$\nabla \cdot (\rho u u) = -\nabla p + \nabla \cdot (\eta \nabla u) + \nabla \cdot \left[\eta \left(\nabla u - \frac{2}{3}(\nabla \cdot u)I \right) \right] + f \tag{4.10}$$

$$\nabla \cdot (\rho u h) + \nabla \cdot (\rho u k) = \nabla \cdot (\lambda \nabla T) + \nabla \cdot (T \cdot u) \tag{4.11}$$

式(4.11)为能量方程的焓表示方法,其中的 k 表示流体的动能。

$$k = \frac{1}{2}|u|^2 \tag{4.12}$$

为了完整地描述可压缩流动,还需要补充状态方程,即 $\rho = \rho(p, T)$。

基于压力的可压缩流动算法可以在无须人工处理的条件下计算全速域流动。压力修正方程是基于连续性方程导出的,即求解压力是为了使得如下所示的流体的连续性方程的离散表达式:

$$\sum_f \dot{m}_f = 0 \tag{4.13}$$

得以满足。其中

$$\dot{m}_f = \rho_f u_f \cdot A_f \tag{4.14}$$

为网格面上的质量流通量。

值得注意的是,在不同的马赫数范围内,压力起到的作用也不相同:在低马赫数条件下,压力对密度的影响很小,求解所得的压力将主要用于修正速度场使得连续方程得以满足。而在高马赫数条件下,压力对密度的影响程度会大大超过对速度的影响。因此求解压力主要是通过修正密度来使得连续方程得以满足。

作为半隐式的 SIMPLE 方法,是通过建立压力修正方程来修正密度、速度以及界面上的质量流量。假设在当前迭代层次已有一个压力场 p^* 和一个密度场 ρ^*。通过求解动量方程得到的速度场为 u^*,但是,压力场、密度场和速度场都需要修正,即

$$\begin{aligned} p &= p^* + p' \\ \rho &= \rho^* + \rho' \\ u &= u^* + u' \end{aligned} \quad (4.15)$$

修正后的质量流通量为

$$\dot{m}_f = (\rho_f^* + \rho_f')(u_f^* + u_f') \cdot A_f = (\rho_f^* u_f^* + \rho_f' u_f^* + \rho_f^* u_f' + \rho_f' u_f') \cdot A_f \quad (4.16)$$

其中,括号中的 $\rho_f' u_f'$ 相对于其他三项为高阶小量,因此算法将其忽略。这样界面上的质量流通量简化为

$$\dot{m}_f = (\rho_f^* u_f^* + \rho_f' u_f^* + \rho_f^* u_f') \cdot A_f \quad (4.17)$$

注意,式(4.17)中的 u_f^* 为单元面上的待修正速度,为通过动量方程求出单元中心的速度 (u_c^*) 后,用 Rhie-Chow 动量插值方法插值到单元面上所得。为了建立压力修正方程,接下来需要将密度修正值和速度修正值转化为压力修正值。根据状态方程,密度修正值可以近似转化为

$$\rho' = \frac{\partial \rho}{\partial p} p' = \psi p' \quad (4.18)$$

对于理想气体,式(4.18)中 $\psi = 1/(RT)$。

根据 SIMPLE 算法的思想,速度修正值压力可以近似转化为压力修正值的梯度:

$$u' = -\left(\frac{\Delta V}{a_p}\right) \nabla p' \quad (4.19)$$

其中,a_p 为动量方程的主对角系数,定义

$$\Gamma_p = \frac{\Delta V}{a_p} \quad (4.20)$$

这样单元面上的质量流通量[式(4.17)]可以表示为

$$\dot{m}_f = \dot{m}_f^* + \psi_f p_f' u_f^* \cdot A_f - \rho_f^* (\Gamma_p)_f \nabla_f p' \cdot A_f \tag{4.21}$$

其中，$\dot{m}_f^* = \rho_f^* u_f^* \cdot A_f$。

连续方程中单元中心的密度的变化也可以转化为压力修正值：

$$\begin{aligned}\rho_C - \rho_C^0 &= (\rho_C - \rho_C^*) + (\rho_C^* - \rho_C^0) = \rho_C' + (\rho_C^* - \rho_C^0) \\ &= \psi_C p_C' + (\rho_C^* - \rho_C^0)\end{aligned} \tag{4.22}$$

将式(4.21)和式(4.22)代入连续方程的离散表达式[式(4.13)]，可得待求解的压力修正值的离散表达式：

$$\underbrace{\sum_f \psi_f p_f' u_f^* \cdot A_f}_{\text{对流项}} = \underbrace{\sum_f \rho_f^* (\Gamma_p)_f \nabla_f (p') \cdot A_f}_{\text{扩散项}} - \underbrace{\sum_f \dot{m}_f^*}_{\text{源项}} \tag{4.23}$$

其中，对流项和扩散项还需要进一步进行离散。

求解压力修正方程的目的就是使得连续方程的离散表达式得以满足。因此，得到压力修正值之后，首先需要采用方程(4.21)对单元面上的质量流量进行修正。

同时，单元中心的速度场需要进行修正：

$$u_C = u_C^* - (\Gamma_p)_C \nabla_C p' \tag{4.24}$$

如果将求解动量方程理解为对速度场的预测，那么这一步可以视为对速度场的校正。

最后要对单元中心的压力场进行修正：

$$p_C = p_C^* + \alpha_p p' \tag{4.25}$$

通常，式(4.25)中的松弛因子 $\alpha_p = 0.8$。这也是在软件使用中默认的压力松弛因子数值。

式(4.23)压力修正方程离散表达形式中，源项已经比较明确，可以直接转化为矩阵中的系数。而关键的问题就是对流项和扩散项的离散，这两项均表示为对包围某个计算单元的各个面上值的计算。如图4.3所示，这些面可能是内部面，也可能是边界面。因此：

$$\sum_f \psi_f p_f' u_f^* \cdot A_f = \sum_{\text{interior}} \psi_f p_f' u_f^* \cdot A_f + \sum_{\text{boundary}} \psi_f p_f' u_f^* \cdot A_f$$

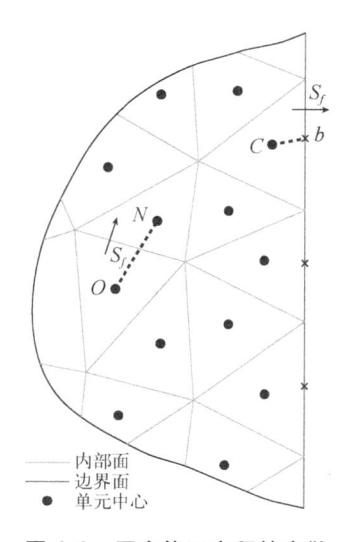

图4.3 压力修正方程的离散

$$\tag{4.26}$$

$$\sum_f \rho_f^* (\Gamma_p)_f \nabla_f(p') \cdot A_f = \sum_{\text{interior}} \rho_f^* (\Gamma_p)_f \nabla_f(p') \cdot A_f + \sum_{\text{boundary}} \rho_f^* (\Gamma_p)_f \nabla_f(p') \cdot A_f \tag{4.27}$$

内部面与边界面的计算方式是不同的。内部面通常需要选取一种离散格式,而边界面还需要引入边界条件。下面首先介绍内部面的离散方式。

内部面的对流项离散可以采用任意一种迎风格式,对高阶格式采用延迟修正:

$$\psi_f p'_f u_f^* \cdot A_f = (\psi u \text{Flux})_f p'_f = (\psi u \text{Flux})_f (p'_{\text{upwind}} + p'_{\text{hoc}}) \tag{4.28}$$

内部面的扩散项离散采用带非正交修正的中心格式:

$$\rho_f^* (\Gamma_p)_f \nabla_f(p') \cdot A_f = \rho_f^* (\Gamma_p)_f |E_f| \frac{p'_N - p'_O}{d_{ON}} + \rho_f^* (\Gamma_p)_f T_f \cdot \nabla_f(p')^* \tag{4.29}$$

需要说明的是,扩散项与对流项的格式可在一定程度上随意选择。例如,对流项可以采用一阶迎风或二阶迎风格式,扩散项中面积矢量的分解可以采用最小修正或过度修正。但是,求得压力修正值之后用式(4.21)对质量流通量进行修正时,需要对所有单元面(包括内部面和边界面)上的质量流通量进行修正,所用的离散格式应该必须与建立压力修正方程时所用的格式完全一致。这样才能保证连续方程的离散形式[式(4.13)]得到严格的满足。或者说,压力修正方程的离散格式即质量流通量修正的离散格式。

2. 边界条件处理

边界单元中压力修正方程的离散方法需要根据边界条件的具体形式进行确定,具体处理方法如下。

1) 壁面

壁面上的质量流通量为零,也不需要进行修正,因此修正量也为零。

$$\psi_b p'_b u_b^* \cdot A_b + \rho_b^* (\Gamma_p)_b (\nabla p')_b \cdot A_b = 0 \tag{4.30}$$

2) 对称面

对称面上的质量流通量也为零,同样不需要进行修正。离散格式与壁面完全相同。

3) 亚声速入口

亚声速入口需要给定总压(P_t)、总温(T_t)和速度方向(n_u)。亚声速入口处需要满足等熵关系式:

$$p_t = p_s \left(1 + \frac{\gamma - 1}{2} Ma^2\right)^{\gamma/(\gamma-1)} \tag{4.31}$$

在求解压力方程/压力修正方程时,亚声速入口处的压力采用内部的单元进行外推,即 $p_b = p_C$。

首先可以根据等熵关系式计算静温及相应的入口焓,为焓方程的求解给定边界条件:

$$h_b = c_p T_b = c_p \frac{T_t}{(p_t/p_s)^{\frac{\gamma-1}{\gamma}}} \quad (4.32)$$

在求解动量方程之前,根据等熵关系式(式(4.31))预测出一个速度大小,记为 u_{mag}^*:

$$u_{\mathrm{mag}}^* = \sqrt{\frac{2}{\gamma-1}[(p_t/p_s)^{\frac{\gamma-1}{\gamma}} - 1]} \sqrt{\gamma R T_s} \quad (4.33)$$

其中,P_s、T_s 均由边界面所在的单元外推获得,并以此作为求解动量方程的边界条件:

$$u_b = u_{\mathrm{mag}}^* n_b \quad (4.34)$$

在给定总压的条件下,等熵关系式规定了静压与速度之间的一个非线性关系。但是为了计算能够进行,需要将等熵关系式进行线性化,假设:

$$u_{\mathrm{mag}} = u_{\mathrm{mag}}^* + \left(\frac{\partial u_{\mathrm{mag}}}{\partial p}\right)^* (p - p^*) \quad (4.35)$$

式(4.35)还可以进一步表示为

$$u_{\mathrm{mag}} = c_1 + c_2 p_C \quad (4.36)$$

其中,

$$c_1 = u_{\mathrm{mag}}^* - \left(\frac{\partial u_{\mathrm{mag}}}{\partial p}\right)^* p_C, \quad c_2 = \left(\frac{\partial u_{\mathrm{mag}}}{\partial p}\right)^* \quad (4.37)$$

$$\left(\frac{\partial u_{\mathrm{mag}}}{\partial p}\right)^* = -\frac{RT_s}{p_t u_{\mathrm{mag}}^* \left[1 + \frac{\gamma-1}{2} \frac{(u_{\mathrm{mag}}^*)^2}{\gamma R T_s}\right]^{\frac{1-2\gamma}{\gamma-1}}} \quad (4.38)$$

亚声速入口的质量流通量为

$$\begin{aligned}\dot{m}_b &= \rho_b u_b \cdot A_b = \rho_b^* u_{\mathrm{mag}} n_u \cdot A_b \\ &= c_1 \rho_b^* (n_u \cdot A_b) + c_2 \rho_b^* (n_u \cdot A_b) p_C\end{aligned} \quad (4.39)$$

完成等熵关系式的线性化后,即可代入压力方程/压力修正方程,并用相同的方式修正/重新计算亚声速入口的质量流通量。

根据式(4.39),亚声速入口的质量流通量修正量近似等于:

$$\dot{m}'_b = c_2 \rho_b^* (n_u \cdot A_b) p'_C \tag{4.40}$$

相应地,求解压力修正方程时,要将 $c_2 \rho_b^* (n_u \cdot A_b)$ 添加到离散方程的主对角元系数上。

4) 亚声速出口

亚声速出口需要给定静压(P_s)。相应地,压力场在边界上的值就等于所给定的静压的值。压力修正值在边界上的值为零。也就是说压力修正值的边界条件为

$$p'_{\text{boundary}} = 0 \tag{4.41}$$

因此,压力修正方程的对流项和扩散项的离散方式为

$$\psi_b p'_b u_b^* \cdot A_b = 0 \tag{4.42}$$

$$\rho_b^* (\Gamma_p)_b \nabla_b (p') \cdot A_b = \rho_b^* (\Gamma_p)_b |E_b| \frac{p'_b - p'_C}{d_{Cb}} = -\rho_b^* (\Gamma_p)_b \frac{|E_b|}{d_{Cb}} p'_C \tag{4.43}$$

需要说明的是,式(4.43)忽略了扩散项中的非正交修正项。

5) 超声速入口

在超声速入口处,所有的待求物理量都必须以第一类边界条件的方式给定。AESim－HT 中需要在超声速入口处设定总压(P_t)、静压(P_s)、总温(T_t)和速度方向(n_u),并以此计算所需给定的各个物理量。

根据等熵关系式,可以直接计算入口的马赫数和静温:

$$Ma = \sqrt{\frac{2}{\gamma - 1} \left[(p_t/p_s)^{\frac{\gamma-1}{\gamma}} - 1 \right]} \tag{4.44}$$

$$T_s = \frac{T_t}{(p_t/p_s)^{\frac{\gamma-1}{\gamma}}} \tag{4.45}$$

入口处声速为

$$c = \sqrt{\gamma R T_s} \tag{4.46}$$

接下来就可以求得入口速度和入口焓:

$$u_b = c Ma \, n_u \tag{4.47}$$

$$h_b = c_p T_s \tag{4.48}$$

求解动量方程、能量方程时按照式(4.47)和式(4.48)在超声速入口处设置第一类边界条件。由于超声速入口处所有物理量都已给定,入口处的质量流通量应该等于:

$$\dot{m}_b = \rho_b u_b \cdot A_b = \frac{p_s}{R T_s} u_b \cdot A_b \tag{4.49}$$

因此，在质量流通量的修正量等于预测值与目标值之间的差距：

$$\dot{m}'_b = \frac{p_s}{RT_s} u_b \cdot A_b - \dot{m}_b^* \tag{4.50}$$

相应地，求解压力方程时，式(4.50)要添加到离散方程的右端。

6) 超声速出口

超声速出口认为已经达到局部单向化，不需要为任何物理量设定条件。此时可以认为压力修正场/压力场沿出口法向梯度为零，即

$$\psi_b p'_b u_b^* \cdot A_b = (\psi u \text{Flux})_b p'_C \tag{4.51}$$

$$\rho_b^* (\Gamma_p)_b (\nabla p')_b \cdot A_b = 0 \tag{4.52}$$

3. 非协调网格交界面数据传递方法

非协调式网格会出现在流固交界面和旋转周期性边界上。如图 4.4 所示，相交小面的核心思路便是将非对应面转化为更小的相交小面，从而形成等价的一一对应交界面。

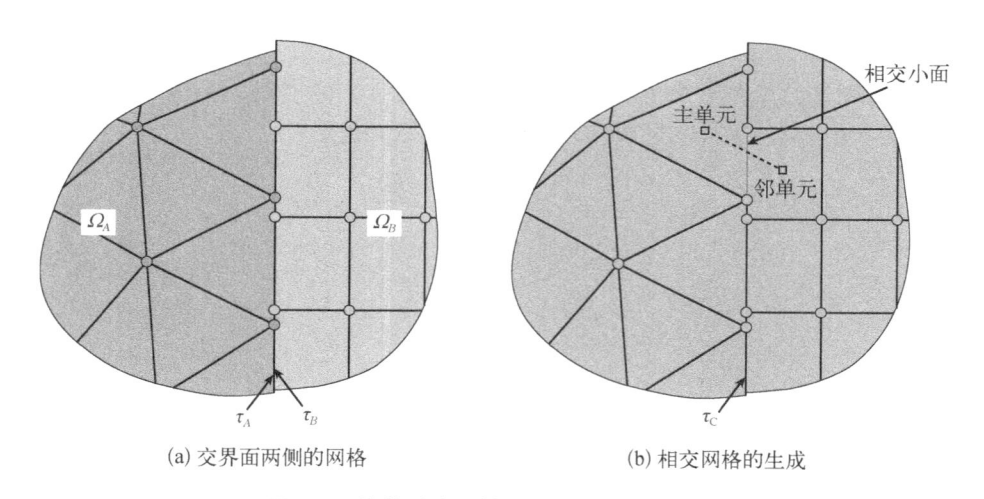

(a) 交界面两侧的网格　　　　(b) 相交网格的生成

图 4.4　将非对应面转化为对应的相交小面

在求解器对相交小面进行计算时，为了过滤掉一定不可能相交的网格面以节省计算资源，需要使用过滤器，即给定一个尺寸参数，只探测在以这个尺寸参数作为半径画成的球体内可能存在的接触面，而这个尺寸参数必须要在求解器的前处理环节与边界条件一起进行设置。为了方便读者理解这一参数的意义，下面介绍其具体计算方法。

对于某一 τ_A 上的某一个面 K_A，仅有几个 τ_B 上的 K_B 可能与之相交，而这些 K_B 是可以通过简单的判断得到的：① 两面的垂直距离不能过大；② 两面的切向距离

不能过大。

如图 4.5（a）所示，相交小面所在的平面 τ_C 由其面上一点及面法向决定，如下方程所示：

$$n_C = -\omega_A n_A + \omega_B n_B \tag{4.53}$$

$$r_C = \omega_A r_A + \omega_B r_B \tag{4.54}$$

其中，加权系数表示为

$$\omega_A = \frac{\|S_A\|}{\|S_A\| + \|S_B\|}, \quad \omega_B = \frac{\|S_B\|}{\|S_A\| + \|S_B\|} \tag{4.55}$$

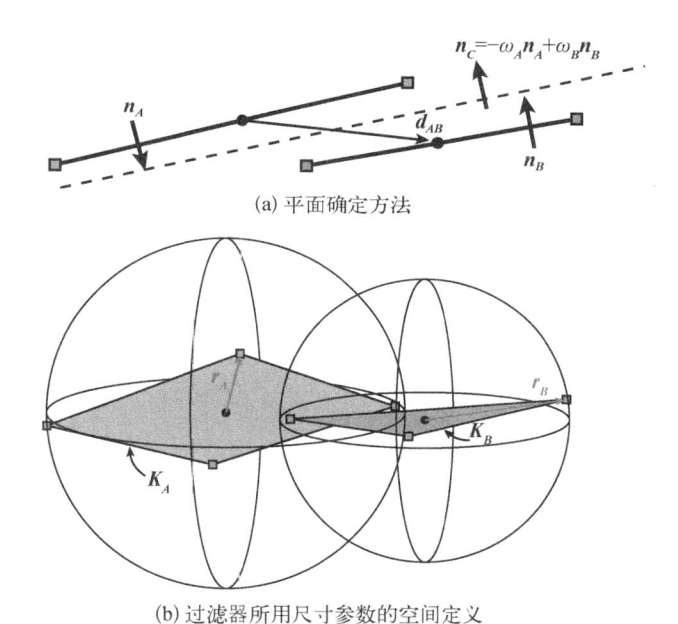

(a) 平面确定方法

(b) 过滤器所用尺寸参数的空间定义

图 4.5　用于判断两面是否可能相交的过滤器

如图 4.5（b）所示，由过滤器的定义得，K_A 和 K_B 若可能相交，它们应满足下列两式：

$$\frac{|d_{AB} \cdot n_c|}{r_A + r_B} < \varepsilon_1 \tag{4.56}$$

$$\frac{\|d_{AB}\|}{r_A + r_B} < \varepsilon_2 \tag{4.57}$$

其中，r_A 为以面心为圆心，能包含 K_A 的最小球体的半径。

$$r_A = \max_{i=1\sim n}(r_{N_i}^A - r_O^A) \tag{4.58}$$

类似地,r_B 为

$$r_B = \max_{i=1\sim n}(r_{N_i}^B - r_O^B) \tag{4.59}$$

d_{AB} 为从 K_A 面心到 K_B 面心的向量,即 $d_{AB} = r_O^B - r_O^A$。n_C 是中间面的面法向。ε_1 和 ε_2 是过滤器参数,默认为 0.1 和 1.1。

方程(4.56)保证了 K_A 和 K_B 在垂直方向的距离足够小,方程(4.57)保证了 K_A 和 K_B 的面法向夹角垂直方向的距离很小。如果两面不能满足其中任意一式,则过滤器会认为它们不相交,将其过滤掉。

当两多边形面通过了过滤器检查时,它们将被投影到中间平面上并在空间进行相交。在此介绍一种空间平面相交的算法。相交的过程如图 4.6 所示。

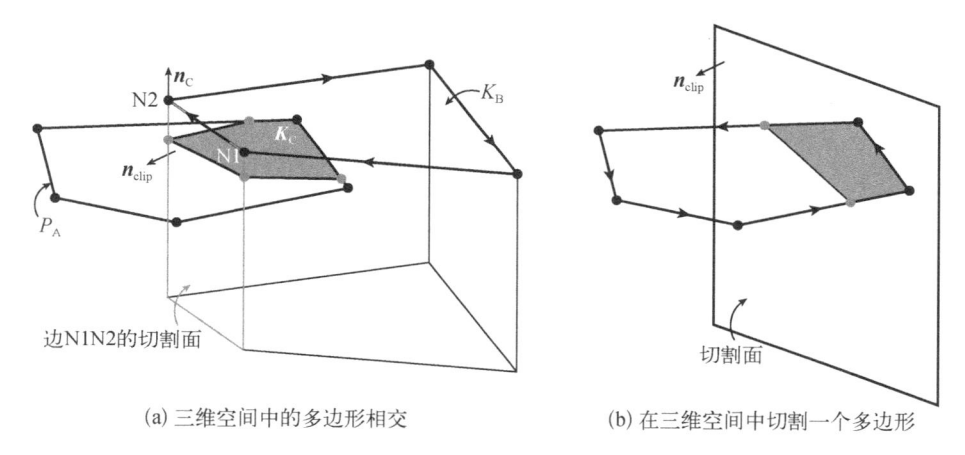

图 4.6 三维空间中两凸多边形相交算法

(a) 三维空间中的多边形相交 (b) 在三维空间中切割一个多边形

为了确认切割面,需要该面上一已知点和该面的面法向。以图 4.6 为例,切割面上的点可用边 N1N2 上任意一点,如 $0.5(r_{N1}+r_{N2})$。面法向由下式计算得到,以保证切割面与被切面垂直。

$$n_{\text{clip}} = \frac{n_C \times d_{N1N2}}{\|n_C \times d_{N1N2}\|} \tag{4.60}$$

用该切割面切割后取得剩余的多边形,再用 K_B 的下一边进行切割,所有边循环完毕后,剩余的多边形便是相交后的多边形。随后用切割面切割空间凸多边形会返回一个被切割后的剩余多边形,如图 4.6(b) 的深色部分。

为体现多边形的封闭性,在循环完所有点后,最后一个点的下一顶点为该轮循环的第一个顶点,这样便形成了一个闭环。交点的计算方法如下:

$$r_{\text{new}} = r_i + \lambda(r_{i+1} - r_i) \tag{4.61}$$

其中，$\lambda = \dfrac{(r_{\text{clip}} - r) \cdot n_{\text{clip}}}{(r_{i+1} - r_i) \cdot n_{\text{clip}}}$。

网格质量校核可用于判断网格质量是否达标。正如前面提过的，在大曲率处使用粗网格会导致本该相交的两网格面间垂直距离过大，过滤器可能将它们滤掉，视为不可能相交的两面，所生成的小面的面积之和会与原面面积有显著差距，由于部分本该存在的小面没有生成，最终会导致有限体积法的守恒性要求无法被满足。

数值上，用相交得到的小面的面积加和与原面的面积对比来判断网格质量。符合要求的网格及其相交得到的小面应满足：

$$\sum_{\forall K_A^i \in \tau_A} \frac{\left\| \left(\sum_{\forall K_C^k} S_c \right) - S_A \right\|}{\| S_A \|} < \varepsilon_3, \quad \forall K_C^k, \chi_{K_A}(K_C^k) = K_A^i \tag{4.62}$$

且

$$\sum_{\forall K_B^i \in \tau_B} \frac{\left\| \left(\sum_{\forall K_C^k} S_c \right) - S_B \right\|}{\| S_B \|} < \varepsilon_3, \quad \forall K_C^k, \chi_{K_B}(K_C^k) = K_B^i \tag{4.63}$$

其中，ε_3 为允许面积误差，一般设为 0.01。对于质量不达标的网格，可在曲率较大处细化网格来进行优化。

4. 旋转周期性边界条件

如图 4.7 所示，对于一套带有周期性边界的网格，计算的第一步是用相交小面的方法建立影像单元，形成扩展网格。两个周期性边界分别称为主边界和附属边界。相应地，两个边界上的格面称为主边界格面和附属边界格面，周期性边界需要给定旋转点 $r = (r_x, r_y, r_z)$、旋转轴 $n = (n_x, n_y, n_z)$ 以及旋转角度为 θ。主边界沿着通过旋转点的旋转轴旋转给定角度后，应该能够与附属边界重合，所建立的相交小面与主边界重合。附属边界上的格面经过旋转，在主边界上也有一套格面用于辅助计算，称为影像附属边界格面。显然，影像附属边界格面也与主边界重合。

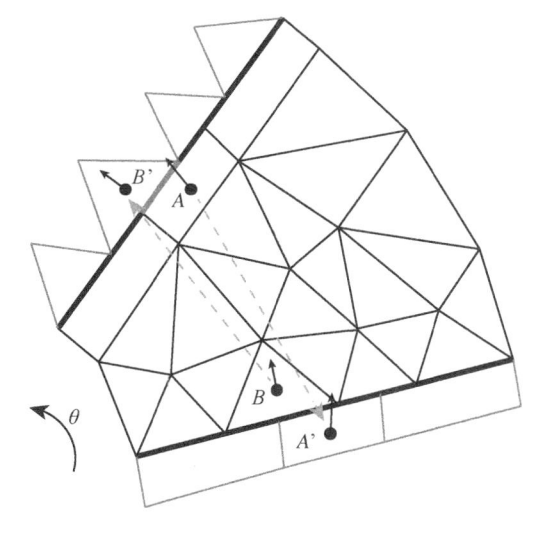

图 4.7　旋转周期面与影像单元

与此同时,两个旋转周期面上的物理量应该保持一致。其中,主边界和附属边界上的标量场相等,而主边界上的矢量场和二阶张量场经过旋转后应该等于附属边界上的物理量。

旋转矩阵 R 由旋转轴法向量和旋转角度计算:

$$R = \begin{bmatrix} \cos\theta + n_x^2(1-\cos\theta) & n_x n_y(1-\cos\theta) - n_z\sin\theta & n_x n_z(1-\cos\theta) + n_y\sin\theta \\ n_x n_y(1-\cos\theta) + n_z\sin\theta & \cos\theta + n_y^2(1-\cos\theta) & n_y n_z(1-\cos\theta) - n_x\sin\theta \\ n_x n_z(1-\cos\theta) - n_y\sin\theta & n_y n_z(1-\cos\theta) + n_x\sin\theta & \cos\theta + n_z^2(1-\cos\theta) \end{bmatrix} \tag{4.64}$$

例如,图 4.7 的单元 A 和单元 B 在单元列表中的编号分别为 I 和 J。这两个单元按照所给定转轴和角度经过旋转后有一个等效内部面。单元 A' 和 B' 分别为单元 A 和 B 的影像单元。

显然,影像单元中的标量值与原始单元的标量值相等:

$$\begin{cases} \phi'_A = \phi_A \\ \phi'_B = \phi_B \end{cases} \tag{4.65}$$

但由于影像单元经历了一定的旋转,影像单元上的矢量值与二阶张量值在需要原单元的值旋转后得到:

$$\begin{cases} \boldsymbol{u}'_A = R^{-1}\boldsymbol{u}_I \\ \boldsymbol{u}'_B = R\boldsymbol{u}_J \end{cases} \tag{4.66}$$

$$\begin{cases} T'_A = R^{-1}T_I \\ T'_B = RT_J \end{cases} \tag{4.67}$$

完成相交小面的构建和面上数据的插值后,需要导出离散方程,求解器使用的是共轭换热的方法,即将流体域和固体域的方程组合并处理,只是将固体域的压力和速度设置为 0,流体域和固体域同时进行方程组求解,具体的步骤如下。

考虑单元 A,按照有限容积法离散动量方程,将得到:

$$a_{II}\boldsymbol{u}_I + a_{IJ}\boldsymbol{u}'_B + \sum_{k\in\text{else}} a_{Ik}\boldsymbol{u}_k = \boldsymbol{b}_I \tag{4.68}$$

单元 B' 也是单元 A 的邻居,所以代数方程中包含这一影像单元。式(4.68)中的 else 表示除了 B' 之外与单元 A 相邻的其他单元(可能包括其他影像单元)。将式(4.66)代入式(4.68)可得

$$a_{II}\boldsymbol{u}_I + a_{IJ}R\boldsymbol{u}_J + \sum_{k\in\text{else}} a_{Ik}\boldsymbol{u}_k = \boldsymbol{b}_I \tag{4.69}$$

这样就消去了影像单元,将旋转周期性边界的约束完全隐式化了。但是,旋转矩阵的引入使得矢量代数方程组中各个方向分量的矩阵系数不再完全相等。因此需要对各个矢量的分量分别列方程联立求解。将式(4.69)展开为分量的形式可得

$$\begin{cases} a_{II}u_I + a_{IJ}(r^{xx}u_J + r^{xy}v_J + r^{xz}w_J) + \sum_{k \in \text{else}} a_{Ik}u_k = b_I^x \\ a_{II}v_I + a_{IJ}(r^{yx}u_J + r^{yy}v_J + r^{yz}w_J) + \sum_{k \in \text{else}} a_{Ik}v_k = b_I^y \\ a_{II}w_I + a_{IJ}(r^{zx}u_J + r^{zy}v_J + r^{zz}w_J) + \sum_{k \in \text{else}} a_{Ik}w_k = b_I^z \end{cases} \quad (4.70)$$

其中,

$$\boldsymbol{u} = (u, v, w), \quad \boldsymbol{b} = (b_x, b_y, b_z)$$

用相同的方法可以得到单元 B 的分量形式代数方程组:

$$\begin{cases} a_{JJ}u_J + a_{JI}(s^{xx}u_I + s^{xy}v_I + s^{xz}w_I) + \sum_{k \in \text{else}} a_{Jk}u_k = b_J^x \\ a_{JJ}v_J + a_{JI}(s^{yx}u_I + s^{yy}v_I + s^{yz}w_I) + \sum_{k \in \text{else}} a_{Jk}v_k = b_J^y \\ a_{JJ}w_J + a_{JI}(s^{zx}u_I + s^{zy}v_I + s^{zz}w_I) + \sum_{k \in \text{else}} a_{Jk}w_k = b_J^z \end{cases} \quad (4.71)$$

式(4.70)和式(4.71)中:

$$R = \begin{bmatrix} r_{xx} & r_{xy} & r_{xz} \\ r_{yx} & r_{yy} & r_{yz} \\ r_{zx} & r_{zy} & r_{zz} \end{bmatrix}, \quad R^{-1} = \begin{bmatrix} s_{xx} & s_{xy} & s_{xz} \\ s_{yx} & s_{yy} & s_{yz} \\ s_{zx} & s_{zy} & s_{zz} \end{bmatrix} \quad (4.72)$$

5. 流固耦合交界面计算方法

流固耦合传热的求解涉及流体和固体两个计算区域以及它们之间的交界面。如图4.8所示,流固交界面是一种特殊的边界。与普通边界条件不同的是,双侧边界面在计算过程中需要使用两个边界条件。本问题中的流固边界面的边界条件如下,其中下标 g 表示流体侧,下标 s 表示固体侧。

温度连续:

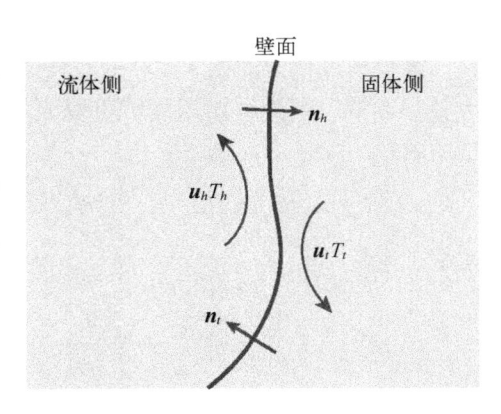

$$T_g = T_s \quad (4.73)$$

图 4.8 双侧边界面(交界面)

传热平衡：

$$q_s = q_g \tag{4.74}$$

如图 4.9 所示，交界面两侧有一个流体单元和一个固体单元，交界面的温度参与了流体单元的对流项及扩散项的离散，以及固体单元的扩散项离散。但是，由于交界面上的质量流量为零，实际上交界面温度仅参与了两个单元的扩散项离散。

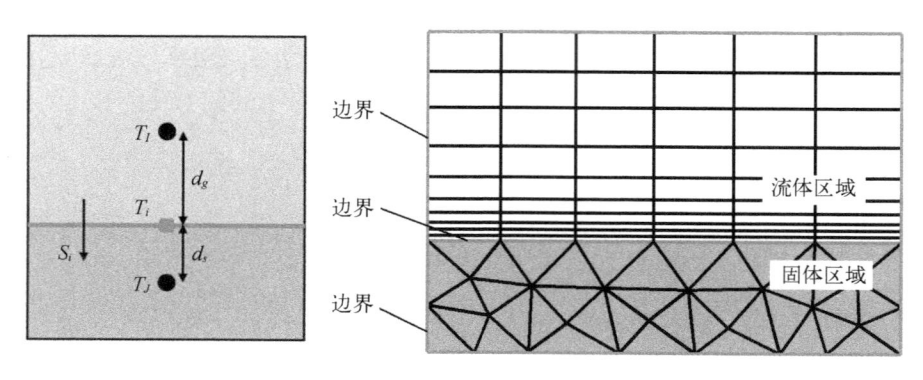

图 4.9　两个计算区域与流固交界面

在建立耦合方程的过程中需要将流固交界面上的热平衡关系转化为对代数方程组系数的修改。考虑图 4.9 的界面温度和界面两侧的流体单元及固体单元中心的温度，假设流体单元和固体单元在流固两套网格中的总编号分别为 I 和 J。由于温度连续[式(4.73)]，交界面两侧温度相等，用 T_i 表示。传热平衡关系的离散形式可以表示为

$$\lambda_s \frac{T_J - T_i}{\Delta_s} = \lambda_g \frac{T_i - T_I}{\Delta_g} \tag{4.75}$$

需要说明的是，式(4.75)中的气体的导热系数 λ_g 为等效导热系数，还包含湍流导热系数。这样界面温度就可以表示为流体单元温度、固体单元温度之间的线性组合：

$$T_i = c_1 T_I + c_2 T_J \tag{4.76}$$

其中，

$$c_1 = \frac{\lambda_g/d_g}{\lambda_g/d_g + \lambda_s/d_s}, \quad c_2 = \frac{\lambda_s/d_s}{\lambda_g/d_g + \lambda_s/d_s} \tag{4.77}$$

AESim-HT 采用温度作为能量方程的求解变量。气体区域的能量方程经过

控制容积积分,使用高斯定理,最终转化为代数方程的形式为

$$\sum_f m_f c_{p,f} T_f - \sum_f \lambda_{g,f} (\nabla T)_f \cdot \mathbf{S}_f = s_T \Delta V \quad (4.78)$$

其中,第一项为对流项离散的结果,m_f 表示网格面上的质量流量。固体区域没有对流项但有瞬态项,因此最终需要转化为代数方程的离散表达式为

$$(\rho c_p)_s \frac{T_J - T_J^0}{\Delta t} \Delta V - \sum_f \lambda_{s,f} (\nabla T)_f \cdot \mathbf{S}_f = 0 \quad (4.79)$$

具体地,对式(4.78)中的扩散项进一步离散的过程中需要考虑到,交界面与其他内部面不同,需要引入热平衡关系。对扩散项中的界面温度梯度进一步离散,并将式(4.76)代入可得

$$-\lambda_g (\nabla T)_g \cdot \mathbf{S}_i \approx -\lambda_g \frac{T_i - T_I}{d_g} |\mathbf{S}_i| = \lambda_g \frac{c_2 T_I - c_2 T_J}{d_g} |\mathbf{S}_i| \quad (4.80)$$

用相同的方法可以对固体单元的扩散项进一步离散,涉及交界面上的温度梯度的项可以表示为

$$-\lambda_s (\nabla T)_s \cdot (-\mathbf{S}_i) \approx -\lambda_s \frac{T_i - T_J}{d_s} |\mathbf{S}_i| = \lambda_s \frac{c_1 T_J - c_1 T_I}{d_s} |\mathbf{S}_i| \quad (4.81)$$

在能量方程的求解过程中,式(4.76)用于计算交界面上的温度。在建立温度的代数方程组($a_{ij} T_j = b_i$)的过程中根据式(4.80)和式(4.81)修改相关的矩阵的系数。

对于流体单元:

$$\begin{cases} a_{II} := a_{II} + \dfrac{c_2 \lambda_g}{d_g} |\mathbf{S}_i| \\ a_{IJ} := a_{IJ} - \dfrac{c_2 \lambda_g}{d_g} |\mathbf{S}_i| \end{cases} \quad (4.82)$$

对于固体单元:

$$\begin{cases} a_{JJ} := a_{JJ} + \dfrac{c_1 \lambda_s}{d_s} |\mathbf{S}_i| \\ a_{JI} := a_{JI} - \dfrac{c_1 \lambda_s}{d_s} |\mathbf{S}_i| \end{cases} \quad (4.83)$$

式(4.82)和式(4.83)为通过修改整体的代数方程组系数隐式地考虑交界面

耦合传热的影响的具体方法。需要说明的是，式（4.82）和式（4.83）的离散表达式是基于网格正交的条件，对于一般的非结构化网格，还应该把非正交的部分在源项中体现，并在迭代中采用延迟修正。

6. 转静交界面计算方法

如图 4.10 所示，AESim-HT 在静止部件和旋转部件分别选取包含一个叶片的典型区域，采用周期性边界条件考虑与相邻叶片之间的影响，采用周向平均的滑移网格的技术考虑动静叶片之间的影响。

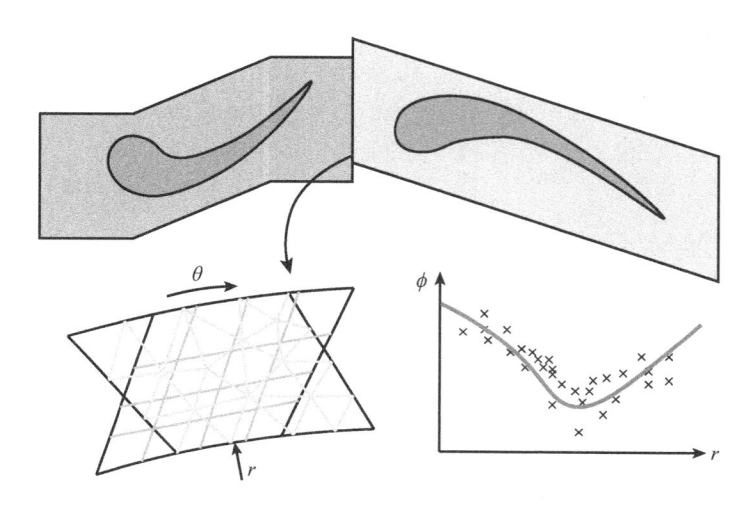

图 4.10 动静交界面上的轴向平均法

为了提高计算的稳定性，本项目拟将静止叶片与运动叶片周围的区域分别在固定坐标系与旋转坐标系下进行计算。参考坐标系 p 以角速度 ω_p 转动。u_p 为参考绝对速度在 p 中的相对速度：

$$u_0 = u_p + \omega_p \times r \tag{4.84}$$

其中，r 为 p 相对于 0 的迁移位移矢量。

旋转坐标系的控制方程需要在动量方程的基础上加上离心力和科氏力：

$$\begin{aligned}&\nabla \cdot (\rho u_r) + 2\rho(\omega \times u_r) + \rho(\omega \times \omega \times r) \\&= -\nabla p + \nabla \cdot (\eta \nabla u_r) + \nabla \cdot \left\{\eta\left[\nabla u_r - \frac{2}{3}(\nabla \cdot u_r)I\right]\right\} + f\end{aligned} \tag{4.85}$$

固定坐标系和旋转坐标系采用相互独立的方式进行计算。对于稳态的涡轮级仿真计算，只需要在滑移网格的交接面上周向平均插值。如图 4.10 所示，动静两个区域需要通过互相插值实现耦合计算。虽然提供数据的区域能够提供待传递物理量在整个交界面上的分布，但有部分插值仅考虑物理量沿径向的变化，即对物理量的周向变化进行了平均化处理。其中上游区域向下游区域插值的物理量有总温、总压、速度方向,下游区域向上游区域的插值物理量为静压。物理量沿径向的变化采用最小二乘法,通过三次基函数进行回归分析获得,其中各个格面的面积作为拟合的权值。同时,速度方向在拟合过程中需要考虑相对坐标系的选取引起的角度的变化。

7. 求解流程

完成方程的构建后,可压缩流动 SIMPLE 算法的求解可以按照以下步骤进行:

(1) 给定求解的初始流场,包括初始速度场、压力场、质量流通量和温度场;

(2) 将单元中心的速度场、压力场、质量流通量和温度场保存为上一时层的物理量,然后进入外迭代;

(3) 离散并求解动量方程,初步预测单元中心的速度场;

(4) 建立并求解焓方程,并根据求解所得的焓,计算温度场;

(5) 根据动量方程的系数及步骤(3)中初步预测的速度场计算假拟速度场;

(6) 用线性插值法计算单元面上的假拟速度场;

(7) 按照状态方程解出单元中心的初始密度场;

(8) 用迎风插值计算单元面上的密度场;

(9) 建立并求解压力方程;

(10) 重新计算单元面上的质量流通量;

(11) 计算单元中心的速度场;

(12) 修正单元中心的压力场;

(13) 外迭代收敛判断:如果求解未达到收敛条件则返回步骤(3);如果已满足收敛条件则返回步骤(2)。

8. 剪切应力输运湍流模型(SST $k-\omega$ 湍流模型)

1) 模型描述

涡轮叶片流动传热仿真中,决定仿真计算精度的最主要因素是由湍流模型决定的近壁面区域的流动和对流传热过程计算精度,由于涡轮叶片内外流场涵盖了从极低速度到马赫数 2.0 的高速范围,单纯适用于高速或低速区间的湍流模型并不适用,而七方程湍流模型虽然从理论上精度较高,但从现有的文献中所做的涡轮叶片数值仿真的湍流模型对比来看[3],对涡轮叶片的计算精度并没有显著提升,并且精度在不同算例中的差异较大,尚不具备在工程设计中作为仿真应用的成熟度。现有的文献调研结果表明,SST 湍流模型对低速流和高速流都具备良好的适应性[4-7],因此,求解器中被选作涡轮叶片流动传热仿真的湍流模型方案,并对于低速流场景进行了优化。

SST $k-\omega$ 湍流模型求解 k 方程和 ω 方程,均可表示为有限容积法的输运方程

的形式:

$$\frac{\partial(\rho k)}{\partial t} + \frac{\partial(\rho u_j k)}{\partial x_j} = P - \beta^* \rho \omega k + \frac{\partial}{\partial x_j}\left[(\mu + \sigma_k \mu_t)\frac{\partial k}{\partial x_j}\right] \quad (4.86)$$

$$\frac{\partial(\rho \omega)}{\partial t} + \frac{\partial(\rho u_j \omega)}{\partial x_j} = \frac{\gamma}{\nu_t}P - \beta \rho \omega^2 + \frac{\partial}{\partial x_j}\left[(\mu + \sigma_\omega \mu_t)\frac{\partial \omega}{\partial x_j}\right] \quad (4.87)$$

$$+ 2(1 - F_1)\frac{\rho \sigma_{\omega 2}}{\omega}\frac{\partial k}{\partial x_j}\frac{\partial \omega}{\partial x_j}$$

其中,

$$P = \tau_{ij}\frac{\partial u_i}{\partial x_j} \quad (4.88)$$

$$\tau_{ij} = \mu_t(2S_{ij} - \frac{2}{3}\frac{\partial u_k}{\partial x_k}\delta_{ij}) - \frac{2}{3}\rho k \delta_{ij} \quad (4.89)$$

$$S_{ij} = \frac{1}{2}\left(\frac{\partial u_i}{\partial x_j} + \frac{\partial u_j}{\partial x_i}\right) \quad (4.90)$$

湍流黏度通过下式计算:

$$\mu_t = \frac{\rho k}{\omega}\frac{1}{\max\left(\frac{1}{\alpha^*}, \frac{SF_2}{a_1 \omega}\right)} \quad (4.91)$$

每个常数都是通过下式调和得到的:

$$\phi = F_1 \phi_1 + (1 - F_1)\phi_2 \quad (4.92)$$

其中,ϕ_1 和 ϕ_2 分别表示两个常数。式中其他函数通过下式给出:

$$F_1 = \tanh(\arg_1^4) \quad (4.93)$$

$$\arg_1 = \min\left[\max\left(\frac{\sqrt{k}}{\beta^* \omega d}, \frac{500\nu}{d^2 \omega}\right), \frac{4\rho \sigma_{\omega 2} k}{\mathrm{CD}_{k\omega} d^2}\right] \quad (4.94)$$

$$\mathrm{CD}_{k\omega} = \max\left(2\rho \sigma_{\omega 2}\frac{1}{\omega}\frac{\partial k}{\partial x_j}\frac{\partial \omega}{\partial x_j}, 10^{-20}\right) \quad (4.95)$$

$$F_2 = \tanh(\arg_2^2) \quad (4.96)$$

其中,ρ 为密度;$\nu_t = \mu_t/\rho$ 为湍流运动黏度;ν 为分子运动黏度;d 为到物面的最近

距离;$\Omega = \sqrt{2\Omega_{ij}\Omega_{ij}}$ 代表涡量,其中,

$$\Omega_{ij} = \frac{1}{2}\left(\frac{\partial u_i}{\partial x_j} - \frac{\partial u_j}{\partial x_i}\right) \tag{4.97}$$

在求解开始时需要确定每个网格单元的壁面距离,此时将计算区域中的壁面距离视为计算区域中的一个标量场 ϕ。标量场在壁面边界上的值等于零,在其他边界上法向梯度为零。在计算区域内部满足:

$$\nabla^2 \phi = -1 \tag{4.98}$$

其中,标量场 ϕ 的控制方程和边界条件可以表示为

$$\begin{cases} \phi = 0, & \Gamma \in 壁面 \\ \dfrac{\partial \phi}{\partial n} = 0, & 其他 \end{cases} \tag{4.99}$$

2) 低雷诺数修正

低雷诺数修正主要针对式(4.91)中的 α^*,计算方法如下:

$$\alpha^* = \alpha_\infty^* \left(\frac{\alpha_0^* + Re_t/R_k}{1 + Re_t/R_k}\right) \tag{4.100}$$

其中,

$$Re_t = \frac{\rho k}{\mu \omega} \tag{4.101}$$

$$R_k = 6 \tag{4.102}$$

$$\alpha_0^* = \frac{\beta_i}{3} \tag{4.103}$$

$$\beta_i = 0.072 \tag{4.104}$$

4.1.3 工程适用性分析

在几何建模方面,首先需要严格保证对应的旋转周期性面能够旋转后完全重合,面积相等。由于叶片流动具有强烈的非定常特性,因此应在叶片前缘和尾缘将计算域分别延伸一个叶片弦长的距离,确保求解的稳定性。最后,旋转周期性面应远离叶片前缘和尾缘,至少保证周期性面与叶片前后缘有 1 倍当地叶片厚度的距离,如果条件允许,应采用叶片一侧型面作为周期性面的基准面,避免叶片对流场产生的非定常扰动与旋转周期性面耦合产生振荡,影响收敛性。

在网格生成方面,最大网格尺寸不应大于 2 mm,近壁面网格需要进行加密,$y+$

值应控制在 1 以下,网格最大长宽比不大于 1 000。

在前处理中,首先应确保对应的周期性面和对应的流固耦合面之间的面积相等,如面积差过大会使得能量方程迭代不收敛,出现错误的结果。其次,在湍流模型的选取上,需要采用 SST $k-\omega$ 湍流模型,并开启转捩模型。最后,在设置交界面网格的过滤器尺寸时,根据测试的结果,应选择当地面网格尺寸的 1.2 倍数值。

4.1.4 应用案例

1. 算例描述

以一个典型带有蛇形冷却通道的旋转叶片,即涡轮工作叶片算例为例介绍叶片流动换热仿真的过程。叶片计算模型如图 4.11(a)所示,计算域为典型环形叶栅的单叶片通道计算域,在计算域的进出口分别延伸了 1 个叶片弦长的长度以进一步确保收敛性,叶顶间隙为 0.5% 的叶高。叶片的冷却通道结构如图 4.11(b)所示,叶片简化了叶根和伸根部分的流体域与固体域,并且省略了轮毂封严冷气的影响。全部冷却气都由叶片叶根处流入冷却通道,由前缘的气膜孔和尾缘的劈缝流出。

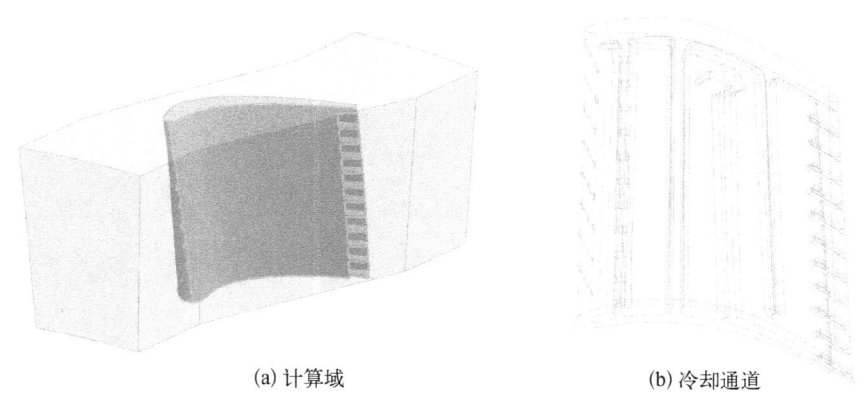

(a) 计算域   (b) 冷却通道

图 4.11 旋转叶片算例几何模型

计算所用的四面体非结构网格由仿真软件传热模块中的前处理模块生成,网格的细节如图 4.12 所示,流体域和固体域分别划分网格,总网格量为 348 万个四面体。

2. 仿真参数设置

边界条件设置为在主流进口处给定总压和总温及相对气流角,在主流出口处给定静压,在冷气进口处给定冷气流量和总温。进出口边界条件的具体数值见表 4.1。流体域机匣面和轮毂面向前后延伸的部分设置为静止壁面,轮毂面为旋转壁面,两侧周期性面设置为周期性边界,流固耦合交界面设置为流固耦合边界。

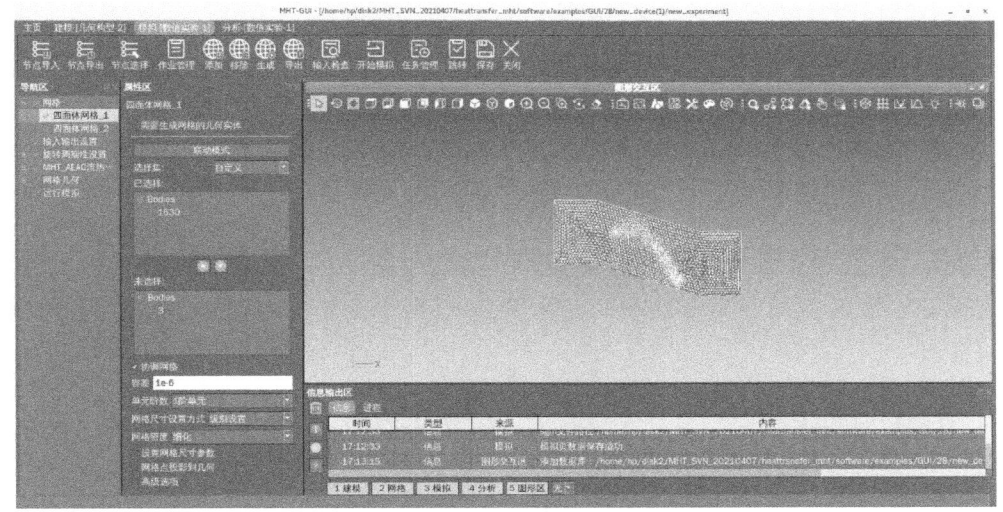

(a) 流体域网格

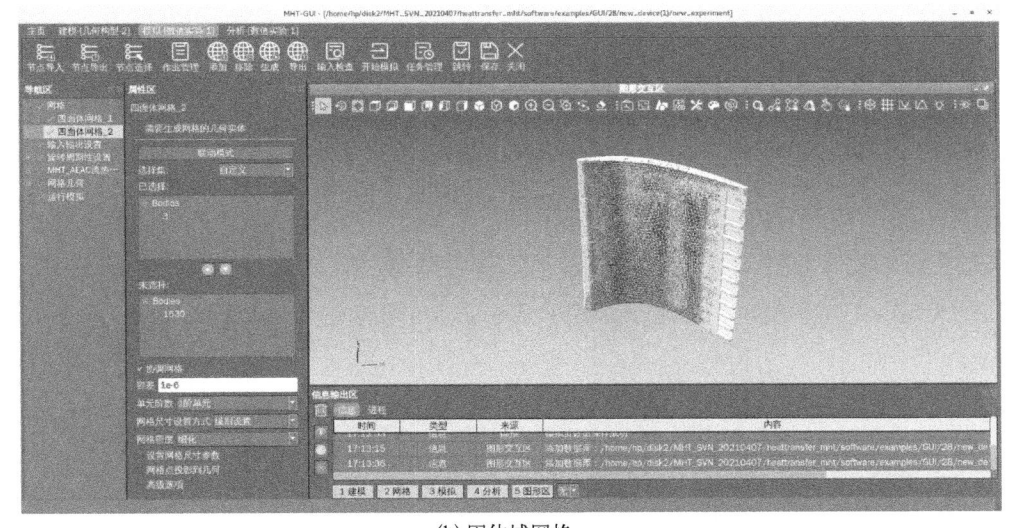

(b) 固体域网格

图 4.12　计算所用网格

表 4.1　进出口边界条件

边界名称	总压/Pa	流量/(kg/s)	总温/K	静压/Pa	进口气流角/(°)
主流进口	881 351	—	1 630	—	70
主流出口	—	—	—	341 815	—
冷气进口	—	0.007	664	—	—

叶片的旋转方向需要根据左手定则判定,即左手大拇指指向叶轮机轴向流动方向,其余四根手指指向的方向为旋转的正方向,对于本例中的叶片,旋转方向为负方向,因此旋转速度为-24 639 r/min。

3. 结果分析

图 4.13 所示为计算获得的叶片中截面马赫数分布。可以看出叶片冷却通道内的马赫数在 0.4 以下,而叶片外流场的马赫数最大可达 1.64,所使用的压力基求解算法对宽广的马赫数范围具有良好的适应性。叶片流场的激波位于由吸力面 30%弦长到尾缘尾劈缝前的连线上,符合典型涡轮叶片的流场马赫数分布规律。

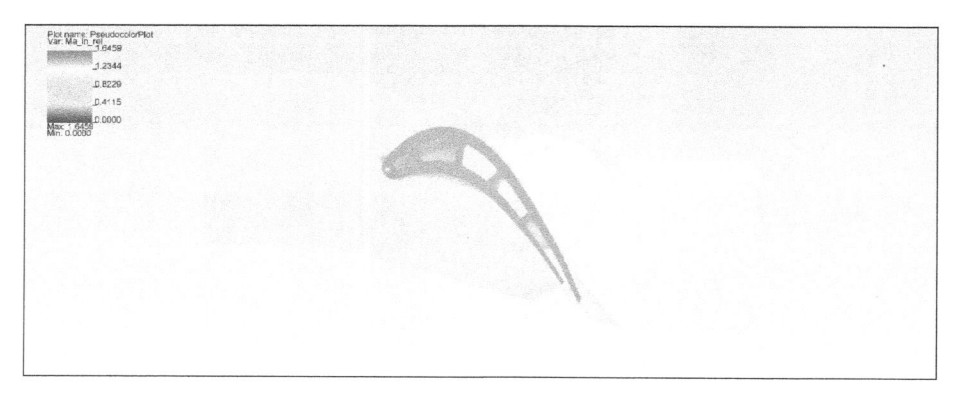

图 4.13 叶片流场中截面马赫数分布

图 4.14 所示为叶片内外表面的温度分布,可以看出叶片温度分布沿弦长方向基本呈现逐渐增大的趋势,这是由于前缘部分在冲击射流和气膜的同时冷却下具有最高的冷却效果,尾缘部分虽然有尾劈缝存在,但由于尾劈缝出流只能提供对流冷却,效果较差,在叶高方向上,由于冷气在进入尾劈缝前需要首先通过一个 U 形弯,随后首先流过最靠近叶根的尾劈缝进口,因此由尾劈缝流出的冷气流量沿叶高方向逐渐下降,使得叶片外表面的冷却效果沿叶高逐渐降低,温度沿叶高逐渐增大。在叶片内表面同样可以明显观察到冷气进口附近的低温区域,以及 U 形弯造成的温度梯度。

可见,采用流热耦合的方法可以在一次仿真计算中完成对涡轮叶片流场和叶片自身温度场的计算,叶片三维温度场分布可以为传热和冷却设计提供相比于管网计算结果更详细的信息,更好地指导叶片冷却设计的后续方案迭代。同时,高精度的温度场数据可以对冷效试验结果提供补充信息,减少对试验的依赖。此外,从几何建模开始的单次数值仿真所需的时间不会超过三天,能够大大提升涡轮叶片方案迭代的效率。

(a) 叶片外表面温度分布

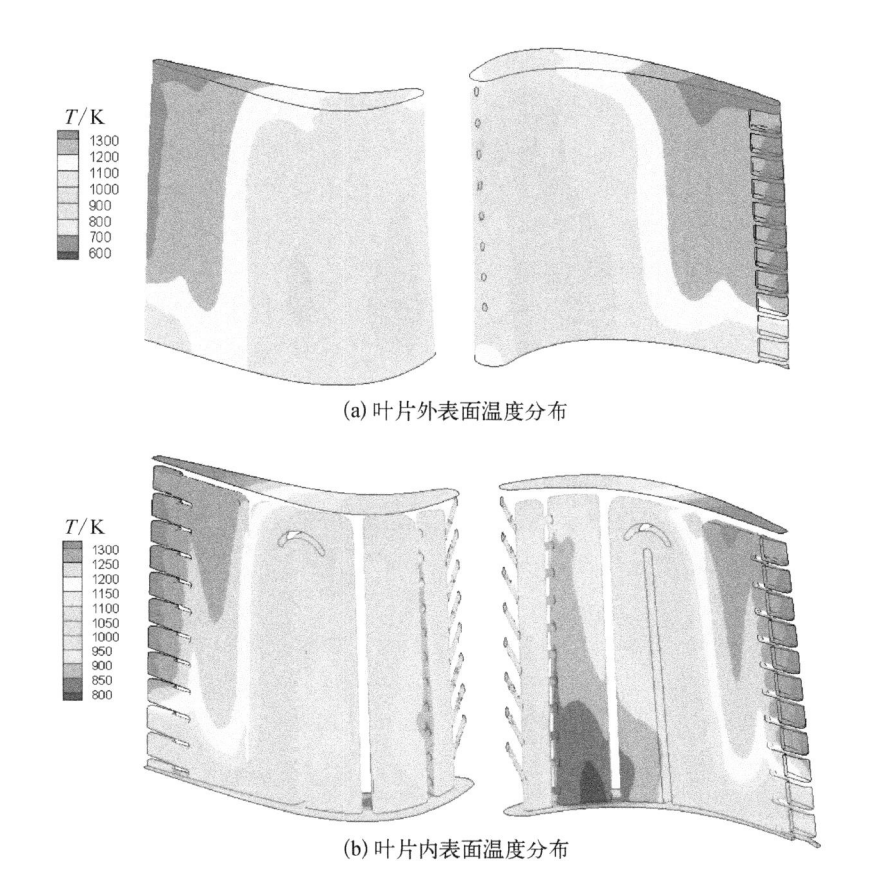

(b) 叶片内表面温度分布

图 4.14　叶片温度分布

左图：吸力面侧；右图：压力面侧

4.2　进口部件结冰仿真

当飞机进入含有过冷水滴的云层时，发动机进口部件的迎风表面会产生结冰现象，典型的结冰部件包括进口支板、整流帽罩、第一级导向叶片、第一级转子叶片、风扇叶片等。发动机进口部件的结冰会减小流通面积，使发动机的推力降低；结冰还会破坏进口部件的气动特性，容易引起发动机叶片的振动等；若进口部件上的冰层脱落并在气流的带动下进入发动机内部，可能会打伤高速旋转的发动机叶片，导致发动机的损伤甚至毁坏。因此需要对进口部件的结冰问题开展研究，为发动机的防/除冰设计提供指导。数值仿真是一种成本较低、周期较短而且高效的结冰研究方法，发动机进口部件的结冰仿真包括空气—过冷水滴两相流、过冷水滴在部件表面的撞击特性以及部件表面水膜流动与结冰相变等过程的数值模拟。

4.2.1 基本理论介绍

1. 空气—过冷水滴两相流

空气—过冷水滴两相流场计算的主要目的是为结冰计算提供结冰表面的对流换热系数和气流拖曳力(剪切力),以及结冰表面附近的气流温度、压力和水滴速度、体积含量等参数的分布。

首先分析结冰问题中两相流场的特点,并据此提出一些简化假设。根据这些基本假设,选择所用的两相流场计算方法。两相流场的数值计算一般有欧拉-拉格朗日法和欧拉-欧拉法,在结冰问题的数值模拟历史上,最早采用前一种方法,但拉格朗日法求解过冷水滴运动在三维情况下计算量非常巨大,而且与之配套的求解局部水收集系数的方法比较复杂,而欧拉-欧拉法可规避这些不足,适用于复杂三维结冰表面,因此本文采用欧拉-欧拉法模拟两相流场。其次建立基于欧拉-欧拉法的两相流控制方程,并对壁面边界条件的处理进行介绍。然后介绍两相流场计算结果数据的后处理方法和局部水收集系数的计算方法,以便为结冰计算提供输入条件。

结冰模拟问题中的流场是空气—过冷水滴两相流场。其中的过冷水滴尺寸非常小(平均有效直径 MVD 的范围一般为 10~40 μm),含量也非常小,其体积含量一般在 10^{-6} 量级(液态水含量 LWC 的范围一般为 0.5~2.5 g/m^3),因此该两相流属于非常稀疏的两相流。

如果发生的是明冰结冰,则冰层表面还有未凝固液态水形成的一层薄水膜,水膜的外面才是空气—过冷水滴两相流,此时两相流的边界其实是这层水膜的外表面。由于水膜还会在气流剪切力的拖曳下进行流动,因此两相流的边界是移动的。

随着结冰时间的积累,迎风表面上的冰层(包含其表面的薄水膜)不断生长(向两相流场中推进),即两相流场的边界是不断改变的,因此结冰模拟问题中两相流场是非稳态的。

1) 基本假设

根据结冰模拟问题中空气—过冷水滴两相流场的特性,对其进行如下简化假设。

(1) 由于冰生长速度比较慢,因此两相流场的变化速度也较慢,在采用"步进—循环"的模拟过程后,两相流场计算时处理为稳态。

(2) 在明冰结冰时,冰层表面的水膜非常薄(厚度一般在 0.1 mm 量级甚至更小),其流动速度也非常小(一般在 0.1 m/s 量级甚至更小),因此忽略这层水膜对空气—过冷水滴两相流场的影响,直接把两相流场的边界放在静止或旋转的冰层表面上。

(3) 结冰一般发生在飞行速度较低的起飞和降落阶段,因此不考虑流体的压缩性。

（4）假设自由来流过冷水滴均匀分布在空气中，其体积含量可由液态水含量计算，并以此作为两相流场计算的进口边界条件：

$$\alpha_{w\infty} = \text{LWC}/\rho_w \tag{4.105}$$

其中，$\alpha_{w\infty}$ 为进口边界处过冷水滴的体积含量，ρ_w 为水的密度。

（5）假设两相流场中的过冷水滴均为同一个尺寸，而且均以规则的球形存在，其直径等于平均有效直径：

$$d = \text{MVD} \tag{4.106}$$

其中，d 为过冷水滴的直径。

（6）假设水滴在运动过程中，不发生破裂分解，也不发生碰撞结合，撞击到壁面后完全附着在壁面上，不会发生溅落。

（7）假设水滴在运动过程中不发生蒸发，控制体中的气态水也不会结冰，即不考虑空气与水滴两相间的质量交换和能量交换。

（8）水滴运动的主要动力是气流的拖曳力和重力。

（9）由于水滴的惯性相对较大，因此为了更好地计算水滴撞击特性，两相流场计算时必须考虑空气和水滴两相之间的速度滑移。

（10）不考虑水滴相在运动过程中的能量传递过程，因此水滴温度一直等于环境温度。

2）基于欧拉-欧拉法的两相流控制方程

（1）连续方程。由于不考虑流体的压缩性和两相之间的质量交换，因此空气—过冷水滴两相稳态流动的连续方程为

$$\frac{\partial(\alpha_\gamma U_{\gamma l})}{\partial X_l} = 0 \tag{4.107}$$

其中，下标 γ 代表不同的相，即 $\gamma = a$ 和 $\gamma = w$ 分别代表空气相和水滴相；下标 l 代表方向，满足求和约定；X_l 是笛卡儿坐标，U_l 是时均速度；α_γ 是 γ 相的体积含量，两相的体积含量满足：

$$\alpha_a + \alpha_w = 1 \tag{4.108}$$

（2）动量方程。由于只考虑重力和两相之间的拖曳力，因此空气—过冷水滴的动量方程为

$$\frac{\partial(\alpha_\gamma \rho_\gamma U_{\gamma k} U_{\gamma l})}{\partial X_l} = -\alpha_\gamma \frac{\partial p}{\partial X_k} + \frac{\partial}{\partial X_l}\left[\alpha_\gamma(\mu_\gamma + \mu_{t\gamma})\left(\frac{\partial U_{\gamma k}}{\partial X_l} + \frac{\partial U_{\gamma l}}{\partial X_k}\right)\right] + \alpha_\gamma \rho_\gamma g_k + M_{\gamma k} \tag{4.109}$$

其中，ρ_γ 为 γ 相的密度；u'_γ 为 γ 相的湍流脉动速度；μ_γ 和 $\mu_{t\gamma}$ 分别为 γ 相的分子黏性系数与湍流黏性系数；g 为重力加速度；$M_{\gamma k}$ 为 γ 相所受拖曳力的 k 方向分量，水滴相的拖曳力分量为

$$M_{wk} = \frac{3}{4}\alpha_w \frac{C_D}{d} \frac{\mu_a}{d} Re_w(U_{ak} - U_{wk}) \tag{4.110}$$

其中，d 为水滴直径；Re_w 为雷诺数，其定义式为

$$Re_w = \frac{\rho_a |U_a - U_w| d}{\mu_a} \tag{4.111}$$

C_D 为拖曳力系数，可由下式确定：

$$C_D = \max\left[\frac{24}{Re_w}(1 + 0.15Re_w^{0.687}), 0.44\right] \tag{4.112}$$

空气相所受到的拖曳力矢量为

$$M_a = -M_w \tag{4.113}$$

（3）能量方程。根据假设，可以不考虑水滴相的能量方程，能量方程只针对空气相，即

$$\frac{\partial(\alpha_a \rho_a U_{al} T_a)}{\partial X_l} = \frac{\partial}{\partial X_l}\left[\alpha_a\left(\frac{\mu_a}{Pr_a} + \frac{\mu_{ta}}{Pr_{ta}}\right)\frac{\partial T_a}{\partial X_l}\right] \tag{4.114}$$

其中，T_a 为空气温度；Pr_a 和 Pr_{ta} 分别为空气的分子普朗特数和湍流普朗特数，$Pr_a = 0.7$，$Pr_{ta} = 0.9$。

（4）湍流方程。从以上内容可以看出，两相流场计算考虑了湍流，基于布西内斯克的涡黏假设给出的动量方程和能量方程中都出现了湍流黏性系数。因此，为了使以上方程组封闭，还需要求解相应的湍流模型。

空气相的湍流黏性系数 μ_{ta} 采用 $k-\varepsilon$ 模型求解，处理方法与传统单相流相同，此处不再赘述；水滴相的湍流黏性系数 μ_{tw} 采用下面的代数公式确定：

$$\mu_{tw} = \frac{\rho_w}{\rho_a} \frac{\mu_{ta}}{\sigma} \tag{4.115}$$

其中，σ 为水滴相湍流黏度与空气相湍流黏度的关联系数，取 $\sigma = 1$。

（5）两相流计算结果数据后处理方法。两相流场计算主要是为结冰计算提供对流换热系数、壁面剪切力、气流温度和压力等，由于结冰模拟是在近壁区第一层流场网格内进行的，因此结冰计算需要的这些数据都是壁面网格节点和第一层流场网格节点上的数据。于是，需要从整个两相流场计算域结果中提取这两层网格

节点上的数据并按照一定的顺序对其进行排列。

（6）局部水收集系数的计算。结冰模拟中一般以局部水收集系数表征水滴的撞击特性，它可大致反映结冰表面上的结冰范围和程度，对防/除冰系统设计也有一定的指导作用，因此水滴撞击特性的计算在结冰、防/除冰领域的研究中，都受到很大重视。

在利用欧拉-欧拉法计算两相流场时，可以采用下式计算局部水收集系数：

$$\beta = -\frac{\alpha_w \cdot \rho_w \cdot U_{nw}}{\text{LWC} \cdot U_\infty} \quad (4.116)$$

其中，α_w 和 U_{nw} 分别为壁面上的水滴体积分数和法向撞击速度，该速度以外法向为正。因为水滴撞击壁面时的法向速度都是负值，所以公式中使用一个负号以保证局部水收集系数值始终为正。

可见，水收集系数是一个无量纲的参数。它虽然可以较为直观地反映水滴撞击特性，但是结冰模型中一般需要的是水滴的实际撞击量，二者可通过以下关系式进行转换：

$$m_{\text{imp}} = \beta \cdot \text{LWC} \cdot U_\infty \quad (4.117)$$

其中，m_{imp} 为水滴撞击量，单位 $\text{kg}/(\text{m}^2 \cdot \text{s})$。

在计算空气—过冷水滴两相流场时，水滴相在固体壁面上采用速度无滑移假设，壁面上的水滴速度始终为零，因此无法采用壁面网格节点上的数据进行局部水收集系数的计算。而在结冰模拟中，结冰网格直接采用两相流场计算域近壁区第一层网格，因此在生成网格时，要求近壁区的网格质量较高，尤其第一层网格。第一层网格不但垂直度高，而且高度也应很小，一般应在 0.1 mm 量级以下。由于网格高度很小，因此直接利用近壁区第一层网格节点上的数据 α_w 和 U_{nw} 计算局部水收集系数，如图 4.15 所示。

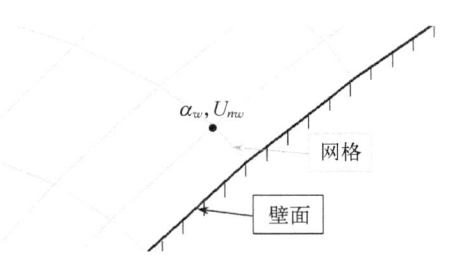

图 4.15 第一层网格节点上的数据示意图

2. 考虑水膜流动的三维结冰模型

本节建立模拟三维结冰的数学模型。该结冰模型最大的特点是将冰生长及其表面的薄水膜流动相耦合，对水膜流动建立控制方程并进行数值求解，相比于 Messinger 二维结冰模型，这种处理方法更接近物理真实，且适用于三维特征明显的迎风表面结冰模拟。

1）结冰模型建立的思路

结冰模型的目的是针对不同来流条件，计算迎风表面在不同结冰时刻的冰层厚度,并获得冰层表面坐标,为冰层表面重构做准备。

首先根据发动机进口迎风面三维结冰的特点以及未凝固水膜流动的特点,建立三维冰生长和水膜流动的数学模型,其中冰生长和水膜流动相互耦合,冰生长将考虑霜冰结冰、明冰结冰和不结冰三种情况,水膜流动的模拟将基于动量守恒,而且通过数值求解的方式进行,在结冰模型的求解过程中将三种不同结冰情况下的冰生长方程和水膜流动方程联系在一起,从而可以自动判断出不同来流条件下的结冰类型并获得不同时间下的冰层厚度和水膜流动信息,之后利用冰层厚度确定冰层表面的坐标。

2) 基本假设

下面简单分析发动机进口迎风表面结冰过程中的一些特点,并提出三维结冰模型的基本假设。

(1) 空气、水膜、冰层均作常物性处理;液态水凝固时,其物性参数瞬间转换为冰的物性参数;模拟过程中来流条件均不发生变化。

(2) 由于冰层的生长速度较小,因此在结冰时间不是很长的情况下,冰层厚度比较小,一般在毫米量级。

(3) 结冰过程中,冰层表面未凝固水膜的厚度很小,一般在 10^{-4} m 量级或更小,因此忽略冰层表面的曲率,认为水膜在平面上流动,也不考虑水膜的表面张力。

(4) 水膜流动速度很小,一般在 10^{-1} m/s 量级或更小,因此将水膜流动视为层流。

(5) 假设未凝固的液态水均以连续水膜的形式存在,水膜长度的量级为 0.1 m。

(6) 过冷水滴的尺寸很小,一般在 10 μm 量级,因此不考虑水滴撞击对水膜流动的影响。

(7) 假设结冰发生在冰—水交界面上,此界面上的温度恒为结冰相变温度,冰层—基底界面根据结冰条件采用绝热边界。

3) 结冰控制体和坐标系

直接采用两相流场网格的近壁区第一层网格作为结冰数值模拟的网格,以此网格为基础,建立结冰控制体,该控制体在壁面法向上与结冰网格同高,而在其他两个方向上均与结冰网格有半个网格步长的错位。图 4.16 所示是结冰网格和结冰控制体示意图(二维截面)。

由于结冰相变等物理过程的发生,结冰控制体中可能包含复杂的分层结构,以典型的明冰结冰过程为例,其中包含冰层、水膜和两相流场三层,如图 4.17 所示。在结冰数值模拟时,使用贴体直角坐标系 x-y-z:其中 x-y 面建

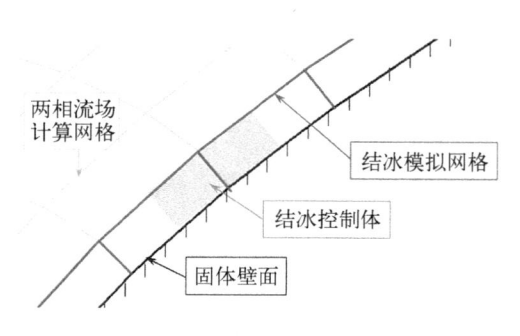

图 4.16 结冰网格和结冰控制体

立在冰层表面上,z 轴沿冰层表面的外法线方向(即冰层的生长方向),起点在冰层表面上。

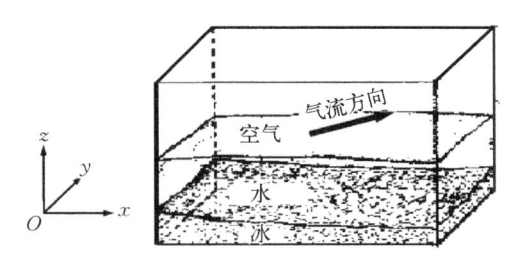

图 4.17　贴体直角坐标系与结冰控制体中的分层结构

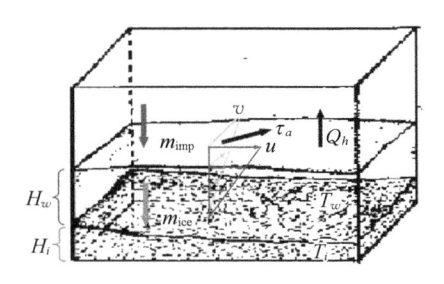

图 4.18　结冰控制体中的物理过程分析图

对明冰结冰控制体中的水滴撞击、水膜流动和结冰相变等物理过程进行简单分析。如图 4.18 所示,控制体的底部是冰层,其厚度为 H_i(m),温度为 T_i(K);冰层之上是未凝固的流动水膜,其厚度为 H_w(m),流动速度分量为 u 和 v(m/s),温度为 T_w(K);水膜之上则是空气—过冷水滴两相流场。在水—冰界面上有液态水凝固成冰,其结冰速率为 m_{ice}[kg/(m²·s)],该界面上的温度恒为结冰相变温度 T_f(K);在气—水界面上有过冷水滴撞击到水膜中,质量撞击率为 m_{imp}[kg/(m²·s)],气流对水膜的表面拖曳力(剪切力)为 τ_a(Pa),气流和水膜之间有对流换热 Q_h[W/(m²·K)]。

4) 三维结冰数学模型

建立结冰模型的核心任务是描述冰层的生长过程,即确定冰层的生长速度,只要确定了冰层的生长速度,就可以获得不同结冰时刻的冰层厚度并构建冰形。在明冰结冰时,未凝固水膜的流动会对结冰过程产生较大的影响,因此结冰模型还需要较好地模拟冰层表面的水膜流动过程。

控制体中的冰生长速度主要取决于两个方面:一是其中的结冰能力,二是其中的液态水收集量。结冰能力主要由控制体中的能量传递过程决定,如当温度较低、气—水界面上的对流换热能力较大时,控制体中的结冰能力就较大。液态水收集量包括控制体上表面的水滴撞击量和 x-y 面上水膜流动引起的进出量之差两个部分。当控制体中的结冰能力大于或等于水收集量时,该控制体中将发生霜冰结冰;当控制体中的结冰能力小于水收集量时,该控制体中将发生明冰结冰;而当控制体中的结冰能力为零时,将不发生结冰相变,即不结冰。

以下针对上述三种情况建立结冰模型,该结冰模型将同时考虑冰层的生长过程和未凝固水膜的流动过程两个方面。

(1) 冰生长方程。冰生长过程的模拟主要是确定每个结冰控制体中的冰生长速度,即确定控制体中的冰层厚度随结冰时间的变化。

① 明冰结冰。明冰结冰时控制体中包括两相流、水膜和冰层三层。为了确定控制体中的冰生长速度,下面分析其中的能量传递过程,即分析水膜和冰层中的能量传递过程,并在此基础上建立冰层的生长速度方程。

A. 水膜流动的能量方程。由于水膜的厚度很小,其流动速度也很小,因此在每个结冰时间步中,都可把水膜中的传热过程处理为稳态过程,满足能量方程:

$$\frac{\partial(u_l T_w)}{\partial x_l} = a_w \frac{\partial}{\partial x_l}\left(\frac{\partial T_w}{\partial x_l}\right) \tag{4.118}$$

其中,u 为水膜的流动速度;T_w 为水膜温度;a_w 为水的热扩散率,$a_w = 1.3 \times 10^{-7}$ m²/s;下标 l 为坐标方向,即当 $l = 1$、2、3 时,$x_l = x$、y、z,$u_l = u$、v、w。

由于水膜的流动速度很小,因此可以忽略对流项,方程(4.118)简化为

$$\frac{\partial}{\partial x_l}\left(\frac{\partial T_w}{\partial x_l}\right) = 0 \tag{4.119}$$

又由于水膜厚度很小,因此 $\frac{\partial^2}{\partial x^2} \sim \frac{\partial^2}{\partial y^2} \ll \frac{\partial^2}{\partial z^2}$,进一步舍去其中量级较小的各项,从而得到水膜流动的能量方程为

$$\frac{\partial}{\partial z}\left(\frac{\partial T_w}{\partial z}\right) = 0 \tag{4.120}$$

由于该方程中已无对流项,因此当前控制体中的水膜温度不受周围控制体的影响。

水—冰界面上的温度恒为结冰相变温度,水—气界面上有对流换热和水滴撞击所引起的能量交换,因此该方程的边界条件为

$$T_w|_{z=0} = T_f \tag{4.121}$$

$$-\lambda_w \frac{\partial T_w}{\partial z}\bigg|_{z=H_w} = h(T_w|_{z=H_w} - T_a) + m_{\text{imp}} c_{pw}(T_w|_{z=H_w} - T_\infty) - \frac{m_{\text{imp}} U_\infty^2}{2} \tag{4.122}$$

其中,λ_w 和 c_{pw} 分别为水的导热系数和比定压热容,$\lambda_w = 0.551$ W/(m·K),$c_{pw} = 4\,212$ J/(kg·K)。

B. 冰层的能量方程。按照同样的分析方法,可得冰层中的能量方程为

$$\frac{\partial}{\partial z}\left(\frac{\partial T_i}{\partial z}\right) = 0 \tag{4.123}$$

冰—水界面的温度恒为结冰相变温度，冰—基底界面采用绝热边界，因此该方程的边界条件为

$$T_i \big|_{z=0} = T_f \tag{4.124}$$

$$\lambda_i \frac{\partial T_i}{\partial z} \bigg|_{z=-H_i} = 0 \tag{4.125}$$

其中，λ_i 为冰的导热系数，取 $\lambda_i = 2.18 \text{ W/(m·K)}$。

C. 冰生长速度方程。冰—水界面上结冰所散发的潜热首先导入界面两侧的水膜和冰层中，然后分别向气流和基底进一步传递，因此控制体中的冰生长速度主要取决于水膜和冰层中的传热能力，即

$$\rho_i L_f \frac{\partial H_i}{\partial t} = q_{i-s} + q_{w-a} \tag{4.126}$$

其中，L_f 为结冰相变潜热，取 $L_f = 334\,400$ J/kg；q_{i-s} 为通过冰层向基底的传热量；q_{w-a} 是通过水膜向气流的传热量。由式(4.120)和式(4.123)可知，水膜和冰层中的温度分布都只是自身厚度的函数，因此冰层的生长速度方程可表示为

$$\frac{\partial H_i}{\partial t} = \frac{1}{\rho_i L_f}\left(\lambda_i \frac{\partial T_i}{\partial z} - \lambda_w \frac{\partial T_w}{\partial z}\right) \tag{4.127}$$

经过量级分析后，冰生长速度只受冰层和水膜法向上的导热过程的影响，但是由于水膜在冰层表面流动，具有三维特征，因此冰生长也就具有了三维特征，而且要获得冰生长信息就需要求解水膜流动。

② 不结冰。当控制体中的结冰能力为零时，其中的冰生长速度为零，即冰层厚度不发生变化：

$$\frac{\partial H_i}{\partial t} = 0 \tag{4.128}$$

虽然未凝固的液态水流到下游以后可能发生明冰结冰，但是式(4.120)表明控制体中的水膜温度不受上游控制体的影响，因此不需分析不结冰情况下未凝固水膜中的温度分布。

③ 霜冰结冰。当控制体中的结冰能力足够大时，其中将发生霜冰结冰，即所有撞击到控制体中的水滴全部凝固，因此冰生长速度可以表示为

$$\frac{\partial H_i}{\partial t} = \frac{m_{\text{imp}}}{\rho_i} \tag{4.129}$$

由于冰层—基底界面采用绝热边界,因此当前时间步中的冰层温度不会影响下一时间步的结冰过程,因此不需分析霜冰结冰情况下冰层中的温度分布。

以上给出了三种结冰情况下控制体中的冰生长速度,均是以冰层厚度 H_i 表述的偏微分方程,通过(4.127)积分即可获得不同时刻控制体中的冰层厚度。对于明冰结冰,其冰生长方程中需要水膜厚度信息,而且未凝固水膜在冰层表面流动,水膜可能在流到下游以后发生凝固,因此还需要分析结冰过程中的水膜流动情况。

(2) 冰层表面薄水膜流动控制方程。未凝固水膜是在明冰结冰或不结冰情况下产生的,可能流到下游明冰、霜冰的冰层表面或撞击极限之外的基底表面上,其上表面可能有水滴撞击进入,在下表面可能因结冰相变离开,因此对结冰过程中水膜流动的模拟要同时兼顾以上可能。

① 考虑结冰和水滴撞击的水膜流动连续方程以未凝固水膜为对象,考虑其在流动过程中的质量平衡。

上表面有过冷水滴撞击进入,其撞击量为

$$m_{\text{top}} = m_{\text{imp}} \mathrm{d}x\mathrm{d}y \tag{4.130}$$

下表面有水凝固成冰,结冰量为

$$m_{\text{bot}} = \frac{\partial(\rho_i H_i)}{\partial t} \mathrm{d}x\mathrm{d}y \tag{4.131}$$

左表面和右表面分别有水膜流进和流出,质量流量分别为

$$m_x = \rho_w \left(\int_0^{H_w} u \mathrm{d}z \right) \mathrm{d}y \tag{4.132}$$

$$m_{x+\Delta x} = m_x + \frac{\partial}{\partial x}\left[\rho_w \left(\int_0^{H_w} u \mathrm{d}z\right)\right] \mathrm{d}x\mathrm{d}y \tag{4.133}$$

前表面和后表面也有水膜流进和流出,质量流量分别为

$$m_y = \rho_w \left(\int_0^{H_w} v \mathrm{d}z \right) \mathrm{d}x \tag{4.134}$$

$$m_{y+\Delta y} = m_y + \frac{\partial}{\partial y}\left[\rho_w \left(\int_0^{H_w} v \mathrm{d}z\right)\right] \mathrm{d}x\mathrm{d}y \tag{4.135}$$

控制体中水膜的质量变化率为

$$m_t = \frac{\partial(\rho_w H_w)}{\partial t} \mathrm{d}x\mathrm{d}y \tag{4.136}$$

根据质量守恒原理可得连续方程:

$$\frac{\partial H_w}{\partial t} + \frac{\partial}{\partial x}\left(\int_0^{H_w} u \mathrm{d}z\right) + \frac{\partial}{\partial y}\left(\int_0^{H_w} v \mathrm{d}z\right) = \frac{m_{\mathrm{imp}}}{\rho_w} - \frac{\rho_i}{\rho_w}\frac{\partial H_i}{\partial t} \qquad (4.137)$$

该连续方程是以水膜厚度 H_w 为未知量进行描述的偏微分方程,其中还含有水膜的流动速度 u 和 v,因此接下来需要建立水膜流动的动量方程。

② 水膜流动的动量方程。水膜流动主要受气流剪切力等因素的影响。由于冰层的生长速度较小,在较小的时间段内,水膜表面附近的两相流场剪切力等变化不大,因此在每个结冰时间步中,也可把水膜流动视为稳态。又由于水膜作常物性处理,其流动为层流,而且不考虑水滴撞击的影响,因此水膜流动满足不可压缩稳态层流纳维-斯托克斯方程,其张量形式为

$$\frac{\partial(u_k u_l)}{\partial x_l} = -\frac{1}{\rho_w}\frac{\partial p}{\partial x_k} + g_k + v\frac{\partial}{\partial x_l}\left(\frac{\partial u_k}{\partial x_l}\right) \qquad (4.138)$$

其中,下标 k 和 l 均表示坐标方向;v 是水的运动黏度,取 $v = 1.78 \times 10^{-6}$ m²/s。

采用与之前相同的分析方法,可以得到水膜流动的动量方程为

$$-\frac{1}{\rho_w}\frac{\partial p}{\partial x} + g_x + v\frac{\partial^2 u}{\partial z^2} = 0 \qquad (4.139)$$

$$-\frac{1}{\rho_w}\frac{\partial p}{\partial y} + g_y + v\frac{\partial^2 v}{\partial z^2} = 0 \qquad (4.140)$$

$$\frac{\partial p}{\partial z} = 0 \qquad (4.141)$$

水膜流动在冰层表面上采用速度无滑移假设,水—气界面上的气流拖曳力是水膜流动的主要动力,因此该动量方程组的边界条件为

$$u\big|_{z=0} = 0 \qquad (4.142)$$

$$\mu\frac{\partial u}{\partial z}\bigg|_{z=H_w} = \tau_a \qquad (4.143)$$

$$p\big|_{z=H_w} = p_a \qquad (4.144)$$

其中,μ 为水的动力黏度;p_a 和 τ_a 分别为水膜上表面的气流压力和剪切力。

(3) 冰层表面坐标的确定。联合求解上述方程,即可获得每个结冰控制体中的冰层厚度 H_i。为了进一步获得冰层表面形状,还需确定每个网格节点处的冰层表面新坐标。设冰层是沿着壁面(或已有冰层表面)的外法向生长的,由于结冰网格与壁面的垂直度较高,因此可采用下式确定每个节点处对应的冰层表面新坐标:

$$x = x_0 + (x_1 - x_0) \cdot H_i/L$$
$$y = y_0 + (y_1 - y_0) \cdot H_i/L \quad (4.145)$$
$$z = z_0 + (z_1 - z_0) \cdot H_i/L$$

其中，x_0、y_0、z_0 和 x_1、y_1、z_1 分别为结冰控制体中壁面(或上一时间步的冰层表面)的坐标值及其对应的第一层网格节点的坐标值；L 为网格高度，如图 4.19 所示。

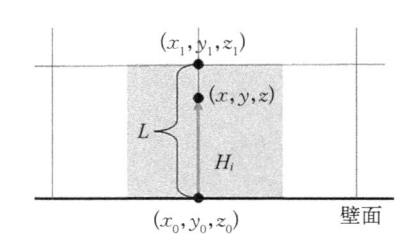

图 4.19 冰层表面的坐标确定方法示意图

4.2.2 仿真方法介绍

1. 结冰模型的离散和求解方法

本节将对上述结冰数学模型中的偏微分方程组进行离散，并对其中一些简单的代数方程进行求解。离散过程中采用交错网格，在 xy 面上，水膜流动速度 u 和 v 的控制体均与标量控制体有半个网格步长的错位，标量主要包括水膜厚度 H_w、温度 T_w、冰层厚度 H_i 和温度 T_i 等。当前标量控制体的标号为 (K, L)，u 控制体的标号为 (k, L)，v 控制体的标号为 (K, l)，如图 4.20 所示。

1) 冰生长方程的求解

控制体中有液态水收集时才可能结冰，因此对有过冷水滴撞击($m_{\text{imp}} > 0$)或有水膜覆盖($H_w > 0$)的控制体求解冰生长速度方程。

(1) 明冰结冰。对于有水膜覆盖的结冰控制体，沿水膜厚度方向积分能量方程(4.120)并代入相应的边界条件式(4.121)和式(4.122)，可得水膜中的温度分布为

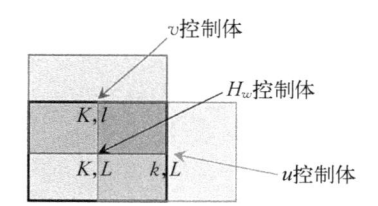

图 4.20 交错网格

$$T_w = T_f + \frac{0.5 m_{\text{imp}} U_\infty^2 - h(T_f - T_a) - m_{\text{imp}} c_{pw}(T_f - T_\infty)}{\lambda_w + (h + m_{\text{imp}} c_{pw}) H_w} z \quad (4.146)$$

同理，可得到冰层中的温度分布为

$$T_i = T_f \quad (4.147)$$

由于水膜和冰层的厚度都很小，因此冰生长方程(4.127)可离散为

$$\frac{\rho_i (H_i - H_i^{\text{old}})}{\Delta t} L_f = \lambda_i \frac{T_i|_{z=0} - T_i|_{z=-H_i}}{H_i} - \lambda_w \frac{T_w|_{z=H_w} - T_w|_{z=0}}{H_w} \quad (4.148)$$

其中，H_i^{old} 为上一时间步结束时的冰层厚度，结冰时间步长取值较小，Δt 为 0.05 s 量级。

分别将水膜和冰层上下表面的温度代入方程(4.148)可得明冰结冰情况下该时间步结束时控制体中的冰层厚度：

$$H_i = H_i^{\text{old}} + \frac{\lambda_w}{\rho_i \cdot L_f} \cdot \frac{h(T_f - T_a) + m_{\text{imp}} c_{pw}(T_f - T_\infty) - 0.5 m_{\text{imp}} U_\infty^2}{\lambda_w + (h + m_{\text{imp}} c_{pw}) H_w} \cdot \Delta t \tag{4.149}$$

可见，在将冰层—基底界面处理为绝热边界时，冰层中的温度均等于相变温度，通过冰层向基底传递的热量始终为零，不受冰层厚度的影响，因此计算冰层厚度时，每个时间步中都可以认为冰层从零厚度开始生长的，不需将本时间步的冰层厚度值传递到下一个时间步。

（2）不结冰。由积分方程(4.128)可得不结冰情况下该时间步结束时控制体中的冰层厚度：

$$H_i = H_i^{\text{old}} \tag{4.150}$$

（3）霜冰结冰。由积分方程(4.129)可得霜冰结冰情况下该时间步结束时控制体中的冰层厚度：

$$H_i = H_i^{\text{old}} + \frac{m_{\text{imp}}}{\rho_i} \Delta t \tag{4.151}$$

2）水膜流动方程的离散和求解

水膜厚度和水膜速度是耦合的，下面首先求解动量方程以获得水膜流动速度，然后将其代入连续方程进而求解水膜厚度。

（1）动量方程的求解。对于每个有水膜覆盖的结冰控制体，沿水膜厚度方向积分水膜流动的动量方程式(4.139)、式(4.140)、式(4.141)并代入相应的边界条件式(4.142)、式(4.143)、式(4.144)，即可得到水膜中的速度和压力分布为

$$u = \frac{\frac{\partial p}{\partial x} - \rho_w g_x}{2\mu} z^2 + \frac{\tau_{ax} - \left(\frac{\partial p}{\partial x} - \rho_w g_x\right) H_w}{\mu} z \tag{4.152}$$

$$v = \frac{\frac{\partial p}{\partial y} - \rho_w g_y}{2\mu} z^2 + \frac{\tau_{ay} - \left(\frac{\partial p}{\partial y} - \rho_w g_y\right) H_w}{\mu} z \tag{4.153}$$

$$p = p_a \tag{4.154}$$

（2）连续方程的离散及求解。水膜厚度很小，此处将水膜速度分布沿其厚度

方向积分然后取平均,从而得到水膜流动的平均速度为

$$\bar{u} = \frac{1}{H_w}\int_0^{H_w} u\mathrm{d}z = \frac{\tau_{ax}}{2\mu}H_w - \frac{\dfrac{\partial p_a}{\partial x} - \rho_w g_x}{3\mu}H_w^2 \qquad (4.155)$$

$$\bar{v} = \frac{1}{H_w}\int_0^{H_w} v\mathrm{d}z = \frac{\tau_{ay}}{2\mu}H_w - \frac{\dfrac{\partial p_a}{\partial y} - \rho_w g_y}{3\mu}H_w^2 \qquad (4.156)$$

将水膜流动的连续方程用平均速度表示为

$$\frac{\partial H_w}{\partial t} + \frac{\partial}{\partial x}(\bar{u}H_w) + \frac{\partial}{\partial y}(\bar{v}H_w) = \frac{m_{\mathrm{imp}}}{\rho_w} - \frac{\rho_i}{\rho_w}\frac{\partial H_i}{\partial t} \qquad (4.157)$$

将该式在结冰控制体中进行离散,可得

$$\begin{aligned}&\frac{H_w - H_w^{\mathrm{old}}}{\Delta t}\cdot\Delta s + [(\bar{u}\cdot H_w\cdot\Delta y)_{k,L} - (\bar{u}\cdot H_w\cdot\Delta y)_{k-1,L}] \\ &+ [(\bar{v}\cdot H_w\cdot\Delta x)_{K,l} - (\bar{v}\cdot H_w\cdot\Delta x)_{K,l-1}] \\ &= \left[\frac{m_{\mathrm{imp}}}{\rho_w} - \frac{\rho_i}{\rho_w}\frac{H_i - H_i^{\mathrm{old}}}{\Delta t}\right]\Delta s \end{aligned} \qquad (4.158)$$

其中,H_w^{old} 为上一时间步结束时的水膜厚度;Δs、Δx 和 Δy 分别为当前结冰控制体在 xy 面内的面积和边长。采用交错网格时,$\bar{u}$、$\bar{v}$ 储存在结冰控制体的界面上,而水膜厚度 H_w 则储存在控制体的中心,采用 QUICK 延迟修正法[8]插值得到界面上的水膜厚度 H_w。

2. 结冰模型的求解步骤

对三维结冰模型制定图 4.21 所示的求解步骤,该步骤可大致分成以下五个部分。

1) 设定初始条件

结冰模拟是从未结冰的光滑壁面开始的,因此初始条件为:$t = 0$ 时,$H_i^{\mathrm{old}} = 0$,$H_w^{\mathrm{old}} = 0$。

2) 起始步的冰生长和水膜流动模拟

在结冰模拟刚开始进行时,并不知道迎风面上哪些区域结哪种形态的冰。由于明冰结冰最具有典型性,因此进行初始步的模拟时,假设所有含有水滴撞击的控制体中均是明冰结冰,由式(4.149)求出冰层厚度 H_i。

若所得 H_i 满足 $0 \leqslant H_i \leqslant m_{\mathrm{imp}}\cdot\Delta t/\rho_i$,则表明控制体中是明冰结冰,其中 $H_i = 0$

第 4 章 传热仿真

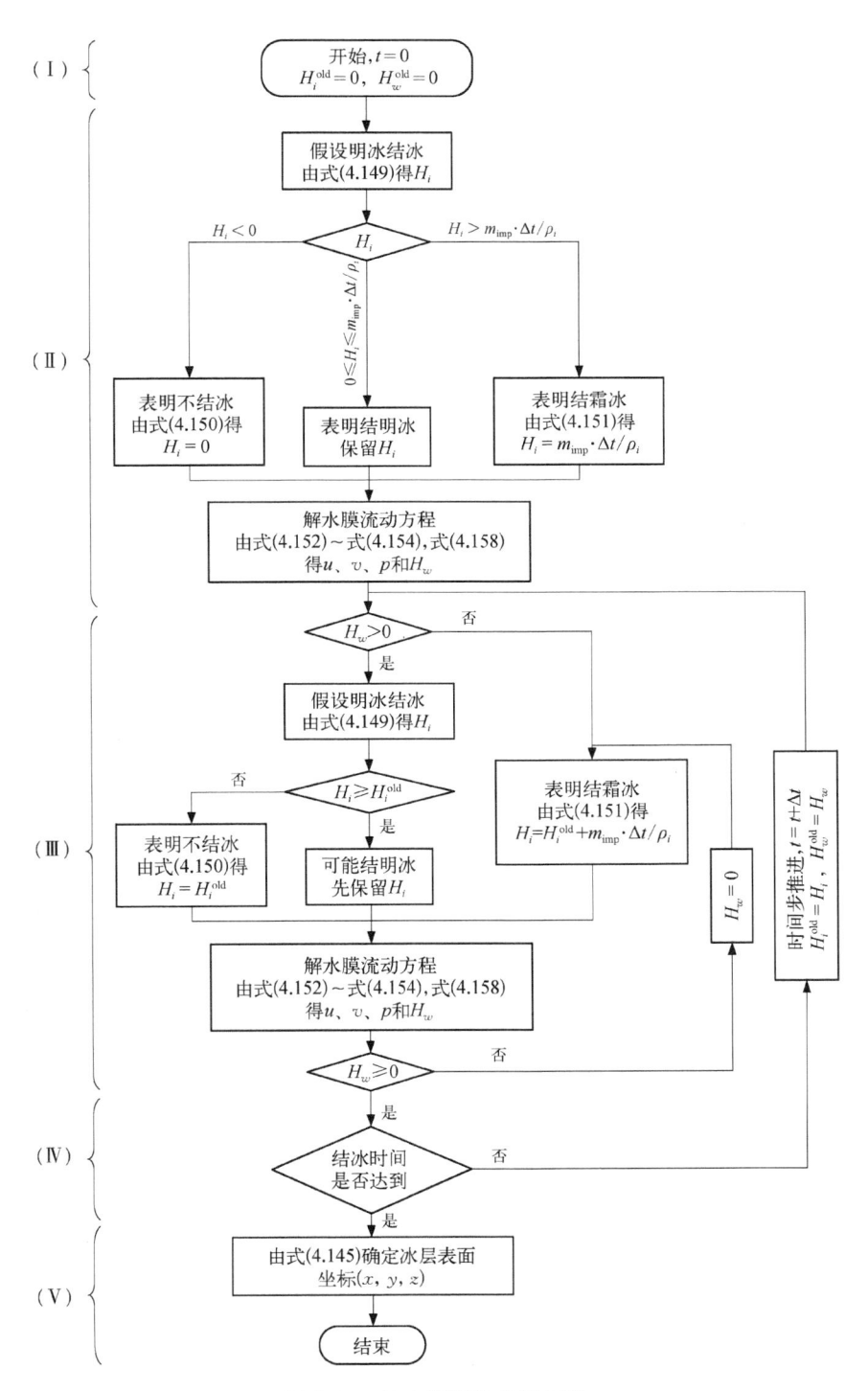

```
(Ⅰ) { 开始,t = 0
       H_i^old = 0, H_w^old = 0

(Ⅱ) { 假设明冰结冰
       由式(4.149)得 H_i
       
       H_i < 0 ──→ 表明不结冰 由(4.150)得 H_i = 0
       0 ≤ H_i ≤ m_imp·Δt/ρ_i ──→ 表明结明冰 保留 H_i
       H_i > m_imp·Δt/ρ_i ──→ 表明结霜冰 由式(4.151)得 H_i = m_imp·Δt/ρ_i
       
       解水膜流动方程
       由式(4.152)~式(4.154),式(4.158)
       得 u、v、p 和 H_w

(Ⅲ) { H_w > 0 ? 否 →
       是 ↓
       假设明冰结冰
       由式(4.149)得 H_i
       
       H_i ≥ H_i^old ? 否 → 表明不结冰 由(4.150)得 H_i = H_i^old
                       是 → 可能结明冰 先保留 H_i
       
       表明结霜冰 由式(4.151)得 H_i = H_i^old + m_imp·Δt/ρ_i
       
       解水膜流动方程
       由式(4.152)~式(4.154),式(4.158)
       得 u、v、p 和 H_w
       
       H_w ≥ 0 ? 否 →
       是 ↓
       
       H_w = 0
       时间步推进,t = t + Δt
       H_i^old = H_i, H_w^old = H_w

(Ⅳ) { 结冰时间是否达到 ? 否 →
       是 ↓

(Ⅴ) { 由式(4.145)确定冰层表面坐标(x, y, z)
       结束
```

图 4.21 结冰模型的求解步骤

代表明冰结冰量刚好为零,是明冰结冰的下限,即明冰结冰向不结冰转变的临界状态,而 $H_i = m_{imp} \cdot \Delta t/\rho_i$ 则代表所有撞击进来的液态水刚好全部凝固,是明冰结冰的上限,即明冰结冰向霜冰结冰的临界状态。若所得 $H_i < 0$,则表明控制体中并无结冰,此时由式(4.150)可得 $H_i = 0$。若所得 $H_i > m_{imp} \cdot \Delta t/\rho_i$,则表明控制体中是霜冰结冰,此时由式(4.151)可得 $H_i > m_{imp} \cdot \Delta t/\rho_i$。

利用以上确定的结冰量 H_i,模拟未凝固水膜在冰层表面上的流动,得到水膜厚度 H_w 等。

3)后继步的冰生长和水膜流动模拟

在第一步模拟结束后,初步得到了迎风面上冰层和水膜的分布情况,在之后的计算中,都认为上一步结束时没有水膜覆盖的控制体中将发生霜冰结冰,而有水膜覆盖的将发生明冰结冰,分别由式(4.151)和式(4.149)求出冰层厚度 H_i。

对于有水膜覆盖的控制体,若所得 $H_i < H_i^{old}$,则表明其中不是明冰结冰。造成这种情况的原因是来流能量(T_∞、U_∞ 和 m_{imp})过大,导致控制体中的结冰能力为零甚至为负。此时可能有两种情况:① 若 $H_i^{old} = 0$,则表明控制体中一直都没有结冰,由式(4.150)可得 $H_i = H_i^{old}$(即 $H_i = 0$);② 若 $H_i^{old} > 0$,则表明该时间步中冰层厚度减小了,即过大的来流能量融化了原有冰层,但是,要使 $H_i^{old} > 0$,就需要上个时间步的来流能量较小,若结冰模拟时的来流条件保持不变,则这种情况不会出现。

利用所得的 H_i 值,进一步模拟冰层表面的水膜流动,得到每个控制体中的 H_w 值。若所得 $H_w \geq 0$,则表明该控制体中确实是明冰结冰。若所得 $H_w < 0$,则表明该控制体在该时间步结束时并无水膜,即控制体中的结冰能力大于其中的水收集量,因此认为其中是霜冰结冰,利用式(4.151)重新确定冰层厚度 H_i,由于各控制体中的水膜厚度是相互关联的,因此此时需要利用新确定的 H_i 值重新模拟冰层表面的水膜流动。

$H_w < 0$ 的情况发生在水膜流动前锋处的一排控制体中:当水膜向下游干区表面推进时,发生在水膜边缘的干区控制体中,该控制体中刚开始有少量水流入,即使加上本时间步的撞击水量,仍然不足以抵消较大的结冰能力,因此无法形成剩余水膜;当水膜向湿区内部收缩时(如双角状明冰的角区之后流场产生回流的地方),发生在水膜前锋的湿区控制体中,该控制体中原有的水量加上本时间步的撞击水量,也不足以抵消较大的结冰能力,因此也无法形成剩余水膜。

4)时间推进

若模拟时间达不到结冰时间,则结冰模拟时间步推进,继续图 4.21 的求解步骤(Ⅲ),构成对冰生长和水膜流动的循环数值模拟。

5)冰层表面坐标的确定

当冰生长和水膜流动模拟结束后,利用式(4.145)和所得冰层厚度 H_i 确定每个网格节点处所对应的冰层表面新坐标(x,y,z)。

3. 三维结冰仿真过程与方法

本节介绍三维结冰的数值仿真过程与方法。结冰问题包含空气和过冷水滴两相的流动、过冷水滴撞击部件表面、表面水膜流动传热及结冰相变、冰层不断向表面外推进等相互耦合的多个物理过程,由此,将整个结冰数值模拟过程划分为以下几个数值模块:网格划分、两相流场计算、局部水收集系数的计算、冰生长和水膜流动的模拟、冰层坐标的确定和冰形构建等。

结冰过程又是一个连续推进的非稳态过程,因此利用这几个数值模块的步进—循环工作来模拟结冰过程的推进。由于结冰过程中不同物理过程的非稳态性并不相同,因此不同模块的时间步大小不同、循环工作次数也不同。具体来说,结冰和水膜流动的非稳态性强,因此结冰模拟和水膜流动的时间步很小,循环次数非常多,以尽可能捕捉到其非稳态性;两相流场的变化相对较慢,因此流场计算以及与之相关的冰形构建、网格划分模块的时间步相对较大,循环次数较少,以尽量减小数值模拟的工作量。这两个时间步分别称为结冰模拟时间步和冰形构建时间步,分别以 Δt_{i-c} 和 Δt_{b-c} 来表示,这样整个结冰模拟过程中就包含了结冰模拟循环和冰形构建循环两个层次的循环,如图 4.22 所示。采用该步进—循环的思想后,每个模块所对应的物理过程在相应的时间步内都可视为稳态的,即在每一个结冰模拟时间步中,冰生长和水膜流动是稳态的,在每一个冰形构建时间步中,两相流动也是稳态的。这些物理过程的非稳态性在时间步推进时才能体现,如当冰形构建时间步推进时,两相流场相应更新,之后便在本冰形构建时间步内始终保持不变。因此整个结冰模拟过程可以称为准稳态步进—循

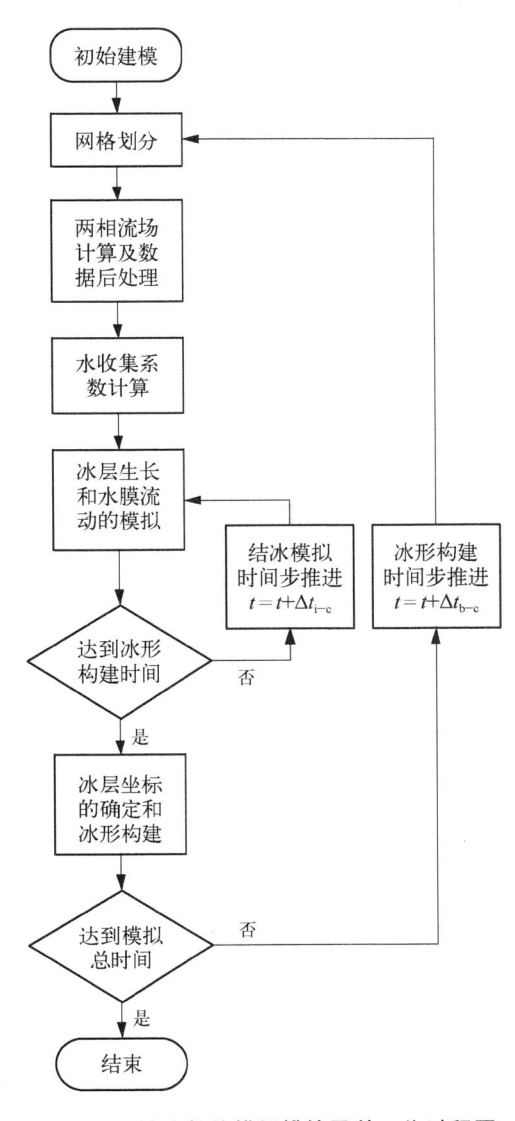

图 4.22 结冰数值模拟模块及其工作过程图

环的模拟过程。

结冰模拟时间步 Δt_{i-c} 在冰生长和水膜流动模拟时使用,本书的结冰模型中,这两者是相互耦合的。为了能很好地捕捉到非稳态性很强的相变过程,该时间步步长取值应尽可能小:Δt_{i-c} 在 0.05 s 量级,具体值需要进一步根据结冰来流条件决定。即当来流速度和水含量较高,冰生长速度较大,其表面的水膜厚度和流动速度较大时,该时间步长值较小,反之取值较大。

冰形构建时间步 Δt_{b-c} 在冰层表面边界更新—网格更新—两相流场更新时使用,其步长取值借用传统结冰模拟中使用的时间步长确定方法[9],该方法给出的经验公式为

$$\Delta t_{b-c} = \frac{0.01 c \cdot \rho_i}{\text{LWC} \cdot U_\infty} \tag{4.159}$$

其中,c 为结冰部件的特征尺寸(m);ρ_i 为冰的密度(kg/m³);LWC 为来流液态水含量(kg/m³);U_∞ 为来流速度(m/s)。可见,该时间步长取值主要取决于结冰部件尺寸和来流条件等。本书将该式给出的值作为冰形构建时间步长的最大取值范围,实际使用时可以取更小的步长值以更好地刻画冰形,一般情况下,冰形构建时间步长都不超过 30 s。

这样,整个结冰过程包含 n 个冰形构建时间步,即 $t_{\text{total}} = n \cdot \Delta t_{b-c}$,其中 t_{total} 为结冰总时间,每一个冰形构建时间步中又包含 m 个结冰模拟时间步,即 $\Delta t_{b-c} = m \cdot \Delta t_{i-c}$,因此 $t_{\text{total}} = n \cdot m \cdot \Delta t_{i-c}$。

从上述分析可以看出,冰形构建时间步相当于传统结冰模拟中所用时间步,该时间步取值较大,可以减少冰形构建、网格划分、流场计算的工作量,节省模拟时间(一个三维结冰过程的数值模拟往往要花费大量的时间,少则数小时,多则数天,主要由三维结构的复杂程度、结冰速度和结冰总时间决定)。而结冰模拟时间步长则远小于冰形构建时间步长,即在传统结冰模拟时,每个冰形构建时间步内认为所有相关物理过程均为稳态过程,而本书认为在该时间步内结冰相变和水膜流动仍为非稳态过程,因此更加接近实际情况。

4.2.3 工程适用性分析

1. 进口部件结冰仿真的必要性分析

在对发动机进口部件进行防冰设计之初,应首先掌握哪些部件会发生结冰、发生结冰的部件的结冰范围以及在此范围内不同位置的结冰强度和厚度,这就需要采用数值仿真方法对可能遭遇的不同结冰条件下进口部件迎风表面的结冰特性进行分析,获得部件表面的水滴撞击范围与局部撞击特性、结冰范围与冰厚、冰形等的分布。根据结冰数值仿真的结果,对结冰部件的防冰方法和具体结构进行设计,

如此才可能设计出既有效又比较高效的防冰系统,使防冰能量尽可能地充分并优化利用。

结冰仿真还可以获得进口部件表面结冰厚度、冰形等随时间变化的特性,也可为防冰系统的开启提供参考。当部件表面容许很少量的结冰存在时,可在结冰过程开始后一小段时间开启防冰,这就需要通过结冰仿真得到部件表面结冰的初期特性,以确定防冰系统开启的时间。

采用试验或数值方法分析进口部件结冰影响、危害以及结冰脱落问题时,也需要先对一定结冰条件下部件表面的结冰过程进行仿真,获得相应的结冰冰厚和冰形分布,然后在此边界下开展结冰影响或脱落特性研究。

2. 进口部件结冰仿真应用场景分析

在航空发动机工程设计领域,结冰仿真可用于进口支板、整流罩(静止或旋转)、风扇叶片、导向叶片等部件的防冰设计、防冰效果验证、结冰影响分析以及整机的空气系统设计等,具体如下:

(1)防冰设计,主要用于确定会发生结冰的进口部件、结冰部件表面的结冰范围、结冰区域的冰厚与冰形分布,以及根据部件表面的初期结冰特性确定防冰系统的开启时间等;

(2)防冰系统验证,主要对无防护区域或防冰加热量不够区域的结冰生长过程进行仿真;

(3)结冰影响分析,主要为结冰对气动及发动机性能的影响研究提供边界,或为冰脱落特性研究提供初始结冰冰形;

(4)整机空气系统设计,主要通过结冰仿真为空气系统的低维设计系统提供防冰所需的热载荷。

如前所述,结冰仿真包括两相流场网格划分、两相流场计算、局部水收集系数的计算、冰生长和水膜流动的模拟、冰层坐标的确定和冰形构建等,以下分别对各模块的工程适用性进行分析。

在空气—过冷水滴两相流场计算网格的划分方面,结冰部件近壁面或近冰面网格非常重要,需要进行局部加密,应尽量划分与壁面或冰面垂直的六面体或三棱柱网格,并保持较高的质量。最靠近壁面的第一层网格还是结冰计算网格,其尺寸应小于 0.1 mm 量级,而且应与壁面保持较好的正交性。

在空气—过冷水滴两相流场的模拟中,目前有两种模拟方法:一种是欧拉-拉格朗日法,一种是欧拉-欧拉法。采用欧拉-拉格朗日法模拟时追踪每一颗过冷水滴的运动轨迹,在三维情况下就需要释放大量的水滴粒子,导致计算量巨大,而且与之配套的求解局部水收集系数的方法也烦琐,不太适用于结构复杂的三维或多元结冰表面。采用欧拉-欧拉法模拟时,空气和过冷水滴两相都视为连续相,在同一套网格上求解每一相的流动方程,计算量较小,而且与之对应的求解局部水收集系数的方法比较简单,适合于复杂三维结冰表面。发动机进口部件通常具有显著的三维几何特征,故建议采用欧拉-欧拉法模拟部件外的空气——过冷水滴两相流场,如4.2.1节所述。若进气道结构较复杂或要求考虑进气道对发动机进口结冰参数的影响时,还应模拟进气道中空气——过冷水滴两相流场,以获得发动机进口的结冰条件参数分布。

在结冰模拟方面,关于结冰的数学模型,目前有两大类。第一类是以Messinger模型为代表的二维结冰模型,这类模型对冰层表面水膜流动的处理非常粗糙,认为当前控制体中未凝固的液态水全部进入下一个控制体中,不考虑水膜的流动,因此这类模型对明冰生长的模拟误差较大,而且很难应用于三维结冰模拟中。第二类是考虑结冰表面未凝固水膜流动并将水膜流动与结冰相变耦合的三维结冰模型,如4.2.1节所述的结冰模型。发动机进口结冰部件通常具有显著的三维几何特征,而且发动机进口的结冰条件参数受进气道的影响,通常分布不均匀,这就使得进口部件的结冰模拟无法采用二维结冰模型,而应采用上述的三维结冰模型。进行结冰模拟时,根据结冰条件参数,建议采用前面所述的经验公式确定冰形构建时间步长,而水膜流动和结冰相变模拟时间步长通常取为 0.05 s 量级。

在冰层坐标的确定和冰形构建模块,得到每个时间步的冰形后应酌情对冰形进行一定的光顺化处理,再进行下一个冰形构建时间步的结冰模拟。

4.2.4 应用案例分析

本节采用前面所述的模型和方法,对典型的发动机进口部件进行结冰工程应用案例的仿真计算。在计算中,通过空气——过冷水滴两相流场的模拟,获得空气的速度与压力、过冷水滴的速度与体积分数以及壁面的对流换热系数与气流剪切力等参数的分布;由近壁处的水滴速度及体积分数计算得到水滴在部件表面的撞击范围及局部水收集系数的分布;以部件表面的局部水收集系数、对流换热系数、气流剪切力等参数分布作为输入,求解结冰模型,进行结冰计算,获得每个结冰控制体内的结冰厚度、水膜厚度、水膜流动速度以及结冰表面的冰形分布。

对于静止部件,采用受进气道影响的发动机进口支板为物理模型,重点模拟其三维结冰过程和特性;对于旋转件,采用发动机进口整流罩为物理模型,数值分析其三维结冰过程和特性。

1. 发动机进口支板的三维结冰计算

1)物理模型

将进气道出口截面的流场参数提取出来作为发动机进口的边界条件,进行发动机进口段空气——过冷水滴两相流场的计算。发动机进口前段的整流罩为一个54°的圆锥,整流罩由四个支板固定。该进口段模型沿轴向的长度为878 mm。为减小计算量,发动机进口段只计算对称面的一侧。发动机进口段物理模型如图4.23所示。

图 4.23 发动机进口段物理模型 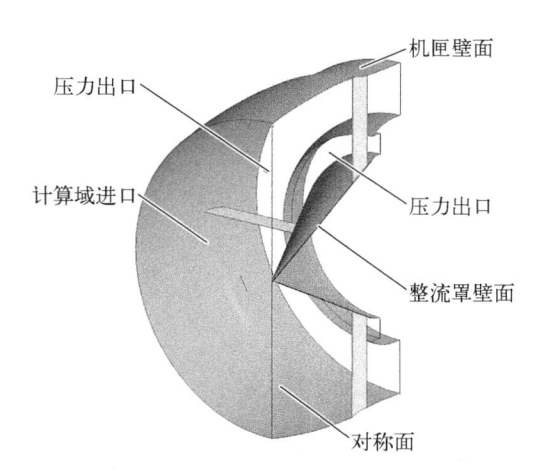　　图 4.24 发动机进口段计算模型示意图

2) 计算模型

(1) 计算域与边界条件。发动机进口段计算模型示意图如图 4.24 所示。计算域进口面边界条件采用流场计算软件生成的进气道出口面的两相流数据文件进行设置(进气道所处的结冰环境中空气与过冷水滴的来流速度为 98.16 m/s，液态水含量为 2 g/m³，过冷水滴平均有效直径为 20 μm)，计算域出口面设为压力出口边界，其压力值为 1 atm。整流罩、支板以及机匣的壁面均设为无滑移、光滑和定温条件，壁面温度与来流的环境温度一致，为 266.5 K。由于来流速度相对较低，在不考虑气流温度沿进气道变化的情况下，空气和水滴的温度也均设为 266.5 K。对称面设为对称边界。

(2) 网格划分。为了保证网格质量，对发动机进口段空气—过冷水滴两相流计算域划分以六面体为主的结构化网格。为了方便进行之后的结冰计算，在支板壁面外生成若干层 O 型网格，近壁区域均进行了网格加密处理，近壁面第一层网格高度为 0.1 mm，对应的 y^+ < 10。整个计算域的网格单元总数约为 170 万个，其中整流罩和支板的网格划分如图 4.25 所示。

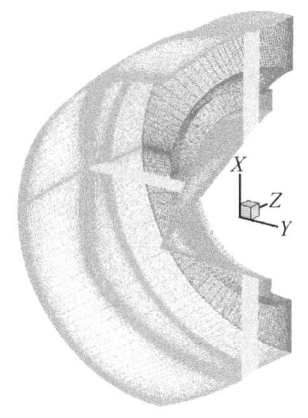

图 4.26 为支板及其根部的网格划分，可见支板壁面第一层网格的正交性较好，其外部由几层 O 型网格环绕。

(3) 计算方法。发动机进口段的空气—过冷水滴两相流场采用欧拉-欧拉法进行求解。计算时空气相的湍流采用 SST $k-\omega$ 湍流模型模拟，过冷水滴相则采用离散相零方程模型，空气与过冷水滴间的拖拽力选取 Schiller Naumann 模型，对流项采用不低于二阶精度格式离散，当计算残差小于 10^{-4} 时计算结束。

图 4.25 发动机进口段计算域的网格划分

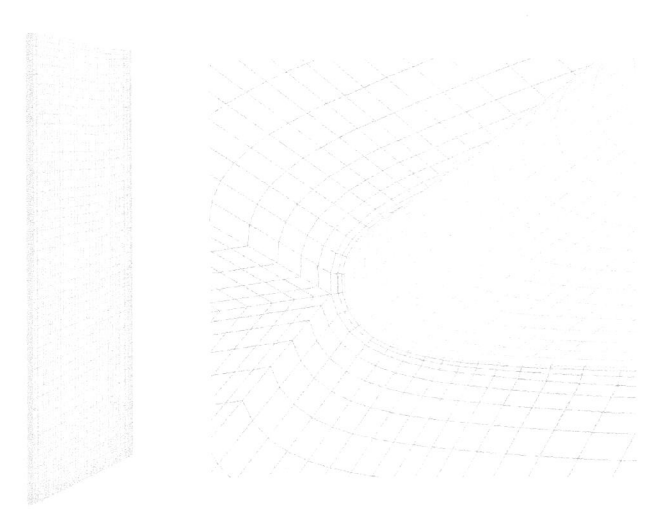

图 4.26 支板及其根部的网格划分

为了消除网格的疏密对发动机进口段两相流场计算结果的影响，选取五套不同单元总数的网格进行独立性验证，采用支板 1 前缘中点处的压力进行监控，监测点的压力随网格单元数的变化如图 4.27 所示。从图中可以看出，当网格单元总数超过 150 万个时，监测点的压力变化很小，因此采用单元总数为 170 万个网格进行计算。

3) 计算结果与分析

为了了解发动机进口支板附近的流场分布，在支板前缘垂直于发动机轴线选取一个流场截面，如图 4.28 所示，为叙述方便，将支板进行编号。以支板前缘与整

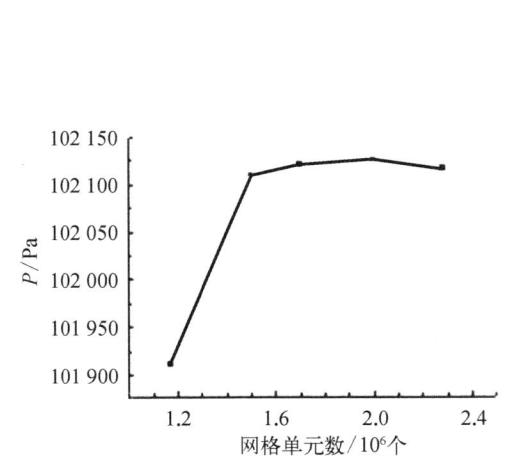

图 4.27 空气—过冷水滴两相流计算网格独立性验证

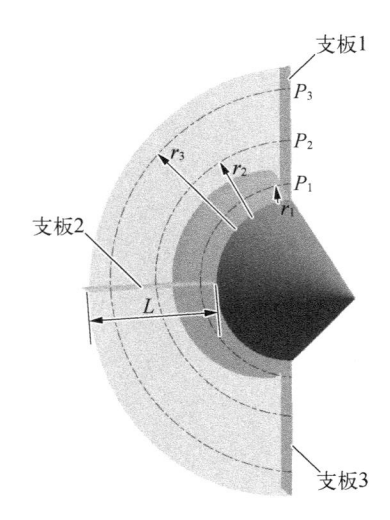

图 4.28 支板前缘截面及横截面的位置

流罩的交点为起点,沿支板展向选取距离该起点 $r = r_1$、r_2、r_3 的三个截面分析计算结果参数。支板上截面的位置由无量纲参数 r/L 确定,L 为支板的展向长度,L = 471 mm。r/L = 0.15 的支板横截面为 P_1 截面、r/L = 0.50 的支板横截面为 P_2 截面、r/L = 0.95 的支板横截面为 P_3 截面。

结冰部件附近的过冷水滴流场及部件表面的水滴撞击特性分布可大致反映部件表面的结冰范围和程度,对防/除冰设计也具有一定的指导作用,因此首先分析过冷水滴流场计算结果。图 4.29 给出了支板前缘截面上的液态水含量及水滴速度分布。垂直于该截面的水滴法向速度用等值线云图表示,截面上的水滴速度用矢量表示。由图 4.29(a)可见,整流罩的上部存在一个液态水含量较低的区域 a,这是由于受进气道出口面液态水含量分布的影响。图 4.29(b)显示该截面上二次流沿顺时针方向旋转,将水滴从整流罩附近向机匣表面输运。截面上越靠近整流罩处的二次流速度越大,而在远离整流罩的机匣附近二次流速度较小,这就导致在图 4.29(a)的 b 区对应形成一个液态水含量较高的区域。

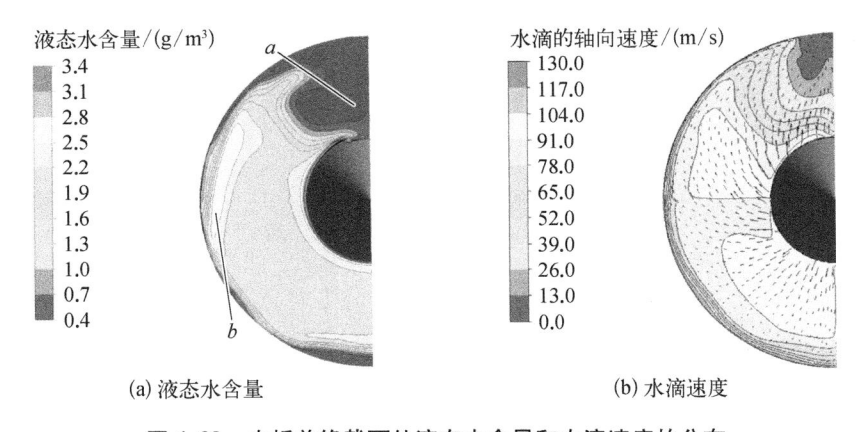

(a) 液态水含量　　　　　　　　(b) 水滴速度

图 4.29　支板前缘截面处液态水含量和水滴速度的分布

图 4.30 为支板和整流罩表面水滴的体积分数分布图。从图中可见,由于 2 号支板的下壁面是水滴的撞击区,因此该表面水的体积分数较大;而其上壁面则大都位于遮蔽区,其表面水滴的体积分数很小。对于 1 号支板,由于在周向受到 2 号支板的一定"遮挡"作用,其表面水的体积分数极小,仅在与整流罩相交的根部略有增大,这是水滴沿整流罩表面附近流动造成的。对于 3 号支板,由于受二次流的影响较小,其表面水滴的体积分数类似自由来流时机翼表面水滴体积分数的分布。整流罩表面也具有类似的水滴浓度分布。在整流罩下表面水滴浓度较大,往上水滴浓度逐渐减小,但在最上端,水滴浓度又增大,这是由于水滴沿整流罩上表面流动造成的。可见,进气道的影响使得整流罩和支板表面水滴的分布呈现明显的三维特征,这会对发动机进口段的结冰产生影响。

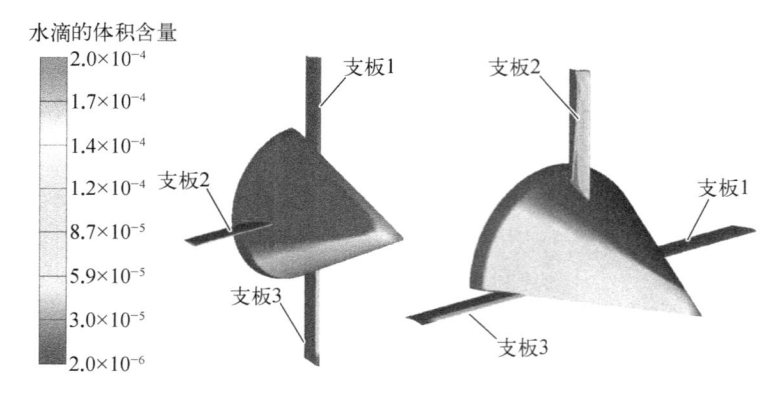

图 4.30 支板及整流罩表面的水滴的体积分数分布

图 4.31 为支板 1 表面的水收集系数分布图,可以看出水滴的撞击主要集中在支板的前缘且靠近整流罩的部分。由于支板 1 处于计算域对称面的位置,故其两侧水收集系数的分布相同且最大值约为 0.21。

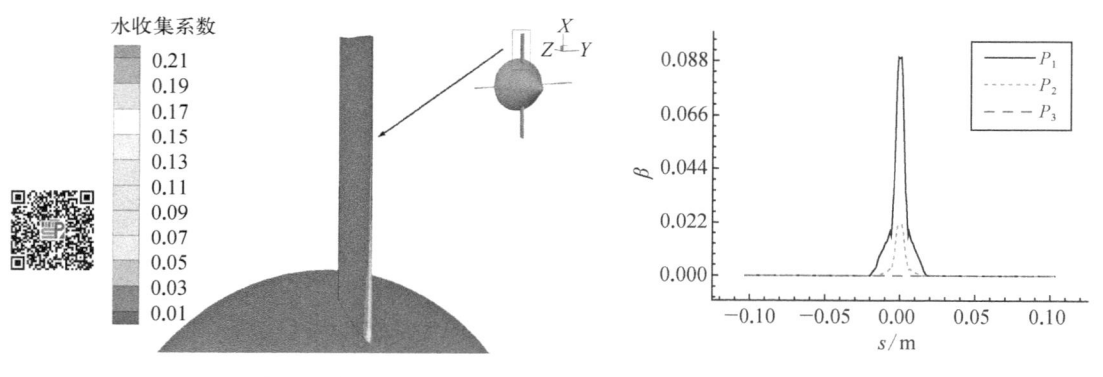

图 4.31 支板 1 表面水收集系数分布

图 4.32 支板 1 不同截面水收集系数随弧长的分布

为了了解支板展向不同截面处的水收集系数分布,图 4.32 给出了支板 1 上 P_1、P_2 和 P_3 截面上水收集系数沿壁面弧长的分布。从图中可以看出,对于 P_1 截面,支板前缘驻点处的水收集系数达到最大而其周围水收集系数急剧减小,且该截面上水收集系数的值均在 0.1 以下。对于 P_3 截面,各弧长位置的水收集系数均为零,这是由于 P_3 截面靠近机匣,因机匣的部分遮挡导致该处无水滴撞击。对于 P_2 截面,其水收集系数值远小于 P_1 截面处的值。

支板 2 表面水收集系数分布如图 4.33 所示,其中图 4.33(a)为支板上表面的水收集系数分布,图 4.33(b)为下表面的水收集系数分布。从图中可以看出,水滴的撞击主要集中在支板的下表面,上表面的水收集系数几乎为 0。这是由于发动机进口段的二次流将水滴卷向发动机机匣的上部,而支板的上表面背向二次流的流动方向所致。图中水收集系数的最大值处于支板前缘且与整流罩相交区域的附近,稍偏离该区域的表面水收集系数迅速减小到 1 及以下。支板表面出现水收集系数大于 1 的现象是由于受进气道的影响,靠近整流罩壁面的回流水滴对支板根部的实际撞击量很大,超过按进气道远前方自由来流流速和液态水含量计算所得的水滴撞击量值。

图 4.34 给出了支板 2 展向三个截面上水收集系数随壁面弧长的变化。由图可见,三个截面水收集系数的最大值位置均略微偏离支板的最前缘并偏向支板下表面。P_1 和 P_2 截面水收集系数的分布比较接近,靠近机匣的 P_3 截面上水收集系数相对 P_1 和 P_2 截面的小,但该截面存在过冷水滴的撞击,这说明此处机匣的遮挡效应已不存在。

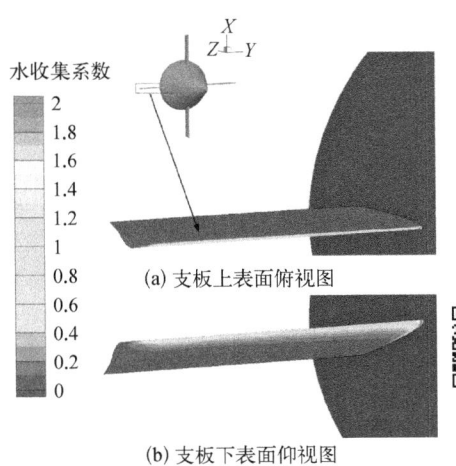

图 4.33 支板 2 表面水收集系数分布

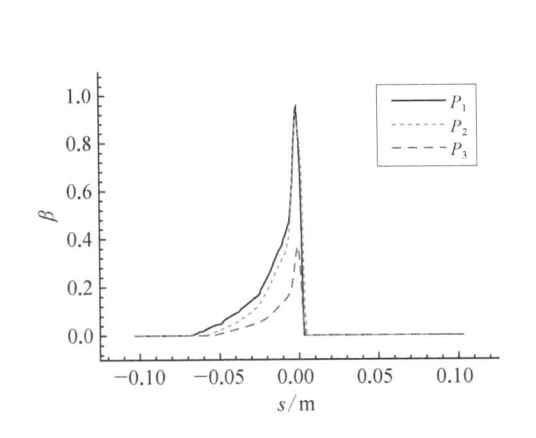

图 4.34 支板 2 不同截面水收集系数随弧长的分布

图 4.35 支板 3 表面水收集系数分布

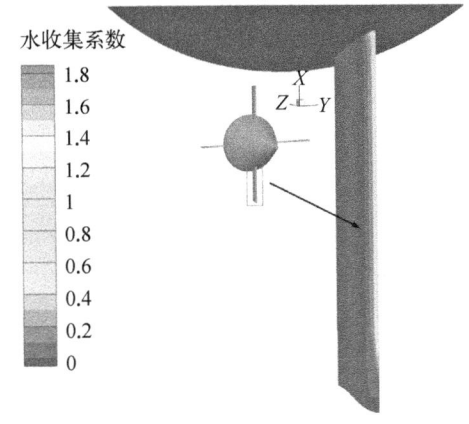

图 4.35 给出了支板 3 表面水收集系数的分布,可见水收集系数的最大值约为 1.8,位于支板与整流罩相交的区域,稍偏离该区域的支板表面的水收集系数迅速减小到 1 或以下。沿支板 3 展向水收集系数的分布较为均匀,仅在靠近机匣壁面处有迅速减小的趋势。

图 4.36 给出了支板 3 沿展向三个截面上水收集系数随壁面弧长的变化。从

图中可看出各截面上水收集系数的最大值均位于支板前缘驻点处。P_1 和 P_2 截面的水收集系数分布基本相同，P_3 截面的水收集系数几乎为 0，这说明此截面存在水滴的遮蔽区。

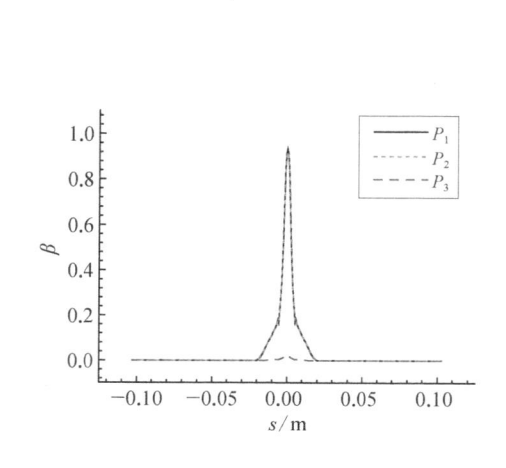

图 4.36　支板 3 不同截面水收集系数随弧长的分布

图 4.37　结冰时间为 150 s 时支板 1 表面的冰形分布

接下来对支板表面的结冰计算结果进行分析。图 4.37 给出了总结冰时间为 150 s 时支板 1 表面的冰形分布。从图中可见在支板靠近整流罩的一侧（即图中下侧），结冰区域较大。沿着支板向上结冰区域有所减小，并在靠近机匣一侧（即图中上侧）的某处，支板横截面的结冰区域达到最小，之后沿着支板向上，结冰区域又有所增大。在支板与机匣相交的区域未发生结冰。

为了定量地分析支板横截面上的结冰厚度，图 4.38~图 4.40 给出了支板 1 在 P_1、P_2 和 P_3 三截面处不同时刻的冰形。可以看出，因支板 1 位于发动机进口段计算域的对称边界处，故其表面的结冰冰形也关于该对称边界对称分布。支板 1 位于整流罩上方，其表面的水收集系数极低，因而三个截面上冰的厚度均非常小，结冰时间为 150 s 时的最大冰厚约为 1 mm。

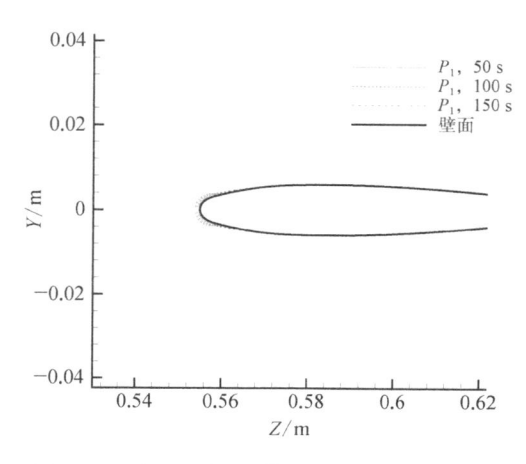

图 4.38　支板 1 的 P_1 截面在不同时刻的冰形

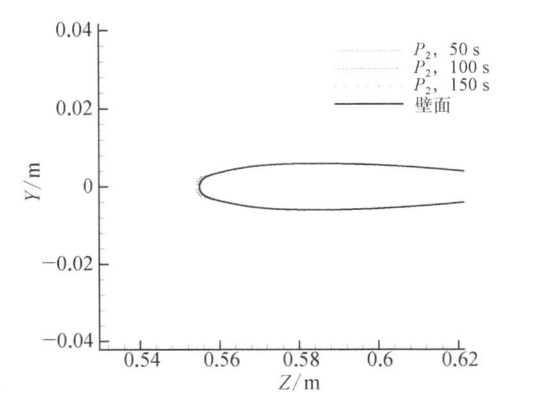

图 4.39　支板 1 的 P_2 截面在不同时刻的冰形

图 4.40　支板 1 的 P_3 截面在不同时刻的冰形

图 4.41 给出了结冰时间为 150 s 时支板 2 表面的冰形分布。从图中可看出支板 2 的结冰厚度相对于支板 1 的大得多，而且其上下表面的结冰区域和冰形并不对称。支板 2 的上表面仅在其前缘产生很厚的结冰，而下表面则有超过一半的区域被冰层覆盖。在支板 2 下表面与整流罩相交的区域（图 4.28 中支板的右端），冰层甚至延伸到支板尾缘处。这是由于支板与整流罩表面大量未凝固的水膜在其相交的区域汇聚，在气动剪切力的作用下沿支板下表面流向支板尾缘处并逐渐凝固。支板 2 与机匣相交的另一端也完全被冰层所覆盖，这一特点与支板 1 完全不同。

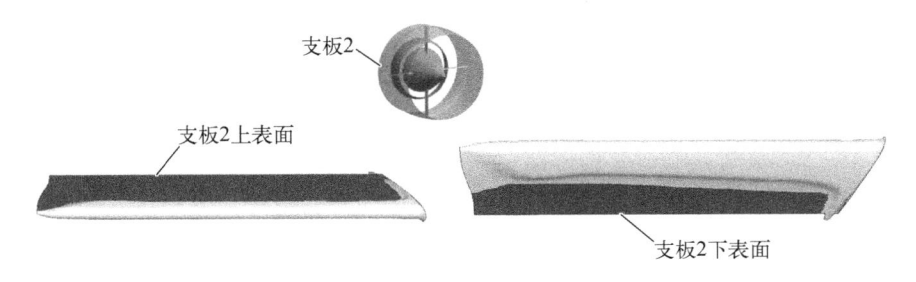

图 4.41　结冰时间为 150 s 时支板 2 表面的冰形分布

图 4.42~图 4.44 给出了支板 2 在 P_1、P_2 和 P_3 三截面上不同时刻的冰形。由图可见，支板 2 表面沿展向从靠近整流罩的一侧到靠近机匣的另一侧，各时刻冰的厚度变化不大，只在下表面靠近机匣处冰厚有所减小。根据前面的分析，此处水收集系数值小于支板 2 展向其他位置处的值，因此冰厚出现此分布特征。

图 4.45 给出了结冰时间为 150 s 时支板 3 表面的冰形分布。从图中可以看出，支板 3 沿展向的冰形分布较为均匀。同支板 1 一样，在其与机匣相交的区域也未发生结冰。

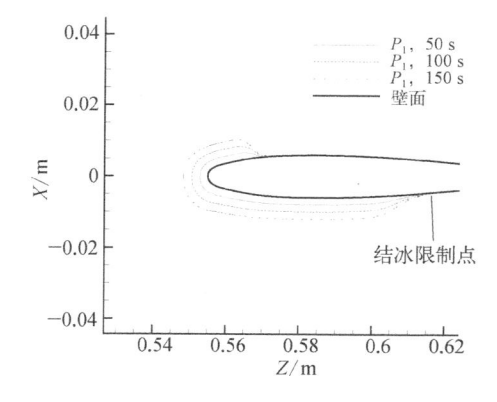

图 4.42 支板 2 的 P_1 截面在不同时刻的冰形

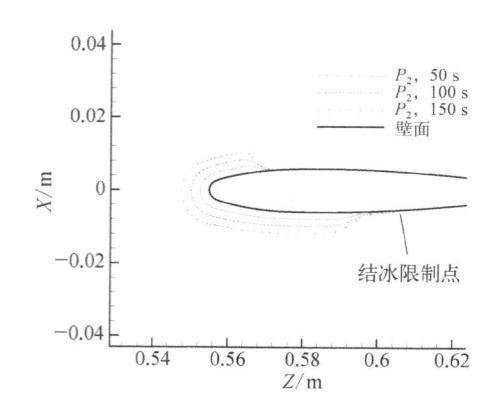

图 4.43 支板 2 的 P_2 截面在不同时刻的冰形

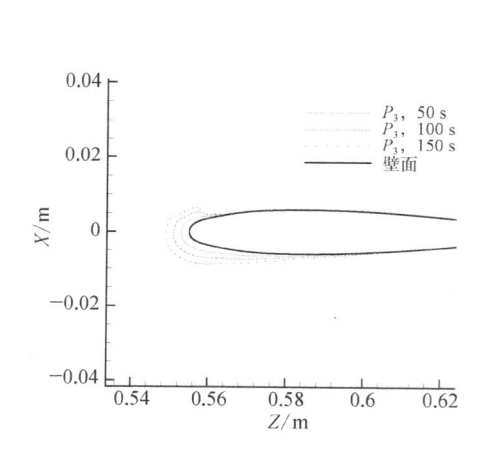

图 4.44 支板 2 的 P_3 截面在不同时刻的冰形

图 4.45 结冰时间为 150 s 时支板 3 表面的冰形分布

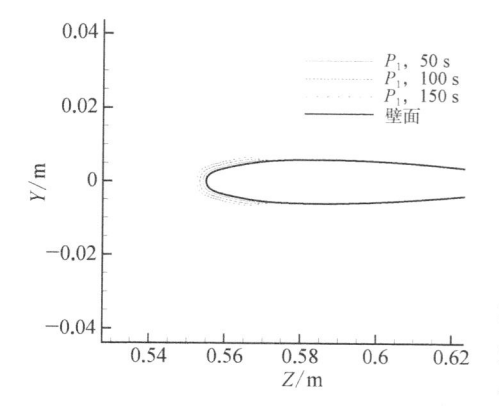

图 4.46 支板 3 的 P_1 截面在不同时刻的冰形

图 4.46~图 4.48 给出了支板 3 在 P_1、P_2 和 P_3 三截面上不同时刻的冰形。由图可见,因支板 3 也位于计算域对称边界处,因而各个时刻的冰形均关于该对称面对称。同一时刻 P_1 和 P_2 截面上的冰形几乎相同,而 P_3 截面上冰层厚度则大大减小。这一特征与前面所述的支板 3 沿展向水收集系数的分布几乎一致。同一时刻在相同位置上,支板 3 的结冰厚度比支板 2 的小,但大于支板 1 的。

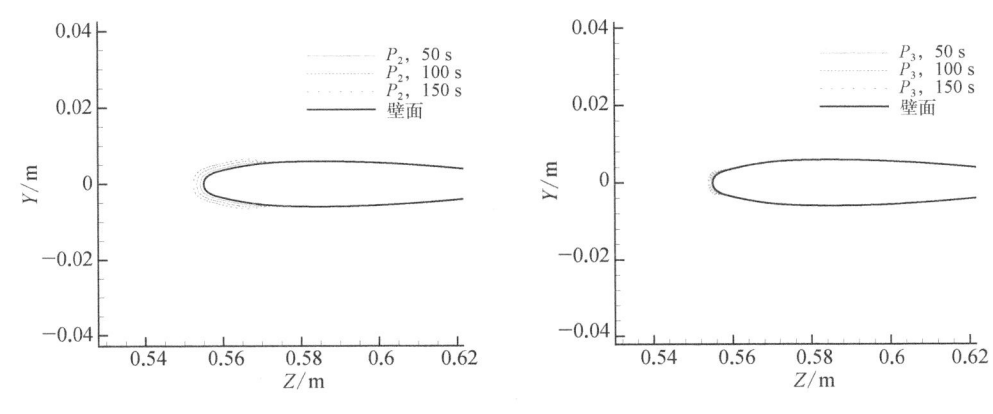

图 4.47 支板 3 的 P_2 截面在不同时刻的冰形

图 4.48 支板 3 的 P_3 截面在不同时刻的冰形

2. 发动机进口旋转整流罩的三维结冰计算

1）计算模型

旋转部件选取航空发动机进口的整流罩,对其进行三维水滴撞击和结冰特性的数值模拟。整流罩的物理模型与两相流计算域如图 4.49 所示,可见整流罩模型为锥体,并向后延伸一段圆柱体,锥体部分锥角为 60°,其底面直径为 100 mm,圆柱部分的直径和高度也均为 100 mm。围绕整流罩所建的两相流计算域为半球体。

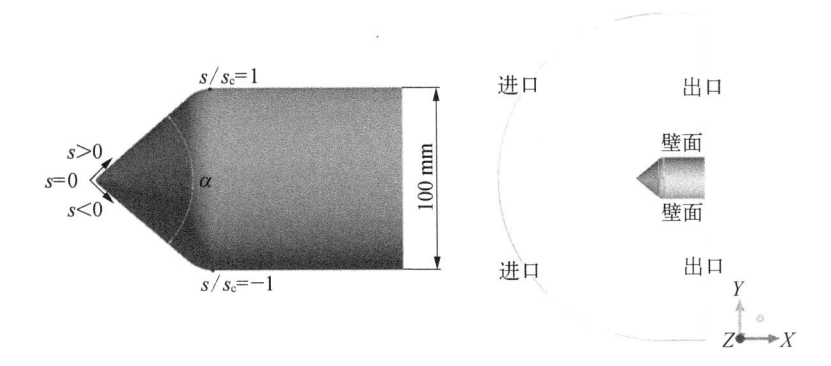

图 4.49 整流罩的物理模型与两相流计算域示意图

整流罩的结冰条件参数如表 4.1 所示,共计算了静止和旋转两种状态,静止状态的计算是为了与旋转状态下的计算结果进行对比,以获得旋转整流罩表面的水滴撞击和结冰特性。

表 4.1　整流罩外空气和过冷水滴来流条件参数

状态	转速/(r/min)	水滴平均有效直径/μm	液态水含量/(g/m³)	来流速度/(m/s)	环境温度/K
静止	0	20	2.3	65	263
旋转	12 500	20	2.3	65	263

2）计算结果与分析

图 4.50、图 4.51 给出了静止和旋转整流罩表面的对流换热系数 HTC(heat transfer coefficient)分布。从图中可以看出,两者的分布规律类似:整流罩锥体半径小的位置对流换热系数较小,锥体和圆柱体交界处对流换热系数最大,再往下游柱体表面的对流换热系数又减小。对比两图还可发现,在相同位置处,旋转条件下的对流换热系数大于静止条件下的对流换热系数,这是由于旋转使气流切向速度增大,从而导致对流换热系数增大。

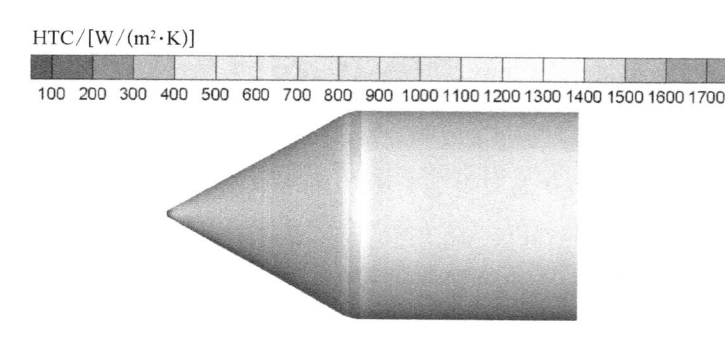

图 4.50　静止整流罩表面的对流换热系数分布

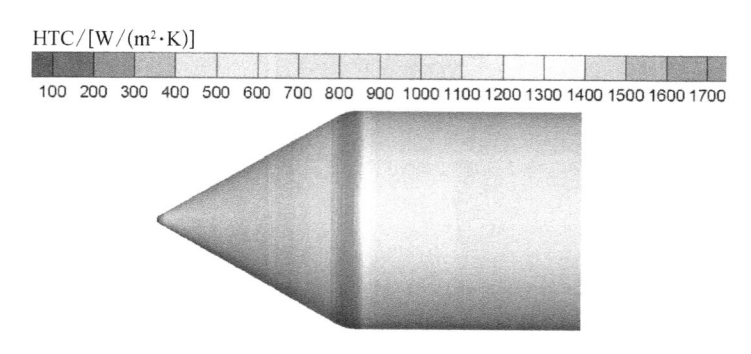

图 4.51　旋转整流罩表面的对流换热系数分布

图 4.52 和图 4.53 分别为静止和旋转条件下整流罩表面水滴的体积分数分布,由图可见,静止和旋转条件下整流罩表面水滴的体积分数分布基本一致,驻点

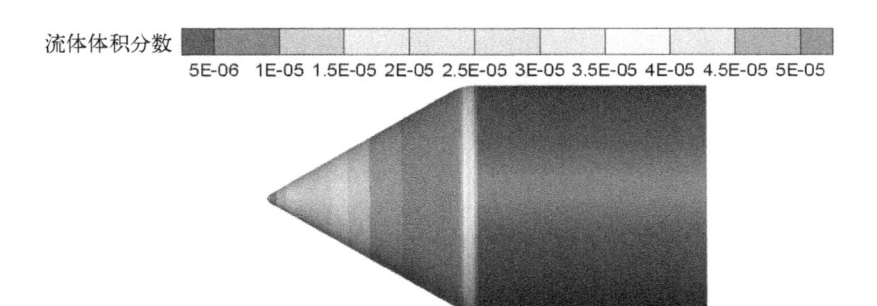

图 4.52 静止整流罩表面水滴的体积分数分布

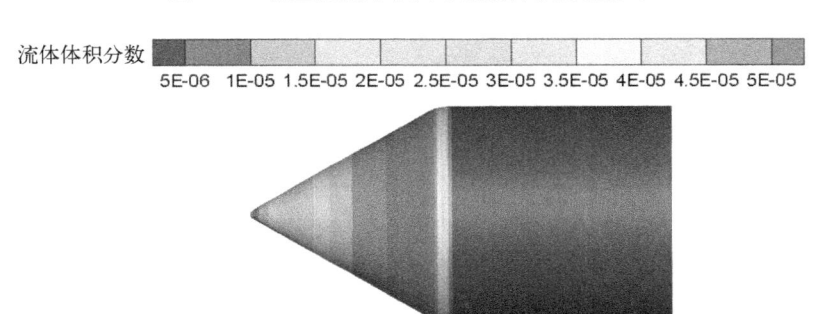

图 4.53 旋转整流罩表面水滴的体积分数分布

附近含量较少,往下游逐渐增大,到了柱体部分又迅速减小。

图 4.54 为静止和旋转整流罩表面水收集系数的分布,从图中可看出两者几乎完全重合。由前面的分析可知,静止和旋转条件下整流罩表面水的体积分数分布基本一致。另外,就水滴撞击速度而言,壁面旋转主要对壁面切向速度影响较大,

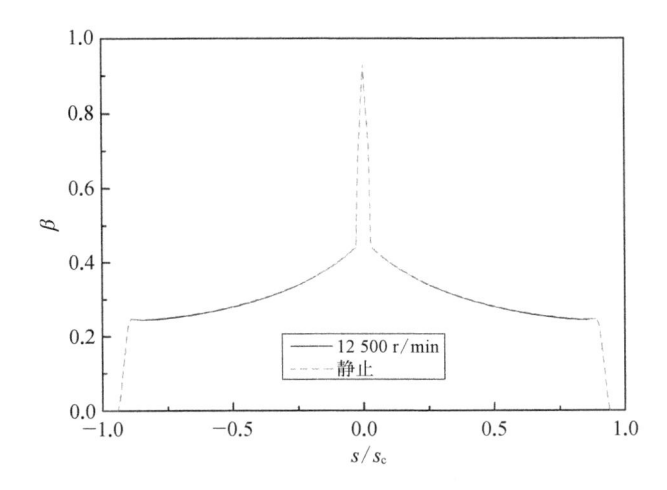

图 4.54 静止和旋转整流罩表面水收集系数的分布

对水滴撞击速度沿壁面法向分量的影响很小。于是,对于静止和旋转整流罩,其表面水滴的体积分数分布基本一致,同时水滴撞击速度的法向分量也相近,由水收集系数的计算式,静止和旋转整流罩表面的水收集系数分布相同。从图4.54还可以看出,整流罩表面驻点处的水收集系数最大且接近于1,然后在其附近下游迅速减小,继续往下游,整流罩锥体表面的水收集系数逐渐减小,直至锥体和柱体交界处水收集系数迅速减小为0。由整流罩的几何模型可知,在驻点处,过冷水滴几乎完全撞击到其表面并被收集,故此处水收集系数接近于1,整流罩表面往下游是直径为2 mm的球面过渡,此处水收集系数迅速减小,到整流罩锥体部分水收集系数较平缓降低,在锥体和柱体的交界处水收集系数略微增大,这是由于拐角处的水滴回流造成的。再往下游由于柱体表面与流向平行,因此水收集系数为0。

图4.55给出了结冰初始时刻静止和旋转整流罩母线上对流换热系数分布。由图可见,静止和旋转条件下,对流换热系数的分布规律基本一致:在锥顶点处换热系数较小,往下游迅速增大,约在无量纲弧长坐标$s/s_c=1.0$处达到最大值,然后迅速减小,之后再缓慢减小。在同一流向位置上,旋转整流罩表面的换热系数明显高于静止整流罩的换热系数,这与整流罩旋转导致近表面处气流产生较大的切向速度相关。

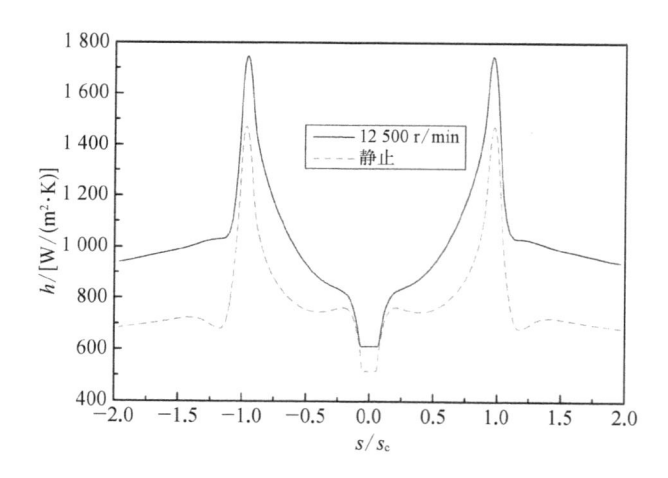

图4.55 静止和旋转整流罩母线上对流换热系数分布

图4.56给出了结冰时间为40 s时静止和旋转整流罩水膜厚度沿母线的分布,可以看出,旋转情况下,在相同位置处水膜厚度比静止情况下的小得多,这是由于在旋转离心力的作用下,整流罩表面未凝固的水膜能够迅速输运到下游,而且越往下游,整流罩表面的旋转半径较大,离心力也就较大,当表面水膜受到的离心力达到一定程度时,水膜会在离心力的作用下被甩脱,不会像静止情况那样在下游产生堆积。

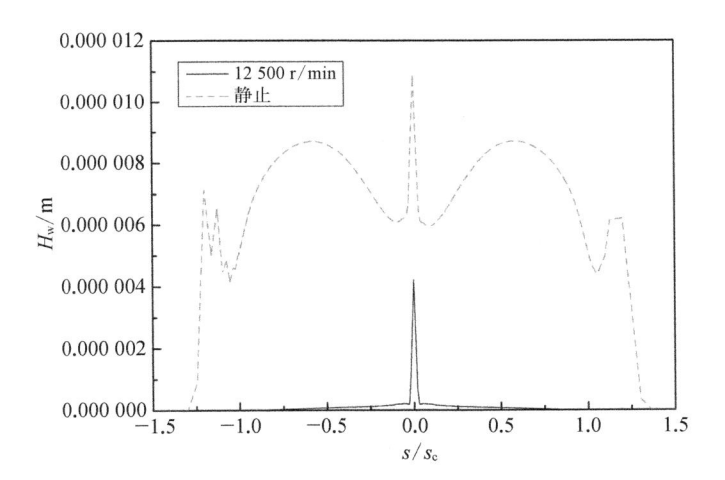

图 4.56　静止和旋转整流罩水膜厚度沿母线的分布

图 4.57 给出了结冰时间为 40 s 时静止和旋转整流罩表面冰层厚度沿母线的分布。从图中可以看出旋转整流罩的结冰范围小于静止条件的结冰范围，这是由于旋转条件下，在旋转半径较大的整流罩锥体后部，表面水膜在离心力的作用下被甩脱离开其表面，无法在整流罩表面附着结冰。在无量纲弧长坐标 $s/s_c=0 \sim 1.0$ 范围内的相同位置处，旋转整流罩的结冰厚度几乎都大于静止整流罩的结冰厚度，这是由于在离心力的作用下驻点附近的水膜能够被更快地输送到下游对流换热系数较大的位置处，于是产生的结冰较厚。

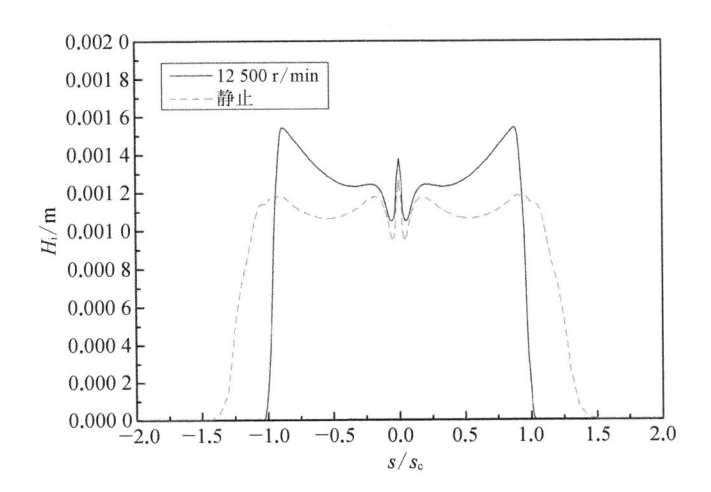

图 4.57　静止和旋转整流罩表面冰层厚度沿母线的分布

图 4.58 给出了结冰时间为 40 s 时静止和旋转整流罩表面的结冰冰形。由图可见，在靠近整流罩尾部，两种情况计算得到的冰形覆盖范围有明显的差异。

在整流罩前部，旋转情况下的结冰厚度相比静止情况的稍大，但两者的差异不明显。

图 4.59 为图 4.58 中静止和旋转整流罩表面结冰冰形的局部放大。由图可见，两者的冰层覆盖范围相差较大，在静止情况下，冰层覆盖范围超过了整流罩尾缘拐点并延伸到柱体部分，而在旋转条件下，由于尾缘处旋转半径较大，水膜在该处受到的离心力作用很大，故水膜无法附着不能产生结冰。

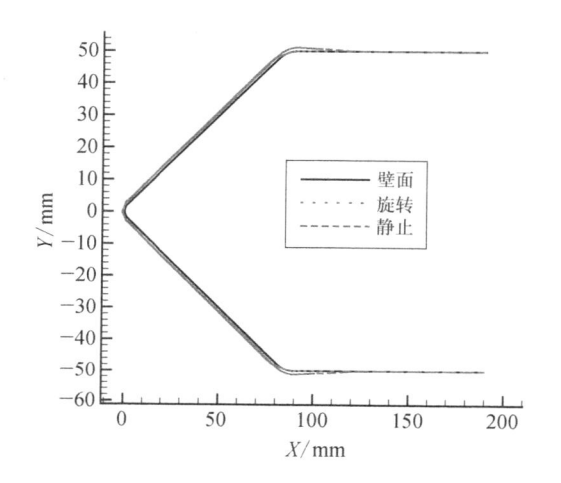

图 4.58　静止和旋转整流罩表面的结冰冰形

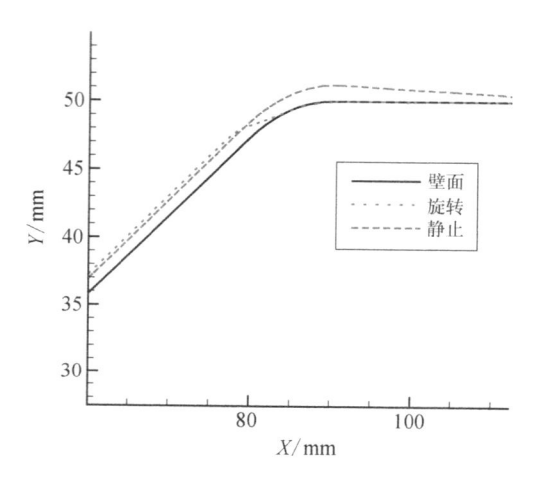

图 4.59　静止和旋转整流罩表面结冰冰形的局部放大

3. 案例分析小结

通过以上的应用案例分析可知，对发动机进口部件进行的三维结冰仿真可获得部件表面的过冷水滴撞击特性（包括水滴撞击区域及撞击区域内的局部水收集系数分布）、部件表面的结冰范围以及结冰范围内的冰厚与冰形分布，明冰结冰和不结冰情况下还可获得壁面或冰面的水膜覆盖范围及范围内水膜的厚度与速度分布。根据部件表面的过冷水滴撞击特性结果可初步判断需要进行防冰的部件及其大致的防冰范围；根据部件表面的结冰范围、冰厚和冰形计算结果，可比较明确地对防冰方法、措施和结构进行设计，确定哪里是防护重点区域、哪里只需较小的防冰能量，也能为结冰影响分析提供必需的边界条件；根据部件表面的水膜分布和流动特性计算结果，还可进一步指导防冰设计，避免表面未凝固的水膜在防护区下游产生有危害的溢流冰。

4.3　尾喷流红外辐射仿真

红外探测制导技术的飞速发展对飞机隐身能力提出了日益严苛的要求。在飞机的红外辐射分布中,航空发动机尾喷流的红外辐射强度占据主导地位[10],是作战飞机前半球的主要辐射源、后半球的重要辐射源[11]。精确模拟该高温气流的红外辐射信号对于空空、地空导弹的红外系统设计,飞机隐身技术的提升和改进,以及卫星探测的红外预警系统设计等均具有重要的意义[12]。如图4.60所示,典型航空发动机尾喷流红外辐射特征光谱实质上是由燃烧产生的高温气体振转红外光谱叠加上未完全燃烧的炭黑颗粒发射、吸收光谱辐射组合而成的,在不考虑航空发动机加力工况下,其可探测红外辐射波段主要集中于近红外波段的 $1\sim2.6\ \mu m$、中红外波段的 $3\sim5\ \mu m$ 和中远红外波段的 $8\sim14\ \mu m$。因为尾喷流独特的光谱分布物性,令其成为可进行全方位攻击红外导弹可探测的唯一辐射源。

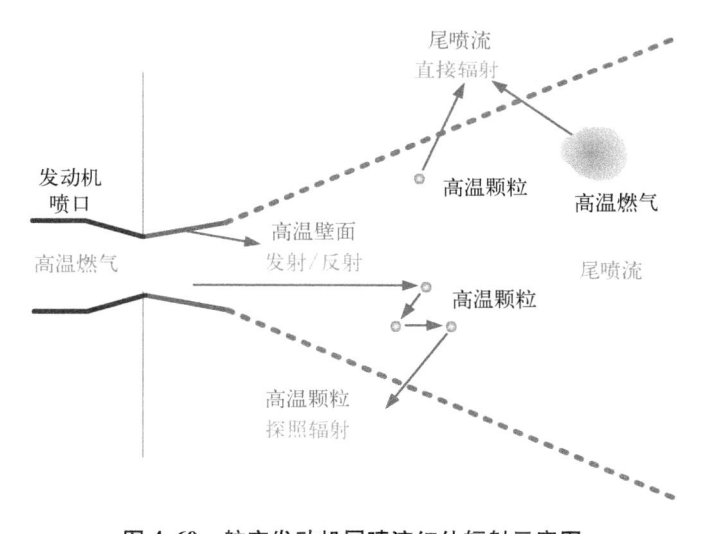

图4.60 航空发动机尾喷流红外辐射示意图

4.3.1 基本理论介绍

1. 国内外研究现状

国外从20世纪60年代起就开始进行发动机尾喷流红外辐射特性研究,最早的研究是通过研制专门的测试设备,获得了大量的实验数据,如美国的SPIRITS、北约的NIRATAM和俄罗斯的IRSAM[13]。1973年NASA出版了一本适用于航空发动机尾喷流气体辐射特性研究的代表性手册,它对当时气体红外辐射特性计算方法与研究进展进行了阶段性总结[14]。1979年,美国陆、海、空三军和NASA联合建立了低空(0~60 km)尾喷流标准红外辐射模型SIRRM,可在单波长条件下求解气体/粒子的辐射传输[15]。

Reed等[16]对航空发动机尾喷流的辐射强度空间分布进行了研究,揭示了辐射强度随光谱和空间特征的变化情况。1993 年,Everson 和 Nelson[17]使用反向蒙特卡罗法和气体谱带模型研究了发动机尾喷流对基底的辐射加热现象。进入 21 世纪,随着高新技术的发展,对发动机尾喷流的研究更加深入。2001 年,Devir 等[18]通过校准的红外相机和光谱辐射计测量了尾喷流红外辐射,并数值模拟了红外尾喷流辐射以及局部和空间积分的尾喷流光谱,实验结果与数值模拟吻合很好。Heragu 等[19]发展了一种用于预测航空发动机排气辐射的方法,引入视角因子以计算表面辐射,利用窄带模型以模拟气体和非均匀射流辐射。Gossé 等[20]开发了一个蒙特卡罗射线踪迹模型用于含非灰凝聚粒子的发射、吸收和各向异性散射的尾喷流辐射分析。Rao[21]根据 LOWTRAN 模型求解大气红外辐射特性,并将统计窄谱带模型用于排气尾喷流红外辐射特性计算。Kim 等[22]分析了不同飞行条件下航空器尾喷流的红外特征,根据窄带模型计算了尾喷流的红外特征,最终得到了航空器尾喷流红外特征的定性信息。Manish 等[23]首次采用非侵入式光学诊断成像技术对发动机尾喷流进行可视化分析,首次实现了平面激光诱导荧光和红外线成像。

国内对航空发动机尾喷流红外辐射信号计算工作开展较晚,直到 20 世纪 90 年代中后期才有文献报道,但发展十分迅速。1995 年,徐南荣[24]忽略介质的散射作用,得到辐射传输方程的积分解并将其转换为有限增量形式,计算了航空发动机尾喷流红外辐射随波长的分布特性。翟普等[25]总结了抑制弹用航空发动机尾喷流红外辐射强度的相关技术,研制了低红外辐射喷管,并对尾喷流红外辐射强度进行数值分析。詹光和李椿萱[12]使用该方法计算了多组分纯气相发动机尾喷流 $1.5 \sim 5.0 \, \mu m$ 波段间红外辐射特性。金捷等[26]采用封闭腔理论与波带透过率模型,计算了发动机排气系统的尾喷流辐射,并与实测结果进行了分析比较,结果表明红外辐射计算值与实测值的误差不大于 30%。聂万胜等[27]计算了不同观测条件下液体发动机尾喷流近场红外辐射特性,并考察了燃烧室内不同燃烧模型对尾喷流辐射的影响。李建勋等[28]建立了地面试车条件下发动机尾喷流红外辐射计算模型,并通过实验测试研究在不同马赫数下航空发动机红外辐射分布特征。王伟臣等[29]介绍了国内外发动机尾喷流红外特性的研究进展及实验研究方法,总结了计算发动机尾喷流红外特性常用的求解方法及其特点,提出国内应当在辐射模型的完善与流场计算的耦合度、高空辐射模型的建立、实验数据获取等方面开展更深入的研究工作。Chen 等[30]采用反向蒙特卡罗方法对航空发动机排气系统的流动和红外辐射特性以及目标红外辐射成像模拟方法进行了研究。齐宏等[31]使用有限元法计算了发动机尾喷流 $2.7 \, \mu m$ 和 $4.3 \, \mu m$ 谱带辐射特性,并通过比较对该算法的误差进行了定性及定量的分析。郝金波等[32]将贴体坐标系有限体积法用于主动段尾喷流红外光谱特性计算,分析了 $2.7 \sim 2.95 \, \mu m$ 表观光谱辐射强度及 $2.7 \sim 2.95 \, \mu m$ 的表观谱带辐射强度。帅永等[33]利用反向蒙特卡罗法和有限体积法计算了发动机尾喷流红外辐射特性,获得了尾喷流在探测波长为 2.7 μm 下的红外辐射的空间、光谱分布特性。季靖远等[34]、征建生等[35]分别模拟了地面和高空状态下发动机排气系统的红外辐射特性,高空状态的尾喷流峰值红外辐射强度仅为地面状态的 12%~24%,排气系统的总体红外辐射强度峰值与地面状态下的比值峰值在 0.35~0.45。黄伟和吉洪湖[36]以航空发动机排气系统为研究对象,研究了射线步长、射线数、射线携带能量方式等因素对反向蒙特卡罗法求解红外辐射强度效率的影响。包醒东等[37]分别使用直接模拟蒙特卡罗法和反向蒙特卡罗法求解了尾喷流流场特性以及辐射传输方程,并在此基础上研究了某小推力发动机的红外辐射特性。

2. 仿真理念

尾喷流内,辐射换热与其他物理过程相关,包括高速对流传热传质和燃烧等过程共同决定了基本流场物理量,如温度、压力以及化学组分的浓度分布。因此,对尾喷流流场的准确计算是其红外辐射特性计算的前提,这属于流动与换热范畴,不在本研究范围内。航空发动机尾喷流属于辐射参与性介质,其光谱选择性比固体表面显著,其介质的辐射物性和能量都与光谱密切相关。在介质辐射中,除发射、吸收外,常需要考虑颗粒散射和壁面反射。喷焰辐射能量的空间分布特性是喷焰辐射传输研究的重要内容之一,通常用辐射强度来描述,而辐射强度在介质内的传输规律由辐射传输方程描述,该方程表达了沿某方向辐射能量在介质中传输时,能量的发射、吸收、散射、反射、透射的相互关系[38,39]。

如图 4.61 所示,发动机尾喷流红外辐射特征的实质是燃烧产生的高温气体转振红外光谱叠加上固体炭黑颗粒发射、吸收光谱。红外探测、制导或隐身设计等需要细致了解喷焰红外辐射信号随时间、空间、波长的变化情况。尾喷流光谱辐射特性涉及微观、介观和宏观介质领域的研究,包括气体辐射特性、粒子辐射特性和辐射传输计算,其是一个多尺度的复杂问题。因此,高温燃气、颗粒辐射物性参数计算和辐射传输计算是尾喷流红外辐射特征模拟的关键内容,后续将从这三个方面介绍尾喷流红外辐射仿真方法与原理。

1) 气体辐射特性

航空发动机尾喷流中的 CO_2、H_2O、CO 等气体组分是发射红外辐射能量的主要成分,气体的光谱发射和吸收都具有选择性。国外从 20 世纪中叶就开始研究具有发射、吸收和散射性质的介质中的辐射换热系数的计算问题。1973 年,NASA 出版了燃烧气体产物辐射手册[14],给出了尾喷流中常见组分在 300~3 000 K 温度范围内典型谱带的光谱数据,为尾喷流红外辐射特性计算提供了必要基础。为了进行更高精度的辐射传输计算,1973 年,美国空军剑桥实验室在当时谱线研究工作的基础上,对红外区中 H_2O、CO_2、O_3、N_2、CO、CH_4、O_2 等七种主要大气吸收气体的 100 000 多条谱线参数进行了汇编[40]。随后,Rothman 等[41]对其继续进行完

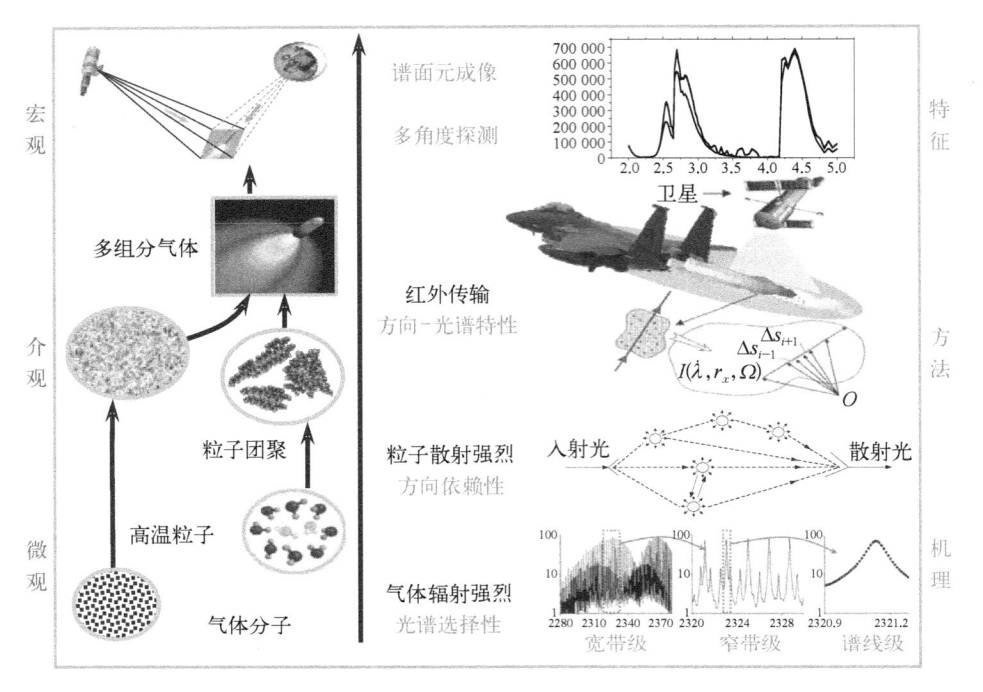

图 4.61　喷焰光谱特性与传输分析的多尺度性及核心技术

善,自 1986 年起开始发布高分辨率气体分子谱线参数数据库 HITRAN。目前,最新版本是 HITRAN2020,包含 55 种气体分子 1 160 万条谱线参数。与其相关的一个数据库是高温燃气光谱参数数据库 HITEMP[42],HITEMP 是 20 世纪末才发展起来的,其中包括了许多只有在高温时才出现的"热线"的光谱参数,故可应用在高温场合,如飞机、导弹尾喷流高分辨率红外辐射特性的计算。国外其他类似的工作有法国的 GEISA 数据库[43]、俄罗斯的 CDSD 数据库[44]。这些数据库对于导弹喷焰及地球大气背景红外传输模拟及光谱成像、卫星遥感应用、高分辨率大气透过率计算、高温燃烧系统热过程计算、设计等工作有重要的实用价值。

从国内外的研究进展来看,辐射换热模型的发展经历了由一维到多维、由灰模型到非灰模型、由辐射解耦计算到基于 CFD 框架下的全耦合计算这样一个由简单到复杂的过程。在燃气辐射物性的处理上,由灰模型向非灰模型发展,逐渐由早期的火焰灰体黑度经验公式或灰体加权和模型向谱带模型(窄谱带模型和宽谱带模型)和 K 分布模型发展。气体辐射特性计算方法根据波数间距大小基本上分为三类：① 逐线计算法(line-by-line calculation method,LBL),波数间隔一般为 0.000 2 ~ 0.02 cm^{-1};② 谱带模型,窄谱带模型的波数间隔一般为 5 ~ 50 cm^{-1},宽谱带模型的波数间隔一般为 100 ~ 1 000 cm^{-1};③ 总体模型,波数范围包含整个光谱区间。气体辐射谱线数量巨大,对气体辐射计算造成了很大困难,所以工程上需要灵活、有效的辐射特性计算模型。

2) 粒子辐射特性

航空发动机尾喷流中未燃尽的炭黑颗粒对尾喷流红外特性有重要影响,粒子对通过其附近的电磁波散射的程度和方向取决于以下几个因素:粒子的形状,粒子的材料(即复合折射率 $m = n - ik$),粒子的相对大小,粒子之间的距离。粒子散射问题的解,可以归结为一平面电磁波投射到给定形状、尺寸及光学常数的粒子的麦克斯韦方程解。粒子辐射行为的特殊性表现在对能量的散射,不仅吸收辐射能量,也会改变辐射能量的传递方向,而且这种方向改变规律常常是复杂的。目前,较为成熟的方法有以下几种:① 米氏(Mie)理论主要用于求解均匀球形单粒子的辐射特性;② 广义多粒子米氏理论研究由球形微粒组成的聚集粒子的辐射特性;③ 离散偶极子近似法(discrete dipole approximation, DDA)是研究非球形粒子散射特性的重要理论方法之一,可用于模拟任意几何形状的各向异性和非均质粒子的光散射;④ T 矩阵模型适用范围广泛,入射到散射体上的场可以是任意的,对于粒子的形状无严格要求,所能计算的尺度参数($x = \pi D/\lambda$)最大可达 50。

3) 辐射传输求解模型

辐射传输的模拟计算都要直接或间接地求解(光谱)辐射传递方程。而求解方法可以分为两大类:一类为随机性或蒙特卡罗方法[45];另一类为确定性方法。蒙特卡罗方法不直接求解辐射传递方程,而是通过抽样技术对随机光束进行跟踪,属于利用随机性过程模拟确定性问题的方法。该方法的优点是对复杂的几何外形和复杂的物理过程如各向异性发射、粒子散射、梯度折射率介质辐射、瞬态辐射、多孔介质内的辐射以及辐射反问题等具有很强的适应性[46]。与确定性方法相比,由于不对空间方位进行离散,从而不必存储离散方位的辐射强度,因此计算机内存消耗很小。在蒙特卡罗方法中,计算结果的标准差与抽样数量的平方根成反比,而抽样数量与计算时间则成正比,所以计算时间的增加速度大于统计误差的减小速度。同时,在蒙特卡罗方法中,随机光束同时受多个随机变量如随机发射位置、方向、传播距离、反射或散射方向的影响。因此,通常需要很大的光束数量来进行模拟计算,才能获得抽样数量无关的模拟计算结果。随着计算机硬件技术的不断发展,如 CPU 的计算速度不断提高、图像处理单元(graphics processing unit, GPU)的采用和相应并行计算方法的进步,蒙特卡罗方法的时间复杂性问题得到了一定程度的克服。

确定性方法包含但不限于离散坐标法(discrete coordinate method, DOM)、有限体积法(finite volume method, FVM)、有限元法(finite element method, FEM)、离散传递法(discrete transfer method, DTM)、球形谐波法(spherical harmonic method, PN)等[38,39]。这些方法通过求解离散空间位置和空间方向的辐射传递方程来得

到介质内的辐射能量分布。尽管需要空间方位的离散而比蒙特卡罗方法消耗更多的计算机内存,该方法能够利用有限空间位置和空间方位来对介质内的辐射传输进行模拟而获得足够精度的计算结果,所以该方法的计算时间少于蒙特卡罗方法。同时,由于采用与对流传热、传质和燃烧的模拟计算相同的离散网格单元系统,所以与蒙特卡罗方法相比,确定性方法的计算程序能够更加方便地耦合到多物理过程的模拟计算当中。

4.3.2 参与性介质辐射特性计算方法

1. 气体辐射特性计算

发动机尾喷流是一个强辐射源,其产生的紫外、可见、红外辐射特征信号是预警卫星探测、识别的主要依据,定量模拟尾喷流红外辐射特性离不开气体辐射物性计算。气体辐射根据温度可以划分为中高温(3 000 K 以下)、高温(3 000 K 以上)和极高温(几万 K 以上),航空发动机尾喷流主要考虑中高温和高温气体辐射,研究对象主要是燃烧产物 CO_2、H_2O、CO 等,其辐射光谱大多集中在红外区。气体求解模型主要有谱带模型法[47]和逐线计算法[48]。谱带模型法又分为窄谱带模型法和宽谱带模型法。本质上,各种不同的光谱法是在不同水平对一定光谱间隔内气体特性的近似。

1) 逐线计算法

逐线计算法(LBL)是目前最准确的气体辐射特性计算方法,可以作为其他方法的基准。但采用此方法时需要提供气体分子每条谱线的详细光谱特性参数,通常气体分子光谱中包括成千上万条谱线,所以逐线计算法非常费时[49]。

如图 4.62 所示,在气体吸收带内,谱线与谱线之间会发生部分重叠。对于同一气体,其在波数 η 处光谱吸收系数 κ_η 等于各个相互重叠谱线在波数 η 处的线吸

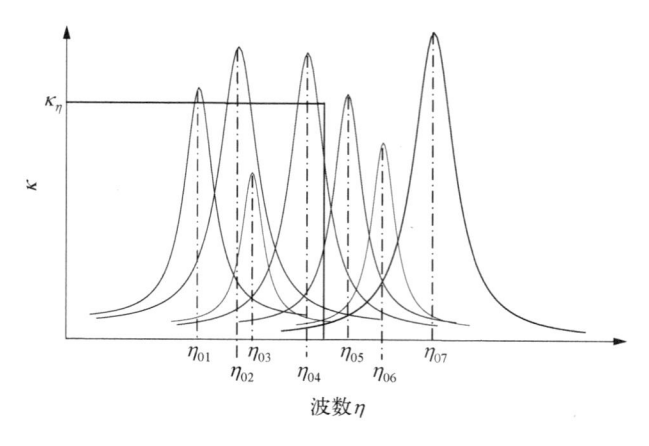

图 4.62 逐线计算法示意图

收系数 $\kappa_{\eta i}$ 之和：

$$\kappa_\eta = \sum_i \kappa_{\eta i} = \sum_i S_i F(\eta - \eta_{0i}) \qquad (4.160)$$

其中，$\kappa_{\eta i}$ 为第 i 条谱线在波数 η 处的吸收系数；$F(\eta - \eta_{0i})$ 为第 i 条谱线的线型函数；η_{0i} 为计算域内第 i 条谱线中心处的波数；S_i 为第 i 条谱线积分强度。其中，

$$\kappa_{\eta i} = S_i F(\eta - \eta_{0i}) = F(\eta - \eta_{0i}) \int_{-\infty}^{+\infty} \kappa_{\eta i} \mathrm{d}\eta \qquad (4.161)$$

由式(4.161)也可得到线型函数的归一化性质：

$$\int_{-\infty}^{+\infty} F(\eta - \eta_{0i}) \mathrm{d}(\eta - \eta_{0i}) = 1 \qquad (4.162)$$

如图 4.63 所示，分子光谱的每一个谱带都是由许多挤在一起的谱线组成的。在谱线中心，强度最大，两翼侧强度逐渐减弱，谱线形状一般采用洛伦兹(Lorentz)线型或多普勒(Doppler)线型函数来描述。谱线宽度用谱线半宽 b 来表示，即图 4.63 所示的线性函数中在 0.5 倍最大谱线强度处对应谱线宽度的一半。洛伦兹线型主要考虑压力增宽或碰撞增宽效应，一般在中等温度及较高压力下考虑其影响，其线型函数 $F_L(\eta - \eta_0)$ 及碰撞增宽半宽 b_C 可以表示为

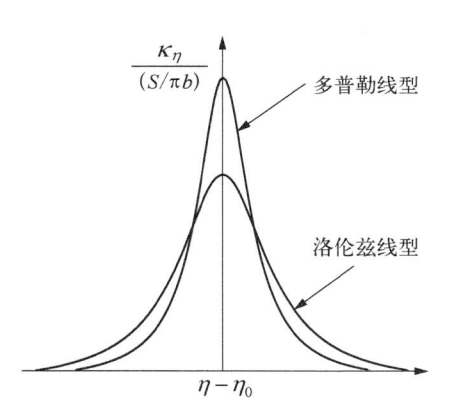

图 4.63 逐线计算法示意图

$$F_L(\eta - \eta_0) = \frac{1}{\pi} \frac{b_C}{(\eta - \eta_0)^2 + b_C^2} \qquad (4.163)$$

$$b_C = \left(\frac{T_0}{T}\right)^n \frac{\gamma_{\mathrm{air}}(P - P_s) + \gamma_{\mathrm{self}} P_s}{P_0} \qquad (4.164)$$

其中，P 为气体总压力(Pa)；T 为热力学温度(K)；P_s 为气体分压力(Pa)；b_C 为气体碰撞增宽半宽(cm)；下标 0 为参考态(一般取标准态：$P_0 = 101\,325$ Pa，$T_0 = 296$ K)。

多普勒线型考虑了多普勒增宽效应，可以用多普勒线型函数 $F_D(\eta - \eta_0)$ 及气体多普勒增宽半宽 b_D 表示：

$$F_D(\eta - \eta_0) = \left(\frac{1}{b_D}\right)\left(\frac{\ln 2}{\pi}\right)^{0.5} \exp\left[-\ln 2 \frac{(\eta - \eta_0)^2}{b_D^2}\right] \qquad (4.165)$$

$$b_D = \left(\frac{\eta_0}{c_0}\right)\left(\frac{2kT\ln 2}{m}\right)^{0.5} \tag{4.166}$$

多普勒增宽谱线细而窄,发射和吸收主要集中于谱线中心区,谱线两翼成指数形式迅速衰减,而碰撞增宽谱线较为平缓,在距谱线中心相当远的两翼仍有较强的发射和吸收。在两种增宽机理都起作用,且两种机理引起的谱线半宽相差不大时,需要用沃伊特(Voigt)线型来考虑压力增宽和多普勒增宽的混合效应。沃伊特线型函数是洛伦兹线型函数和多普勒线型函数作卷积得到的。精确的沃伊特线型函数的计算涉及复杂的无穷积分运算。Arnold 等[48]提出了以下近似的沃伊特线型函数计算式,其误差不超过2%:

$$\begin{aligned}\frac{F_V(\eta-\eta_0)}{I_{V,\max}} = &\left(1 - \frac{W_L}{W_V}\right)\exp\left[-2.772\left(\frac{\eta-\eta_0}{W_V}\right)^2\right] + \left(\frac{W_L}{W_V}\right)\left[1 + 4\left(\frac{\eta-\eta_0}{W_V}\right)^2\right]^{-1} \\ &+ 0.016\left(1 - \frac{W_L}{W_V}\right)\left(\frac{W_L}{W_V}\right)\left\{\exp\left[-0.4\left(\frac{\eta-\eta_0}{W_V}\right)^{2.25}\right]\right. \\ &\left. - 10\left[10 + \left(\frac{\eta-\eta_0}{W_V}\right)^{2.25}\right]^{-1}\right\}\end{aligned}$$
$$\tag{4.167}$$

$$W_V = 0.5346W_L + (0.2166W_L^2 + W_D^2)^{0.5} \tag{4.168}$$

其中,W_L 为洛伦兹线型的谱线全线宽,W_D 为多普勒线型的谱线全线宽,W_V 为沃伊特线型的谱线全线宽;$I_{V,\max}$ 为谱线中心处沃伊特线型函数的值;$F_V(\eta-\eta_0)$ 为沃伊特线型函数。

$$I_{V,\max} = \left\{W_V\left[1.065 + 0.447\left(\frac{W_L}{W_V}\right) + 0.058\left(\frac{W_L}{W_V}\right)^2\right]\right\}^{-1} \tag{4.169}$$

洛伦兹谱线半宽 b_C 与压力、温度的开方成正比,多普勒谱线半宽 b_D 与温度的开方成反比。因此,压力增宽在中高压和中低温起主要作用,使用洛伦兹谱线;多普勒增宽在低压低温起主要作用,使用多普勒线型;其他情况则应使用沃伊特谱线。谱线线型选择时,先由压力和温度计算出 b_C 和 b_D,再采用下列判据确定:$b_C/b_D<0.1$,使用多普勒线型;$b_C/b_D>5$,使用洛伦兹线型;$0.1<b_C/b_D\leqslant 5$,使用沃伊特线型[39]。

实际计算中,若谱线线翼伸展较远,则必须考虑计算点两侧数十个波数范围内吸收线的影响。逐线计算法的难点是必须知道计算域内每条谱线的参数,包括谱线位置、谱线积分强度、谱线半宽等参数,这需要一个很大的数据库。由于谱线强度、谱线半宽等参数随温度、压力及混合气体的组分不同是变化的,所以准确知道这些参数很困难。

上述特征参数可在 HITRAN/HITEMP 数据库(基态温度 $T_0 = 296$ K)中导出,在温度为 T 时,线强可以由参考状态线强 $S_{\eta,0}$ 外推得到:

$$S_\eta = S_{\eta,0} \frac{T_0}{T} \frac{P}{P_0} \frac{Q_0}{Q} \exp\left[-1.439 E_1 \left(\frac{T_0 - T}{T_0 T}\right)\right] \frac{1 - \exp(-hcv/kT)}{1 - \exp(-hcv/kT_0)} \quad (4.170)$$

2) K 分布法

如图 4.64 所示,由于逐线计算法计算量庞大,谱带内相同数值的吸收系数多次出现,会重复求解介质辐射传递方程,引入了很多不必要的计算。K 分布的思想是将吸收系数重新排列成一个单调函数,以保证每一个辐射强度仅计算一次[50]。将随光谱剧烈变化的吸收系数 k 按数值大小重新排列,根据其出现的概率得到概率分布函数 $f(k)$;进一步统计小于 k_η 的吸收系数出现的概率,得到累积分布函数 $g(k)$。通过引入 $f(k)$ 和 $g(k)$,将辐射通量 ϕ_η 对光谱的积分转换为对 $g(k)$ 的积分,由于 $g(k)$ 是单调上升的光滑函数,可采用简单高效高斯数值积分求解。K 分布法在较大波数范围内与逐线计算法精度相同,同时可以节省大量计算时间。

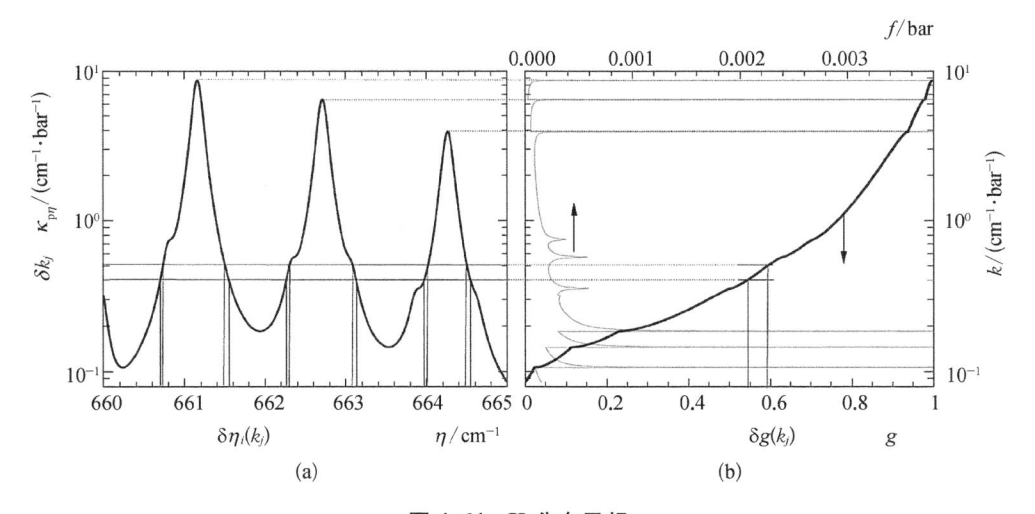

图 4.64 K 分布思想

吸收系数 k 的概率分布函数 $f(k)$ 定义为

$$f(k) = \frac{1}{\Delta\eta} \int_{\Delta\eta} \delta(k - k_\eta) \mathrm{d}\eta \quad (4.171)$$

由于光谱波段较宽,为了避免假设普朗克函数不变导致的误差,在吸收系数 k 的概率分布函数 $f(k)$ 的计算中引入普朗克加权:

$$f(T, k) = \frac{1}{I_{b,\Delta\eta}} \int_{\Delta\eta} I_{b\eta}(T) \delta(k - k_\eta) \mathrm{d}\eta \qquad (4.172)$$

于是有 $\int_0^1 g(k) \mathrm{d}g = 1$,若辐射特性参数 ϕ_η 只与谱线的吸收系数有关,基于累积 K 分布函数,ϕ_η 在计算谱带区间内的平均值为

$$\bar{\phi}_{\Delta\eta} = \frac{1}{\Delta\eta} \int_{\Delta\eta} \phi(k_\eta) \mathrm{d}\eta = \int_0^1 \phi(g) \mathrm{d}g \qquad (4.173)$$

计算尾喷流在典型大气窗口 3~5 μm 或 8~14 μm 波段的红外光谱积分辐射强度时,采用逐线计算法将会极其耗时,K 分布法可以在保留光谱特性情况下极大地提高计算效率。

3) 气体辐射基础物性数据库

近几十年,随着高分辨率光谱仪,特别是傅里叶红外转换光谱仪的发展,测量谱线的详细信息(包括谱线强度、谱线位置、线型函数和半宽等)已经成为可能[51]。在发展中高温气体辐射特性计算方法的同时,美国、法国、俄罗斯等分别将大气中分子的已有光谱谱线参数编辑在一起,形成了各自的大气分子光谱数据库,如美国的 HITRAN 数据库和 HITEMP 数据库、法国的 GEISA 数据库、俄罗斯的 CDSD 数据库。截至目前,气体光谱数据库的最新版本是 HITRAN2020[52],随着 HITRAN 数据库的不断更新,将其应用在实际辐射换热计算中的可行性和可信度在不断提高[53],HITRAN 数据库目前主要用来作为气体背景辐射传输计算或低于 1 000 K 的工程计算。为了满足高温下的工程计算需求,HITRAN 研究小组在原有数据库的基础上开发出了 HITEMP 数据库,目前最新的 HITEMP 数据库为 2010 版本,数据库包含有 1.1 亿条 CO_2 的谱线参数、11.1 亿条 H_2O 的谱线参数以及相对数量较少的 CN、CO 和 OH 的谱线参数,适用于低于 3 000 K 的辐射换热计算。

HITRAN online 网站(https://hitran.org/)上可直接获取任意波段各种分子及其同位素在 1 atm、296 K 下的高分辨率光谱基础数据(最新 HITRAN2020 版)。哈佛网站 ftp://cfa-ftp.harvard.edu/,可以获得 CO_2、H_2O、CN、CO 和 OH 等五种分子固定波段在 1 atm、296 K 的高温光谱基础数据(最新 HITEMP2010 版),HITRAN 与 HITEMP 数据库可用 Java HAWKS 提取所需波段数据。且文件格式相同,其数据各参数意义可参考文献[52]。

2. 粒子辐射特性计算

当电磁波或光子与含有小颗粒的介质相互作用时,辐射强度可能会因为吸收

或散射而改变。在辐射分析中,粒子的形状通常假定为球形,故本研究主要考虑球形粒子的吸收和散射。穿过球形粒子附近的电磁波或光子将被吸收或散射,绝大多数光子是弹性散射的,也就是散射过程中它们的波长和能量保持不变[54]。很小的一部分会发生非弹性或拉曼散射,其对辐射换热率的计算的影响并不大,因此本书只讨论弹性散射。

半径为 D 的球形粒子云与波长为 λ 的电磁波相互作用的辐射特性由三个独立的无量纲参数控制,分别是复合折射率、尺寸参数和间隙波长比:

$$m = n - \mathrm{i}k \quad (4.174)$$

$$x = \pi D/\lambda \quad (4.175)$$

$$d = c/\lambda \quad (4.176)$$

根据单粒子米氏散射理论,球形粒子的光谱衰减、散射和吸收因子可由洛伦兹-米氏电磁理论表示:

$$Q_{\mathrm{ext},\lambda} = \frac{2}{x^2} \mathrm{Re} \left[\sum_{n=1}^{\infty} (2n+1)(a_n + b_n) \right] \quad (4.177)$$

$$Q_{\mathrm{sca},\lambda} = \frac{2}{x^2} \sum_{n=1}^{\infty} (2n+1)(|a_n|^2 + |b_n|^2) \quad (4.178)$$

$$Q_{\mathrm{abs},\lambda} = Q_{\mathrm{ext},\lambda} - Q_{\mathrm{sca},\lambda} \quad (4.179)$$

其中,Re 为取复数实部; a_n 及 b_n 为米氏散射系数:

$$a_n = \frac{\psi'_n(y)\psi_n(x) - m\psi_n(y)\psi'_n(x)}{\psi'_n(y)\zeta_n(x) - m\psi_n(y)\zeta'_n(x)} \quad (4.180)$$

$$b_n = \frac{m\psi'_n(y)\psi_n(x) - \psi_n(y)\psi'_n(x)}{m\psi'_n(y)\zeta_n(x) - \psi_n(y)\zeta'_n(x)} \quad (4.181)$$

$\xi_n = \psi_n + \mathrm{i}\chi_n$, $\psi_n(x)$, $\chi_n(x)$ 为里卡蒂-贝塞尔(Riccati-Bessel)函数,满足下面的递推关系:

$$\psi_{n+1}(x) = \frac{2n+1}{x} \psi_n(x) - \psi_{n-1}(x)$$
$$\chi_{n+1}(x) = \frac{2n+1}{x} \chi_n(x) - \chi_{n-1}(x) \quad (4.182)$$

$$\psi_{-1}(x) = \cos x, \quad \psi_0(x) = \sin x \tag{4.183}$$
$$\chi_{-1}(x) = -\sin x, \quad \chi_0(x) = \cos x$$

粒子散射和吸收的量通常分别用散射截面 C_{sca} 和吸收截面 C_{abs} 来表示。粒子吸收、散射和消光的总量用消光截面 C_{ext} 来表示:

$$C_{\text{ext}} = C_{\text{abs}} + C_{\text{sca}} \tag{4.184}$$

通常使用吸收因子 Q_{abs}、散射因子 Q_{sca} 和消光因子 Q_{ext} 来表示吸收截面 C_{abs}、散射截面 C_{sca} 和消光截面 C_{ext}:

$$Q_{\text{abs}} = C_{\text{abs}}/\pi a^2 \tag{4.185}$$

$$Q_{\text{sca}} = C_{\text{sca}}/\pi a^2 \tag{4.186}$$

$$Q_{\text{ext}} = C_{\text{ext}}/\pi a^2 \tag{4.187}$$

散射到任何给定方向上的能量可以由散射相位函数 $\phi(\theta)$ 表示，它被规范化为

$$\frac{1}{4\pi}\int_{4\pi}\phi(\xi_i,\xi)\mathrm{d}\Omega \equiv 1 \tag{4.188}$$

当米氏方程的散射系数 a_n 和 b_n 确定后，可以计算相位函数 ϕ，但需要对每个散射角 θ 重新进行计算，为了便于计算，可将散射相位函数表示为勒让德(Legendre)多项式:

$$\phi(\theta) = 1 + \sum_{n=1}^{\infty} A_n P_n(\cos\theta) \tag{4.189}$$

其中，A_n 为与米氏方程散射系数 a_n 和 b_n 相关的多项式系数。

在许多应用中，方程(4.189)所描述的复杂散射相函数的使用过于复杂。为了更简单地分析，定向的散射可以用散射角的平均余弦（称为不对称因子）来描述，它与相位函数相关:

$$g = \overline{\cos\theta} = \frac{1}{4\pi}\int_{4\pi}\phi(\theta)\cos\theta\mathrm{d}\Omega \tag{4.190}$$

4.3.3 辐射传输计算方法与原理

1. 辐射传输方程

图 4.65 所示，参与性介质 r 处沿方向 s 辐射强度由下面的辐射传输方程(radiative transfer equation, RTE)描述:

$$\frac{\mathrm{d}I(r,s)}{\mathrm{d}s} = -\kappa I(r,s) - \sigma_s I(r,s) + \kappa I_b(r)$$
$$+ \frac{\sigma_s}{4\pi} \int_{\Omega_i = 4\pi} I(r, s_i) \Phi(s_i, s) \mathrm{d}\Omega_i$$
(4.191)

其中,$I(r,s)$ 为空间位置 r、传输方向 s 的辐射强度;κ、σ_s、β 分别为介质吸收、散射和衰减系数。散射相函数 $\Phi(s_i, s)$ 为 s_i 方向入射辐射引起的 s 方向散射强度与按 4π 散射空间平均的方向散射强度之比,简称散射相函数。

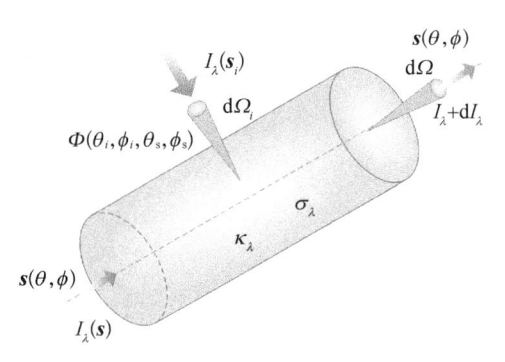

图 4.65 辐射能量传递模型

对不透明、漫发射、漫反射灰体界面,辐射强度的边界条件为

$$I_w(s)_{s \cdot n_w > 0} = \varepsilon_w I_{b,w} + \frac{(1 - \varepsilon_w)}{\pi} \int_{s' \cdot n_w < 0} I_w(s') |s' \cdot n_w| \mathrm{d}\Omega' \quad (4.192)$$

其中,ε_w 为壁面发射率;n 为壁面法向矢量,若介质为非灰体,则变量都为光谱量。

定义如下的辐射源函数 $S(r,s)$:

$$S(r,s) = (1 - \omega) I_b(r) + \frac{\omega}{4\pi} \int_{\Omega_i = 4\pi} I(r, s_i) \Phi(s_i, s) \mathrm{d}\Omega_i \quad (4.193)$$

其中,散射反照率 $\omega = \sigma_s / \kappa + \sigma_s = \sigma_s / \beta$,无因次量光学厚度 $\tau_s = \int_0^s \beta(s^*) \mathrm{d}s^*$。对于各向同性散射介质,其散射相函数 $\Phi(s_i, s) = 1$,对于非散射性介质,$\omega = 0$,$\beta = \kappa$,$S(r,s) = I_b(r)$,在此基础上当介质本身辐射可以忽略不计时,辐射源函数等于零,RTE 可简化为布格尔定律。

因此,RTE 还有另外一种形式,即积分型 RTE:

$$I(\tau_s, s) = I(0, s) \exp(-\tau_s) + \int_0^{\tau_s} S(\tau_s^*, s) \exp[-(\tau_s - \tau_s^*)] \mathrm{d}\tau_s^*$$
(4.194)

对于非灰介质,光谱辐射强度同样存在以上对应各式,只是所有量均为光谱量。

2. 热辐射传输数值方法简介

RTE 为积分—微分方程,其求解的难点在于存在散射增强这一积分项,大部分求解 RTE 的数值算法都致力于处理这一积分项,其基本思路是将积分项离散,使原来的积分—微分方程转化为多个离散方向上的微分方程组。根据目前 RTE 数值计算的研究进展，求解算法可以分为以下两类：① 基于射线追踪技术的方法；② 基于求解微积分形式 RTE 的数值解法。第一类是基于对射线的运行轨迹和行为表现进行跟踪来求解辐射传递的方法，如离散传递法（discrete transfer method，DTM）、蒙特卡罗法（Monte Carlo method，MCM）、反向蒙特卡罗法（backward Monte Carlo，BMC）、区域法（zone method，ZM）等。此类方法的特点是只需要对射线的传播轨迹进行跟踪计算，适应性较强，计算精度高，常常作为其他方法的检验基准，但由于对射线追踪的数量庞大，效率较低，存在不可避免的统计误差。第二类方法通过对空间和方向的离散来求解 RTE 的微积分方程，如离散坐标法（DOM）、有限元法（FEM）、有限体积法（FVM）、球形谐波法（PN）等。数值离散求解方法适合辐射、对流、导热耦合的计算问题，且求解简单计算效率较高，但是受几何、体积和角度离散的影响较大，精度较低且存在假散射和射线效应。文献[38]和文献[39]对 ZM、MCM、RTM、PN、DOM、FVM、DTM 等多种经典的辐射传输方程计算模型进行了对比分析研究，从处理多场耦合的协调性及兼容性，对几何形状的复杂性，各向异性散射、非均质介质、可变物性参数的适应性，最后是数值计算精度等各个方面给出结论，即上述各种方法都存在一定的优缺点，很难有完善的计算方法兼顾上述各项问题。但各种方法都有自身的特点和优势。

如果将沿球空间非均匀分布的辐射强度只分解成坐标轴方向前、后两个半球空间均匀分布的两个平均强度，则称为二热流法，若按笛卡儿坐标划分为六个平均强度则称为六热流法，都属于热流法。由于热流法采用了极少的离散方向，因此积分精度较差。蒙特卡罗法采用大量模拟光束将空间立体角进行具有统计意义上的精确离散，通过增加模拟光束数来提高计算精度（提高积分计算的精度）。离散坐标法是将辐射传输方程中的散射积分项采用相应的求积格式和积分权重进行离散，从而将辐射传输方程转化为微分方程进行求解，其计算关键在于离散坐标方向（求积格式）及其相应的权重值的选取或构造。有限体积法则是采用具有明确物理意义的球空间方向离散划分方法，同时将控制体表面的辐射强度通过阶梯近似或其他近似格式与节点辐射强度关联起来，通过在控制体和控制立体角内积分的方法对辐射传输方程积分求解。

球形谐波法根据基本电磁理论将辐射方程展开为球谐波函数进行数值求解。散射积分项的处理是采用正交球谐波函数级数展开，把辐射传输问题转化为求解一组待定系数的问题，因此对角度变量的处理是连续的，具有角度旋转不变性。射线踪迹法不需要角度离散，直接进行积分运算，因此精度也较高，但是由于积分运算的复杂性，该方法计算复杂，计算量较大，通常用于一维计算。积分方程法将辐射传输积分方程和弗雷德霍姆（Fredholm）第二积分方程联系到一起，从而可用积分法求解辐射传输方程，因为该方法无须考虑立体角离散，只需对空间进行离散，因此也成为验证其他方法的标准。有限元法仅是对空间进行离散的方法,不涉及方向离散,因此,有限元法通常需要其他方向离散方法的支撑。有限元法与每种辐射传输数值方法中的辐射强度离散方法相配合,会有一个相应格式的离散能量方程,通过不同方向离散方法所获得的解的精度及提供信息的详细程度也不相同。有限元法的最大优点是对不规则形状边界适应性强,计算精度较高。

尾喷流红外辐射探测的测量信息是成像设备像素点接收到的方向辐射强度信息,数值仿真计算需要有一种有效的、能够提供高精度方向辐射强度的求解辐射传递方程的方法。现有能实现此功能的算法还比较少,常用的方法有视在光线法(line-of-sight,LOS)、广义源项多流法(generalized source term multi flow method,GSMFM)、反向蒙特卡罗法(BMC)等。视在光线法是一种快速准确求解纯吸收介质内任意方向辐射强度的方法,其基本思想就是忽略散射项的影响将辐射在介质内的传输过程简化为沿探测方向上的一维辐射传输问题,通过在不同的探测路径上积分就可以得到全场任意方向的介质边界出射辐射强度分布。因此视在光线法可以看作忽略散射条件下辐射传输方程的一种解析解,具有较高的计算精度。广义源项多流法是一种在有限体积法基础上发展的快速、准确的可用于模拟吸收散射性介质任意方向辐射强度的数值计算方法[55],具有很好的计算效率,但计算精度一般。

BMC 求解辐射传输问题的基本思想是将传输过程分解为发射、透射、反射、吸收和散射等一系列独立的子过程,并把它们转化成随机问题,即建立每个子过程的概率模型,令每个单元发射一定量的射线,跟踪、统计每条射线的行进轨迹,从而得到该单元辐射能量在整个系统中的分配统计结果[56]。BMC 采用大量模拟射线将空间立体角进行具有统计意义上的精确离散,并可以通过增加模拟射线数来提高计算精度,不存在其他方法由于空间立体角的有限离散引起的射线效应等误差,可以作为验证其他方法精度的标准,且 BMC 方法适应性强,可以处理参与性介质复杂散射以及非漫灰边界等复杂问题,不需要进行角度离散便可以准确计算介质任意方向的辐射强度。从而 BMC 在红外辐射特性[57]计算中获得了广泛应用,因此本文将对其进行详细介绍。

3. 反向蒙特卡罗法

对于尾喷流红外辐射探测,其对光谱辐射信号空间分辨率的精度要求较高,需要了解空间某一方向上一小立体角内或某一个小区域内辐射能量的大小。例如,红外测温系统的探头尺寸很小,视场角也很小,只能探测到很小的角度内投射到探测器探头上的能量,BMC 可以准确地求解任意位置的定向辐射强度,特别适用于红外辐射探测。如图 4.66 所示,BMC 的基本思想是将光谱辐射的传输过程分解为发射、透射、反射、吸收和散射等一系列独立的子过程,并建立每个子过程的概率模型[39]。

如图 4.67 所示为 BMC 辐射分配因子(RDF)的传递过程,单元 t 沿 θ_k 方向在立体角 $d\Omega_k$ 内吸收的能量源自所有面元 i 和体元 j 发射的能量,即

图 4.66 反向蒙特卡罗法模拟流程

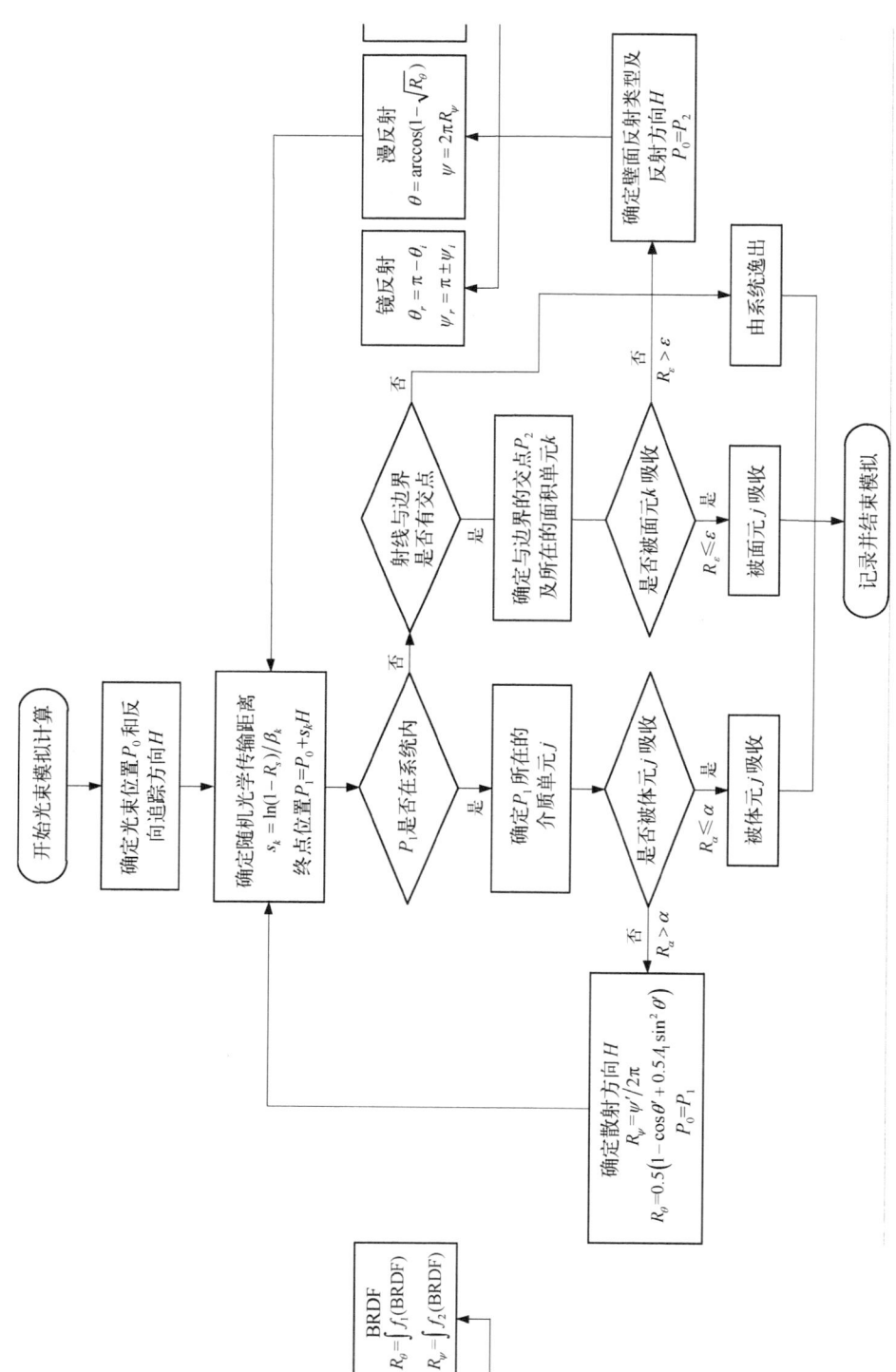

$$Q_i^{t,k} = \sum_{l=1}^{M} Q_{i,l}^{t,k} = \pi\varepsilon_i A_i I_b(T_i) \mathrm{RD}_i^{t,k} \qquad (4.195)$$

$$Q_j^{t,k} = \sum_{l=1}^{M} Q_{j,l}^{t,k} = 4\pi\kappa_j V_j I_b(T_j) \mathrm{RD}_j^{t,k} \qquad (4.196)$$

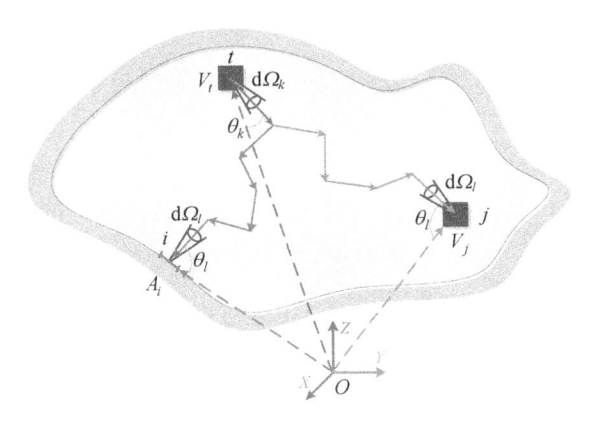

图 4.67　反向蒙特卡罗法辐射分配因子传递示意图

同理,从单元 t 沿 θ_k 方向在立体角 $\mathrm{d}\Omega_k$ 内发射的能量会被面元 i 和体元 j 吸收,即对于面元 t:

$$Q_{t,k,\mathrm{S}}^{i} = \varepsilon_t A_t \cos\theta_k \mathrm{d}\Omega_k I_b(T_t) \mathrm{RD}_{t,k}^{i} \qquad (4.197)$$

$$Q_{t,k,\mathrm{S}}^{j} = \varepsilon_t A_t \cos\theta_k \mathrm{d}\Omega_k I_b(T_t) \mathrm{RD}_{t,k}^{j} \qquad (4.198)$$

对于体元 t:

$$Q_{t,k,\mathrm{V}}^{i} = \kappa_t V_t \mathrm{d}\Omega_k I_b(T_t) \mathrm{RD}_{t,k}^{i} \qquad (4.199)$$

$$Q_{t,k,\mathrm{V}}^{j} = \kappa_t V_t \mathrm{d}\Omega_k I_b(T_t) \mathrm{RD}_{t,k}^{j} \qquad (4.200)$$

因此,单元 t 沿着 θ_k 方向在立体角 $\mathrm{d}\Omega_k$ 内吸收的总能量可以表示为

$$Q^{t,k} = \sum_{i=1}^{N_\mathrm{S}} Q_i^{t,k} + \sum_{j=1}^{N_\mathrm{V}} Q_j^{t,k} = \sum_{i=1}^{N_\mathrm{S}} \pi\varepsilon_i A_i I_b(T_i) \mathrm{RD}_i^{t,k} + \sum_{j=1}^{N_\mathrm{V}} 4\pi\kappa_j V_j I_b(T_j) \mathrm{RD}_j^{t,k} \qquad (4.201)$$

在热平衡条件下,$T_t = T_i (T_t = T_j)$,即单元 t 与面元 i 或体元 j 之间无净热交换,则有

对于面元 t:

$$\varepsilon_t A_t \cos\theta_k \mathrm{d}\Omega_k \mathrm{RD}_{t,k}^{i} = \pi\varepsilon_i A_i \mathrm{RD}_i^{t,k} \qquad (4.202)$$

$$\varepsilon_t A_t \cos\theta_k \mathrm{d}\Omega_k \mathrm{RD}_{t,k}^{j} = 4\pi\kappa_j V_j \mathrm{RD}_{j}^{t,k} \tag{4.203}$$

对于体元 t：

$$\kappa_t V_t \mathrm{d}\Omega_k \mathrm{RD}_{t,k}^{i} = \pi\varepsilon_i A_i \mathrm{RD}_{i}^{t,k} \tag{4.204}$$

$$\kappa_t V_t \mathrm{d}\Omega_k \mathrm{RD}_{t,k}^{j} = 4\pi\kappa_j V_j \mathrm{RD}_{j}^{t,k} \tag{4.205}$$

结合上述各式，目标单元 t 的沿着 θ_k 方向在立体角 $\mathrm{d}\Omega_k$ 内获得的能量 $Q^{t,k}$ 可以表示为

对于面元 t：

$$\begin{aligned}Q_{\mathrm{S}}^{tk} &= \sum_{i=1}^{N_{\mathrm{S}}} \pi\varepsilon_i A_i I_{\mathrm{b}}(T_i)\mathrm{RD}_{i}^{t,k} + \sum_{j=1}^{N_{\mathrm{V}}} 4\pi\kappa_j V_j I_{\mathrm{b}}(T_j)\mathrm{RD}_{j}^{t,k} \\ &= \sum_{n=1}^{N_{\mathrm{S}}+N_{\mathrm{V}}} \varepsilon_t A_t \cos\theta_k \mathrm{d}\Omega_k I_{\mathrm{b}}(T_n)\mathrm{RD}_{t,k}^{n}\end{aligned} \tag{4.206}$$

对于体元 t：

$$\begin{aligned}Q_{\mathrm{V}}^{tk} &= \sum_{i=1}^{N_{\mathrm{S}}} \pi\varepsilon_i A_i I_{\mathrm{b}}(T_i)\mathrm{RD}_{i}^{t,k} + \sum_{j=1}^{N_{\mathrm{V}}} 4\pi\kappa_j V_j I_{\mathrm{b}}(T_j)\mathrm{RD}_{j}^{t,k} \\ &= \sum_{n=1}^{N_{\mathrm{S}}+N_{\mathrm{V}}} \kappa_t V_t \mathrm{d}\Omega_k I_{\mathrm{b}}(T_n)\mathrm{RD}_{t,k}^{n}\end{aligned} \tag{4.207}$$

根据辐射强度的定义，目标单元 t 的沿着 θ_k 方向发射的辐射强度为

对于面元 t：

$$I_{\mathrm{S}}^{tk} = \frac{Q_{\mathrm{S}}^{tk}}{\varepsilon_t \cos\theta_k \mathrm{d}\Omega_k A_t} = \sum_{n=1}^{N=N_{\mathrm{S}}+N_{\mathrm{V}}} I_{\mathrm{b}}(T_n)\mathrm{RD}_{t,k}^{n} = \sum_{n=1}^{N=N_{\mathrm{S}}+N_{\mathrm{V}}} \mathrm{RD}_{t,k}^{n}(\sigma T_n^4/\pi) \tag{4.208}$$

对于体元 t：

$$I_{\mathrm{V}}^{tk} = \frac{Q_{\mathrm{V}}^{tk}}{\kappa_t \mathrm{d}\Omega_k V_t} = \sum_{n=1}^{N=N_{\mathrm{S}}+N_{\mathrm{V}}} I_{\mathrm{b}}(T_n)\mathrm{RD}_{t,k}^{n} = \sum_{n=1}^{N=N_{\mathrm{S}}+N_{\mathrm{V}}} \mathrm{RD}_{t,k}^{n}(\sigma T_n^4/\pi) \tag{4.209}$$

单元 t 沿 θ_k 方向辐射强度 I^{tk} 与表面或体积单元无关，而只与介质的温度分布和辐射分布因子有关。换言之，在任何位置的任何方向上的辐射强度可以通过以下统一公式计算：

$$I^{tk} = \sum_{n=1}^{N=N_{\mathrm{S}}+N_{\mathrm{V}}} \mathrm{RD}_{t,k}^{n}(\sigma T_n^4/\pi) \tag{4.210}$$

4.3.4 工程适用性与应用案例分析

1. 工程适用性分析

发动机尾喷流红外探测问题本质上是吸收、发射、散射性介质辐射传输问题。如前面的介绍，针对此类问题的数值计算方法有很多，包括有限体积法（FVM）、离散坐标法（DOM）、有限元法（FEM）、蒙特卡罗法（MCM）以及射线踪迹法（RTM）等。针对此类问题，由于模型的复杂程度以及发动机尾喷流尺度范围较大，使用上述数值方法会导致较大的计算量，甚至无法计算。具体方法的选取需要考虑到发动机尾喷流的实际情况，若流场网格比较稠密或者几何形状复杂，热流法的求解将受到限制，其效率较低，计算量随网格数量呈指数增长。航空发动机尾喷流一般不含固体颗粒，因此不需要考虑粒子的散射特性，更适合选用视在光线法（LOS），其对于纯吸收气体的辐射求解是精确的，且计算效率很高。而对于气固耦合的尾喷流，视在光线法将不再适用，可采用反向蒙特卡罗法（BMC）对其进行求解，利用辐射传递因子的思路解决吸收、发射、散射性介质辐射传输问题，BMC 特别适合处理复杂问题，尤其是对于定点探测的问题，在不需要大量计算的前提下就能够达到所需的精度。LOS 和 BMC 都能适用于任意几何形状的求解域，且能够计算任意位置、任意方向的辐射强度，可根据实际尾喷流流场选择适当的方法。

对尾喷流介质辐射物性计算而言，若需要细致了解某一谱线或较小光谱范围的尾喷流红外辐射特性，则可采用光谱分辨率最高且计算结果最精确的 LBL 方法。若需要知道尾喷流在对较大光谱范围如典型大气窗口对应的近红外 $1\sim2.6~\mu m$ 波段、中红外 $3\sim5~\mu m$ 波段或中远红外 $8\sim14~\mu m$ 波段的整体辐射特性，LBL 方法耗时严重，此时采用 K 分布模型最为合适，其在保留介质光谱辐射信息的同时，兼具较高的计算效率和计算精度。若尾喷流流场中含有大量未燃烧完全的炭黑颗粒，则粒子的辐射特性可能占据主导作用，因此必须考虑计算炭黑颗粒的吸收散射特性。米氏理论不但计算精度高且具有任意光谱分辨率，面对某一谱线或较小光谱范围的计算需求时，可直接利用米氏理论计算粒子的光谱吸收与散射系数，而对于某个波段辐射特性的仿真计算则需要与 K 分布模型相结合。

2. 应用案例分析

1）物理模型

如图 4.68 所示为航空发动机尾喷流红外辐射探测模型示意图，首先对射线入瞳面（探测成像设备像素点）进行网格划分，由探测入瞳面网格节点给出一条已知方向的射线，该射线方向由探测方向 θ 和 ϕ 确定，俯仰

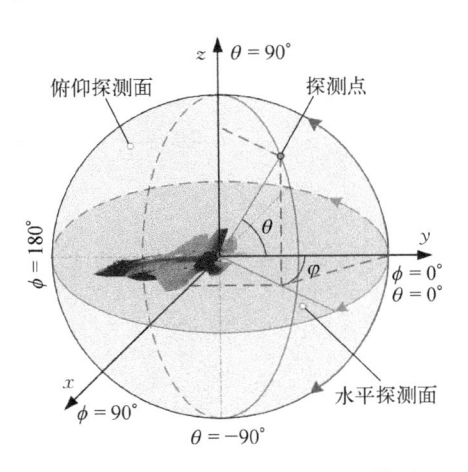

图 4.68 尾喷流红外辐射探测模型

角 θ 和水平角 ϕ 分别对应俯仰探测面和水平探测面,其中俯仰角 θ 的探测范围为 $-90°\sim90°$,水平角 ϕ 的探测范围为 $-180°\sim180°$,当水平角 ϕ 在 $-90°\sim90°$ 范围为前向探测。在射线给出之后,根据射线穿过尾喷流计算域的网格确定其温度、压力和浓度等参数,进而根据 LBL 或 K 分布计算气体吸收系数,采用米氏理论计算粒子吸收散射系数。本工程应用案例的尾喷流流场中含有散射性炭黑颗粒,因此需要计算粒子辐射特性,故采用反向蒙特卡罗法(BMC)计算尾喷流辐射传输过程。

2) 仿真流程

如图 4.69 所示,本节以某航空发动机尾喷流流场为例,介绍尾喷流红外辐射特性的工程仿真计算过程。

(1) 确定尾喷流计算模型与探测参数,如尾喷流几何形状与流场状态、单波长或波段探测、近场或远场探测、探测方向等;

(2) 对尾喷流流场数据文件进行前处理,采用距离反比插值重建得到适合辐射传输计算的新网格,并验证网格重建质量;

(3) 根据计算需求分别选择 LBL 方法或米氏理论计算气体或粒子的单光谱辐射物性参数,对于尾喷流波段探测,则需要采用 K 分布模型构建气体或粒子的 12 点高斯-K 分布吸收系数与散射系数数据库,再根据尾喷流流场热力状态插值计算

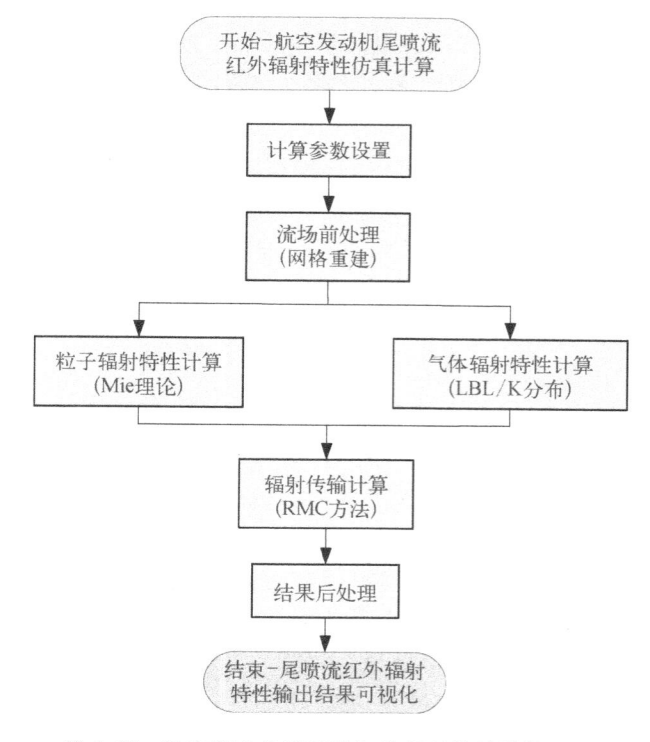

图 4.69 航空发动机尾喷流红外辐射特性计算流程

对应的 K 分布吸收与散射系数；

（4）根据尾喷流中是否含有散射性颗粒以及喷管结构的复杂程度选择 LOS 或 BMC 辐射传输计算方法，计算尾喷流在指定红外波长或波段的方向辐射强度分布；

（5）对计算结果进行后处理，得到航空发动机尾喷流红外光谱辐射特性可视化结果。

3）计算结果与分析

由于流场数据网格密集，数量庞大，且网格面与坐标面不平行，几何形状不规则，不适用于求解辐射传递方程，需先进行插值获得数量合理且利于求解辐射传递方程的网格，本书采用距离反比插值先对原流场文件进行前处理。此外，由于喷管内部结构较复杂，为简化计算模型，在喷管出口处采用等效壁面代替喷管内部的辐射，因此若判定某节点落于喷管内部，则为其赋值为等效壁面温度。本节采用 6 点距离反比插值将原非规则化网格重建为规则化流场网格，图 4.70 为原流场与重建流场的温度、压力、H_2O 摩尔浓度和 CO_2 摩尔浓度对比情况。表 4.2 为原流场

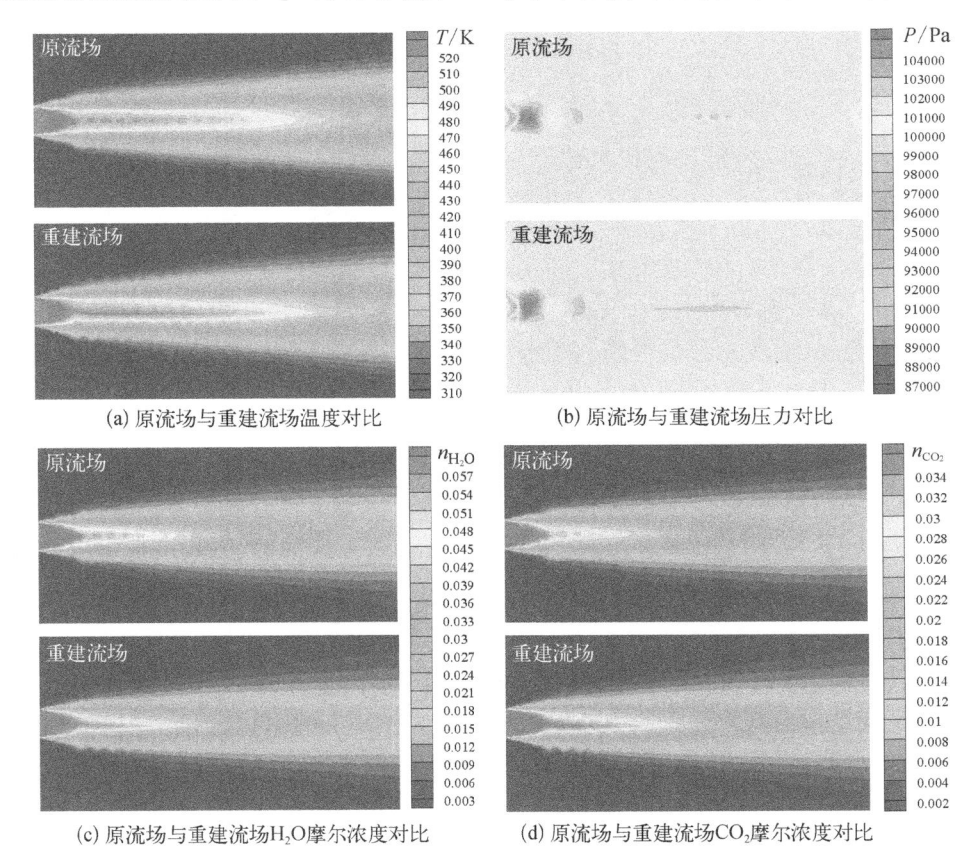

(a) 原流场与重建流场温度对比

(b) 原流场与重建流场压力对比

(c) 原流场与重建流场H_2O摩尔浓度对比

(d) 原流场与重建流场CO_2摩尔浓度对比

图 4.70　原网格与重建网格参数分布

与重建流场参数的最大值、最小值对比。可以看出由插值重建的尾流场参数与原尾喷流流场结果基本一致，仅尾喷流中心线区域出现稍微波动，最大偏差在3%以内。

表 4.2　原网格与重建网格参数对比

	最高/最低温度/K	最高/最低压强/Pa	最高/最低 H_2O 摩尔分数	最高/最低 CO_2 摩尔分数
原流场	540.39/299.78	106 083.16/85 136.09	0.064 1/0	0.036 8/0
重建流场	536.29/299.82	106 072.41/86 392.82	0.064 1/0	0.036 8/0

流场重建完成之后，首先采用 LBL 对所有网格节点的单光谱气体辐射特性进行计算，在此基础上采用 K 分布模型对中远红外 3~5 μm 和 8~14 μm 波段进行 12 点高斯-K 分布吸收系数计算。如图 4.71 所示为 4.5 μm 波长下的吸收系数场分布，可以发现其分布趋势与温度场分布比较接近。

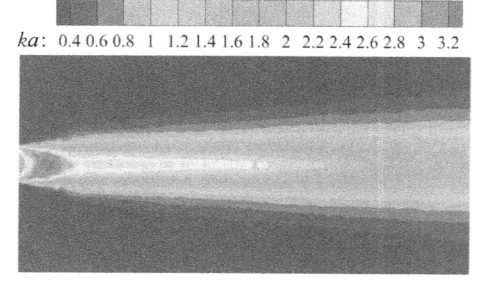

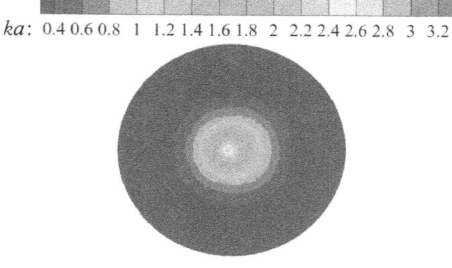

(a) 沿 x 轴中心切片　　(b) 沿 y 轴中心切片

图 4.71　尾喷流气体吸收系数场分布

然后，采用单粒子米氏理论对重建流场进行粒子吸收系数与散射系数计算，如图 4.72 和图 4.73 所示为 4.5 μm 波长下的吸收系数和散射系数场分布，可以发现其分布趋势依旧与温度分布比较接近，且相同情况下粒子对辐射热能的吸收作用比气体强。

最后，采用 BMC 算法对尾喷流的红外辐射强度进行了模拟计算。在不考虑环境背景的影响，针对图 4.68 所示的模型在不同探测角度（俯仰角 θ，水平角 ϕ）下，研究了尾喷流红外辐射强度的大小与探测方向的密切关系，由于轴对称喷管的流场具有对称性，因此红外辐射特征也具有对称性。此外，本案例为近场探测，计算过程中不考虑大气的衰减作用。

首先，在单个探测方向下研究了尾喷流近场探测辐射强度分布，如图 4.74 所示，

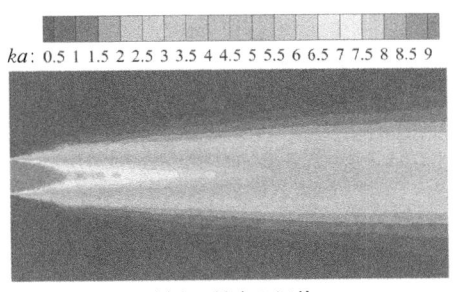

(a) 沿 x 轴中心切片

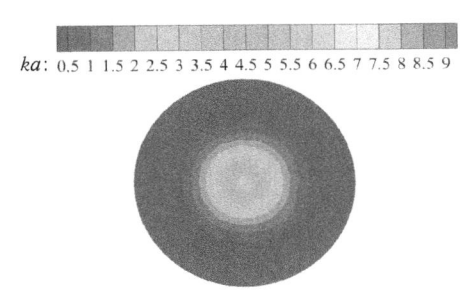

(b) 沿 y 轴中心切片

图 4.72　尾喷流粒子吸收系数场分布

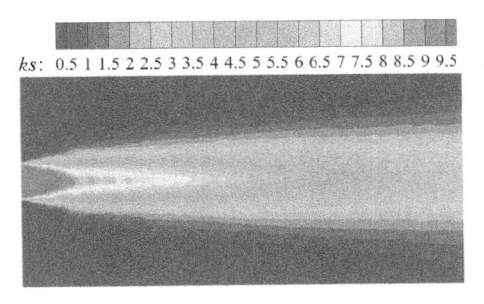

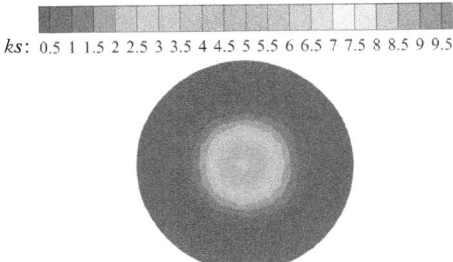

(a) 沿 x 轴中心切片

(b) 沿 y 轴中心切片

图 4.73　尾喷流粒子散射系数场分布

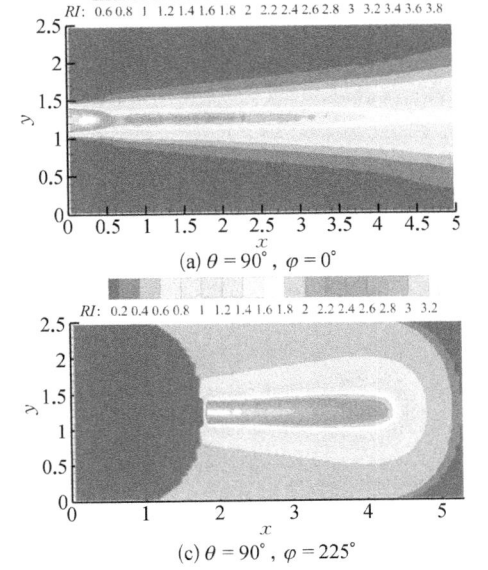

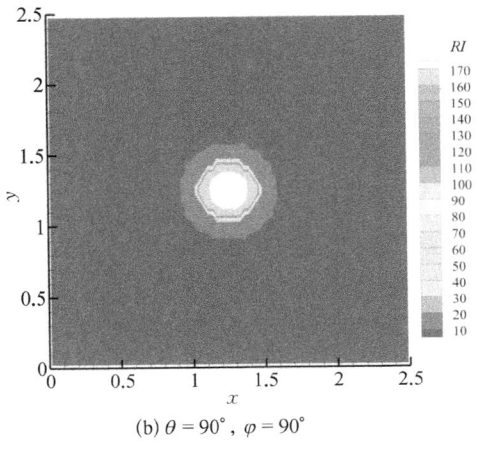

(a) $\theta = 90°$, $\varphi = 0°$

(b) $\theta = 90°$, $\varphi = 90°$

(c) $\theta = 90°$, $\varphi = 225°$

图 4.74　尾喷流不同探测角度积分辐射强度分布

分别绘制了探测俯仰角 $\theta = 0°$ 与水平角 $\phi = 90°$，俯仰角 $\theta = 0°$ 与水平角 $\phi = 0°$，以及俯仰角 $\theta = 45°$ 与水平角 $\phi = 45°$ 三组探测方向下的尾喷流 $3 \sim 5~\mu m$ 积分辐射强度分布云图。其中，图 4.74(a) 为垂直尾喷流轴向方向探测，只能探测到尾喷流纯气体辐射，辐射强度整体较小，较大的辐射强度主要集中于沿喷口轴向靠近喷口的区域；图 4.74(b) 为朝向喷口方向探测，能完整地探测到喷口，由于固体壁面的辐射强度远高于纯气体辐射，故图 4.74(b) 中心区域的辐射强度数值较大；图 4.74(c) 为斜背向喷口轴向的前向探测，由于机身对喷口存在遮挡作用，故图左边区域的辐射强度为 0，图右边能探测到远端尾喷流的辐射强度分布。从图 4.74 可以看出，整个近场探测的积分辐射强度分布与尾喷流温度场相似，符合辐射传输规律。

其次，考虑从天基或者地基探测器对尾喷流积分辐射强度的远场探测，此时可以将整个尾喷流的积分辐射强度当成一个点源。如图 4.75 所示，红外探测波段为 $3 \sim 5~\mu m$ 时，取俯仰角 θ 分别为 $0°$、$45°$ 和 $90°$，比较了尾喷流的积分辐射强度随水平角的变化情况。同时，考察了水平角 ϕ 分别为 $-90°$、$-45°$、$0°$、$45°$、$90°$，尾喷流的积分辐射强度随俯仰角的变化情况，如图 4.76 所示。

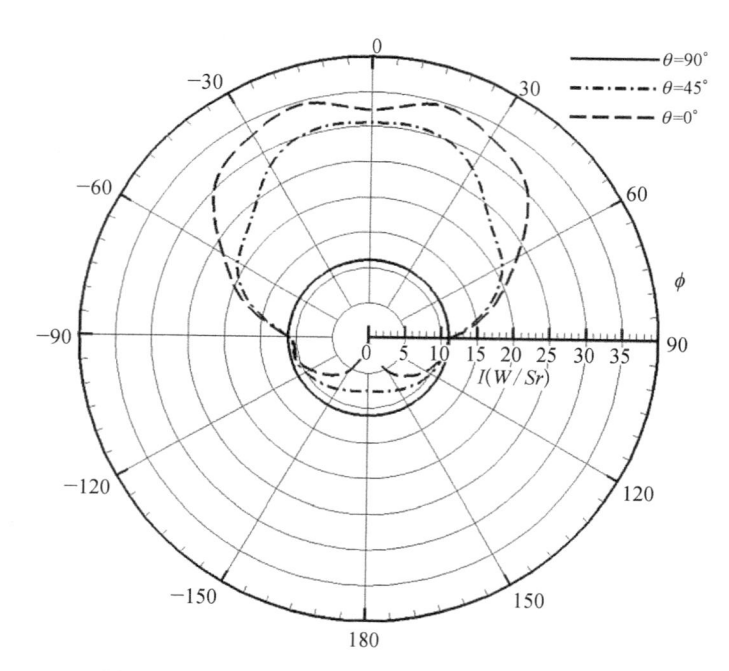

图 4.75 尾喷流积分辐射强度随水平角的变化情况

由图 4.75 和图 4.76 可以看出，后向探测时的红外积分辐射强度明显大于前向，这主要是由于后向探测时可以探测到喷口截面的壁面辐射，而前向探测由于机

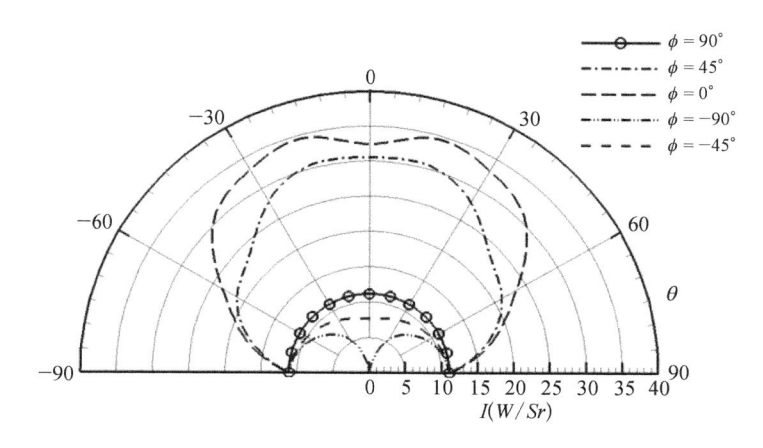

图 4.76　积分辐射强度随俯仰角的变化情况

身的遮挡无法探测到喷口;当俯仰角为 90°(或-90°)时,探测方向为沿 Z 轴垂直向下(上),由于轴对称喷管流场的对称性,不同水平角下射线穿过尾喷流区域的长度相同,积分辐射强度值不变,此时的积分辐射强度为尾喷流纯气体的积分辐射强度,不考虑喷口效应。

由图 4.75 和图 4.76 还可以看出,后向探测时随着俯仰角的增大,红外积分辐射强度增大,这主要是由于随着俯仰角趋近于 0°,可探测的喷口可视面积增大,固体壁面的辐射强度远高于气体辐射,整个视场面的积分辐射强度增大;前向探测时,随着俯仰角趋近于 0°,红外积分辐射强度减小,这一方面是由于随着俯仰角趋近于 0°,机身对喷口的遮挡面积越大,另一方面是由于探测射线穿过低温远端尾喷流区域的沿程长度增大,气体的吸收衰减增大,红外辐射强度减小,即体现了辐射的沿程衰减特性。

此外,由图 4.75 和图 4.76 可知,当俯仰角(或水平角)一定时,红外积分辐射强度大小随水平角(或俯仰角)的变化与喷口的可视面积密切相关,由于高温固体壁面的辐射强度远高于低温气体辐射,喷口的可视面积越大,红外积分辐射强度越大。当探测俯仰角 $\theta = 0°$ 与水平角 $\phi = 180°$ 时,红外积分辐射强度最小,此时为朝向飞机正前方探测,机身完全将尾喷流遮挡,且不考虑尾喷流对辐射强度的散射效应,因此辐射强度为 0。

4.4　本 章 小 结

本章针对气冷涡轮叶片传热仿真、进口部件结冰仿真及尾喷流红外辐射仿真分别介绍了其基本原理、仿真方法,并对上述方法工程适用性进行了分析介绍。4.1 节、4.2 节和 4.3 节分别给出了完整的三维算例介绍,如涡轮叶片流动换热仿真给出了一例工作叶片气热耦合仿真算例,该算例从网格划分、计算设置及结果分析等方面分别进行了介绍;发动机进口部件结冰仿真给出了进口支板及旋转整流帽罩的三维结冰计算算例,算例从物理模型、计算模型及计算结果与分析三个方面进行了介绍;尾喷流红外辐射仿真则以某型发动机尾喷流辐射特性计算为例,介绍了流场网格重建、气体与粒子辐射特性模型、辐射传输计算方法以及结果可视化分析等。上述算例展示了本文仿真分析方法在发动机真实部件仿真中的模拟效果,为上述部件仿真工程计算提供了参考。

参考文献

[1] 陶文铨. 数值传热学[M]. 第2版. 西安:西安交通大学出版社,2001.
[2] 陶文铨. 传热与流动问题的多尺度数值模拟:方法与应用[M]. 北京:科学出版社,2008.
[3] Zhou W, Deng Q, He W, et al. Effects of hole pitch to diameter ratio P/D of impingement and film hole on laminated cooling effectiveness[C]. Charlotte:Proceedings of ASME Turbo Expo 2017, 2017.
[4] 迟重然. 气冷涡轮叶片的传热设计[D]. 哈尔滨:哈尔滨工业大学,2011.
[5] 迟重然. 燃气轮机透平冷却结构作用机制与设计优化方法[D]. 北京:清华大学,2014.
[6] 张梅灵. 兆瓦级燃机高压级静叶流热耦合数值研究[D]. 北京:清华大学,2013.
[7] Rao G A, Kitron-Belinkov M, Levy Y. Numerical analysis of a multiple jet impingement system[C]. Orlando:Proceedings of ASME Turbo Expo 2009, 2009:629-639. ASME GT2009-59719.
[8] 王福军. 计算流体动力学分析[M]. 北京:清华大学出版社,2006.
[9] Riley J, Mcdowall R. An investigation of the effect of number of time steps on ice shapes calculated by an ice accretion code[R]. DOT/FAA/AR-02/1, 2002.
[10] 刘涛,丁旭,张琦. 航空发动机整机红外辐射特性台架试验方案研究[J]. 现代机械,2020(1):41-45.
[11] 许帆,姚凯凯,张锐娟,等. 航空发动机红外辐射特性测试评估技术[J]. 激光与红外,2019,49(10):1223-1227.
[12] 詹光,李椿萱. 发动机燃气喷流红外辐射场的数值模拟[J]. 北京航空航天大学学报,2005(8):829-833.
[13] 王明明,郝颖明,朱枫. 空中目标红外辐射特性计算与实时仿真方法研究[C]. 宁波:第三届红外成像系统仿真测试与评价技术研讨会,2011.
[14] Ludwig C, Malkmus W, Reardon J, et al. Handbook of infrared radiation from combustion gases. NASA SP-3080[R]. NASA Special Publication, 1973.
[15] Freeman G N, Ludwig C B, Malkmus W, et al. Development and validation of standardized infrared radiation model (SIRRM)[R]. AFRPL-79-55, 1979.
[16] Reed R, Beale K, Frazine D, et al. The effect of searchlight emission on radiation from solid rocket plumes [C]. Nashville:27th Thermophysics Conference of AIAA, 1992.
[17] Everson J, Nelson H F. Rocket plume radiation base heating by reverse Monte Carlo simulation [J]. Journal of Thermophysics and Heat Transfer, 1993, 7(4):717-723.

[18] Devir A, Lessin A, Cohen Y, et al. Comparison of calculated and measured radiation from a rocket motor[C]. Reno: 39th Aerospace Sciences Meeting and Exhibit of AIAA, 2001.

[19] Heragu S S, Rao K L, Raghunandan B N. Generalized model for infrared perception from an engine exhaust[J]. Journal of Thermophysics & Heat Transfer, 2002, 16(1): 68-76.

[20] Gossé S, Hespel L, Gossart P, et al. Characterization and morphology of alumina particles in solid propellant subscale rocket motor plumes[C]. Orlando: 36th AIAA Thermophysics Conference, 2003.

[21] Rao A G. Infrared signature modeling and analysis of aircraft plume[J]. International Journal of Turbo and Jet Engines, 2011, 28(3): 187-197.

[22] Kim J Y, Chun S H, Myong R S, et al. Computational investigation of the effect of various flight conditions on plume infrared signature[J]. Journal of the Korean Society for Aeronautical & Space Sciences, 2013, 41(3): 1930-1935.

[23] Manish M, Gaddy D E, Danehy P M. Optical diagnostic imaging of multi-rocket plume-induced base flow environments[C]. Denver: AIAA Fluid Dynamics Conference, 2017.

[24] 徐南荣. 喷气流红外辐射场的数值计算[J]. 航空学报, 1995(6): 647-653.

[25] 翟普, 隋俊友, 崔杰, 等. 弹用航空发动机尾喷焰红外抑制技术研究[J]. 推进技术, 1996(4): 17-20.

[26] 金捷, 朱谷君, 徐南荣, 等. 发动机高速排气系统红外辐射特性的数值计算和分析[J]. 航空动力学报, 2002, 5: 582-585.

[27] 聂万胜, 杨家辉, 何浩波, 等. 液体火箭发动机尾喷焰红外辐射特性[J]. 国防科技大学学报, 2005(5): 95-98.

[28] 李建勋, 童中翔, 刘万俊, 等. 航空发动机红外辐射实验与仿真[J]. 红外与激光工程, 2013, 42(3): 549-555.

[29] 王伟臣, 王宁飞, 李世鹏. 火箭发动机尾喷焰红外特性研究概述[J]. 导弹与航天运载技术, 2009(5): 18-21.

[30] Chen S, Chen L, Mo D, et al. IR imaging simulation and analysis for aeroengine exhaust system based on reverse Monte Carlo method[J]. Infrared Technology and Applications, 2014, 9300: 1-10.

[31] 齐宏, 阮立明, 菅立川, 等. 导弹尾喷焰红外辐射特性有限元法研究[J]. 装备学院学报, 2007, 18(3): 76-80.

[32] 郝金波, 董士奎, 谈和平. 固体火箭发动机尾喷焰红外特性数值模拟[J]. 红外与毫米波学报, 2003(4): 246-250.

[33] 帅永, 董士奎, 谈和平. 数值模拟喷焰 2.7 微米红外辐射特性[J]. 航空学报, 2005, 4: 402-405.

[34] 季靖远, 张靖周, 单勇, 等. 球面收敛二元矢量喷管气动及红外特性研究: 模拟地面状态[J]. 航空动力学报. 2017, 32(3): 614-620.

[35] 征建生, 张靖周, 单勇, 等. 球面收敛二元矢量喷管气动及红外特性研究: 模拟高空状态[J]. 航空动力学报, 2017, 32(2): 390-397.

[36] 黄伟, 吉洪湖. BMC 法计算航空发动机红外辐射的效率研究[J]. 红外与激光工程, 2015, 44(8): 2334-2338.

[37] 包醒东, 余西龙, 吴杰, 等. 稀薄环境下高空尾喷焰流动与超窄谱红外辐射特性数值研究

[J].红外与激光工程,2020,49(S1):117-127.
[38] Modest M F. Radiative Heat Transfer[M]. Third Edition. Boston: Academic Press, 2013: 328-362.
[39] 谈和平,夏新林,刘林华,等.红外辐射特性与传输的数值计算:计算热辐射学[M].哈尔滨:哈尔滨工业大学出版社,2006:1-12.
[40] Rothman L, McClatchey R. AFCRL atmospheric absorption line parameters compilation[R]. Air Force Cambridge Research Labs HANSCOM AFB MA, 1976.
[41] Rothman L S, Goldman A R C P, Massie S T. The HITRAN molecular spectroscopic database and HAWKS (HITRAN atmospheric workstation)[J]. Journal of Quantitative Spectroscopy and Radiative Transfer, 1998, 60(5): 665-710.
[42] Rothman L S, Gordon I E, Barber R J, et al. HITEMP, the high-temperature molecular spectroscopic database[J]. Journal of Quantitative Spectroscopy & Radiative Transfer, 2010, 111(15): 2139-2150.
[43] Jacquinet H N, Ballard J A E, Barbe A. The 1997 spectroscopic GEISA databank[J]. Journal of Quantitative Spectroscopy and Radiative Transfer, 1999: 62(2): 205-254.
[44] Tashkun S A, Teffo J L, Perevalov V I. CDSD-1000 the high-temperature carbon dioxide spectorscopic databand[J]. Journal of Quantitative Spectroscopy and Radiative Transfer, 2003, 82: 165-196.
[45] Howell J. R. The Monte Carlo method in radiative heat transfer[J]. Transactions of the ASME Serie C Journal of Heat Transfer, 1998, 120(3): 547-560.
[46] 孙海锋.高速飞机红外成像过程的数值模拟与特性分析[D].哈尔滨:哈尔滨工业大学, 2018:1-10.
[47] Plass G N. Models for spectral band absorption[J]. Journal of the Optical Society of America, 1958, 48(10): 690-703.
[48] Arnold J O, Lyle G C Whiting E E. Line by line calculation of spectra from diatomic molecules and atoms assuming a voigt line profile[J]. Journal of Quantitative Spectroscopy and Radiative Transfer, 1969, 9: 775-798.
[49] 余其铮.辐射换热原理[M].哈尔滨:哈尔滨工业大学出版社,2000.
[50] Modest M F. Radiative Heat Fransfer[M]. 3 Edition. Boston: Academic Press, 2013: 328-362.
[51] 王超俊.基于全光谱k分布模型的辐射换热计算方法[D].北京:北京交通大学,2016: 6-13.
[52] Gordona E, Rothmana L S, Hargreavesa R J, et al. The HITRAN2020 molecular spectroscopic database — ScienceDirect[J]. Journal of Quantitative Spectroscopy and Radiative Transfer, 2021, 277: 107949.
[53] Kratz D P. The sensitivity of radiative transfer calculations to the changes in the HITRAN database from 1982 to 2004[J]. Journal of Quantitative Spectroscopy and Radiative Transfer, 2008, 109(6): 1060-1080.
[54] Tien C L, Drolen B L. Thermal radiation in part1culate media with dependent and independent scattering[J]. Annual Review of Heat Transfer, 1987, 1(1): 1-32.
[55] Niu C Y, Qi H, Huang X, et al. Simultaneous reconstruction of the temperature distribution

and radiative properties in participating media using the hybrid LSQR - PSO algorithm[J]. Chinese Physics B, 2015, 24: 114401.
[56] Liu L H. Backward Monte Carlo method based on radiation distribution factor[J]. Journal of Thermophysics and Heat Transfer, 2004, 18(1): 151-153.
[57] Gao X, Yang Q Z, Zhou H, et al. Numerical simulation on the infrared radiation characteristics of s-shaped nozzles[J]. Applied Mechanics Materials, 2013, 482: 282-286.

第 5 章
结构强度仿真

航空发动机强度仿真分析技术是发动机研制过程中的关键技术之一,其分析结果的正确性是在研、在役发动机结构可靠性的重要保障,也是高推比发动机发展的重要支柱。航空发动机转静子构件大多在恶劣环境(高温、高压、高转速或振动等至少一种因素)下工作,承受着复杂交变的多场耦合载荷/环境作用,极易产生疲劳裂纹、蠕变伸长、表面烧蚀等故障(见图 5.1 和图 5.2),危及发动机的结构安全,严重制约着航空发动机的安全性和可靠性,因此,形成转子构件高精度的仿真方法,提高转子构件模态分析、静力学分析、动力学分析以及疲劳分析的准确性至关重要。这些构件的安全性及寿命保障性很大程度上依赖仿真分析中稳态应力、振动应力及变形分析结果的准确性。本章主要介绍航空发动机仿真技术中的静力、振动特性、疲劳寿命及可靠性分析等方面的相关知识,并结合具体工程算例开展以上几方面的应用介绍。

图 5.1 压气机叶片的疲劳裂纹

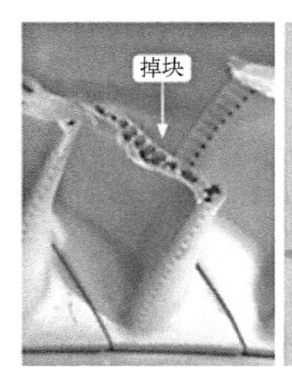

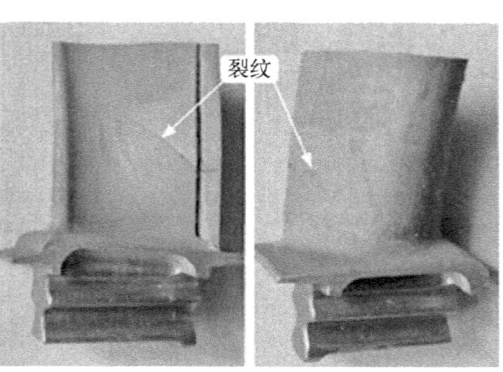

图 5.2 涡轮叶片的掉块及疲劳裂纹

5.1 典型构件应力仿真分析

航空发动机风扇叶片、压气机叶/盘、涡轮叶片、涡轮盘、机匣等典型构件/组件的应力分析是进行结构安全和寿命评估的基础。一般通过施加指定的载荷和模拟实物边界条件进行构件/组件的有限元数值仿真分析,从而获得构件/组件关键部位的应力水平及其分布云图,以及构件/组件的变形情况和组件间的配合情况,根据应力和变形分析结果,对发动机的构件/组件进行结构设计和强度评估,通常应力分析结果用于构件关键部位的强度储备和寿命分析与评估,变形分析结果用于构件的冷热态尺寸转换和转静子之间的间隙设计以及零组件间工作时配合可靠性评估。

发动机构件所承受的载荷和边界条件十分复杂,通常需要借助有限元方法对其进行计算,得到数值仿真的近似解[1]。有限元法是一种求解连续场问题的数值方法,从固体力学角度上说,有限元法是基于变分原理的数值计算方法,其核心思想是将在连续结构(场)上的微分方程求解问题转化为代数方程求解问题。该方法是通过将一个连续结构离散为若干个有限单元而实现的[2]。这些单元的几何和物理属性简单明确,通过节点差值即可描述其内部位移场,并形成以节点位移为基本未知量的代数方程组。这些单元的代数方程组又可以通过各个单元之间的位移连续性条件进行组合,从而形成整体结构的代数方程组。最终通过求解整体结构的代数方程组即可得到问题的近似解[3]。由于有限元方法用离散的场描述需要用微分方程组来表征的连续场,因此显著降低了求解难度。有限元方法主要求解流程为:几何建模、连续结构离散、解线性方程组、后处理。连续结构离散是求解流程中的难点,也是核心,包含了基于加权余量法的方程组弱形式化、消除微分方程边界项(虚功原理、泛函分析等)、确定形函数、等参元变换、高斯积分、整体结构代数方程组合成等理论与数值方法。

5.1.1 基本理论及仿真方法介绍

对于结构的应力分析,有限元法的理论基础是连续介质力学理论[4]。弹性力学理论表明,弹性体符合力的平衡规律、变形连续规律和应力-应变关系,即弹性体力系、内部变形和应力与应变符合力的平衡方程、几何方程和本构方程,如式(5.1)至式(5.3)所示。

$$\begin{cases} \dfrac{\partial \sigma_x}{\partial x} + \dfrac{\partial \tau_{xy}}{\partial y} + \dfrac{\partial \tau_{xz}}{\partial z} + F_x = 0 \\ \dfrac{\partial \tau_{yx}}{\partial x} + \dfrac{\partial \sigma_y}{\partial y} + \dfrac{\partial \tau_{yz}}{\partial z} + F_y = 0 \\ \dfrac{\partial \tau_{zx}}{\partial x} + \dfrac{\partial \tau_{zy}}{\partial y} + \dfrac{\partial \sigma_z}{\partial z} + F_z = 0 \end{cases} \quad (5.1)$$

其中，σ_x、σ_y、σ_z 和 τ_{xy}、τ_{yz}、τ_{zx} 分别为正应力分量和切应力分量；F_x、F_y、F_z 为微元体力分量。

$$\begin{cases} \varepsilon_x = \dfrac{\partial u}{\partial x}, \gamma_{xy} = \dfrac{\partial u}{\partial y} + \dfrac{\partial v}{\partial x} \\ \varepsilon_y = \dfrac{\partial v}{\partial y}, \gamma_{yz} = \dfrac{\partial v}{\partial z} + \dfrac{\partial w}{\partial y} \\ \varepsilon_z = \dfrac{\partial w}{\partial z}, \gamma_{zx} = \dfrac{\partial w}{\partial x} + \dfrac{\partial u}{\partial z} \end{cases} \tag{5.2}$$

ε_x、ε_y、ε_z、γ_{xy}、γ_{yz}、γ_{zx} 和 u、v、w 分别为应变分量和位移分量。

$$\begin{cases} \varepsilon_x = \dfrac{1}{E}[\sigma_x - \mu(\sigma_y + \sigma_z)] \\ \varepsilon_y = \dfrac{1}{E}[\sigma_y - \mu(\sigma_x + \sigma_z)] \\ \varepsilon_z = \dfrac{1}{E}[\sigma_z - \mu(\sigma_x + \sigma_y)] \\ \gamma_{xy} = \dfrac{1}{G}\tau_{xy} \\ \gamma_{yz} = \dfrac{1}{G}\tau_{yz} \\ \gamma_{zx} = \dfrac{1}{G}\tau_{zx} \end{cases} \tag{5.3}$$

本构关系为广义胡克（Hooke）定律。

在外力作用下，弹性体的变形、应力和外力之间的关系受能量原理的支配，能量原理与微分方程的定解条件是等价的。而定解条件具体地给出了边值问题的特定规律，每一个具体的问题反映在各自的边界条件上。上述弹性力学基本方程与边界条件一起构成了边值问题。在有限元法中，通常采用虚功原理或最小势能原理建立单元的代数方程组。下面主要介绍虚功原理的基础理论。

虚功原理可以简述为，如果物体在发生虚位移之前所受的力系是平衡的，即结构体内部满足平衡微分方程，结构体边界上满足应力边界条件，那么在发生虚位移时，外力在虚位移上所做的虚功等于虚应变能（结构体内部应力在虚应变上所做的虚功）。反之，如果结构体所受的力系在虚位移（及虚应变）上所做的虚功相等，则它们一定是平衡的。可以看出，虚位移原理等价于平衡微分方程与应力边界条件。

令 V 和 v 分别表示变形体的初始体积和当前体积，A 和 a 分别表示初始构型的表面积和当前构型的表面积，X 和 x 分别表示初始构型和当前构型，$x = \Phi(X)$。

令 f 为单位体积上的体力,包括惯性力、阻尼力等,σ 为柯西(Cauchy)应力,n 为当前构型变形体的外法线向量,σn 表示边界上单位面积上的牵引力。变形体在这些力的相互作用下的形变平衡条件是:

$$\int_{\partial v} \sigma n \mathrm{d}a + \int_{v} f \mathrm{d}v = 0 \tag{5.4}$$

根据散度定理 $\int_{\partial v} \sigma n \mathrm{d}a = \int_{v} \mathrm{div}(\sigma) \mathrm{d}v$,其中 $\mathrm{div}(\sigma)$ 为柯西应力张量的散度,形变平衡条件可以写成当前构型上的域积分形式:

$$\int_{v} (\mathrm{div}(\sigma) + f) \mathrm{d}v = 0 \tag{5.5}$$

固体力学虚功原理的表述为:当前构型下,对于任意给定的虚速度 δv,形变平衡意味着非平衡力所做虚功为 0:

$$\delta W(x, \delta v) = \int_{v} (\mathrm{div}\, \sigma + f) \cdot \delta v \mathrm{d}v = 0 \tag{5.6}$$

利用梯度-散度关系 $\mathrm{div}(\sigma \delta v) = \mathrm{div}(\sigma) \cdot \delta v + \sigma : \nabla v$ 并且再一次利用散度定理可以得

$$\int_{\partial v} n \cdot \sigma \delta v \mathrm{d}a - \int_{v} \sigma : \nabla \delta v \mathrm{d}v + \int_{v} f \cdot \delta v \mathrm{d}v = 0 \tag{5.7}$$

定义虚速度梯度 $\nabla \delta v = \partial \delta v / \partial x = \delta L$,考虑柯西应力对称性,当前构型下虚功方程最终表述为

$$\delta W(x, \delta v) = \int_{v} \sigma : \delta L \mathrm{d}v - \int_{v} f \cdot \delta v \mathrm{d}v - \int_{\partial v} t \cdot \delta v \mathrm{d}a = 0 \tag{5.8}$$

虚功方程是固体力学的基本控制方程和数值方法构造的出发点。

虚功方程与变形过程中的几何和材料行为相关,一般为非线性方程。对非线性虚功方程的线性化,可以沿位移 u 方向,使用方向导数展开

$$\delta W(x, \delta v) + D\delta(x, \delta v)[u] = 0 \tag{5.9}$$

便得线性化的虚功方程。

内力虚功部分的线性化过程较为复杂。后拉到初始构型推导较为简便:

$$\begin{aligned} D\delta W_{\mathrm{int}}(x, \delta v)[u] &= \int_{v} D(\sigma : \delta L \mathrm{d}v)[u] \\ &= \int_{V} D(\delta \dot{E} : S)[u] \mathrm{d}V \\ &= \int_{V} \delta \dot{E} : DS[u] \mathrm{d}V + \int_{V} S : D\delta \dot{E}[u] \mathrm{d}V \end{aligned}$$

$$= \int_V \delta\dot{E} : C : DE[u]\mathrm{d}V + \int_V S : D\delta\dot{E}[u]\mathrm{d}V$$

$$= \int_V D\delta E[\delta v] : C : DE[u]\mathrm{d}V + \int_V S : D\delta\dot{E}[u]\mathrm{d}V \quad (5.10)$$

其中,S,E 分别为第二 PK 应力和格林应变张量,$F = \mathrm{d}x/\mathrm{d}X$,$J\sigma = FSF^\mathrm{T}$,$E = (F^\mathrm{T}F - I)/2$,$C$ 为拉氏弹性张量,$C = \partial S/\partial E$。在初始构型完成推导后,前推到当前构型。直接给出结果为

$$D\delta W_{\mathrm{int}}(x,\delta v)[u] = \int_v \delta d : C : \varepsilon \mathrm{d}v + \int_v \sigma : [(\nabla u)^\mathrm{T}\nabla\delta v]\mathrm{d}v \quad (5.11)$$

其中,δd 为虚变形率,$\delta d = (\nabla\delta v + \nabla\delta v^\mathrm{T})/2$;在现时构型下,$\varepsilon$ 即为小变形应变度量;上述右端两项分别对应材料刚度和几何刚度。

至此,我们需要在体力部分明确表述出惯性力和阻尼力部分。b 特指单位体积上的体力:

$$f = -b + \mu\dot{u} + \rho\ddot{u} \quad (5.12)$$

然后,对应的外力虚功成为

$$\delta W_{\mathrm{ext}}(x,\delta v) = -\int_v b \cdot \delta v \mathrm{d}v + \int_v \mu\dot{u} \cdot \delta v \mathrm{d}v + \int_v \rho\ddot{u} \cdot \delta v \mathrm{d}v + \int_{\partial v} t \cdot \delta v \mathrm{d}a \quad (5.13)$$

假设体力与面力(随着构型变化的压力除外)与构型无关,积分形式方向导数为 0。对于惯性项和阻尼项,将其拉回到初始构型进行讨论:

$$\delta W_{\mathrm{ext}}(x,\delta v) = \int_V \mu_0\dot{u}(X,t) \cdot \delta v \mathrm{d}V + \int_V \rho_0\ddot{u}(X,t) \cdot \delta v \mathrm{d}V \quad (5.14)$$

在给定时刻,速度 $\dot{u}(X,t)$ 和加速度 $\ddot{u}(X,t)$ 均为构型无关项。

经整理,便得到统一包含时变项和非线性项的线性化虚功方程:

$$\int_v \delta d : C : \varepsilon \mathrm{d}v + \int_v \sigma : [(\nabla u)^\mathrm{T}\nabla\delta v]\mathrm{d}v + \int_v \mu\dot{u} \cdot \delta v \mathrm{d}v + \int_v \rho\ddot{u} \cdot \delta v \mathrm{d}v = -\delta W^\mathrm{r}(x,\delta v)$$

$$(5.15)$$

其中,

$$\delta W^\mathrm{r}(x,\delta v) = \int_v \sigma : \delta L \mathrm{d}v - \int_v b \cdot \delta v \mathrm{d}v + \int_{\partial v} t \cdot \delta v \mathrm{d}a \quad (5.16)$$

为非平衡力。

如果 $F \approx 1$,$\dot{E} \approx 0$,式(5.16)退化为相应的小变形问题(如线弹性动力学问题等):

$$\delta W^\mathrm{r}(x,\delta v) + \int_v \mu\dot{u} \cdot \delta v \mathrm{d}v + \int_v \rho\ddot{u} \cdot \delta v \mathrm{d}v = 0 \quad (5.17)$$

如果惯性和阻尼效应可以忽略不计,进一步退化为最常见的线性问题,即线弹

性静力学问题：
$$\delta W^r(x, \delta v) = 0 \tag{5.18}$$

5.1.2 应用案例

叶片作为燃气涡轮发动机中极为重要的零件，不仅直接影响发动机的气动性能，还直接关系到发动机安全可靠性和使用寿命。在实际使用中，由于叶片的破坏而造成发动机失效的例子屡见不鲜。因此，在发动机叶片的设计中，对叶片的强度设计问题应予以足够的重视。燃气涡轮发动机的叶片是多种多样的，根据结构上各自不同的特点。叶片的分类方式有许多种，按所属部件可分为压气机叶片（包括风扇叶片）和涡轮叶片；按其工作状态可分为静子叶片和转子叶片。叶片受力方面，主要包括① 燃气涡轮发动机在工作过程中，叶片处于大流量、高流速的气流中，所受到的气动力，发动机所有叶片毫无例外地承受气动力的作用，气动力是一种表面分布压力，它作用在叶片的各个表面，由于气流参数延叶高和叶宽方向是变化的，因此气动力沿叶高方向和叶宽方向的分布都是不均匀的，通过叶栅通道的三维流场计算可以得到较为准确的气动压力场，气动力在叶片截面上和叶根上产生弯应力，同时气动力产生的弯矩也会在叶片中产生扭转应力；② 发动机高转速下，叶片的叶身、叶根、围带凸肩等自身质量产生的离心力，一般情况下，对叶片进行应力分析时应该考虑气动力，对于高轮毂比的较短的转子叶片，由于离心应力比气动应力大得多，在有相关经验的情况下可以忽略气动力的影响，只有转子叶片才承受离心力的作用，离心力是一种体积力，它与叶片质量及叶片所处的半径成正比，与转速的平方成正比，离心力主要使叶片产生径向拉伸应力，对于扭转叶片，同时会产生扭转应力；③ 温度载荷是叶片承受的一种重要的载荷，一方面，温度会引起叶片材料性能发生改变，使材料的需用应力减小，同时，叶片由于温度不均匀出现各部分的变形相互制约会产生热应力，热应力不仅与叶片的温度梯度有关，而且还与叶片所受的几何约束有关，总体来说，叶片的温度梯度越大，几何约束越强，则热应力越大。

轮盘是航空燃气涡轮发动机中最重要的安全关键件之一。按涡扇发动机的部件主要可分为风扇盘、压气机盘和涡轮盘，通常，对于整体叶盘和离心叶轮，也需按轮盘结构的要求进行分析。

当前的设计中多采用有限元法对叶片和轮盘结构进行应力与变形分析。在应力和变形分析中，测试算例涉及材料属性（包括不同温度下的物理特性，如弹性模量、泊松比、线膨胀系数以及材料密度等）、工作载荷（涵盖了离心载荷、温度载荷、二股气流腔压载荷）、边界条件约束（涵盖了循环对称约束、法向位移约束、常规全局位移约束和圆柱坐标系下位移约束）等。

下面以燃气涡轮叶片和涡轮盘为例，介绍有限元方法在应力仿真分析中的应用过程。

1. 算例1 某发动机燃气涡轮叶片应力分析

燃气涡轮叶片是高热构件，其作用是利用燃气膨胀做功，将燃气的位能和热能转化为转子的机械功,工作状态中承受非常高的温度载荷、离心载荷和气动载荷。燃气涡轮叶片的强度裕度往往是制约发动机转速和涡轮前温度的主要因素,所以需要对其进行详细的应力分析。

1) 几何模型

燃气涡轮转子叶片几何模型如图5.3所示,主要由叶身、缘板以及伸根和榫头等部分组成,在进行涡轮转子叶片结构强度设计时,主要考核的部位有叶身(主要为叶身中部和根部截面前缘、叶盆、叶背、尾缘)、伸根和榫头连接(榫头喉部、榫齿)。

2) 有限元模型

采用二阶四面体单元对燃气涡轮叶片进行网格划分,共407 934单元,590 949节点,燃气涡轮叶片有限元模型如图5.4所示。叶片根部网格较密,其余部分网格较疏。

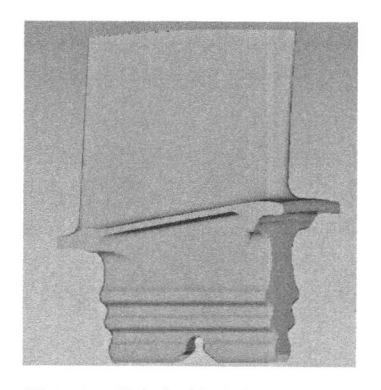

图5.3 燃气涡轮叶片几何模型 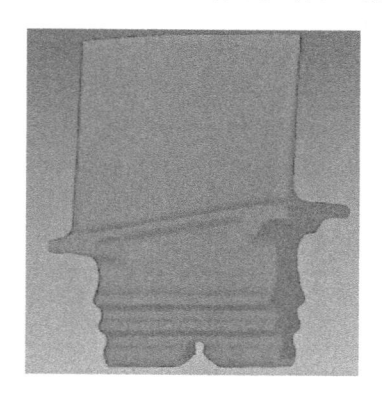　　图5.4 燃气涡轮叶片有限元模型

3) 材料属性

涡轮转子叶片材料为DD407,性能数据列于表5.1。DD407具有较高的高温抗蠕变、疲劳性能和防腐能力。

表5.1 DD407材料性能数据

温度/℃	弹性模量 E/GPa	泊松比 μ	线膨胀系数 α/($\times 10^{-6}$/℃)	密度 ρ/(kg/m³)
18	128	0.3	—	8 240
100	127		13.0	
200	125		13.3	
300	122		13.6	
400	119		13.7	
500	115		13.9	
600	110		14.0	
700	104		14.3	

续 表

温度/℃	弹性模量 E/GPa	泊松比 μ	线膨胀系数 $\alpha/(\times 10^{-6}/℃)$	密度 $\rho/(\text{kg/m}^3)$
800	98	0.3	14.5	8 240
900	91		15.0	
1 000	83		15.7	
1 100	—		16.3	

4）载荷和边界条件

燃气涡轮叶片主要承受的载荷包括离心载荷、温度载荷及气动载荷。

离心载荷以转速形式施加在叶片上，转速为 52 000 r/min。

温度对于涡轮叶片的强度影响非常显著，在计算时，温度载荷以节点温度形式施加在整个叶片上，插位后获得的温度场分布如图 5.5 所示。

计算时约束最下面一对榫齿法向位移，约束榫头端面轴向位移，上面两对榫齿施加大小为 1 409 MPa 压力。为平衡叶片的离心力，在第一对榫齿接触面上施加大小为 1 409 MPa 的压力。

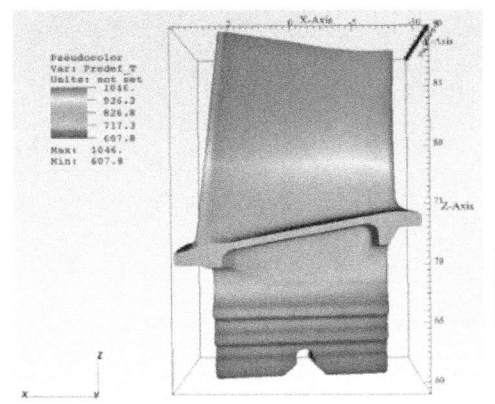

图 5.5 温度场分布

边界条件：一般采用两端支撑的方式安装，约束榫头接触面的法向，约束榫头端面的轴向，具体位置如图 5.6 和图 5.7 所示。

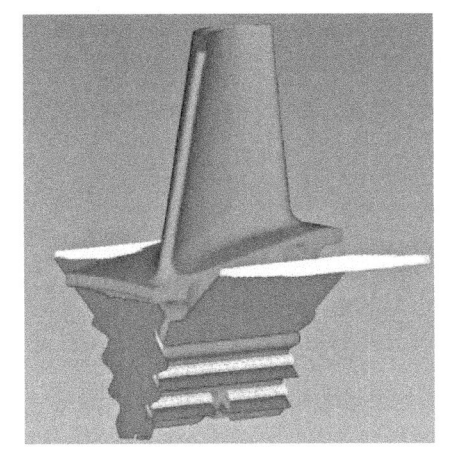

图 5.6 榫头接触面约束法向位移

图 5.7 榫头端面约束轴向位移

5）计算结果

等效应力、位移和主应变的云图分布分别见图 5.8~图 5.10。

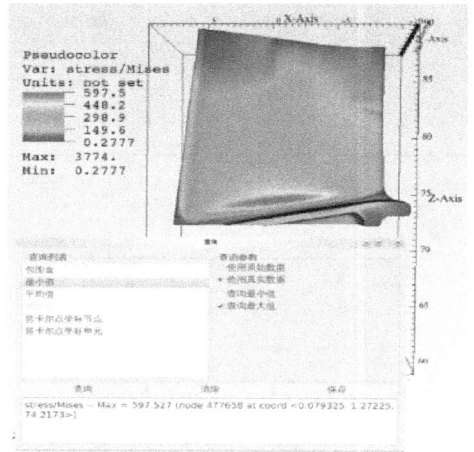

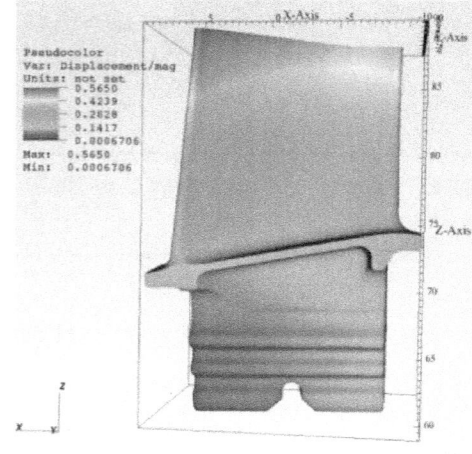

图 5.8　等效应力分布图

图 5.9　位移分布图

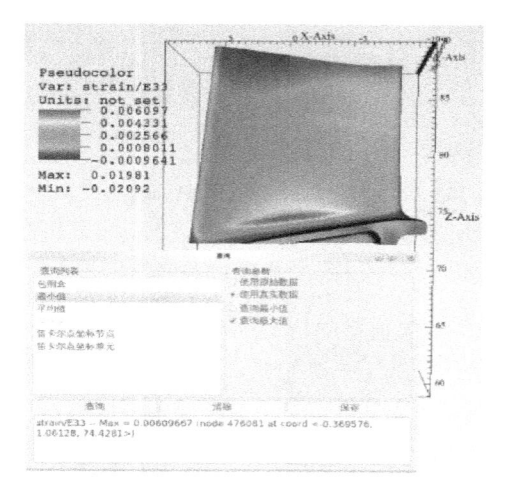

图 5.10　主应变分布图

2. 算例 2　某发动机涡轮盘应力分析

1）几何模型

涡轮盘几何模型如图 5.11 所示。图 5.11 为典型单级燃气涡轮盘结构，关键部位主要有轮毂、辐板和轮缘。轮盘总体上呈回转体结构，视局部细节特征简化的方式和程度不同，分析中多采用轴对称结构和循环对称结构进行建模。轮盘中心孔边、偏心孔、槽底及其过渡圆角、榫齿接触面、凸块喉部截面等部位需重点关注，

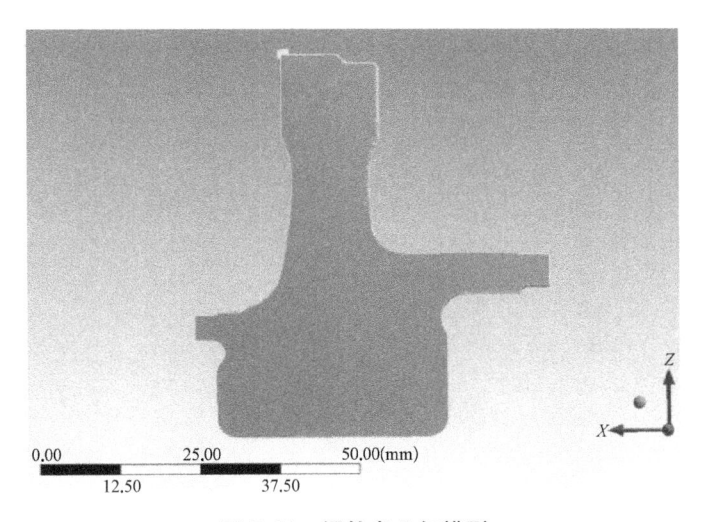

图 5.11 涡轮盘几何模型

在应力梯度较大的部位应加密网格处理。本算例根据轮盘结构的循环对称特征，建立了循环对称的三维几何模型。

2）有限元模型

采用二阶四面体单元对涡轮盘进行网格划分，共 264 750 单元，392 812 节点，涡轮盘有限元模型如图 5.12 所示。

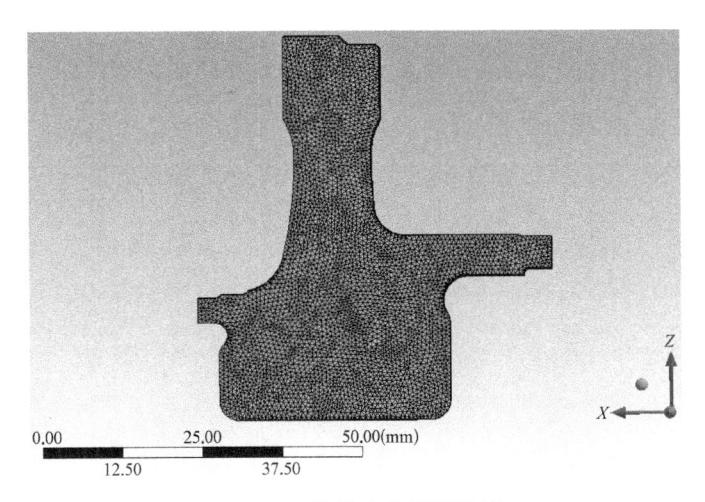

图 5.12 涡轮盘有限元模型

3）材料属性

轮盘作为断裂关键件除应要求材料具有高强度等综合性能，更要突出抗疲劳和裂纹扩展能力，燃气涡轮盘材料为粉末冶金 GH4720Li，材料性能数据如表 5.2 所示。

表 5.2　GH4720Li 材料性能数据

温度/℃	弹性模量 E/GPa	泊松比 μ	线膨胀系数 α/(×10⁻⁶/℃)	密度 ρ/(kg/m³)
23	225	0.345	—	8 140
100	215	0.35	10.34	
200	208	0.355	11.05	
300	203	0.355	11.55	
400	201	0.36	11.94	
500	196	0.365	12.28	
600	190	0.37	12.55	
650	185	—	—	
700	179	0.38	13.07	
750	174	—	—	
800	164	0.39	13.80	

4）载荷与边界条件

燃气涡轮盘主要承受自身质量离心力。在发动机起动加速到高转速状态工作过程中，涡轮盘还会由于盘心到盘缘存在较大的温差而产生热应力。

离心载荷以转速形式施加在燃气涡轮盘上，转速为 52 000 r/min。

温度场以节点温度形式施加在整个轮盘上，涡轮盘温度场分布如图 5.13 所示。

边界条件：计算时约束一侧端面的轴向位移及周向位移，并在两切割面上施加循环对称约束；叶片的离心力转换成面压力均匀加载在榫槽三对榫齿上，压力值为 1 471.7 MPa，如图 5.14 所示。

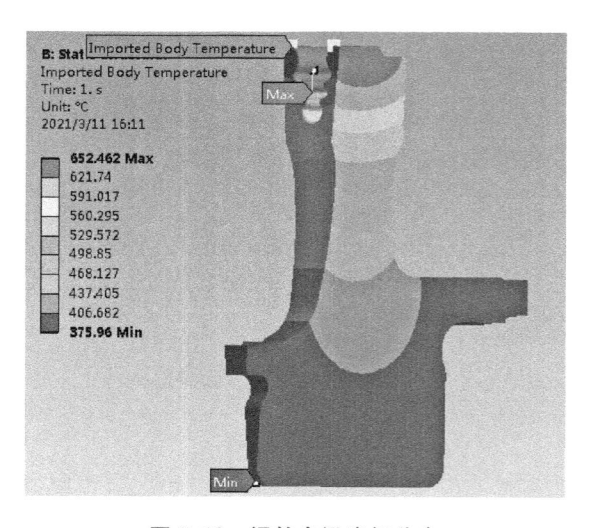

图 5.13　涡轮盘温度场分布

(a) 位移约束

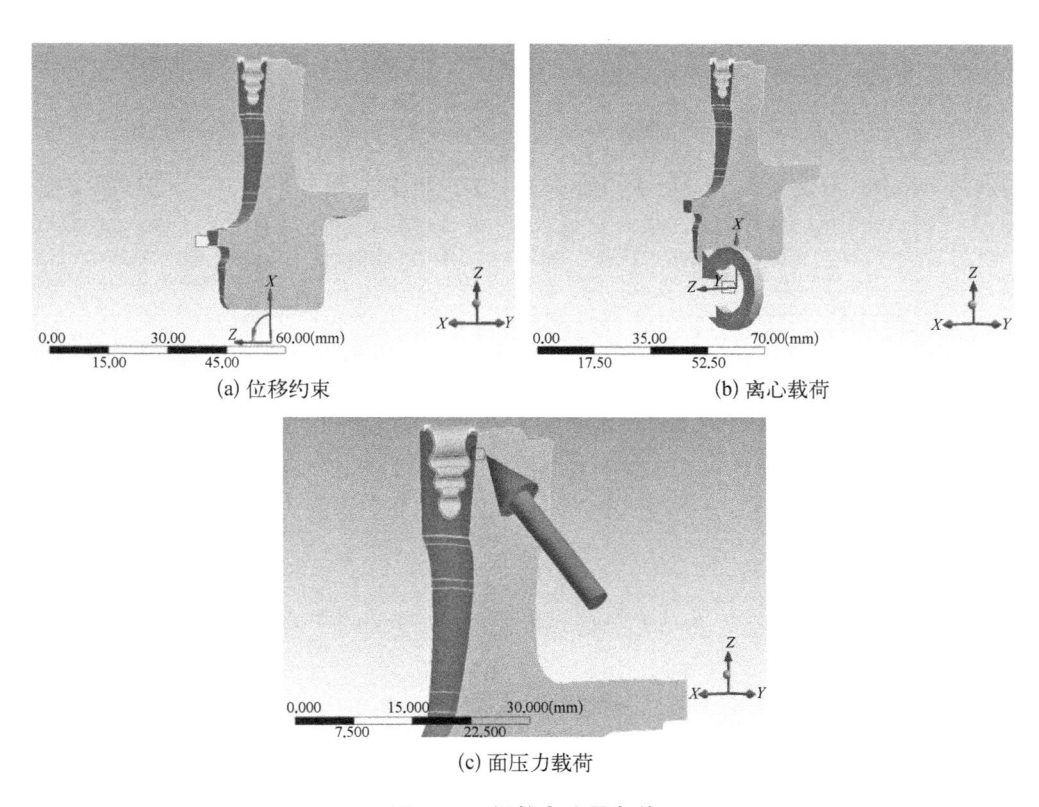

(b) 离心载荷

(c) 面压力载荷

图 5.14 涡轮盘边界条件

5) 计算结果及结论

计算得到的位移、等效应力和主应变分布图分别见图 5.15 至图 5.17。

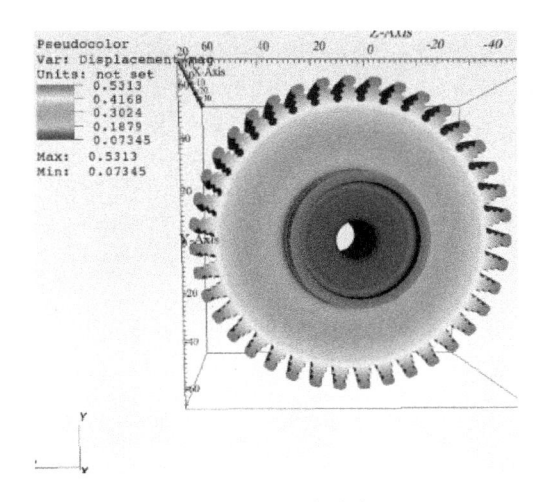

图 5.15 位移分布

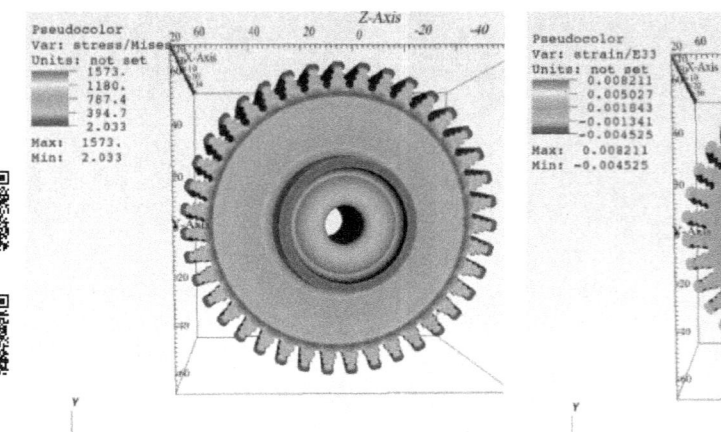

图 5.16　等效应力分布　　　　　　　图 5.17　主应变分布

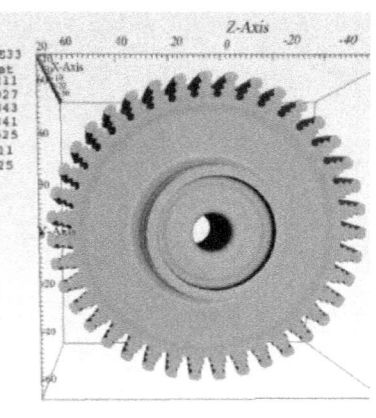

5.2　典型构件振动仿真分析

结构振动分析在发动机中具有重要的工程应用场景,主要针对风扇叶片、压气机叶片/盘、涡轮叶片/盘、轴、机匣管路系统等结构的振动特性和响应进行分析,是在外界荷载激励和结构已知的条件下,求结构的固有频率、模态振型、共振特性和振动响应,从而通过优化设计,使得激励频率远离固有频率或增加结构阻尼,避免产生有害振动。将振动系统离散成可以求解的有限元模型,通过 Block 兰乔斯法、模态叠加法、子空间迭代法等方法求出结构的振型、频率、振动应力等。结构振动仿真分析主要分为模态分析、谐响应分析、瞬态响应分析等三种分析类型,本节论述了振动特性分析的相关基本理论,为有限元程序的开发和算例分析提供了方法。

5.2.1　基本理论及仿真方法介绍

1. 模态分析

模态分析的目的是获取系统的固有频率和模态振型[5]。对于无阻尼系统,其运动学方程表示为

$$M\ddot{u} + Ku = 0 \tag{5.19}$$

其中,K 为结构的刚度矩阵;u 为结构的位移向量;M 为结构的质量矩阵。

对于线性系统,自由振动表示为谐波形式 $u = \phi\cos(\omega t)$,上述运动学方程转变为广义特征值问题

$$K\phi = \omega^2 M\phi = \lambda M\phi \tag{5.20}$$

其中，ϕ 为特征向量；ω 为系统的固有圆频率；λ 为特征值。

对于由大规模稀疏矩阵 K 和 M 组成的广义矩阵特征值问题，常用的求解方法有 Krylov 子空间类算法和雅可比-戴维森（Jacobi-Davidson）算法等。

2. 谐响应分析

1）节点激励

对于单个节点激励，激励载荷可以通过一个方向向量和载荷幅值的乘积进行描述，相应的运动方程可以表示为

$$M\ddot{u} + C\dot{u} + Ku = df \tag{5.21}$$

其中，C 为阻尼矩阵；d 为载荷方向向量；f 为载荷幅值，是包含相位信息的复数。

利用模态叠加法对式(5.21)进行坐标变换，即首先进行模态分析，求得的特征向量（振型）组成振型矩阵 Φ

$$\Phi = [\phi_1, \phi_2, \cdots, \phi_j, \cdots] \tag{5.22}$$

其中，Φ 为 $n \times M$ 的振型矩阵；ϕ_j 为第 j 阶振型。

在式(5.22)两端左乘 Φ^T，根据模态振型对于质量和刚度矩阵的正交特性，并采用模态阻尼比，即

$$\begin{aligned}\Phi^T M \Phi &= I \\ \Phi^T C \Phi &= \mathrm{diag}\{2\omega_1\xi_1, 2\omega_2\xi_2, \cdots, 2\omega_j\xi_j, \cdots\} \\ \Phi^T K \Phi &= \mathrm{diag}\{\omega_1^2, \omega_2^2, \cdots, \omega_j^2, \cdots\}\end{aligned} \tag{5.23}$$

由此可以得到多个解耦的单自由度系统方程，其中第 j 阶模态运动方程可表示为

$$\ddot{\eta}_j + 2\omega_j\xi_j\dot{\eta}_j + \omega_j^2\eta_j = \gamma_j f \tag{5.24}$$

其中，η_j 为第 j 阶模态坐标；$\gamma_j = \phi_j^T d$ 表示第 j 阶的模态参与因子。

取系统的前 m 阶模态，位移向量与模态坐标的关系为

$$u = \sum_{j=1}^{m} \phi_j \eta_j \tag{5.25}$$

以上即将多自由度系统的运动方程解耦变成模态坐标系下的多个单自由度系统运动方程。对于简谐运动激励，式(5.24)的稳态响应解可以表示为

$$\eta_j = \gamma_j H_j(\omega) f \tag{5.26}$$

其中，$H_j(\omega)$ 为第 j 阶模态对应的频响函数，频响函数（复数表达式）具体表达式为

$$H_j(\omega) = \frac{1}{\omega_j^2 - \omega^2 + \mathrm{i}(2\xi_j\omega\omega_j)} \tag{5.27}$$

根据式(5.25)进行模态组合,可以得到位移的稳态响应表达式为

$$u = \sum_{j=1}^{m} \phi_j \eta_j = -\sum_{j=1}^{m} \phi_j \gamma_j H_j(\omega) f \tag{5.28}$$

具体到第 k 个自由度,有

$$u_k = \sum_{j=1}^{m} \phi_{jk} \gamma_j H_j(\omega) f \tag{5.29}$$

其中, u_k 为第 k 个自由度对应的位移; ϕ_{jk} 为第 j 阶振型对应的第 k 个元素值。

稳态速度以及稳态加速度与稳态位移之间满足如下关系:

$$\dot{u}_k = \mathrm{i}\omega u_k, \quad \ddot{u}_k = -\omega^2 u_k \tag{5.30}$$

对于存在多个节点激励的情况,将每个激励的响应累加即可得到所有激励的总响应。

2) 单点基础激励

对于单点一致基础激励,激励对结构产生的运动载荷可以通过一个载荷指示向量 d 和具体加速度激励值 a 乘积进行描述,相应的运动方程可以表示为

$$M\ddot{u} + C\dot{u} + Ku = -Mda \tag{5.31}$$

同样通过模态叠加法的变换,依式(5.22)~式(5.29)的过程可以得到单点基础激励的位移响应:

$$u_k = \sum_{j=1}^{m} \phi_{jk} \gamma_j H_j(\omega) a \tag{5.32}$$

其中, $\gamma_j = -\phi_j^\mathrm{T} Md$ 为第 j 阶的模态参与因子。

此位移响应为相对位移的响应。根据稳态加速度与稳态位移之间的关系式(5.30),可以得出基础运动的位移为

$$u_b = -a/\omega^2 \tag{5.33}$$

则结构绝对位移响应 u_a 为相对位移响应和基础运动位移响应之和:

$$u_a = u_k + d_k u_b = \left[\sum_{j=1}^{m} \phi_{jk} \gamma_j H_j(\omega) - \frac{d_k}{\omega^2}\right] a \tag{5.34}$$

同样,结构绝对运动的位移响应与速度响应和加速度响应的关系也如式(5.30)所示。

3) 多点基础激励

对于多个基础激励共同作用下谐响应分析的情形,有一个基本前提,即各个激励具有相同的激振频率(这些激励之间相位可以不同),否则结构各响应点的运动将不再是简谐运动,对应的问题也将不再是谐响应问题。

将自由节点位移向量分解成两部分:由基础运动引起的准静态位移和结构的动态位移。对于有 n 个基础激励的情况,动态位移的动力学方程可以表示为

$$M\ddot{u}_d + C\dot{u}_d + Ku_d = -\sum_{l=1}^{n}M\bar{A}_l a_l \tag{5.35}$$

其中, $\bar{A}_l$ 为仅在第 l 处约束施加单位基础位移的载荷指示向量;a_l 为对应的加速度激励值。

通过模态叠加变换,可以得到动态位移响应的表达式:

$$u_{dk} = \sum_{l=1}^{n}\sum_{j=1}^{m}\phi_j \gamma_{lj} H_j(\omega) a_l \tag{5.36}$$

其中,u_{dk} 为第 k 个自由度对应的动态位移;$\gamma_{lj} = -\phi_j^T M \bar{A}_l$ 为第 l 个基础激励在第 j 阶的模态参与因子。

根据简谐运动位移和加速度的关系表达式,准静态位移可以表示为

$$u_{sk} = -\frac{1}{\omega^2}\sum_{l=1}^{N}\bar{A}_{lk} a_l \tag{5.37}$$

其中,u_{sk} 为第 k 个自由度对应的动态位移;$\bar{A}_{lk}$ 为第 l 个单位基础激励引起的第 k 个自由度准静态位移。

从式(5.34)可以看出,准静态响应与模态振型无关,只与基础激励相关,这也符合准静态响应的物理意义。结构的绝对位移表达式:

$$u_{ak} = u_{sk} + u_{dk} = \left[\sum_{l=1}^{N}\sum_{j=1}^{M}\phi_{jk}\gamma_{lj}H_j(\omega) - \frac{1}{\omega^2}\sum_{l=1}^{N}\bar{A}_{lk}\right]a_l \tag{5.38}$$

3. 瞬态响应分析

对于瞬态响应分析,有限元离散后的多自由度系统动力学方程为

$$M\ddot{x}(t) + C\dot{x}(t) + Kx(t) = f(t) \tag{5.39}$$

其中,t 为时间,$x(t)$ 为 $n\times 1$ 的结构位移响应向量;$f(t)$ 为 $n\times 1$ 阶的载荷向量。

可以经过模态坐标变换,将式(5.39)解耦转换成模态坐标系下的多个单自由

度运动方程,继而通过组合模态坐标系下单自由度运动方程的解形成原物理坐标系的解。对于模态坐标系下单自由度运动方程,此处采用杜阿梅尔(Duhamel)理论解结合辛普森(Simpson)数值积分求解,给出以下解的表达式。

考虑初始时刻 $t=0$ 时,初始条件表示为

$$u_i(0) = \boldsymbol{\phi}_i^T x(0) \\ \dot{u}_i(0) = \boldsymbol{\phi}_i^T \dot{x}(0) \tag{5.40}$$

其中, u_i 为第 i 阶模态坐标; $\boldsymbol{\phi}_i$ 为第 i 阶模态振型向量。

对于欠阻尼的情况,引入中间变量:

$$v_i(t) = \frac{\dot{u}_i(t) + \xi_i \omega_i u_i(t)}{\omega_{Di}} \tag{5.41}$$

其中, ξ_i 为第 i 阶模态阻尼; ω_i 为第 i 阶固有圆频率; $\omega_{Di} = \omega_i\sqrt{1-\xi_i^2}$ 为第 i 阶模态阻尼固有频率。

采用辛普森积分公式进行数值求解,并利用三角函数形式展开,最终得到的递推公式为

$$u_i(t+\Delta t) = \tilde{u}_i \cos(\omega_{Di}\Delta t) + \tilde{v}_i \sin(\omega_{Di}\Delta t) \\ v_i(t+\Delta t) = -\tilde{u}_i \sin(\omega_{Di}\Delta t) + \tilde{v}_i \cos(\omega_{Di}\Delta t) \tag{5.42}$$

其中, t 为当前时刻; Δt 为时间步长; $\tilde{u}_i$ 为中间离散变量; $\tilde{v}_i$ 为中间离散变量。中间离散变量 $\tilde{u}_i$ 和 $\tilde{v}_i$ 的相应表达式分别为

$$a\tilde{u}_i = e^{-\xi_i \omega_i \Delta t} u_i(t) - \frac{\Delta t}{6\omega_{Di}} \left[4p_i\left(t + \frac{\Delta t}{2}\right) e^{-\xi_i \omega_i \frac{\Delta t}{2}} \sin\left(\frac{\omega_{Di}\Delta t}{2}\right) \right. \\ \left. + p_i(t+\Delta t)\sin(\omega_{Di}\Delta t) \right] \\ \tilde{v}_i = e^{-\xi_i \omega_i \Delta t} v_i(t) + \frac{\Delta t}{6\omega_{Di}} \left[4p_i\left(t + \frac{\Delta t}{2}\right) e^{-\xi_i \omega_i \frac{\Delta t}{2}} \cos\left(\frac{\omega_{Di}\Delta t}{2}\right) \right. \\ \left. + p_i(t) e^{-\xi_i \omega_i \Delta t} + p_i(t+\Delta t)\cos(\omega_{Di}\Delta t) \right] \tag{5.43}$$

其中, p_i 为第 i 阶模态广义力。

对于临界阻尼情况,对应的模态阻尼比 $\xi_i = 1$,有 $\omega_{Di} = 0$,中间变量的形式为

$$v_i(t) = \dot{u}_i(t) + \xi_i \omega_i u_i(t) \tag{5.44}$$

对积分项的求解采用洛必达(L'Hospital)法则,最终得到的递推关系如下:

$$\begin{cases} u_i(t+\Delta t) = \tilde{u}_i + \tilde{v}_i \Delta t \\ v_i(t+\Delta t) = \tilde{v}_i \end{cases} \quad (5.45)$$

其中,$\tilde{u}_i$ 和 $\tilde{v}_i$ 的相应表达式分别为

$$\tilde{u}_i = \mathrm{e}^{-\xi_i\omega_i\Delta t} u_i(t) - \frac{\Delta t}{6}\left[4p_i\left(t+\frac{\Delta t}{2}\right)\mathrm{e}^{-\xi_i\omega_i\frac{\Delta t}{2}}\left(\frac{\Delta t}{2}\right) + p_i(t+\Delta t)\Delta t \right]$$

$$\tilde{v}_i = \mathrm{e}^{-\xi_i\omega_i\Delta t} v_i(t) + \frac{\Delta t}{6}\left[p_i(t)\mathrm{e}^{-\xi_i\omega_i\Delta t} + 4p_i\left(t+\frac{\Delta t}{2}\right)\mathrm{e}^{-\xi_i\omega_i\frac{\Delta t}{2}} + p_i(t+\Delta t) \right]$$

(5.46)

对于过阻尼情况,对应的 ω_{Di} 为复数,令 $\omega_{Di} = \mathrm{i}\sqrt{\xi_i^2-1} = \mathrm{i}\bar{\omega}_{Di}$,中间变量的形式为

$$v_i(t) = \frac{\dot{u}_i(t) + \xi_i\omega_i u_i(t)}{\bar{\omega}_{Di}} \quad (5.47)$$

利用自变量为复数时的双曲正余弦函数和正余弦函数之间的关系表达式,最终得到的递推表达式为

$$\begin{cases} u_i(t+\Delta t) = \tilde{u}_i\cosh(\bar{\omega}_{Di}\Delta t) + \tilde{v}_i\sinh(\bar{\omega}_{Di}\Delta t) \\ v_i(t+\Delta t) = -\tilde{u}_i\sinh(\bar{\omega}_{Di}\Delta t) + \tilde{v}_i\cosh(\bar{\omega}_{Di}\Delta t) \end{cases} \quad (5.48)$$

其中,$\tilde{u}_i$ 和 $\tilde{v}_i$ 的相应表达式分别为

$$\begin{cases} \tilde{u}_i = \mathrm{e}^{-\xi_i\omega_i\Delta t} u_i(t) - \frac{\Delta t}{6\bar{\omega}_{Di}}\left[4p_i\left(t+\frac{\Delta t}{2}\right)\mathrm{e}^{-\xi_i\omega_i\frac{\Delta t}{2}}\sinh\left(\frac{\bar{\omega}_{Di}\Delta t}{2}\right) \right. \\ \qquad\qquad \left. + p_i(t+\Delta t)\sinh(\bar{\omega}_{Di}\Delta t) \right] \\ \tilde{v}_i = \mathrm{e}^{-\xi_i\omega_i\Delta t} v_i(t) + \frac{\Delta t}{6\bar{\omega}_{Di}}\left[4p_i\left(t+\frac{\Delta t}{2}\right)\mathrm{e}^{-\xi_i\omega_i\frac{\Delta t}{2}}\cosh\left(\frac{\bar{\omega}_{Di}\Delta t}{2}\right) \right. \\ \qquad\qquad \left. + p_i(t)\mathrm{e}^{-\xi_i\omega_i\Delta t} + p_i(t+\Delta t)\cosh(\bar{\omega}_{Di}\Delta t) \right] \end{cases} \quad (5.49)$$

获得中间变量 $v_i(t+\Delta t)$ 的数值解后,便可利用式(5.39)、式(5.42)和式(5.45)得到三种不同阻尼条件下的速度解。三种不同阻尼条件下的加速度解则可以统一表达为

$$\begin{aligned} \dot{u}_i(t+\Delta t) &= \omega_{Di}v_i(t+\Delta t) - \xi_i\omega_i u_i(t+\Delta t) \\ \ddot{u}_i(t+\Delta t) &= p_i(t+\Delta t) - 2\xi_i\omega_i \dot{u}_i(t+\Delta t) - \omega_i^2 u_i(t+\Delta t) \end{aligned} \quad (5.50)$$

对于式(5.48),临界阻尼时取 $\omega_{Di} = 1$,过阻尼时取 $\omega_{Di} = \bar{\omega}_{Di}$。当回到物理坐标系下的求解,利用模态叠加,可以得到第 k 个自由度的响应为

$$\begin{cases} x_k(t + \Delta t) \approx \sum_{i=1}^{m} \phi_{ik} u_i(t + \Delta t) \\ \dot{x}_k(t + \Delta t) \approx \sum_{i=1}^{m} \phi_{ik} \dot{u}_i(t + \Delta t) \\ \ddot{x}_k(t + \Delta t) \approx \sum_{i=1}^{m} \phi_{ik} \ddot{u}_i(t + \Delta t) \end{cases} \quad (5.51)$$

其中,m 为叠加的模态阶数,ϕ_{ik} 为第 i 阶模态对应第 k 个自由度的元素值。

5.2.2 应用案例

振动的基本参数包括振动频率、振型、振幅和振动应力等。频率是指构件每秒钟振动的次数,静频是指结构静止时(非旋转状态)的自然振动频率或振动的固有频率,它是结构的一种固有特性。动频是指结构旋转时在离心力场作用下的固有频率。振型是指构件的振动形态,它表示振动时各点振幅的相对关系。振动应力是由振动交变载荷产生的应力,它是一种交变应力,当振动应力达到一定值并经一定时间后,构件就会产生裂纹。

下面以气冷涡轮叶片和燃烧室内机匣为例,介绍有限元方法在振动仿真分析中的应用过程。振动仿真分析算例基本覆盖了航空发动机结构件振动仿真分析常用的功能,测试用材料属性包括线弹性材料模型、热弹性材料模型,其中进行预应力模态测试算例的载荷涵盖了离心载荷、温度载荷、气动压力载荷三种发动机典型载荷属性,利用插值算法计算温度场和气动场得到单元节点上的热应力和气动力作为预应力。边界条件约束涵盖了法向位移约束、常规全局位移约束和圆柱坐标系下位移约束三种发动机结构力学计算的常用约束条件。

1. 算例1 某发动机气冷涡轮叶片预应力模态

1) 几何模型

气冷涡轮叶片几何模型如图5.18所示。气冷涡轮叶片主要由叶身、缘板、气膜孔、伸根、榫头组成。气冷涡轮叶片多在伸根、缘板处采用缘板阻尼结构,气冷涡轮叶片一般采用空气冷却,并具有复杂的内部冷却结构。

2) 有限元模型

采用二阶四面体单元对气冷涡轮叶片进行网格划分,共224 252单元,342 225节点,有限元网格模型如图5.19所示。

3) 材料属性

气冷涡轮叶片更侧重热强性能,多采用单晶材料,气冷涡轮叶片材料为DD6,

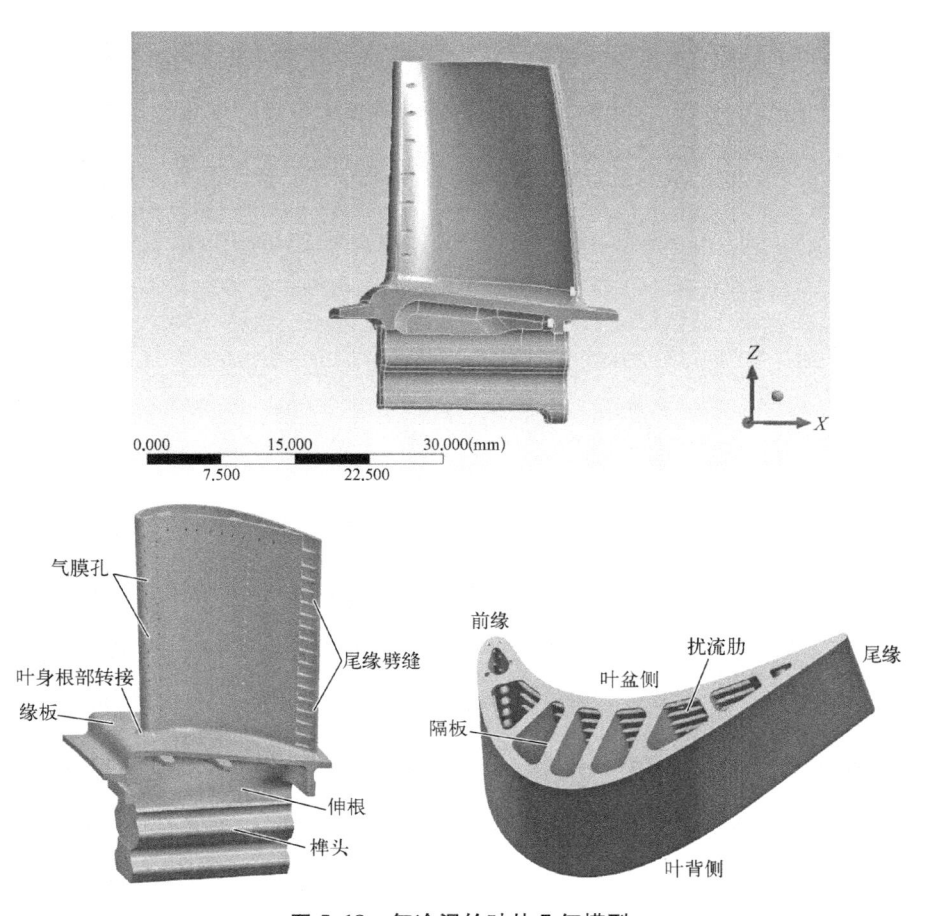

图 5.18　气冷涡轮叶片几何模型

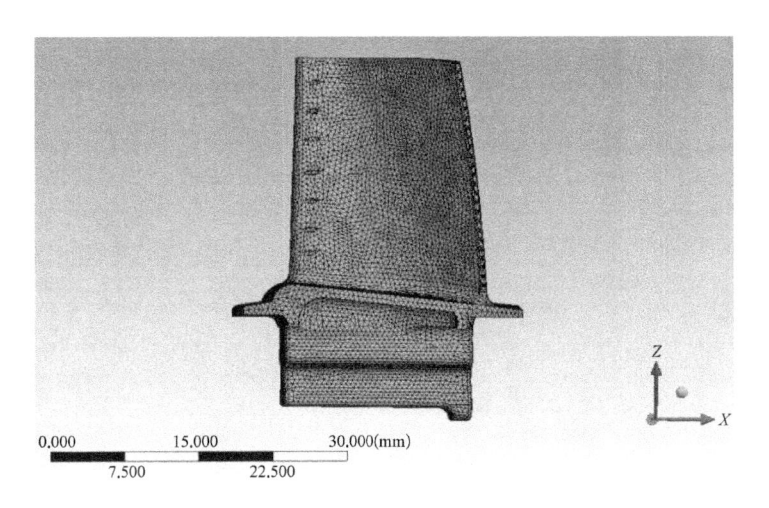

图 5.19　气冷涡轮叶片有限元模型

性能数据列于表 5.3。

表 5.3　DD6 材料性能数据

温度/℃	线膨胀系数 $\alpha/(10^{-6}℃^{-1})$	弹性模量 E/GPa	泊松比 μ	密度 $\rho/(kg/m^3)$
25	—	131.5	0.344	8 780
250	—	—	—	
300	11.92	—	—	
400	12.59	—	—	
500	12.93	—	—	
600	13.15	—	—	
650	—	107.5	0.371	
700	13.53	107	0.374	
760	—	105.5	0.377	
800	14.19	108.9	—	
850	—	98	0.383	
900	14.39	—	0.386	
980	—	80.5	0.390	
1 000	15.00	—	—	
1 070	—	69.5	0.399	
1 100	15.76	67.3	0.413	

4) 载荷和边界条件

气冷涡轮叶片计算主要考虑了离心载荷和温度载荷的影响，离心力以转速的形式加载在叶片上，温度载荷以离散温度场的形式加载在节点上。温度会引起叶片材料性能发生改变，受热时各部分的变形相互制约会产生热应力。热应力不仅与叶片的温度梯度有关，还与叶片所受的几何约束有关。总体来说，叶片的温度梯度越大，几何约束越强，则热应力越大。涡轮叶片转速为 45 000 r/min。温度场分布如图 5.20 所示。

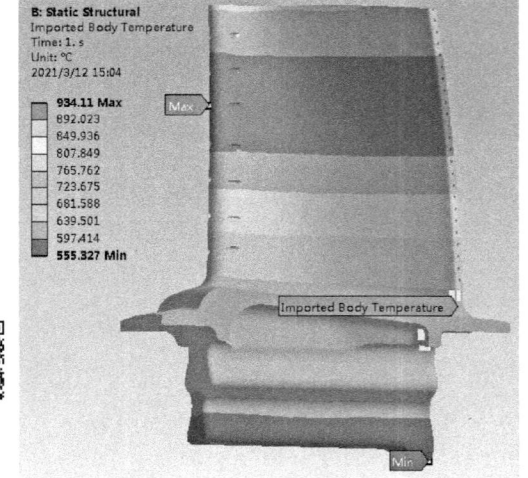

图 5.20　温度场分布

气冷涡轮叶片榫头连接约束榫头挤压面和榫头喉部端面位移，榫头接触面约束法向位移，榫头端面约束轴向位移，具体位置如图 5.21 和图 5.22 所示。

图 5.21　榫头接触面约束法向位移

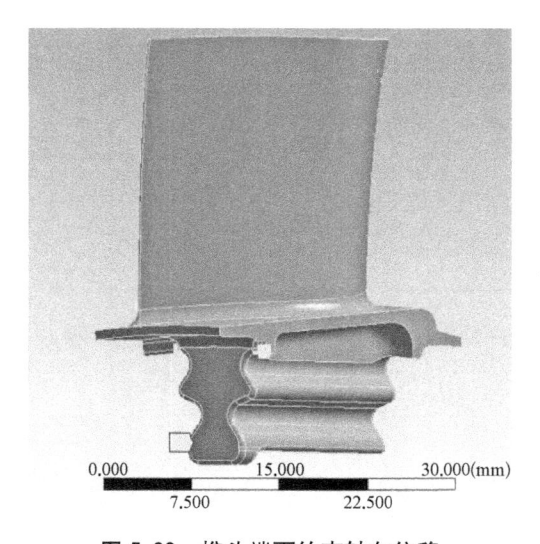

图 5.22　榫头端面约束轴向位移

5）计算结果

计算得到振型图如图 5.23~图 5.25 所示。

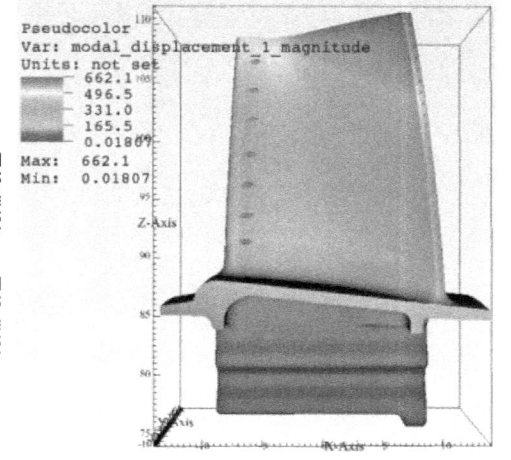

图 5.23　第一阶振型　　　　　　　图 5.24　第二阶振型

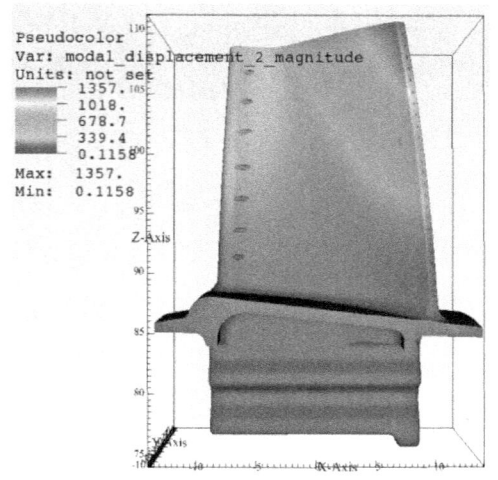

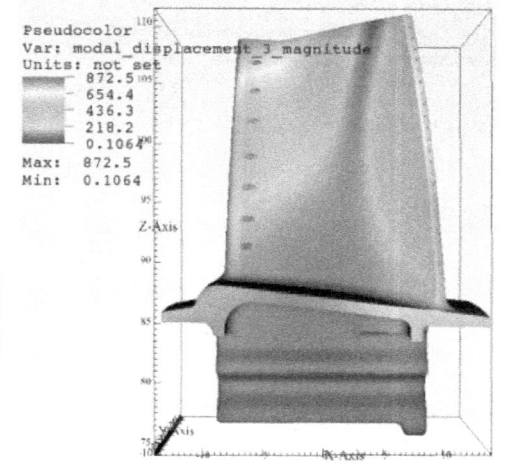

图 5.25　第三阶振型　　　　　　　图 5.26　燃烧室机匣几何模型

2. 算例 2　发动机燃烧室机匣模态分析

1）几何模型

发动机燃烧室机匣几何模型如图 5.26 所示。燃烧室机匣是发动机主要承力件之一，它承受高温、高压以及大气动负荷。燃烧室机匣除承受高温高压，还要承受机动载荷产生的弯矩、扭矩并传递尾喷口及涡轮转子和静子轴向力与径向力。因此，燃烧室机匣设计应满足结构强度、刚度要求，做到结构简单、重量轻、装配分解维修方便并且在受热不均及材料具有不同热胀系数时允许产生热膨胀。

2）有限元模型

采用二阶四面体网格对燃烧室机匣进行网格划分。燃烧室机匣有限元模型如图 5.27 所示。

3）材料属性

燃烧室机匣通常选用比强度高的材料以减轻结构重量，同时，选材还应满足机匣的功能要求和使用环境要求，高温机匣不仅要满足常温下对材料性能的要求，还应满足在高温工作条件下的强度、疲劳、蠕变、抗氧化、耐腐蚀等性能的要求。材料性能数据如表 5.4 所示。

图 5.27 燃烧室机匣有限元模型

表 5.4 材料性能数据

性　　能	数　　据
弹性模量 E / GPa	210 000
泊松比	0.3
密度 ρ / (kg/m³)	7 800

4）边界条件和载荷

燃烧室机匣主要承受发动机的气体载荷和质量惯性载荷，它们以轴向力、内压力、扭矩、弯矩、剪力的形式作用在机匣壳体和安装边上，由于温度分布不均匀或线膨胀系数不匹配产生的热负荷以内力的形式作用在机匣上。

5）计算结果

计算得到考虑轴向力、内压力等载荷的燃烧室内机匣振型图如图 5.28~图 5.30 所示。

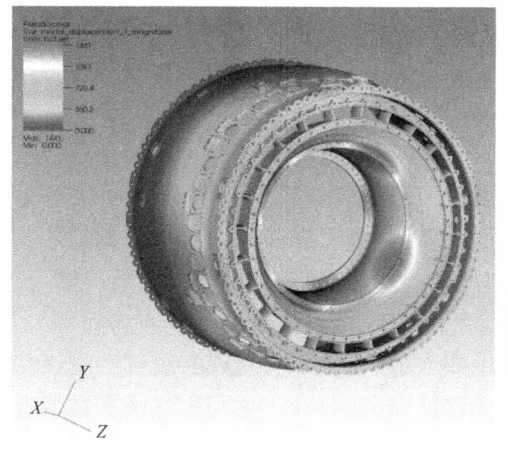

图 5.28 第一阶振型

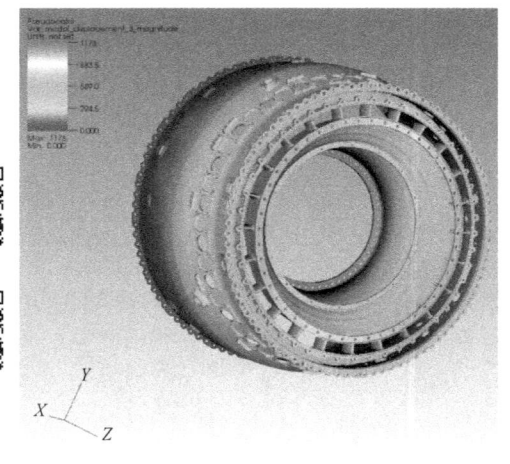

图 5.29　第二阶振型　　　　　　　　图 5.30　第三阶振型

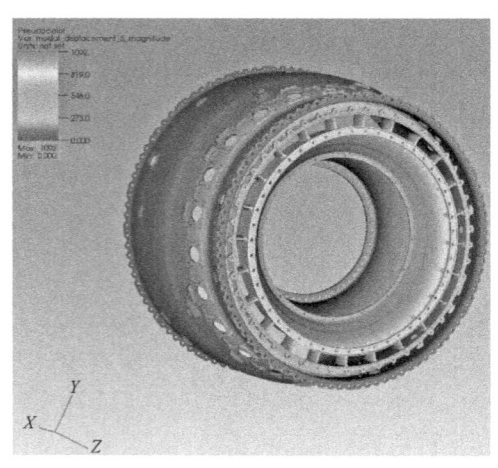

5.3　典型构件寿命分析

5.3.1　基本理论介绍

20 世纪六七十年代,美、英等国建立了以静强度为主的设计体系。通过安全系数保证结构满足设计要求。但越来越多的事故表明,结构在受到远低于静强度破坏载荷时发生了破坏,事故大部分是由结构件的疲劳破坏引起的[6],这促进了疲劳研究的发展。

美国材料与试验协会(American Society for Testing and Materials,ASTM)对疲劳的定义为:在材料的某点或某些点承受扰动应力,且在足够多的循环扰动作用之后形成裂纹或完全断裂,由此所发生的局部永久结构变化的发展过程,称为疲劳。由此可见,疲劳是材料表面或内部缺陷在扰动应力作用下的反应。结构分析时,假定结构件所用材料为连续介质,但实际上,材料并不连续,在微观或亚微观上呈现出一种"结构",如夹杂、微裂纹等缺陷,当受到外部载荷时,宏观的应力水平虽不高,但由于表面或内部缺陷的存在,局部微小区域应力很高,当受到交变载荷时,局部缺陷不断扩展,直至断裂。这一过程一般分为两个阶段。

(1) 当金属承受的交变载荷循环周次达到一定数值时,某些应力集中区域发生部分材料的分离,微观裂纹逐渐发展成宏观裂纹,此过程为裂纹的萌生阶段。大多数情况下,裂纹产生在材料的表面或亚表面。

(2) 宏观裂纹产生后,裂纹尖端的塑性区对疲劳过程起决定性作用,裂纹长度随着循环周次的增加而增加,达到某一临界值后,裂纹失稳扩展,发生断裂。此过程为裂纹扩展阶段。

基于疲劳损伤过程,疲劳寿命分析一般分为裂纹萌生寿命分析和裂纹扩展寿命分析,由于宏观裂纹出现后结构带损伤工作,也称为损伤容限分析。高温情况下,材料可能发生蠕变效应,即固体在保持应力不变的条件下,应变随时间延长而增加的现象。因此,高温条件下的寿命分析应考虑材料蠕变的影响。下面从裂纹萌生寿命和裂纹扩展寿命两方面进行介绍。

1. 裂纹萌生寿命分析

根据疲劳过程的应变类型可分为应力疲劳和应变疲劳。一般情况下,发生应力疲劳的应力较低,材料的循环载荷低于其屈服强度,应力-应变关系处于线弹性阶段,结构表现为高周疲劳寿命,循环次数在 10^5 以上;应变疲劳的应力较高,材料的循环载荷接近或超过其屈服强度,应力处于弹塑性阶段,表现为低周疲劳寿命,循环次数在 10^5 以下。

对于循环载荷下的循环应力,最简单的为恒幅循环应力,即最大应力和最小应力为恒定的值。恒幅循环应力下,应力循环中代数值最大的应力为最大应力 $\sigma_{\max}$,应力循环中代数值最小的应力为最小应力 $\sigma_{\min}$,平均应力 $\sigma_m = \dfrac{\sigma_{\max} + \sigma_{\min}}{2}$,应力幅 $\sigma_a = \dfrac{\sigma_{\max} - \sigma_{\min}}{2}$,应力比 $r = \dfrac{\sigma_{\min}}{\sigma_{\max}}$。对于对称循环,$r = -1$。

当循环应力水平较低时,会出现一直加载疲劳载荷而材料不破坏的现象,将 $\sigma - N$ 曲线的横坐标和纵坐标均取对数,$\sigma - N$ 曲线变为两直线组成的折线,如图 5.31 所示。

图 5.31 中的水平段,表示在此循环应力下永不发生疲劳破坏,即应力低于此应力时,视为无限寿命设计;根据斜线段所进行的设计为有限寿命设计。低碳钢、低碳合金钢和少数铝合金等金属均具有水平段,而大多数金属无水平段,钢材的两直线交点处寿命为 10^7,一般将无水平段的金属的无限寿命定义为 10^7 或 10^8。

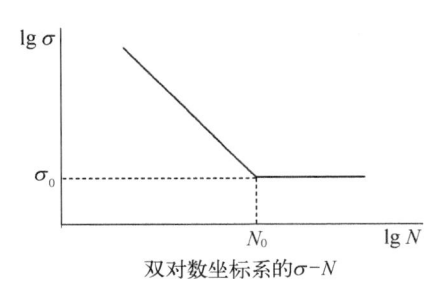

图 5.31 双对数坐标系下的 $\sigma - N$ 曲线

1)应力疲劳寿命模型

当应力水平较低时,弹性应变在疲劳的整个过程中起主导作用,采用应力-寿命来描述寿命的变化情况。通过对应力-寿命试验结果的分析和总结,目前,已建立了适用于工程应用的经验表达式。

(1)幂函数公式:

$$\begin{cases} S^m N = C, & N < N_w \\ S = S_\infty, & N \geq N_w \end{cases} \qquad (5.52)$$

其中，S 为疲劳应力；S_∞ 为疲劳极限，即指定循环基数下的中值疲劳强度（存活率为 50%），循环基数一般取 10^7 或更高；m 为由试验确定的幂指数；C 为通过试验确定的常数；N_w 为对应于疲劳极限的破坏循环次数。

对式(5.52)的左右两端取对数，可得

$$m \lg S + \lg N = \lg C \tag{5.53}$$

可扩展为，$\lg N_f = B_1 + B_2 \lg(\sigma_{max} - B_3)$。

（2）Basquin 公式：

$$S = BN^{-\beta} \tag{5.54}$$

其中，B 为 $N=1$ 时的应力值，N 的单位为兆（10^6）周；β 为由试验确定的常数。复合材料往往没有明显的疲劳极限，Basquin 公式可用来描述其 $S-N$ 曲线的中、长寿命区变化规律。

（3）Stromeyer 公式：

$$\frac{S}{S_\infty} = 1 + \frac{A}{N^\alpha} \tag{5.55}$$

其中，A 和 α 为由试验确定的系数；N 的单位为兆（10^6）周。Stromeyer 公式是三参数方程，适用于高循环区的变化规律，适用范围为 $N > 10^5$。

（4）韦布尔（Weibull）公式：

$$S = S_\infty + (S_u - S_\infty) e^{-\lambda (\lg N)^\xi} \tag{5.56}$$

其中，S_u 为静强度极限；λ 和 ξ 为由试验确定的系数。

疲劳试验数据具有很大的分散性，影响因素较多，如测试误差、材料分散性、试件几何分散性、表面质量差异、热处理产生的差异等。由于疲劳试验成本较高，一般只能进行少量试验，因此，需要采用概率统计的方法处理疲劳试验数据，基于少量的疲劳试验数据估算整批产品的疲劳寿命。

在 n 次试验中，事件发生了 v 次，事件 A 的频率为 v/n，随着实验次数 n 的增加，当 n 次数足够多时，就可以把频率 v/n 作为事件概率的近似值。研究表明，最适宜表达对数疲劳寿命 $x(x = \lg N)$ 分布规律的曲线是正态频率曲线，通过引入正态分布函数，基于试验结果可获得对数疲劳寿命对应的存活概率，从而，获得对应置信度和存活概率的 $S-N$ 曲线。

（5）等寿命曲线。$S-N$ 曲线给出的是固定应力比情况下的疲劳寿命曲线，然而，应力比也对疲劳寿命产生影响。在给定应力幅情况下，平均应力随应力比的增加而增加，两者之间具有一一对应关系，可采用平均应力反映应力比的影响。

由于裂纹在拉伸应力下逐步扩展，而在压应力下闭合，因此，影响材料疲劳寿命的主要为循环载荷中的拉伸部分,压缩部分对疲劳寿命影响很小或无影响,因此,在给定应力幅情况下,随着平均应力的增大,拉伸部分所占比例增大,促进疲劳裂纹的萌生和扩展,疲劳寿命降低。

以应力幅为纵轴,平均应力为横轴,将不同应力水平下的疲劳试验数据按等寿命条件进行曲线拟合,可以获得多条等寿命曲线,如图 5.32 所示。这些等寿命曲线反映了给定寿命条件下,循环应力与平均应力间的关系。

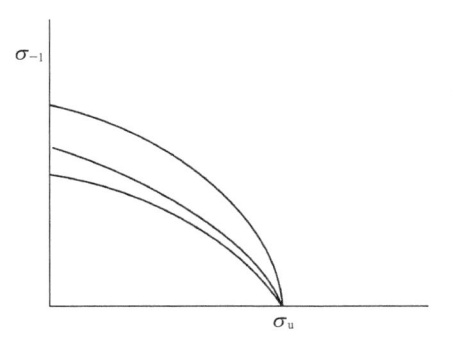

图 5.32 等寿命曲线图

等寿命曲线具有如下特征。① 寿命一定时,平均应力越大,相应的应力幅越小;② 极限强度是平均应力的上限值,当平均应力为极限强度时,应力幅为零,载荷为静载荷,材料发生静强度破坏。

等寿命曲线与纵轴的交点的物理意义是,平均应力为零,即对称载荷下的应力幅与寿命。

采用不同的曲线拟合方法,得到不同的等寿命曲线方程,并采用对称循环载荷下的疲劳强度和极限强度对应力幅与平均应力做归一化处理,得到不同的等寿命曲线方程:

Gerber 曲线方程:

$$\frac{\sigma_a}{\sigma_{-1}} + \left(\frac{\sigma_m}{\sigma_u}\right)^2 = 1$$

其中,σ_{-1} 为对称循环($R=-1$)下的疲劳强度;σ_u 为极限强度。

古德曼(Goodman)曲线:

$$\frac{\sigma_a}{\sigma_{-1}} + \left(\frac{\sigma_m}{\sigma_u}\right) = 1$$

古德曼曲线拟合形式简单,且给定寿命下,给出的估计偏于保守,在工程实际中应用较多。在已知材料的极限强度和基本 $S-N$ 曲线的情况下,利用古德曼曲线就可估计出材料或结构任意应力比或平均应力下的疲劳寿命。

2) 应变疲劳寿命模型

当应力水平较低时,弹性应变在疲劳的整个过程中起主导作用,当应力进入塑性阶段时,塑性应变逐渐成为疲劳的主导因素,应力-寿命曲线很难准确描述实际寿命的变化情况,采用应变-疲劳寿命曲线是更准确的描述方式。

(1) Manson-Coffin 方程。材料进入塑性阶段后,尤其在高应变阶段,应力不再是最有意义的量。应采用应变作为疲劳参数,基于此,Manson 和 Coffin 提出了

Manson-Coffin 方程,这一方程几乎是目前所有基于唯象学寿命预测方法的基础。Manson-Coffin 方程认为,应力比为-1时,在恒定应变范围下,断裂失效的循环数 N_f 与 $\Delta\varepsilon_p$ 存在如下关系:

$$\Delta\varepsilon_p(N_f)^\gamma = C \tag{5.57}$$

其中,C 和 γ 为材料常数,γ 与材料关系不大,室温下约为 0.5,一般取值范围为 [0.5,0.7],常数 C 与拉伸断裂真应变密切相关,$C = \varepsilon'_{f}$。

在实际应用中,考虑加载频率、平均应力、环境等影响对方程进行修正,可以演变出许多寿命预测方法。

(2)总应变方程。虽然 γ 与材料关系不大,但 γ 随试验温度的升高而增大。且低循环疲劳试验过程中,尤其是高温条件下,塑性应变范围不稳定,而疲劳寿命与总应变范围有确定的关系,从试件标距长度上得到的平均塑性应变范围意义不大,因此,采用总应变控制相对更合理。在 Manson-Coffin 方程基础上发展了总应变方程,既可以反映应变为主导的低循环疲劳特征,又可以反映应力为主导的高循环疲劳特征,总应变寿命方程形式为

$$\varepsilon_a = \frac{\sigma'_f}{E}(2N_f)^b + \varepsilon'_f(2N_f)^c \tag{5.58}$$

其中,σ'_f 为疲劳强度系数,是静拉伸断裂时的真应力;ε'_f 为疲劳延性系数,是静拉伸断裂时的真应变;b 为疲劳强度指数,c 为疲劳延性指数。这四个材料常数由试验决定。

(3)通用斜率法。在总应变方程的基础上,Manson 提出了更为简洁的形式,公式如下:

$$\varepsilon_a = \frac{3.5\sigma_b}{E}N_f^{-0.12} + D^{0.6}N_f^{-0.6} \tag{5.59}$$

式(5.59)中,σ_b 为抗拉强度;D 为断裂延性,$D = \varepsilon_{f0}$。通用斜率法将弹性与塑性线的斜率分别取为-0.12 和-0.6,Manson 认为,一般情况下,此斜率对室温下所有材料都适用。

(4)Morrow 法。Manson-Coffin 方程、总应变方程和通用斜率法为应力比-1 情况下的寿命计算公式,即平均应力为零。当平均应力不为零时,应对疲劳寿命公式进行修正。Morrow 法对平均应力非零的总应变方程进行了修正,修正公式如下:

$$\varepsilon_a = \frac{\sigma'_f - \sigma_m}{E}(2N_f)^b + \varepsilon'_f(2N_f)^c \tag{5.60}$$

(5)SWT 法。SWT(Smith-Watson-Topper)法也是对总应变方程的平均应力修

正,公式如下:

$$\sigma_{\max}\varepsilon_a = \frac{(\sigma'_f)^2}{E}(2N_f)^{2b} + \sigma'_f\varepsilon'_f(2N_f)^{b+c} \tag{5.61}$$

其中,$\sigma_{\max}$ 为循环应力的最大应力值。

(6) Walker 法。Walker 法在公式中引入了应力比,表达式如下:

$$\varepsilon_a = \frac{\sigma'_f}{E}\left[2N_f\left(\frac{1-R}{2}\right)^{\frac{1-\gamma}{b}}\right]^b + \varepsilon'_f\left[2N_f\left(\frac{1-R}{2}\right)^{\frac{1-\gamma}{b}}\right]^c \tag{5.62}$$

3) 应力集中情况下的弹塑性修正

结构危险部位主要是缺口根部等应力集中区域,此区域由于应力集中会发生弹塑性变形,此时,确定局部应力应变的最好方法是弹塑性有限元方法,但使用不方便。工程上确定外加应力与局部应力、应变间关系的方法有试验方法、Stowell 法、Neuber 法、标定曲线法,本节主要介绍 Neuber 法。

Neuber 法是一种估算名义应力与局部应力、应变间关系的近似方法,由于使用方便,得到了广泛应用。Neuber 法的出发点是:在中低寿命范围内,缺口处发生局部屈曲时,应考虑应力集中系数 K_ε 和应变集中系数 K_σ,其中:

$$K_\sigma = \Delta\sigma/\Delta S$$
$$K_\varepsilon = \Delta\varepsilon/\Delta e \tag{5.63}$$

其中,ΔS 为名义应力;Δe 为名义应变;$\Delta\sigma$ 为局部应力;$\Delta\varepsilon$ 为局部应变。

理论应力集中系数可表示为

$$K_t = \sqrt{K_\sigma K_\varepsilon} \tag{5.64}$$

可见,在弹性范围内,$K_t = K_\sigma = K_\varepsilon$,在塑性范围内,应变集中系数随塑性流动增加,而应力集中系数会因塑性流动的影响而降低。在一定塑性变形范围内,K_σ 和 K_ε 几何平均值大致趋于一个常数。若名义应力处于弹性范围,则

$$K_t\Delta S = \sqrt{\Delta\sigma\Delta\varepsilon E} \tag{5.65}$$

通过式(5.65)即可将局部应力、局部应变与名义应力联系起来,由于名义应力与载荷成正比,从而可以将载荷与局部应力、局部应变联系起来。

使用中发现,通过理论应力集中系数 K_t 计算得到的局部应力、应变过大,为此,人们做了一些改进。其中采用疲劳缺口系数 K_f 代替理论应力集中系数 K_t 获得了广泛应用。疲劳缺口系数 K_f 指在对称循环加载情况下达到相同寿命的光滑试件疲劳强度对缺口试件疲劳强度的比值,即

$$K_f = \frac{光滑试件疲劳强度}{缺口试件疲劳强度} \tag{5.66}$$

在疲劳分析过程中,常以 K_f 代替 K_t。

采用 Neuber 法的疲劳寿命计算流程如下:

(1) 将载荷-时间历程转换为局部应力-时间历程;

(2) Neuber 公式和循环应力-应变曲线,由局部应力-时间历程得出局部应变-时间历程;

(3) 采用雨流法或其他方法进行循环计数得出各个封闭的滞后环;

(4) 利用线性累积损伤方法或其他累积损伤公式计算损伤和寿命。

对于形状复杂的结构,K_f 较难获得,目前采用线弹性有限元方法计算,并取 $K_f = 1$。采用有限元-局部应力-应变法进行疲劳寿命估算的步骤与 Neuber 法相同,只是名义应力值由线弹性有限元计算,且 $K_f = 1$。当然,Neuber 法只是一种近似处理方法,通过弹塑性有限元计算可以得到更加准确的应力集中部位局部应力、应变结果。

4) 损伤累积理论

工程中,大多数零、构件处于变幅循环载荷作用下,因此,有必要研究零、构件在变幅循环载荷作用下的疲劳寿命估算方法。

零、构件在变幅循环载荷下的寿命由变幅载荷的应力水平及其循环次数共同决定。每一种载荷水平,每循环一次,都会对零、构件带来影响。Pamgren 和 Miner 先后提出了疲劳破坏的线性损伤累积理论,可以定量地评价不同载荷水平对疲劳寿命的贡献。

根据变幅载荷谱,零、构件在某横幅循环应力 σ_i 作用下寿命为 N_f,则在经受该应力 n_i 次循环后受到的损伤为

$$D_i = \frac{n_i}{N_f} \tag{5.67}$$

对于变幅载荷,如果零、构件在 k 个应力水平 σ_i 作用下,经受 n_i 次循环,则其受到的总损伤为

$$D = \sum_{i=1}^{k} D_i = \sum_{i=1}^{k} \frac{n_i}{N_f} \tag{5.68}$$

总损伤 $D = 1$ 时,对应零、构件发生疲劳破坏。不同应力水平下的寿命需要通过 $S-N$ 曲线确定。损伤累积理论与不同载荷水平及先后次序无关。

5) 蠕变寿命分析

高温条件下,固定应力下的缓慢塑性变形称为蠕变。蠕变变形逐渐累积,最终

会使结构发生破坏。在航空发动机的涡轮叶片设计过程中,蠕变经常作为寿命设计的重要因素。

在恒定温度下,单向恒定拉伸或压缩载荷下试件的应变和试件的关系如图 5.33 所示。

图 5.33 中,OA 为瞬态变形,AB 为蠕变变形,AB 部分为第一阶段,称为蠕变起始阶段。这部分的蠕变速度逐渐减小,也称为蠕变减速阶段。

BC 部分为蠕变的第二阶段,这部分的蠕变变形量与时间呈线性关系,蠕变速度保持恒定,在整个蠕变过程中,这部分的蠕变速度最小,也称为稳定蠕变阶段或最小蠕变速度阶段。

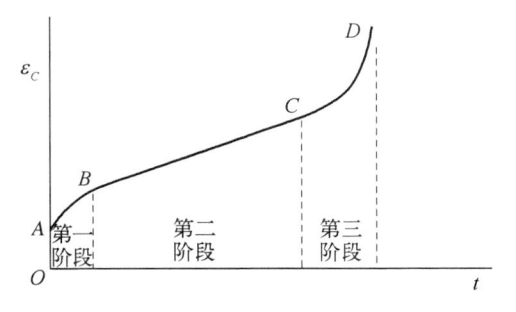

图 5.33 典型蠕变曲线

CD 部分称为蠕变的第三阶段,蠕变变形速度逐渐增加,直至断裂,这部分又称为蠕变加速阶段。

尽管材料及其试验温度、应力各不相同,但蠕变曲线三个阶段的特征基本相同。温度和应力只影响各个阶段持续时间和变形大小。

在高温条件下,金属寿命分析需要考虑蠕变的影响。

2. 裂纹扩展寿命分析

工程构件的疲劳寿命通常由两部分组成:① 裂纹萌生寿命;② 裂纹扩展寿命。对于高周疲劳,消耗在疲劳裂纹扩展阶段的循环寿命占总寿命的比例很小,因此,一般将高周疲劳寿命的裂纹萌生寿命当成断裂寿命。对于低周疲劳,很大部分寿命消耗在裂纹扩展阶段,此种情况下,结构强度设计中,把裂纹的萌生寿命作为总寿命,即安全寿命设计,相对更保守。

另外,结构件在加工制造和使用过程中,由于铸造缺陷、焊接裂纹、机械加工、搬运过程中的划伤、腐蚀坑等产生裂纹,在交变载荷的作用下,裂纹逐步扩展直至临界裂纹尺寸,使结构变得不安全,因此,需要确定临界裂纹尺寸,以评估制造和使用过程中产生缺陷对结构可靠性的影响。

针对上述问题,断裂力学提供了有力的工具。

1) 线弹性断裂力学

工程结构中常见的三种裂纹类型如下。

Ⅰ型裂纹:张开型裂纹,施加的应力与裂纹面垂直。

Ⅱ型裂纹:滑开型裂纹,施加的剪应力可使裂纹的上下两表面产生滑移。

Ⅲ型裂纹:撕开型裂纹,施加的剪应力可使材料的各质点位移平行于裂纹前缘。

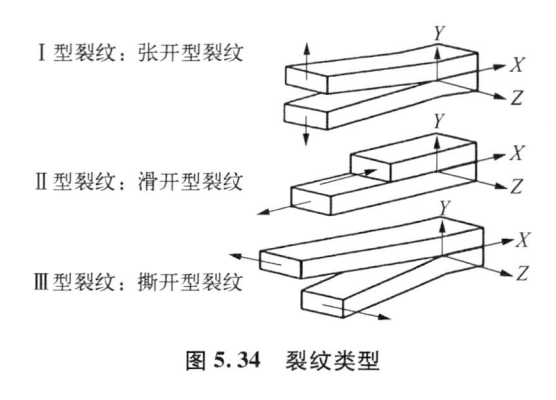

裂纹类型如图 5.34 所示。

断裂力学中,表征裂纹尖端应力场的参量有应力强度因子 K、应变能释放率 G 和 J 积分、裂纹张开位移等。

前两种适用于线弹性断裂力学,研究带裂纹的脆性材料和结构的力学行为,对线弹性断裂力学计算结果进行塑性修正后,也适用于裂纹尖端附近处于小范围屈服的问题。后两种主要适用于弹塑性断裂力学。

Ⅰ型裂纹:张开型裂纹

Ⅱ型裂纹:滑开型裂纹

Ⅲ型裂纹:撕开型裂纹

图 5.34 裂纹类型

一般情况下,基于航空结构件的载荷和使用寿命情况,采用线弹性的应力强度因子来表征其应力场强度。Ⅰ型裂纹的应力强度因子 K_I 表达式为

$$K_\mathrm{I} = m\sigma\sqrt{\pi a} \tag{5.69}$$

其中,m 为由试件形式决定的修正系数;σ 为远离裂纹的远场应力;a 为裂纹长度。

当 K_I 小于Ⅰ型裂纹应力强度因子临界值,裂纹不会失稳扩展,含裂纹构件安全,表达式为

$$K_\mathrm{I} < K_{\mathrm{I}c} \tag{5.70}$$

$K_{\mathrm{I}c}$ 为临界裂纹应力强度因子,是材料抵抗断裂的一个韧性指标,也称为平面应变断裂韧性,由试验测定。

线弹性条件下,K_I 与弹性应变能释放率 $G = \mathrm{d}U/\mathrm{d}a$($U$ 为弹性应变能释放率)是等价的,G 的物理意义是裂纹扩展单位长度的扩展力,二者的关系式为

$$G = K_\mathrm{I}^2/E' \tag{5.71}$$

平面应力条件下 $E' = E$;平面应变条件下,$E' = \dfrac{E}{1-\mu}$;E 为弹性模量,μ 为泊松比。

线弹性条件下,采用应力强度因子 K 度量含裂纹构件的强度是合适的。但当含裂纹的金属构件裂纹尖端产生塑性变形时,需要通过裂纹尖端塑性区的区域来判断应力强度因子 K 是否合适。若应力强度因子 K 对应力场起主导作用的区域为 R_K,产生塑性变形的区域为 R_p,当 $R_p < R_K$ 时,属于小范围屈服条件,使用应力强度因子 K 作为裂纹尖端控制参量是有效的,当 $R_p > R_K$ 时,应力强度因子 K 失效,应采用 J 积分或裂纹张开位移。一般认为,当外加载荷低于全塑性屈服载荷的一半时,满足小范围屈服条件。在小范围屈服条件下,$J = G$,此时 J 积分与应力强度因子是等价的,即

$$J = K_\mathrm{I}^2/E' \tag{5.72}$$

2）应力强度因子计算方法

应力强度因子的计算方法可采用解析法或数值解法，解析法只能求解一些简单的问题，因此，大多数问题都要采用数值法求解。

（1）解析法。裂纹问题的解析法多采用复变函数方法，对于Ⅰ、Ⅱ、Ⅲ型裂纹应力强度因子采用如下各式求解：

$$\begin{aligned} K_{\mathrm{I}} &= \sqrt{2\pi} \lim_{z \to z_1} \sqrt{z - z_1} Z_{\mathrm{I}}(z) \\ K_{\mathrm{II}} &= \sqrt{2\pi} \lim_{z \to z_1} \sqrt{z - z_1} Z_{\mathrm{II}}(z) \\ K_{\mathrm{III}} &= \sqrt{2\pi} \lim_{z \to z_1} \sqrt{z - z_1} Z_{\mathrm{III}}(z) \end{aligned} \quad (5.73)$$

其中，Z_{I}、Z_{II}、Z_{III}为 Westergaard 应力函数；复变量 $z = x + \mathrm{i}y$，$z_1 = x_1 + \mathrm{i}y$，(x_1, y)为裂尖坐标。

对于含中心穿透裂纹的无限大板，受无穷远处的均匀拉伸载荷 σ 的作用，应力函数为

$$Z_{\mathrm{I}}(z) = \frac{\sigma z}{\sqrt{z^2 - a^2}} \quad (5.74)$$

则

$$K_{\mathrm{I}} = \sigma \sqrt{\pi a} \quad (5.75)$$

对于含中心穿透裂纹的无限大板，Ⅱ型和Ⅲ型应力函数分别为

$$\begin{aligned} Z_{\mathrm{II}}(z) &= \frac{\tau z}{\sqrt{z^2 - a^2}} \\ Z_{\mathrm{III}}(z) &= \frac{\tau z}{\sqrt{z^2 - a^2}} \end{aligned} \quad (5.76)$$

则

$$\begin{aligned} K_{\mathrm{II}} &= \tau \sqrt{\pi a} \\ K_{\mathrm{III}} &= \tau \sqrt{\pi a} \end{aligned} \quad (5.77)$$

Westergaard 应力函数法求应力强度因子仅适用于载荷或位移对于裂纹对称或反对称的情况，且限于无限大板穿透性裂纹。解析法只能求简单结构裂纹尖端的应力强度因子，对于受力复杂的结构件，需要采用数值方法计算应力强度因子。

（2）基于有限元的应力强度因子计算。有限元法能处理复杂的边界条件、加载条件以及各向异性和非线性等问题，因此，有限元法是分析裂纹问题的一个有效工具。

有限元法一般不能直接求出应力强度因子 K，只能求出裂纹体的位移场、应力场以及裂纹体的能量，还需要根据断裂力学公式求出裂纹尖端的 K 值。

通过裂纹尖端的应力场或位移场求应力强度因子的方法，称为直接法。通过应变能释放率或 J 积分来确定应力强度因子的方法，称为间接法或能量法。

① 基于应力场的应力强度因子计算方法。采用有限元法求得裂纹体的应力场和位移场后，可以根据裂纹尖端的应力场和位移场计算应力强度因子。以 I 型裂纹为例，I 型裂纹的应力强度因子采用裂纹延长线上单元的应力 σ_y 来计算，此时 $K_I = \sigma_y \sqrt{2\pi r}$，此式只在裂纹尖端是准确的，即 r 趋近于 0。实际计算中可采用如下方式实现：在裂纹面上取不同的 r 值，算出对应 σ_y，通过上式计算对应点的应力强度因子，一系列不同 r 值处的应力计算得到一系列应力强度因子值，作 $K_I - r$ 曲线，并外推到纵坐标上，即 $r = 0$ 处，可得到所求的 K_I。

② 基于位移场的平面问题应力强度因子计算方法。一般情况下，裂纹处的张开位移较明显，采用 $\theta = \pi$ 时，裂纹张开位移计算应力强度因子公式如下：

$$K_I(r, \pi) = \frac{2G}{k+1} \sqrt{\frac{2\pi}{r}} v(r, \pi) \tag{5.78}$$

其中，裂尖处的应力强度因子是准确的。因此通过取裂纹面不同 r 处的位移，计算对应的应力强度因子，作 $K_I - r$ 曲线，并外推到纵坐标上，即 $r = 0$ 处，可得到所求的 K_I。

通常，有限元的应力场通过位移场求偏导后结合本构关系获得，应力的精度要低于位移，因此，一般采用位移场求应力强度因子。

直接法求应力强度因子的过程较简单，但 K 只有在 $r \to 0$ 时才准确，因此若采用常规单元，裂纹尖端附近需要采用极细的网格。为了解决这一问题，需要在裂纹尖端采用特殊元，以反映裂纹尖端的奇异性。特殊元有多种类型，应用较简便的是 1/4 边中间节点奇异元。

③ 能量法求平面问题的应力强度因子。能量释放率和应力强度因子的关系为 $K_I = \sqrt{E'G}$，由此可见，通过求应变能释放率就可计算得到应力强度因子 K_I，求应变能释放率的方法有弹性应变能法、柔度法和刚度导数法等。

（3）边界元法求应力强度因子。与有限元法一样，边界元法也不能直接求出应力强度因子，需要先求带裂纹体的应力场和位移场，然后根据断裂力学公式求裂纹尖端的应力强度因子。

（4）权函数法。权函数法是求解任意受载条件下线弹性裂纹体应力强度因子的一种高效的数值解法。权函数是裂纹体的函数，与受载条件无关。所以当从一种简单受载条件导出裂纹体的权函数时，即可用来计算裂纹体受任意载荷的应力强度因子。

对于复杂的应力场，特别是对于三维裂纹情况，权函数法能够显著降低工作量,获得很高的计算精度。

平面裂纹体问题权函数法的应力强度因子计算公式为

$$K = \int_0^a \sigma(x) M(a,x) \mathrm{d}x \tag{5.79}$$

其中,$M(a,x)$ 为裂纹体的权函数,$M(a,x) = \dfrac{E'}{K_r} \dfrac{\partial u_r(a,x)}{\partial a}$;$\sigma(x)$ 为相应无裂纹体裂纹面处的应力,K_r 为参考载荷下的应力强度因子,u_r 为参考载荷下的裂纹面张开位移。很多结构类型的权函数均可查文献或手册获得。

3) 裂纹扩展计算模型

裂纹在交变应力作用下,由初始值 a_0 缓慢扩展到 a_c 的过程,称为疲劳裂纹的亚临界扩展。

疲劳裂纹扩展的快慢常用疲劳裂纹扩展速率 $\mathrm{d}a/\mathrm{d}N$ 表示,N 为工作应力的循环次数。应力强度因子变化幅值 ΔK 是控制 $\mathrm{d}a/\mathrm{d}N$ 的主要力学参量。

大量试验结果表明,采用双对数坐标的疲劳裂纹扩展速率特征如图 5.35 所示。

裂纹扩展速率分成三个区域:Ⅰ区为低速扩展区,而且存在一个疲劳门槛值 ΔK_{th},当 $\Delta K < \Delta K_{\mathrm{th}}$ 时,疲劳裂纹不扩展;工程上测定 ΔK_{th} 的值时,按照 $\mathrm{d}a/\mathrm{d}N \leqslant 10^{-7}(\mathrm{mm}/次)$ 获得;Ⅱ区为连续扩展区,此时在对数坐标上,$\mathrm{d}a/\mathrm{d}N$ 与 ΔK 是直线关系;Ⅲ区为裂纹快速扩展区,此时 ΔK 值较大,K_{Imax} 接近材料的断裂韧性,裂纹扩展速度很快。

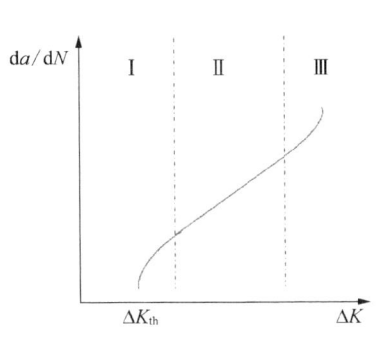

图 5.35 疲劳裂纹扩展速率示意图

为了计算疲劳裂纹扩展寿命,需要对疲劳裂纹扩展速率进行定量描述,下面介绍几个常用的疲劳裂纹扩展速率公式。

(1) Paris 公式。疲劳裂纹扩展 Paris 公式表达式为

$$\mathrm{d}a/\mathrm{d}N = C(\Delta K)^n \tag{5.80}$$

其中,N 为疲劳载荷的循环次数;a 为裂纹长度;ΔK 为应力强度因子幅值(或范围),$\Delta K = K_{\max} - K_{\min} = m\Delta\sigma\sqrt{\pi a}$;$\Delta\sigma$ 为应力变化幅值;C、n 为材料参数,与材料、环境、加载频率和温度等有关。Paris 公式形式简单,在工程上得到广泛应用。

(2) Forman 公式。Forman 公式表达式为

$$\frac{\mathrm{d}a}{\mathrm{d}N} = \frac{C(\Delta K)^n}{(1-R)K_{\mathrm{IC}} - \Delta K} \tag{5.81}$$

其中，R 为应力比，$R = K_{\min}/K_{\max}$；K_{IC} 为临界应力强度因子，Forman 公式考虑了平均应力值对裂纹扩展速率的影响以及 ΔK 接近 K_{IC} 时的扩展特点。

（3）McEvily 和 Donalure 公式。McEvily 和 Donalure 公式表达式为

$$\frac{da}{dN} = C(\Delta K^2 - \Delta K_{th}^2) \tag{5.82}$$

其中，ΔK_{th} 为应力强度因子阈值。McEvily 和 Donalure 公式考虑了 I 区疲劳裂纹扩展速率特点。

（4）Nasgro 公式。Nasgro 软件用到的裂纹扩展公式被业界称为 Nasgro 公式，Nasgro 公式的表达式为

$$\frac{da}{dN} = C\left[\left(\frac{1-f}{1-R}\right)\Delta K\right]^n \frac{\left(1 - \dfrac{\Delta K_{th}}{\Delta K}\right)^p}{\left(1 - \dfrac{K_{\max}}{K_c}\right)^q} \tag{5.83}$$

其中，p 和 q 为描述靠近阈值和失稳区曲线的经验常数；f 为基于裂纹闭合理论的应力比修正系数，恒振幅载荷作用下，应力比 R 对裂纹扩展速率的影响，可通过疲劳裂纹闭合效应来考虑，f 为计算裂纹尖端塑性变形导致的裂纹闭合效应公式

$$f = \frac{K_{op}}{K_{\max}} = \begin{cases} \max(R, A_0 + A_1 R + A_2 R^2 + A_3 R^3) \\ A_0 + A_1 R \end{cases} \tag{5.84}$$

各参数计算公式如下：

$$\begin{aligned} A_0 &= (0.825 - 0.34\alpha + 0.05\alpha^2)\left[\cos\left(\frac{\pi}{2}S_{\max}/\sigma_0\right)\right]^{1/\alpha} \\ A_1 &= (0.415 - 0.071\alpha)S_{\max}/\sigma_0 \\ A_2 &= 1 - A_0 - A_1 - A_3 \\ A_3 &= 2A_0 \mp 1 \end{aligned} \tag{5.85}$$

其中，α 为平面应力/应变约束因子；$S_{\max}/\sigma_0$ 为最大作用应力与流变应力的比值。流变应力是屈服极限与拉伸极限的平均值。

（5）Walker 模型（三参数）。Walker 模型的表达式为

$$\frac{da}{dN} = C\left[\frac{\Delta K}{(1-R)^{1-m}}\right]^n \tag{5.86}$$

其中，$R > 0$ 和 $R < 0$ 时，m 取不同值。Walker 公式在 R 值较高时，具有较强的 R 效应。

在高温和应力腐蚀的环境下，裂纹扩展速率还受到蠕变和应力腐蚀的影响，一般情况下，通过高温和腐蚀环境下的试验数据，可分析预测其裂纹扩展寿命。

4) 概率损伤容限

结构件中缺陷形位分布、几何和载荷等均为不确定性因素，且缺陷还存在检出概率，若将这些随机变量采用概率分布函数来表征，即可建立概率损伤容限分析模型，相关随机变量的概率分布可基于检测数据统计分析得到[7]。

5.3.2 应用案例（叶片的概率寿命计算）

采用线弹性有限元分析轮盘的结构应力，见图 5.36，提取各危险部位及应力计算结果，见表 5.5。

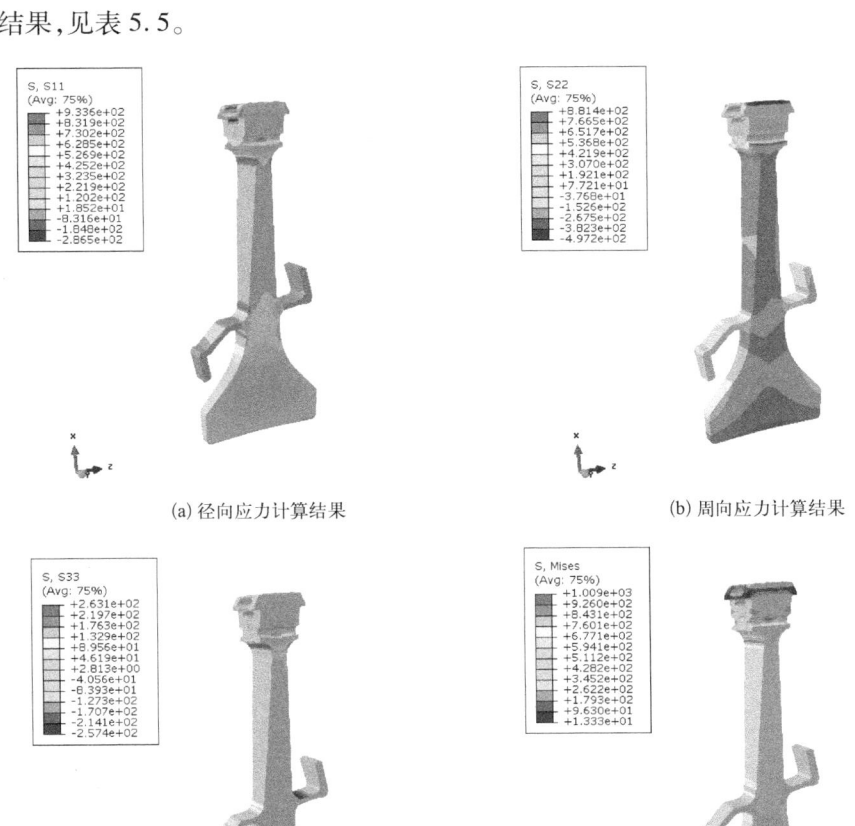

(a) 径向应力计算结果

(b) 周向应力计算结果

(c) 轴向应力计算结果

(d) Mises应力计算结果

图 5.36 轮盘应力计算结果

表 5.5 涡轮盘轴对称模型危险点及应力计算结果(应力单位：MPa)

危险位置	节点号	温度/℃	径向应力	周向应力	轴向应力	等效应力
盘心	44035	500	8.610	817.333	−228.393	949.704
喉部	31169	500	933.559	726.827	20.461	854.495
榫底	41391	500	49.412	881.434	−130.543	982.16

从图 5.36 轮盘结构应力分布可知，盘心和榫底的周向应力较大，喉部的径向应力较大，故针对此 3 个位置计算寿命。

该载荷条件下，涡轮盘盘心及榫底应力水平较低，包括盘心在内的部分危险点各应力分量及等效应力并未进入塑性阶段，整体为弹性变形，因此可采用应力疲劳模型中的 $S-N$ 方程进行寿命预测。根据数据库中应力比 0.1 的实验数据，对公式 $\lg N_f = B_1 + B_2 \lg(\sigma_{\max} - B_3)$ 进行参数拟合，参数拟合结果如表 5.6 所示。

表 5.6 $S-N$ 方程参数拟合结果

B_1	B_2	B_3
43.598	−12.728	58.423

应力比 0.1 下的涡轮盘盘心及榫底寿命预测结果如表 5.7 所示。

表 5.7 $S-N$ 方程下轮盘危险位置寿命预测结果

位置	R	σ/MPa	预测寿命 N_f
涡轮盘盘心	0.1	817.333	8 688 836
涡轮盘榫底	0.1	881.434	3 095 598

5.4 典型构件可靠性分析

5.4.1 基本理论介绍

结构机构通常需要在其服役期内安全可靠地完成规定的任务，然而由于加工制造的误差、外部载荷的差异以及人为失误等因素，实际中的结构机构可能无法完全安全可靠地完成规定的任务。将这些导致结构机构无法完成规定任务的因素统称为不确定性因素。为了有效地进行结构机构的安全设计以及性能评估,研究人员在过去的 40 多年里逐渐发展起了可靠性分析方法[8-10]。可靠性分析方法在充分考虑不确定性因素的基础上,能够对结构机构的安全程度及性能进行量化,从而有助于工程人员掌握产品的性能并进行性能的设计。

经典的可靠性分析方法可以看作一种系统行为满足规定要求的概率分析方法,它采用概率理论对不确定因素进行描述,进而通过不确定性传递分析量化响应量的不确定性,从而得到结构机构的可靠度(或失效概率)。

5.4.2 常用分布函数

在可靠性分析中,常用指数分布、正态分布、对数正态分布等来描述随机变量的概率特征,分布函数可以完整地描述随机变量的统计规律,并且决定随机变量的一切其他概率特征。

1. 正态分布

迄今为止应用最广泛的关于变量分布性质的模型是称为正态(或高斯)分布的数学模型。

标准正态分布的概率密度函数和分布函数,分别用 $f(t)$ 和 $F(t)$ 表示为

$$f(t) = \frac{1}{\sqrt{2\pi}} \exp\left(-\frac{t^2}{2}\right), \quad -\infty < t < \infty \qquad (5.87)$$

$$F(t) = \frac{1}{\sqrt{2\pi}} \int_{-\infty}^{t} \exp\left(-\frac{x^2}{2}\right) dx \qquad (5.88)$$

若随机变量 t 的分布密度函数为

$$f(t) = \frac{1}{\sqrt{2\pi}\sigma} \exp\left(-\frac{(t-\mu)^2}{2\sigma^2}\right), \quad -\infty < t < \infty \qquad (5.89)$$

其中,μ、σ 为常数,称 t 服从均值为 μ、标准差为 σ 的正态分布或高斯分布。

对应的正态分布概率分布函数为

$$F(t) = \frac{1}{\sqrt{2\pi}\sigma} \int_{-\infty}^{t} \exp\left(-\frac{(x-\mu)^2}{2\sigma^2}\right) dx \qquad (5.90)$$

2. 指数分布

指数分布描述的是瞬时故障率为常数的情况。

设随机变量 t 服从指数分布,寿命分布函数为

$$F(t) = \begin{cases} 0, & t < 0 \\ 1 - e^{-\lambda t}, & t \geq 0 \end{cases} \tag{5.91}$$

其中,故障率 λ 是常数。

3. 对数正态分布

对数正态分布是比正态分布用途更为广泛的分布,因为它有一系列的形状,因此可更好地拟合可靠性数据,如具有耗损特性的总体的可靠性数据。而且,相较于正态分布,其随机变量取值范围是单向的,即随机变量不在 $-\infty < t < 0$ 的区间上取值。

设随机变量 t 的自然对数 $\ln t$ 服从正态分布,则称 t 服从对数正态分布。它的概率密度函数和分布函数分别为

$$f(t) = \begin{cases} \dfrac{1}{\sqrt{2\pi}\sigma t}\exp\left(-\dfrac{(\ln t - \mu)^2}{2\sigma^2}\right), & 0 < t < \infty \\ 0, & t \leq 0 \end{cases} \tag{5.92}$$

$$F(t) = \Phi\left(\dfrac{\ln t - \mu}{\sigma}\right) \tag{5.93}$$

其中,$\Phi(\cdot)$ 为标准正态分布函数。

4. 韦布尔分布

在可靠性工作中,韦布尔分布有很大的优势,通过调整分布参数可使其拟合许多与寿命相关的物理量分布。两参数韦布尔分布的概率密度函数为

$$f(t) = \dfrac{m}{\eta}\left(\dfrac{t}{\eta}\right)^{m-1} e^{-\left(\frac{t}{\eta}\right)^m}, \quad t \geq 0 \tag{5.94}$$

分布函数为

$$F(t) = 1 - e^{-\left(\frac{t}{\eta}\right)^m}, \quad t \geq 0 \tag{5.95}$$

5. 均匀分布

在概率论和统计学中,均匀分布也称矩形分布,在相同长度间隔的分布概率是等可能的。均匀分布由两个参数 a 和 b 定义,它们是数轴上的最小值和最大值,通常缩写为 $U(a, b)$。均匀分布的概率密度函数为

$$f(t) = \begin{cases} \dfrac{1}{b-a}, & a < t < b \\ 0, & \text{其他} \end{cases} \tag{5.96}$$

分布函数为

$$F(t) = \begin{cases} 0, & t < a \\ \dfrac{t-a}{b-a}, & a \leqslant t \geqslant b \\ 1, & t > b \end{cases} \quad (5.97)$$

6. 卡方分布

若 n 个相互独立的随机变量 $\xi_1, \xi_2, \cdots, \xi_n$ 均服从标准正态分布(也称独立同分布于标准正态分布),则这 n 个服从标准正态分布的随机变量的平方和构成一新的随机变量,其分布规律称为卡方分布。卡方分布的概率密度函数为

$$f(t) = \dfrac{1}{2^{\frac{n}{2}}\Gamma\left(\dfrac{n}{2}\right)} t^{\frac{n}{2}-1} e^{-\frac{t}{2}}, \quad t > 0 \quad (5.98)$$

7. t 分布

在概率论和统计学中,t 分布用于根据小样本来估计呈正态分布且方差未知的总体的均值。如果总体方差已知(如在样本数量足够多时),则应该用正态分布来估计总体均值。t 分布曲线形态与自由度 n 大小有关。与标准正态分布曲线相比,自由度 n 越小,t 分布曲线越平坦,曲线中间越低,曲线双侧尾部翘得越高;自由度 n 越大,t 分布曲线越接近正态分布曲线,当自由度 $n = \infty$ 时,t 分布曲线为标准正态分布曲线。t 分布的概率密度函数为

$$f(x) = \dfrac{\Gamma\left(\dfrac{n+1}{2}\right)}{\sqrt{n\pi}\,\Gamma\left(\dfrac{n}{2}\right)} \left(1 + \dfrac{x^2}{n}\right)^{-\frac{n+1}{2}} \quad (5.99)$$

8. F 分布

F 分布是一种非对称分布,有两个自由度,且位置不可互换。F 分布有着广泛的应用,如在方差分析、回归方程的显著性检验中都有着重要的地位。F 分布的概率密度函数为

$$f(x) = \dfrac{\Gamma\left(\dfrac{n_1+n_2}{2}\right)\left(\dfrac{n_1}{n_2}\right)^{\frac{n_1}{2}} x^{\frac{n_1}{2}-1}}{\Gamma\left(\dfrac{n_1}{2}\right)\Gamma\left(\dfrac{n_2}{2}\right)\left(1 + \dfrac{n_1}{n_2}x\right)^{\frac{n_1+n_2}{2}}}, \quad x > 0 \quad (5.100)$$

9. 伽马(Gamma)分布

伽马分布为多个独立且相同分布的指数分布变量的和的分布。伽马分布的概率密度函数为

$$f(x) = \frac{b^a}{\Gamma(a)} x^{a-1} e^{-bx}, \quad x > 0 \tag{5.101}$$

10. 双指数分布

在概率论与统计学中,拉普拉斯分布是以拉普拉斯的名字命名的一种连续概率分布。由于它可以看作两个不同位置的指数分布背靠背拼接在一起,所以也称为双指数分布。两个相互独立同概率分布指数随机变量之间的差别是按照指数分布的随机时间布朗运动,所以它遵循拉普拉斯分布。双指数分布的概率密度函数为

$$f(x) = \frac{1}{2b} e^{-\frac{|x-\mu|}{b}} \tag{5.102}$$

11. 逻辑斯谛(Logistic)分布

逻辑斯谛分布指当 n 趋向于无穷大时,从指数分布中抽取的容量 n 的随机样本的最大与最小样本值的平均的极限分布。逻辑斯谛分布的概率密度函数为

$$f(x) = \frac{1}{\sigma} e^{-\frac{x-\mu}{\sigma}} \left(1 + e^{-\frac{x-\mu}{\sigma}}\right)^{-2} \tag{5.103}$$

5.4.3 结构机构可靠性分析方法

可靠性分析实际上就是利用基本变量的统计规律以及功能函数与基本变量的关系,来求解功能函数的统计规律。简单地说,就是将基本变量的统计规律传递到功能函数,求得功能函数的概率密度函数,进而由功能函数的概率密度函数解析地求得失效概率。

1. 均值一次二阶矩法

功能函数是基本变量的函数,由概率论基本原理可知,当功能函数为基本变量的线性函数且基本变量服从正态分布时,功能函数也服从正态分布,并且功能函数的分布参数可以由基本变量的一阶矩和二阶矩简单推导求得。基于这一原理,均值一次二阶矩方法在基本变量的均值点处将非线性的功能函数用泰勒级数展开成线性表达式,以线性功能函数代替原非线性功能函数,求解线性方程的可靠度指标,从而得到原功能函数的近似失效概率。

2. 改进一次二阶矩法可靠性分析方法

改进一次二阶矩法也是将功能函数进行泰勒展开得到一个线性的近似函数，再用其失效概率来代替实际值。不同点是，改进一次二阶矩法线性化功能函数的展开点为系统的设计点。设计点并不能直接得到，它需要利用多次迭代的方法来求得。

3. 蒙特卡罗可靠性分析方法

蒙特卡罗可靠性分析方法又称为随机抽样法、概率模拟法或统计试验法。该方法是通过随机模拟或者统计试验来进行结构可靠性分析的。由于它是以概率论和数理统计理论为基础的，故被物理学家以赌城蒙特卡罗来命名。蒙特卡罗数字模拟法用于可靠性及可靠性灵敏度分析的理论依据就是两条大数定律：样本均值依概率收敛于母体均值，以及事件发生的频率依概率收敛于事件发生的概率。采用蒙特卡罗法进行可靠性及可靠性灵敏度分析时，首先要将求解的问题转化成某个概率模型的期望值，然后对概率模型进行随机抽样，在计算机上进行模拟试验，抽取足够的随机数并对需求解的问题进行统计求解。求解出结果后还应对所得结果的精度（方差）进行必要的估计，因为所得的估计结果的理论依据是大数定律，而大数定律精确成立要求样本趋于无穷多，这在实际操作中是不可能达到的。

蒙特卡罗法是可靠性分析最基本、适用范围最广的数字模拟方法。该方法对于功能函数的形式和维数、基本变量的维数及其分布形式均无特殊要求，而且十分易于编程实现。只要随机抽取的样本量足够大，就能保证失效概率估计的高精度。

4. 重要抽样法

用直接蒙特卡罗法进行可靠性和可靠性灵敏度分析的适用范围很广，且对于复杂的隐式功能函数问题，十分易于编程实现。然而，对于工程上常见的小概率问题，必须抽取大量的样本才能得到收敛的结果，抽样效率极低。针对小概率问题中蒙特卡罗法计算效率低的问题，研究人员提出了改进的数字模拟技术，其中重要抽样法是基于蒙特卡罗法的一种最常用的改进数字模拟方法，其以抽样效率高且计算方差小而得到广泛应用。

重要抽样法的基本思路为：通过采用重要抽样密度函数来代替原来的抽样密度函数，使得样本落入失效域的概率增加，以此来获得高的抽样效率和快的收敛速度。

重要抽样法需要解决的关键问题是构造重要抽样密度函数，根据数理统计的知识可知，要构造最优的重要抽样密度函数，必须知道失效概率，而失效概率却正是我们需要通过重要抽样法进行求解的，因此直接构造最优的重要抽样密度函数是不可行的。

目前构造重要抽样密度函数的一般方法是：将重要抽样的密度函数中心放在极限状态方程的设计点，从而使得按重要抽样密度函数抽取的样本点有较大的比例落在对失效概率贡献较大的区域，进而使得数字模拟算法的失效概率结果较快地收敛于真值，这种构造方法的缺点是它依赖其他方法来寻找设计点，如模拟退火等寻优方法。也有文献建议扩大原概率密度函数中变量的方差来构造重要抽样概率密度函数，以使得按重要抽样密度函数抽取的样本点能有较大的比例落入对失效概率贡献较大的区域，从而提高计算的效率，但这种构造方法比较难以确定方差的扩大倍数。

5. 子集模拟法

子集模拟法是一种针对高维小失效概率问题进行可靠性和局部灵敏度分析的方法，其基本思想是：通过引入合适的中间失效事件，将小失效概率表达为一系列较大的失效概率的乘积，而较大的条件失效概率可利用马尔可夫链模拟的条件样本点来高效估计，因而该方法大大提高了可靠性分析的效率。

5.4.4 涡轮盘可靠性分析算例

根据涡轮盘循环对称特性以及旋转周期性，选取涡轮盘的 1/36 部分即一个扇形对称模型作为研究对象，并在不影响计算结果的前提下将模型进行简化。并且依据实际结构的尺寸，在建模软件中完成涡轮盘三维实体模型的建立，整个模型简化了榫槽结构，并且在柱坐标系下完成建模，坐标原点为涡轮盘盘心，X 轴为涡轮盘半径方向，Y 轴为涡轮盘周向，Z 轴为涡轮盘轴向。

将图 5.37 中涡轮盘模型导入有限元分析软件进行计算。航空发动机工作在

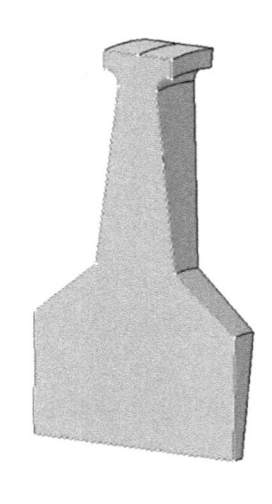

图 5.37　涡轮盘模型图

高温、高压、高速的复杂环境中,涡轮盘所承受的载荷主要为离心载荷、热载荷以及叶片传来的气动载荷等,本算例气动载荷相对影响较小,因此主要考虑轮盘自身质量的离心载荷、轮缘所安装的叶片的离心力载荷以及热载荷。在涡轮盘底部施加轴向位移约束,将轴向的位移限制为 0。

将轮缘所安装的叶片离心力载荷等效为轮缘上的均布应力,计算可得,当转速为 1 200 rad/s 时,叶片离心力载荷的等效应力值为 19.69 MPa。经有限元软件分析可得,当转速为 1 200 rad/s,叶片产生的离心应力载荷为 19.69 MPa 时,轮盘的最大应力处节点的应力值为 1 016.17 MPa。为了验证本软件算法的有效性,将 1 016.17 MPa 作为该点的极限载荷,当该点应力超过 1 016.17 MPa 时认为该点失效。假设叶片产生的离心应力力载荷其服从正态分布 $N(19.69 \text{ MPa},2 \text{ MPa})$,那么从理论上来说,有 50% 的概率该点应力值大于 1 016.17 MPa,换言之,该点的失效概率为 50%。

采用自编可靠性分析软件对该问题求解,使用均值一次二阶矩方法进行可靠性分析,计算结果为 P_f = 0.499 1,与理论值 P_f = 0.5 十分接近,故本软件中的可靠性分析方法有效。

5.5 本章小结

本章介绍了典型构件的应力仿真分析、振动仿真分析、寿命分析及可靠性分析的相关基本理论和算例,可为工程人员提供借鉴。

(1) 介绍了静力学的基本理论和相关方法[11],列举了涡轮叶片和涡轮盘的计算算例,给出了相关计算流程和计算结果。

(2) 介绍了振动的基本理论和相关方法[12],给出了气冷叶片和燃烧室机匣的计算算例,给出了相关计算过程和计算结果。

(3) 介绍了寿命分析的基本方法[13],给出了一个轮盘算例和寿命分析结果。

(4) 介绍了可靠性分析的基本理论和方法,给出了一个涡轮盘可靠性分析算例和结果。

参考文献

[1] Bathe K J. Finite Element Procedures[M]. New Jersey: Prentice-Hall Inc, 2014.
[2] 王勖成. 有限单元法[M]. 北京:清华大学出版社,2003.
[3] Zienkiewicz O C, Taylor K L. The Finite Element Method[M]. 5th ed. Swansea: Buteerworth Heinemann, 2000.
[4] 杨桂通. 弹性力学[M]. 北京:高等教育出版社,2011.
[5] 胡海岩. 机械振动基础[M]. 哈尔滨:哈尔滨工业大学出版社,2004.
[6] 王栓柱. 金属疲劳[M]. 福州:福建科学技术出版社,1986.

[7] 尹泽勇,等.航空发动机设计手册(第18册下)[M].北京:航空工业出版社,2001.
[8] 岳珠峰,高宗战,等.飞机舱门系统可靠性分析、设计与实验[M].北京:科学出版社,2014.
[9] 刘伟,刘永寿,等.飞机管道系统动强度可靠性分析与优化设计[M].北京:科学出版社,2015.
[10] 吕震宙,宋述芳,等.结构机构可靠性及可靠性灵敏度分析[M].北京:科学出版社,2009.
[11] 徐芝纶.弹性力学(第五版)[M].北京:高等教育出版社,2017.
[12] 徐自立,艾松.叶片结构强度与振动[M].西安:西安交通大学出版社,2018.
[13] 闫晓军,聂景旭.涡轮叶片疲劳[M].北京:科学出版社,2014.

第 6 章
气动声学仿真

气动声学仿真是应用数值模拟的手段,进行航空发动机典型部件声学分析。通常气动声学仿真的方法大致分为两类,分别为基于声类比理论的声学仿真和计算气动声学仿真。本章针对这两类方法,从基本理论出发,通过详细理论公式推导,建立方法和模型,随后针对其特点进行工程适用性的详细分析,最后以风扇、对转桨扇和喷流等航空发动机典型部件为对象,进行工程应用案例分析。通过本章的介绍,能够加深相关从业人员对航空发动机气动声学仿真的认识,为其从事相关工作提供指导。

6.1 基于声类比理论的声学仿真

Lighthill 创造性地将流体力学方程重新变换,把脉动的气体密度作为独立变量,准确地类比流体力学方程左端项为自由空间的声传播波动算子,变换后的方程右端作为流动噪声的声源项,这样就得到了一个古典声学波动方程,可以应用成熟的古典声学方法处理流动噪声问题,而方程右端声源项则可以通过流体力学方程的数值模拟获得。这就是著名的声类比理论。以 Lighthill 方程为基础,Ffowcs Williams 等开展大量理论研究,使其能够考虑各种非声学、非均匀平均流动等因素对流动噪声的影响,这就是著名的 Ffowcs Williams-Hawkings(FW-H)方程。本节首先介绍声类比理论,随后介绍 FW-H 方程以及应用最为广泛的解——Farassat 提出的 Formulation 1A,通过旋翼厚度噪声和载荷噪声的分析对比验证基于 FW-H 方程噪声预测方法的准确性和工程适用性,最后以对转桨扇和 AEN 单涵喷管为例进行工程应用分析。

6.1.1 基本理论介绍

1952 年,Lighthill 针对喷流噪声问题,提出了声类比理论[1],标志着气动声学这门学科的建立。下面对 Lighthill 方程的推导过程进行简单介绍。

连续方程和动量方程为

$$\frac{\partial \rho}{\partial t} + \frac{\partial}{\partial x_i}(\rho u_i) = Q(\boldsymbol{x},t) \tag{6.1}$$

$$\frac{\partial}{\partial t}(\rho u_i) + \frac{\partial}{\partial x_j}(\rho u_i u_j) = -\frac{\partial p}{\partial x_i} + f_i(\boldsymbol{x},t) \tag{6.2}$$

其中,ρ 为流体密度,u_i 为流体速度,p 为流体压力,$Q(\boldsymbol{x},t)$ 为流场中的质量源,$f_i(\boldsymbol{x},t)$ 为流场中的力源。

对方程(6.1)进行 $\partial/\partial t$ 运算,对方程(6.2)进行 $\partial/\partial x_i$ 运算,然后由前者减去后者可得

$$\frac{\partial^2 \rho}{\partial t^2} = \frac{\partial Q}{\partial t} - \frac{\partial f_i}{\partial x_i} + \frac{\partial^2 (\rho u_i u_j)}{\partial x_i \partial x_j} + \frac{\partial^2 p}{\partial x_i \partial x_i} \tag{6.3}$$

从方程(6.3)两端均减去 $c_0^2(\partial^2 \rho'/\partial x_i \partial x_i)$ 可得

$$\frac{\partial^2 \rho'}{\partial t^2} - c_0^2 \frac{\partial^2 \rho'}{\partial x_i \partial x_i} = \frac{\partial Q}{\partial t} - \frac{\partial f_i}{\partial x_i} + \frac{\partial^2 (\rho u_i u_j)}{\partial x_i \partial x_j} + \frac{\partial^2 p'}{\partial x_i \partial x_i} - c_0^2 \frac{\partial^2 \rho'}{\partial x_i \partial x_i} \tag{6.4}$$

令

$$T_{ij} = \rho u_i u_j + (p' - c_0^2 \rho')\delta_{ij} \tag{6.5}$$

其中,T_{ij} 称为 Lighthill 张量。

将方程(6.5)代入方程(6.4)可得

$$\frac{\partial^2 \rho'}{\partial t^2} - c_0^2 \frac{\partial^2 \rho'}{\partial x_i \partial x_i} = \frac{\partial Q}{\partial t} - \frac{\partial f_i}{\partial x_i} + \frac{\partial^2 T_{ij}}{\partial x_i \partial x_j} \tag{6.6}$$

方程(6.6)为 Lighthill 方程。方程左边为波动算子,描述声波的传播,方程右边为三个不同的声源项。

当流场中不存在质量输入和力的作用时,方程(6.6)可写为

$$\frac{\partial^2 \rho'}{\partial t^2} - c_0^2 \frac{\partial^2 \rho'}{\partial x_i \partial x_i} = \frac{\partial^2 T_{ij}}{\partial x_i \partial x_j} \tag{6.7}$$

方程(6.7)在远场的统一解为

$$\rho'(\boldsymbol{x},t) = \frac{1}{4\pi c_0 x} \int \iiint_{V(\boldsymbol{y})_\tau} \frac{\partial^2 T_{ij}}{\partial y_i \partial y_j}(\boldsymbol{y},\tau) \delta(|\boldsymbol{x}-\boldsymbol{y}| - c_0(t-\tau)) \mathrm{d}\tau \mathrm{d}\boldsymbol{y} \tag{6.8}$$

方程(6.8)可进一步推导为

$$\rho'(\boldsymbol{x},t) = \frac{1}{4\pi c_0 x} \frac{\partial^2}{\partial x_i \partial x_j} \int \iiint_{V(\boldsymbol{y})\tau} T_{ij}(\boldsymbol{y},\tau)\delta(|\boldsymbol{x}-\boldsymbol{y}|-c_0(t-\tau))\mathrm{d}\tau\mathrm{d}\boldsymbol{y} \quad (6.9)$$

$$\rho'(\boldsymbol{x},t) = \frac{1}{4\pi c_0^2 x} \int \iiint_{V(\boldsymbol{y})} \frac{\partial^2}{\partial x_i \partial x_j} T_{ij}\left(\boldsymbol{y},t-\frac{|\boldsymbol{x}-\boldsymbol{y}|}{c_0}\right)\mathrm{d}\boldsymbol{y} \quad (6.10)$$

对远场观察点,声源一般可近似为紧致声源,方程(6.10)可表示为

$$\rho'(\boldsymbol{x},t) = \frac{1}{4\pi c_0^4 x} \beta_i \beta_j \iiint_{V(\boldsymbol{y})} \frac{\partial^2 T_{ij}}{\partial t^2}\left(\boldsymbol{y},t-\frac{|\boldsymbol{x}|}{c_0}\right)\mathrm{d}\boldsymbol{y} \quad (6.11)$$

其量纲可表示为

$$\rho'(\boldsymbol{x},t) \sim c_0^{-4} x^{-1} \rho_0 u^4 l \sim \rho_0 \left(\frac{l}{x}\right) M^4 \quad (6.12)$$

声强量纲可表示为

$$I \sim \rho_0 \left(\frac{l}{x}\right)^2 u^3 M^5 \quad (6.13)$$

对喷流噪声,其声功率量纲可表示为

$$P_a \sim \rho_0 U_j^3 d_j^2 M_j^5 \sim \frac{\rho_0}{c_0^5} d_j^2 U_j^8 \quad (6.14)$$

可见,喷流噪声声功率与喷流速度的八次方成正比,这也是 Lighthill 提出的著名的八次方定律。

6.1.2 方法模型

1. FW-H 方程

1969 年,Ffowcs Williams 和 Hawkings 利用广义函数理论,通过重组纳维-斯托克斯方程,提出了 FW-H 方程[2]。他们的理论是对 Lighthill 声类比理论的推广,可以适用于自由空间中任意运动下的面发声问题。

以隐式函数 $f(\boldsymbol{x},t)=0$ 代表一个包含声源的移动面,$f(\boldsymbol{x},t)=0$ 称作声源面。声源面外的区域由 $f>0$ 表示,声源面内的区域由 $f<0$ 表示。我们的目标是推导出一个用于计算声源面外声场的波动方程。如果发展的波动方程适用于整个三维空间,那么自由空间波动方程的格林函数就可以用来求解该问题。Ffowcs Williams 和 Hawkings 通过将流体变量表示成声源面外流场和声源面内流场(声源面流场值被设定为流场在无扰动介质中的值)的组合,将外部流动问题嵌入无边界空间。这样造成了流场变量在声源面上出现不连续。因此,需要运用广义函数理论解决不

连续函数的微分问题。

流体的质量方程和动量守恒方程(在声源面外的流体中)分别为

$$\frac{\partial \rho}{\partial t} + \frac{\partial}{\partial x_i}(\rho u_i) = 0 \qquad (6.15)$$

$$\frac{\partial}{\partial t}(\rho u_i) + \frac{\partial}{\partial x_j}(\rho u_i u_j + P_{ij}) = 0 \qquad (6.16)$$

其中,ρ 为流体密度;u_i 为流体速度;P_{ij} 为压缩应力张量。方程(6.15)和方程(6.16)的普通微分被广义微分所替换,使得其适用于整个空间。

考虑函数 $q(\boldsymbol{x})$ 在面 $f(\boldsymbol{x})=0$ 处不连续,存在跳跃 Δq。依据广义函数理论[3],$q(\boldsymbol{x})$ 的广义导数为

$$\frac{\bar{\partial} q}{\partial x_i} = \frac{\partial q}{\partial x_i} + \Delta q \frac{\partial f}{\partial x_i}\delta(f) \qquad (6.17)$$

在导数上面的横杠表示广义导数,$\partial q/\partial x_i$ 为函数 $q(\boldsymbol{x})$ 的普通导数,$\delta(f)$ 为狄拉克函数。

将方程(6.15)的普通导数替换为广义导数,并利用方程(6.17)的定义,方程(6.15)的广义形式可以写为

$$\frac{\bar{\partial}\rho}{\partial t} + \frac{\bar{\partial}}{\partial x_i}(\rho u_i) = \frac{\partial \rho}{\partial t} + (\rho - \rho_0)\frac{\partial f}{\partial t}\delta(f) + \frac{\partial}{\partial x_i}(\rho u_i) + \rho u_i \frac{\partial f}{\partial x_i}\delta(f) \qquad (6.18)$$

其中,ρ_0 为无扰动流体介质的密度。

接着,利用几个简单的关系式:

$$\frac{\partial f}{\partial t} = -v_n \qquad (6.19)$$

$$\frac{\partial f}{\partial x_i} = \hat{n}_i \qquad (6.20)$$

其中,v_n 为声源面速度与声源面外法向单位矢量的点积;$\hat{n}_i$ 为声源面外法向单位向量,并且在声源面 $f=0$ 上 $|\nabla f|=1$(函数 f 可重新定义为 $f/|\nabla f|$ 使得 $|\nabla f|=1$)。将方程(6.19)和方程(6.20)代入方程(6.18),并利用方程(6.15),方程(6.18)可写为

$$\frac{\bar{\partial}\rho}{\partial t} + \frac{\bar{\partial}}{\partial x_i}(\rho u_i) = [\rho_0 v_n + \rho(u_n - v_n)]\delta(f) \qquad (6.21)$$

其中，u_n 为流体速度在声源面外法向的投影。

同样，方程(6.16)左端的广义函数形式可以写为

$$\frac{\bar{\partial}}{\partial t}(\rho u_i) + \frac{\bar{\partial}}{\partial x_j}(\rho u_i u_j + P_{ij}) = \frac{\partial}{\partial t}(\rho u_i) + \rho u_i \frac{\partial f}{\partial t}\delta(f) + \frac{\partial}{\partial x_j}(\rho u_i u_j + P_{ij})$$
$$+ (\rho u_i u_j + \Delta P_{ij})\frac{\partial f}{\partial x_j}\delta(f)$$
$$(6.22)$$

将方程(6.19)和方程(6.20)代入方程(6.22)，并利用方程(6.16)，方程(6.22)可写为

$$\frac{\bar{\partial}}{\partial t}(\rho u_i) + \frac{\bar{\partial}}{\partial x_j}(\rho u_i u_j + P_{ij}) = [\rho u_i(u_n - v_n) + \Delta P_{ij} n_j]\delta(f) \qquad (6.23)$$

对方程(6.21)两端进行 $\bar{\partial}/\partial t$ 运算，对方程(6.23)两端进行 $\bar{\partial}/\partial x_i$ 运算，之后用前者减去后者，可以得

$$\frac{\bar{\partial}^2 \rho}{\partial t^2} - \frac{\bar{\partial}^2}{\partial x_i x_j}(\rho u_i u_j + P_{ij}) = \frac{\bar{\partial}}{\partial t}\{[\rho_0 v_n + \rho(u_n - v_n)]\delta(f)\}$$
$$- \frac{\bar{\partial}}{\partial x_i}\{[\rho u_i(u_n - v_n) + \Delta P_{ij} n_j]\delta(f)\}$$
$$(6.24)$$

将方程(6.24)两端减去 $\bar{\partial}^2[c_0^2(\rho - \rho_0)]/\partial x_i^2$，并调整方程各项位置使波动算子位于方程左端，可得出方程为

$$\left(\frac{1}{c_0^2}\frac{\bar{\partial}^2}{\partial t^2} - \frac{\bar{\partial}^2}{\partial x_i^2}\right)p'(\boldsymbol{x},t) = \frac{\bar{\partial}}{\partial t}\{[\rho_0 v_n + \rho(u_n - v_n)]\delta(f)\}$$
$$- \frac{\bar{\partial}}{\partial x_i}\{[\Delta P_{ij}\hat{n}_j + \rho u_i(u_n - v_n)]\delta(f)\} + \frac{\bar{\partial}^2}{\partial x_i x_j}[T_{ij}H(f)]$$
$$(6.25)$$

方程(6.25)为 FW-H 方程，$p'(\boldsymbol{x},t)$ 为在观察点 $\boldsymbol{x}$、观察时间 t 的声压，c_0 为未受扰动介质中的声速。$T_{ij} = \rho u_i u_j + P_{ij} - c_0^2(\rho - \rho_0)\delta_{ij}$ 是 Lighthill 应力张量，其中 δ_{ij} 为克罗内克(Kronecker)算子。$H(f)$ 为赫维赛德(Heaviside)函数，$\Delta P_{ij}\hat{n}_j$ 为作用在单位面积流体上的力，它由表面压力和黏性力两部分组成。一般来说，黏性力可

以忽略,因此 $\Delta P_{ij}\hat{n}_j = (p - p_0)\delta_{ij}$。方程(6.25)左侧为波动算子,右侧为三个声源项,分别是单极子、偶极子、四极子。单极子和偶极子分别对应厚度噪声和载荷噪声,它们都是面声源,作用在声源面 $f = 0$ 上。厚度噪声是由声源面运动取代流体体积而产生的,载荷噪声是由声源面作用在流体上的力产生的。四极子是一个体声源项,作用在声源面 $f = 0$ 外的体积内,它与湍流相关,主要产生宽频噪声。

如果声源面为不可穿透面(无流动穿过),流体速度和声源面速度在声源面法向的投影相等 ($u_n = v_n$),故方程(6.25)可简化为

$$\left(\frac{1}{c_0^2}\frac{\bar{\partial}^2}{\partial t^2} - \frac{\bar{\partial}^2}{\partial x_i^2}\right)p'(\boldsymbol{x},t) = \frac{\bar{\partial}}{\partial t}[(\rho_0 v_n)\delta(f)] - \frac{\bar{\partial}}{\partial x_i}[(\Delta P_{ij}\hat{n}_j)\delta(f)] + \frac{\bar{\partial}^2}{\partial x_i x_j}[T_{ij}H(f)] \tag{6.26}$$

2. Formulation 1A

FW-H 方程提出后,研究者针对其开展了很多理论研究工作,提出了不同形式的 FW-H 方程的解。其中,Farassat 提出的 Formulation 1A 是应用最为广泛的解。Formulation 1A 是时域积分公式,该公式将噪声表示为厚度噪声与载荷噪声之和,不考虑四极子声源的贡献,适用于任意运动下的固壁声源面。

首先,以一个简单的齐次波动方程为例介绍推导过程,接着将其应用于 FW-H 方程来推导 Formulation 1A 公式。

波动方程为

$$\left(\frac{1}{c_0^2}\frac{\partial^2}{\partial t^2} - \frac{\partial^2}{\partial x_i^2}\right)\Phi(\boldsymbol{x},t) = Q(\boldsymbol{x},t)\delta(f) \tag{6.27}$$

利用格林函数可以获得波动方程的积分解。自由空间内波动方程的格林函数为 $\delta(g)/4\pi r$,其中,$g = \tau - t + r/c$,$r = |\boldsymbol{x} - \boldsymbol{y}|$。$\tau$ 和 t 分别为声源时间和观察时间,$\boldsymbol{y}$ 和 $\boldsymbol{x}$ 分别为声源点位置和观察点位置。r 为声源点到观察点之间的距离(辐射距离)。对一个固定的观察点 $\boldsymbol{x}$ 和观察时间 t,$g = 0$ 代表一个圆心位于 $\boldsymbol{x}$、半径为 $c_0(t - \tau)$ 的球面,Farassat 称之为塌陷球面(collapsing sphere)[4]。声源面由 $f = 0$ 定义,方程(6.27)的解可以写为

$$4\pi\Phi(\boldsymbol{x},t) = \int_{-\infty}^{t}\int_{-\infty}^{\infty}\frac{1}{r}Q(\boldsymbol{y},\tau)\delta(f)\delta(g)\mathrm{d}\boldsymbol{y}\mathrm{d}\tau \tag{6.28}$$

利用 $\tau \rightarrow g$ 的变量变换,并且在 g 上积分,可以得到以下方程:

$$4\pi\Phi(\boldsymbol{x},t) = \int_{-\infty}^{\infty}\left[\frac{1}{r}Q(\boldsymbol{y},\tau)\delta(f)\right]_{\mathrm{ret}}\mathrm{d}\boldsymbol{y} \tag{6.29}$$

其中,下标 ret 表示各声源点上的被积函数在其各自的发射时间取值 ($\tau = t - r/c$)。

对于一个确定的观察点 x 和观察时间 t,当声源时间 τ 向观察时间 t 靠近($-\infty < \tau < t$),塌陷球面的半径减小至观察点。对任何声源时间 τ,塌陷球面包含的所有声源点所发射的噪声信号有可能会在观察时间 t 时刻到达观察点 x。在每一个声源时间,塌陷球面与声源面的交线是所有真正在该观察时间对观察点噪声有贡献的声源点,这些声源点在该声源时刻所发射的噪声会在观察时间 t 到达观察点 x。每个声源时间塌陷球面与声源面的交线构成了一个时空面,即 Σ 面,由 $F(y;x,t) = 0$ 定义[5]。因此,方程(6.29)可以写为

$$4\pi\Phi(x,t) = \int_{-\infty}^{\infty}\left[\frac{1}{r}Q(y,\tau)\right]_{\text{ret}}\delta(F)\mathrm{d}y \qquad (6.30)$$

现在应用 Farassat 推导出的关系式

$$\mathrm{d}y = \frac{\mathrm{d}F\mathrm{d}\Sigma}{|\nabla F|} \qquad (6.31)$$

$$|\nabla F| = [\Lambda]_{\text{ret}} \qquad (6.32)$$

$$\Lambda^2 = 1 + M_n^2 - 2M_n\cos\theta \qquad (6.33)$$

其中,$M_n = v_n/c_0$;θ 为声源面外法向矢量与辐射方向($r = x - y$)的夹角。依据方程(6.31)、方程(6.32)和方程(6.33),方程(6.30)可写为

$$4\pi\Phi(x,t) = \int_{F=0}\left[\frac{1}{r}\frac{Q(y,\tau)}{\Lambda}\right]_{\text{ret}}\mathrm{d}\Sigma \qquad (6.34)$$

方程(6.34)是在 Σ 面上进行的面积分。

现使用 Farassat 给出的关系式[4]:

$$\frac{\mathrm{d}\Sigma}{\Lambda} = \frac{\mathrm{d}S}{|1 - M_r|} \qquad (6.35)$$

其中,$\mathrm{d}S$ 为声源面 $f = 0$ 的微元面(假设声源面为固壁面);M_r 为声源面马赫数在辐射方向的投影。通过使用方程(6.35),方程(6.34)可以写为

$$4\pi\Phi(x,t) = \int_{f=0}\left[\frac{Q(y,\tau)}{r|1-M_r|}\right]_{\text{ret}}\mathrm{d}S \qquad (6.36)$$

上面给出的对应齐次波动方程的求解过程可应用于 FW-H 方程。首先处理厚度噪声,依据 FW-H 方程(6.26)的厚度噪声声源项和上面给出的波动方程求解过程,厚度噪声可表示为下面方程的解:

$$\left(\frac{1}{c_0^2}\frac{\bar{\partial}^2}{\partial t^2} - \frac{\bar{\partial}^2}{\partial x_i^2}\right)p_T'(x,t) = \frac{\partial}{\partial t}[\rho_0 v_n \delta(f)] \qquad (6.37)$$

依据方程(6.36),方程(6.37)的解可写为

$$4\pi p'_T(\boldsymbol{x},t) = \frac{\partial}{\partial t}\int_{f=0}\left[\frac{\rho_0 v_n}{r\mid 1-M_r\mid}\right]_{\text{ret}}\text{d}S \qquad (6.38)$$

Farassat 推导出了关于观察时间导数和关于声源时间求导之间的关系,使得方程(6.38)中的时间导数可以移动到积分内,该关系为

$$\frac{\partial}{\partial t}\bigg|_x = \left[\frac{1}{1-M_r}\frac{\partial}{\partial \tau}\bigg|_x\right]_{\text{ret}} \qquad (6.39)$$

其中,$\mid_x$ 表示计算时间微分时观察点位置固定。这里使用一些简单的关系:

$$\frac{\partial r}{\partial \tau} = -v_r \qquad (6.40)$$

$$\frac{\partial \hat{r}_i}{\partial \tau} = \frac{\hat{r}_i v_r - v_i}{r} \qquad (6.41)$$

其中,v_r 为声源面速度在辐射方向上的投影;$\hat{r} = \boldsymbol{r}/r$ 为单位辐射矢量。利用关系式(6.39)~式(6.41),方程(6.38)可变为

$$4\pi p'_T(\boldsymbol{x},t) = \int_{f=0}\left[\frac{\rho_0(\dot{v}_n+v_{\dot{n}})}{r\mid 1-M_r\mid^2}\right]_{\text{ret}}\text{d}S + \int_{f=0}\left[\frac{\rho_0 v_n(r\dot{M}_r+c_0 M_r-c_0 M^2)}{r^2\mid 1-M_r\mid^3}\right]_{\text{ret}}\text{d}S$$
$$(6.42)$$

其中,$\dot{v}_n = (\partial \boldsymbol{v}/\partial \tau)\cdot \hat{n}$;$v_{\dot{n}} = \boldsymbol{v}\cdot(\partial \hat{n}/\partial \tau)$;$\dot{M}_r = (\partial \boldsymbol{M}/\partial \tau)\cdot \hat{r}$;$M$ 为声源面马赫数幅值,$M = \mid\boldsymbol{M}\mid$。方程(6.42)为 Formulation 1A 的厚度噪声项。

同样,依据 FW-H 方程(6.26)的载荷噪声声源项和波动方程的求解过程,载荷噪声可以表示为下面方程的解:

$$\left(\frac{1}{c_0^2}\frac{\bar{\partial}^2}{\partial t^2} - \frac{\bar{\partial}^2}{\partial x_i^2}\right)p'_L(\boldsymbol{x},t) = -\frac{\partial}{\partial x_i}[l_i\delta(f)] \qquad (6.43)$$

其中,$l_i = \Delta P_{ij}\hat{n}_j$ 为作用在单位面积流体上的力。

依据方程(6.28),方程(6.43)的解可写为

$$p'_L(\boldsymbol{x},t) = -\frac{\partial}{\partial x_i}\int_{-\infty}^{t}\int_{-\infty}^{\infty}\frac{1}{4\pi r}\delta(g)l_i\delta(f)\text{d}\boldsymbol{y}\text{d}\tau \qquad (6.44)$$

空间积分可移入积分内:

$$p'_L(\boldsymbol{x},t) = -\int_{-\infty}^{t}\int_{-\infty}^{\infty}\frac{\partial}{\partial x_i}\left[\frac{\delta(g)}{4\pi r}\right]l_i\delta(f)\mathrm{d}\boldsymbol{y}\mathrm{d}\tau \tag{6.45}$$

使用 Farassat 提出的关系式[5]：

$$\frac{\partial}{\partial x_i}\left[\frac{\delta(g)}{4\pi r}\right] = -\frac{1}{c_0}\frac{\partial}{\partial t}\left[\frac{\hat{r}_i\delta(g)}{4\pi r}\right] - \frac{\hat{r}_i\delta(g)}{4\pi r^2} \tag{6.46}$$

将方程(6.46)代入方程(6.45)，方程(6.45)可写为

$$p'_L(\boldsymbol{x},t) = \int_{-\infty}^{t}\int_{-\infty}^{\infty}\left\{\frac{1}{c_0}\frac{\partial}{\partial t}\left[\frac{\hat{r}_i\delta(g)}{4\pi r}\right] + \frac{\hat{r}_i\delta(g)}{4\pi r^2}\right\}l_i\delta(f)\mathrm{d}\boldsymbol{y}\mathrm{d}\tau \tag{6.47}$$

利用方程(6.28)~方程(6.36)，方程(6.47)可写为

$$4\pi p'_L(\boldsymbol{x},t) = \frac{1}{c_0}\frac{\partial}{\partial t}\int_{f=0}\left[\frac{l_r}{r|1-M_r|}\right]_{\mathrm{ret}}\mathrm{d}S + \int_{f=0}\left[\frac{l_r}{r^2|1-M_r|}\right]_{\mathrm{ret}}\mathrm{d}S \tag{6.48}$$

其中，$l_r = \boldsymbol{l}\cdot\hat{\boldsymbol{r}}(l_i\hat{r}_i)$，为作用在流体上的力在辐射方向的投影。

利用关系式(6.39)~式(6.41)，方程(6.48)可写为

$$4\pi p'_L(\boldsymbol{x},t) = \frac{1}{c_0}\int_{f=0}\left[\frac{\dot{l}_r}{r|1-M_r|^2}\right]_{\mathrm{ret}}\mathrm{d}S + \int_{f=0}\left[\frac{l_r - l_M}{r^2|1-M_r|^2}\right]_{\mathrm{ret}}\mathrm{d}S$$
$$+ \frac{1}{c_0}\int_{f=0}\left[\frac{l_r(r\dot{M}_r + c_0 M_r - c_0 M^2)}{r^2|1-M_r|^3}\right]_{\mathrm{ret}}\mathrm{d}S \tag{6.49}$$

其中，$\dot{l}_r = (\partial\boldsymbol{l}/\partial\tau)\cdot\hat{\boldsymbol{r}}$；$l_M = (\boldsymbol{l}\cdot\boldsymbol{M})/|\boldsymbol{M}|$。方程(6.49)为 Formulation 1A 的载荷噪声项。

Farassat 给出的 Formulation 1A 只适用于固壁积分面，忽略了四极子的贡献。di Francescantonio 对 Formulation 1A 进行了推广，使该表达式适用于可穿透声源面，并且可包含四极子的贡献[6]。对应可穿透声源积分面的 Formulation 1A 具体表达式为

$$U_i = [1 - (\rho/\rho_0)]v_i + (\rho u_i/\rho_0) \tag{6.50}$$

$$L_i = \Delta P_{ij}\hat{n}_j + \rho u_i(u_n - v_n) \tag{6.51}$$

$$4\pi p'_T(\boldsymbol{x},t) = \int_{f=0}\left[\frac{\rho_0(\dot{U}_n + U_{\dot{n}})}{r|1-M_r|^2}\right]_{\mathrm{ret}}\mathrm{d}S + \int_{f=0}\left[\frac{\rho_0 U_n(r\dot{M}_r + c_0 M_r - c_0 M^2)}{r^2|1-M_r|^3}\right]_{\mathrm{ret}}\mathrm{d}S \tag{6.52}$$

$$4\pi p'_L(\pmb{x},t) = \frac{1}{c_0}\int_{f=0}\left[\frac{\dot{L}_r}{r|1-M_r|^2}\right]_{\text{ret}}\mathrm{d}S + \int_{f=0}\left[\frac{L_r-L_M}{r^2|1-M_r|^2}\right]_{\text{ret}}\mathrm{d}S \qquad (6.53)$$
$$+ \frac{1}{c_0}\int_{f=0}\left[\frac{L_r(r\dot{M}_r+c_0M_r-c_0M^2)}{r^2|1-M_r|^3}\right]_{\text{ret}}\mathrm{d}S$$

可以看出，对应可穿透积分面的 Formulation 1A 表达式与对应不可穿透积分面的表达式形式上完全相同，只是将 v_i 换成了 U_i，将 l_i 换成了 L_i。当声源积分面为可穿透面时，噪声计算结果包含可穿透面内所有单极子、偶极子和四极子的贡献。其中，单极子和偶极子位于可穿透面内的固壁上，四极子位于可穿透面与固壁间的空间内。

6.1.3 工程适用性分析

航空发动机噪声与飞机适航条例、结构声疲劳、声隐身等都密切相关，越来越受到工业界和研究者的关注。本节介绍的声类比理论在航空发动机噪声领域中占有重要地位。以 FW-H 方程为代表的声类比方法是航空发动机噪声预测的重要方法，广泛应用于直升机旋翼、螺旋桨、开式转子、喷流等对象的噪声预测问题。

具体使用该方法时，首先需要选定声源面，然后用户需要提供声源面的几何、声源面的运动、声源面上的非定常流场信息。程序依据以上信息针对每个声源时间在声源面上进行积分，最终获得远场各观察点处的噪声时域结果。获得声源面非定常流场信息的方法包括使用解析模型、在声源区域进行 CFD 或 CAA（计算气动声学）计算等。由于只需提供声源面上的流场信息，FW-H 方程预测方法的计算速度较快，同时由于该方法在推导过程中基本没有任何假设与近似，只要输入的声源信息较为准确，其预测准确性可以得到保证。因此，以 FW-H 方程方法为代表的基于声类比的噪声预测方法目前仍然是航空发动机工业界十分需要的噪声预测方法，特别是在设计初期对大量设计方案进行噪声评估时。

6.1.4 应用案例

1. 旋翼厚度噪声分析

本算例使用基于 FW-H 方程的噪声预测方法对直升机旋翼厚度噪声进行计算。在本算例中，研究对象为一个 4 叶片旋翼，叶片半径为 5.79 m，叶片弦长 0.381 m，叶片沿整个展向方向采用 NACA 0012 翼型。旋翼旋转角速度为 36.45 rad/s，前飞速度 63.33 m/s。直升机旋翼叶片几何如图 6.1 所示。

在进行计算之前，需要依据算例具体情况进行参数设置。通过用户界面进行算例设置，总体参数设置界面如图 6.2 和图 6.3 所示，总体参数设置主要包括计算结果设置、环境参数设置、观察点参数设置、声源参数设置等部分。

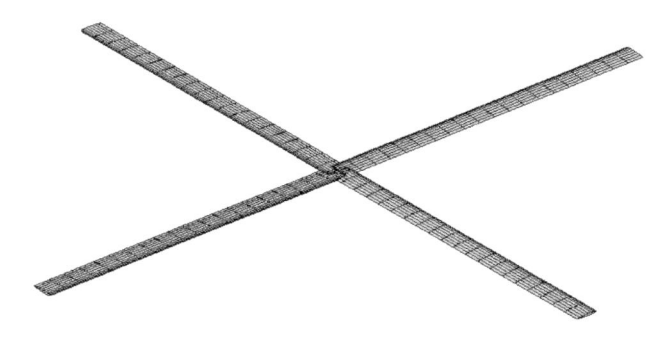

图 6.1 直升机旋翼叶片几何

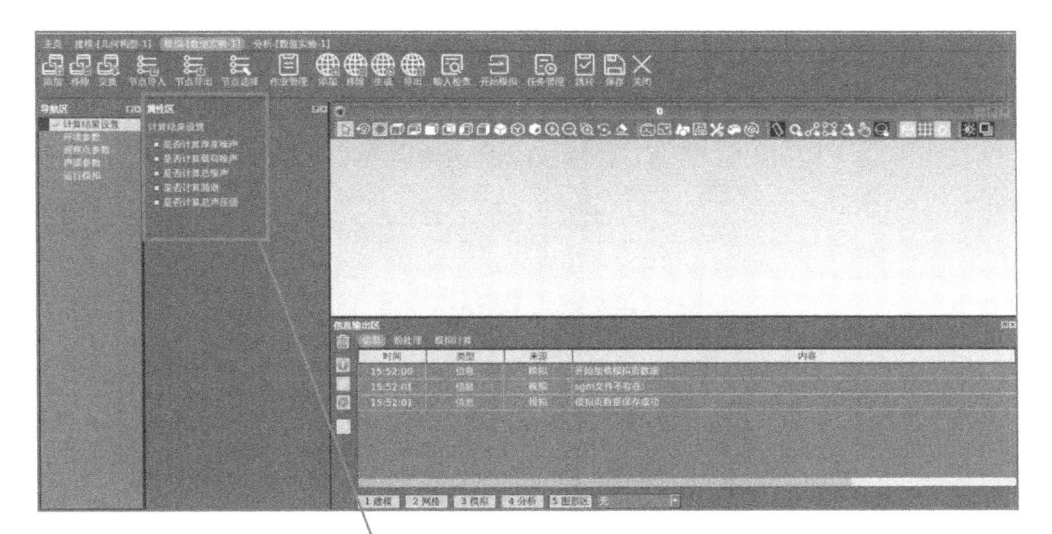

图 6.2 总体参数设置界面

图 6.3 总体参数设置界面(局部放大图)

(1)进行计算结果设置,图 6.4 和图 6.5 所示为计算结果设置界面,选择是否计算各种噪声结果,包括厚度噪声时域结果、载荷噪声时域结果、总噪声时域结果、噪声频谱结果、总声压级等。

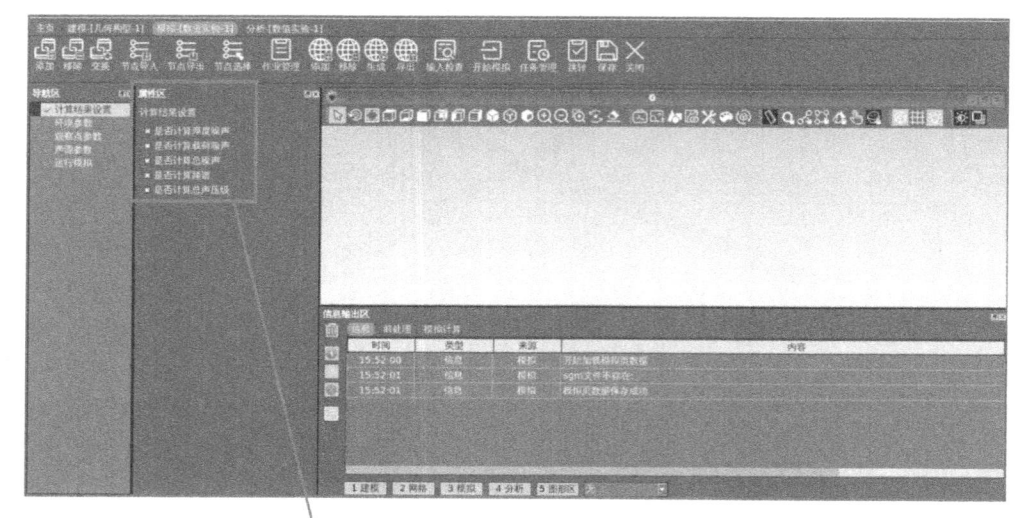

图 6.4　计算结果设置界面

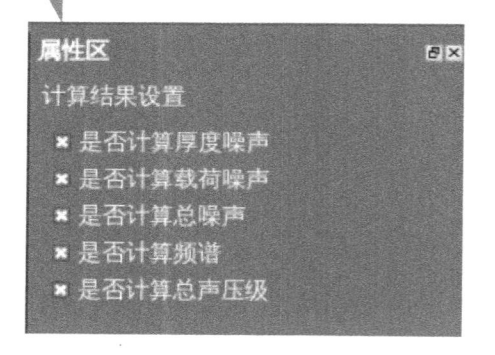

图 6.5　计算结果设置界面(局部放大图)

(2) 进入环境参数设置界面(图 6.6 和图 6.7),给定环境密度和环境声速。

(3) 在总体参数设置界面依据算例实际情况添加观察点,之后进入观察点参数设置界面(图 6.8 和图 6.9)。观察点参数设置包括给定观察点名称、观察时间步数、观察时间范围、观察点位置文件(其具体格式将在后面介绍),并通过添加观察点坐标系变换定义观察点运动。坐标系变换类型分为平移和旋转两种,本算例中观察点随直升机旋翼一起前飞,故坐标系变换个数为 1,坐标系变换类型为平移,观察点坐标系变换设置界面如图 6.10 和图 6.11 所示。观察点坐标系变换设置需要给定坐标变换名称、坐标变换类型、坐标原点初始位置(原坐标系原点初始位置)、速度(原坐标系相对于新坐标系的速度)和加速度(原坐标系相对于新坐标系的加速度)。

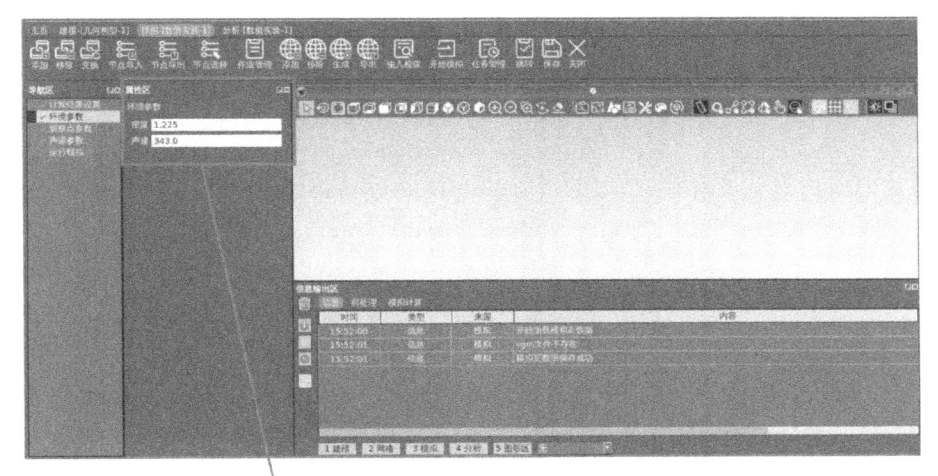

图 6.6　环境参数设置界面

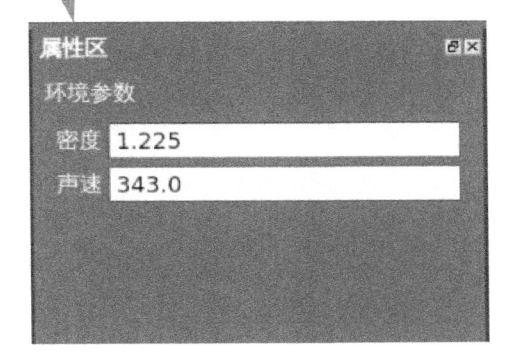

图 6.7　环境参数设置界面(局部放大图)

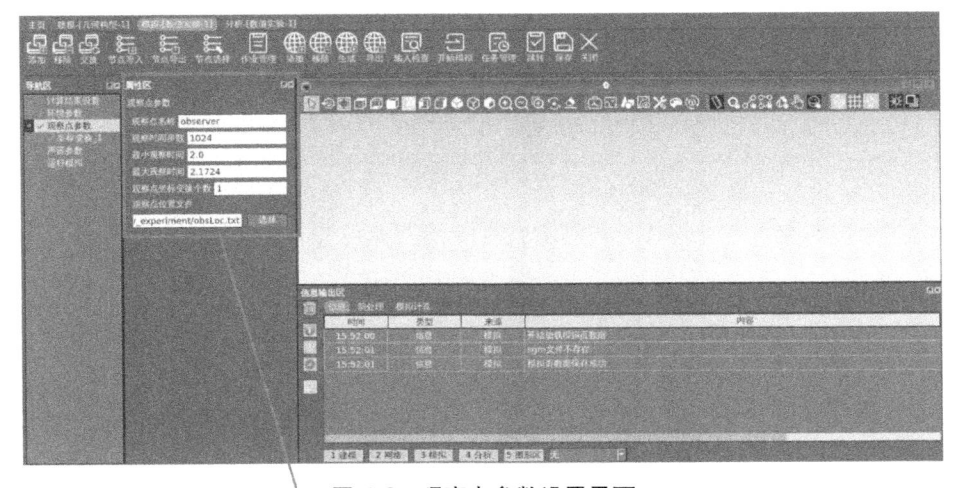

图 6.8　观察点参数设置界面

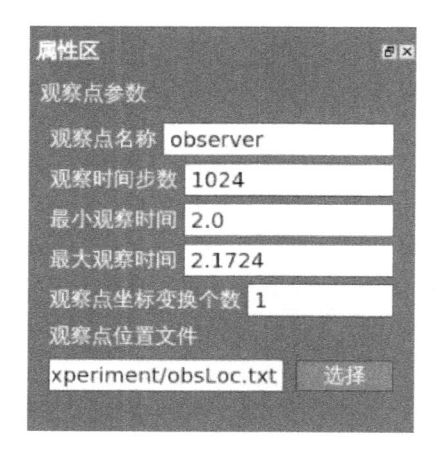

图 6.9　观察点参数设置界面(局部放大图)

图 6.10　观察点坐标系变换(平移)设置界面

图 6.11　观察点坐标系变换(平移)设置界面(局部放大图)

（4）在总体参数设置界面依据算例实际情况添加声源，本算例中的声源面为直升机旋翼的四个叶片表面，之后进入声源参数设置界面对各声源面进行参数设置。声源参数设置界面如图 6.12 和图 6.13 所示，包括给定声源名称、声源几何文件、声源载荷文件（如果计算载荷噪声）、声源时间范围、声源时间步长等。声源几何文件和声源载荷文件的具体格式将在后面进行介绍。与定义观察点运动的方式相同，声源运动也通过添加坐标系变换的方式进行设置，本算例中声源坐标系变换个数为 2，坐标系变换类型分别为平移和旋转，分别定义直升机旋翼叶片的前飞和旋转运动。声源坐标系变换设置界面（平移）如图 6.14 和图 6.15 所示，与观察点

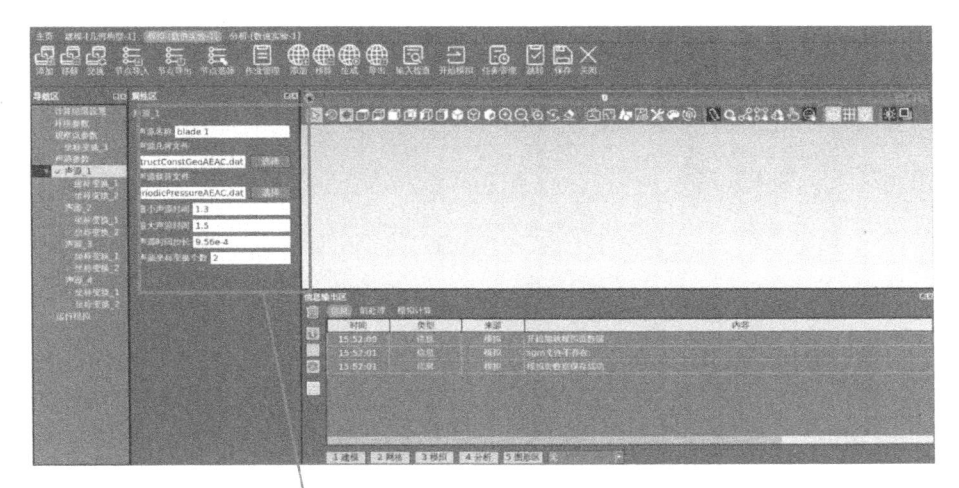

图 6.12　声源参数设置界面

图 6.13　声源参数设置界面（局部放大图）

坐标系变换设置相同,需要给定坐标变换名称、坐标变换类型、坐标原点初始位置(原坐标系原点初始位置)、速度(原坐标系相对于新坐标系的速度)和加速度(原坐标系相对于新坐标系的加速度)。声源坐标系变换设置界面(旋转)如图 6.16 和图 6.17 所示,在该界面上需要给定坐标系变换名称、坐标系变换类型、旋转初始角度(原坐标系的初始角度,单位为 rad)、旋转角速度(原坐标系相对于新坐标系的旋转角速度,单位为 rad/s)、旋转轴。

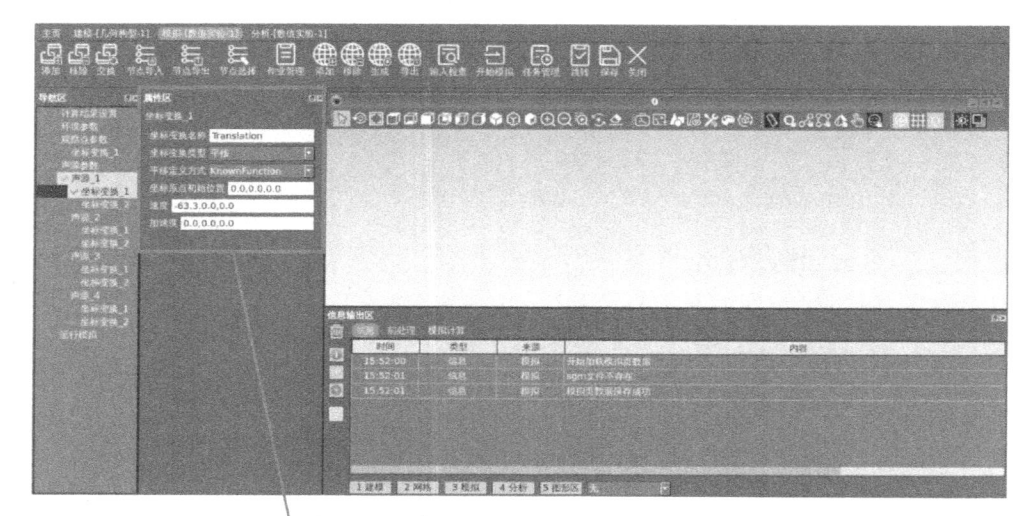

图 6.14　声源坐标系变换(平移)设置界面

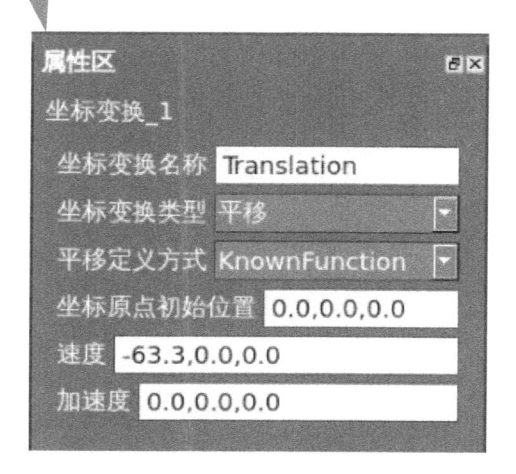

图 6.15　声源坐标系变换(平移)设置界面(局部放大图)

如前所述,在观察点设置中需要给定观察点位置文件,该文件给定各观察点的位置。具体格式示例为:

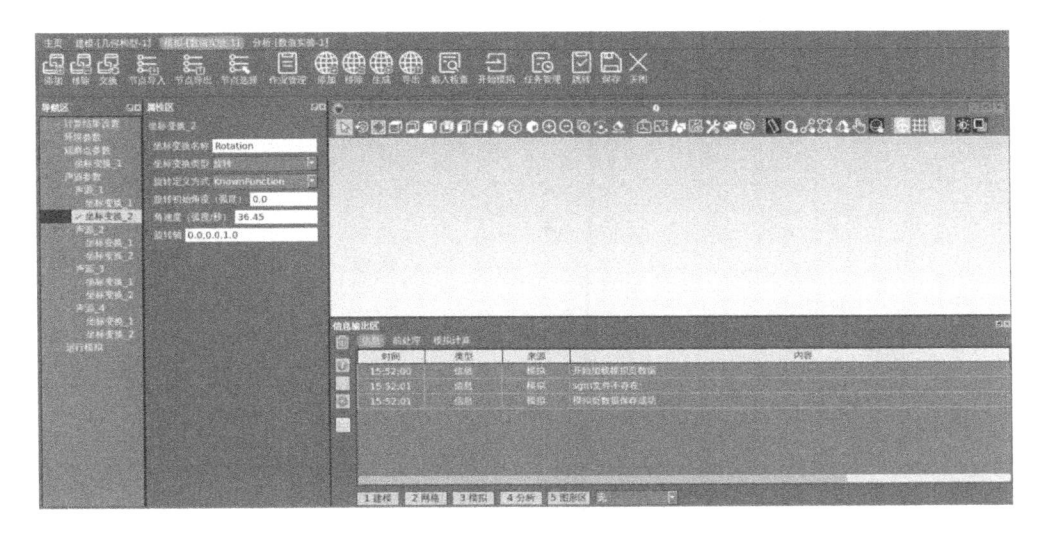

图 6.16　声源坐标系变换（旋转）设置界面

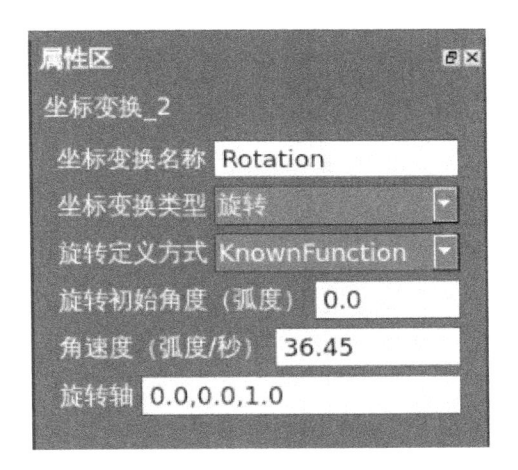

图 6.17　声源坐标系变换（旋转）设置界面（局部放大图）

19（观察点个数）
0.0 1.0 1.0（各观察点 x，y，z 坐标）
0.0 2.0 1.0
……

如前所述，在声源设置中需要给定声源几何文件。声源几何文件定义声源面的几何构型，它给定了声源面上各点的坐标和单位外法向量。声源几何文件分为结构化数据和非结构化数据。按几何是否随时间变化又分为定常、周期性、非周期性。本算例中，声源几何文件为结构化定常几何文件，其具体格式为：

1（1：结构数据；2：非结构数据）

1（1：定常；2：周期性；3：非周期性）
0（为后期预留）
0（为后期预留）
100　100（两个维度上的网格点数）
x 坐标
y 坐标
z 坐标
单位外法向量的 x 分量
单位外法向量的 y 分量
单位外法向量的 z 分量

同样，如果计算载荷噪声，就需要在声源设置中给定声源载荷文件。本算例只计算直升机旋翼厚度噪声，故不需要给定声源载荷文件。

在所有设置完成后，可以在界面上单击运行模拟，开始计算。在计算过程中，在屏幕上会显示计算的实时信息，包括针对各个观察点各声源积分面的网格点数、声源时间步数、声源时间范围等，以帮助用户确认计算正确进行。计算实时信息输出界面如图 6.18 所示。

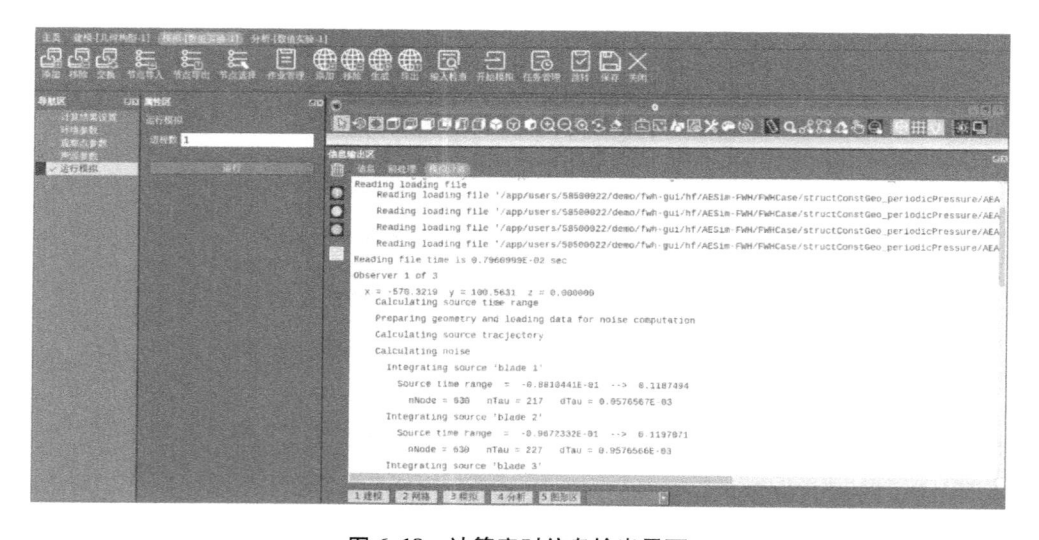

图 6.18　计算实时信息输出界面

计算完成后，本软件（AEAC）输出结果文件包括噪声时域结果文件（pressure.tec）、频谱结果文件（spectrum_dB.tec）、总声压级结果文件（OASPL_dB.tec）等。

图 6.19 所示为旋翼面内各观察点上厚度噪声时域信号计算结果。除了本软件计算结果，图中还给出了标准结果以验证软件计算准确性。在该图中，共有 8 个

旋翼面内观察点，观察点周向角（ψ_{obs}）以间隔45°均布，每个观察点距旋翼中心的距离为100倍旋翼半径。可以看出，在各个观察点上标准结果与AESim-CAA计算结果的对应情况均很好。

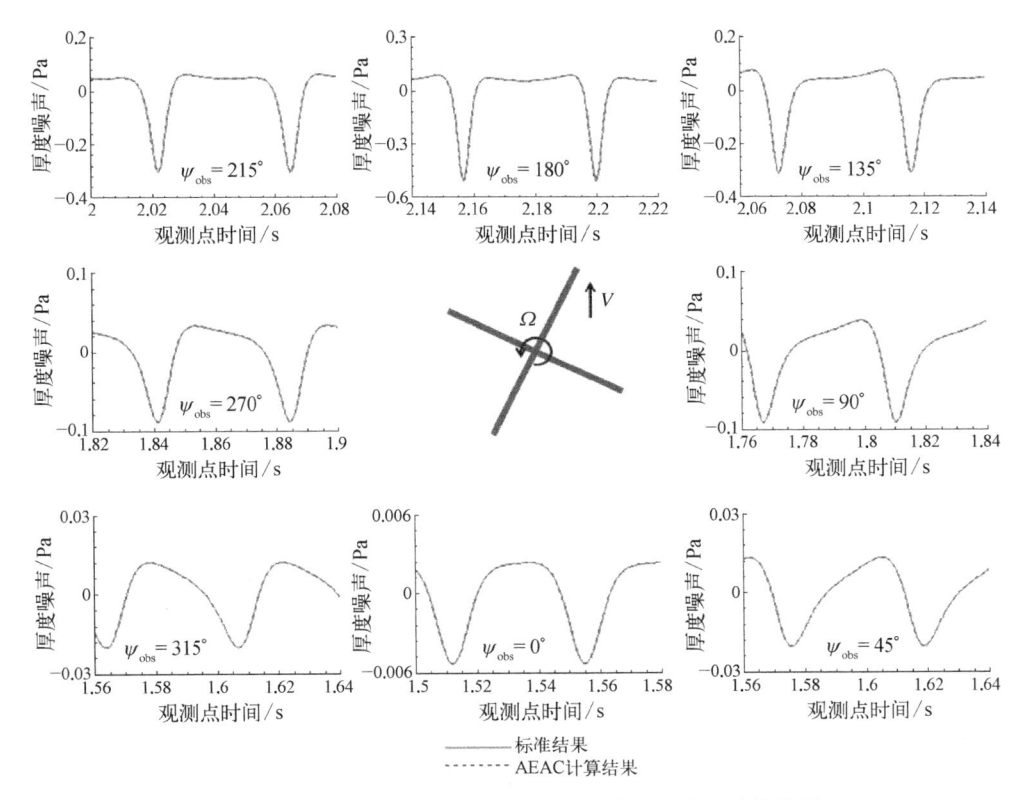

图6.19　旋翼面内各观察点上厚度噪声时域信号计算结果

图6.20所示为旋翼面内各观察点上厚度噪声频谱计算结果。总的来说，各观察点上频谱标准结果与本软件计算结果对应情况较好。图6.21所示为旋翼面内厚度噪声总声压级指向性结果。

本算例还考察了旋翼面外的厚度噪声特性。图6.22所示为周向角为0°和180°的面外观察点上的厚度噪声时域信号。在每个周向角度，分别取三个观察点俯仰角（θ_{obs}），分别为-15°、-45°、-75°（负号表示观察点位于旋翼面下，本书只选取面下观察点，因为厚度噪声关于旋翼面对称）。图6.23所示为周向角为90°和270°的面外观察点上的厚度噪声时域信号。由图6.22和图6.23可见，厚度噪声随观察点离开旋翼平面迅速减小，在同一个俯仰角度，旋翼前方观察点厚度噪声远远大于旋翼后方观察点上的厚度噪声。图6.24所示为0°和180°观察点周向角对应的竖直平面上厚度噪声指向性结果。

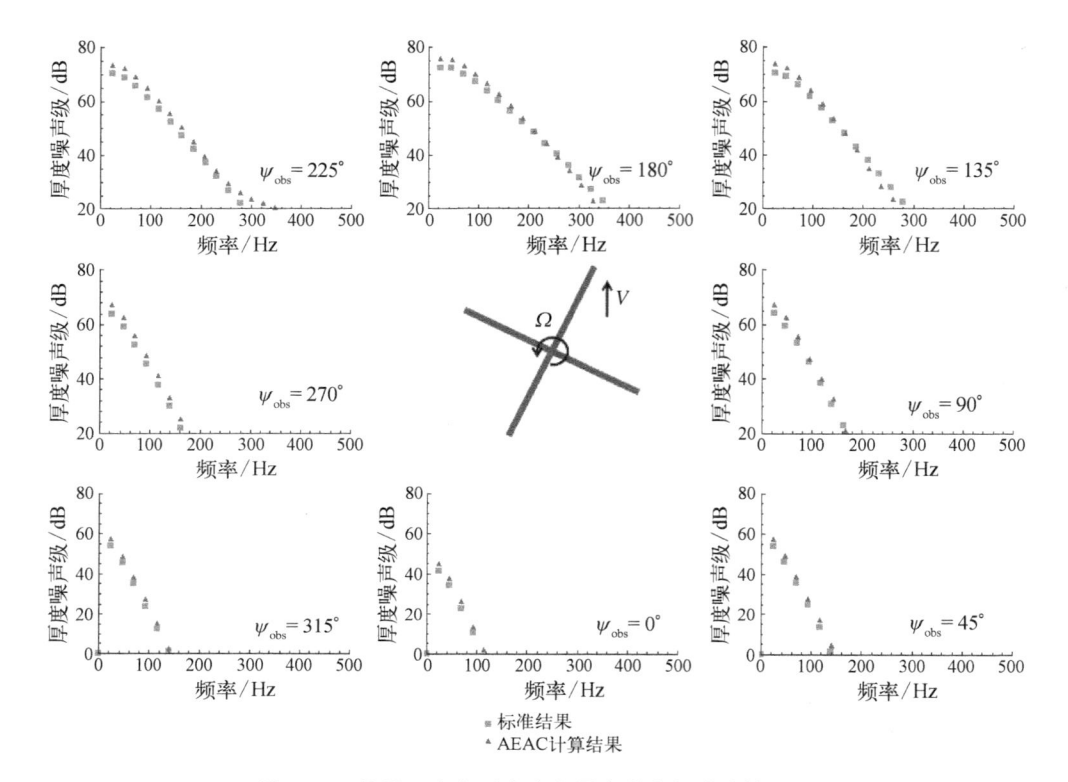

图 6.20　旋翼面内各观察点上厚度噪声频谱计算结果

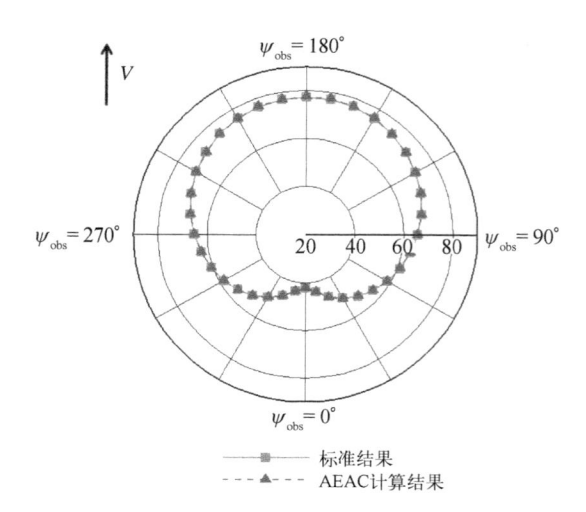

图 6.21　旋翼面内厚度噪声总声压级指向性结果

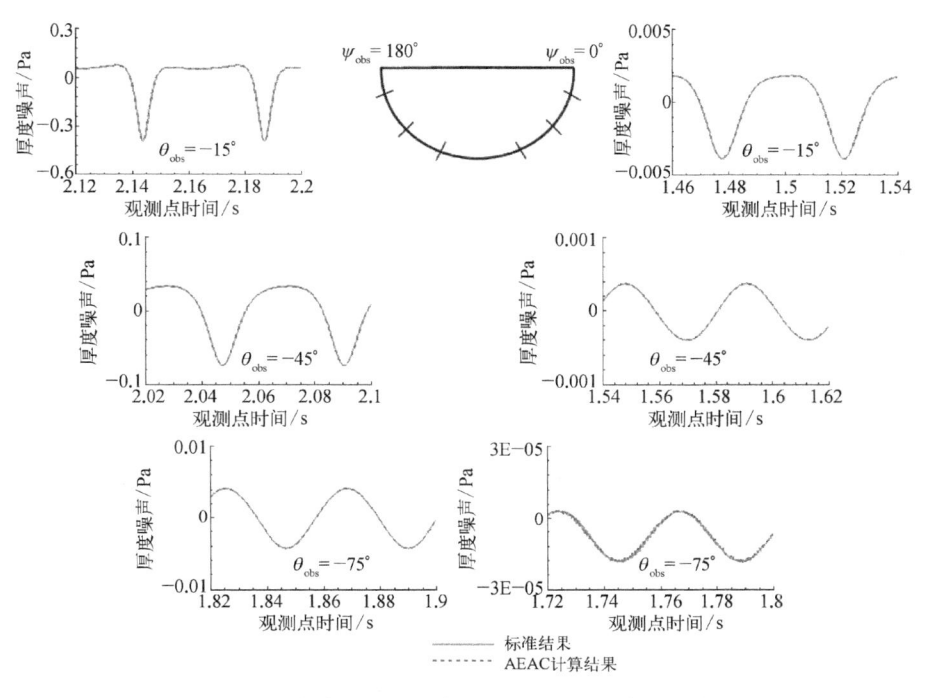

图 6.22　旋翼面外观察点上厚度噪声时域结果(观察点周向角为 0°和 180°)

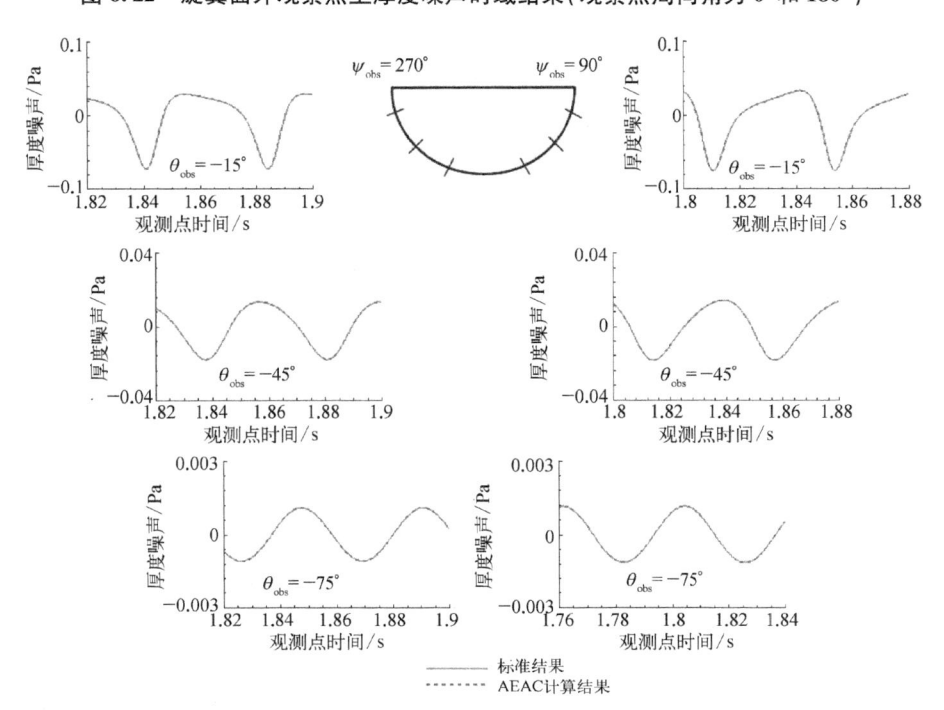

图 6.23　旋翼面外观察点上厚度噪声时域结果(观察点周向角为 90°和 270°)

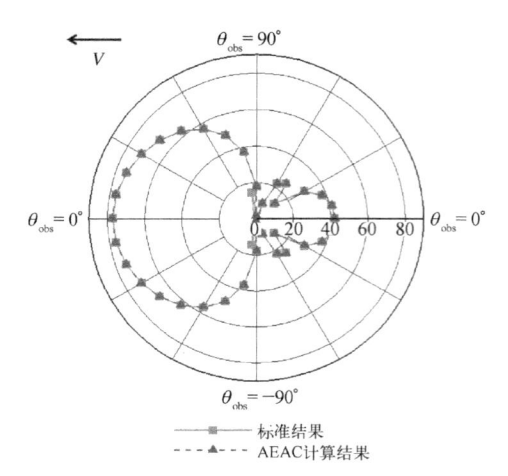

图 6.24　旋翼面外厚度噪声指向性结果(观察点周向角为 0°和 180°)

2. 旋翼载荷噪声分析

本算例采用 Isom 厚度噪声计算思想,来计算直升机旋翼载荷噪声。1975 年,Isom 针对悬停旋翼的远场观察点,提出了一种厚度噪声计算公式。在该公式中,当叶片表面作用大小为 $\rho_0 c_0^2$ 的均匀压力分布时,叶片的厚度噪声与载荷噪声相等。Farassat 证明 Isom 厚度噪声公式适用于任意运动下物体产生的远场厚度噪声。Ffowcs Williams 证明 Isom 厚度噪声公式可以推广到近场。Farassat 等发现,当使用 Isom 厚度噪声公式时,需要将叶片根部和尖部的压力载荷包含在内。

本算例依然使用算例 1 采用的四叶片旋翼,工况也与算例 1 相同。将叶片表面载荷设置为大小为 $\rho_0 c_0^2$ 的均匀压力分布,计算其载荷噪声,与本软件厚度噪声计算结果进行对比。如果两个结果相同,说明载荷噪声计算正确。

本算例的计算设置流程与算例 1 相同,这里不再赘述。因研究对象均为直升机旋翼,声源几何文件也相同,唯一的区别是本算例计算直升机旋翼载荷噪声,对每个声源面来说,除了提供声源几何文件,还需要提供声源载荷文件,这里介绍声源载荷文件。声源载荷文件给定流体作用在声源面上各点的力(对不可穿透声源面)或声源面上各点的流场变量(对可穿透声源面)。声源载荷文件分为结构化数据和非结构化数据。按载荷是否随时间变化又分为定常、周期性、非周期性。按载荷类型分为压力(只适用于不可穿透声源面)、载荷矢量(只适用于不可穿透声源面)、流场变量(只适用于可穿透声源面)。本算例声源载荷文件为一个结构化周期性声源载荷文件,载荷类型为固壁面载荷矢量,其具体格式为

1(1:结构数据;2:非结构数据)
2(1:定常;2:周期性;3 非周期性)
2(1:固壁面压力;2:固壁面载荷矢量;3:可穿透面上的流场变量)
1(1:载荷矢量在大地坐标系中给定;2:载荷矢量在叶片坐标系中给定)

0（为后期预留）
0（为后期预留）
0.1（载荷变化周期）
181（一个周期内的时间步数）
100 100（两个维度上的网格点数）
0.5（时间 1）
时间 1 声源面上各点载荷矢量的 x 分量
时间 1 声源面上各点载荷矢量的 y 分量
时间 1 声源面上各点载荷矢量的 z 分量
1.0（时间 2）
时间 2 声源面上各点载荷矢量的 x 分量
时间 2 声源面上各点载荷矢量的 y 分量
时间 2 声源面上各点载荷矢量的 z 分量
……

图 6.25 所示为旋翼面内各观察点上的厚度噪声和载荷噪声时域结果。图 6.26 和图 6.27 所示为旋翼面外各观察点厚度噪声和载荷噪声时域结果，分别

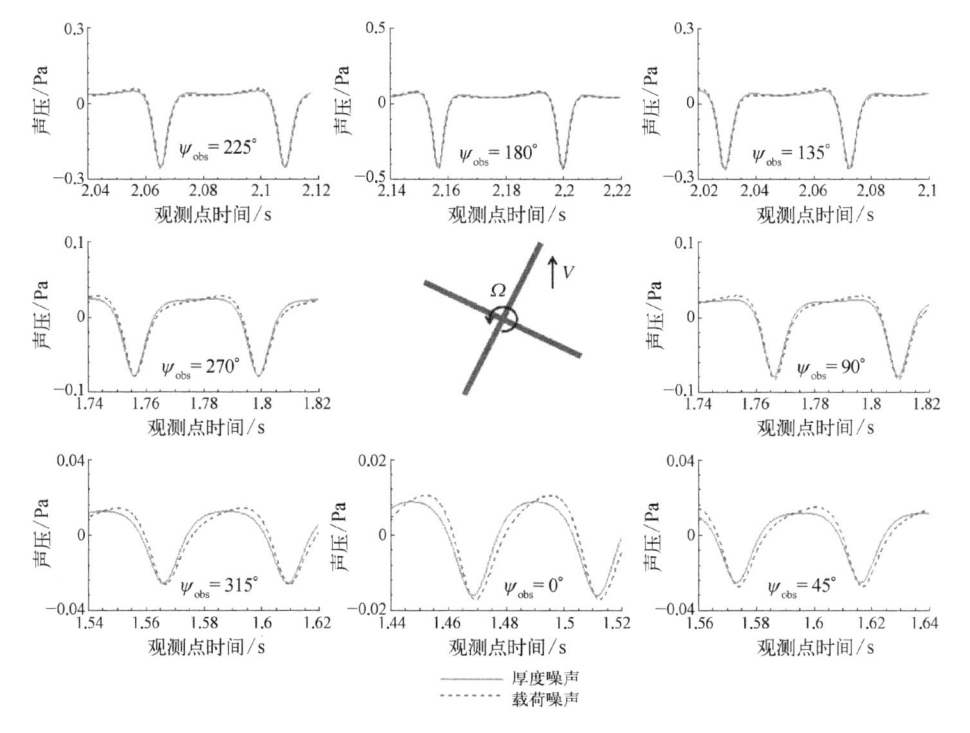

图 6.25 旋翼面内各观察点上的厚度噪声和载荷噪声时域结果

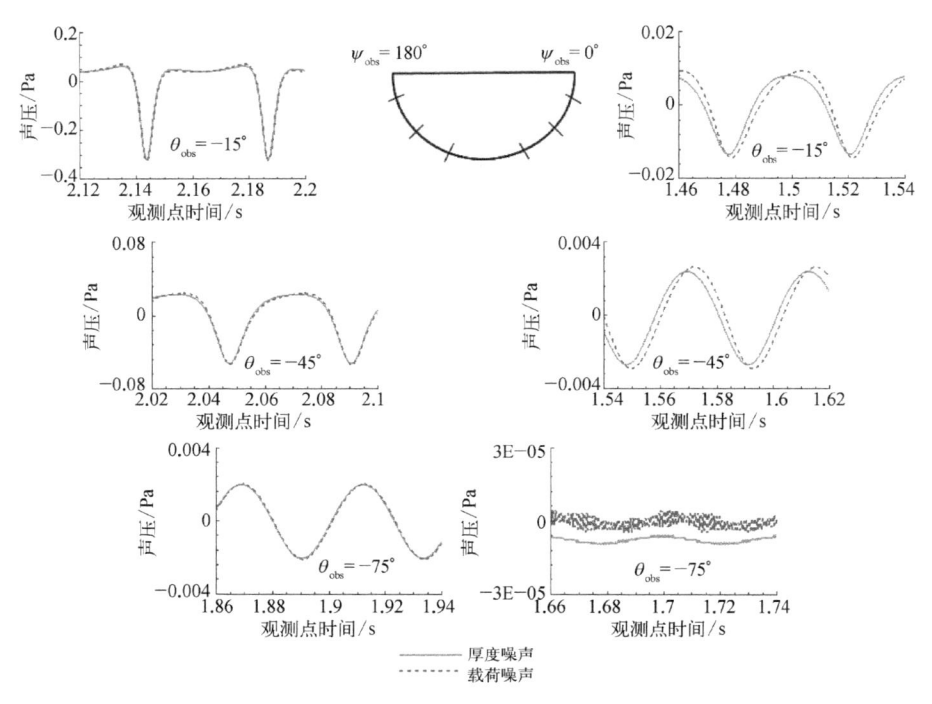

图 6.26　旋翼面外各观察点厚度噪声和载荷噪声时域结果(观察点周向角为 0°和 180°)

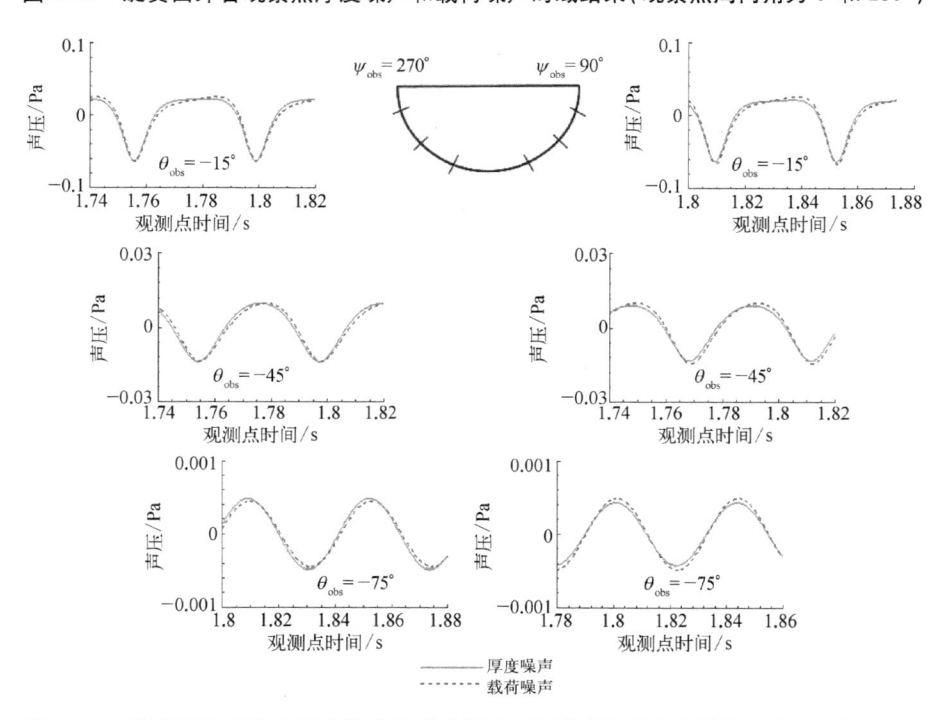

图 6.27　旋翼面外观察点厚度噪声和载荷噪声时域结果(观察点周向角为 90°和 270°)

对应 0°和 180°观察点周向角、90°和 270°观察点周向角。结果表明,在旋翼面内和面外的各观察点上,厚度噪声时域结果与载荷噪声时域结果对应情况均较好。

3. 对转桨扇噪声分析

本算例进行桨扇噪声预测与分析工作。桨扇模型前转子由 8 个叶片组成,后转子由 6 个叶片组成,如图 6.28 所示。模拟工况为起飞条件,来流马赫数为 0.2。

(a) 侧视图　　　　　　　　　　　　(b) 正视图

图 6.28　桨扇几何模型

桨扇定常流场利用雷诺平均方法(RANS)计算,非定常流场采用非线性谐波方法获得。湍流模型采用 S-A 模型。声源面选为桨扇前后转子叶片表面,声源面上的非定常压力信息由之前的 CFD 计算提供。

本算例计算桨扇噪声,包括厚度噪声与载荷噪声。本算例声源面(叶片表面)的运动状态为前飞和旋转,与之前算例直升机旋翼的运动状态相似,其计算设置流程与前面算例基本相同,这里不再赘述。

与之前算例不同的是,本算例采用的声源几何文件为一个非结构化定常声源几何文件。需要注意的是,在非结构化几何文件中,每个点上的外法向量是该点单位外法向量与该点微元面积的乘积。其具体格式如下所示:

2(1:结构数据;2:非结构数据)

1(1:定常;2:周期性;3:非周期性)

0(为后期预留)

0(为后期预留)

4 000(网格点数)

1 000(单元个数)

4(每个单元的网格点数)

1 2 3 4

……(连接矩阵)

x 坐标

y 坐标

z 坐标

外法向量的 x 分量

外法向量的 y 分量

外法向量的 z 分量

另外,本算例采用的是一个非结构化周期性声源载荷文件,载荷类型为壁面压力,其具体格式为:

2(1:结构数据;2:非结构数据)

2(1:定常;2:周期性;3:非周期性)

1(1:固壁面压力;2:固壁面载荷矢量;3:可穿透面上的流场变量)

1(1:载荷矢量在大地坐标系中给定;2:载荷矢量在叶片坐标系中给定)

0(为后期预留)

0(为后期预留)

0.1(载荷变化周期)

181(一个周期内的时间步数)

100　100(两个维度上的网格点数)

0.5(时间1)

时间1声源面上各点压力

1.0(时间2)

时间2声源面上各点压力

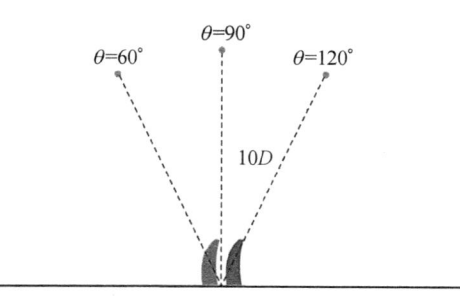

……

图 6.29　桨扇噪声计算的观察点位置

本节共考察三个观察点,观察点与前后转子中心的连线与 z 轴负方向的夹角分别为 60°、90°、120°,各观察点距前后转子中心的距离为 10 倍转子直径,如图 6.29 所示。

图 6.30 所示为三个观察点上的噪声频谱结果,图中包括了本软件计算结果(AEAC FW‑H)和商用软件 NUMECA 的 FW‑H 模块计算结果(NUMECA FW‑H)。本软件和商软 NUMECA FW‑H 模块所使用的输入流场相同。结果表明,在三个观察点上,本软件计算结果和商软计算结果均对应较好。本软件计算结果可以准确捕捉各纯音频率,并且能够准确预测各纯音频率上的声压级。图 6.31 所示为桨扇噪声指向性计算结果。

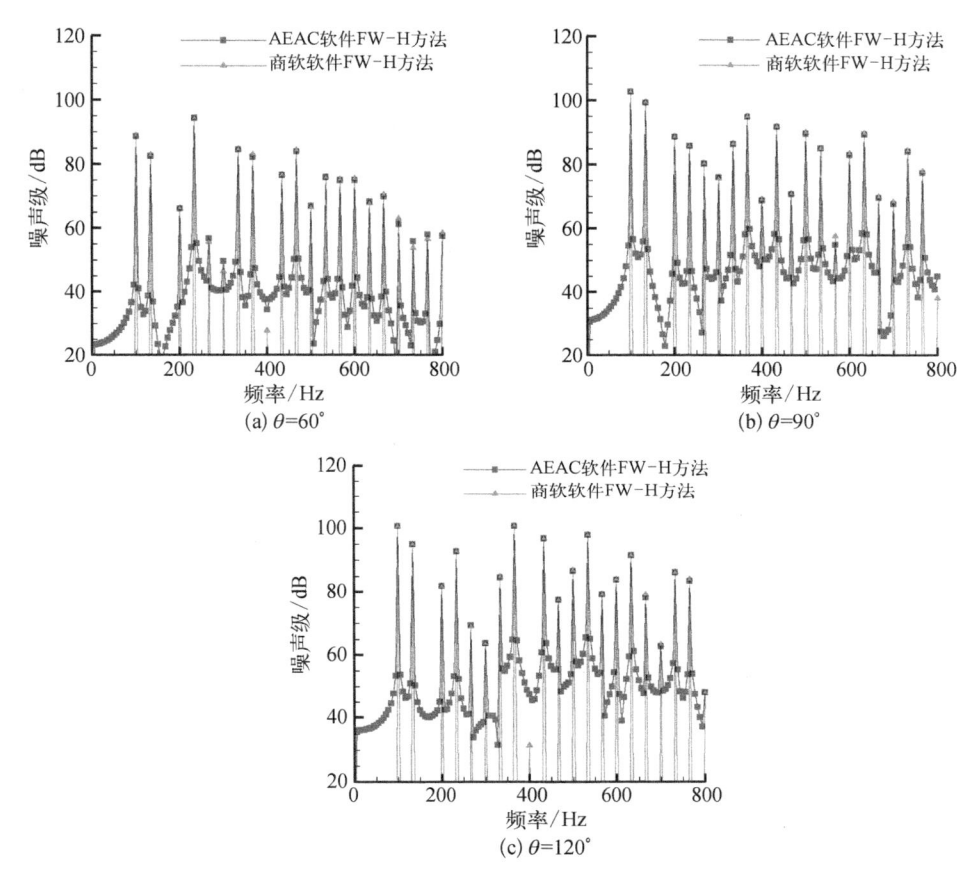

图 6.30 观察点上的桨扇噪声频谱结果

4. ARN 单涵喷流噪声预测

本算例对马赫数 0.9 的单涵道喷流远场噪声进行计算。本算例中,首先通过计算气动声学方法对喷流流场(声源区域)进行高精度数值模拟。之后采用 FW-H 方程进行喷流远场噪声预测。本算例所选声源面为可穿透面,声源面大约与喷流剪切层的发展相平行,其半径往下游逐渐增大,如图 6.32 所示。由于喷流噪声的声源主要集中在喷流核心区附近,因此 FW-H 声源面在轴向位置 $x = 25D$ 处

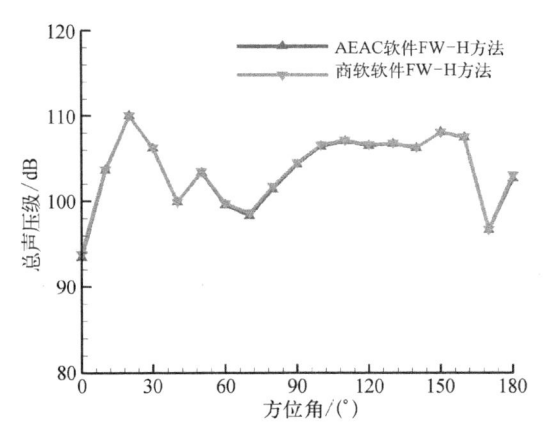

图 6.31 桨扇噪声指向性计算结果

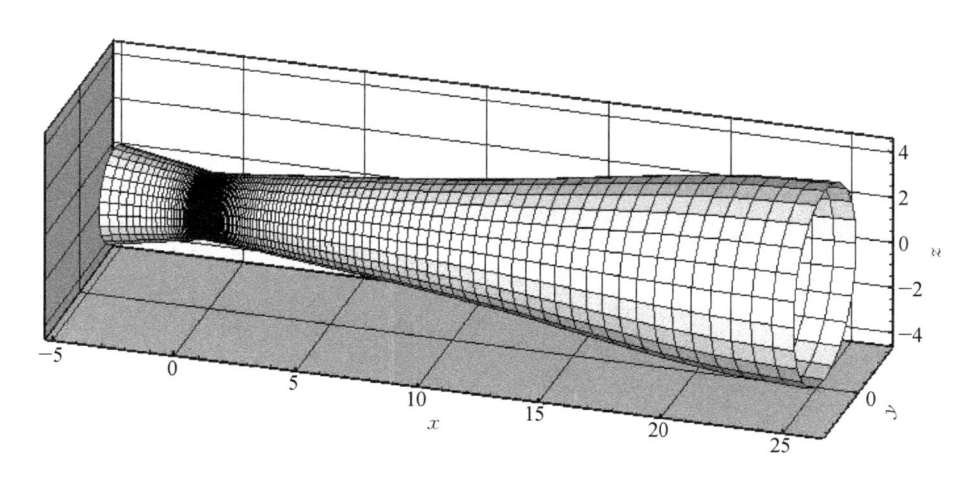

图 6.32 FW-H 积分面及网格

截止,未考虑更远的下游。

在本算例中,声源面静止不动,观察点也静止不动,其计算设置流程与之前算例类似。本算例使用的声源几何文件为非结构定常几何文件,其格式在算例 3 中已经给出,这里不再赘述。本算例使用的声源载荷文件为非结构、非周期性声源载荷文件,载荷类型为可穿透面上的流场变量,其具体格式为:

2(1:结构数据;2:非结构数据)

3(1:定常;2:周期性;3:非周期性)

3(1:固壁面压力;2:固壁面载荷矢量;3:可穿透面上的流场变量)

1(1:流场变量在大地坐标系中给定;2:流场变量在叶片坐标系中给定)

0(为后期预留)

0(为后期预留)

100(时间步数)

2 000(网格点数)

0.5(时间 1)

时间 1 下各点的流场密度

时间 1 下各点流场速度的 x 分量

时间 1 下各点流场速度的 y 分量

时间 1 下各点流场速度的 z 分量

时间 1 下各点的流场压力

1.0(时间 2)

时间 2 下各点的流场密度

时间 2 下各点流场速度的 x 分量

时间 2 下各点流场速度的 y 分量

时间 2 下各点流场速度的 z 分量

时间 2 下各点的流场压力

……

  图 6.33 分别给出了 90°和 150°两个观察点处的喷流远场噪声频谱,观察点位置离喷口圆心位置 60 倍直径,并将计算结果与实验测量结果进行了对比。从图中可以看到,数值模拟的结果与实验在小于 40 kHz 的范围内符合得较好,验证了软

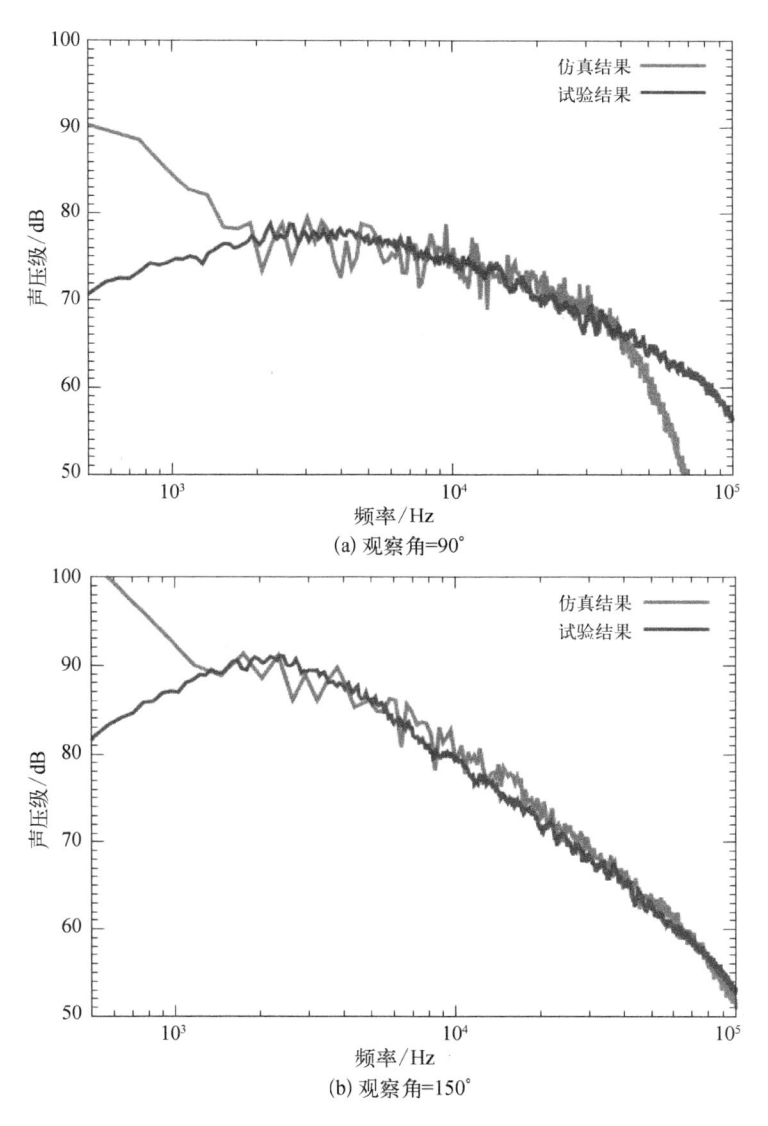

(a) 观察角=90°

(b) 观察角=150°

图 6.33 马赫数 0.9 喷流远场频谱(60 倍直径)

件预测喷流噪声的准确性。由于所选积分时间范围不足够长,低频部分存在一定的偏差,可以通过延长积分时间来减小偏差。图 6.34 所示为远场噪声指向性结果,并与实验结果进行了对比,同样符合情况较好。

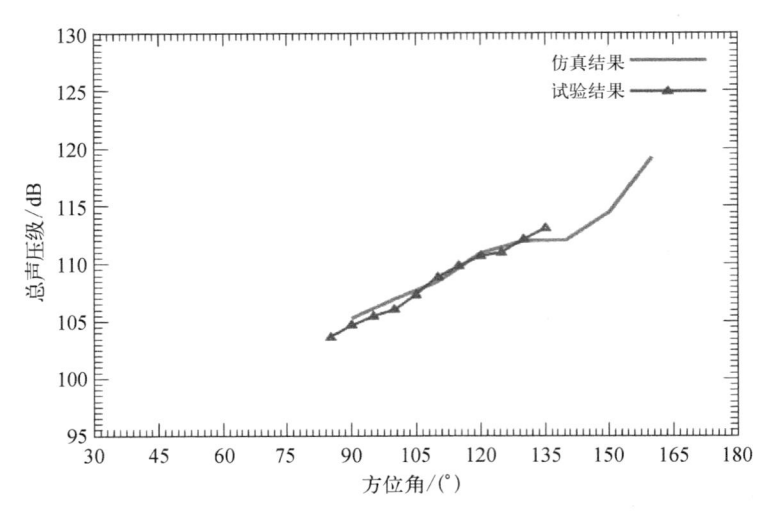

图 6.34 远场噪声指向性

6.2 计算气动声学仿真

20 世纪 80 年代中后期,随着计算机和计算技术的发展,计算流体力学和气动声学的一门交叉学科——计算气动声学(CAA)出现了,20 世纪 90 年代中后期更成为气动声学的研究热点,发展了包括非定常雷诺平均、大涡模拟、脱体涡模拟和直接数值模拟等不同层次的模拟策略。低频散低耗散的高精度格式和无反射边界条件是计算气动声学的两大特点,也是区别于传统的计算流体力学的两个关键因素。

经过多年的发展,计算气动声学方法已经能够非常准确地模拟和预测考虑复杂几何形状与背景流动的气动噪声传播,但是声源特性仍然依赖实验测量或者非定常 CFD 计算结果。在机理研究方面,不少研究者采用 CAA 方法求解线化欧拉方程研究阵风/翼型或者阵风/叶栅干涉问题[7-11]。相对于理论研究,采用 CAA 方法能够更好地考虑叶片几何形状、背景非均匀流动等因素对噪声的影响。然而,由于转子叶片流动为强非线性三维流动,而且涉及湍流,这些针对线化模型的 CAA 研究,难以进一步提高人们对转静干涉噪声,尤其是宽带分量发声机理的理解。近年来,在非线性无反射边界条件、高效时间推进方法、适用于复杂几何边界离散方法等方面的进展极大地提高了 CAA 处理复杂气动声学问题的能力。研究者开始把注意力转向采用更直接的方法,即采用 URANS、LES 或者 DES 湍流模拟策略,直接应用 CAA 方法求解开式转子的非定常流场和声场。NASA AMES 研究中心的 Housman 和 Kiris[12]采用高阶 WENO 有限差分格式、重叠网格技术、LES/RANS 混合方法数值模拟了 NASA Glenn 研究中心提供的标准开式转子模型,该转子采用 GE F31/A31 叶片。他们的数值模拟采用分区结构网格,该网格表 428 亿节点,预测结果与 NASA 的风洞试验对比符合得很好,说明高精度数值模拟预测方法在准确模拟开式转子气动噪声上是可行的。

国内针对转子叶片,尤其是开式转子的研究工作相对较少,研究的问题也主要集中在动力性能的领域,研究噪声问题的工作不多,特别是数值模拟转子叶片噪声特性方面的研究几乎空白。1987 年左右,随着世界开式转子的研究热潮,国内少数学者也进行了少量转子叶片气动噪声模型预测的研究工作,如北京航空航天大学孙晓峰等[13]根据声类比理论(FW－H)方程,分别发展和验证了基于 FW－H 方程的频域和时域求解方法,通过 CFD 计算或实验测量获得了桨叶的载荷分布,结合转子叶片几何参数、转速等相关参数就可实现较高精度的远场声辐射预测,可满足转子叶片声学特性的参数研究和设计要求。

在数值模拟方面,国内鲜有研究者开展开式转子气动噪声的数值模拟预测工作,但是在计算气动声学基础研究方面取得了不少成果,在某些方面基本与国际同行保持同一水平,如北京航空航天大学李晓东团队长期从事计算气动声学领域的研究[14-17],在空间频散相关保持格式、多时间步推进方法、宽频时域阻抗边界条件、无反射边界条件等 CAA 基础研究方面的工作已经处于国际前列;在来流湍流干扰噪声方面开展了相应的研究,如圆柱翼型干扰研究、阵风干涉研究等;在翼型尾缘噪声的降噪策略方面也开展了许多研究工作,如锯齿降噪技术、毛刷降噪技术等,也开展了亥姆霍兹共振腔的吸声机理研究;发展了一套并行化的包含二维、轴对称三维及全三维的高精度计算气动声学数值模拟和远声场积分软件,先后通过了一系列标准模型问题的严格测试,并且已经成功应用于包括喷流噪声、空腔流激振荡发声、机体噪声及航空发动机进口声辐射等复杂气动声学问题,此外,近年来还研发了一套具有国际先进水平的基于半经验方法的大型民机机体噪声预测设计软件包,这些软件均已在我国大飞机和发动机的声学设计中发挥着不可替代的重要作用。

本节首先介绍了计算气动声学(CAA)的基本理论,随后对空间离散格式、时间推进格式、无反射边界条件、湍流模拟方法、动静网格边界处理以及高阶非结构网格等方法模型进行介绍。为保证基于计算气动声学的噪声高精度预测功能的工程适用性,本节应用泰勒-库埃特(Taylor-Couette)流动、旋转网格上的二维涡波迁移和旋转椭圆柱等经典算例进行分析,验证方法的可靠性和准确性。最后以典型的风扇和尾喷口为算例,进行计算气动声学工程应用分析,验证了方法的工程适用性。

6.2.1 基本理论介绍

采用全三维非定常可压缩 Favre 平均纳维-斯托克斯方程作为求解的主控方程：

$$\frac{\partial Q}{\partial t} + \frac{\partial F}{\partial x} + \frac{\partial G}{\partial y} + \frac{\partial H}{\partial z} = 0 \quad (6.54)$$

其中，

$$Q = \begin{bmatrix} \rho \\ \rho u \\ \rho v \\ \rho w \\ \rho e \end{bmatrix} \quad (6.55)$$

流矢量：

$$F = \begin{bmatrix} \rho u \\ \rho u^2 + p - \tau_{xx} \\ \rho uv - \tau_{xy} \\ \rho uw - \tau_{xz} \\ (\rho e + p)u - u\tau_{xx} - v\tau_{xy} - w\tau_{xz} + q_x \end{bmatrix} \quad (6.56)$$

$$G = \begin{bmatrix} \rho v \\ \rho uv - \tau_{xy} \\ \rho v^2 + p - \tau_{yy} \\ \rho vw - \tau_{yz} \\ (\rho e + p)v - u\tau_{xy} - v\tau_{yy} - w\tau_{yz} + q_y \end{bmatrix} \quad (6.57)$$

$$H = \begin{bmatrix} \rho w \\ \rho uw - \tau_{xz} \\ \rho vw - \tau_{yz} \\ \rho w^2 - \tau_{zz} \\ (\rho e + p)w - u\tau_{xz} - v\tau_{yz} - w\tau_{zz} + q_z \end{bmatrix} \quad (6.58)$$

$$e = \frac{p}{(\gamma - 1)\rho} + \frac{u^2 + v^2 + w^2}{2} \quad (6.59)$$

其中，τ_{xx}、τ_{yy}、τ_{zz}、τ_{yz}、τ_{xy}、τ_{xz} 为黏性应力；e 为总能量；γ 为比热容比，值为 1.4。

$$\tau_{xx} = 2\mu \frac{\partial u}{\partial x} - \frac{2}{3}\mu \nabla \cdot \boldsymbol{V} \tag{6.60}$$

$$\tau_{yy} = 2\mu \frac{\partial v}{\partial y} - \frac{2}{3}\mu \nabla \cdot \boldsymbol{V} \tag{6.61}$$

$$\tau_{zz} = 2\mu \frac{\partial w}{\partial z} - \frac{2}{3}\mu \nabla \cdot \boldsymbol{V} \tag{6.62}$$

$$\tau_{xy} = \mu\left(\frac{\partial u}{\partial y} + \frac{\partial v}{\partial x}\right) \tag{6.63}$$

$$\tau_{xz} = \mu\left(\frac{\partial u}{\partial z} + \frac{\partial w}{\partial x}\right) \tag{6.64}$$

$$\tau_{yz} = \mu\left(\frac{\partial w}{\partial y} + \frac{\partial v}{\partial z}\right) \tag{6.65}$$

其中，$\boldsymbol{V}$ 为速度矢量；q_x、q_y、q_z 为热传导系数；u、v 和 w 分别为 x、y 和 z 方向上的速度分量；p 为压力；ρ 为密度。

由于直接求解全三维非定常可压缩纳维-斯托克斯方程，即直接数值模拟（DNS），需要巨大的计算量，在高雷诺数时显然难以实现，为了减小计算量，通常采用大涡模拟方法，此时求解的方程为 Favre 平均纳维-斯托克斯方程。

通常需要把控制方程从物理域转换到计算域：

$$\begin{aligned}\xi &= \xi(x, y, z, t)\\ \eta &= \eta(x, y, z, t)\\ \zeta &= \zeta(x, y, z, t)\end{aligned} \tag{6.66}$$

其中，

$$\frac{\partial}{\partial x} = \xi_x \frac{\partial}{\partial \xi} + \eta_x \frac{\partial}{\partial \eta} + \zeta_x \frac{\partial}{\partial \zeta} + t_x \frac{\partial}{\partial t} \tag{6.67}$$

$$\frac{\partial}{\partial y} = \xi_y \frac{\partial}{\partial \xi} + \eta_y \frac{\partial}{\partial \eta} + \zeta_y \frac{\partial}{\partial \zeta} + t_y \frac{\partial}{\partial t} \tag{6.68}$$

$$\frac{\partial}{\partial z} = \xi_z \frac{\partial}{\partial \xi} + \eta_z \frac{\partial}{\partial \eta} + \zeta_z \frac{\partial}{\partial \zeta} + t_z \frac{\partial}{\partial t} \tag{6.69}$$

$$\frac{\partial}{\partial t} = \xi_t \frac{\partial}{\partial \xi} + \eta_t \frac{\partial}{\partial \eta} + \zeta_t \frac{\partial}{\partial \zeta} + t_t \frac{\partial}{\partial t} \tag{6.70}$$

雅可比行列式：

$$J = \left| \frac{\partial(\xi, \eta, \zeta, t)}{\partial(x, y, z, t)} \right| = \begin{vmatrix} \xi_x & \xi_y & \xi_z & \xi_t \\ \eta_x & \eta_y & \eta_z & \eta_t \\ \zeta_x & \zeta_y & \zeta_z & \zeta_t \\ 0 & 0 & 0 & 1 \end{vmatrix} \tag{6.71}$$

其中,

$$\xi_x = J(y_\eta z_\zeta - y_\zeta z_\eta) \tag{6.72}$$

$$\xi_y = J(x_\zeta z_\eta - x_\eta z_\zeta) \tag{6.73}$$

$$\xi_z = J(x_\eta y_\zeta - x_\zeta y_\eta) \tag{6.74}$$

$$\xi_t = -x_t \xi_x - y_t \xi_y - z_t \xi_z \tag{6.75}$$

$$\eta_x = J(y_\zeta z_\xi - y_\xi z_\zeta) \tag{6.76}$$

$$\eta_y = J(x_\xi z_\zeta - x_\zeta z_\xi) \tag{6.77}$$

$$\eta_z = J(x_\zeta y_\xi - x_\xi y_\zeta) \tag{6.78}$$

$$\eta_t = -x_t \eta_x - y_t \eta_y - z_t \eta_z \tag{6.79}$$

$$\zeta_x = J(y_\xi z_\eta - y_\eta z_\xi) \tag{6.80}$$

$$\zeta_y = J(x_\eta z_\xi - x_\xi z_\eta) \tag{6.81}$$

$$\zeta_z = J(x_\xi y_\eta - x_\eta y_\xi) \tag{6.82}$$

$$\zeta_t = -x_t \zeta_x - y_t \zeta_y - z_t \zeta_z \tag{6.83}$$

计算域下的 Favre 滤波纳维-斯托克斯方程形式如下:

$$\frac{\partial \tilde{Q}}{\partial t} + \frac{\partial (\tilde{F}_c - \tilde{F}_v)}{\partial \xi} + \frac{\partial (\tilde{G}_c - \tilde{G}_v)}{\partial \eta} + \frac{\partial (\tilde{H}_c - \tilde{H}_v)}{\partial \zeta} = 0 \tag{6.84}$$

其中,

$$\tilde{Q} = \frac{1}{J} \begin{bmatrix} \bar{\rho} \\ \bar{\rho}\tilde{u} \\ \bar{\rho}\tilde{v} \\ \bar{\rho}\tilde{\omega} \\ \bar{\rho}\tilde{e} \end{bmatrix} \tag{6.85}$$

$$\tilde{F}_c = \frac{1}{J} \begin{bmatrix} \bar{\rho}\tilde{U} \\ \bar{\rho}\tilde{u}\tilde{U} + \xi_x \bar{p} \\ \bar{\rho}\tilde{v}\tilde{U} + \xi_y \bar{p} \\ \bar{\rho}\tilde{w}\tilde{U} + \xi_z \bar{p} \\ \bar{\rho}(\tilde{e} + \bar{p})\tilde{U} \end{bmatrix}, \tilde{G}_c = \frac{1}{J} \begin{bmatrix} \bar{\rho}\tilde{V} \\ \bar{\rho}\tilde{u}\tilde{V} + \eta_x \bar{p} \\ \bar{\rho}\tilde{v}\tilde{V} + \eta_y \bar{p} \\ \bar{\rho}\tilde{w}\tilde{V} + \eta_z \bar{p} \\ \bar{\rho}(\tilde{e} + \bar{p})\tilde{V} \end{bmatrix}, \tilde{H}_c = \frac{1}{J} \begin{bmatrix} \bar{\rho}\tilde{W} \\ \bar{\rho}\tilde{u}\tilde{W} + \zeta_x \bar{p} \\ \bar{\rho}\tilde{v}\tilde{W} + \zeta_y \bar{p} \\ \bar{\rho}\tilde{w}\tilde{W} + \zeta_z \bar{p} \\ \bar{\rho}(\tilde{e} + \bar{p})\tilde{W} \end{bmatrix} \tag{6.86}$$

$$\tilde{F}_v = \frac{1}{J} \begin{bmatrix} 0 \\ \xi_x(\bar{\tau}_{xx}+\sigma_{xx}) + \xi_y(\bar{\tau}_{xy}+\sigma_{xy}) + \xi_z(\bar{\tau}_{xz}+\sigma_{xz}) \\ \xi_x(\bar{\tau}_{xy}+\sigma_{xy}) + \xi_y(\bar{\tau}_{yy}+\sigma_{yy}) + \xi_z(\bar{\tau}_{yz}+\sigma_{yz}) \\ \xi_x(\bar{\tau}_{xz}+\sigma_{xz}) + \xi_y(\bar{\tau}_{yz}+\sigma_{yz}) + \xi_z(\bar{\tau}_{zz}+\sigma_{zz}) \\ \xi_x b_x + \xi_y b_y + \xi_z b_z \end{bmatrix} \quad (6.87)$$

$$\tilde{G}_v = \frac{1}{J} \begin{bmatrix} 0 \\ \eta_x(\bar{\tau}_{xx}+\sigma_{xx}) + \eta_y(\bar{\tau}_{xy}+\sigma_{xy}) + \eta_z(\bar{\tau}_{xz}+\sigma_{xz}) \\ \eta_x(\bar{\tau}_{xy}+\sigma_{xy}) + \eta_y(\bar{\tau}_{yy}+\sigma_{yy}) + \eta_z(\bar{\tau}_{yz}+\sigma_{yz}) \\ \eta_x(\bar{\tau}_{xz}+\sigma_{xz}) + \eta_y(\bar{\tau}_{yz}+\sigma_{yz}) + \eta_z(\bar{\tau}_{zz}+\sigma_{zz}) \\ \eta_x b_x + \eta_y b_y + \eta_z b_z \end{bmatrix} \quad (6.88)$$

$$\tilde{H}_v = \frac{1}{J} \begin{bmatrix} 0 \\ \zeta_x(\bar{\tau}_{xx}+\sigma_{xx}) + \zeta_y(\bar{\tau}_{xy}+\sigma_{xy}) + \zeta_z(\bar{\tau}_{xz}+\sigma_{xz}) \\ \zeta_x(\bar{\tau}_{xy}+\sigma_{xy}) + \zeta_y(\bar{\tau}_{yy}+\sigma_{yy}) + \zeta_z(\bar{\tau}_{yz}+\sigma_{yz}) \\ \zeta_x(\bar{\tau}_{xz}+\sigma_{xz}) + \zeta_y(\bar{\tau}_{yz}+\sigma_{yz}) + \zeta_z(\bar{\tau}_{zz}+\sigma_{zz}) \\ \zeta_x b_x + \zeta_y b_y + \zeta_z b_z \end{bmatrix} \quad (6.89)$$

其中，

$$\tilde{U} = \xi_x u + \xi_y v + \xi_z w + \xi_t \quad (6.90)$$

$$\tilde{V} = \eta_x u + \eta_y v + \eta_z w + \eta_t \quad (6.91)$$

$$\tilde{W} = \zeta_x u + \zeta_y v + \zeta_z w + \zeta_t \quad (6.92)$$

$$b_x = u(\bar{\tau}_{xx}+\sigma_{xx}) + v(\bar{\tau}_{xy}+\sigma_{xy}) + w(\bar{\tau}_{xz}+\sigma_{xz}) + \dot{q}_x \quad (6.93)$$

$$b_y = u(\bar{\tau}_{xy}+\sigma_{xy}) + v(\bar{\tau}_{yy}+\sigma_{yy}) + w(\bar{\tau}_{yz}+\sigma_{yz}) + \dot{q}_y \quad (6.94)$$

$$b_z = u(\bar{\tau}_{xz}+\sigma_{xz}) + v(\bar{\tau}_{yz}+\sigma_{yz}) + w(\bar{\tau}_{zz}+\sigma_{zz}) + \dot{q}_z \quad (6.95)$$

其中，$\tilde{F}_c$、$\tilde{G}_c$、$\tilde{H}_c$ 为对流通量；$\tilde{F}_v$、$\tilde{G}_v$、$\tilde{H}_v$ 为黏性通量；$\dot{q}_i = Q_i + \bar{q}_i$ 为热流通量；$\bar{\tau}_{ij}$ 为黏性应力。σ_{ij} 和 Q_i 分别为亚格子应力和热传导项，这两项是由滤波产生的亚格子量，因此需要联立亚格子模型求解，表达式如下：

$$\sigma_{ij} = \bar{p}(\tilde{u}_i \tilde{u}_j - \widetilde{u_i u_j}) \quad (6.96)$$

$$Q_i = c_p \bar{p}(\tilde{T}\tilde{u}_i - \widetilde{Tu_i}) \quad (6.97)$$

通过合理的大涡模拟模型，上面的亚格子应力项就可以求解出来。

6.2.2 方法模型

1. 空间离散格式

下面将对空间离散方法进行介绍。空间离散主要使用谱差分方法(spectral difference method, SDM)。

谱差分方法是一种新的基于非结构网格的高精度差分方法,最早由 Liu 等[18] 提出,Wang 等[19] 把它推广到欧拉方程,Sun 等[20] 把它推广到基于六面体的三维纳维-斯托克斯方程。在一维、二维四边形(quadrilateral)、三维六面体(hexahedral)的情况下,谱差分方法等同于 Kopriva 和 Kolias 提出的多域谱方法(multi-domain spectral method)。

由于谱差分方法基于控制方程的差分形式,因此很容易获得高的精度,并且高效。很多研究者对谱差分方法进行了应用研究,把它推广到计算流体力学上,如 Liang 等[21] 把大涡模拟方法应用到其发展的基于六面体的谱差分程序中,并且把它应用到可压缩槽道湍流的数值模拟中,取得了不错的结果。最近,Zhou 和 Wang[22] 成功地把谱差分方法应用到计算气动声学问题中,求解了一系列 CAA 的标准问题。在他们的研究中,采用了完全耦合层无反射边界条件。他们的数值模拟结果与解析解对比符合得很好,表明基于非结构网格的高阶谱差分方法可以准确地求解声学问题。

由于对于二维空间或者三维空间离散的方法原理相同,为了叙述与理解的方便,下面仅对四边形单元上的谱差分方法进行介绍,六面体上的离散与此非常类似,不再一一赘述,考虑如下守恒形式的二维可压纳维-斯托克斯方程:

$$\frac{\partial Q}{\partial t} + \frac{\partial F_c}{\partial x} + \frac{\partial G_c}{\partial y} - \frac{\partial F_v}{\partial x} - \frac{\partial G_v}{\partial y} = 0 \qquad (6.98)$$

其中,Q 为守恒变量,F_c、G_c、F_v 和 G_v 分别为包含无黏和有黏通量的通量总和。为了达到高精度,所有物理域中的四边形单元通过变换转化为一个标准的正方形单元($0 \leq \xi \leq 1, 0 \leq \eta \leq 1$)中,这个变换可以表示为

$$\begin{bmatrix} x \\ y \end{bmatrix} = \sum_{i=1}^{k} M_i [\xi, \eta] \begin{bmatrix} x_i \\ y_i \end{bmatrix} \qquad (6.99)$$

其中,k 为定义物理单元所用到的总点数,(x_i, y_i) 为这些点的笛卡儿坐标;$M(\xi, \eta)$ 为单元形状函数。对于直边的四边形,$k=4$,对于在曲边边界上的单元,8 个点能够定义一个二次四边形,12 个点能够定义一个三阶四边形。对于每一个单元,变形后的标度(metric)和雅可比行列式可以计算得到,雅可比行列式可以表示为

$$\frac{1}{J} = \begin{bmatrix} x_\xi x_\eta \\ y_\xi y_\eta \end{bmatrix} \qquad (6.100)$$

这样,物理域中的控制方程可以转换到计算域,转换后的方程形式为

$$\frac{\partial \tilde{Q}}{\partial t} + \frac{\partial \tilde{F}}{\partial \xi} + \frac{\partial \tilde{G}}{\partial \eta} = 0 \quad (6.101)$$

其中,$\tilde{Q} = Q/|J|$,
$\tilde{F} = [(F_c - F_v)\xi_x + (G_c - G_v)\xi_y]/|J|$,
$\tilde{G} = [(F_c - F_v)\eta_x + (G_c - G_v)\eta_y]/|J|$
$$(6.102)$$

对于一个标准单元,需要定义两套点,即解点(solution points)和通量点(flux points),如图 6.35 所示。为了在每个方向得到 $N-1$ 阶的多项式,需要 N 个解点。可以选择高斯点为解点,其一维形式为

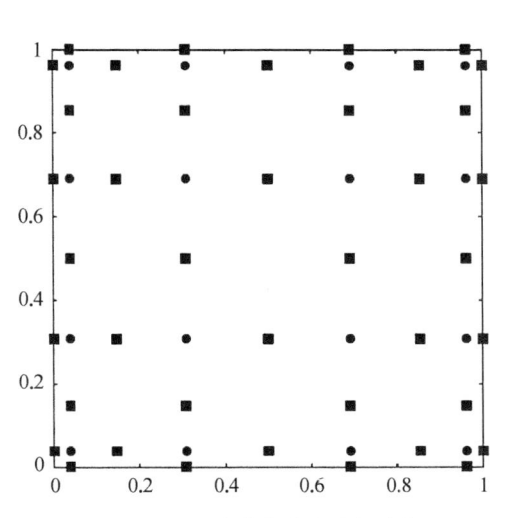

图 6.35 四阶谱差分方法解点与通量点分布示意图

$$x_s(j) = 0.5\left[1 - \cos\left(\frac{2j-1}{2N}\pi\right)\right], \quad j = 1, 2, \cdots, N \quad (6.103)$$

选择 Huynh 和 Van den Abeele 提出的勒让德-高斯交点为通量点,其点的坐标是勒让德-高斯多项式的根,外加单元的两个顶点 0 和 1:

$$P_n(\xi) = \frac{2n-1}{n}(2\xi - 1)P_{n-1}(\xi) - \frac{n-1}{n}P_{n-2}(\xi) \quad (6.104)$$

根据拉格朗日插值多项式,由 N 个解点可以得到一个 $N-1$ 阶的多项式,$N+1$ 个通量点可以得到一个 N 阶多项式:

$$h_i(x) = \prod_{s=1, s\neq i}^{N}\left(\frac{x - x_s}{x_i - x_s}\right) \quad (6.105)$$

$$l_{i+1/2}(x) = \prod_{s=1, s\neq i}^{N}\left(\frac{x - x_{s+1/2}}{x_{i+1/2} - x_{s+1/2}}\right) \quad (6.106)$$

标准单元中守恒变量的重构可以表示为

$$\tilde{Q}(\xi, \eta) = \sum_{j=1}^{N}\sum_{i=1}^{N}\tilde{Q}_{i,j}h_i(\xi)h_j(\eta) \quad (6.107)$$

类似地,通量多项式可以表示为

$$\tilde{F}(\xi, \eta) = \sum_{j=1}^{N}\sum_{i=0}^{N}\tilde{F}_{i+\frac{1}{2},j}l_{i+\frac{1}{2}}(\xi)h_j(\eta) \quad (6.108)$$

$$\tilde{G}(\xi, \eta) = \sum_{j=1}^{N} \sum_{i=0}^{N} \tilde{G}_{i,j+1/2} h_i(\xi) l_{j+1/2}(\eta) \tag{6.109}$$

重构的通量多项式是单元内分段连续的,在单元边界处不连续。对于无黏通量,采用黎曼算子来计算边界处的通量,以保证守恒与稳定性。

总的来说,计算无黏通量导数的计算步骤如下:

(1)给出解点的守恒变量值,根据公式(6.107)计算得到通量点的守恒变量值;

(2)根据步骤(1)中的守恒变量计算内场通量点上的无黏通量;

(3)单元边界处的无黏通量根据 Rusanov/Roe 算子计算;

(4)解点上的通量的导数可以根据拉格朗日插值公式的导数采用如下公式计算:

$$\left(\frac{\partial \tilde{F}}{\partial \xi} \right)_{i,j} = \sum_{r=0}^{N} \tilde{F}_{r+\frac{1}{2},j} l'_{r+\frac{1}{2}}(\xi_i) \tag{6.110}$$

$$\left(\frac{\partial \tilde{G}}{\partial \eta} \right)_{i,j} = \sum_{r=0}^{N} \tilde{G}_{i,r+\frac{1}{2}} l'_{r+\frac{1}{2}}(\eta_j) \tag{6.111}$$

对于黏性通量,由于它是守恒量和守恒量梯度的函数,因此求解稍微复杂一些。例如,有黏通量 $f_v(Q, \nabla Q)$ 和 $g_v(Q, \nabla Q)$ 分别为

$$f_v(Q, \nabla Q) = \begin{bmatrix} 0 \\ \tau_{xx} \\ \tau_{xy} \\ u\tau_{xx} + v\tau_{xy} + c_p \dfrac{\mu}{Pr} \dfrac{\partial T}{\partial x} \end{bmatrix} \tag{6.112}$$

$$g_v(Q, \nabla Q) = \begin{bmatrix} 0 \\ \tau_{xy} \\ \tau_{yy} \\ u\tau_{xx} + v\tau_{xy} + c_p \dfrac{\mu}{Pr} \dfrac{\partial T}{\partial x} \end{bmatrix} \tag{6.113}$$

其中,μ 为动力黏性系数; c_p 为比定压热容; Pr 为普朗特数; T 为温度; τ_{xx}、τ_{xy}、τ_{yy} 分别为黏性应力,可以表示为

$$\tau_{ij} = \mu \left(\frac{\partial u_i}{\partial x_j} + \frac{\partial u_j}{\partial x_i} + \delta_{ij} \frac{2}{3} \nabla \cdot u \right), \ i,j = 1, 2 \tag{6.114}$$

计算有黏通量的步骤如下:

(1) 根据公式(6.107),从解点守恒变量重构通量点守恒变量 Q_f;

(2) 平均单元边界上的 Q_f, $\bar{Q}_f = \frac{1}{2}(Q_f^L + Q_f^R)$,单元内的值不变;对边界上的通量点应用边界条件;

(3) 根据公式(6.110)和公式(6.111),由上一步得到的 $\bar{Q}_f$ 求 ∇Q;

(4) 根据公式(6.107)重构通量点上的 ∇Q,对单元界面上的值进行平均,$\nabla \bar{Q}_f = \frac{1}{2}(\nabla Q_f^L + \nabla Q_f^R)$,同时对边界上的通量点应用边界条件;

(5) 根据通量公式求通量点的有黏通量。

2. 时间推进格式

关于 CAA 中常用两种时间推进格式,分别是基于优化的亚当斯-巴什福思(Adam-Bashforth)格式和龙格-库塔法,而亚当斯-巴什福思格式还可以采用多时间步方法,下面将分别进行介绍。

1) 亚当斯-巴什福思格式

在非定常数值模拟过程中,对于多尺度流动结构,在不同区域需要采用相应尺度的网格。为保证数值解的时间相关性,通常整场采用统一的时间步长,并且时间步长由计算域中最小的网格尺度来确定,然而这种策略使得其他大尺度区域的求解只能采用非常小的时间步长,这极大地浪费了计算量。近年来,北京航空航天大学流体与声学实验室发展了基于优化的亚当斯-巴什福思时间推进格式的多时间步长时间推进方法,该方法可以运用于任意时间步长比率的多时间步长推进,具有广泛的可扩展性。经算例验证,可以大幅度提高计算效率,达到 10 倍以上的加速比。对于非旋转机械流动算例,采用所发展的多时间步长推进方法,可以大大加快数值模拟效率。亚当斯-巴什福思格式公式如下:

$$Q^{n+1} = Q^n + \sum_{j=0}^{3} b_j \left(\frac{\partial Q}{\partial t}\right)^{n-j} \quad (6.115)$$

$b_0 = 2.302\ 558\ 088\ 8$, $b_1 = -2.491\ 007\ 599\ 8$

$b_2 = 1.574\ 340\ 933\ 2$, $b_3 = -0.385\ 891\ 422\ 2$

如果整个计算域都使用单一时间步,如图 6.36(a)所示,为保证计算稳定性其中的时间步长由最小的网格尺度决定,则整个计算过程将花费大量的时间。为了在维持高精度的前提下提高计算效率,采用非均匀时间步方法。首先对网格根据其尺度大小进行分区,每个网格区的内部都根据当地时间步推进,但是在网格块交界处,数据信息将通过边界网格计算数值通量项传递给边界上的点。由于不同网格块时间步不同,相应网格的数值解可能不在同一时间层,因此,需要时间插值来保证正确的网格块连接处数据交换。同时,重叠网格在进行数值交换时还需进行空间插值。图6.36(b)展示的是多时间步方法中网格块间数据交换情况。我们考虑了一种由两个网格块组成一维网格的情况。网格1和网格2的时间步分别 ΔT_1 和 ΔT_2,各自满足稳定性要求。T_1 和 T_2 分别代表网格1和网格2的当前时间层,将 T_1 和 T_2 进行比较哪块网格先进行计算。这些算例将做如下考虑。

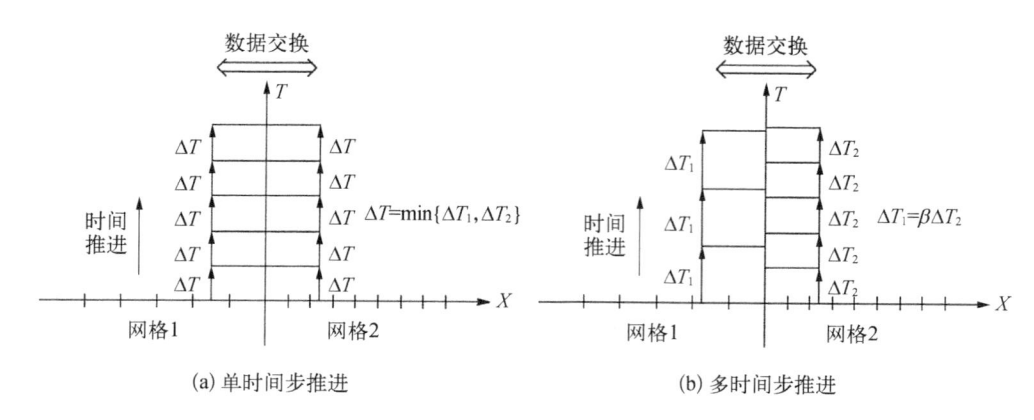

图6.36 时间推进与数据交换示意图

(a) 单时间步推进 (b) 多时间步推进

(1)如果 $T_1 > T_2$,数值解的时间和空间插值以及数据的传输将从网格1到网格2。网格2将以 ΔT_2 为时间步长推进。

(2)如果 $T_1 < T_2$,数值解的时间和空间插值以及数据的传输将从网格2到网格1。网格1将以 ΔT_1 为时间步长推进。

(3)如果 $T_1 = T_2$,网格1到网格2之间都将进行数值解的时间和空间插值以及数据的传输。网格1和网格2将分别以 ΔT_1 和 ΔT_2 为时间步长推进。

2)龙格-库塔格式

气动声学所研究的问题是时间相关的问题,在数值求解的时候要考虑到数值方法的频散和耗散问题。显式的龙格-库塔方法由于其灵活、高稳定性和适合编程等特点得到了广泛应用。下面简单介绍两层存储形式的低频散低耗散的龙格-库塔格式。

对于一般波传播问题的控制方程形式为

$$\frac{\partial U}{\partial t} = F[t, U(t)]; \quad U(t_0) = U_0 \tag{6.116}$$

p 阶精度、s 层的显式龙格-库塔方法的一般形式为

$$U^n = U^{n-1} + h \sum_{i=1}^{s} b_i k_i \tag{6.117}$$

$$k_i = F(t^{n-1} + hc_i, u^{n-1} + h \sum_{j=1}^{i-1} a_{ij} k_j) \tag{6.118}$$

其中，$c_i = \sum_{j=1}^{i-1} a_{ij}$，$i = 1, 2, \cdots, s$。而低存储格式的通用形式为

$$\begin{cases} w_i = \alpha_i w_{i-1} + hF(t_{i-1}, u_{i-1}) \\ u_i = u_{i-1} + \beta_i w_i \end{cases}, i = 1, 2, \cdots, s \qquad (6.119)$$

其中，$\alpha_1 = 0$，使格式可以自起动。

令 $u_0 = u^{n-1}$，$u^n = u^s$，这样格式完成一个时间推进步。仿真程序所采用的为5步6步交替进行的推进方式，其格式精度为4阶。格式系数如表6.1所示。

表6.1　龙格-库塔法5步6步格式系数

i	α	β	c
1	0.0	0.268 745 4	0.0
2	-0.605 122 6	0.801 470 6	0.268 745 4
3	-2.043 756 4	0.505 157 0	0.585 228 0
4	-0.740 699 9	0.562 356 8	0.682 706 6
5	-4.423 176 5	0.059 006 5	1.164 685 4

i	α	β	c
1	0.0	0.115 848 8	0.0
2	-0.441 273 7	0.372 876 9	0.115 848 5
3	-1.073 982 0	0.737 953 6	0.324 185 0
4	-1.706 357 0	0.579 811 0	0.619 320 8
5	-2.797 929 3	1.031 284 9	0.803 447 2
6	-4.091 353 7	0.15	0.918 416 6

3. 无反射边界条件

任何数值模拟只能在有限范围人工边界内进行，所以必须在这些人工边界处引入某种边界条件，不管通过边界的波是垂直入射还是斜入射，一方面要使波能传出去，另一方面又不能有波反射进入计算域内部。由于远场无反射边界条件对计算精度及稳定性有非常重要的影响，研究者给出了各种各样的边界条件。然而没有一种能适合各种条件下的普适的边界条件，每一种边界条件都与某一类流动相联系，所以边界条件的处理变得非常重要。

1) 辐射和出流无反射边界条件

考虑声学数值模拟中的边界处的流动特点，需要在远场及喷流下游出流处给出合适的无反射边界条件。根据对各种无反射边界条件的使用经验及喷流噪声数

值模拟的特点,在计算域下游喷流出口处采用出流边界条件,而喷流远场流动均匀或者非常弱的地方则选择辐射边界条件。

选取了 Bogey 等在 Tam 和 Dong 基础上推导的出流和辐射边界条件。

假设点 O 为声源位置,选取为计算域中,远离计算域边界的某个位置。计算域边界的网格点相对于 O 的位置为 $r = r(\sin\theta\cos\varphi, \sin\theta\sin\varphi, \cos\theta)$（图 6.37）,则单位方向向量 e 为

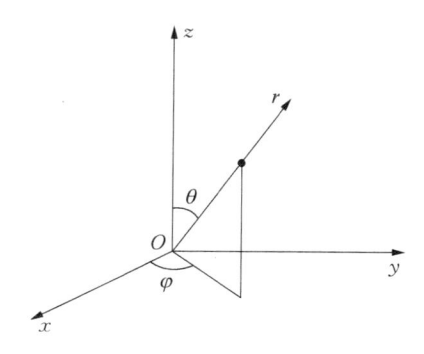

图 6.37 边界条件所采用的坐标系

$$\begin{cases} e_r = (\sin\theta\cos\varphi, \sin\theta\sin\varphi, \cos\theta) \\ e_\theta = (\cos\theta\cos\varphi, \cos\theta\sin\varphi, -\sin\theta) \\ e_\varphi = (\sin\theta, \cos\theta, 0) \end{cases} \quad (6.120)$$

三维直角坐标系下的辐射边界条件可以写为

$$\frac{\partial}{\partial t}\begin{bmatrix} \rho \\ u \\ v \\ w \\ p \end{bmatrix} + V_g\left(\frac{\partial}{\partial r} + \frac{1}{r}\right)\begin{bmatrix} \rho \\ u \\ v \\ w \\ p \end{bmatrix} = 0 \quad (6.121)$$

其中,$V_g = \bar{U} \cdot e_r + [\bar{c}^2 - (\bar{U} \cdot e_\theta) - (\bar{U} \cdot e_\phi)]^{1/2}$；$\rho$、$u$、$v$、$w$、$p$ 为流场密度、速度和压力等物理量,$\bar{c}$ 为当地的平均声速,$\bar{U}$ 为在计算域边界的网格点处的速度矢量。

三维直角坐标系下的出流边界条件形式为

$$\begin{cases} \dfrac{\partial \rho}{\partial t} + U \cdot \nabla\rho = \dfrac{1}{c^2}\left(\dfrac{\partial p}{\partial t} + U \cdot \nabla p\right) \\ \dfrac{\partial U}{\partial t} + U \cdot \nabla U = \dfrac{1}{\rho}\nabla p \\ \dfrac{\partial p}{\partial t} + V_g\left(\dfrac{\partial}{\partial t} + \dfrac{1}{r}\right)p = 0 \end{cases} \quad (6.122)$$

2）完全匹配层（PML）吸收边界条件

纳维-斯托克斯方程的非线性完全匹配层（perfectly matched layer, PML）吸收边界条件形式为

$$\frac{\partial q}{\partial t} + \frac{\partial(F_1 - \bar{F}_1)}{\partial x} + \frac{\partial(F_2 - \bar{F}_2)}{\partial y} + \frac{\partial(F_3 - \bar{F}_3)}{\partial z} \\ + \sigma_x q_1 + \sigma_y q_2 + \sigma_z q_3 + \beta\sigma_x(F_1 - \bar{F}_1) = 0 \quad (6.123)$$

其中，F_i 为通量；$\bar{F}_i$ 为伪平均流通量；σ_x、σ_y、σ_z 分别为 x、y 和 z 方向的吸收系数，其辅助方程如下：

$$\frac{\partial q_1}{\partial t} + \sigma_x q_1 + \beta \sigma_x (F_1 - \bar{F}_1) + \frac{\partial (F - \bar{F}_1)}{\partial x} = 0 \qquad (6.124)$$

$$\frac{\partial q_2}{\partial t} + \sigma_y q_2 + \frac{\partial (F_2 - \bar{F}_2)}{\partial y} = 0 \qquad (6.125)$$

$$\frac{\partial q_3}{\partial t} + \sigma_z q_3 + \frac{\partial (F_3 - \bar{F}_3)}{\partial z} = 0 \qquad (6.126)$$

其中，q_i 为 PML 方程的辅助变量，这几个辅助方程需要与主方程一起推进求解。

由于黏性通量中包含原始变量的偏导数项，此处用 G 表示原始变量，包括速度和温度等。

$$G(q) = \begin{bmatrix} u \\ v \\ w \\ T \end{bmatrix} \qquad (6.127)$$

这些偏导数也需要进行 PML 变换，变化后的偏导数采用 e_i 表示，e_i 可以通过下式求得：

$$e_1 = \frac{\partial G}{\partial x} - \sigma_x r_1 + \beta \sigma_x (G - \bar{G}) \qquad (6.128)$$

$$e_2 = \frac{\partial G}{\partial y} - \sigma_y r_2 \qquad (6.129)$$

$$e_3 = \frac{\partial G}{\partial z} - \sigma_y r_3 \qquad (6.130)$$

其中，r_i 是 PML 区域的偏导数项修正的辅助变量，通过下式求得：

$$\frac{\partial r_1}{\partial t} + \sigma_x r_1 = \beta \sigma_x (G - \bar{G}) + \frac{\partial (G - \bar{G})}{\partial x} \qquad (6.131)$$

$$\frac{\partial r_2}{\partial t} + \sigma_y r_2 = \frac{\partial (G - \bar{G})}{\partial y} \qquad (6.132)$$

$$\frac{\partial r_3}{\partial t} + \sigma_z r_3 = \frac{\partial (G - \bar{G})}{\partial z} \qquad (6.133)$$

4. 湍流模拟方法

1) Smagorinsky 亚格子模型

Smagorinsky 亚格子模型是由 Smagorinsky 于 1963 年提出来的,该模型是第一个亚格子模型。广泛用于大涡模拟中的涡黏模型认为亚格子应力的表达式如下:

$$\sigma_{ij} - \frac{1}{3}\delta_{ij}\sigma_{kk} = -2\mu_t \bar{S}_{ij} \quad (6.134)$$

其中,$\bar{S}_{ij} = \frac{1}{2}\left[\left(\frac{\partial \bar{u}_i}{\partial x_j}\right) + \left(\frac{\partial \bar{u}_j}{\partial x_i}\right)\right]$ 为变形率张量;μ_t 是湍流黏性系数。1963 年,Smagorinsky 定义了涡黏系数:

$$\mu_t = \bar{\rho}(C_S\Delta)^2|\bar{S}| \quad (6.135)$$

其中,$|\bar{S}| = (2\overline{S_{ij}S_{ij}})^{1/2}$ 为变形率张量的大小;Δ 为过滤尺度;C_S 为无量纲参数,称为 Smagorinsky 系数。一般 C_S 选取 0.18,这样的耗散较为合理,能够较为准确地模拟湍流。

2) 基于 SA 模型的脱体涡方法

自 Spalart 等于 1997 年提出脱体涡模拟(DES)概念以来,欧美等一些主要国家开展了相关研究。如在美国国防部高性能计算与现代化办公室资助的支持下、针对 DES 方法制定了多个大型研究计划,持续开展 DES 方面的理论和应用研究。美国空军实验室、波音公司以及亚利桑那州立大学等一些单位和研究机构进行了采用脱体涡数值模拟进行整机分析(Analysis of Full Aircraft with Massive Separation Using Detached-Eddy Simulation)的大型研究计划,对 F-16、F-15E 等飞机在高雷诺数大攻角有严重分离的情况下的整机流场进行了模拟,对比分析了脱体涡模拟结果与采用非定常雷诺平均方法的数值模拟结果,研究表明,脱体涡数值模拟技术在这种高雷诺数大分离情况下具有绝对的优势。欧盟目前也正资助欧洲的主要防务公司、一些大型研究机构以及多所大学围绕欧洲战斗机计划开展一个类似研究项目(Flow Physics Modeling — An Integrated Approach,FLOMANIA)。近年来脱体涡模拟技术已应用于如机翼、导弹、圆柱、飞机起落架等各种复杂几何形状物体大尺度分离现象的研究,均取得了非常好的结果。事实上由于缺乏适合大尺度分离流动的通用湍流模式,DES 在欧美已经被看作有望替代 LES 的关键技术,而且正越来越多地应用于各种工程实际问题。

在这里采用了基于 SA 模型的脱落涡模拟方法,SA 湍流模型可以表示为

$$\frac{\partial \rho \tilde{v}}{\partial t} + \frac{\partial \rho u_j \tilde{v}}{\partial x_j} - \frac{\partial}{\partial x_j}\left(\rho(v + \tilde{v})\frac{\partial \tilde{v}}{\partial x_j}\right) = s \quad (6.136)$$

其中,s 为源项,可以表示为

$$s = C_{b1}(1-f_{t2})\rho \tilde{S}\tilde{v} - \left(C_{\omega 1}f_\omega - \frac{C_{b1}}{\kappa^2}f_{t2}\right)\frac{\rho \tilde{v}^2}{d^2} + \frac{C_{b2}}{\sigma}\rho \frac{\partial \tilde{v}}{\partial x_j}\frac{\partial \tilde{v}}{\partial x_j} \quad (6.137)$$

湍流涡黏度由以下计算式得到:

$$v_t = \tilde{v}f_{v1} \quad (6.138)$$

其中,

$$f_{v1} = \frac{\chi^3}{\chi^3 + C_{v1}^3}, \chi = \frac{\tilde{v}}{v} \quad (6.139)$$

$$\tilde{s} = s + \frac{\tilde{v}^2}{\kappa^2 d^2}f_{v2}, f_{v2} = 1 - \frac{\chi}{1 + \chi f_{v1}} \quad (6.140)$$

$$f_\omega = g\left[\frac{C_{\omega 3}^6}{g^6 + C_{\omega 3}^6}\right]^{\frac{1}{6}}, g = r + C_{\omega 2}(r^6 - r), r = \frac{\tilde{v}}{\tilde{S}\kappa^2 d^2} \quad (6.141)$$

$$f_{t2} = C_{t3}\exp(-C_{t4}\chi^2) \quad (6.142)$$

SA 模型中的常数定义为

$$\sigma = \frac{2}{3}, C_{b1} = 0.1355, C_{b2} = 0.622, C_{\omega 1} = \frac{C_{b1}}{\kappa^2} + \frac{1 + C_{b2}}{\sigma} \quad (6.143)$$

$$C_{v1} = 7.1, C_{\omega 2} = 0.3, C_{\omega 3} = 2, C_{t2} = 2, C_{t3} = 1.2, C_{t4} = 0.5 \quad (6.144)$$

RANS-SA 模型的长度尺寸为到最近壁面的距离 d。

在使用 SA 模型计算时发现,在有些点处涡团黏度($\tilde{v}$)的值为负数,这是由湍流模型中高度非线性源项导致的。低耗散的高阶谱差分格式不能有效阻止这些点处的涡团黏度为负值,使得高阶谱差分方法极不稳定。为了补救这个问题,Crivellini 等对 SA 模型进行修正并应用于不可压缩流体的不连续 Galerkin 方法。根据 Crivellini 等的工作,公式(6.140)中的 r 采用如下修正公式:

$$r^* = \frac{\tilde{v}}{\tilde{S}\kappa^2 d^2}, r = \begin{cases} r_{\max}, & r^* < 0, \\ r^*, & 0 \leq r^* < r_{\max} \\ r_{\max}, & r^* \geq r_{\max} \end{cases} \quad (6.145)$$

其中,将 $r_{\max}$ 选取为10。

另外,源项 s 被修正为

$$s = \begin{cases} C_{b1}\rho\tilde{S}\tilde{v} - C_{\omega 1}f_\omega\dfrac{\rho\tilde{v}^2}{d^2} + \dfrac{C_{b2}}{\sigma}\rho\dfrac{\partial \tilde{v}}{\partial x_j}\dfrac{\partial \tilde{v}}{\partial x_j}, & \chi \geq 0 \\ C_{b1}\rho\tilde{S}\tilde{v}g_n + C_{\omega 1}\dfrac{\rho\tilde{v}^2}{d^2} + \dfrac{C_{b2}}{\sigma}\rho\dfrac{\partial \tilde{v}}{\partial x_j}\dfrac{\partial \tilde{v}}{\partial x_j}, & \chi < 0 \end{cases} \quad (6.146)$$

其中，$g_n = 1 - \dfrac{10^3 \chi^2}{1+\chi^2}$。

基于 SA 模型的 DES 方法基本概念最早在 1997 年提出，湍流模型中的长度尺寸 d 修正为

$$\tilde{d} = \min(d, C_{DES}\Delta) \tag{6.147}$$

其中，C_{DES} 为模型常数，通常给定为 0.65。长度尺寸 Δ 由网格尺寸决定：

$$\Delta = \max(\Delta_X, \Delta_Y, \Delta_Z) \tag{6.148}$$

随后，Spalart 对 DES 方法进行改进，修复了由网格分离（GIS）和模型应力消耗（MSD）的问题，称为 DDES。对应的修正长度尺寸为

$$\tilde{d} = d - f_d \max(0, d - \phi C_{DES}\Delta) \tag{6.149}$$

其中，

$$f_d = 1 - \tanh[(8r_d)^3]$$

$$r_d = \dfrac{v_t + v}{\sqrt{U_{i,j}U_{i,j}}\kappa^2 d^2} \tag{6.150}$$

其中，ψ 为低雷诺数修正：

$$\psi^2 = \min\left\{10^2, \dfrac{1 - \dfrac{C_{b1}}{C_{\omega 1}\kappa^2 f_\omega^*}[f_{t2} + (1-f_{t2})f_{v2}]}{f_{v1}\max(10^{-10}, 1-f_{t2})}\right\} \tag{6.151}$$

当使用 DDES 方法时，为了提高计算稳定性，公式中的 r_d 也需要进行修正：

$$r_d^* = \dfrac{v_t + v}{\sqrt{U_{i,j}U_{i,j}}\kappa^2 d^2}, \quad r_d = \begin{cases} r_{\max}, & r_d^* < 0 \\ \min(r_d^*, r_{\max}), & r_d^* \geq 0 \end{cases} \tag{6.152}$$

5. 动/静网格界面边界条件

针对高阶谱差分方法发展的滑移界面虚拟层高精度插值技术，其基本思想是在两个不同坐标系的滑移界面上虚拟一个过渡层，采用高精度方法把两个不同坐标系上的信息投影到过渡层网格上，然后采用黎曼算子计算共同通量，以保证通量守恒；过渡层上得到的共同通量再分别插值回两个不同坐标系网格。这样在保证了计算高精度的同时，实现了不同坐标系之间通量的守恒，也保证了计算的稳定性。

滑移网格界面通量匹配方法的第一步是确定每个转/静子单元的虚拟层连接单元。由于转/静子的相对位置时刻变化，虚拟层连接单元每一个时间步都会发生

变化,因此确定虚拟层连接单元的方法需要高效准确。为了提高网格连接关系的计算效率,把界面上的转/静网格单元都转换到柱坐标系下。在柱坐标系下,界面单元的坐标中只有周向角发生变化,因此只需要考虑一个变量,提高了计算定位效率。

采用 Sutherland-Hodgman 算法确定转/静子单元的重叠部分,如图 6.38 所示。由于两个四边形的重叠部分多边形形状是不确定的,考虑到任意多边形可以分成多个三角形,为了统一方便计算,所有单元都采用三角形。

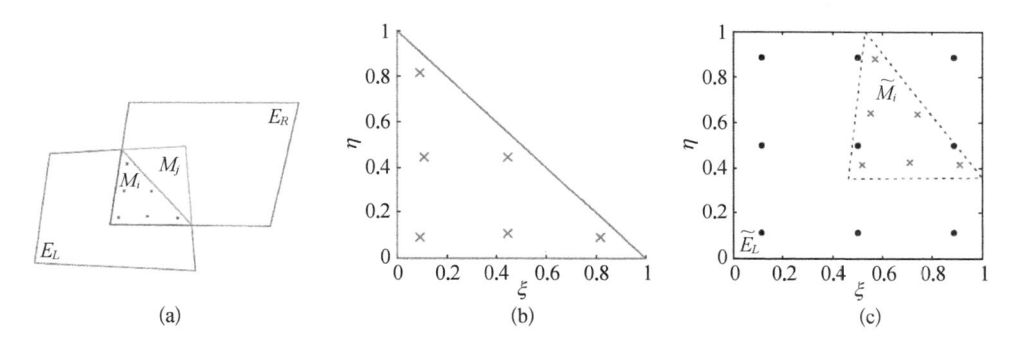

图 6.38 转/静界面网格连接关系示意图

确定了每个转/静子单元的所有虚拟层连接单元之后,可以采用下面的步骤计算转/静子单元滑移面上的通量(图 6.39)。

(1) 把转/静界面上单元的解投影到虚拟层单元上。

(2) 在虚拟层单元上,把转/静单元投影过来的解采用黎曼算子计算虚拟层单元共同通量。

(3) 把虚拟层单元的共同通量投影回转/静界面单元。

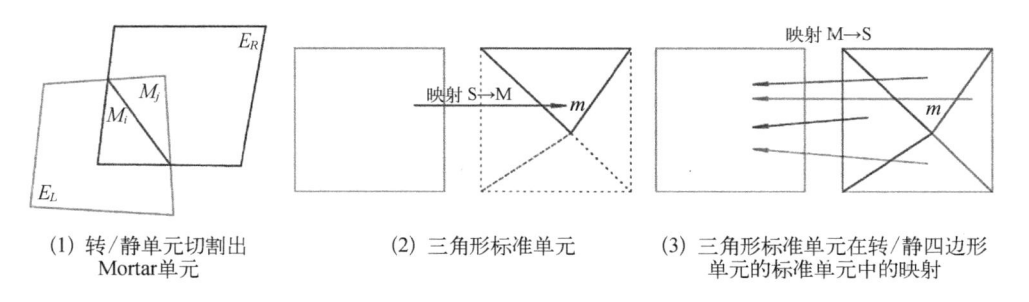

(1) 转/静单元切割出 Mortar 单元　　(2) 三角形标准单元　　(3) 三角形标准单元在转/静四边形单元的标准单元中的映射

图 6.39 转/静界面方法三个主要步骤

下面是具体的计算公式。

对于转/静子界面上的单元,其单元内任意点的守恒量可以表示为

$$Q(\xi, \eta) = \sum_{i=1}^{N_s} Q_i h_i(\xi, \eta) \tag{6.153}$$

其中,Q_i 是第 i 个解点的守恒量,N_s 是单元解点数,ξ、η 是转/静界面网格单元的标准单元参考坐标,$h_i(\xi, \eta)$ 是二维拉格朗日插值公式;由于本书采用的是六面体,因此转/静滑移界面上的单元是四边形,$h_i(\xi, \eta)$ 可以用两个一维的插值多项式的乘积表示 $l_p(\xi)l_q(\eta)$。

对于某个虚拟连接单元,其单元内任意点的守恒量可以表示为

$$Q^m(\hat{\xi}, \hat{\eta}) = \sum_{i=1}^{N_m} Q_i^m \hat{h}_i(\hat{\xi}, \hat{\eta}) \tag{6.154}$$

其中,Q_i^m 是虚拟连接单元第 i 个解点的守恒量,N_m 是虚拟连接单元解点数,$\hat{h}_i(\hat{\xi}, \hat{\eta})$ 是虚拟连接单元在标准参考单元上的坐标,$\hat{h}_i(\hat{\xi}, \hat{\eta})$ 是 n 阶多项式,在解点 i 取值 1,其他解点取值 0。三角形单元的插值多项式可以用下面的函数表示:

$$\hat{h}_i(\hat{\xi}, \hat{\eta}) = \sum \sigma_i L_i(\hat{\xi}, \hat{\eta}) \tag{6.155}$$

其中,σ_i 为常数,$L_i(\hat{\xi}, \hat{\eta})$ 为三角形单元插值基函数:

$$L_i(\hat{\xi}, \hat{\eta}) = \sqrt{2} J_v(a) J_w^{(2v+1, 0)}(b)(1-b)^v, \quad (v, w) \geq 0, \ v+w \leq i \tag{6.156}$$

其中,$J_n(\hat{\xi}, \hat{\eta})$ 是 n 阶雅可比多项式;$a = 2\dfrac{1+\hat{\xi}}{1-\hat{\eta}}$;$b = \hat{\eta}$。

计算虚拟连接单元上的共同通量,需要先把转/静子滑移面上的守恒量投影到虚拟连接单元。这里采用的是基于最小二乘的投影方法。最小二乘投影方法保证任意近似解的误差都与所投影的解所在的多项式空间的基函数正交。因此,对于某虚拟连接单元 \$m\$ 的解应满足:

$$\iint_m [Q(\xi, \eta) - Q^m(\hat{\xi}, \hat{\eta})] \hat{h}_l(\hat{\xi}, \hat{\eta}) \mathrm{d}\hat{\xi}\mathrm{d}\hat{\eta} = 0, \quad l = 1, 2, \cdots, N_m \tag{6.157}$$

把解点插值公式代入式(6.157),得

$$\iint_m \left[\sum_i^{N_s} Q_i h_i(\xi, \eta) - \sum_j^{N_m} Q_j^m(\hat{\xi}, \hat{\eta})\right] \hat{h}_l(\hat{\xi}, \hat{\eta}) \mathrm{d}\hat{\xi}\mathrm{d}\hat{\eta} = 0, \quad l = 1, 2, \cdots, N_m \tag{6.158}$$

把式(6.158)进行简化,得到如下公式:

$$\sum_{i}^{N_s} Q_i \iint_m h_i(\xi, \eta) \hat{h}_l(\hat{\xi}, \hat{\eta}) \mathrm{d}\hat{\xi} \mathrm{d}\hat{\eta} = \sum_{j}^{N_m} Q_j^m \iint_m \hat{h}_j(\hat{\xi}, \hat{\eta}) \hat{h}_l(\hat{\xi}, \hat{\eta}) \mathrm{d}\hat{\xi} \mathrm{d}\hat{\eta}$$
$$= 0, \ l = 1, 2, \cdots, N_m$$
(6.159)

可以把式(6.159)写成矩阵形式:

$$S_{N_m \times N_s} Q_{N_s} = M_{N_m \times N_m} Q_{N_m}^m$$
$$Q_{N_m}^m = M_{N_m \times N_m}^{-1} S_{N_m \times N_s} Q_{N_s} \quad (6.160)$$

其中,

$$S_{l,i} = \iint_m h_i(\xi, \eta) \hat{h}_l(\hat{\xi}, \hat{\eta}) \mathrm{d}\hat{\xi} \mathrm{d}\hat{\eta} \quad M_{l,j} = \iint_m \hat{h}_j(\hat{\xi}, \hat{\eta}) \hat{h}_l(\hat{\xi}, \hat{\eta}) \mathrm{d}\hat{\xi} \mathrm{d}\hat{\eta}$$
(6.161)

由于虚拟连接单元在转/静子滑移面单元内的位置是不确定的,因此$\hat{\xi}$、$\hat{\eta}$是ξ、η的函数,因此不能得到积分的解析结果,只能采用勒让德-高斯正交数值积分:

$$S_{l,i} = \iint_m h_i(\xi, \eta) \hat{h}_l(\hat{\xi}, \hat{\eta}) \mathrm{d}\hat{\xi} \mathrm{d}\hat{\eta} = \sum_{p,q=0}^{N} \hat{h}_i(\hat{\xi}_p, \hat{\eta}_q) \hat{h}_l(\hat{\xi}_p, \hat{\eta}_q) w_{pq}$$
(6.162)

其中,w_{pq}是积分权重系数,ξ_p、η_q是虚拟单元上的高斯积分点坐标。

由于虚拟连接单元每个时间步都在变化,因此上面的矩阵S需要每个时间步针对每个虚拟连接单元计算,而矩阵M是在虚拟连接的标准单元上的基函数积分,不随时间变化,可以在时间推进前算出。通过上述公式把转/静子单元的守恒量分别投影到虚拟连接单元,就可以采用黎曼算子得到共同通量。

虚拟连接单元上计算得到的共同通量,可以通过下面同样的投影方法投影到转/静子单元,同样需要保证在转/静子单元上,投影回来的通量误差都与所投影的解所在的多项式空间的基函数正交,因此在转/静子单元上积分可得

$$\sum_m \iint_m [F(\xi, \eta) - F^m(\hat{\xi}, \hat{\eta})] h_l(\xi, \eta) \mathrm{d}\xi \mathrm{d}\eta = 0, \ l = 1, 2, \cdots, N_s$$
(6.163)

同样通量F和F^m也可以用插值公式表示,代入式(6.163)得

$$\sum_m \iint_m \left[\sum_i^{N_s} F_i h_i(\xi, \eta) - \sum_j^{N_m} F_j^m(\hat{\xi}, \hat{\eta}) \right] h_l(\xi, \eta) \mathrm{d}\xi \mathrm{d}\eta = 0, \ l = 1, 2, \cdots, N_s$$
(6.164)

$$\sum_{i}^{N_s} F_i \sum_{m} \iint_m h_i(\xi, \eta) h_l(\xi, \eta) \mathrm{d}\xi \mathrm{d}\eta = \sum_{m} \sum_{j}^{N_m} F_j^m \iint_m \hat{h}_j(\hat{\xi}, \hat{\eta}) h_l(\xi, \eta) \mathrm{d}\xi \mathrm{d}\eta,$$
$$l = 1, 2, \cdots, N_s$$
(6.165)

可以把式(6.165)写成矩阵形式,

$$\sum_{m} \hat{S}^m F = \sum_{m} M^m F^m$$

$$\hat{S} = \sum_{m} \hat{S}^m$$

$$F = \hat{S}^{-1} \sum_{m} M^m F^m \tag{6.166}$$

其中,

$$\hat{S}_{l,i}^m = \iint_m h_i(\xi, \eta) h_l(\xi, \eta) \mathrm{d}\xi \mathrm{d}\eta, \quad \hat{M}_{j,l}^m = \iint_m \hat{h}_j(\hat{\xi}, \hat{\eta}) h_l(\xi, \eta) \mathrm{d}\xi \mathrm{d}\eta$$
(6.167)

同样这两个矩阵也不能求出解析解,需要采用勒让德-高斯正交数值积分。由于虚拟连接单元每个时间步都在变化,因此上面的积分需要每个时间步针对每个虚拟单元计算,这也是界面通量匹配方法比较耗时的地方之一。

整个计算过程可以简化为如下步骤:

(1) 采用多边形切割算法计算转/静单元界面的虚拟连接单元,由于切割出的是任意多边形,为方便计算,需要把切割出的多边形分成多个三角形;

(2) 计算三角形虚拟单元的解点坐标(x_i, y_i);

(3) 计算三角形单元的解点在其连接的转/静界面上的四边形单元内的坐标(ξ, η);

(4) 把转/静界面单元的守恒通量投影到三角虚拟单元;

(5) 采用黎曼算子计算三角虚拟单元上的共同通量;

(6) 把三角虚拟单元的通量投影回转/静界面的单元。

6. 高阶非结构网格

传统的非结构网格都采用低阶单元,也就是说单元的边界都是线性的(二维单元边界为直线,三维单元边界为平面),针对复杂几何结构,线性的单元无法准确描述边界处的曲率变化,尤其是高阶非结构方法,其单元内需要采用高阶多项式构造解,线性单元的使用会大大降低高阶方法的精度。因此采用高阶非结构单元网格,如图6.40所示,这可以在尽量少的网格单元的情况下准确描述边界曲面的变化,既减少了网格量,又能够保证计算精度。

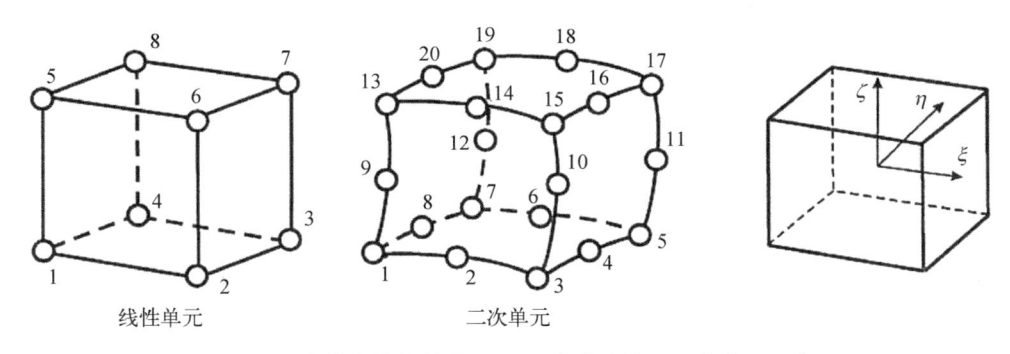

图 6.40 8 个节点的线性单元及 20 个节点的六面体单元示意图

当需要远场噪声频谱或者指向性时,直接采用 CAA 方法计算非常耗时,通常采用远场积分方法。FW-H 方程是目前比较常用的远场积分技术,然而,不同的积分面选取常常会得到不同的积分结果,尤其是在积分穿透面上存在比较剧烈的流动变化时,计算结果与实验结果往往存在比较大的偏差。因此,如何选取合适的积分面以得到准确的远场声指向性结果,是一个在实际应用中需要密切关注的问题,尤其是针对喷流噪声问题。目前在这方面已经积累了较多的经验,使得 FW-H 方法能够准确应用到喷流噪声远场声指向性预测上。

6.2.3 工程适用性分析

计算气动声学方法的优点主要是其从最基本的流体力学方程出发,可以考虑复杂的物理和几何情况,能够精细化地描述流场非定常信息,对分析噪声产生机理、噪声控制方法的机制可以提供指导作用。

缺点主要是计算量大、计算时间长、对计算资源和能力要求较高,因此目前还无法在工程上广泛应用。同时,其考虑端口反射较困难;目前大部分工作还是关注研究方法本身(离散格式、边界条件等)。例如,对工程中的真实风扇,由于需要旋转计算域,并制作贴体网格,风扇声源计算难度较大。同时,由于风扇叶片数很多,需要的网格量很大,计算气动声学需要的计算资源比传统 CFD 计算量要大,在工程上还无法广泛采用,目前声源主要还是采用解析方法给出。

随着近些年来计算能力的不断提高,研究者采用计算气动声学方法已经对风扇、喷管等部件开展了流场和噪声的高精度数值模拟工作,对流动细节、发声机理等进行了详细的分析,为提出新的噪声控制方法提供了参考。并且,在工程实际中计算气动声学方法已经能够用于部件设计方案定型后的噪声精确评估,或典型声故障排除等场景。但是,其所需的计算时间还无法完全满足工程实际的需要,在设计初期对多方案的噪声快速准确评估还无法采用计算气动声学方法,下一步,在进一步提高计算能力的同时,计算气动声学需要开展研究工作以进一步提高其计算效率,以早日使其能够在工程实际中得到广泛深入的应用。

6.2.4 工程应用案例

1. 风扇噪声高精度数值模拟

1) 算例简述

选取某型风扇进行数值模拟,风扇几何示意图如图 6.41 所示,风扇转子叶片数 16,静子叶片数 14。因为风扇噪声的最低周向模态为 2,因此计算域周向最小只能为半周,为了保证计算的准确性,采用整环计算,网格如图 6.42 所示。

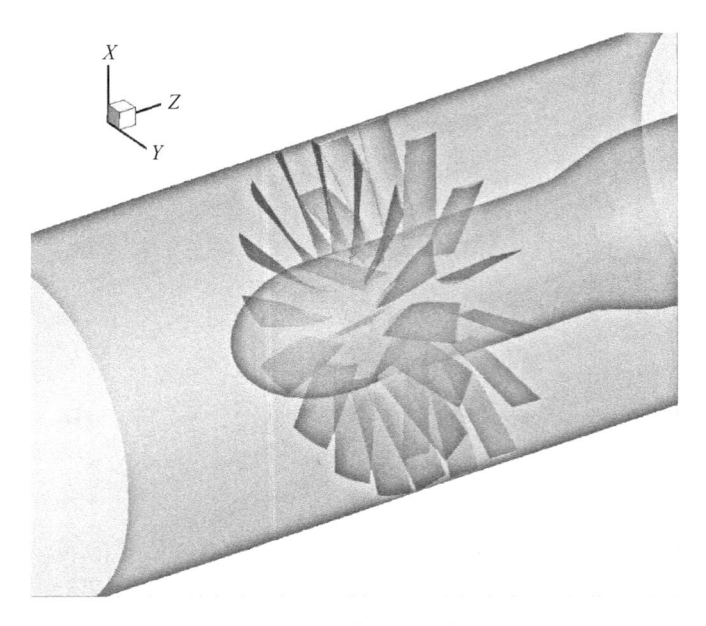

图 6.41 风扇几何示意图

2) 算例设置

计算设置包括格式、计算设置、流体计算设置、湍流模型、转/静界面设置、输出设置、网格路径设置、边界条件设置、运行模拟等部分,如图 6.43 所示。下面分别进行介绍。

(1) 设置计算格式,需要给定通量点布置方式(包括 Legendre 和 Gauss-Lobatto)、格式精度、时间推进格式(包括 LDDRK 和 Adam-Bashforth)、是否加入滤波功能、单元边界处无黏通量计算时黎曼算子的计算方法(包括 Roe、Rusanov、AUSM、RoeHLL),如图 6.44 所示。

(2) 进入计算设置部分,给定时间推进步数、重启文件存储间隔、是否记录日

(a) 风扇表面网格　　　　　　　(b) 整体网格

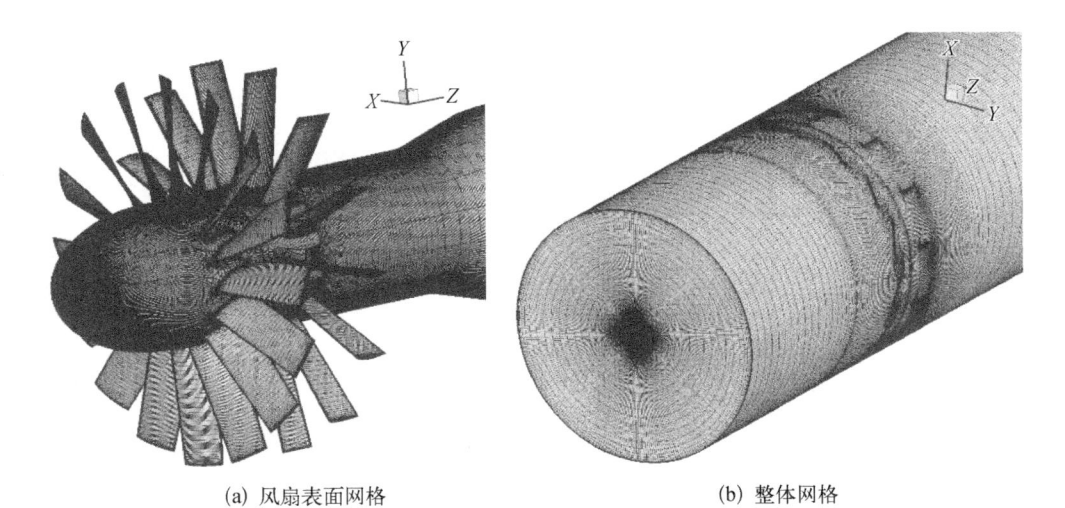

图 6.42　数值模拟采用的网格

志文件、重启文件对应的位置(重启点)、固定时间步长、CFL 数等,如图 6.45 所示。

(3) 进行流体计算设置,选定主控方程(包括 NS 方程和 Euler 方程)、参考速度(包括声速和进口来流速度)、长度尺度、来流马赫数(远场马赫数)、来流温度(远场静温)、来流压力(远场静压),如图 6.46 所示。同时,还需要给定旋转机械流动参数,包括风扇内涵和外涵(如算例为单涵则只给定内涵参数)的出口马赫数、出口总温、出口压比等参数,如图 6.47 所示。

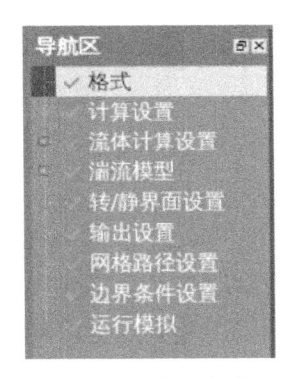

图 6.43　风扇噪声高精度数值模拟设置界面

(4) 进行湍流模型设置,可选择大涡模拟、雷诺平均、脱体涡模拟三种方法,如图 6.48 所示。本算例采用大涡模拟方法,可选择的大涡模型为 ILES(隐式大涡模拟)、

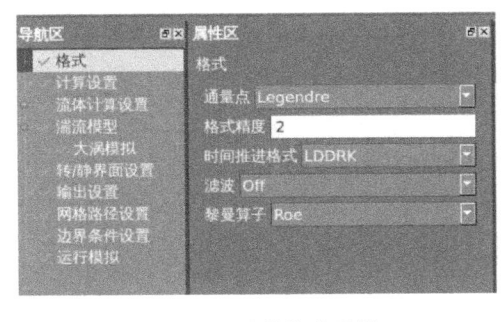

图 6.44　计算格式设置　　　　　　　图 6.45　计算设置

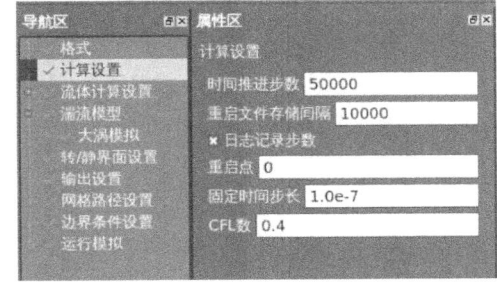

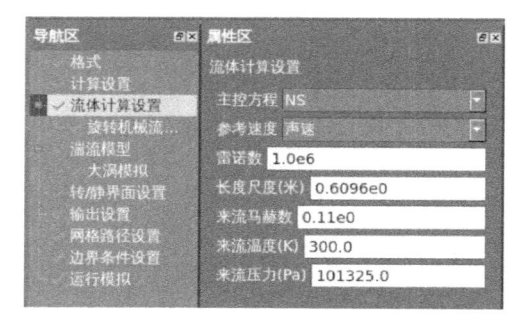

图 6.46　流体计算设置

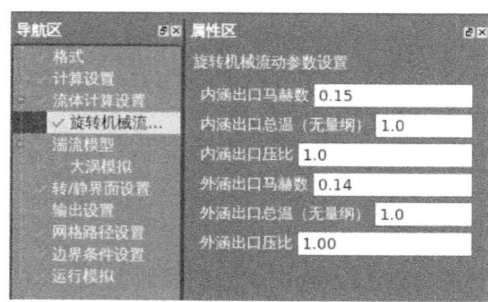

图 6.47　旋转机械流动参数设置

图 6.48　湍流模型设置

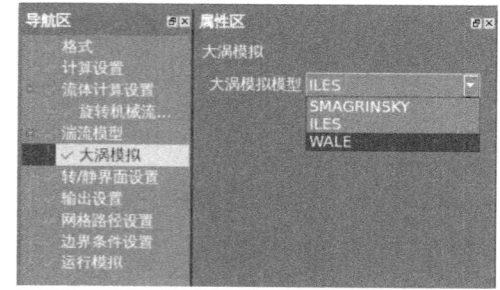

图 6.49　大涡模拟模型设置

SMAGRINSKY 模型、WALE 模型，如图 6.49 所示。

（5）进行转/静交界面设置，分别给定运动方式（可选择旋转和平移）、旋转轴、滑移界面方法、网格转静分区数目、滑移速度、滑移界面长度、滑移界面组数目、滑移界面组对应的两个分区及滑移界面类别，如图 6.50 所示。

（6）进行输出设置，给定非定常瞬时流场的输出格式（包括 Tec-Ascii、VTK、Tec-Bin）、输出流场数目、流场输出时间间隔、是否时间平均输出、是否监测点输出、是否 FW-H 积分面输出，如图 6.51 所示。

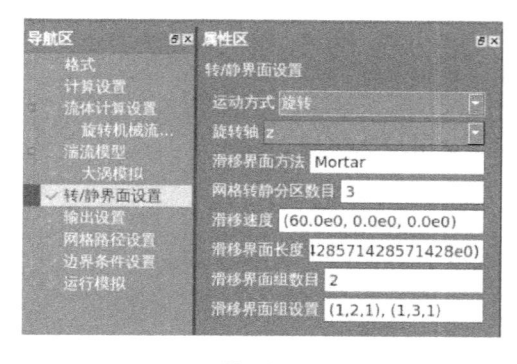

图 6.50　转/静交界面设置

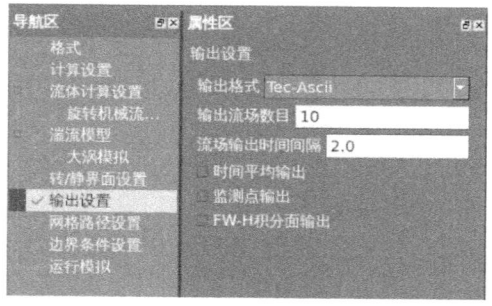

图 6.51　输出设置

（7）给定网格文件路径，如图 6.52 所示。
（8）给定边界条件文件路径，如图 6.53 所示。

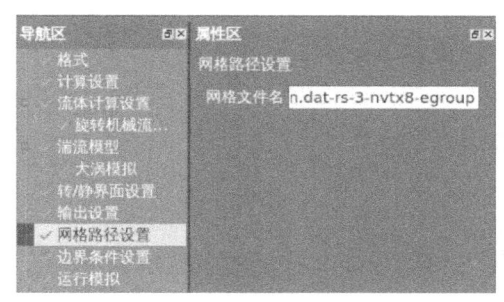

图 6.52　网格文件路径设置

图 6.53　边界条件文件路径设置

设置完成后，就可以开始进行数值模拟计算。

3）计算结果

图 6.54 是风扇转子上游和下游平均速度沿径向分布，并与实验结果进行了对比。可以看到本书的计算结果与实验结果对比符合得很好，说明数值模拟的准确性。

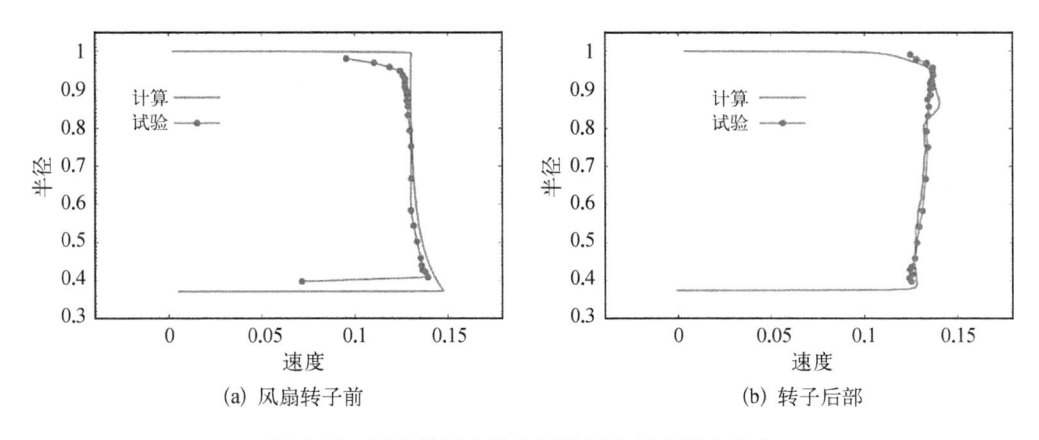

(a) 风扇转子前

(b) 转子后部

图 6.54　风扇转子上游和下游平均速度径向分布

提取瞬时的流场结果进行分析，某时刻的涡结构如图 6.55 所示，可以看出高精度数值计算方法能很好地分辨出流场中叶片与机匣间隙及叶片尾迹脱落的涡结构。沿 75%、85% 和 95% 叶高方向的流道速度分布如图 6.56 所示。图 6.57 是转子上游不同轴向位置瞬时压力场云图，从图中可以看到周向模态数为 2 的噪声模态如何在向上游传播的过程中逐渐显现出来的。图 6.58 是风扇上游管道内的

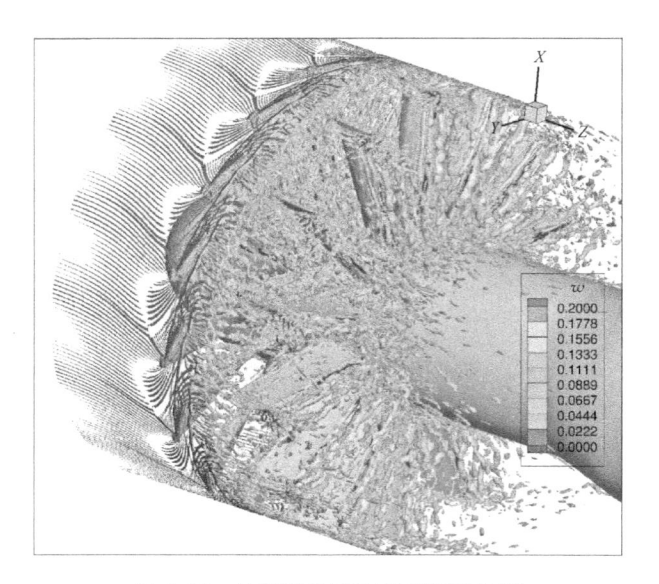

图 6.55 转子叶片尾迹瞬时涡结构图

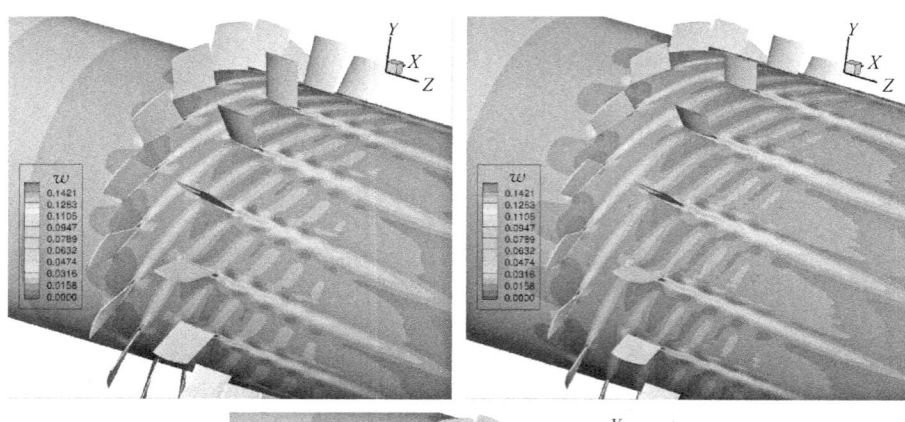

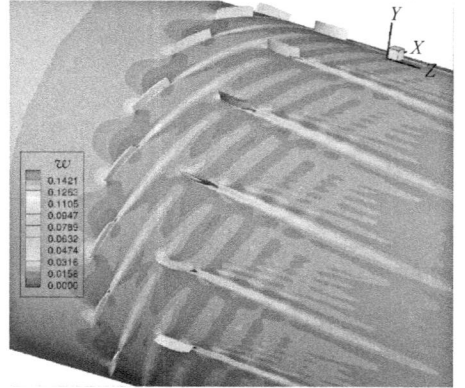

图 6.56 75%、85%和 95%叶高瞬时速度场云图

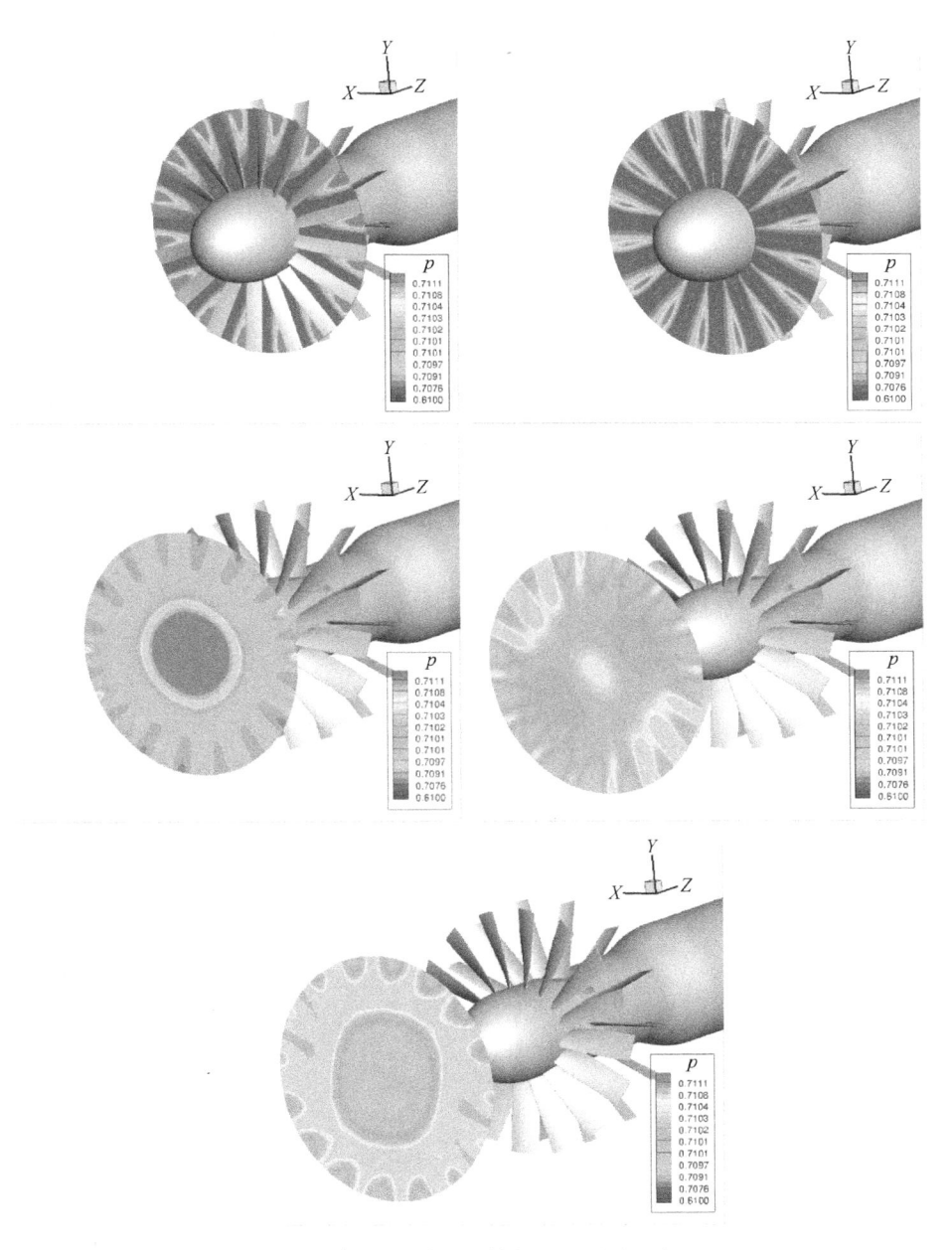

图 6.57　转子上游不同轴向位置瞬时压力图

噪声进行模态分解的结果,图中给出了径向模态数为 1 的前 9 阶周向模态结果,可以看到占主要地位的是 2、4、6 阶模态。图 6.59 是周向模态数为 2 的噪声在管道内的分布,可以看到噪声呈螺旋形向前传播。图 6.60 是管道声传播计算结果,可以看到风扇管口流动对声传播有很大的影响,考虑了管口流动的影响之后,管口流

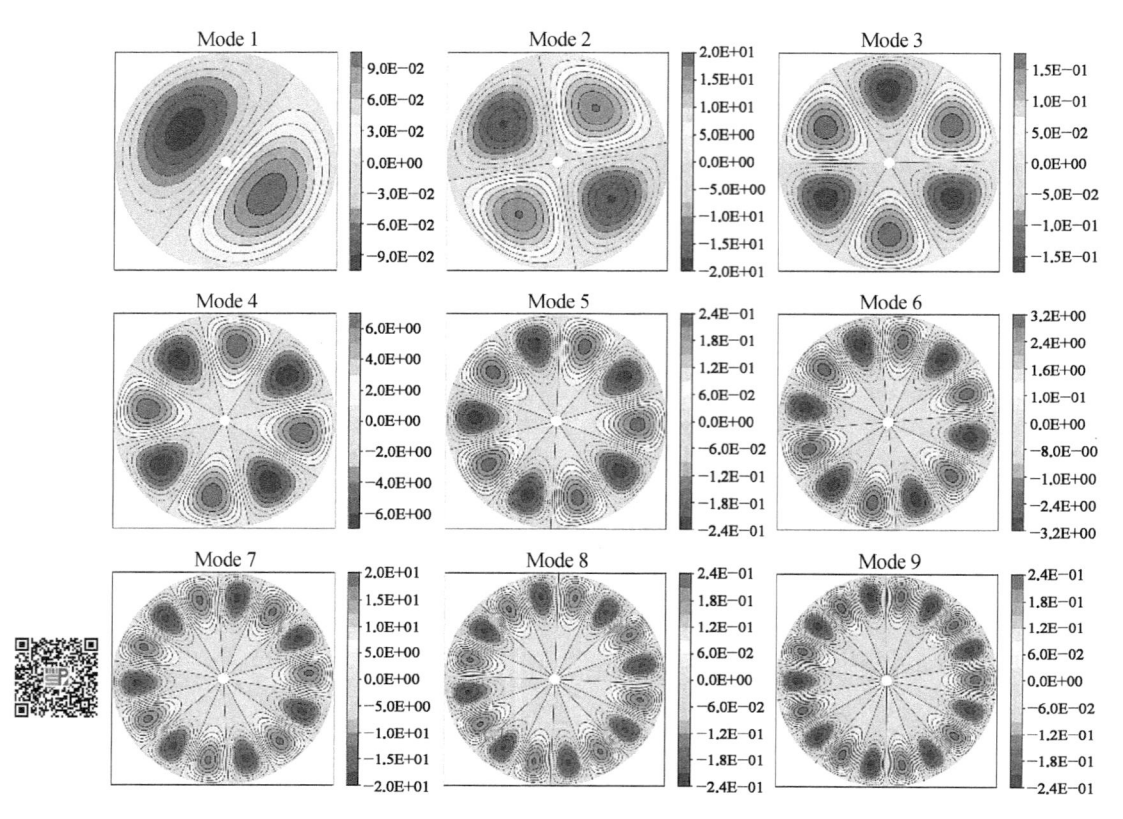

图 6.58 风扇上游压力模态分解结果（前 9 阶周向模态，径向模态数为 1）

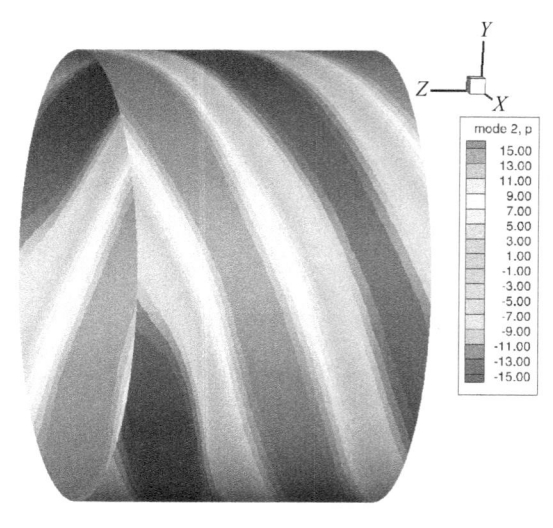

图 6.59 周向模态数 2 径向模态数 1 的声模态在管道内分布

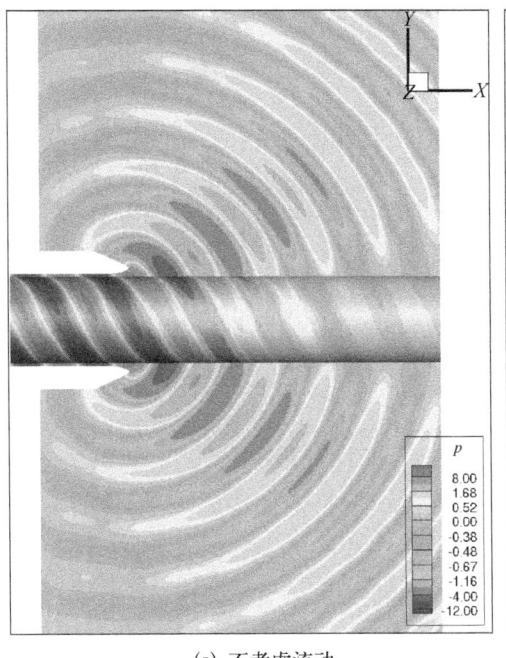

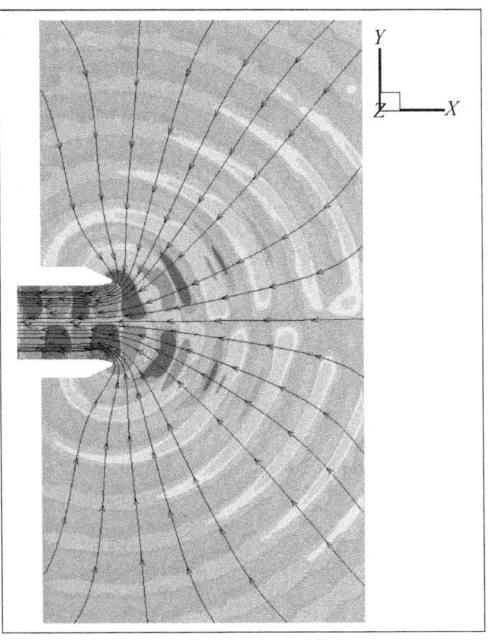

(a) 不考虑流动　　　　　　　　　(b) 考虑管道入口流动

图 6.60　管道声传播计算结果

动对噪声的散射使得噪声的远场指向性发生了变化。

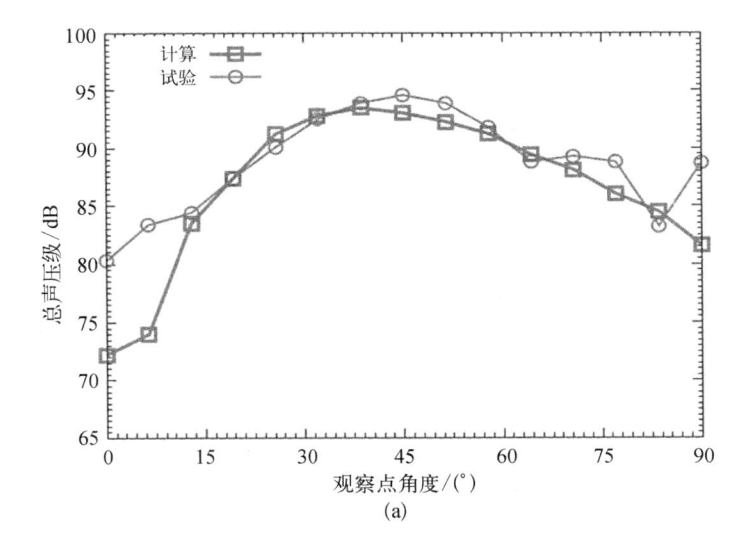

图 6.61 是前三阶噪声模态的远场指向性结果，并与实验测量结果进行了对比，可以看到，数值模拟与试验在大部分角度都符合很好。

(a)

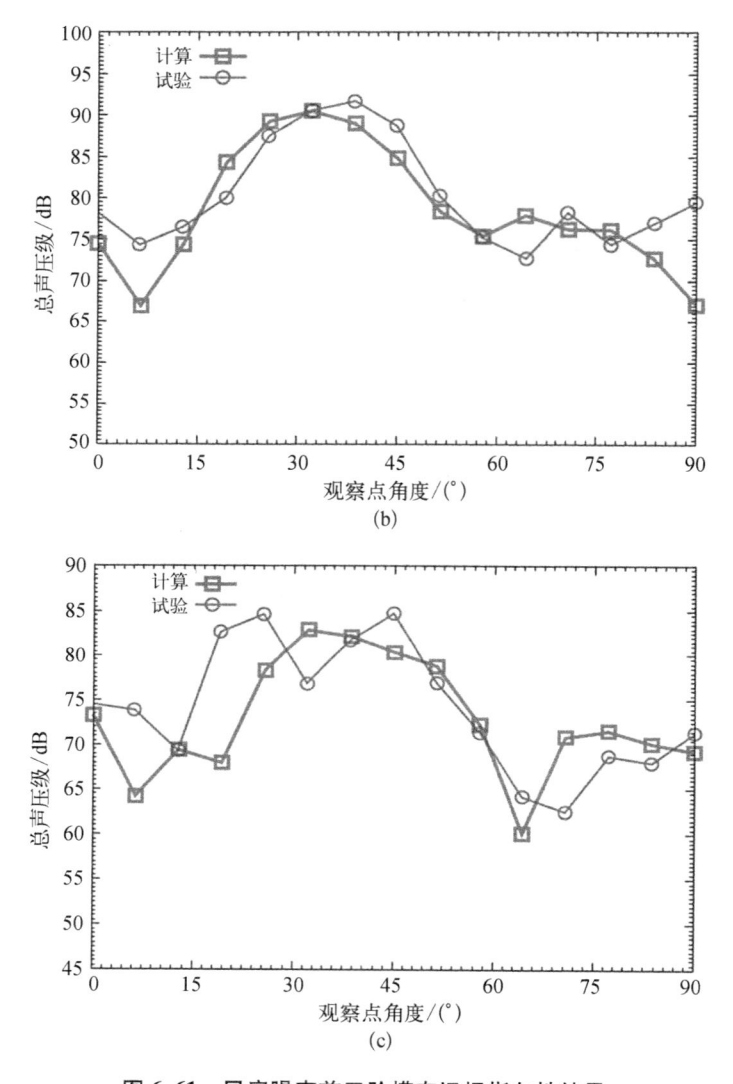

图 6.61　风扇噪声前三阶模态远场指向性结果

2. 单涵亚声速喷流噪声数值模拟

1）算例简述

本算例对马赫数 0.9 的单涵道喷流噪声进行数值模拟,并对数据进行详细的分析。计算域大小: $-8 \leqslant x \leqslant 45, 0 \leqslant r \leqslant 15$,如图 6.62 所示。

计算采用的是一个收缩喷管,喷管进口直径为 2.65,出口直径为 1,收缩面积比约为 7,喷管长度为 8.2。图 6.62 是数值模拟采用网格在 $x-y$ 平面内的截面。在径向方向,可以看到在喷流剪切层附近网格最密,向外逐渐拉伸;在流线方向,网格从喷嘴唇口附近向下游逐渐变大。

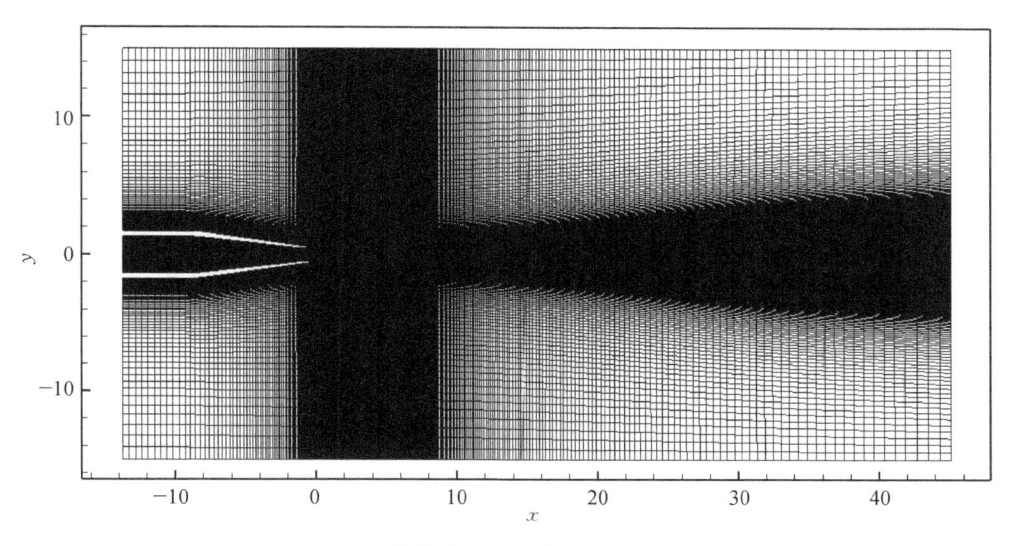

图 6.62 数值模拟采用的网格(x-y 平面)

2）算例设置

本算例设置与前面的风扇噪声高精度数值模拟算例相似,这里不再详细介绍,主要不同点如下。

（1）本算例可采用多时间步时间推进方法,即在不同的网格区域采用不同的时间步长,以提高计算效率。采用多时间步方法时,时间推进格式选择 Adam-Bashforth,并需要给定网格分区数目和各分区的网格尺寸,如图 6.63 所示。

（2）本算例在流体参数设置部分需要给定内涵喷管出口马赫数、出口总温、出口压比,如 6.64 所示。

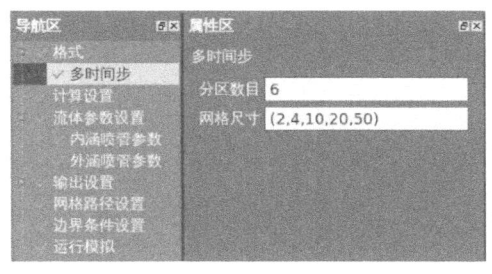

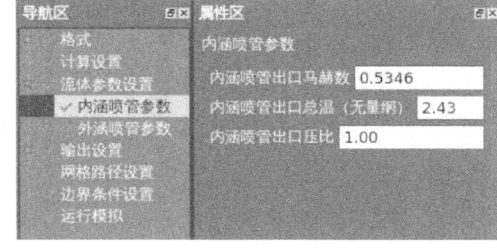

图 6.63 多时间步设置　　图 6.64 喷管出口参数设置

（3）本算例不需要进行转/静交界面设置。

3）计算结果

图 6.65 是数值模拟得到的瞬时压力场云图,从图中可以看到非常强烈的噪声辐射。图 6.66 是瞬时流向速度场云图。图 6.67 是喷流瞬时涡结构图,可以看到

喷流中的各种尺度涡结构。图 6.68 是马赫数 0.9 喷流 x-y 平面内时间平均速度场分布,从图中可以看到喷流明显的喷流核心区和剪切层分布。

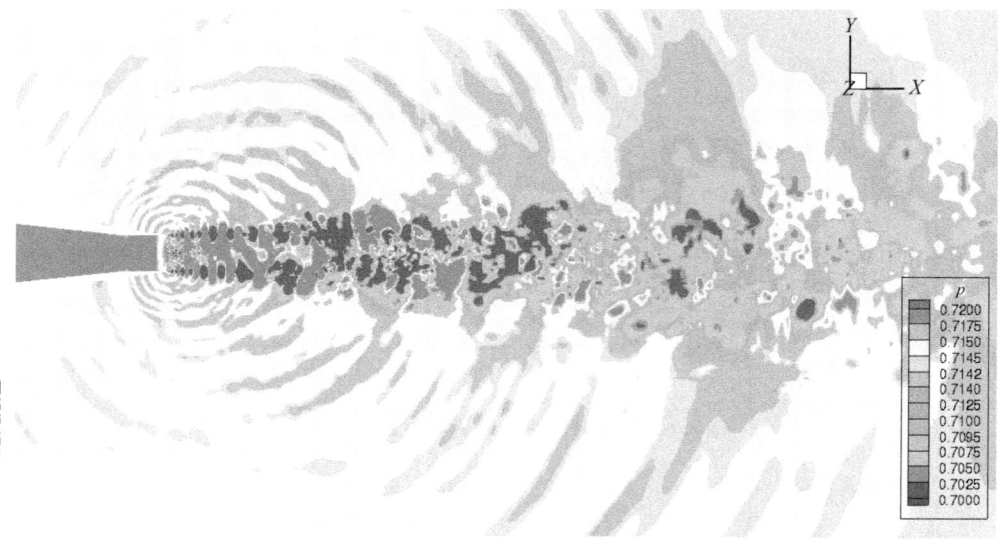

图 6.65　马赫数 0.9 单涵喷流瞬时压力场云图

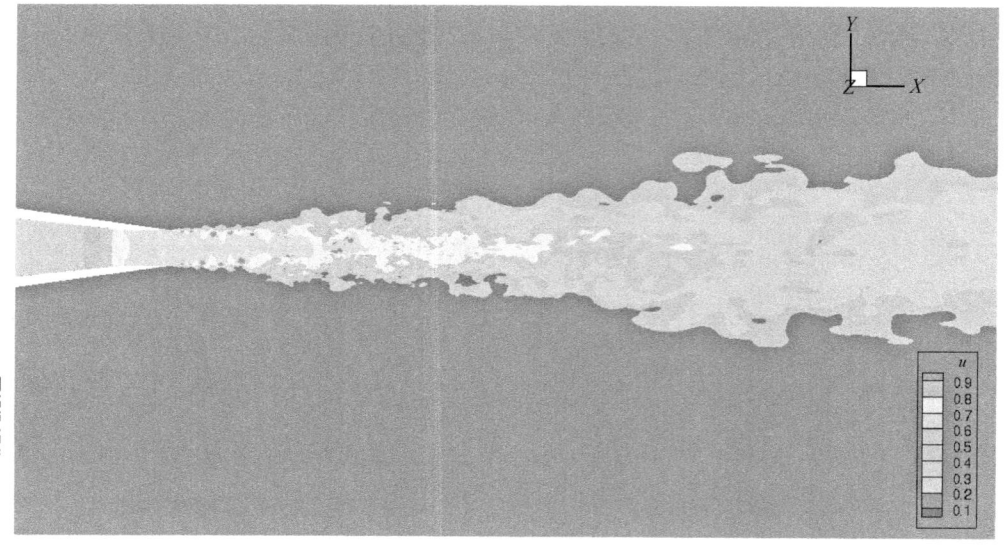

图 6.66　马赫数 0.9 单涵喷流瞬时速度场云图

图 6.69 是喷流时间平均速度沿喷流轴线的分布,并与其他研究者的试验结果进行了对比,从图中可以看到,数值模拟结果与试验对比符合得很好。图 6.70 是

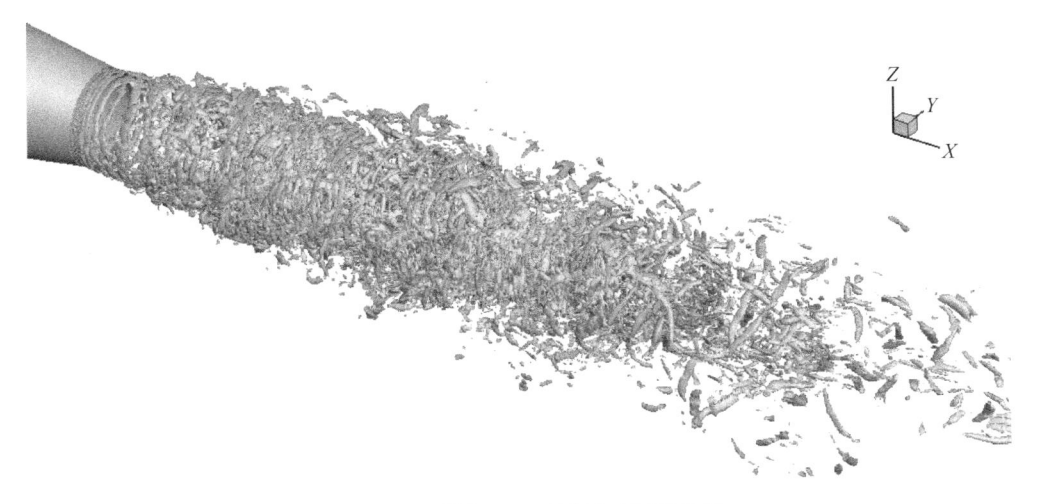

图 6.67　马赫数 0.9 喷流瞬时涡结构图

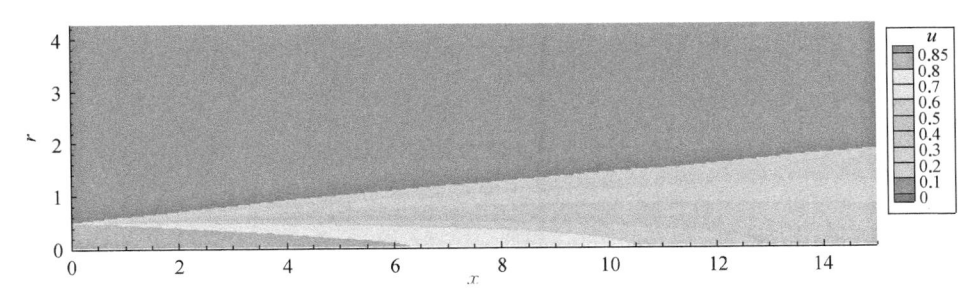

图 6.68　马赫数 0.9 喷流平均速度场云图

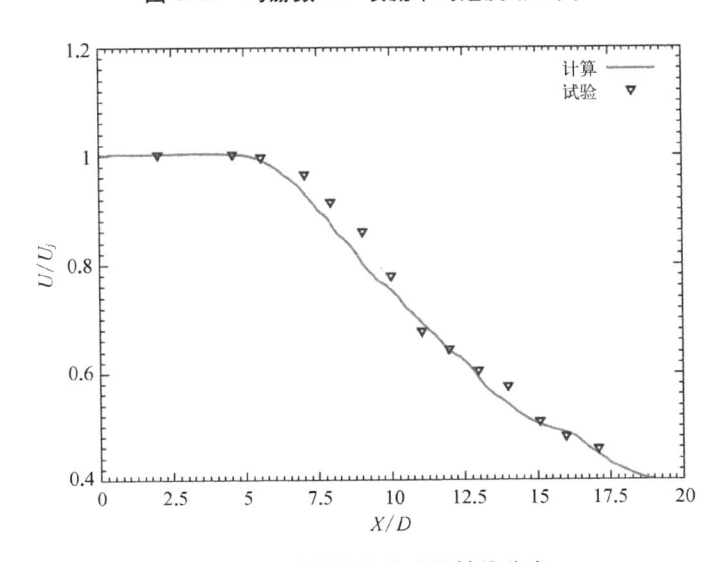

图 6.69　喷流平均速度沿轴线分布

喷流在不同轴线位置速度型归一化结果对比。可以看到,喷流速度型基本都一致。图 6.71 是速度扰动均方根沿轴线分布,并与其他研究者的实验结果进行了对比,符合得很好,说明数值模拟准确。

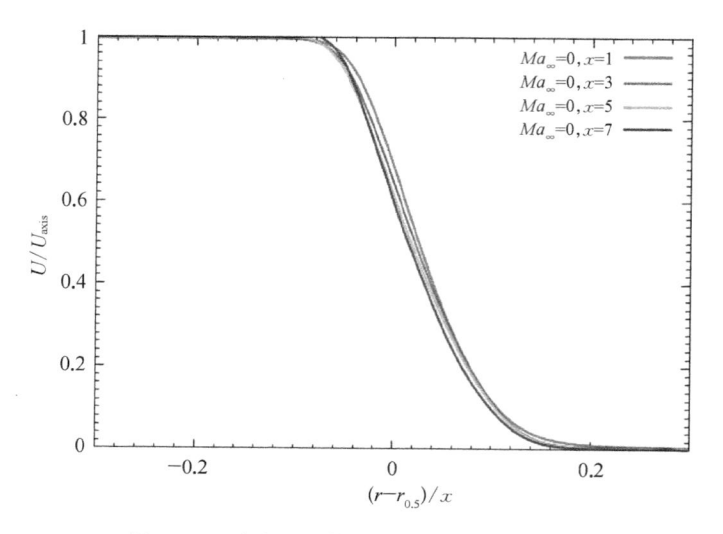

图 6.70 喷流不同轴线位置平均速度型比较

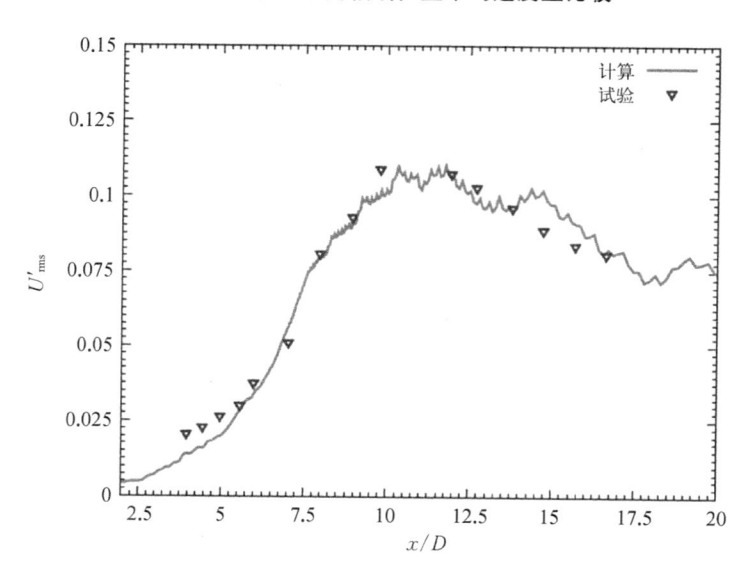

图 6.71 喷流不同轴线位置速度扰动幅值分布

3. 双涵同轴喷流噪声数值模拟

1) 算例简述

对涵道比约为 5 的同轴喷流进行了数值模拟,内涵马赫数为 0.77,总温比为

2.71,外涵马赫数为 0.86,总温比为 1.0。该算例网格数约为 1 700 万个。

2)算例设置

本算例设置与单涵喷流算例设置基本完全相同,这里不再赘述,唯一不同点为本算例中在流体参数设置部分需要给定内涵和外涵的出口马赫数、出口总温和出口压比。

3)计算结果

图 6.72 是数值模拟得到的瞬时速度场、涡量场及压力场云图。图 6.73 是远场 60 倍内涵直径处 60°和 120°(60°为上游)的数值模拟结果与试验结果对比。从图中可以看到不管是上游还是下游,数值模拟结果在 St 小于 3 的频率范围内与试验结果对比符合得很好,更高频率的部分,由于网格分辨率,与试验结果存在一定的差距,相信采用更密的网格就能够达到准确预测的要求。

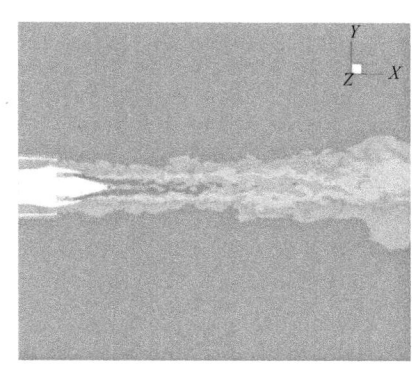

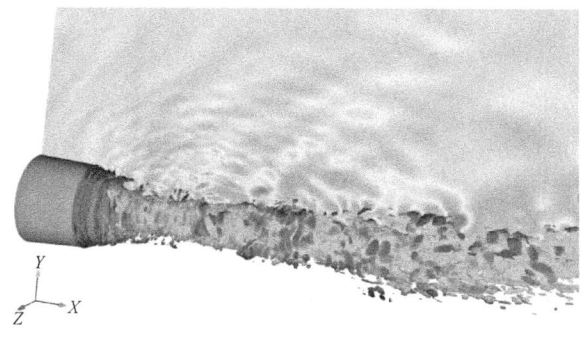

图 6.72 数值模拟瞬时速度/涡量/压力场云图

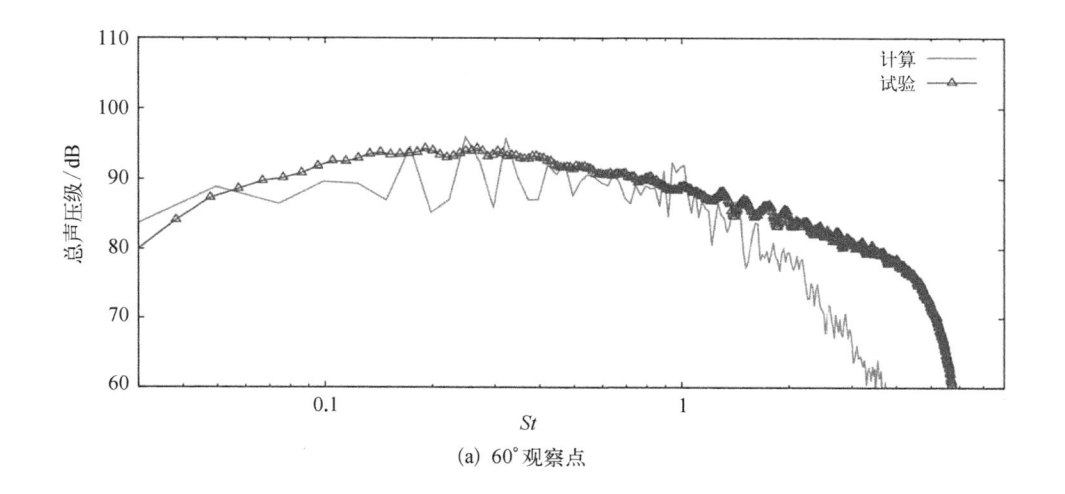

(a) 60°观察点

(b) 120° 观察点

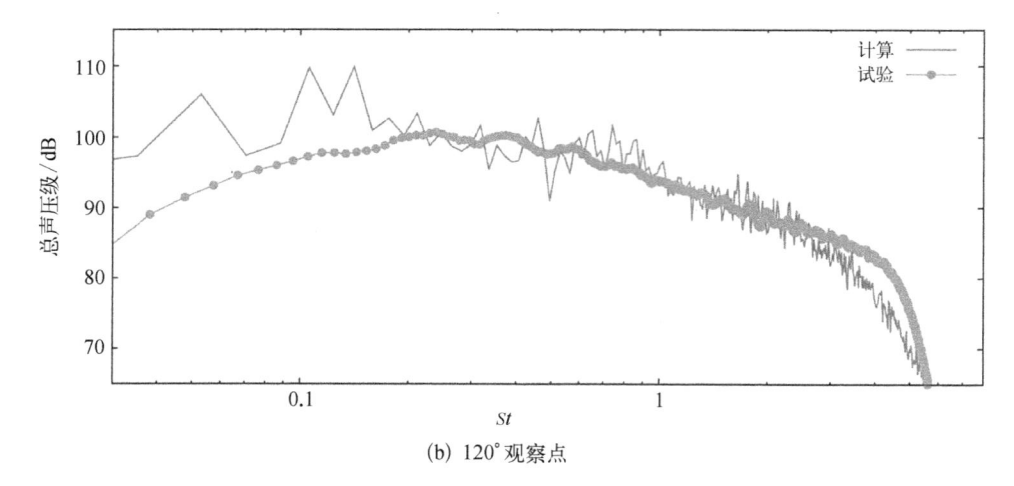

图 6.73　数值模拟远场噪声频谱与实验结果对比

6.3　本章小结

　　本章从基本理论和方法模型出发,系统地介绍了基于声类比理论和基于计算气动声学仿真的方法。基于声类比理论的声学仿真具有代表性的就是 FW-H 方程的 Formulation 1A 解,其声仿真首先需要通过流场的计算获得声源项,然后进行声源积分和远场外推,计算时间较短,一般用于航空发动机典型部件二维设计阶段;基于 CAA 的声学仿真从传统的纳维-斯托克斯方程出发,阐明噪声产生和传播的物理机制,计算量巨大,因此基本上应用于典型部件定型后的噪声评估中。

参考文献

[1] Lighthill M J. On sound generated aerodynamically, I: General theory[J]. Proceedings of the Royal Society A, 1952, 221: 564-587.

[2] Ffowcs Williams J E, Hawkings D L. Sound generated by turbulence and surface in arbitrary motion[J]. Philosophical Transactions of the Royal Society, 1969, 264(1151): 321-342.

[3] Farassat F. Discontinuities in aerodynamics and aeroacoustics: The concept and application of generalized derivatives[J]. Journal of Sound and Vibration, 1977, 55: 165-193.

[4] Brentner K S, Farassat F. Modeling aerodynamically generated sound of helicopter rotors[J]. Progress in Aerospace Sciences, 2003, 39(2-3): 83-120.

[5] Farassat F. Linear acoustic formulas for calculation of rotating blade noise[J]. AIAA Journal, 1980, 19(9): 1122-1130.

[6] Di Francescantonio P. A new boundary integral formulation for the prediction of sound radiation [J]. Journal of Sound and Vibration, 1997, 202(4): 491-509.

[7] Nallasamy M, Hixon R, Sawyer S. Solution of unsteady euler equations: Gust-cascade

[8] Hixon R, Golubev V V, Mankbadi R R, et al. Application of a nonlinear computational aeroacoustics code to the gust-airfoil problem[J]. AIAA Journal, 2006, 44: 323 – 328.

[9] Hixon R, Nallasamy M, Sawyer S, et al. Comparison of numerical schemes for a realistic computational aeroacoustics problem[J]. International Journal of Aeroacoustics, 2004, 3: 379 – 397.

[10] Sawyer S, Nallasamy M, Hixon R, et al. A computational aeroacoustic prediction of discrete-frequency rotor-stator interaction noise: A linear theory analysis[J]. International Journal of Aeroacoutics, 2004, 3(1): 67 – 86.

[11] 李晓东, 林大楷. 阵风与叶栅干涉噪声的数值模拟[J]. 航空动力学报, 2006, 21(1): 94 – 99.

[12] Housman J A, Kiris C C. Structured overlapping grid simulations of contra-rotating open rotor noise[C]. San Diego: 54th AIAA Aerospace Sciences Meeting, 2016.

[13] 孙晓峰, 胡宗安, 周盛. 反旋桨扇非定常负荷噪声的研究[J]. 航空动力学报, 1998, 3(3): 227 – 230.

[14] Li X Y, Li X D, Tam C K W. An improved multi-pole broadband time domain impedance boundary condition[J]. AIAA Journal, 2012, 50(4): 980 – 984.

[15] Liu L, Li X D, Hu F Q. Nonuniform time-step Runge-Kutta discontinuous galerkin method for computational aeroacoustics[J]. Journal of Computational Physics, 2010, 229(19): 6874 – 6897.

[16] Li X D, Richter C, Thiele F. Time-Domain impedance boundary conditions for surfaces with subsonic mean flows[J]. Journal of the Acoustical Society of America, 2006, 119(5): 2665 – 2676.

[17] Lin D K, Li X D, Hu F Q. Absorbing boundary condition for nonlinear Euler equations in primitive variables based on the Perfectly Matched Layer technique[J]. Computers & Fluids, 2011, 40: 333 – 337.

[18] Liu Y, Vinokur M, Wang Z J. Spectral difference method for unstructured grids Ⅰ: Basic formulation[J]. Journal of Computational Physics, 2006, 216: 780 – 801.

[19] Wang Z J, Liu Y, May G, et al. Spectral difference method for unstructured grids Ⅱ: Extension to the Euler equations[J]. Journal of Scientific Computing, 2006, 32(1): 45 – 71.

[20] Sun Y, Wang Z J, Liu Y. High-order multidomain spectral difference method for the Navier-Stokes equations on unstructured hexahedral grids[J]. Communication in Computational Physics, 2007, 2(2): 310 – 333.

[21] Liang C, Premasuthan S, Jameson A, et al. Large eddy simulation of compressible turbulent channel flow with spectral difference method[C]. Orlando: 47th AIAA Aerospace Sciences Meeting including The New Horizon Forum and Aerospace Exposition, 2009.

[22] Zhou Y, Wang Z J. Simulation of CAA benchmark problems using high-order spectral difference method and perfectly matched layers[C]. Orlando: 48th AIAA Aerospace Sciences Meeting including the New Horizon Forum and Aerospace Exposition, 2010.

第7章
多物理场/多学科仿真

现阶段航空发动机的仿真以单物理场仿真为主，多物理场/多学科仿真由于计算量大、缺乏验证等因素，在工程设计活动中应用较少。但随着设计技术、仿真技术、计算机技术的全面进步，多物理场/多学科仿真在航空发动机仿真领域展示出了强大的应用潜力和必要性。首先，航空发动机仿真本质就是多物理场/多学科耦合问题，特别是随着发动机性能的不断提高，各部件负荷不断提升，解耦的仿真难以反映真实物理过程。将多物理场/多学科仿真引入工程设计，对提升设计人员的技术认识，促进设计理念和设计工具的革新，具有积极意义。其次，计算能力的提升为多物理场/多学科仿真的推广应用提供了必要条件。多物理场/多学科仿真往往耗时很长，难以跟上工程设计的快速迭代，而近几十年计算能力的大幅提升使得部分多物理场/多学科仿真的计算量也变得可以接受。特别是在设计关键问题突破、故障重现等应用场景，实施多物理场/多学科仿真已成为现实并取得了积极的效果，为未来多物理场/多学科仿真在航空发动机仿真领域的推广使用奠定了基础。本章以燃滑油系统、压气机叶片、涡轮叶片等航空发动机中具有典型多物理场特性的部件为对象，结合不同部件的仿真需求，介绍各部件的仿真理论与方法，并结合工程设计过程，分析各多物理场/多学科仿真方法的工程适用性，提出工程应用建议。最后，展示滑油箱液面晃荡、供油喷嘴液滴喷射及碰撞、压气机转子颤振、涡轮叶片气热固耦合计算等计算实例。

7.1 燃滑油系统流动与换热仿真

在燃油系统方面，合理的燃油输运是发动机安全的保障，一方面燃油的输送参数须合理精确地控制，另一方面燃油输运过程中，不能发生过热和泄漏。在滑油系统方面，由于轴承腔的结构紧凑，润滑与隔热、散热条件较差，且腔内轴承转速较高，所以轴承出现滑转、磨损、积碳和支撑座裂纹等故障发生的概率较高，从而降低滑油系统的性能和可靠性。上述情形主要出现在航空发动机燃滑油系统的喷嘴组件、回油管路、轴承腔等部件中，其内部流场均是复杂的气液两相流流场，特别是伴随传热的问题就更加复杂。因此，针对燃滑油系统的流动与换热仿真分析十分必要，其核心技术包括气液两相流分析,液滴喷射、碰撞与破碎分析,油膜换热分析等方面。

7.1.1 基本理论及仿真方法介绍
1. 气液两相流流体体积分数法交界面捕捉技术

航空发动机的燃滑油系统,其供回油管路、滑油腔室、油箱、附件等部件中均存在复杂的气液两相流流场。例如,在实际飞行中,随着飞机姿态角及三向过载的变化,航空发动机滑油箱及滑油腔内滑油的液面位置、形状也将变化。在滑油系统的滑油箱及滑油腔设计阶段,如果能获得不同姿态及过载组合条件下,滑油液面的变化及油量,并预测断油条件,就可在通气系统、应急润滑系统等方面预先进行设计分析,避免不安全的状态发生。

研究气液两相流体时,必须考虑相界面在流体运动中的变形和位移。现有基于欧拉网格的界面捕获方法大致可以分为界面追踪法和界面捕捉法两类。界面追踪法在欧拉网格上进行离散,在网格中布置若干标记点或流体质点,通过对这些标记点或质点的拉格朗日追踪来模拟界面的变化。利用这种方法可以显式追踪界面,从而更精确地计算界面的曲率,但是界面的重构非常复杂,难以处理界面拓扑结构发生变化的情形。界面捕捉法包括流体体积分数法(volume of fluid,VOF)和Level-set方法,这类方法是完全的欧拉方法,可容易地处理复杂的物质界面以及界面拓扑结构发生变化的情形(如合并、交叉、破碎等)。流体体积分数法通过求解关于流体体积分数函数的标量输运方程将复杂的界面处理为内部的运动边界,无须特殊处理即可达到处理拓扑结构变化的鲁棒性和计算的简单高效,同时较好地保持了质量守恒。

1) 基本理论介绍

不可压缩流动是指流体在流动过程中密度变化可以忽略的流动[1]。对于航空发动机的燃滑油系统,其燃油和滑油的运动速度较低,且腔室、油箱、附件等内部压力较小,气体和液体均可作为不可压缩流体来模拟。在描述流体运动的五个基本规律中,质量守恒定律、动量守恒定律和能量守恒定律是最基本的规律[2]。在流场中任意取一个流体微元,应用上述定律,即可获得三维不可压缩流动的连续方程、动量方程和能量方程(统称为不可压流纳维-斯托克斯方程组)分别为

$$\begin{cases} \rho \nabla \cdot u = 0 \\ \rho \left(\dfrac{\partial u}{\partial t} + u \cdot \nabla u \right) = -\nabla p + \nabla \cdot [\mu(\nabla u + \nabla u^{\mathrm{T}})] + f_{\mathrm{b}} + f_{\mathrm{st}} \\ \rho c_p \dfrac{\partial T}{\partial t} + \rho c_p u \cdot \nabla T = \nabla \cdot (k \nabla T) \end{cases} \quad (7.1)$$

其中,$u = (u \quad v \quad w)$为流体速度矢量;ρ为流体密度;p为压强;μ为流体黏性系数;f_{b}为体积力;f_{st}为多相流交界面表面张力;c_p为比定压热容;T为流体温度;

k 为热传导系数。

不可压流纳维-斯托克斯方程组求解是气液两相流,液滴喷射、碰撞与破碎,油膜换热等求解的基础。在研究气液两相流体时,必须考虑相界面在流体运动中的变形和位移。采用以流体体积分数标量表述的欧拉方法,简称流体体积分数法,将复杂的界面处理为内部的运动边界,无须特殊处理即可达到处理拓扑结构变化的鲁棒性和计算的简单高效,同时较好地保持质量守恒[3-5]。

根据流体体积分数法的原理,假设有 N 种流体,定义标量函数——流体体积函数 α_q,用来表示计算单元 i 内某一组分 q 流体体积 V_q 占总体积 V_i 的比率:

$$\begin{cases} \alpha_q = \dfrac{V_q}{V_i} \\ \sum_{q=1}^{N} V_q = V_i \end{cases} \quad (7.2)$$

其中,$\alpha_q = 0$ 表示计算单元内没有流体 q;$\alpha_q = 1$ 表示计算单元内只有流体 q;$0<\alpha_q<1$ 表示该计算单元为多种流体混合区域,其中存在交界面,如图 7.1 所示。由各个计算单元中流体体积分数的变化即可表示流体运动,所以可由体积分数函数 α_q 来追踪两相流界面。

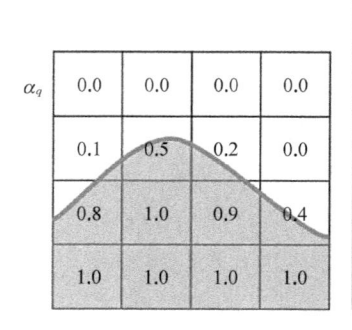

图 7.1 VOF 算法描述交界面示意图

混合流体的特性——密度、黏性、比热:

$$\begin{cases} \rho = \sum_{q=1}^{N} \alpha_q \rho_q \\ \mu = \sum_{q=1}^{N} \alpha_q \mu_q \\ c_p = \dfrac{1}{\rho} \sum_{q=1}^{N} \alpha_q \rho_q (c_p)_q \end{cases} \quad (7.3)$$

对于气液两相流问题来说,可以简化为

$$\begin{cases} \rho = \alpha_q \rho_1 - (1-\alpha_q)\rho_2 \\ \mu = \alpha_q \mu_1 - (1-\alpha_q)\mu_2 \\ c_p = \alpha_q c_{p1} - (1-\alpha_q)c_{p2} \end{cases} \quad (7.4)$$

其中,下标 1 和 2 分别为主、次相流体;若以液体为主相,气体为次相,则 ρ_1 为液体密度,ρ_2 为气体密度;α_q 为计算单元内液体的体积分数。

VOF 法通过对体积函数求解输运方程来更新每一时刻各单元的体积分数,进一步通过式(7.4)计算各单元的 ρ、μ 和 c_p,并代入式(7.1)中更新下一步的流场值,完成一次不可压流纳维-斯托克斯方程组和 VOF 输运方程的迭代循环。

2) VOF 两相流模型介绍

对于体积分数 α_q,满足以下输运方程[6]:

$$\frac{\partial \alpha_q}{\partial t} + u \cdot \nabla \alpha_q = S_q \quad (7.5)$$

其中,u 为流体速度矢量;S_q 为组分 q 的质量源项(默认为 0)。

以上得出的输运方程基本上完整描述了两相流及其界面的运动,而同时满足这些偏微分方程及边界条件的解析解只能在简单的流动情况下得出,因此通常需要对它们进行数值求解。然而,由于界面处的不连续性,式(7.5)不是适合数值求解的形式,因此需针对界面处对输运方程进行调整。为保证 u 在界面处连续,需满足:

$$\nabla \cdot u = \frac{-1}{\rho}\frac{D}{Dt}[\alpha_q(\rho_1-\rho_2)+\rho_2] = \frac{-(\rho_1-\rho_2)}{\rho} \cdot \frac{D\alpha_q}{Dt} = 0 \quad (7.6)$$

将式(7.5)代入式(7.6)中得

$$\frac{\partial \alpha_q}{\partial t} + \nabla \cdot (u\alpha_q) = S_q \quad (7.7)$$

通过求解不可压流纳维-斯托克斯方程组(7.1)可以获得流体的速度场 u,代入 VOF 输运方程(7.7)求解获得体积分数 α_q,继而根据式(7.4)更新下一步各单元内流体的 ρ、μ 和 c_p。鉴于这种紧密耦合关系,将 VOF 输运方程和不可压流纳维-斯托克斯方程组耦合求解,耦合后的整体求解方程组为

$$\begin{cases} \rho \nabla \cdot u = 0 \\ \rho\left(\dfrac{\partial u}{\partial t} + u \cdot \nabla u\right) = -\nabla p + \nabla \cdot [\mu(\nabla u + \nabla u^T)] + f_b + f_{st} \\ \rho c_p \dfrac{\partial T}{\partial t} + \rho c_p u \cdot \nabla T = \nabla \cdot (k\nabla T) \\ \dfrac{\partial \alpha}{\partial t} + u \cdot \nabla \alpha = 0 \end{cases} \quad (7.8)$$

为了缩短压力求解时间,引入虚拟压缩法求解不可压流纳维-斯托克斯方程组。虚拟压缩法在1967年提出,最早用来求解定常不可压缩纳维-斯托克斯方程,其基本思想是在连续性方程中引入压力的伪时间导数项,使得速度和压力直接耦合。这样可以将连续方程和动量方程进行联立同步推进直接求解压力场和速度场,求解时只需给出速度的边界条件以及压力和速度的初始值,从而避免了大量的求解压力计算时间,为数值求解创造有利的条件。

建立压强和密度的虚拟关系,如 $p=\beta\rho^*$,$\dfrac{\partial\rho^*}{\partial\tau}=\dfrac{1}{\beta}\dfrac{\partial p}{\partial\tau}$,在连续方程中引入压力的伪时间导数项[7],将原本是椭圆形的连续方程变成双曲形方程,即可通过伪时间推进求解得到速度散度场,从而使质量和动量都能守恒。

$$\frac{1}{\beta\rho}\frac{\partial p}{\partial\tau}+(\nabla\cdot u)=0 \qquad(7.9)$$

其中,β 为虚拟压缩参数,一般取 $\beta=5\sim15$。

为统一求解非定常问题,动量方程和能量方程也需引入伪时间导数项,由此在不可压流纳维-斯托克斯方程组求解时可以通过双时间步推进。

对耦合后的方程组(7.8)无量纲化后,并引入虚拟时间导数项,方程组(7.8)可写为

$$\begin{cases}\dfrac{1}{\beta\rho}\dfrac{\partial p}{\partial\tau}+(\nabla\cdot u)=0\\[4pt]\rho\dfrac{\partial u}{\partial\tau}+\rho\left(\dfrac{\partial u}{\partial t}+u\cdot\nabla u\right)=-\nabla p+\nabla\cdot\left[\dfrac{\mu}{Re}(\nabla u+\nabla u^{\mathrm{T}})\right]+f_b+f_{\mathrm{st}}\\[4pt]\dfrac{\partial T}{\partial\tau}+\dfrac{\partial T}{\partial t}+u\cdot\nabla T=\nabla\cdot\left(\dfrac{k}{RePr}\nabla T\right)\\[4pt]\dfrac{\alpha}{\beta\rho}\dfrac{\partial p}{\partial\tau}+\dfrac{\partial\alpha}{\partial\tau}+\dfrac{\partial\alpha}{\partial t}+u\cdot\nabla\alpha=0\end{cases} \qquad(7.10)$$

将耦合后的方程组(7.10)写成积分形式,如下:

$$\Gamma_e\frac{\partial}{\partial t}\int_{\Omega(t)}Q\mathrm{d}V+\oint_{\partial\Omega(t)}(F-F_v)\mathrm{d}S=\int_\Omega f_b\mathrm{d}V+\oint_{\partial\Omega(t)}f_{\mathrm{st}}\mathrm{d}S \qquad(7.11)$$

其中,Q 为所需求解的守恒量;$\Omega(t)$ 为任意可变形或可移动的控制体;F 为对流通量;F_v 为黏性通量;Γ_e 为预处理矩阵,避免两相流时密度差异过大使特征系统变得刚性,同时也是为了将积分方程表达为守恒形式。

考虑双时间步推进技术,在方程(7.11)中引入伪时间导数项,即

$$\Gamma \frac{\partial}{\partial \tau} \int_{\Omega} Q \mathrm{d}V + \Gamma_e \frac{\partial}{\partial t} \int_{\Omega(t)} Q \mathrm{d}V + \oint_{\partial \Omega(t)} (F - F_v) \mathrm{d}S = \int_{\Omega} f_b \mathrm{d}V + \oint_{\partial \Omega(t)} f_{st} \mathrm{d}S$$
(7.12)

其中,τ 和 t 分别为伪时间和物理时间;当伪时间 $\tau \to \infty$ 时,方程(7.12)左边的第一项和压力导数项消失而复原为方程(7.10)。双时间步推进包含两个循环,即伪时间的内循环和物理时间的外循环,每个物理时间步当作定常问题用伪时间推进求解,无须时间精确的伪时间内迭代可以采用当地时间步长等技术提高收敛速度,而物理时间步则可以不受控制方程系统刚性问题的限制。

对积分形式控制方程(7.12)采用 ALE 有限体积格式转换,相较于耦合前,各变量均增加两相流项,黏性通量 F_v 中的 τ 和 q 不变[8]。耦合后的各变量分别为

$$Q = \begin{bmatrix} p \\ u \\ v \\ w \\ T \\ \alpha \end{bmatrix}, \quad F = \begin{bmatrix} \theta \\ \rho u(\theta - v_{\mathrm{gn}}) + pn_x \\ \rho v(\theta - v_{\mathrm{gn}}) + pn_y \\ \rho w(\theta - v_{\mathrm{gn}}) + pn_z \\ T(\theta - v_{\mathrm{gn}}) \\ \alpha(\theta - v_{\mathrm{gn}}) \end{bmatrix}, \quad F_v = \begin{bmatrix} 0 \\ n_x \tau_{xx} + n_y \tau_{xy} + n_z \tau_{xz} \\ n_x \tau_{xy} + n_y \tau_{yy} + n_z \tau_{yz} \\ n_x \tau_{zx} + n_y \tau_{zy} + n_z \tau_{zz} \\ n_x q_x + n_y q_y + n_z q_z \\ 0 \end{bmatrix}$$
(7.13)

$$\Gamma_e = \begin{bmatrix} 0 & 0 & 0 & 0 \\ 0 & \rho I_{3\times 3} & 0 & u\Delta\rho \\ 0 & 0 & 1 & 0 \\ 0 & 0 & 0 & 1 \end{bmatrix}, \quad I_{3\times 3} = \begin{bmatrix} 1 & 0 & 0 \\ 0 & 1 & 0 \\ 0 & 0 & 1 \end{bmatrix} \quad (7.14)$$

$$f_b = \frac{\rho(1+\rho')}{Fr^2} \begin{bmatrix} 0 \\ g_x \\ g_y \\ g_z \\ 0 \\ 0 \end{bmatrix}, \quad f_{\mathrm{st-CSF}} = \frac{\rho \sigma}{1/2(\rho_i + \rho_j) We} \begin{bmatrix} 0 \\ \hat{n}_x n_x \dfrac{\partial \phi}{\partial x} \\ \hat{n}_y n_y \dfrac{\partial \phi}{\partial y} \\ \hat{n}_z n_z \dfrac{\partial \phi}{\partial z} \\ 0 \\ 0 \end{bmatrix} \quad (7.15)$$

$$\varGamma = \begin{bmatrix} \dfrac{1}{\rho\beta} & 0 & 0 & 0 \\ 0 & \rho I_{3\times 3} & 0 & u\Delta\rho \\ 0 & 0 & 1 & 0 \\ \dfrac{\alpha}{\rho\beta} & 0 & 0 & 1 \end{bmatrix}, \ \Delta\rho = \rho_{液体} - \rho_{气体} \quad (7.16)$$

$$\theta = u \cdot n = un_x + vn_y + wn_z \quad (7.17)$$

$$\begin{cases} \tau_{xx} = \dfrac{2(\mu+\mu_t)}{Re}\dfrac{\partial u}{\partial x}, \ \tau_{xy} = \tau_{yx} = \dfrac{\mu+\mu_t}{Re}\left(\dfrac{\partial u}{\partial y}+\dfrac{\partial v}{\partial x}\right) \\ \tau_{yy} = \dfrac{2(\mu+\mu_t)}{Re}\dfrac{\partial v}{\partial y}, \ \tau_{xz} = \tau_{zx} = \dfrac{\mu+\mu_t}{Re}\left(\dfrac{\partial u}{\partial z}+\dfrac{\partial w}{\partial x}\right) \\ \tau_{zz} = \dfrac{2(\mu+\mu_t)}{Re}\dfrac{\partial w}{\partial z}, \ \tau_{yz} = \tau_{zy} = \dfrac{\mu+\mu_t}{Re}\left(\dfrac{\partial v}{\partial z}+\dfrac{\partial w}{\partial y}\right) \end{cases}, \begin{cases} q_x = \dfrac{k}{RePr}\dfrac{\partial T}{\partial x} \\ q_y = \dfrac{k}{RePr}\dfrac{\partial T}{\partial y} \\ q_z = \dfrac{k}{RePr}\dfrac{\partial T}{\partial z} \end{cases}$$

$$(7.18)$$

其中，$v_{gn} = \dot{x} \cdot n$ 为控制体边界 $\partial\Omega(t)$ 的法向运动速度；$\dot{x}$ 和 n 分别为控制体边界 $\partial\Omega(t)$ 的运动速度和单位法向矢量，$n = (n_x \quad n_y \quad n_z)$。当 $v_{gn} = u \cdot n$ 时，方程为拉格朗日系；当 $v_{gn} = 0$ 时，方程为欧拉系。此处，v_{gn} 任意给定，$\dot{x}$ 和 n 随时间变化，μ 为层流黏性系数，μ_t 为湍流黏性系数，k 为热传导系数。

2. 液滴喷射、碰撞与破碎求解技术

航空发动机的机械传动需要依靠滑油系统的保障，随航空发动机转速提高，轴承等转动部件发热量较大，对轴承腔中散热的要求也逐渐提升。轴承腔作为航空发动机滑油系统的主要组成部分，向轴承腔中喷射润滑油能有效对轴承等部件进行润滑和及时散热。因此研究滑油在轴承腔内的分布对航空发动机散热及稳定、高效运行有十分重要的意义。

滑油从喷嘴喷射出去，在轴承腔内可能有两种形式存在：一种是以油膜形式存在；另一种是以油滴（离散相）形式存在，此时可能出现油滴与轴承腔壁面碰撞反弹等情形。

1) 基本理论介绍

在由流体(气体或液体)和分散相(颗粒、气泡和尘粒)组成的弥散多相流体系中，将流体相视为连续介质，分散相视作离散介质处理，这种模型称为分散颗粒群轨迹模型或分散相模型(dispersive phase model，DPM)。

DPM液滴在气流中运动的过程非常复杂，主要涉及阻力、浮力、重力、压力梯度力、虚拟质量力、惯性力等；同时在气流运动过程中液滴与气体之间会发生传热，进而有可能发生蒸发现象(蒸发涉及复杂相变过程,暂不考虑);当液滴运动至壁面时,会与壁面发生碰撞,呈现出不同的行为模式,如黏附、铺展、反弹或者飞溅;当液滴黏附或铺展在壁面上时,随着时间推进黏附的液滴不断累积,可能在壁面上形成液膜,液膜在壁面上会发生流动及蒸发等现象。当液滴介质为燃滑油时,通常将液膜称为油膜。

液滴与固壁的碰撞计算是两相流计算的重要组成部分,也是主要难点。类似理论最早起源于内燃机的燃油液膜计算,在不断发展的过程中其应用范围也被逐渐推广。液滴颗粒冲击壁面后会在壁面上产生多种不同的效应,如黏附、反弹、飞溅、铺展等[9]。液体碰撞壁面时的不同效应如图7.2所示。

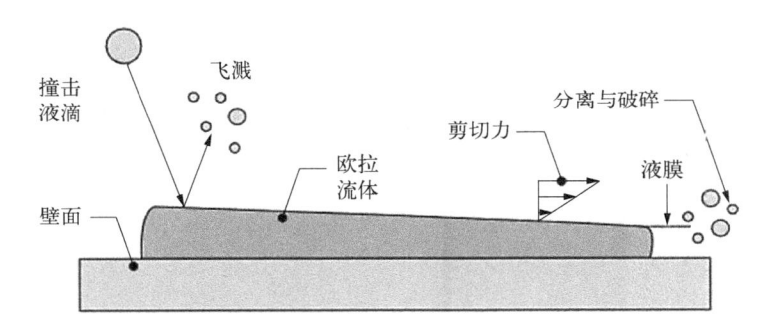

图7.2 液滴与固壁作用的主要研究现象

由于液滴与固壁的碰撞过程中涉及较多参数,因此难以直接对液滴/壁面碰撞后产生的不同效应进行预测。这些效应与液滴颗粒的尺寸、速度、冲击颗粒的材料及表面性质有关,另外影响液滴碰撞壁面的因素还有表面粗糙度和表面上液膜厚度两个方面。如果计算过程中考虑能量交换,壁面温度对液滴碰撞的影响同样不能忽略。根据 Stanton 和 Rutland 的研究结果[10-12],可以通过基于壁面温度和韦伯数(We)的准则来确定冲击壁面后液滴所产生的效应(黏附、反弹、铺展和飞溅)。根据 Kuhnke 的研究[13],除了考虑上述碰撞因素,还要考虑干燥壁面和湿壁面的影响,通过这种方法确定的冲击壁面后液滴所产生的效应有反弹、铺展、飞溅和干燥飞溅(热分解)。综合 Stanton、Rutland 和 Kuhnke 的研究,同时参考国外商业软件的设置,根据壁面的干湿情况分别考虑。当壁面为干壁面时,为完全反弹,同时设置反弹系数来模拟碰撞能量的损失;当壁面为湿壁面时,采用 Stanton-Rutland 模型模拟碰撞后粒子的运动过程。

2) DPM 离散相粒子模型介绍

DPM 离散相液滴粒子的运动过程可以分为几个阶段:首先粒子从喷嘴喷射而出(喷射模型);在流场运动过程中受气动力、重力等作用(受力模型);最后部分粒子与壁面发生碰撞(碰撞模型)发生进一步的运动,其余粒子从出口逃逸。以下对过程中涉及的仿真模型进行介绍。

（1）喷射模型。燃滑油在空气中的喷射按其初始状态的粒子分布情况可分为三类：单个或单排粒子、锥面分布粒子、锥体分布粒子。

单个或单排粒子喷射模型实现的结果如图 7.3 所示，需要设置的输入参数包括粒子直径、粒子总数（红点数）、分布类型（单排粒子分布类型）、起始点 P_1 坐标、终止点 P_2 坐标、速度 V。其中粒子直径和粒子总数（红点数）作为总体设置参数，每种喷射模型都需要设置。

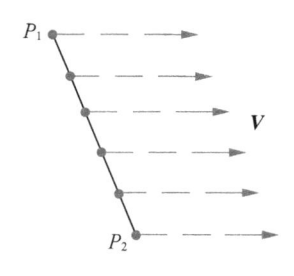

图 7.3 单个或单排粒子分布

锥面分布粒子喷射模型包括点锥和环锥两种形式，其实现的结果如图 7.4 所示。需要设置的输入参数包括分布类型（锥面粒子分布类型）、锥原点 P 坐标、锥轴法向 n、锥外径 R、半锥角 θ、粒子数、喷射速度 V。

锥体分布粒子喷射模型包括点锥实体和环锥实体两种形式，其实现的结果如图 7.5 所示。需要设置的输入参数包括：分布类型（锥体粒子分布类型）、锥原点 P 坐标、锥轴法向 n、锥外径 R_1、锥内径 R_2、半锥角 θ、粒子数、喷射速度 V。

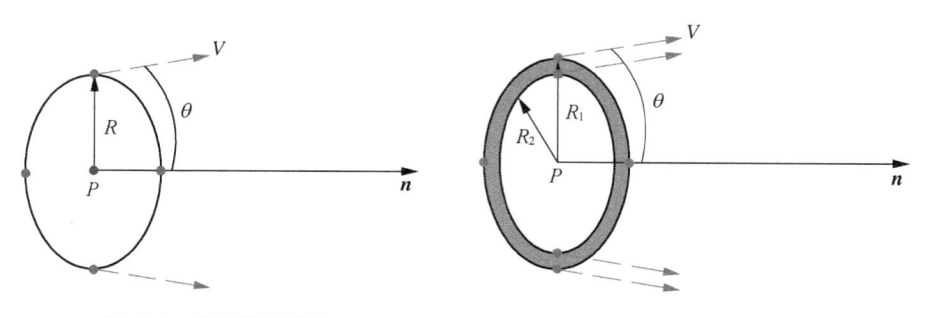

图 7.4 锥面粒子分布

图 7.5 锥体粒子分布

（2）DPM 粒子受力模型。DPM 模型通过积分拉格朗日参考系下的分散相颗粒的运动方程计算其运动轨迹。在对流场中颗粒运动轨迹进行计算时，主要考虑颗粒在流体中受到的惯性力（重力等）和质量力（曳力、升力等）的影响。通过牛顿第二定律得到颗粒加速度，进一步计算颗粒的速度，得到颗粒所处位置随时间的变化，即颗粒运动轨迹。

颗粒运动受力平衡微分方程为

$$\frac{\mathrm{d}\boldsymbol{u}_p}{\mathrm{d}t} = \boldsymbol{f} + \frac{\boldsymbol{g}(\rho_p - \rho)}{\rho_p} + f_x \tag{7.19}$$

其中，左边表示加速度，$\boldsymbol{u}_p$ 为颗粒速度，$\boldsymbol{u}_p = [v_x, v_y, v_z]$；右边第一项 $\boldsymbol{f}$ 为单位质

量颗粒在流场中受到的曳力加速度；第二项 $\dfrac{g(\rho_p - \rho)}{\rho_p}$ 为单位质量颗粒的重力与连续相介质对颗粒浮力的合力加速度；第三项 f_x 为附加加速度项。ρ_p 为颗粒密度，ρ 为流场中连续相介质密度。

曳力加速度公式为

$$f = \dfrac{u - u_p}{\tau_r} \qquad (7.20)$$

其中，u 为流场中连续相速度；u_p 为流场中颗粒相的速度；液滴或颗粒的松弛时间 τ_r 为[14]

$$\tau_r = \dfrac{\rho_p d_p^2}{18\mu} \dfrac{24}{C_d Re} \qquad (7.21)$$

$$Re = \dfrac{\rho d_p |u - u_p|}{\mu} \qquad (7.22)$$

其中，Re 为颗粒雷诺数；d_p 为颗粒直径；μ 为连续相黏性系数；C_d 为阻力系数。

液滴曳力系数的值对雾化模型的精确计算至关重要。若在求解过程中不考虑液滴的变形情况，其值与雷诺数有关。当雷诺数大于 1 000 时，取 0.424；当雷诺数小于等于 1 000 时，可以通过下面的公式进行计算：

$$C_d = \dfrac{24\left(1 + \dfrac{1}{6}Re^{\frac{2}{3}}\right)}{Re} \qquad (7.23)$$

（3）碰撞模型。粒子喷射出去后，通过流场作用运动，当运动到壁面边界时，会发生碰撞。液滴与固壁的碰撞过程，根据碰撞能量和壁面温度可以分为以下几种情况，即 Stanton-Rutland 模型，如图 7.6 所示。

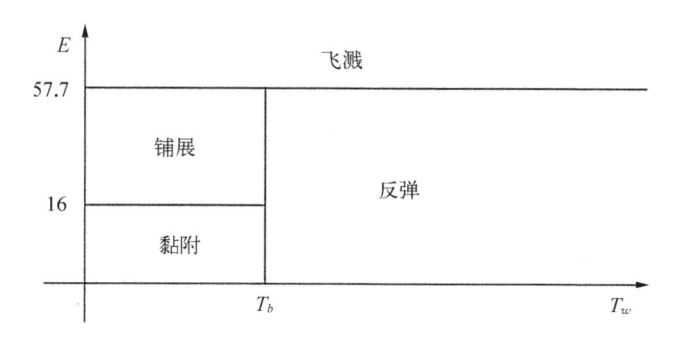

图 7.6 液滴撞击壁面过程可能发生的情况

① 液滴以极小的能量撞击壁面并且保持近似球状；
② 液滴原封不动地离开壁面,但是速度会发生变化；
③ 液滴以中等能量撞击壁面,铺展开并形成水膜；
④ 液滴以较大的能量撞击壁面,部分水成为水膜,另一部分以多个小液滴的方式离开壁面。

当壁面温度 T_w 低于液滴的临界温度 T_b 时,液滴冲击壁面后的效应为黏附、铺展、飞溅中的一种；当壁面温度 T_w 高于液滴的临界温度 T_b 时,液滴冲击壁面后的效应为反弹、飞溅中的一种。其中液滴冲击壁面的碰撞能量计算公式为

$$E^2 = \frac{\rho V_{pn}^2 d_p}{\sigma} \left[\frac{1}{\min(h_0/d_p, 1) + \delta_{bl}/d_p} \right] \tag{7.24}$$

其中, V_{pn} 为垂直于壁面的液滴运动速度(标量); ρ 为液滴密度; d_p 为液滴直径; σ 为液滴表面张力; h_0 为液膜高度,默认等于 d_p; δ_{bl} 为边界层厚度,其计算公式为

$$\delta_{bl} = \frac{d_p}{\sqrt{Re_{pn}}} \tag{7.25}$$

$$Re_{pn} = \frac{\rho V_{pn} d_p}{\mu} \tag{7.26}$$

其中, Re_{pn} 为基于垂直于壁面的颗粒运动速度的雷诺数; μ 为动力黏性系数。

其中临界温度 T_b 的定义为

$$T_b = T_b^* T_{\text{sat}} \tag{7.27}$$

$$T_{\text{crit}} = T_{\text{crit}}^* T_{\text{sat}} \tag{7.28}$$

其中, T_{sat} 为饱和温度; T_b^* 为临界温度因子,其取值范围为 1~1.5,默认值为 1；因此默认情况下临界温度 T_b 与液滴的饱和温度 T_{sat} 相等($T_b = T_{\text{sat}}$,指液滴温度)[15]。

通过碰撞能量 E 和壁面温度 T_w 判断液滴碰撞壁面后的情况,如下所示：① 当 $T_w < T_b$ 且 $E < 16$ 时,发生黏附；② 当 $T_w < T_b$ 且 $16 \leq E \leq 57.7$ 时,发生铺展；③ 当 $T_w > T_b$ 且 $E \leq 57.7$ 时,发生反弹；④ 当 $E \geq 57.7$ 时,发生飞溅。此时定义 $E_{cr} = 57.7$。

① 黏附情况。当液滴碰撞壁面后发生黏附情况时,液滴不发生变形且不再运动,黏附在壁面上。此时按液滴粒子直径大小显示在碰撞点位置。

② 铺展情况。当液滴碰撞壁面后发生铺展情况时,液滴发生变形且不再运

动,铺展在壁面上。此时假设液滴为圆柱形状,需计算圆柱直径与厚度。

定义铺展后的液滴直径为 d_s,厚度为 H_s,其计算公式如下:

$$d_s = 0.613 d_p We_p^{0.39}, \quad We_p = \frac{\rho V_{pn}^2 d_p}{\sigma} \tag{7.29}$$

$$H_s = \frac{2}{3} d_p \tag{7.30}$$

其中,d_p 为液滴直径;We_p 为液滴的韦伯数;V_{pn} 为垂直于壁面的液滴运动速度;ρ 为液滴密度;σ 为液滴表面张力。

③ 反弹情况。当液滴碰撞壁面后发生反弹情况时,液滴不发生变形并继续运动,需计算液滴反弹后的速度大小及方向,其计算公式如下:

$$\begin{cases} V_{rt} = \dfrac{5}{7} V_{pt} \\ V_{rn} = -e_n V_{pn} \end{cases} \tag{7.31}$$

其中,V_{rt} 和 V_{rn} 分别为液滴反弹后的切向和法向速度(矢量);V_{pt} 和 V_{pn} 分别为液滴冲击壁面前的切向和法向速度(矢量);e_n 为正态恢复系数,其计算公式如下:

$$e_n = 0.993 - 1.76 \Theta_I + 1.56 \Theta_I^2 - 0.49 \Theta_I^3 \tag{7.32}$$

其中,Θ_I 为以弧度为单位的入射角,即沿壁面与液滴冲击速度之间的夹角。

④ 飞溅情况。当液滴碰撞壁面后发生飞溅情况时,液滴发生变形并继续运动,需计算液滴飞溅后的直径、速度大小及方向。

对于 Stanton-Rutland 飞溅模型,其涉及的参数有撞击液滴的直径 d_p,撞击液滴的速度 V_p,飞溅液滴的直径 d_i,飞溅液滴的速度 V_i,以壁面法向量衡量的入射角 Θ_I,以壁面法向量衡量的反射角 Θ_S,偏移角 ψ,如图 7.7 所示。

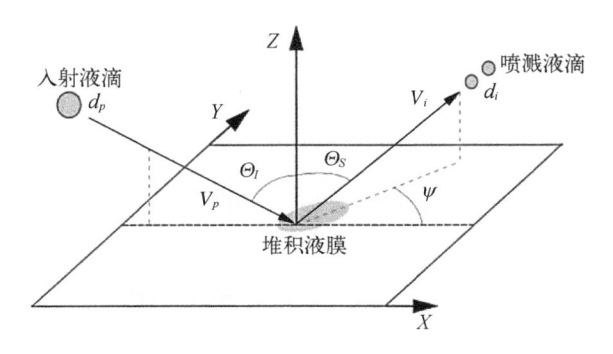

图 7.7　Stanton-Rutland 飞溅模型参数示意图

对于每一个飞溅团块,飞溅后的粒子直径通过抽样累积概率函数来确定,该函数由韦布尔分布函数(7.33)积分而来[16]。

$$f(d) = 2\frac{d_i}{D^2}\exp\left[-\left(\frac{d_i}{D}\right)^2\right] \tag{7.33}$$

对式(7.33)进一步积分可知液滴直径的分布概率:

$$F(d) = 1 - \exp\left[-\left(\frac{d_i}{D}\right)^2\right] \tag{7.34}$$

式(7.34)代表了飞溅液滴直径为 d_i 的可能性,其中:

$$D = \sqrt{2}d_{\max} \tag{7.35}$$

为了确保增加韦伯数后通过上述分布方程获取的粒径分布合理,通过下述公式进一步确定飞溅后液滴直径的分布范围:

$$\frac{d_{\max}}{d_p} = \max\left(\frac{E_{cr}^2}{E^2},\ \frac{6.4}{We},\ 0.06\right) \tag{7.36}$$

其中,E_{cr} = 57.7;E 按照式(7.24)计算;We 为根据颗粒法向速度求解得出的韦伯数。

$$We = \frac{\rho V_{pn}^2 d_p}{\sigma} \tag{7.37}$$

式(7.34)中 $F(d)$ 的取值范围是 0~1,粒子数为 4。对于每个粒子,在 0~1 中随机取样,设随机值为 c_i,则对应的粒子直径为 $d_i = D\sqrt{-\ln(1-c_i)}$。为了限制粒子尺度,根据 Mundo 等的实验[16],取 $d_{\max}/d_p$ < 0.22(0.2~0.3,默认值为 0.22)。

进一步计算飞溅液滴离开壁面的速度,采用概率密度函数进行修正:

$$f\left(\frac{V_{in}}{V_{pn}}\right) = \left[\frac{b_v}{\Theta_v}\left(\frac{V_{in}/V_{pn}}{\Theta_v}\right)^{b_v-1}\right]\exp\left[-\left(\frac{V_{in}/V_{pn}}{\Theta_v}\right)^{b_v}\right] \tag{7.38}$$

其中,下标 i 代指第 i 个飞溅粒子。对式(7.38)进一步积分可知概率密度的分布概率:

$$F\left(\frac{V_{in}}{V_{pn}}\right) = 1 - \exp\left[-\left(\frac{V_{in}/V_{pn}}{\Theta_v}\right)^{b_v}\right] \tag{7.39}$$

$$b_v = \begin{cases} 2.1, & \Theta_I \leqslant 50° \\ 1.10 + 0.02\Theta_I, & \Theta_I > 50° \end{cases} \tag{7.40}$$

$$\varTheta_v = 0.158\mathrm{e}^{0.017\varTheta_l} \tag{7.41}$$

对于每个粒子,式(7.39)中 $F\left(\dfrac{V_{in}}{V_{pn}}\right)$ 的取值范围为 $0\sim1$。在 $0\sim1$ 中随机取样,设随机值为 η_i,则对应的概率密度为

$$V_{in} = V_{pn} \cdot \varTheta_v [-\ln(1-\eta_i)]^{1/b_v} \tag{7.42}$$

切向反射角为

$$\varTheta_s = 65.4 + 0.226\varTheta_l \tag{7.43}$$

切向速度为

$$V_{it} = V_{in}\tan\varTheta_s \tag{7.44}$$

3. 轴承腔内油膜换热求解技术

在航空发动机滑油系统中,回油管路、滑油腔室内均是由空气和液滴构成的复杂气液两相流流场。滑油在这些部件中以离散粒子的形式传输,并对各个部件进行润滑、散热。油滴黏附在不同部件的壁面上形成油膜,在高速气流剪切应力的作用下沿着壁面作流动。为准确求解滑油系统中滑油对滑油腔室内轴承的润滑和散热作用,需对油膜的厚度、面积以及油膜与腔室壁面的换热进行仿真分析。

1) 基本理论介绍

厚度较小的液体在重力作用下沿固体表面上的流动称为液膜流动。液膜流动在日常生活和自然界中广泛存在,且因其蕴含的传热和传质特性,在传统工业领域和高新技术领域的设备中起着重要作用。例如,吸收式热泵、汽轮机叶片冷却、发动机轴承冷却等设备设计时最重要的因素是流动液膜的厚度和流速,它们是影响其传热传质特性的关键参数。当液体介质为燃滑油时,通常将液膜称为油膜。油膜和周围环境之间可能出现复杂的相互作用,这些相互作用需进一步数学建模,以捕捉油膜流动的详细信息。由图7.2所示,当粒子碰撞壁面后不断黏附或铺展,则可能在壁面上形成油膜[17,18],此时在固体壁面上形成和移除油膜的方法有如下几种情况。

(1) 可以在边界表面上指定油膜初始层的属性。

(2) 油膜可以来自油膜入口,并且可在出口处移除。

(3) 可以指定油膜质量源和油膜质量汇,以形成或移除油膜。

(4) 可以在液滴冲击边界表面时形成油膜。对于此方法,可以使用拉格朗日多相模型和具有碰撞的油膜-拉格朗日相的相间相互作用模型为流体颗粒定义喷射器;也可以对离散欧拉相在表面上的碰撞(由此形成油膜)建模;还可以对从油

膜表面剥离的液滴(由于波引起的不稳定性或锐角边缘所致)建模,再使用拉格朗日多相模型追踪通过此方式形成的液滴。

(5)气体或气体组分在表面上凝结时可形成油膜。当液体从表面蒸发时可移除油膜。对于此方法,应定义油膜-欧拉相的相间相互作用(对于多相分离流模拟)或油膜-物理连续体相互作用(对于所有其他模拟)以及油膜蒸发和冷凝模型。将提供油膜沸腾模型作为油膜蒸发和冷凝模型的扩展。

2)仿真模型介绍

(1)油膜描述。图7.8所示为壁面的侧视图,图中h为油膜的厚度;U_D为液滴撞击油膜的速度;U_p为油膜的运动速度;τ_g为气流对油膜表面的剪切应力;τ_w为壁面作用于油膜的应力;a为壁面加速度。

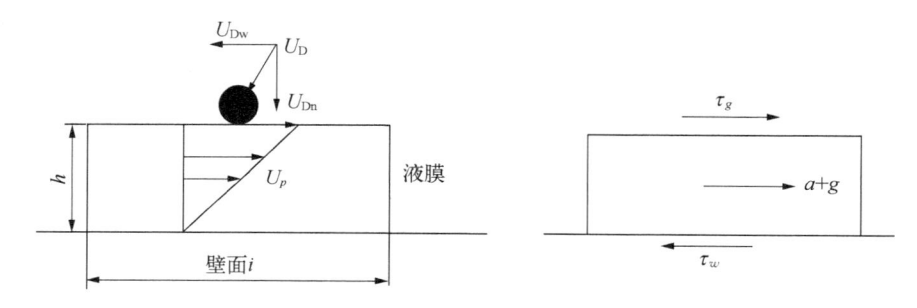

图7.8 壁面侧视图

(2)油膜厚度描述。假设当液滴颗粒黏附于壁面,其立即占据该网格面的所有面积,因此可通过网格单元的面积及体积来描述油膜的厚度:

$$h = \frac{r_{pw} \text{Vol}_{cv}}{A_{w,cv}} \quad (7.45)$$

其中,r_{pw}为液滴在该网格单元中的体积分数;Vol_{cv}为网格单元的体积;$A_{w,cv}$为该网格单元在壁面上的面积。

(3)油膜动量方程。基于粒子的油膜计算方法首次由O'Rourke[19]提出,图7.8所示油膜的动量变化率等于油膜受到的合力。此时合力只考虑壁面切向,不考虑法向,主要受力包括气体摩擦力、壁面摩擦力、液滴动量及质量力。具体的油膜动量方程描述如下:

$$\rho h \frac{d \boldsymbol{u}_p}{dt} + h[\text{grad}(p_f)]_a = \boldsymbol{\tau}_g + \boldsymbol{\tau}_w + \boldsymbol{P}_{\text{imp},a} - m_p \boldsymbol{u}_p + \rho h (\boldsymbol{g} - \boldsymbol{a}_w) \quad (7.46)$$

其中,a为颗粒所在的壁面处;h为颗粒所在的位置处的油膜高度;p_f为壁面处油膜的表面压力,气流和水滴对油膜的压力之和;$h[\text{grad}(p_f)]_a$为油膜表面的压力梯度;$\boldsymbol{\tau}_g$为气流对油膜表面的剪切应力;$\boldsymbol{\tau}_w$为壁面作用于油膜的应力;$\boldsymbol{P}_{\text{imp},a}$为油膜受到壁面作用力;$m_p\boldsymbol{u}_p$为水滴撞击油膜表面的动量;$\rho h(\boldsymbol{g}-\boldsymbol{a}_w)$为体积力项。

① 压力梯度$h[\text{grad}(p_f)]_a$。如图7.8所示,在法向方向,液滴以$\boldsymbol{u}_{Dn}$的速度撞向油膜,会引起表面压力增加,即$\boldsymbol{P}_{\text{imp},a}$。此力作用会使液滴向四周扩散动量或反射粒子。假设不反射,则认为法向动量不起作用,与$\boldsymbol{P}_{\text{imp},a}$抵消。由于液滴表面为空气,空气的压强变化很小,因此可以认为单元内压强不存在梯度,因此$h[\text{grad}(p_f)]_a=0$。

② 气体摩擦力$\boldsymbol{\tau}_g$。$\boldsymbol{\tau}_g$定义为

$$\boldsymbol{\tau}_g = C_f(\boldsymbol{u}_g - 2\boldsymbol{u}_p) \tag{7.47}$$

其中,C_f为气流与油膜表面间的摩擦系数,取值为$0.001\sim0.01$;$\boldsymbol{u}_g$为壁面上油膜表面处的气流流速,对于格心格式,取网格单元的气相速度。

③ 壁面摩擦力$\boldsymbol{\tau}_w$。$\boldsymbol{\tau}_w$的表达式为

$$\boldsymbol{\tau}_w = -2\frac{\mu_l}{h}(\boldsymbol{u}_p - \boldsymbol{u}_w) \tag{7.48}$$

其中,μ_l为水的黏性;$\boldsymbol{u}_w$为壁面的速度。

④ 液滴撞击壁面的动量$m_p\boldsymbol{u}_p$。水滴撞击油膜表面的动量,m_p为单位时间内增加的粒子质量。

⑤ 体积力$\rho h(\boldsymbol{g}-\boldsymbol{a}_w)$。$\boldsymbol{a}_w$为壁面加速度,通常为0。

(4)油膜能量方程。为计算油膜内的温度变化,需要同时考虑自气相侧和固体壁面侧流入的能量通量。因此在油膜颗粒内的能量转化可以通过如下公式求解:

$$\frac{\text{d}}{\text{d}t}(m_p c_p T_p) = Q_{p,\text{cond}} + Q_{p,\text{conv}} \tag{7.49}$$

其中,m_p为油膜的质量;c_p为油膜比热;T_p为油膜温度,初始的油膜温度为粒子喷射时的温度;$Q_{p,\text{cond}}$表示自壁面导入的热量,见式(7.50);$Q_{p,\text{conv}}$表示油膜表面与周围气相对流换热的热量,见式(7.52)。

① 油膜的导热换热。如图7.9所示,已知壁面温度,通过导热传递到油膜内的热量求解公式为

$$Q_{p,\text{cond}} = \frac{k_l}{(h/s)}A_p(T_w - T_p) \tag{7.50}$$

其中,k_l为油膜的热导率;T_w为壁面温度;

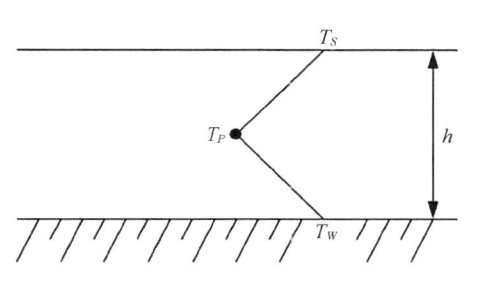

图7.9 油膜导热计算

T_p 为油膜温度；h 为油膜厚度；A_p 为壁面上的粒子占据的油膜面积，形成油膜后均假设占据整个壁面，因此该面积为油膜形成所在的壁面面积。

$$A_p = \text{Vol}_p / h \tag{7.51}$$

其中，Vol_p 为水滴的体积。

当壁面边界上已知的是热量通量时，通过导热传递到油膜内的热量求解公式为

$$Q_{p,\text{cond}} = \dot{q}_w A_p \tag{7.52}$$

其中，$\dot{q}_w$ 为壁面的热流密度，从壁面边界条件中获得。

② 油膜的对流传热。

$$Q_{p,\text{conv}} = h_{\text{film}} A_p (T_g - T_s) \tag{7.53}$$

其中，T_g 为粒子周围的气相温度，对于格心格式，取油膜所在网格单元的气相速度；T_s 为油膜表面温度；h_{film} 为对流换热系数。

如果已激活壁面导热或壁面边界层模型，则式(7.53)的对流换热系数 h_{film} 可以通过如下公式求解。

A. 层流流动时：

$$h_{\text{film}} = \frac{k_\infty}{l} \tag{7.54}$$

其中，l 为油膜表面到主体的法向距离，其可以通过壁面临近区域中心点到壁面法向距离求得；k_∞ 为气体连续相的热导率。

B. 湍流流动时。对流换热系数 h_{film} 可以运用一个努塞尔数 Nu 表达式进行求解：

$$h_{\text{film}} = k_\infty Nu / \text{len} \tag{7.55}$$

其中，len 为特征长度，其计算公式为

$$\text{len} = \sqrt{A_p} \tag{7.56}$$

不同状态时，努塞尔数 Nu 可以通过如下公式进行求解。

层流流动时：

$$Nu = 0.332 Re^{1/2} Pr^{1/3} \tag{7.57}$$

湍流流动时：

$$Nu = 0.0296 Re^{4/5} Pr^{1/3} \tag{7.58}$$

而油膜表面温度 T_s 主要由交界面上的对流关系确定：

$$h_{\text{film}}(T_g - T_s) = \frac{k_l}{h/2}(T_s - T_p) \tag{7.59}$$

7.1.2 工程适用性分析

在实际的工程应用中，航空发动机燃滑油系统比较关注以下几类问题。

1. 滑油系统供油管路中喷嘴喷射润滑问题

滑油系统中喷嘴大多为内管路直射型喷嘴，喷嘴出口滑油呈射流状喷射至轴承、齿轮等部件上，在润滑部件的同时带走部件的热量，整个过程包含了气液两相流以及油膜换热等复杂过程，对该问题的仿真可以为喷嘴设计及滑油分配提供参考依据。

针对这类问题通常采用 DPM 离散相粒子模型和油膜换热模型来模拟。在油膜求解过程中存在的假设和限制如下：① 油膜温度不超过液体的沸腾温度，不考虑蒸发；② 油膜中的所有颗粒均与壁面直接接触，壁面与油膜之间的传热是通过热传导进行的；③ 当液滴颗粒黏附于壁面时，其立即占据该网格面的所有面积。

2. 滑油系统回油管路流动状态问题

滑油系统回油依赖大流量回油泵抽取滑油，由于回油泵的额定流量远大于实际的回油流量，因此必然会吸进大量的气体进入回油管路，整个回油管路中为充满气泡的气液两相流状态，回油管路中的流动状态与回油管路尺寸、安装形式等均存在关系，对回油管路流动状态的模拟仿真可以为回油管路及油气分离装置的设计提供参考。

针对这类问题，若回油管中的空气是以小颗粒的气泡形式存在的，可以采用 DPM 离散相粒子模型来模拟获得气泡在回油管中的运动情况；若回油管中的空气与滑油有明显的分界面，如分层流或波状流，则可以采用 VOF 两相流模型来模拟。

3. 滑油系统通风管路中两相流问题

通风系统是为了保持发动机各个腔压力一致，因此通风管路与各个腔室均连通，在发动机工作过程中，滑油液滴会随着气流逸入通风管路中，造成滑油的损耗，在通风管路中通常安装通风器来收集滑油以减少滑油消耗量，油液在通风管路和通风器中的流动过程影响了通风器的分离效率和滑油消耗量，对该问题的仿真可为通风管路和通风器的设计提供依据。

针对这类问题，通常采用 DPM 离散相粒子模型来模拟通风管内液滴的运动情况，通过统计粒子的流量来评估分离效率等。

4. 不同飞行姿态下滑油箱滑油液面情况

飞行姿态及过载变化可能影响发动机安全工作。在实际飞行中，随着飞机姿态角及三向过载的变化,航空发动机滑油箱及滑油腔内滑油的液面位置、形状也将变化。在滑油系统的滑油箱及滑油腔设计阶段,如果能获得不同姿态及过载组合条件下,滑油液面的变化及油量,并预测断油条件,就可在通气系统、应急润滑系统等方面预先进行设计分析,避免不安全的状态发生。

针对这类问题,可以采用 VOF 两相流模型,对不同加速度过载要求下的滑油液面情况进行模拟。

7.1.3 应用案例

1. 滑油箱液面晃荡算例

1) 算例描述

在滑油系统的滑油箱及滑油腔设计阶段,如果能获得不同姿态及过载组合条件下,滑油液面的变化及油量,并预测断油条件,就可在通气系统、应急润滑系统等方面预先进行设计分析,避免不安全的状态发生。通常模拟仿真时,不同姿态及过载组合条件和重力的影响可以组合为加速度作用在滑油箱及滑油腔上,采用气液交界面捕捉技术计算液面位置。因此,采用某型发动机的油箱进行该应用场景的仿真计算,输入一定的加速度,计算不同时刻随加速度变化的油液面位置。对某型油箱内滑油不流通的区域进行删除简化,最终模型如图 7.10 所示。

2) 仿真参数设置

模型网格采用六面体结构网格划分,如图 7.11 所示,网格量约 17 万个。

求解模型设置:非稳态计算;层流模型;二阶精度;高斯-格林构建梯度。

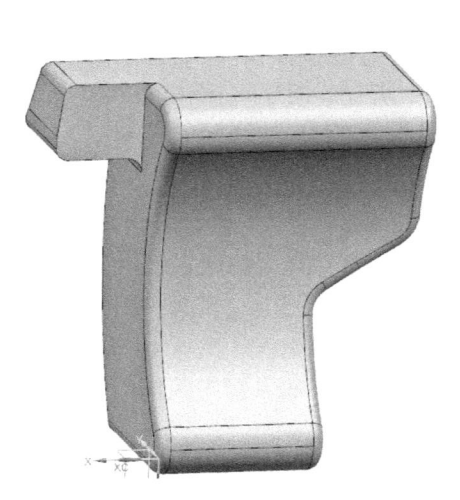

图 7.10　滑油箱几何模型

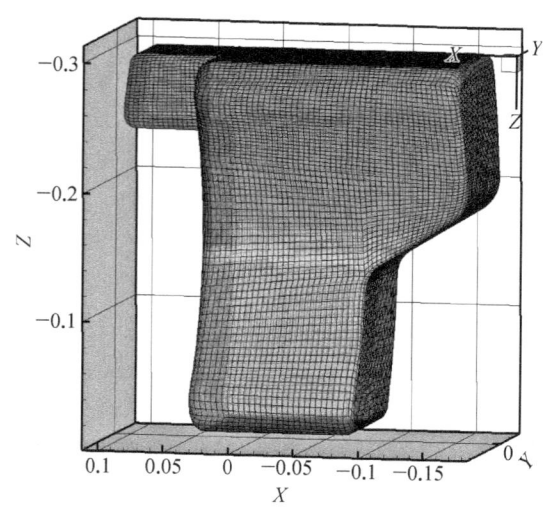

图 7.11　某型发动机油箱网格模型

介质设置：主相为水，密度为 998.2 kg/m³，黏度为 1.003×10⁻³ kg/(m·s)；次相为空气，密度为 1.125 kg/m³，黏度为 1.789 4×10⁻⁵ kg/(m·s)。

边界条件设置：四周均为壁面，壁面温度固定 353 K。

初始化条件设置：初始化为水平液面，基点(0, 0, −0.15)，液面法矢(0, 0, 1)。重力方向为(0, 0, 9.8)，运动加速度方向为(−9.8, 0, 0)。

收敛准则设置：CFL 最小为 2，最大为 50，每 100 步更新一次。

求解设置：时间步长设置为 0.000 5 s；内迭代步数设置为 20，自动保存结果间隔为 200。

3）结果分析

表 7.1 为商业软件 Fluent 和自研软件从 0.0~1.1 s 的滑油箱 XZ 截面的气液交界面捕捉结果，以体积分数分布云图显示。由表可知：① 运动处理方面，相同时刻下，自研软件 CFD2Phase 与 Fluent 商业软件捕捉的交界面运动趋势相同；② 气液交界面处理方面，自研软件捕捉的交界面稍微粗糙一点，可能在格式处理方面存在一定误差。

表 7.1　VOF 捕捉计算结果

Fluent	CFD2Phase	Fluent	CFD2Phase
Time=0.2s	Time=0.6s	Time=0.7s	Time=0.8s
Time=0.3s	Time=0.9s	Time=1.1s	Time=1.1s

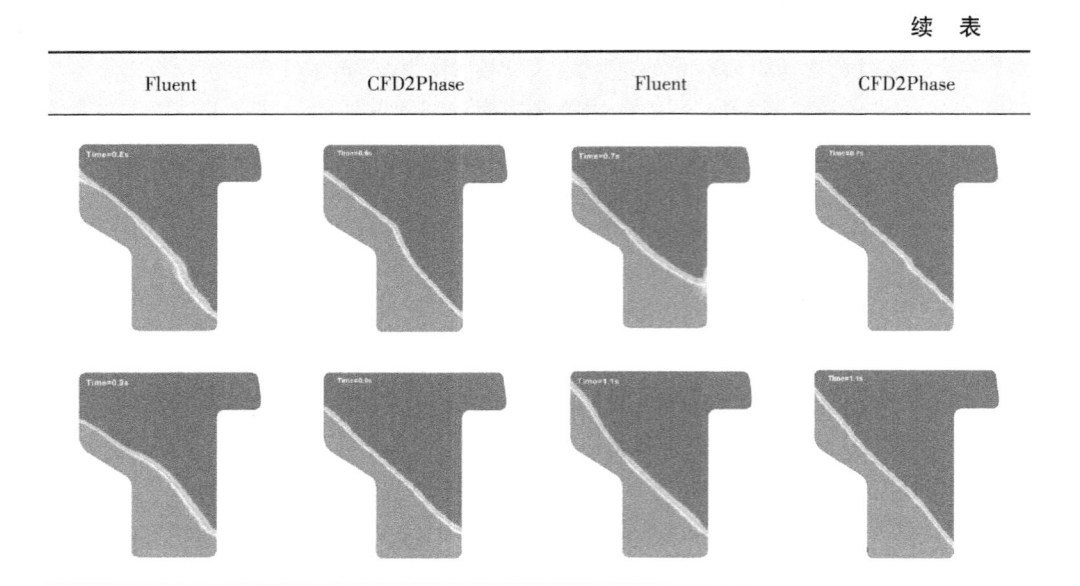

2. 供油喷嘴液滴喷射及碰撞算例

1) 算例描述

采用液滴喷射及碰撞等求解技术来计算供油喷嘴组件性能,其计算模型如图 7.12 所示,供油喷嘴组件中存在喷嘴支撑结构,外腔室的外径为 116 mm,高度为 70 mm。模型中存在多个喷嘴,为方便观察粒子的轨迹,只设置一个喷嘴喷射。

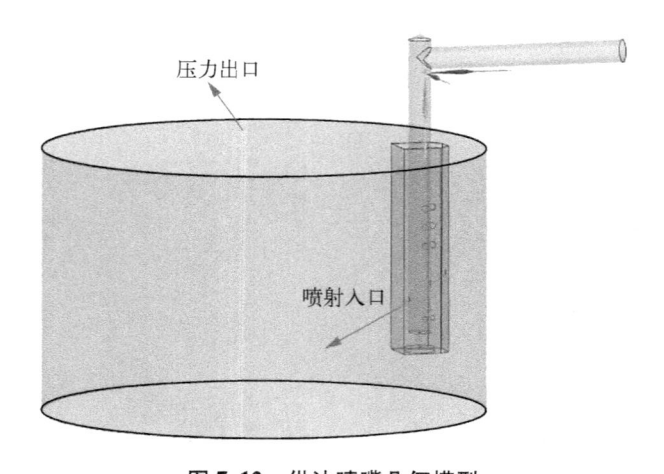

图 7.12 供油喷嘴几何模型

2) 仿真参数设置

对供油喷嘴模型的计算域进行抽取,并采用六面体结构网格划分,如图 7.13

所示,网格数量约 6 万个。

求解模型设置:计算时采用稳态计算。采用层流模型,二阶精度,梯度构建采用高斯-格林方法。

介质设置:计算介质连续相为水,密度为 998.2 kg/m³,黏度为 $1.003×10^{-3}$ kg/(m·s);离散相为空气,密度为 1.125 kg/m³,黏度为 $1.789\ 4×10^{-5}$ kg/(m·s)。

边界条件设置:出口压力设置为 101 kPa,其他为壁面,壁面温度固定 400 K。重力方向为(0,9.8,0)。

初始化条件设置:初始化粒子直径为 0.000 1 m,粒子数量为 2 000,粒子温度为 300 K。喷射模型为锥体粒子分布,锥原点为(0, 0.063 3, -0.01),锥轴向为(-0.03, 1.8, -4.02),锥外径 1 mm,锥内径 0,半锥角为 20°,喷射速度为 40 m/s,切向角为 0,等角度均匀分布。

收敛准则设置:CFL 最小为 1.0,最大为 100,每 10 步更新一次。

求解设置:时间步长设置为 0.000 05 s;内迭代步数设置为 15,自动保存结果间隔为 100。

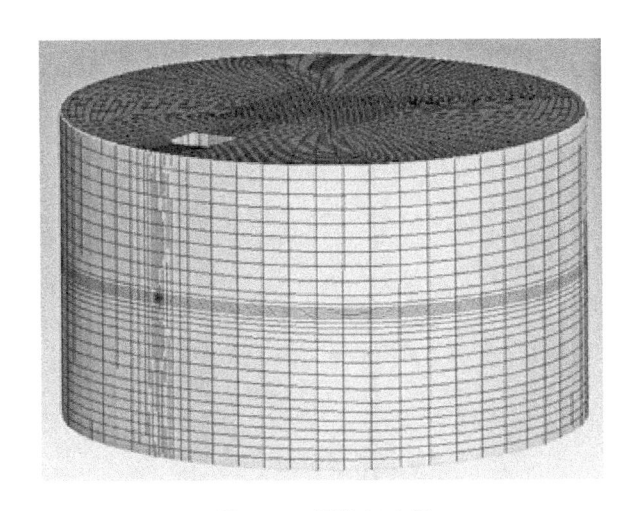

图 7.13 网格示意图

3)结果分析

图 7.14 为等角度分布粒子在重力和流场作用下的运动轨迹,图 7.15 为粒子在壁面形成的液膜厚度云图分布,可以看到粒子从喷嘴处以锥体等角度分布形式喷射至圆柱底面和环面上。由结果图可知:部分粒子在环面上经过反弹后,从压力出口出去;部分粒子在圆柱底面黏附,形成液膜;部分粒子在环面上黏附,形成液膜;由于粒子是等角度分布,在壁面形成的液膜也呈现环形状态。

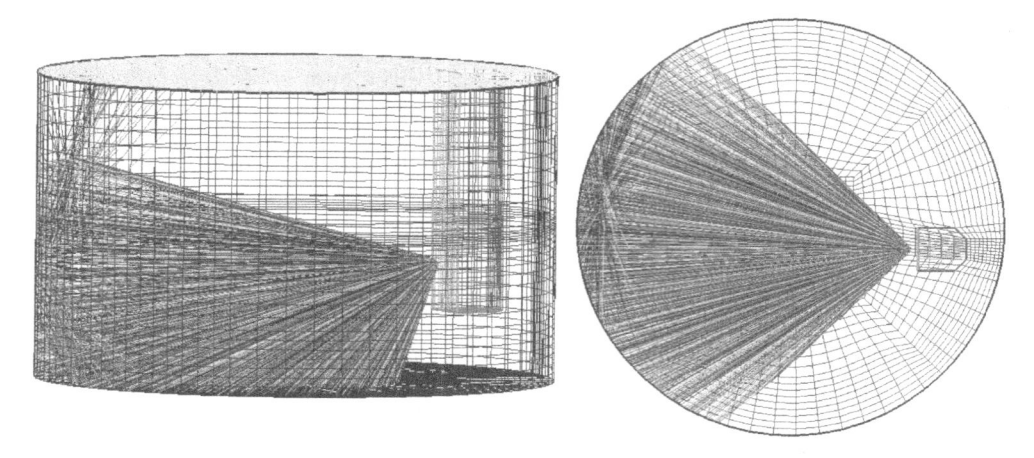

图 7.14 等角度均匀分布粒子运动轨迹

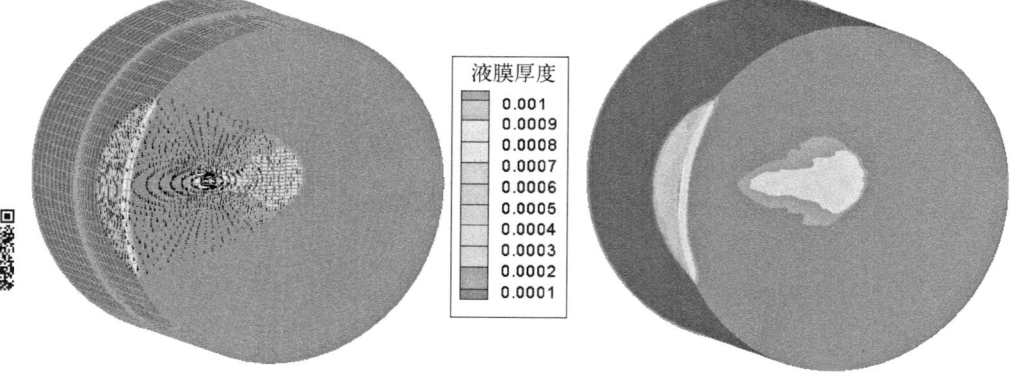

图 7.15 等角度分布粒子壁面液膜厚度(单位: m)

7.2 压气机叶片颤振仿真

压气机叶片结构轻薄,气动负荷高,承受着巨大的逆压梯度,在工程设计时要注重对于颤振的预测评估。本节介绍颤振的基本理论和仿真方法,对比分析不同的颤振数值仿真方法的优缺点,可作为在不同设计阶段进行颤振评估方法选择的参考。

7.2.1 基本理论及仿真方法介绍

压气机叶片颤振是叶片和其绕流组成的气固耦合系统不稳定性的表现,属于自激振动。即激发叶片振动的非定常气动力来自叶片振动本身。颤振一旦发生,如果系统阻尼不够,则叶片振动幅值迅速增大,很快导致叶片疲劳而断裂。随着压气机叶片负荷的不断提高,叶片设计得越来越轻薄,叶片和绕流之间的相互作用越来越强烈,发生颤振的风险也越来越大。因此在压气机设计中,需要对叶片的颤振特性进行评估,对潜在的颤振风险进行规避。

压气机叶片颤振属于气动弹性力学的范畴,相应的控制方程为相互耦合的流动控制方程和结构动力学方程。对于压气机叶片而言,流动控制方程就是纳维-斯托克斯方程,实际应用雷诺平均的纳维-斯托克斯方程。压气机叶片颤振的结构动力学控制方程为

$$M\ddot{x} + C\dot{x} + Kx = f \tag{7.60}$$

其中,M 为质量矩阵;C 为阻尼矩阵;K 为刚度矩阵;f 为气动力;x 为叶片振动位移。

结构动力学和流动控制方程通过气动力进行耦合:气动力需要通过求解流动控制方程获得,它会使得叶片产生变形,从而改变流体计算域,流体计算域的改变反过来影响流体对固体的气动力,如此形成一个闭环反馈系统。

定量的压气机叶片颤振分析都不可避免地需要求解流动控制方程和结构动力学控制方程。根据控制方程求解方法,可以将颤振分析方法分为两大类:流固耦合方法和流固解耦方法。

流固耦合方法耦合求解流动控制方程和结构动力学方程,需要在流固交界面进行数据交换:流体计算域给固体计算域提供力的边界条件,固体计算域则为流体计算域提供位移和速度边界条件。对于颤振分析而言,方程的耦合求解通常需要在时域进行。流固耦合方法是最为直接和高保真的颤振数值分析方法。由于流体力学和结构动力学属于不同学科,长期以来也是相互独立发展,流动控制方程和结构动力学方程的数值计算方法发展基本上也是独立的,再加上流动控制方程和结构动力学方程本身的差异,这两类方程数值求解的方法也有很大的差异。流动控制方程的求解通常基于欧拉法,采用有限体积方法,而结构动力学方程的求解通常基于拉格朗日法,采用有限元法。由于压气机具有多排和多通道的几何结构,采用流固耦合方法通常需要采用多排和多通道计算域,流固计算域很大,内存消耗和计算耗时都是非常可观的,难以用于日常设计,其应用目前仅限于学术研究故障诊断。

与机翼颤振不同,压气机叶片颤振的流固耦合相对较弱,也就是说流固耦合对叶片振动的模态和频率影响较小,甚至可以忽略不计。表征流固耦合强弱的一个参数为叶片和流体的质量比率,其定义如下:

$$r = \frac{m}{\rho\pi(c/2)^2} \tag{7.61}$$

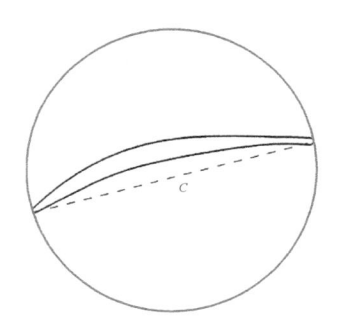

图7.16 质量比率定义示意图

其中,m为单位展向高度叶片的质量,ρ是流体密度,c为叶片弦长,如图7.16所示。

式(7.61)中分母为以叶片弦长为直径的单位高度圆柱内流体的质量。对于压气机叶片而言,质量比率的量级为100,而机翼的质量比率只有10左右。

压气机叶片流固耦合的特点为流固解耦方法的发展提供了理论基础。流固解耦颤振分析方法顺序求解结构动力学方程和流动控制方程。首先求解结构动力学方程,即工程上所说的模态分析,获得叶片振动模态和频率。下面简单介绍基于结构动力学的模态分析。

模态分析基于如下方程:

$$M\ddot{x} + Kx = 0 \quad (7.62)$$

和式(7.60)相比,上述方程差别在于没有阻尼项和气动力项,即叶片在没有外力和阻尼情况下的振动控制方程。假设叶片振动位移可以表示为

$$x = \varphi_i e^{k\omega_i t} \quad (7.63)$$

将式(7.63)代入式(7.62)中,整理后可得到如下特征方程

$$(-M\omega_i^2 + K)\varphi_i = 0 \quad (7.64)$$

上述方程可进一步写成如下形式:

$$(M^{-1}K - \omega_i^2 I)\varphi_i = 0 \quad (7.65)$$

可见ω_i^2是矩阵$M^{-1}K$的特征值,而φ_i是矩阵$M^{-1}K$的特征向量。模态分析也就是获得矩阵$M^{-1}K$的特征值和特征向量。颤振发生时,通常以前三阶振型振动,因此在结构动力学分析时只需要获取前三阶振型对应的模态和频率即可。

叶片振动模态具有正交特性,从而可以将结构动力学控制方程降阶为解耦的单自由度方程。假设已知叶片振动模态φ_i,对应的频率为ω_i。这些不同模态具备如下正交特性:

$$\varphi_i^H \varphi_j = \begin{cases} 0, & i \neq j \\ m_i, & i = j \end{cases} \quad (7.66)$$

如果模态是质量归一化,那么$m_i = 1$。

假设考虑N个模态,叶片的位移可以用这N个模态的线性组合来逼近,即

$$x = \sum_{i=1}^{N} \varphi_i q_i \quad (7.67)$$

其中，q_i 为对应于模态 φ_i 的模态位移，属于标量，是时间的函数。

式(7.67)可以写成矩阵和向量形式：

$$x = \begin{bmatrix} \varphi_1 & \varphi_2 & \cdots & \varphi_N \end{bmatrix} \begin{bmatrix} q_1 \\ q_2 \\ \vdots \\ q_N \end{bmatrix} = \varphi q \qquad (7.68)$$

接下来求解流动控制方程。此时流动控制方程的求解需要结合叶片振动的模态和频率进行。可以根据获得的模态和频率构建单自由度降阶结构动力学方程，然后耦合流动控制方程进行求解，实现一定程度的流固耦合。下面简单介绍这种基于降阶结构动力学方程的流固耦合颤振分析。

将式(7.68)代入式(7.60)可得

$$M\varphi\ddot{q} + C\varphi\dot{q} + K\varphi q = f \qquad (7.69)$$

将式(7.69)两边乘以 φ^H，可得

$$\varphi^H M\varphi\ddot{q} + \varphi^H C\varphi\dot{q} + \varphi^H K\varphi q = \varphi^H f \qquad (7.70)$$

如果模态是质量归一化，阻尼为比例阻尼，那么式(7.70)可变为

$$\ddot{q}_i + 2\zeta\omega_i\dot{q}_i + \omega_i^2 q_i = \varphi_i^H f \qquad (7.71)$$

可见每一个振型有一个对应的单自由度方程，不同模态通过气动力 f 进行耦合。该单自由度方程可以采用 Newmark 方法求解，也可以将方程降维为一阶方程，采用双时间步方法进行求解。降维的方程如下：

$$\begin{cases} \dot{y}_i + 2\zeta\omega_i y_i + \omega_i^2 q_i = \varphi_i^H f \\ \dot{q}_i = y_i \end{cases} \qquad (7.72)$$

采用双时间步方法求解时，可以在内迭代中耦合流固控制方程，从而可以采用较大的时间推进步长。

需要指出，这种流固耦合方法的应用不局限于颤振数值分析，也可以用于强迫响应数值分析，并且可以同时考虑多个模态，计算量基本由流动控制方程的求解决定。此外，该方法能够考虑流固耦合对叶片振动频率的影响，适合流固耦合较强的情形。叶片颤振稳定性根据叶片振动模态位移的时间序列来判别：如果某模态位移幅值随时间一直增大，说明叶片在该模态下具有颤振风险，反之说明叶片在该模态下不会颤振。

图 7.17 给出了压气机叶片在设计工况的流固耦合颤振分析结果。颤振分析中同时考虑了三个模态，即一弯、一扭和二弯。采用了单通道计算域，也就是考虑

了叶间相位角为 0°的情形。从模态位移的时间演化图可知,在叶间相位角为 0°时,三个模态都是稳定的。其中模态 3 位移幅值衰减最快,而模态 1 位移幅值衰减最慢。这说明模态 3 的气动阻尼最大,而模态 1 的气动阻尼最小。

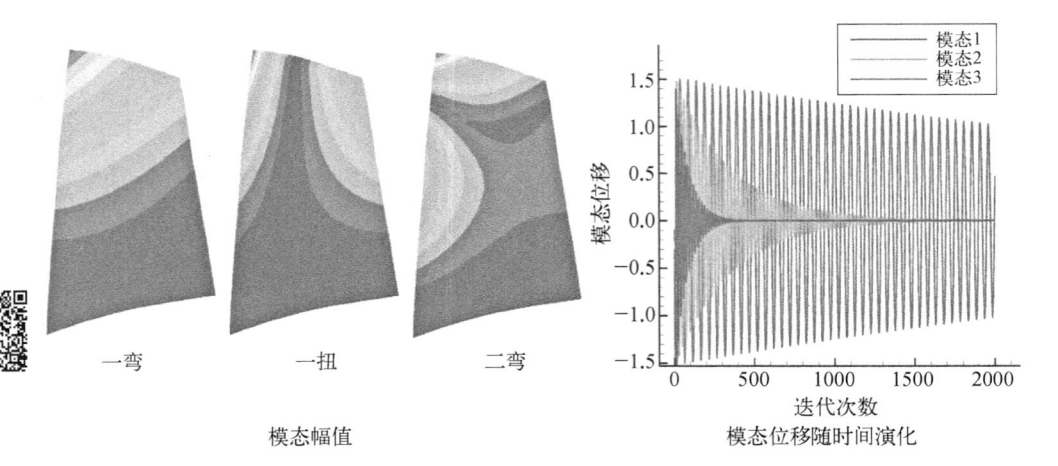

图 7.17　基于降阶结构动力学方程的流固耦合颤振分析

对于叶间相位角不是 0°的情形,该方法通常需要采用多通道甚至整周计算域,计算量很大,计算耗时长,因此其使用局限于学术研究和故障诊断。

除了这种基于降阶结构动力学的流固耦合颤振分析方法,广为使用的压气机叶片颤振分析方法还有能量方法和特征值方法。能量方法基于非定常流和叶片之间的能量交换来进行叶片颤振的评判:在叶片振动的一个周期内,如果叶片从非定常流获取能量,那么叶片具有颤振倾向,否则,叶片将不会颤振。叶片和非定常流在叶片振动的一个周期内的能量交换称为积累功。积累功的计算需要通过求解非定常流控制方程来实现。在方程的求解过程中,叶片按照给定的模态和频率做恒定小幅间谐振动。获得了非定常流场之后,通过时空积分获得积累功:

$$W = \int_{t=0}^{T}\int_{S} \tilde{p} \boldsymbol{v}_b \cdot \boldsymbol{n} \mathrm{d}s\mathrm{d}t \tag{7.73}$$

其中,$\tilde{p}$ 为作用在叶片表面的脉动压力;$\boldsymbol{v}_b$ 为叶片表面的振动速度;$\boldsymbol{n}$ 为叶片表面外法向向量;$\mathrm{d}s$ 为叶片表面微元面积;S 为叶片表面体;$\mathrm{d}t$ 为时间微分;T 为叶片振动周期;W 为一个周期内叶片对非定常流所做的功。

非定常流的求解有一系列的方法,根据时间积分方法可以分为时域方法、频域方法和时频混合方法,根据求解模式,可以分为行波方法和影响系数方法。后面将对这些方法一一介绍。

特征值方法也是一种广为使用的压气机叶片颤振评估方法。特征值方法的使

用需要对模态力($\varphi_i^H f$)进行建模。颤振分析中,通常假设模态力和模态位移成正比,即

$$\varphi_i^H f = C_a q_i \tag{7.74}$$

其中,C_a为模态气动力比例系数。

该比例系数的计算可以采用有限差分方法,即首先计算出叶片按照某给定小幅值(a)振动时的模态力(f_m),然后按照下式计算比例系数:

$$C_a = \frac{f_m}{a} \tag{7.75}$$

将式(7.74)代入式(7.71),并忽略结构阻尼项,可得

$$\ddot{q}_i + \omega_i^2 q_i = C_a q_i \tag{7.76}$$

假设式(7.76)的解具有如下形式:

$$q_i = \hat{q}_i e^{i\omega t} \tag{7.77}$$

将式(7.76)代入式(7.77)可得

$$\omega = \pm \sqrt{\omega_i^2 - C_a} \tag{7.78}$$

ω通常是复数,其实部为流固耦合系统的振动频率,其值通常和ω_i相差不大。如果相差太大,则需要以该值为叶片振动频率重新计算模态气动力比例系数,以此进行迭代,直到模态气动力比例系数计算采用的叶片振动频率和流固耦合系统频率差别可以接受。ω的虚部决定叶片颤振的稳定性:虚部为正,表明叶片不会颤振;虚部为负,表明叶片将会颤振。

上述的特征值方法只适合单个时空模态的情形,针对不同的时空模态,需要进行单独的特征值计算。例如,针对某一个振型,需要针对所有可能的叶间相位角或者节径进行单独计算,计算的次数等于叶片数。也就是说在非定常流数值分析中,需要采用行波方法,相邻叶片的振动具有相同幅值和频率,但是不同的相位。

为了通过一次特征值计算获得某振型的所有叶间相位角的颤振特性,可以结合影响系数方法来进行气动力建模,将一排中的所有叶片通过气动力耦合起来。此时,气动力$\varphi_i^H f$不仅依赖叶片自身振动的模态位移,也依赖其他叶片振动的模态位移,即

$$\varphi_i^H f = \sum_{j=1}^{N_b} C_{a,j-k+1} q_{i,j} \tag{7.79}$$

其中，$C_{a,j-k+1}$ 为第 j 个叶片振动时在第 k 个叶片上产生的模态气动力比例系数；$q_{i,j}$ 为第 j 个叶片按照第 i 个振型振动时的模态位移。

模态气动力比例系数具有循环对称的特性，即 $C_{a,j-k+1} = C_{a,j-k+1+N_b}$。将式(7.79)代入式(7.71)，并忽略结构阻尼，可得到针对一排所有叶片的方程系统：

$$\ddot{q}_{i,k} + \omega_i^2 q_{i,k} = \sum_{j=1}^{N_b} C_{a,j-k+1} q_{i,j} \tag{7.80}$$

式(7.80)可以写成如下矩阵形式：

$$\begin{bmatrix} 1 & & \\ & \ddots & \\ & & 1 \end{bmatrix} \begin{bmatrix} \ddot{q}_{i,1} \\ \vdots \\ \ddot{q}_{i,N_b} \end{bmatrix} + \begin{bmatrix} \omega_i^2 & & \\ & \ddots & \\ & & \omega_i^2 \end{bmatrix} \begin{bmatrix} q_{i,1} \\ \vdots \\ q_{i,N_b} \end{bmatrix} = \begin{bmatrix} C_{a,1} & \cdots & C_{a,N_b} \\ \vdots & \ddots & \vdots \\ C_{a,2} & \cdots & C_{a,1} \end{bmatrix} \begin{bmatrix} q_{i,1} \\ \vdots \\ q_{i,N_b} \end{bmatrix} \tag{7.81}$$

上述方程可以写成如下符号形式：

$$\ddot{Q} + \omega_i^2 Q = CQ \tag{7.82}$$

其中，

$$Q = \begin{bmatrix} q_{i,1} \\ \vdots \\ q_{i,N_b} \end{bmatrix}, \quad C = \begin{bmatrix} C_{a,1} & \cdots & C_{a,N_b} \\ \vdots & \ddots & \vdots \\ C_{a,2} & \cdots & C_{a,1} \end{bmatrix} \tag{7.83}$$

假设式(7.82)的解具备如下形式：

$$Q = \hat{Q} e^{i\omega t} \tag{7.84}$$

将式(7.84)代入式(7.82)，整理可得

$$[(\omega_i^2 I - C) - \omega^2 I]\hat{Q} = 0 \tag{7.85}$$

其中，I 为单位阵。

可见式(7.85)是一个特征值问题，ω^2 是矩阵 $\omega_i^2 I - C$ 的特征值，$\hat{Q}$ 是对应的特征向量。对于该特征值方法，最为重要的是需要获得模态力比例系数矩阵 C。该矩阵 C 的获取可以基于影响系数方法，并进行非定常流计算，后面将对影响系数方法进行详细阐述。

无论是基于能量方法还是特征值方法进行颤振判定，都需要进行非定常流分析。在非定常流分析中，都需要叶片按照给定的模态和频率做恒定小幅值振动，有两种常见的数值分析模式：影响系数方法和行波方法。下面分别对这两种模式进行阐述。

影响系数方法可以和能量法或者特征值法相结合。它和能量法相结合时,通过一次多通道计算的流场,可以构造出任意叶间相位角条件下的流场,从而可以计算对应流场的积累功。它和特征值法结合时,通过一次多通道计算可以获得一个叶片振动时在所有叶片上产生的非定常气动力,从而获取对应的模态气动力系数,建立气动模态力和模态之间的显式关联。

采用影响系数方法进行非定常流数值分析时,需要采用多通道计算域,如图 7.18 所示。公开文献报道有采用 3~11 通道数,采用 7~9 个通道居多。计算域选取的通道数,取决于叶片振动引起的非定常流沿周向衰减的快慢程度。非定常流沿周向衰减得越快,计算所需要的通道数越少。计算域左右两侧通常采用周期边界条件,但是在平面叶栅试验中必须采用固壁边界条件。在数值分析或者试验中,只有计算域最中间的叶片(图 7.18 中的 0 号叶片)按照给定的频率、模态和幅值振动,其他叶片不动,获得中间叶片振动时在所有叶片上产生的模态气动力,表示为 $f_{m,0-j}$。在影响系数方法中,基于叶轮机叶片周向循环对称的几何特点,0 号叶片振动在 j 号叶片上产生的模态气动力等于 k 号叶片振动在 $j+k$ 号叶片上产生的模态气动力,即 $f_{m,0-j} = f_{m,k-j+k}$。

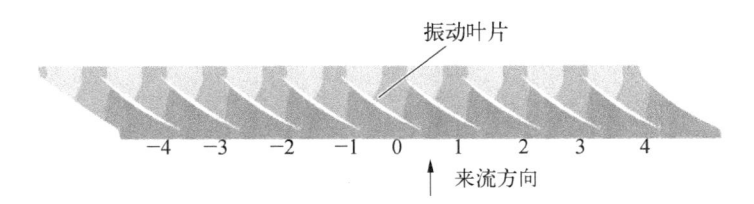

图 7.18 影响系数法数值分析计算域示意图

如图 7.19 所示,其展示了中间叶片振动时一阶脉动压力幅值分布,叶片振动产生的非定常气动力沿周向衰减很快。各个叶片的模态气动力系数的幅值如图 7.20 所示。第 4 号叶片和第 3 号叶片的幅值基本为 0。

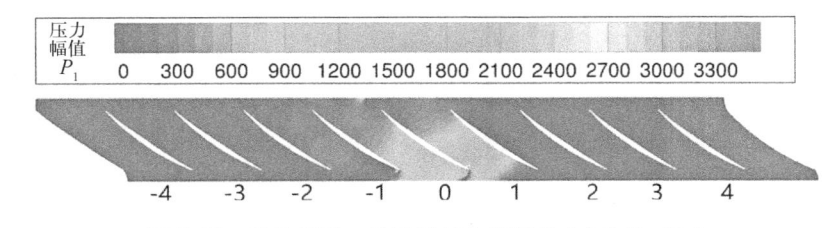

图 7.19 叶片振动一阶脉动压力幅值分布(单位: Pa)

Lane[20] 提出行波的概念,指出调谐叶片颤振的时候,同排不同叶片具有相同幅值和频率,但是具有不同的相位。相邻叶片相位差称为叶间相位角,并且

叶间相位角不是随意的,而是具有有限个取值。可能的叶间相位角个数为叶片的叶片数,具体计算采用如下公式:

$$\delta = \frac{2\pi N}{N_b} \tag{7.86}$$

其中,N 为振动的节径;N_b 为叶片数。

当 N_b 为偶数时,N 取值为 $[-N_b/2, N_b/2)$,其中 $-N_b/2$ 和 $N_b/2$ 相差 2π,计算中只需要考虑其中一个即可。当 N_b 为奇数时,N 取值为 $[-(N_b-1)/2, (N_b-1)/2]$。

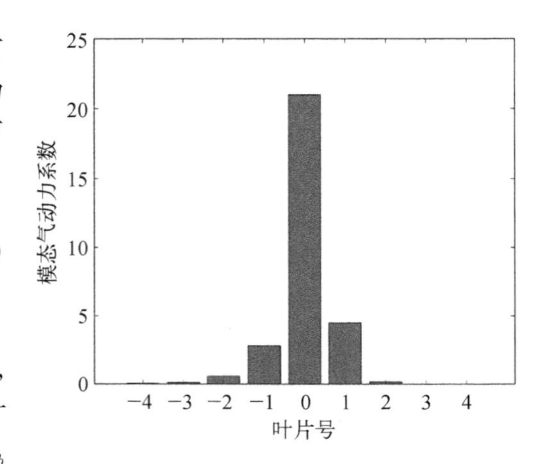

图 7.20 模态气动力系数

采用行波方法进行气动力计算时,可以采用单通道计算域,从而实现计算量的减少。此时在计算域的周向需要采用移相边界条件,相位角即为叶间相位角。采用行波方法进行气动力分析时,需要针对每个叶间相位角单独进行数值分析,其优点是每个计算的计算量小,并且可以并行进行。在时域计算中,为了避免在周向采用移相边界条件,则需要采用多通道计算域,此时相邻叶片振动需要有一个相位差,其值也是由叶间相位角决定的。

在颤振的解耦数值分析中,叶片按照给定的模态、频率和恒定小幅值做简谐振动,然后通过求解非定常流控制方程即 RANS,获得叶片振动诱发的非定常流。非定常流控制方程的求解有一系列方法,下面予以一一介绍。

对压气机而言,求解非定常流最为直接的方法就是采用时域多通道方法。时间推进采用双时间步方法,即物理时间导数采用二阶后插隐式格式,虚拟时间导数可以采用定常方程求解方法,从而在计算中可以采用较大的时间步长。基于行波法的颤振分析计算域通道数由叶间相位角决定,计算公式如下:

$$n_p = \frac{2\pi m}{|\delta|} \tag{7.87}$$

其中,n_p 为通道数;δ 为叶间相位角(当 $\delta = 0$,取 2π 代入);m 为满足式(7.87)的最小整数。

这种做方法的优点是在计算域的周向可以采用周期边界条件,其缺点是有时候通道数很大,从而导致很大的计算量,计算耗时长。在采用影响系数方法时,通道数由非定常流沿周向衰减的快慢决定,通常采用 7~9 个通道。

20 世纪 70 年代,计算机内存是稀缺资源,多通道计算所需要的内存资源难以得到满足。为此 Erdos 和 Alzner[21] 提出了直接存储方法,将多通道计算的计算域减少为单个通道,同时在几何周期边界采用移相边界条件。为了实现移相边界条件,直接存储方法需要将周向几何周期边界处的流场存储一个周期。

直接存储方法仍然存在内存消耗量大,并且求解需要的迭代次数比多通道计算方法要多,因此计算耗时仍然很长,甚至可能更长。为此,He[22] 提出了形状修正方法,即在周向几何周期边界处采用截断傅里叶级数逼近周期性流场,然后只存储傅里叶系数。在颤振数值分析中,通常只需要很少几阶傅里叶级数就能够很好地逼近叶片振动诱发的非定常流,因此数据存储量大大降低,同时求解迭代次数也能够相应减少。

此外,Giles[23] 提出时间倾斜方法来将计算域从多通道减少为单通道,同时还可以在几何周期边界采用周期边界条件。时间倾斜方法采用坐标变换,在周向不同坐标求解不同时刻的流场。该方法的优点是计算收敛快,缺点在于需要对计算结果进行后处理才能获得需要的流场。

尽管单通道时域方法相比多通道时域方法能够节省很多内存资源,但是其计算需要的迭代步数仍然不少,计算耗时仍然很长。为了减少计算耗时,在过去 40 来年,出现一系列高效率的数值计算方法。这些计算方法可以归结为频域方法和时频域混合方法。

频域方法有线性谐波方法、非线性谐波方法和经典谐波平衡方法。下面将采用模型方程——伯格斯方程来阐述频域方法。伯格斯方程如下:

$$\frac{\partial u}{\partial t} + \frac{1}{2}\frac{\partial u^2}{\partial x} = 0 \qquad (7.88)$$

线性谐波方法是最早提出的频域方法。该方法将流场分解为时均和脉动之和,即

$$u = \bar{u} + \tilde{u} \qquad (7.89)$$

其中,$\bar{u}$ 为时均量;$\tilde{u}$ 为脉动量。将式(7.89)代入式(7.88),可得

$$\frac{\partial \tilde{u}}{\partial t} + \frac{1}{2}\frac{\partial (\bar{u}^2 + 2\bar{u}\tilde{u} + \tilde{u}^2)}{\partial x} = 0 \qquad (7.90)$$

对上述方程进行时间平均,可得到如下时均方程:

$$\frac{\partial (\bar{u}^2 + \overline{\tilde{u}^2})}{\partial x} = 0 \qquad (7.91)$$

将式(7.90)减去式(7.91),得到如下脉动方程:

$$\frac{\partial \bar{u}}{\partial t} + \frac{1}{2}\frac{\partial(2\bar{u}\tilde{u} + \tilde{u}^2 - \overline{\tilde{u}^2})}{\partial x} = 0 \tag{7.92}$$

在线性谐波方法中，假设脉动量幅值远远小于时均值，那么式(7.90)和式(7.91)中涉及脉动量平方的项（$\tilde{u}^2$ 和 $\overline{\tilde{u}^2}$）都可以略去，得到如下时均方程和脉动方程：

$$\frac{\partial \bar{u}^2}{\partial x} = 0 \tag{7.93}$$

$$\frac{\partial \tilde{u}}{\partial t} + \frac{\partial(\bar{u}\tilde{u})}{\partial x} = 0 \tag{7.94}$$

需要指出的是，脉动方程(7.94)仍然属于时域偏微分方程，其时域求解和原来的非定常非线性方程没有本质区别。为了降低方程求解耗时，线性谐波方法采用截断傅里叶级数来逼近周期性解，即

$$\tilde{u} = \sum_{i=1}^{n_h}(\tilde{u}_a^i \sin \omega_i t + \tilde{u}_b^i \cos \omega_i t) \tag{7.95}$$

将式(7.95)代入式(7.94)，整理可得到

$$\tilde{u}_a^i \omega_i + \frac{\partial(\bar{u}\tilde{u}_b^i)}{\partial x} = 0 \tag{7.96}$$

$$-\tilde{u}_b^i \omega_i + \frac{\partial(\bar{u}\tilde{u}_a^i)}{\partial x} = 0 \tag{7.97}$$

上述方程也可以写成复数形式：

$$-\omega_i \tilde{u}^i + \frac{\partial(\bar{u}\tilde{u}^i)}{\partial x} = 0 \tag{7.98}$$

其中，$\tilde{u}^i = \tilde{u}_a^i k + \tilde{u}_b^i$。

式(7.96)、式(7.97)和式(7.98)是线性谐波方程，和式(7.94)不同的是它们都是频域方程，是准定常方程，可以采用求解定常方程的方法进行求解。线性谐波方程的求解需要先求解时均方程。同时线性谐波方程的使用需要事先知道周期性脉动的频率。对于颤振而言，这个频率就是叶片振动的频率，可以通过模态分析获得。

前面已经指出，线性谐波方法的前提是假设脉动量的幅值远远小于时均值。如果在实际情况中这个前提不满足，那么采用线性谐波方法将会导致显著的误差。

非线性谐波方法的提出弥补了上述缺陷。非线性谐波方法利用谐波方程的解来逼近时均方程中的确定性应力项,从而实现时均方程和线性谐波方程的耦合求解。

线性谐波方法和非线性谐波方法的共同点在于需要求解线性谐波方程。线性谐波方程的求解需要一个和时均方程不同的求解器。对于雷诺平均纳维-斯托克斯方程而言,其对应谐波方程求解器的开发难度和工作量很大,不亚于对应定常求解器开发的难度和工作量。线性谐波方法和非线性谐波方法的这个缺点严重限制了它们的广泛使用。为了解决这个问题,采用自动微分来获得线性谐波求解器的主要代码的方法得以发展,从而大大减少程序开发的难度和工作量,同时可以提高线性谐波求解器和时均流场求解器代码的统一性与易维护性。

Hall 等[24]于 2002 年提出时域谐波平衡方法。这种方法能够避免谐波方法求解器开发难和工作量大的缺点。类似谐波方法,该方法也是采用截断傅里叶系数对周期性非定常流进行逼近,即

$$u = \bar{u} + \sum_{i=1}^{n_h} (\tilde{u}_a^i \sin \omega_i t + \tilde{u}_b^i \cos \omega_i t) \qquad (7.99)$$

与谐波方法不同的是,该方法不对非定常解和方程进行分裂,并且不直接求解傅里叶系数,而是在若干个选定的时刻直接求解非定常流方程。然后根据这些时刻的流场进行离散傅里叶变换,获得流场的时间傅里叶系数。这些时间傅里叶系数则可以用来近似计算非定常流控制方程的时间导数,即

$$\frac{\partial u}{\partial t} = \sum_{i=1}^{n_h} (\tilde{u}_a^i \cos \omega_i t - \tilde{u}_b^i \sin \omega_i t) \omega_i \qquad (7.100)$$

对这种方法而言,求解时刻的选择至关重要,因为它会影响求解的收敛速度,甚至求解稳定性。如果计算中采用 n_h 个谐波,那么将有 $2n_h + 1$ 组未知量。求解这些未知量需要至少 $2n_h + 1$ 组方程。为此,需要选择至少 $2n_h + 1$ 个独立时刻。如果非定常流组分只有一个基频,那么这 $2n_h + 1$ 时刻的最佳选择为均匀分布于基频对应的周期。如果非定常流组分具有多个基频,此时如果继续采用时刻均布的方式,为了稳定求解,需要选取多于 $2n_h + 1$ 时刻。Gomar 等[25]提出非均匀时刻分布,时刻选择的原则为最小化傅里叶逆变换矩阵的条件数,并进一步提出可以采用格拉姆-施密特正交化或者优化方法来实现非均匀时刻选取。

时域谐波平衡方法的优点在于其可以很大程度利用定常求解器的代码,如通量计算、时间推进、多重网格等,因此可以大大减少程序开发的难度和工作量。尽管如此,谐波平衡方法也有它自己的缺点,如由于混叠效应、吉布斯效应和高频组分等引起的求解收敛困难和求解失稳的问题。为了解决这些问题,可采用块雅可比隐式方法、谱消去黏性方法和西格玛技术等一系列数值计算方法,以达到更优的仿真效果。

7.2.2 工程适用性分析

常见的颤振数值求解方法包括能量法、特征值法和时域法,三种方法各有优缺点,如表 7.2 所示。下面对各种方法进行简要介绍,并给出工程分析的推荐使用方法。

表 7.2 颤振数值求解方法

研究方法	优　点	缺　点
能量法	具有清晰的物理本质	不适用于统计和优化分析
特征值法	方便引入频率失调	将非定常气动力进行了线性化假设,当出现强非线性流动特征时,此方法会带来一定误差
时域法	不需假定结构以给定的频率和振型进行振动,可以考虑气动和结构的非线性,求解时仅需给定初始扰动	流体、结构计算域之间在每一个时间步进行信息交换,计算量大不适用于统计和优化分析

能量法通过假设颤振以转子叶片某一固有振型出现,通过计算振荡叶片与流场之间的能量平衡来预测颤振,通常忽略非定常气动力对叶片振型和频率的影响。正的气动功代表气流对叶片做功,系统发生气弹失稳,如果考虑机械阻尼,则机械阻尼耗散功与气动功一起决定系统的稳定性,这一方法被广泛地用来与各种复杂程度不同的气动力模型相结合,具有清晰的物理本质。

特征值法的优点在于计算量小,可以对系统进行参数化研究。该方法仅设定一片叶片振动,但这一方法仅对线性流场有效,对于现在的跨声叶片,当流场中存在较强的非线性特征时,会带来一定误差。

相较于能量法和特征值法,时域法不需假定结构以给定的频率和振型进行振动,可以考虑气动非线性和结构非线性。求解时仅需给定初始扰动,根据叶片运动随时间的变化情况来判定是否发生颤振。时域法分别求解流体方程组和结构方程组,并在每个时间步上交换信息(将流体压力传递给结构求解器,将结构位移传递给流体求解器),直至系统参数呈周期性稳定振荡时停止计算。此方法可以包含大量非线性信息,但由于每一步均需交换信息,计算量较大。

总体上,能量法更适用于谐调转子叶片的颤振工程分析,特征值法更适于错频叶盘结构的颤振工程分析。

7.2.3 应用案例

1. 计算模型

Rotor 67 转子叶片的几何参数及试验结果可以参见文献[26]和文献[27],基本的几何参数以及设计状态的气动参数如表 7.3 所示。Rotor 67 转子叶片的流场试验激光测速位置以及气动参数测量站的位置如图 7.21 所示。

表 7.3　Rotor 67 转子基本设计参数

参　　数	数　　值
叶片数	22
设计转速/(r/min)	16 043
设计流量/(kg/s)	33.25
设计压比	1.63
叶尖速度/(m/s)	429
设计转速下的叶尖间隙/mm	0.61
叶尖入口相对马赫数	1.38
展弦比(平均叶片高度/叶根轴向弦长)	1.56
稠度　　叶根	3.11
叶尖	1.29
叶尖直径/mm　进口	514
出口	485
轮毂比　　　　进口	0.375
出口	0.478

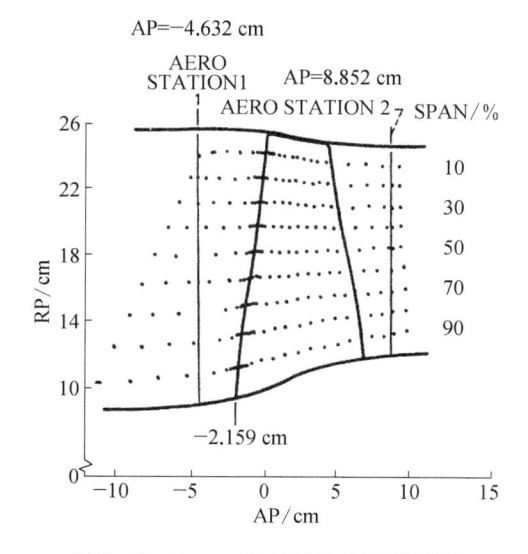

图 7.21　Rotor 67 转子流场测量位置　　图 7.22　叶片有限元模型

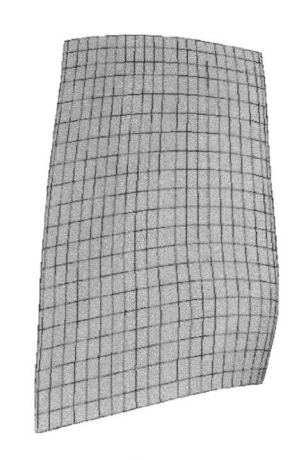

针对给定的几何模型，选取八节点六面体单元，建立 Rotor 67 转子叶片的有限元模型如图 7.22 所示，其中实体单元总数为 880 个，节点总数为 1 449 个。给定叶片的材料为钛合金，其中，弹性模量为 112 GPa，密度为 4 440 kg/m³，泊松比为 0.3。

在流场分析中,建立单扇区的流体域计算模型,如图 7.23 所示,其中叶片表面附近的可动域网格划分为 O 型网格,其外围的固定域网格划分为 H 型网格。在计算流体力学分析中,进口给定总温 288.15 K,总压 1 atm,出口给定平均反压,叶片表面、轮缘和轮毂均给定绝热、无滑移、光滑壁面边界条件,循环对称面指定为周期对称边界条件。本例中,单扇区的流体域模型未考虑叶尖间隙的影响。另外,流体域网格疏密满足网格无关性,同时,为了保证气动载荷的计算精度,流场中叶片表面一层网格点的划分需要能够较好地保证网格近壁面区域的 y^+ 值满足湍流模型的要求。

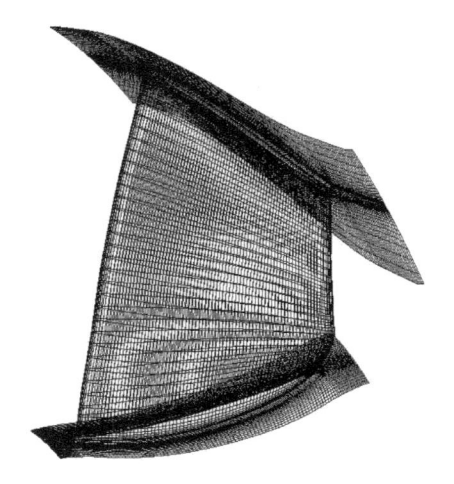

图 7.23 单扇区流体域模型

2. 模态分析

对 Rotor 67 转子叶片的振动特性进行分析,采用 7 011 个节点的 8 节点协调元模型(叶片厚度方向两层单元,弦向 40 层单元,叶高方向 56 层单元)。在 Rotor 67 转子叶片的模态分析中,给定叶根固支,叶片绕旋转轴旋转。分别计算叶片的静频和设计转速(16 043 r/min)下的动频。Rotor 67 转子叶片的材料参数见表 7.4,叶片固有频率计算结果见表 7.5。

表 7.4 Rotor 67 转子叶片的材料参数

参　　数	数　　值
弹性模量/GPa	109.0
泊松比	0.278 4
密度/(kg/m³)	4 440.0

表 7.5 叶片固有频率计算结果

频率阶次	静频/Hz	100%设计转速动频/Hz
1	389.333 2	540.615 8
2	1 085.626 5	1 273.028 5
3	1 767.852 3	1 811.850 2
4	2 573.667 5	2 734.358 7
5	3 171.902 1	3 231.684 0

续　表

频率阶次	静频/Hz	100%设计转速动频/Hz
6	3 673.361 3	3 729.233 7
7	4 041.184 8	4 140.165 9
8	5 092.026 8	5 166.126 7
9	5 296.495 6	5 399.529 4
10	5 539.335 0	5 649.399 1

图 7.24 所示为叶片的前四阶模态及其对应的固有频率,其中,叶片的固有频率为动频。

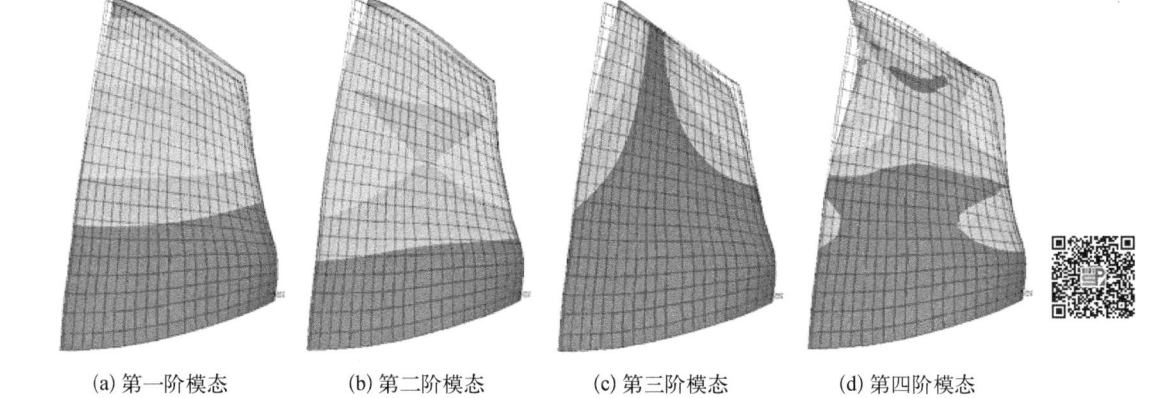

(a) 第一阶模态　　(b) 第二阶模态　　(c) 第三阶模态　　(d) 第四阶模态

图 7.24　叶片的前四阶模态

3. 定常流场的数值模拟

随后对 Rotor 67 转子设计点流场进行单扇区模型计算。在设计状态下,Rotor 67 转子叶片在叶栅槽道中间形成一道正激波,激波强度较大,激波使叶片表面的附面层逐渐增厚,至激波后在叶片尾缘前方出现较小的分离区,流体分离后沿吸力面在下游会重新附着在叶片表面。另外,在分离区附近的波后区域有一"舌形"超声区,而波后舌形超声区以外的其他区域均为亚声区,图 7.25 所示为数值计算中叶栅通道激

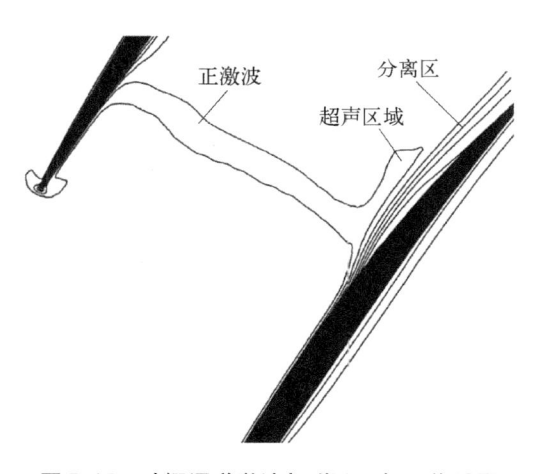

图 7.25　叶栅通道激波与附面层相互作用图

波与附面层相互作用的关系图。

另外,设计状态下,图 7.26、图 7.27 和图 7.28 分别对比了试验和计算得到的叶栅马赫数分布。

在 90% 叶高处,进口相对马赫数大于 1,对应为跨声基元级,此时激波位于叶栅槽道中,激波使附面层逐渐增厚,至激波后在吸力面出现了附面层分离,而且波后分离区附近存在局部超声区,如图 7.26 所示。

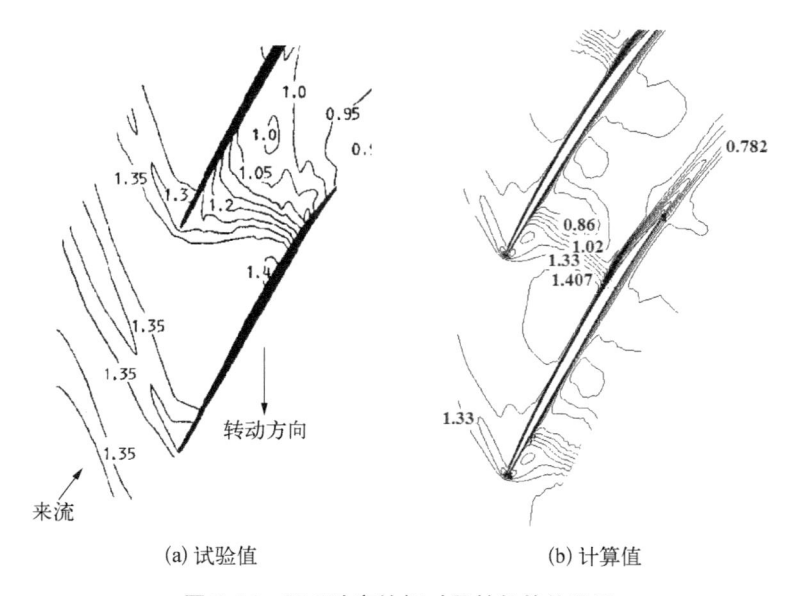

图 7.26　90% 叶高的相对马赫数等值线图

在 70% 叶高处,对应仍为跨声基元级,此时由于进口相对马赫数相比 90% 叶高处较小,激波在槽道中前移至叶栅前缘,对应激波强度降低,波后分离区相对较小,至尾缘处,由于气流的攻角较大,会产生一定的气流分离,如图 7.27 所示。

在 30% 叶高处,切线速度相对较小,对应为亚声基元级,进口相对马赫数小于 1,在叶栅槽道中激波消失,但是由于该基元级的气流攻角较大,在叶栅前缘会出现一个局部超声区,之后在吸力面上气流会发生较大的分离,如图 7.28 所示。

从不同叶高处相对马赫数的对比中可以看出,数值计算得到的激波系与试验测得的激波系大致相似,且计算的波后马赫数均偏低,即计算的激波强度较试验得到的激波强度要大,这对计算的绝热效率有一定的影响作用。

4. 能量法颤振特性预测

定常分析后,引入叶片的振荡作用进行非定常分析,其中将定常分析的结果作为非定常分析的初始条件。给定叶片表面附近的 O 型网格为可动域,其余部分的 H 型网格为固定域。在设计状态下,建立单扇区流场模型,指定叶片表面网格点坐

(a) 试验值　　　　　　　　　　(b) 计算值

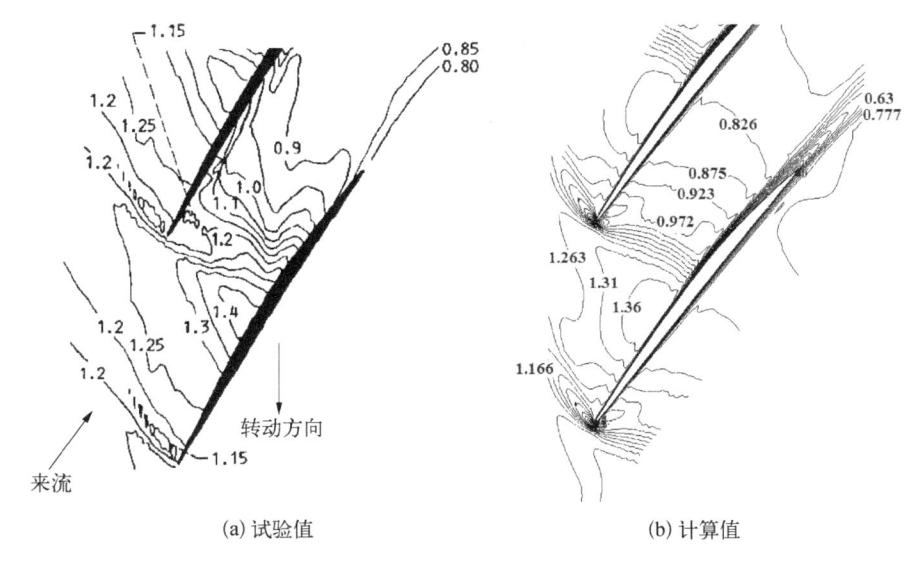

图 7.27　70%叶高的相对马赫数等值线图

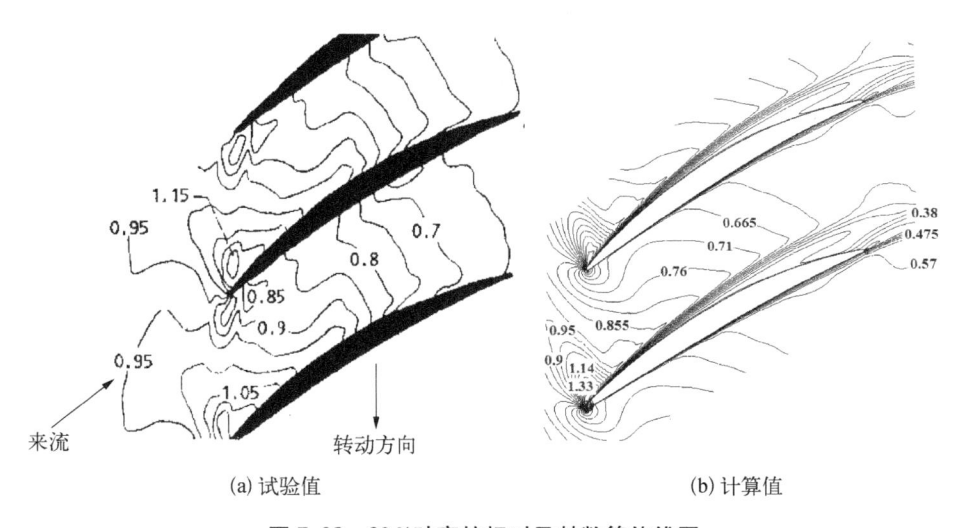

(a) 试验值　　　　　　　　　　(b) 计算值

图 7.28　30%叶高的相对马赫数等值线图

标按照正弦规律振动,振动频率为叶片的固有频率,且一个振动周期给定 60 个时间步,通过多层动网格技术实现振荡作用下网格坐标的实时更新。在叶片不同模态下,网格的变形方式也相应不同,而且变形量随着叶片振幅的不同而改变。在振荡位移最大值对应的时刻,不同模态下叶片前缘和尾缘处的网格变形量均较大,叶片振幅越大,网格畸变越大,而且在叶片振幅最大的位置处网格变形量也达到最大值。

这里需要说明的是,在不同叶片振动模态下,分别计算了叶尖振幅为 0.2~

2.0 mm 的非定常气动功和模态气动阻尼比,结果表明,当叶片在一定范围内小幅振荡时,模态气动阻尼比与振幅无关,因此,以下非定常分析中均假定叶尖振幅为 1 mm。

叶片的振荡作用会引起流场参数的振荡,激波位置和激波强度也会随着网格的运动周期振荡,而且随着模态的不同,气动参数的振荡规律也会产生一定的变化。在叶片不同模态的振荡作用下,叶栅中的气动参数经过一段时间后均会近似地按照正弦规律振荡,并且振荡幅值最终保持恒定。在非定常流场分析中,在叶片吸力面、叶片压力面以及叶片前、尾缘共四个典型位置设置监视点,通过每个监视点在不同时刻的压强值可以清楚地看到各特征位置处压强振荡的时间历程。图 7.29 所示为一阶弯曲模态下的压力振荡历程。

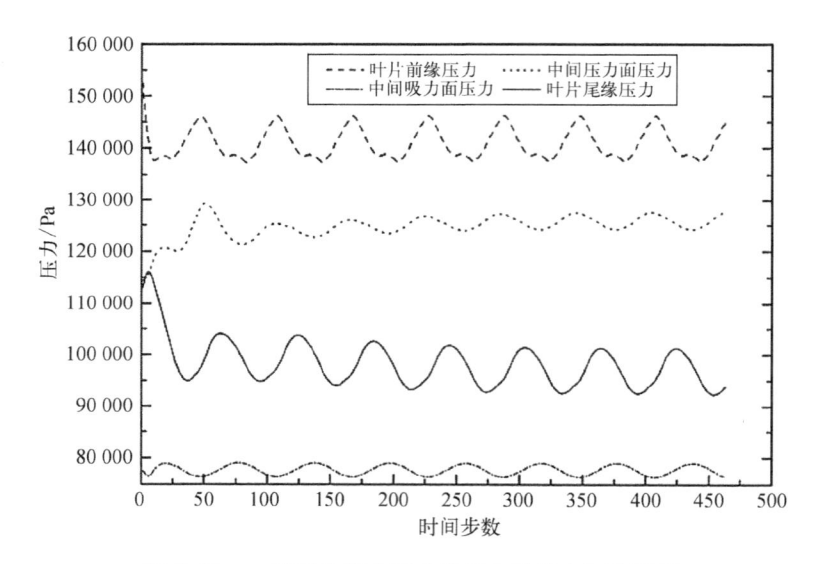

图 7.29 一阶弯曲模态下各监视点的压力振荡历程

当流场气流参数振荡稳定后,选取一个周期内各时间步的计算结果,读取流场中叶片表面所有网格点在每一时间步的非定常气动力和对应网格点的振动位移,进一步地,计算得到叶片表面网格点在一个周期内的非定常气动功以及模态气动阻尼比。如表 7.6 所示,分别列出了叶片前四阶模态下的气动功和模态气动阻尼比。由能量法的定义,负的气动功表示在一个周期内叶片对流场做功,即叶片的能量不断地释放到气流中,系统的气动弹性稳定;正的模态气动阻尼比表示作用在叶片表面的气动阻尼在消耗气动功,叶片的能量不断地减小,系统的气动弹性稳定,而且正的模态气动阻尼比越大,叶片在对应模态的振荡作用下的气动弹性越稳定。从表中可以看出,叶片在各阶模态下的气动阻尼比均为正,因此,Rotor 67 转子叶片不会发生气动弹性失稳现象;另外,叶片三阶模态(一阶扭转模态)对应的模态气动阻尼比较大,而二阶模态和四阶模态对应的模态气动阻尼比相对较小,因此,叶片扭转模态的气动弹性稳定性更好。

表 7.6 非定常气动力总功和模态气动阻尼比

模 态	气动力总功/J	模态气动阻尼比/%
一阶	-6.6622×10^{-3}	0.434
二阶	-5.9713×10^{-3}	0.163
三阶	-1.4797×10^{-3}	0.596
四阶	-1.4799×10^{-3}	0.174

5. 叶片颤振边界预测

Rotor 67 转子叶片给定进口总压 1 atm,总温 288.15 K,分别选取 50%、60%、70%、80%、90% 以及 100% 等不同的工作转速,并在每一工作转速下给定不同的出口反压,定常分析可以得到不同转速下流量和压比的对应关系,图 7.30 所示为 Rotor 67 转子叶片的特性图。从图中可以看出,在一定的工作转速下,随着出口平均反压的增加,总压比逐渐增加,增加趋势逐渐平缓,同时,压气机流量逐渐减少,当流量减小到某一值时总压比将不再增加,此时流过压气机的气流会产生脉动,压气机进入了不稳定的工作边界,即喘振边界;另外,随着出口平均反压的减小,总压比逐渐减小,同时,压气机流量逐渐增加,当总压比减小到某一值时流量将不再增加,此时压气机达到了堵塞边界。

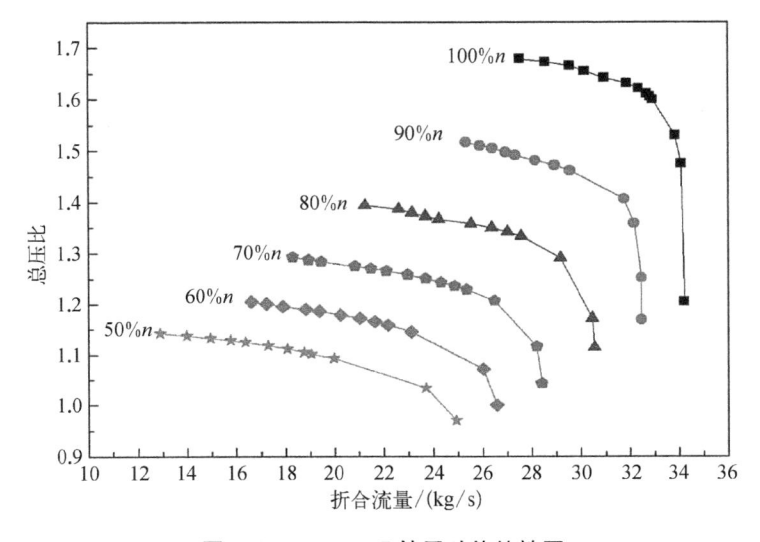

图 7.30 Rotor 67 转子叶片特性图

在一阶弯曲模态下,给定振荡叶片叶尖的最大振幅为 1 mm,在不同的工作转速下,对定常分析的每一个工况,进行叶片振荡作用下的非定常流场分析,其中分别将对应工况的定常分析结果作为非定常分析的初始条件。值得注意的是,不同转速下,叶片离心载荷作用下的固有频率和振动模态均有一定的变化。

当气流参数达到稳定振荡后,选取一个周期内每一时间步的计算结果,通过非定常气动力和对应的振动位移计算不同工况下的气动功,进而通过能量法得到一阶弯曲模态下不同工况的模态气动阻尼比。

图 7.31 给出了模态气动阻尼比与 Rotor 67 转子叶片流量之间的关系。从图中可以看出,模态气动阻尼比随流量的变化在不同工作转速下呈现不同的规律。当转速较高($100\%n$、$90\%n$ 和 $80\%n$)时,模态气动阻尼比随流量的增加呈现先增加后减小的趋势,且整个等转速线上的模态气动阻尼比都较大;$70\%n$ 等转速线可以视为一个过渡,该转速线上,模态气动阻尼比的变化规律开始逐渐变得平缓,且随着流量的增加,模态气动阻尼比逐渐增加,整个变化过程中出现了拐点,最大模态气动阻尼比出现在堵塞边界附近;当转速较低($60\%n$ 和 $50\%n$)时,模态气动阻尼比随流量的增加一直呈增大趋势,但变化量均较小。

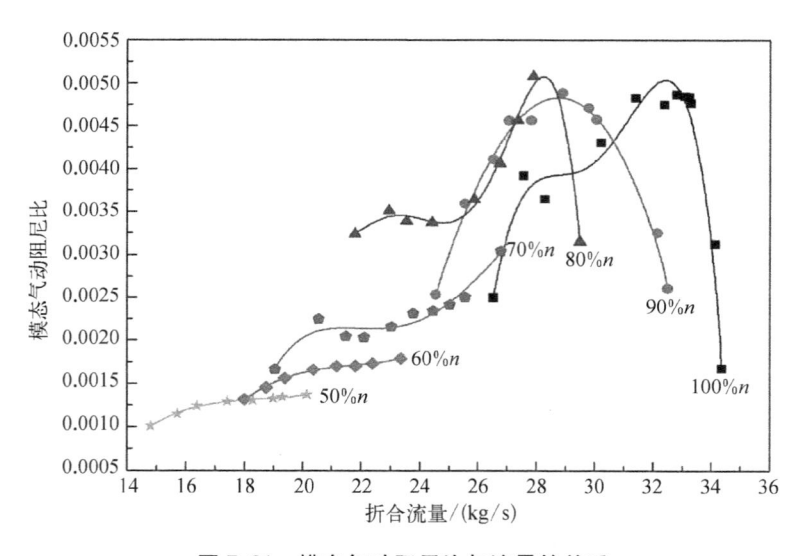

图 7.31 模态气动阻尼比与流量的关系

图 7.32 给出了模态气动阻尼比与总压比的关系。从图中可以看出,模态气动阻尼比随总压比的变化在不同转速下也呈现不同的规律。当转速较高($100\%n$、$90\%n$ 和 $80\%n$)时,模态气动阻尼比随总压比的增加呈现先增大后减小的趋势,且在整个等转速线上模态气动阻尼比变化量均较大;$70\%n$ 等转速线可以视为一个过渡,模态气动阻尼比在整个工作范围内的变化量逐渐变小,且随着总压比的增加,

模态气动阻尼比单调减小,在整个工作范围内出现了拐点,最大值出现在总压比最小的位置,即堵塞边界附近;当转速较低(60%n 和 50%n)时,在整个工作范围内,模态气动阻尼比变化范围均较小,随着总压比的增加逐渐减小。

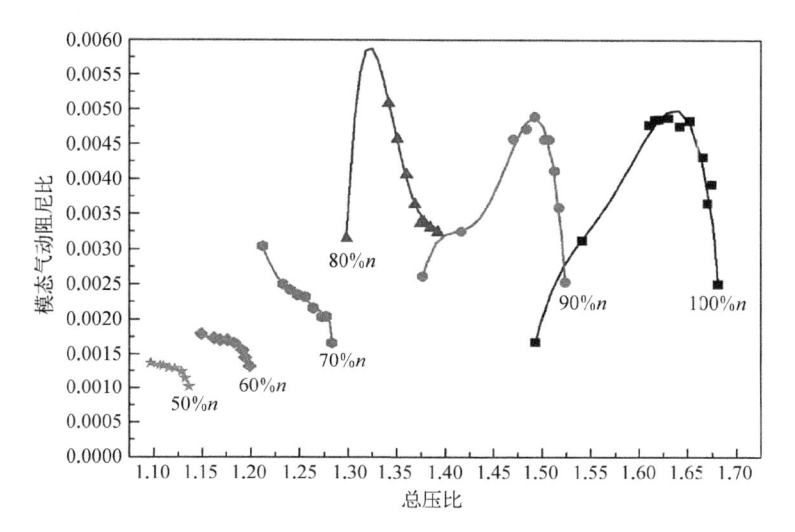

图 7.32 模态气动阻尼比与压比的关系

从图 7.31 和图 7.32 可以看出,流量和总压比的变化均会对模态气动阻尼比产生一定的影响。因此,将模态气动阻尼比表示在 Rotor 67 转子叶片的特性图上,并通过三维曲面拟合后得到模态气动阻尼比的等值线图,如图 7.33 所示,其中模

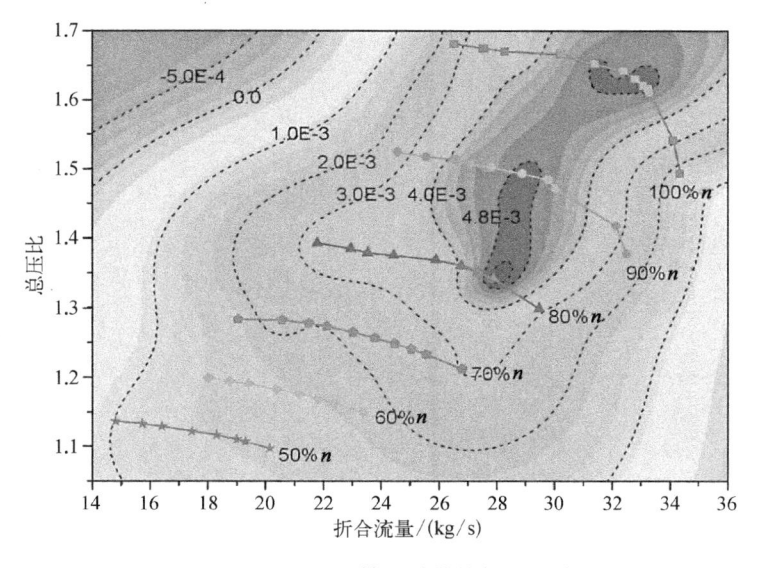

图 7.33 Rotor 67 转子叶片的颤振特性图

态气动阻尼比为 0 的曲线对应为转子叶片的颤振边界。从图中可以看出,在不同工作转速下,Rotor 67 转子叶片特性图中的失速边界和堵塞边界均在模态气动阻尼比大于 0 的范围内,即颤振边界位于转子叶片的工作范围以外,因此,Rotor 67 转子叶片在整个工作范围内不会发生颤振,这与试验结果是吻合的。

7.3 涡轮叶片多场耦合仿真

涡轮叶片是航空发动机中工作环境最为恶劣的部件之一,具有高温、高压、高转速等工况特点,气、热、固多场耦合问题突出,工程设计中多采用解耦的方式进行评估分析。多场耦合仿真计算量大,但能够计及耦合影响,更真实地反映物理机理,对于加深设计人员技术认识,突破设计关键技术具有积极意义。本节主要介绍涡轮多场耦合仿真的基本理论,分析仿真方法的工程适用性,并给出典型涡轮计算算例。气动、传热、强度等单物理场求解理论在前序章节已介绍,故本章基本理论介绍部分主要聚焦耦合过程中的边界条件给定、边界数据传递等方面。

7.3.1 基本理论及仿真方法介绍

1. 多场耦合问题分类

目前多场耦合问题的分类方式和方法比较多,主要从各物理场之间的相互作用以及各物理场的性质、数值计算、耦合发生的区域、力学性质等角度进行分类。

多场耦合问题包含多种物理场间的相互作用,在叶轮机械中主要包含下面几种场间耦合:流体运动与温度场相互作用的气热耦合,流体运动与固体应力应变相互作用的气固耦合,温度场与变形相互作用的热固耦合,流场、温度场和结构位移相互作用的气热固耦合[28,29]。

与气热耦合相对应发展起来的新的交叉学科称为热流体学,与热固耦合相对应发展起来的交叉学科有热弹性力学等,与气固耦合相对应发展起来的学科有振荡流体力学、气动弹性力学等。图 7.34 给出了多场耦合问题的分类与各学科间的关系。

从数值计算角度来看,根据各物理场之间的耦合程度的强弱,有两种耦合方程求解方案,一种是强耦合求解,另一种是弱耦合求解。以气热耦合为例,强耦合是指流体场与固体场

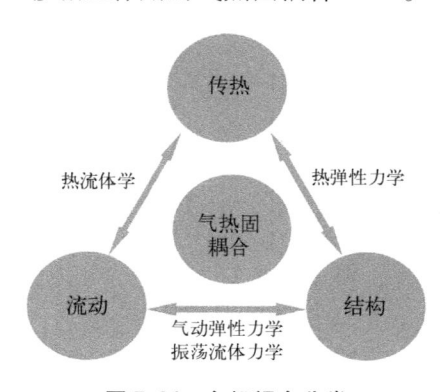

图 7.34 多场耦合分类

相互作用很强,只有同时求解流场与固体温度场的控制方程组,才能获得足够精度的温度、速度和压力;弱耦合则采用每个增量步内交替求解流场与固体温度场控制方程,先求流场参数,后算固体温度参数。由于计算流场参数时不包含热传导方程,而计算温度场参数时又不考虑流场方程,从而大大加快了计算速度。强耦合解法与弱耦合解法的优缺点都很鲜明,强耦合解法更能反映耦合物理机理,但计算费用也高;而弱耦合解法对计算机硬件要求低、计算效率高,但有时可能难以描述真实的物理过程。气热固耦合问题的强耦合解法需要同时求解流场、固体温度场、弹性应力场三种类型的控制方程组,在数值离散格式、求解算法等方面均存在不小的挑战,目前这方面的研究还鲜见报道;而弱耦合算法可以基于现有的各学科求解器开展,具有较强的可实现性,因此在当前的气冷涡轮领域应用较为广泛。

根据耦合所发生的区域,耦合可以分为边界耦合和域耦合。相互耦合的两场分别在两个区域上,相互的耦合作用通过两个域之间的公共面来完成传递的耦合称为边界耦合。气热耦合、气固耦合属于边界耦合。相互耦合作用发生在同一个区域上,两场在区域内的任何位置任何点都相互关联、相互作用的耦合称为域耦合。热固耦合属于域耦合,而气热固耦合则同时包含边界耦合和域耦合两种耦合类型。

以上从多学科交叉的角度对气、热、固耦合问题进行了划分。从力学性质角度来划分,气、热、固多场耦合问题可以分为气动-热-弹性静力学问题和气动-热-弹性动力学问题。对于静力学问题,即认为作用于物体的外力(受力、温度载荷等)不随时间改变,或者变化得非常缓慢而可将其的惯性力忽略不计。对于动力学问题,则要考虑载荷的非定常特性。

2. 耦合边界条件的给定

弱耦合的求解方法能够基于各学科现有的求解器,最大限度地降低程序开发难度与工作量,故在工程中取得了广泛的应用。但是弱耦合方法在实施过程中,各个物理场之间的耦合作用必须通过耦合边界条件来体现。本节针对弱耦合仿真中耦合边界条件的给定进行论述。

1) 气固耦合边界

气固耦合主要是非定常流场和叶片弹性变形之间的相互作用。在耦合计算中,既要考虑流体对叶片的作用引起的叶片变形或振动,又要考虑叶片变形或振动对流体的影响。气固耦合属于边界耦合,在界面上的时间空间耦合引起流场计算域和应力场计算域发生变化,两域交接处为耦合边界。耦合边界条件包含两方面内涵:流场与固体应力场的计算网格界面空间重合,交接面上的相互作用力满足牛顿第三定律。边界条件如下。

(1) 流体与固体计算域网格界面在空间的位置是重合的:

$$\boldsymbol{r}_s(\tau) = \boldsymbol{r}_f(\tau) \tag{7.101}$$

其中，r_s 为应力场边界处的位置矢量，r_f 为流场边界处的位置矢量。

在每个计算时间步，需要保证流体域和固体域交接面是重合的。而由于非定常流场对叶片的激励作用，叶片几何边界会在每个时间步内进行变化，相应的流场边界也会更新。为了适应上述流体域和固体域的几何变化，需要进入动网格技术进行网格变形。

（2）交接面上流体和固体相互作用力应满足：

$$N(r_s, \tau) = -N(r_f, \tau) \tag{7.102}$$

叶片受到流体的作用力主要有两部分：表面力、质量力。表面力包括压差力和摩擦力。压差力为叶片表面静压，方向为叶片表面法向并指向叶片。摩擦力是在叶片表面的切向力在无穷远处的来流方向的投影总和，是由于实际流体的黏性是在流体与叶片直接摩擦生成的，可以用附面层理论来计算。如摩擦力用 $(F_D)_f$ 表示，则有 $(F_D)_f = \int_A (\tau_{xy})_s \sin\alpha \mathrm{d}A$，$\alpha$ 为叶片面法线方向与来流方向的夹角。此外，叶片还会受到动叶旋转的离心力、重力、温变引起的虚拟体力和面力等作用力。

2）热固耦合边界

热固耦合属于域耦合的一种，控制方程由温度场方程和考虑热的变形平衡微分方程组成，温度场和热应力场的计算域都为固体域。在进行耦合计算时，温度场方程和热应力控制方程中相互含有耦合项，两个方程必须同时耦合求解。对于热应力场一类边界条件问题直接给定边界处的位移，对于第二类边界条件问题通过考虑热变形的平衡方程来完成，温度场和应力场根据其性质单独给出边界条件，耦合求解两组微分方程实现热固耦合。

3）气热耦合边界

气热耦合考虑流场与固体温度场之间的相互作用，属于边界耦合的一种。在实施过程中流场与固体温度场在气热耦合边界上进行温度与热流密度的相互传递，在交接面上满足温度相等、热流密度连续的条件。

对于气体与固体界面不考虑热辐射时应有如下耦合条件：

$$T_f = T_s, \quad q_f = q_s \tag{7.103}$$

其中，T_f 为交接面流体侧温度，T_s 为交接面固体侧温度，q_f 为交接面流体侧对流换热热流密度，q_s 为交接面固体侧导热热流密度。

对于考虑热辐射时，且设定叶片表面为不透明的界面，则耦合边界条件如下：

$$T_f = T_s, \quad q_f + q_r = q_s \tag{7.104}$$

其中，q_r 为交接面流体侧辐射热流密度，具体表达式见文献[30]。

4) 气热固耦合边界

气热固耦合问题主要针对有变形、振动的热端部件。对于静子叶片,一般可以不考虑振动的影响,但静子叶片冷气腔内的流体与主流的流体温度相差较大,产生的热变形和热应力一般不可忽略。

在气热固耦合计算中,流体域不但受到固体域热传导的影响,而且受到固体域在各种力的作用下导致的边界变形的影响;固体域则受到流体对其产生的载荷影响,包括温度载荷、气动力载荷等,这些载荷通常是非稳态的,在此作用下,固体区将产生热应力和热应变、结构应力和结构变形。

耦合边界条件需要同时满足气固、气热、热固耦合的边界条件,这里不再赘述。

3. 气热固耦合计算网格及其边界上的参数传递方法

1) 动网格技术

动网格技术可以解决气热固耦合过程中由于叶片变形引起叶片自身网格变化以及流体计算域网格变化的问题[31-33]。动网格技术必须满足稳定性、精确性、易用性、效率性、可并行性[34]。

在涡轮多场耦合计算中,一般无须采用重叠网格,也无须改变网格本身的拓扑结构,只要通过初始网格的伸缩变形去覆盖住不同时刻的计算区域即可,也就是动弹网格方法。对于动弹网格方法,目前较为普遍的方法有两种,一种是适合结构网格的超限插值方法[35],这种方法适合结构网格的网格移动,该方法实际上是重新生成网格,生成后的网格考虑了物面因为气动弹性、多目标优化等引起的物面变形,但整个网格的拓扑结构仍然能够得到保持。该方法适用于结构网格,其缺点是网格运动的计算量较大。另一种是运用弹簧原理[36, 37],将整个网格当作一张达到平衡的弹簧或者弹性变形体,通过求解类似弹性平衡微分方程即椭圆形微分方程,从而将物面变形而形成的对网格的扰动均匀到整个网格中,重新定位网格点的坐标而得到最终的动弹网格[38-40]。该方法已广泛应用到气动弹性、多目标优化设计、外挂物投放等具体物理问题的解决过程中。该方法适合不同拓扑结构的网格,如结构化网格、非结构化网格、混合网格等,其缺点是每次物体的变形移动都需要求解一次平衡方程,从而导致大量的迭代计算,因而该方法耗费的时间较长。同时,对于物面附近的附面层网格,需要采用特殊处理以保证附面层网格在迭代过程中不被破坏,这将导致附加的额外工作量。对于涡轮叶片气热固耦合,叶片变形一般属于小尺度变形,利用弹簧原理的动网格方法相对较为适合。

2) 网格块及不同物理场之间的数值传递

在固体域和流体域分别生成结构化网格块群,然后在网格交接面上传递数据。块与块的数据传递有三种:流场块与流场块之间的数据传递、固体场块与固体场块之间的数据传递、流场块与固体场块之间的数据传递。流场块与流场块之间的数据传递要求在两个网格块的边界上各变量的数值相等、通量相同。固体场块与固体场块之间的数据传递要求在两个网格块的边界上变量的数值相等、梯度相同。在实施过程中,一般通过在边界的两侧分别给定第一类、第二类边界条件或者通过插值来给定。第一种方法精度高,但是程序编制较为复杂,计算的效率比较低,第二种方法精度低但是原理简单容易实现,计算效率高。

在流固耦合计算中,如图 7.35 所示,网格块 A、B 为流场计算域网格,C、D 为温度场、弹性固体场计算域网格;网格块与其周围网格块相接按照类型可以分为:流场内部网格块,AB 面;固体温度场内部网格块,CD 面;流场与固体场网格块 AC、AD 与 BD 面,所有的流体和固体的交接面可以形成一个完整的曲面,在流场侧为面 Fef、在固体场侧为面 Sef。

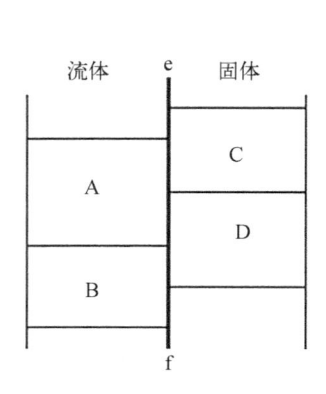

图 7.35　网格区域示意图　　　图 7.36　分区计算网格

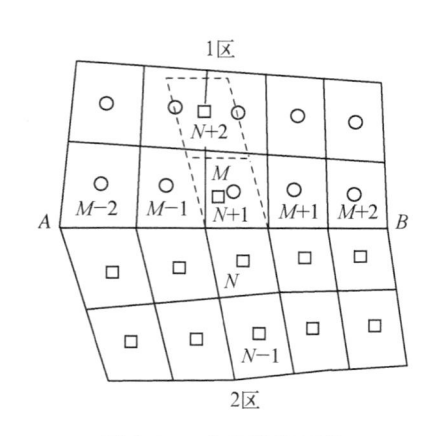

3) 流场内部网格块之间数据传递

流场块与流场块之间的数据传递要求在边界上各变量的数值相等、通量相同。在具体的实施过程中,在边界处构造虚拟网格单元,形成重叠网格,再通过插值方法进行参数传递。图 7.36 给出了两个分区边界及两个区中相互交叠的网格示意图,下面具体给出分区边界上信息传递的处理方法[41]。图中 1 区的虚线网格为 2 区的网格在 1 区的交叠部分,交叠网格内的气动参数值通过如下方法确定:以 2 区在 1 区内的交叠网格为例说明,首先确定交叠网格($N+1$)在 1 区中的几何位置,令网格单元上的气动参数以 U 表示,然后在 1 区内通过单侧插值求出网格($N+1$)左、右边界 U_{N+1}^L 和 U_{N+1}^R,并由这些气动参数及交叠网格的几何位置构造黎曼问题,则 U_{N+1}^L 和 U_{N+1}^R 作为网格单元($N+1$)上黎曼问题的初始条件。通过此黎曼问题求出该交叠网格上的气动参数值。同样求出 $N+2$ 点的气动参数值,最后在单元边界 AB 构造边界数值通量。由于 Godunov 方法本身的特点,该分区处理方法可以准确捕捉来自任意方向上的间断,从而保证了分区计算中信息传递的准确性,同时可以保证差分格式在分区边界上的求解精度。

4) 固体网格块之间传热参数传递

如图 7.35 所示,固体温度场网格块之间的数据传递流程为:C 块传给 D 块热流密度,然后通过求解法线方向热流方程 $q = -k\dfrac{\partial t}{\partial n}$ 得到 D 区边界上的温度;D 块直接传给 C 块温度值,多次迭代计算后能够保证在边界面上温度相同、温度梯度连续。在网格块交接面之间均采用温度参数传递能够得到收敛的数值,但是不能保证边界处的热流密度连续。类似地,在网格块交接面之间均采用热流密度参数传递不能保证边界处的温度相同。在多块计算时,网格块之间数据传递的精度取决于沿外法线方向热流密度的计算精度,以及在相邻块边界上通过法线方向热流方程求解温度的精度[42]。

5) 固体场网格块之间强度参数传递[43]

弹性固体场网格块之间数据传递如图 7.37 所示,P 点为网格块 1 与块 2 交接面上的一点,在该点处块 1 所受法向面力 f_1 与块 2 所受法向面力 f_2 的大小相等、方向相反,即

$$f_1 = -f_2 \tag{7.105}$$

u、v、w 为 P 点待求位移值;u_1、v_1、w_1 为该点在块 1 侧位移值;u_2、v_2、w_2 为该点在块 2 侧位移值。

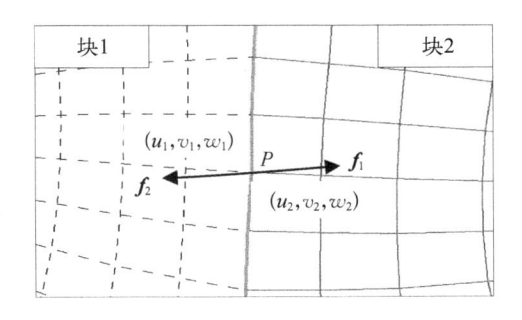

图 7.37 固体网格块之间温度场数值传递示意图

根据图 7.38 的斜截面上的应力状态可以得到外法线方向面力 f_v 与应力的关系:

$$f_{vx} = \sigma_x l + \tau_{yx} m + \tau_{zx} n \tag{7.106}$$

$$f_{vy} = \tau_{xy} l + \sigma_y m + \tau_{zy} n \tag{7.107}$$

$$f_{vz} = \tau_{xz} l + \tau_{yz} m + \sigma_z n \tag{7.108}$$

其中,l、m、n 为外法线方向与直角坐标轴之间夹角的余弦值。

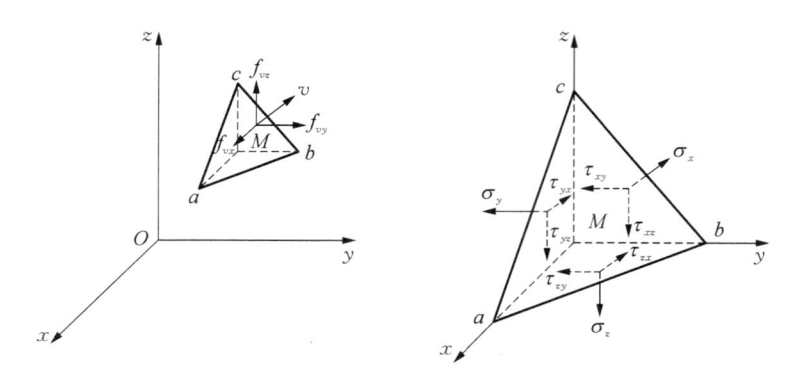

图 7.38 斜截面上应力状态关系

在块 2 处应用式(7.106)、式(7.107)和式(7.108)可获得法向面力 f_{2v}，并将该力通过式(7.105)的关系传递给块 1 的法向面力 f_1，在块 1 通过差分离散平衡方程可获得位移 u_1、v_1、w_1，类似的方法得到 u_2、v_2、w_2，则块 1 与块 2 边界处 P 的位移值可以表示为

$$u = (u_1 + u_2)/2 \tag{7.109}$$

$$v = (v_1 + v_2)/2 \tag{7.110}$$

$$w = (w_1 + w_2)/2 \tag{7.111}$$

6) 流场网格与固体场网格块之间数据传递[44]

流场网格与固体场网格块之间数据处理方式取决于流固耦合边界条件的给定方法和数据传递的精度要求。以气热耦合为例，在耦合交接面上，流场区域向固体场区域传递温度值，固体场区域向流场区域边界法线方向热流量。在耦合边界面上空间同一个位置，数据传递需满足温度值相等、热流量数值相等、方向相同。由于流固交接面上两侧网格一般不一一对应，需要通过插值来计算给定位置处的参数。

如图 7.39 所示，对于交接面流体域侧 Fef 内空间位置点 P，通过位置关系搜索出位于交接面另一侧 Sef 的单元 V，P 点将该网格单元划分成 R_1、R_2、R_3、R_4 等四个小的四边形，四边形的面积分别用 S_{R1}、S_{R2}、S_{R3}、S_{R4} 来表示，点 P 处参数值通过 V_1、V_2、V_3、V_4 处的参数值求出，设 ϕ 表示待传递的参数：

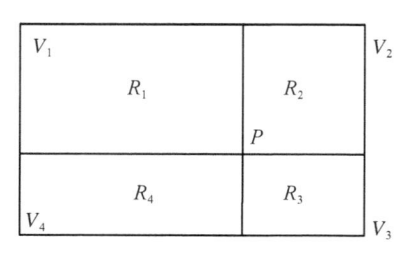

图 7.39 插值示意图

$$\Phi_p = (\Phi_{v1}S_{R3} + \Phi_{v2}S_{R4} + \Phi_{v3}S_{R1} + \Phi_{v4}S_{R2})/(S_{R1} + S_{R2} + S_{R3} + S_{R4})$$

$$\tag{7.112}$$

该方法具有二阶的数值精度,相对于其他全局插值法,具有简单、易于实现、CPU 占用时间短的特点,而对数值梯度较大的变量能够准确传递不被抹平。

7.3.2 工程适用性分析

1. 气热耦合计算在设计分析中的应用

为应对不断提高的涡轮叶片热负荷,涡轮叶片设计已普遍引入了冷却系统设计。对冷却效果进行准确评估需要进行传热分析,并通过结果分析总结设计经验,进一步提高冷却效率,降低冷却气体用量。

传统的涡轮叶片传热分析方法是一种解耦方法。首先使用绝热或恒定热流密度的壁面条件,求解流体的热传导,这样可以有效地将流体从叶片材料内部热传导中解耦出来。然后求解流动问题,计算叶片表面换热系数分布。最后将得到的叶片表面温度场参数分布作为固体的边界条件求解叶片内部的温度分布。上述求解过程假设壁面热边界条件对换热系数和气膜冷却效率分布计算不产生影响。通常这样的假设有其合理性,如 Kays 和 Crawford 提出湍流平板流动等温和恒定热流密度之间的换热系数只相差 4%。

气热耦合方法是对上述流体求解、换热系数计算、固体求解等流程进行反复迭代的耦合计算方法,通过在不同计算域之间的反复互传耦合参数,达到整体收敛。气热耦合方法对于大温度梯度壁面边界条件情况有更好的计算效果,但计算量远大于解耦方法。而近年来随着计算机计算能力的快速提升,大规模数值仿真变得切实可行,气热耦合方法逐渐在工程设计中得到应用。

由于计算量不大,计算效率高,解耦的涡轮传热分析方法在叶片的方案设计阶段或者初步设计阶段仍然具有一定的应用范围,但是在设计方案评估、详细设计阶段,气热耦合方法已经成为一种重要的设计手段。同时随着计算机硬件技术的进步,各研究院所的计算能力已大幅提高,气热耦合计算方法在方案设计阶段的应用范围也在逐渐扩大。

2. 气固耦合计算在设计分析中的应用

气动弹性力学研究弹性体在气流中运动时的力学行为,是涉及空气动力学、结构动力学和弹性力学的一门交叉学科,其核心内容就是流体激振问题。随着叶轮机械朝着高转速、高温、高压比的方向发展,叶轮机械内部的流体激振问题也越来越严重,叶轮机械内部的流体激振问题已经成为设计高性能叶轮机械以及叶轮机械安全运行的一个重要障碍,因此研究叶轮机械内的流体激振问题具有很大的实际意义[45]。

理想的流固耦合模型是耦合求解完全的流体模型纳维-斯托克斯方程和固体方程,但这在算法的稳定性上、计算时间上都有很大的难度,目前还很少有人采用流固耦合的方法研究三维涡轮叶片的流体激振问题,目前大部分研究方法都是耦合求解简化的气动模型和固体方程。在实际工程设计中,研究人员和工程设计人员通常要对该问题和模型进行合理的简化。比较常见的简化方法包含:

(1) 降维计算,将三维问题简化为二维问题,减小计算量和计算的难度。

(2) 单向耦合计算,主要分为四步:第一步构造流固耦合几何模型以及给定边界条件;第二步,通过 CFD 计算获得瞬时的叶片表面的压力分布以及流体的激振力;第三步,耦合计算,即将两种不同的数值计算工具耦合起来,对单向耦合计算,需要将 CFD 计算所得激振力数据经过相应的转换和处理传递给 FEM 分析程序;第四步,进行涡轮叶片 FEM 分析,通过计算获得叶片动力响应以及动态应力分布。

3. 气热固耦合计算在设计分析的应用

由于涡轮的结构特点,在大部分的应用场景中,叶片的变形较为微弱,兼顾到计算量和计算时间的限制,在气热固耦合计算的工程实践中,单向弱耦合模式应用最为普遍广泛。即先进行涡轮流场的气热耦合计算,再将计算得到的温度场和压力场传递给涡轮叶片进行结构静力学计算,得到涡轮叶片的温度场、变形和应力。结构静力学的计算结果也不再回传给流体域进行迭代。

7.3.3 应用案例

1. 气热耦合仿真

1) 计算模型

以某型燃气轮机的低压导叶为例进行研究,叶片的几何形状以及冷却结构如图 7.40 所示。该导叶的实际运行参数见表 7.7。其中 α、β 为入口角度,其定义如下 $\alpha = \arctan(v/u)$,$\beta = \arctan(w/u)$,u、v、w 为绝对速度在轴向、径向和周向的三个分量,其他参数均为无量纲值。

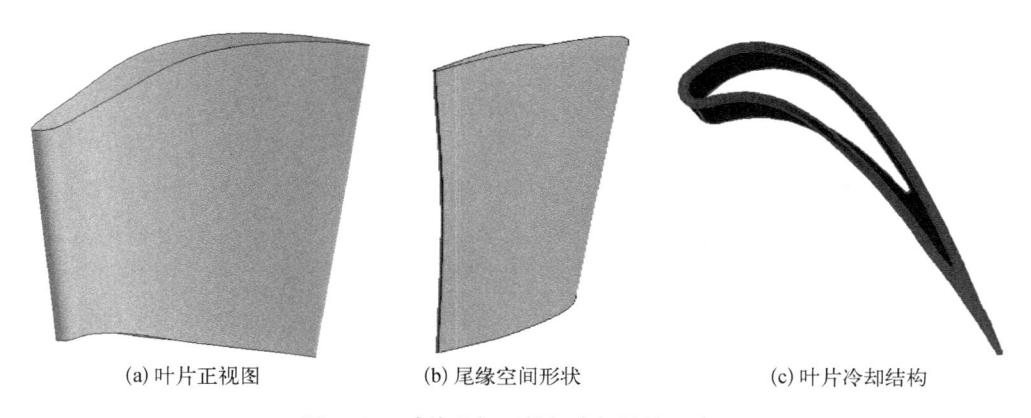

(a) 叶片正视图　　　　　(b) 尾缘空间形状　　　　　(c) 叶片冷却结构

图 7.40　叶片几何形状与冷却结构示意图

表 7.7 涡轮的运行参数

P_{totin}	T_{totin}	$Tu_{inlet}(\%)$	μ_{ratio}	P_{outlet}	$\alpha(°)$	$\beta(°)$
1.40	0.88	6.5	20	0.88	0	23.15

单腔内冷方式是涡轮冷却中最简单的一种方式,冷却气体由叶片的上端壁流入冷却腔,从下端壁流出,在流动过程通过对流换热带走叶片的热量,达到冷却的效果。冷却流体的边界条件见表 7.8,表中参数也均为无量纲值。图 7.41 为计算网格示意图。

表 7.8 冷却腔的运行参数

P_{totin}	T_{totin}	$Tu_{inlet}(\%)$	μ_{ratio}	P_{outlet}
1.51	0.39	6.5	15	1.13

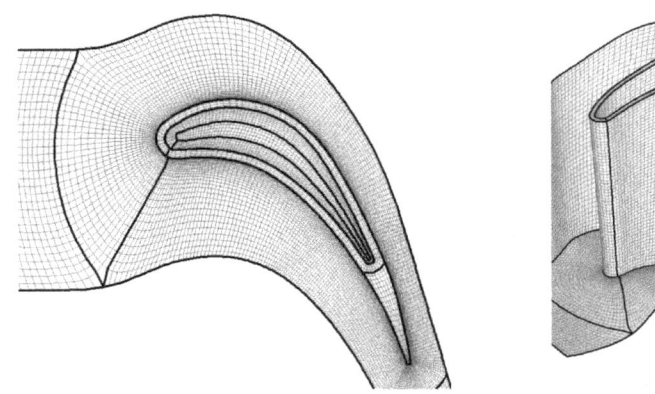

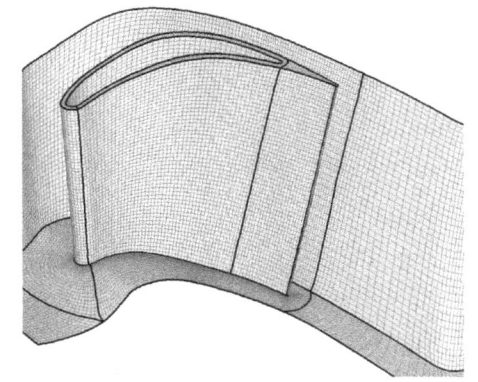

图 7.41 计算网格示意图

采用的网格为六面体形式的结构化网格,流体壁面网格进行加密处理,网格雷诺数 y+控制在 3 左右。

2) 计算结果及分析

本节的计算共有两部分:首先是绝热计算,忽略叶片与主流之间的传热,采用 B-L 代数湍流模型封闭时均化的 N-S 方程组;其次是气热耦合计算,计算域共有三块,分别为涡轮流道区域、固体叶片区域以及冷却腔流动区域,在计算中,对涡轮流道区域分别采用 B-L 代数湍流模型以及 B-L&AGS 转捩模型,对冷却腔内流动则只采用 B-L 代数湍流模型,而忽略转捩的影响。

图 7.42 给出了沿叶高 25%、50%和 75%截面处的马赫数分布,沿着叶高降低方向,流道中的马赫数最大值是逐渐增加的:在 75%与 50%叶高的两个截面上,流

动中的最大马赫数分别为 0.89 和 0.98，为亚声速流动，而在 25%叶高截面上，流动中的最大马赫数则达到了 1.19，为跨声速流动。这是由于本算例为一环形叶栅叶片，在流动中，沿着径向存在离心力，导致压力沿着半径增大方向增加，为了平衡径向的压差，沿着径向的速度呈现沿半径由上而下增加的趋势。

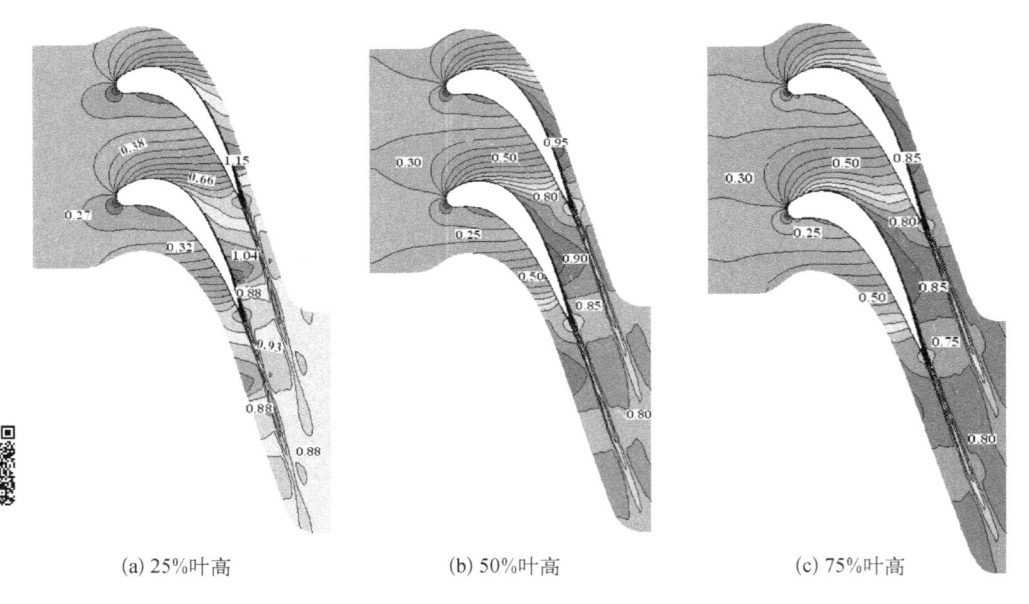

(a) 25%叶高　　　　(b) 50%叶高　　　　(c) 75%叶高

图 7.42　不同叶高处的马赫数分布

图 7.43 分别给出了 25%、50% 和 75% 叶高的型面压力分布，其中，P 表示静压；P_0^* 表示涡轮入口总压；x 表示沿着计算点至叶片前缘的轴向距离；c 则表示叶片的轴向弦长。可以看出在这三个不同径向位置的截面上，绝热计算以及采用不同模型的耦合计算的压力分布是很接近的，由于压力在附面层内可以认为是不变的，因此可以认为在这三种情况下数值计算预测的附面层内的压力分布差异很小。由各截面型面压力分布可以看出：叶片表面压力最高的区域，即流动滞止区域，位于叶片前缘偏向压力面一侧，这是由进口气流存在一定的负攻角引起的，在整个压力面，压力在前缘附近先下降，然后再缓慢升高，这是因为在压力面前缘，叶片表面外凸内凹，使得当地流动先加速再减速；在压力面 $x/c=0.3$ 之后，由于流动的加速，压力缓慢下降。由于负攻角的存在，在吸力面前缘附近，流动也存在急剧加速与减速的现象，这导致该区域的压力首先急剧下降，然后再升高，在吸力面 $x/c=0.1$ 之后，由于流动的加速，压力逐渐下降，比较压力面与吸力面压力下降的程度可以得出吸力面处流体的加速程度要高于压力面。比较不同截面的型面压力分布可以看出在 25%截面上，吸力面的压力下降程度最大，这说明该区域的流动加速也是比较剧烈的，在该截面吸力面 $x/c=$

0.9附近,压力先是剧烈下降,然后急剧增加,结合图 7.42 的马赫数分布,可以发现该区域的马赫数最高达到 1.19,为跨声速流动,而在其他两个截面,压力的下降程度比较小,并且压力变化的拐点有向前缘移动的趋势,这是与本算例的叶型有关的。

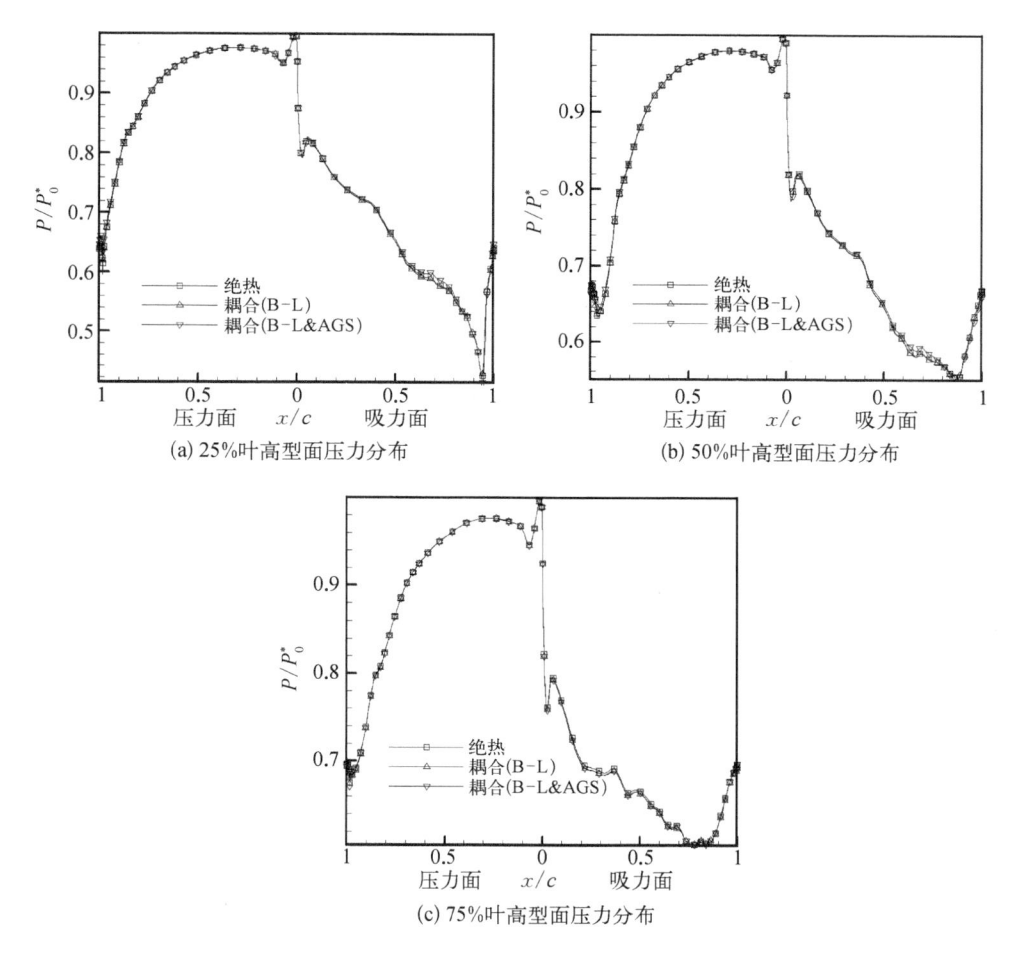

图 7.43 不同叶高型面压力分布

尽管附面层的流动差异较小,但是由于绝热与耦合计算两种计算方法的不同,在叶片表面的温度分布必然存在较大的差异;此外,由于在低压涡轮叶片表面一般存在较大范围的层流转捩区域,在耦合计算中,是否考虑转捩影响,预测的叶片表面温度也会存在差异。图 7.44 分别给出了 25%、50% 和 75% 叶高的型面温度分布,其中 T 与 T_0^* 分别表示进口的静温与总温。可以看出采用耦合计算预测的叶片表面静温要远低于绝热计算预测的结果,而后者与滞止温度很接近。由于耦合计算的物理模型更符合实际情况,因此可以认为采用耦合计算的结果是更贴近于实际情况的,这也说明了采用气热耦合计算的必要性。在压力面 x/c 小于 0.70 以及吸力面 x/c 小于 0.5 的区域内,各个叶高截面上转捩模型预测的温度均要低于采用全湍流模型的结果,而其他区域二者的结果比较接近,这说明在该区域的附面层内存在层流、转捩流动现象。结合图 7.45 这三个截面壁面附近间歇因子分布,可以看出由于前缘附近附面层内流动以层流为主,在压力面前缘之后的区域,由于流动的加速,该区域附近附面层流动保持层流状态,直到接近尾缘区域,由于流道扩张,为膨胀流动,此时附面层内流动由层流过渡到湍流状态,而在吸力面前缘区域之后,由于叶片壁面曲率的变化,流动逐渐变为湍流状态。从图中还可以看出,由于这三个截面上流动的加速程度不同,25%叶高截面上的流动加速程度最大,因此该截面上压力面的转捩结束位置均较其他两个截面的转捩结束位置接近于叶片尾缘,这从一方面可以说明加速流动有助于维持流动的稳定性,推迟转捩的发生。

(a) 25%叶高型面温度分布

(b) 50%叶高型面温度分布

(c) 75%叶高型面温度分布

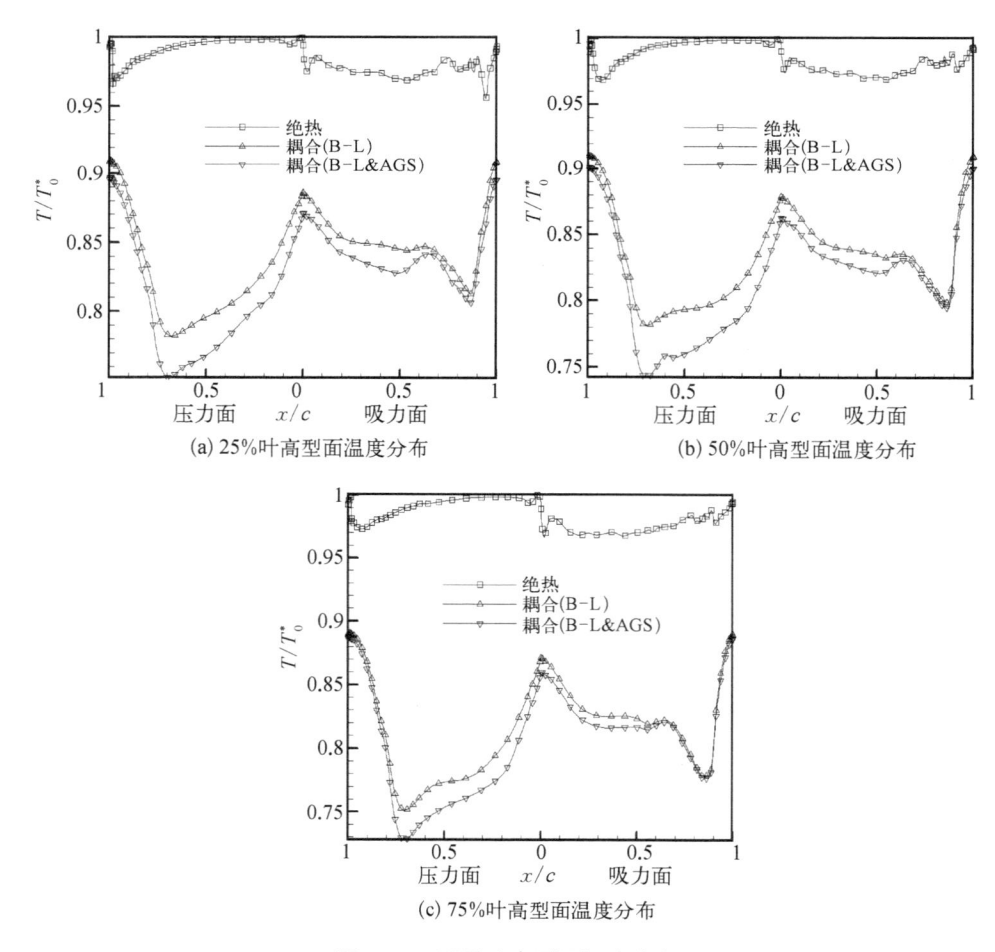

图 7.44 不同叶高型面温度分布

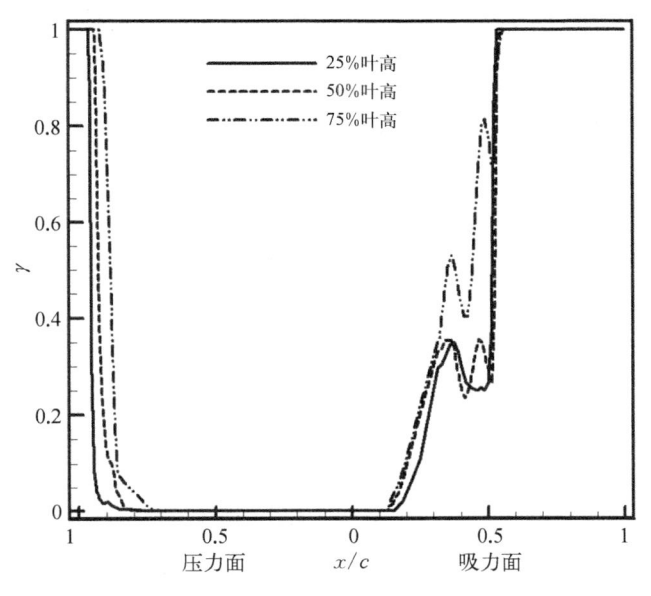

图 7.45　叶片表面间歇因子分布

2．单向热弹耦合仿真

1）计算模型

本算例为某涡轮动叶,计算域包含固体域和流体域,其中固体域主要包括榫头、叶片和各类冷却结构,流体域由包围固体域的区域抽壳得到,分别对进口和出口区域进行延长以降低数值边界条件的影响,其计算域如图 7.46 所示。

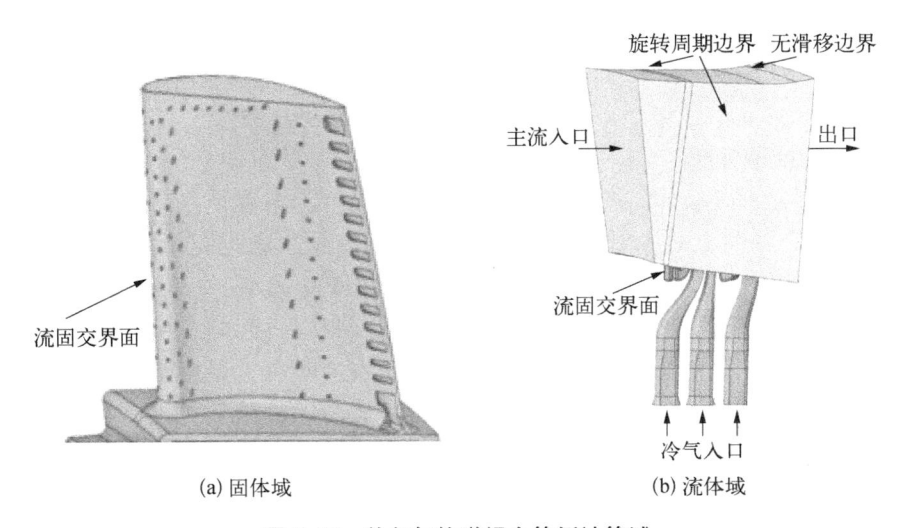

(a) 固体域　　(b) 流体域

图 7.46　单向气热弹耦合算例计算域

流体区域给定转速,主流气体为混合燃气,其组分由气体性质文件给定,冷却气体为纯空气,动叶入口给定总温、总压、速度分布和湍流项 $k-\omega$ 分布,其中每项参数均由沿径向的参数分布文件给定,出口给定静压并满足径向平衡方程,周向面采用周期性边界条件,冷气进口采用质量流量入口,与入口流量相比进行无量纲处理,给定温度和速度方向,上下端壁为无滑移。固体域材料由固体性质文件给定,流固域交界面采用流固交界面进行数值的插值传递。

由于计算模型存在很多细小的孔洞、倒角和支板结构,进行结构化网格划分十分困难和不经济,故全部采用非结构化网格,对孔洞附近以及各壁面处进行局部加密以捕捉流动细节,网格细节图如图 7.47 所示。迭代计算过程通过设置监测点物理量来判断收敛,收敛准则为进出口流量波动小于 1%,均方根残差小于 10^{-5},监测点压力不再随着迭代步数的增加而发生变化。

(a) 固体域网格 　　(b) 流体域网格

图 7.47　计算域网格

2) 流场结果分析

进行单向流固耦合时主要考虑交界面上的压力和温度分布,图 7.48 为流体域与固体域交界面上的压力场分布云图,采用进口总压进行无量纲化处理,可以看出压力面整体静压大于吸力面,由前缘向尾缘逐渐减小;受压差作用,叶轮流道内部部分气体进入叶顶间隙区域,由压力面流向吸力面,与主流气体相互作用产生泄漏涡系,在顶部出现一个狭长的低压区,在沿叶展上下部分受冷却气体和通道涡的影响,也存在低压区。图 7.49 为流体域与固体域交界面上的温度场分布云图,采用冷气温度进行无量纲化处理,可以看出局部高温出现在叶片前缘冷却孔附近,分布区域同压力分布类似,在受冷气覆盖的区域温度分布则比较均匀。

(a) 压力面　　　　　　　　(b) 吸力面

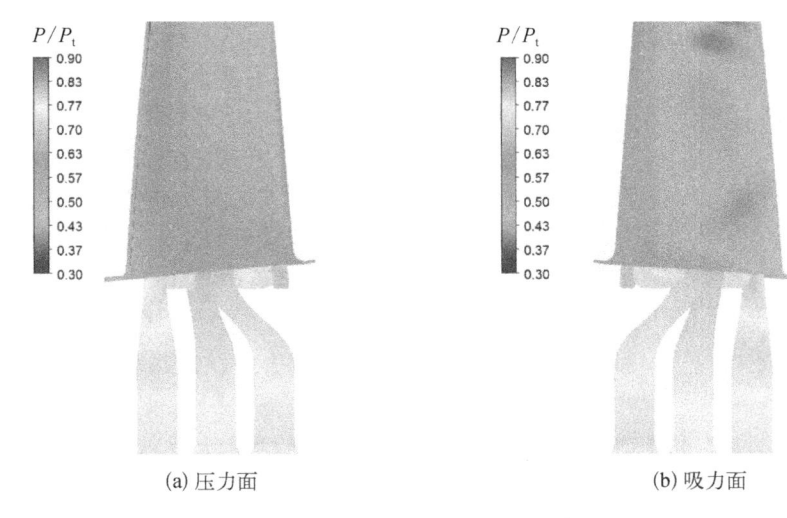

图 7.48　流固交界面压力分布

(a) 压力面　　　　　　　　(b) 吸力面

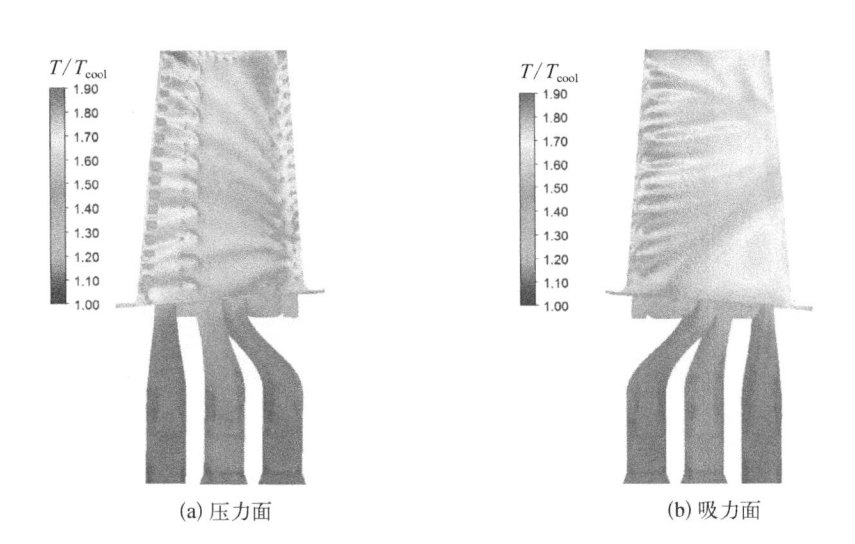

图 7.49　流固交界面温度分布

3) 静力结构分析

单向耦合主要考虑流体流动对叶轮所受应力的影响,采用有限元分析方法对动叶进行静力结构分析,研究其在不同载荷下的等效应力分布。涡轮运行过程中,叶片主要受由于旋转而产生的离心力、流体流动所带来的气动载荷和高温环境下的热应力,故静力学分析主要通过加载以上三种载荷来研究不同载荷组合下动叶的等效应力分布。

对叶轮固体区域部分建模,包括榫头、固流交界面和两侧周期面,在有限元网

格划分过程中,叶片含有复杂的扭曲结构及孔洞结构,故采用适应性更好的四面体网格进行划分,能够较好地模拟复杂的模型,分别对不同面进行网格尺寸设置,主要对交界面进行网格加密,在保证经济性的条件下能够保证载荷加载时插值的准确性,其网格如图 7.50 所示。

作用在叶轮上的载荷包括叶轮旋转时受到的离心力惯性载荷、流体对叶轮表面产生的压力载荷以及高温环境下的热应力,其中叶片旋转时只绕轴转动,则对榫头需要施加位移约束,约束其在轴向、径向和切向的自由度,实施旋转约束时给定旋转速度和旋转轴,压力载荷和热应力计算需要通过计算得到的流场,采用插值方式作用在叶轮表面。

图 7.50 有限元网格

图 7.51 和图 7.52 分别为加载流场压力和温度场后插值得到的的叶片固体表面的压力及温度分布,其分布与上述气热耦合的计算结果一致,说明在当前网格量下,面数据插值精度可满足需求,分别作为气动载荷应力和热应力计算的两种加载类型。

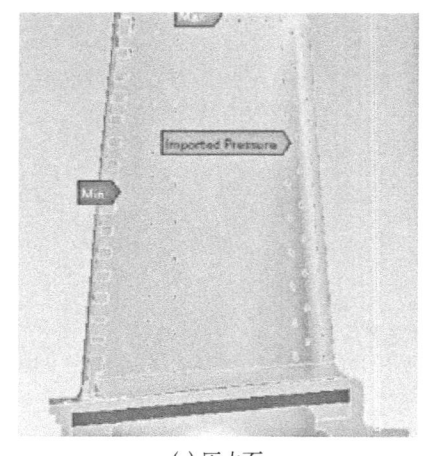

(a) 压力面 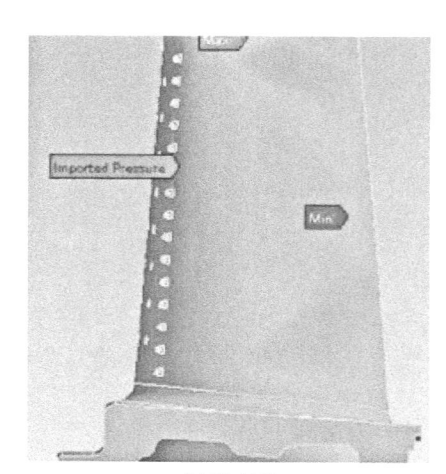 (b) 吸力面

图 7.51 流固耦合表面压力插值分布

图 7.53 为不加载旋转约束下,加载不同组合载荷下的无量纲等效应力分布云图。其中(a)图、(b)图仅考虑温度载荷下的热应力分布,可以看出等效应力分布很不均匀,存在多个高应力区域,其最大值出现在缘板靠近叶片前缘附近;从(c)

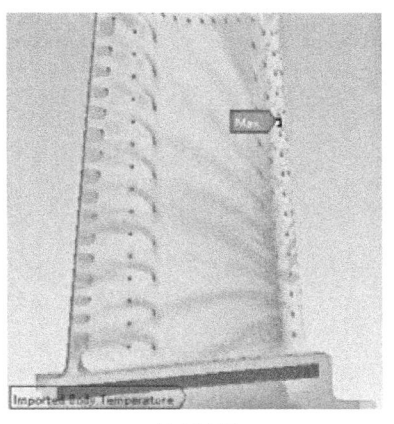

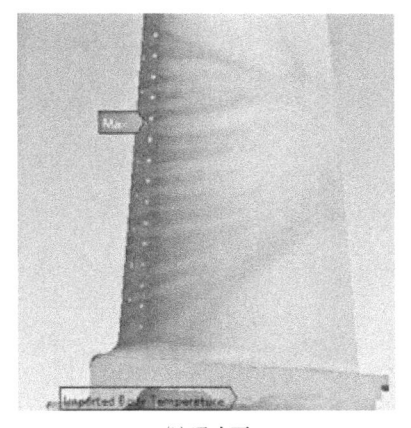

(a) 压力面　　　　　　　　　　　　　(b) 吸力面

图 7.52　流固耦合表面温度插值分布

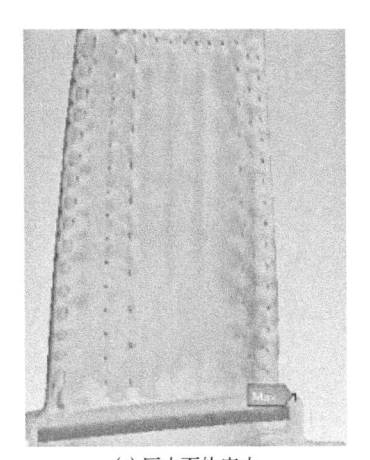

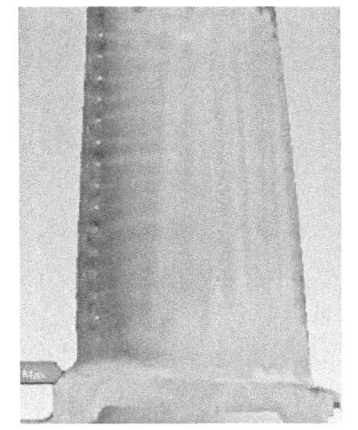

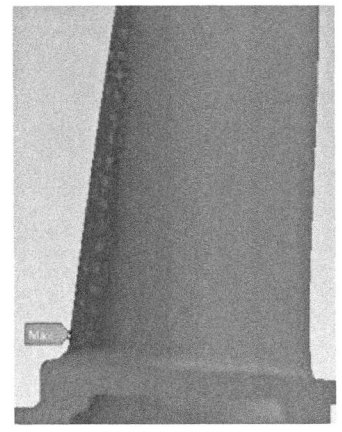

(a) 压力面热应力　　　　　　　　　(b) 吸力面热应力

(c) 压力面压应力　　　　　　　　　(d) 吸力面压应力

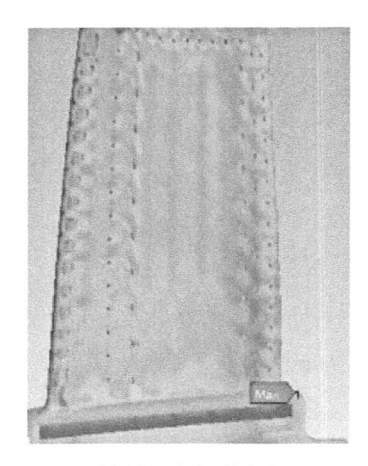

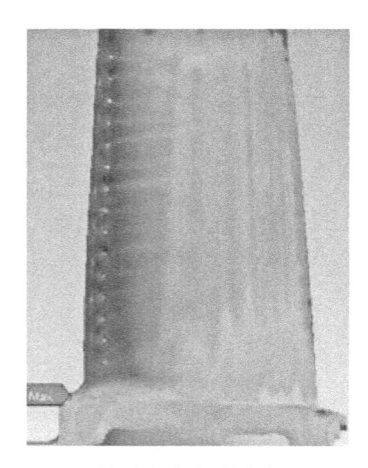

(e) 压力面压、热应力　　　　　　　(f) 吸力面压、热应力

图 7.53　不考虑旋转下应力分布

图、(d)图可以看出,仅考虑气动载荷的等效应力很低,远低于热应力大小,最大值出现在叶片吸力面靠近前缘位置;从(e)图、(f)图可以看出加载气动载荷和热载荷后,等效应力分布与仅加载热载荷时的分布相似,且应力最大位置也相同,说明不考虑旋转作用时,温度载荷产生的热应力远比气动载荷产生压力应力要大,占主导地位,气动载荷带来的应力可以忽略不计。

图 7.54 为加载不同组合载荷下的等效应力分布云图。由(a)图、(b)图可以看出,仅加载离心力时,等效应力最大值出现在叶片吸力面中部叶根处,这是因为叶根处截面积最大,在叶轮转动过程中承受着整个叶片的离心力,会出现应力集中的现象,应力沿高度方向呈逐渐减小的趋势;(c)图、(d)图考虑离心力载荷和气动

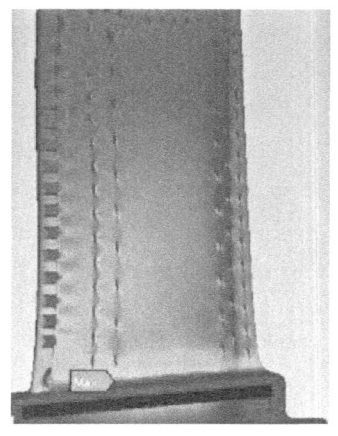

(a) 压力面离心应力　　　　　　　(b) 吸力面离心应力

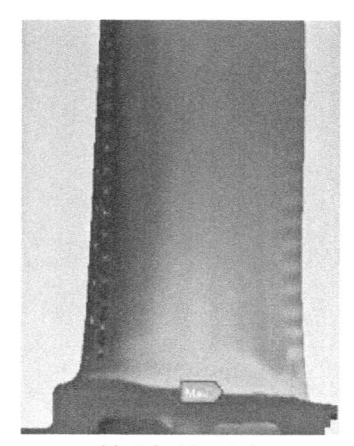

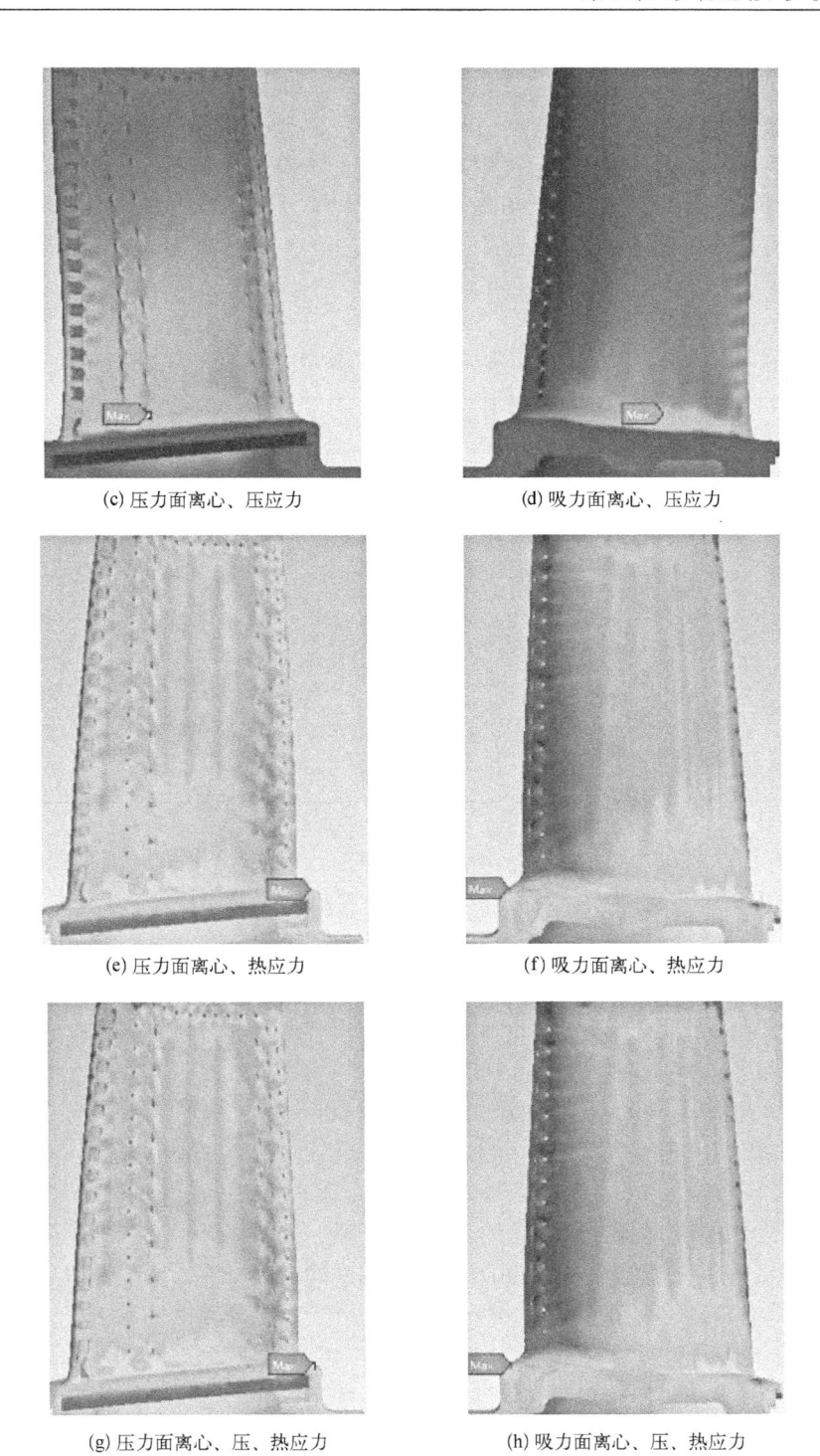

(c) 压力面离心、压应力　　　　　　　(d) 吸力面离心、压应力

(e) 压力面离心、热应力　　　　　　　(f) 吸力面离心、热应力

(g) 压力面离心、压、热应力　　　　　(h) 吸力面离心、压、热应力

图 7.54　各类载荷下应力分布

载荷,分布与仅离心载荷时相同,气动载荷产生的压应力可忽略;(e)图、(f)图考虑离心力载荷和温度载荷,等效应力较单纯离心力载荷所带来的应力增大幅度很大,且最大值位置发生变化,移至缘板近叶片前缘处;(g)图、(h)图为考虑全部载荷后的等效应力分布,同上文单纯的热应力分布相差不大,并且其分布位置也类似,说明在当前旋转角速度条件下,热应力占主导地位。

考虑不同载荷后叶片的无量纲等效应力计算结果如表7.9所示:

表7.9 应力计算结果

载荷条件			无量纲化 Von-Mises 应力		
离心力	热应力	流体压力	最小值	最大值	平均值
√	√	√	0	1.0	3.8811×10^{-2}
√		√	1.6720×10^{-12}	2.8603×10^{-2}	3.1822×10^{-3}
√	√		0	1.0	3.8827×10^{-2}
√			1.6789×10^{-12}	2.5534×10^{-2}	3.1052×10^{-3}
	√		0	9.9930×10^{-1}	3.8286×10^{-2}
	√	√	0	9.9922×10^{-1}	3.8265×10^{-2}
		√	4.2610×10^{-14}	5.3947×10^{-3}	4.9429×10^{-4}

由表7.9可以看出,在当前旋转速度下,离心力载荷、气动载荷和热载荷不同组合载荷加载下,热应力占主导地位,其量级较离心力应力和压力应力高一个量级,离心力应力次之,气动载荷应力最小可不予考虑。

7.4 本章小结

本章对燃滑油系统流动与换热仿真、压气机叶片颤振仿真、涡轮叶片多场耦合仿真等航空发动机多物理场/多学科仿真技术进行了介绍,结合工程设计实际,分析了各仿真技术的工程适用性,并通过实例对仿真过程进行了展示。

航空发动机多物理场/多学科仿真正处于蓬勃发展的阶段,但受制于计算耗时长等因素,与现有设计体系进行融合仍存在不小的难度。后续可考虑从以下几个方面提升能力:① 多物理场/多学科仿真需要继续紧抓计算能力提升的红利,通过算力的提升实现计算效率的持续提高;② 多物理场/多学科仿真要从多物理场耦合的物理机理出发,通过合理的假设和先进的计算模型来减小自身计算消耗;③ 多物理场/多学科仿真要补齐缺乏验证的现实短板,通过真实试验数据的处理分析,对多物理场/多学科仿真计算进行细致全面的校验,提升多物理场/多学科仿真的精度和认可度;④ 要注重发展与海量多物理场数据相配套的前后处理模块，勿使前后处理环节成为制约多物理场/多学科仿真技术发展的短板。

参考文献

[1] Patakar S V. Numerical heat transfer and fluid flow[M]. New York: McGraw-Hill, 1980.

[2] Jameson A, Schmidt W. Numerical solution of the euler equations by finite volume methods using runge-kutta time-stepping schemes[C]. Palo Alto: 14th Fluid and Plasma Dynamics Conference, 1981.

[3] Mirjalili S, Jain S S, Dodd M S. Interface-capturing methods for two-phase flows: An overview and recent developments[J]. Center for Turbulence Research Annual Research Briefs, 2017: 117-135.

[4] Dianat M, Skarysz M, Garmory A. A coupled level set and volume of fluid method for automotive exterior water management applications[J]. International Journal of Multiphase Flow, 2017(91): 19-38.

[5] Singh N K, Premachandran B. A coupled level set and volume of fluid method on unstructured grids for the direct numerical simulations of two-phase flows including phase change[J]. International Journal of Heat and Mass Transfer 2018(122): 182-203.

[6] Albadawi A. On the assessment of numerical interface capturing methods fo two fluid flow applications[D]. Dublin: Dublin City University.

[7] Shah A, Saeed A, Yuan L. An artificial compressibility method for 3D phase-field model and its application to two-phase flows[J]. International Journal of Computational Method, 2017, 14(2): 1750059.

[8] Bhat S P, Mandal J C. Modified HLLC-VOF solver for incompressible two-phase fluid flows [J]. Department of Aerospace Engineering, Indian Institute of Technology Bombay, Mumbai - 400076. 2019: 2-4.

[9] ANSYS Inc. ANSYS fluent theory guide[R]. 2019R3: 456-459, 2019.

[10] Stanton D W, Rutland C J. Modeling fuel film formation and wall interaction in diesel engines [J]. SAE Paper 960628, 1996.

[11] O'Rourke P J, Amsden A A. A spray/wall interaction submodel for the KIVA - 3 wall film model[R]. SAE Paper 2000-01-0271, 2000.

[12] Stanton D W, Rutland C J. Multi-dimensional modeling of thin liquid films and spray-wall interactions resulting from impinging sprays[J]. International Journal of Heat and Mass Transfer, 1998, 41: 3037-3054.

[13] Kuhnke D. Spray wall interaction modelling by dimensionless data analysis[D]. Darmstadt: Technischen Universität Darmstadt, 2004.

[14] Gosman A D, Ioannides E. Aspects of computer simulation of liquid-fuelled combustors[J]. Journal of Energy Chemistry, 1983, 7(6): 482-490.

[15] Birkhold F, Meingast U, Wassermann P, et al. Analysis of the injection of urea-water-solution for automotive SCR DeNO$_x$-systems: Modeling of two-phase flow and spray/wall-interaction [J]. SAE Technical Paper 2006-01-0643, 2006.

[16] Mundo C, Sommerfeld M, Tropea C. Droplet-wall collisions: Experimental studies of the deformation and breakup process[J]. International Journal of Multiphase Flow, 1995, 21(2): 151-173.

[17] Kakimpa B, Morvan H, Hibberd S. The depth-averaged numerical simulation of laminar thin-film flows with capillary waves[J]. ASME Journal of Engineering for Gas Turbines and Power, 2016, 138(11): 112501.

[18] Kakimpa B, Morvan H, Hibberd S. Solution strategies for thin film rimming flow modelling[C]. Montreal: ASME Turbo Expo 2015: Turbine Technical Conference and Exposition, 2015.

[19] O'Rourke P J, Amsden A A. A particle numerical model for wall film dynamics in port-fuel injected engines[J]. SAE Paper 961961, 1996.

[20] Lane F. System mode shapes in the flutter of compressor blade rows[J]. Journal of the Aeronautical Sciences, 1956, 23(1): 54-66.

[21] Erdos J, Alzner E. Computation of unsteady transonic flows through rotating and stationary cascades[R]. NASA CR-2900, 1977.

[22] He L. An Euler solution for unsteady flows around oscillating blades[J]. Journal of Turbomahinery, 1990, 112: 714-722.

[23] Giles M. Non-reflecting boundary conditions for the Euler equations[R]. CFDL-TR-88-1, 1988.

[24] Hall K C, Thomas J P, Clark W S. Computation of unsteady nonlinear flows in cascades using a harmonic balance technique[J]. AIAA Journal, 2002, 40(5): 879-886.

[25] Gomar A, Bonvy Q, Sicot F, et al. Convergence of Fourier-based time methods for turbomachinery wake passing problems[J]. Journal of Computational Physics, 2014, 278(C): 229-256.

[26] Strazisar A J, Wood J R, Hathaway M D, et al. Laser anemometer measurement in a transonic axial-flow fan rotor[R]. NASA TP 2879, 1989.

[27] Fottner L. Test cases for computation of internal flows in aero engine components[R]. AGARD-AR-275, 1990.

[28] Boivin C, Ollivier G C. A toolkit for numcrical simalation of PDFs Ⅱ[J]. Solving Generic Multiphysics Problcms Computer Mcthods in Applied Mechanics Engineering. 2004, 193(36-38): 3891-3918.

[29] 宋少云. 多场耦合问题的建模与耦合关系的研究[J]. 武汉工业学院学报, 2005, 24(4): 21-24.

[30] 谈和平, 夏新林, 刘林华. 红外线辐射特性与传输的数值计算[J]. 哈尔滨: 哈尔滨工业大学出版社, 2006: 218-224.

[31] 史忠军, 徐敏, 陈士橹. 动网格生成技术[J]. 空军工程大学学报, 2003, 4(1): 61-64.

[32] 刘学强, 李青, 柴建忠, 等. 一种新的动网格方法及其应用[J]. 航空学报, 2008, 29(4): 817-822.

[33] Wong A, Tsai H, Cai J, et al. Unsteady flow calculations with a multi-block moving mesh algorithm[R]. AIAA Paper-2000-1002, 2000.

[34] Potsdam M A, Guruswamy G P. A parallel multiblock mesh movement scheme for complex

[35] Reuther J J. Aerodynamics shape optimization of complex aircraft configurations via an adjoint formulation[R]. AIAA-96-0094, 1996.

[36] Venkatakrishnan V. Implicit met hod for the computation of unsteady flows on unstructured grids[J]. Journal of Computational Physics, 1996, 127(2): 380-397.

[37] Jones W T, Samareh J A. A grid generation system for multi-disciplinary design optimization [R]. AIAA-95-1689, 1995.

[38] Farhat C D. Torsional springs for two-dimensional dynamic unstructured fluid meshes[J]. Computer Methods in Applied Mechanics and Engineering, 1998, 163: 231-245.

[39] Blom F J. Considerations on the spring analogy[J]. International Journal for Numerical Methods in Fluids, 2000, 32: 647-668.

[40] Murayama M, Nakahashi K, Mat S K. Unstructured dynamic mesh for large movement and deformation[R]. AIAA, 2002-0122, 2002.

[41] 吕涛,石济民. 区域分解算法[M]. 北京:科学出版社,1992: 200-208.

[42] Perelman T L. On conjugated problems of heat transfer[J]. International Journal of Heat and Mass Transfer, 1961, 3: 293-303.

[43] Schatz A H, Wahlbin L B. Maximum norm estimates in the finite element method on plane polygonal domains I[J]. Mathematics of Computation, 1979, 32: 73-109.

[44] Kays C. Convective heat and mass transfer [M]. 2nd ed. New York: McGraw-Hill, 1980: 21-217.

[45] 金琰. 叶轮机械中若干气流激振问题的流固耦合数值研究[D]. 北京:清华大学,2002.

开头的aeroelastic applications[R]. AIAA-2001-0716, 2001.

第8章 展　望

大数据、人工智能、物联网、数字孪生等新一代信息技术与传统制造业相融合，正在引发第四次工业革命。这次工业革命将基于数字和互联网形成价值创造的新生态系统，推动航空发动机企业数字工程转型，即实现物理系统全生命周期数字链贯通、虚拟系统全生命周期数字链贯通，以及利用数据、信息和知识的集成分析实现发动机系统的虚实交互、实时分析、动态评估以及上下游纵横无死角数据追溯，帮助航空发动机实现需求捕获更精准、研制过程更敏捷、使用效能上台阶，从而加速实现航空发动机自主研发和制造生产。

航空发动机数字工程实践将仿真技术的重要性推上了一个新的高度，而大量先进信息技术的引入也为航空发动机仿真技术的发展带来了新的动力，不断推动着仿真技术的变革，为航空发动机产业高质量发展奠定坚实基础。

8.1 新一代信息技术与仿真融合发展新方向

8.1.1 数据驱动的高效、高精度仿真模型构建

数据科学是大数据时代下的一门新学科，它以数据作为媒介，利用数据驱动和数据分析方法去揭示物理世界现象所蕴含的规律，是由统计学、计算机科学和社会科学高度融合的一整套知识体系[1]。对于新时期航空发动机而言，技术复杂程度和性能指标要求越来越高，研发难度显著增大。在传统的航空发动机部件级、整机级数值仿真过程中，已经积累了海量的数据以及复杂的模型，但一方面仿真结果大多都比较简单，可能使仿真精度和可靠性不足；另一方面缺乏对仿真数据的管理和高效的数据共享机制，使得仿真数据无法在航空发动机研制过程中得到有效利用。而数据科学为新时期航空发动机仿真技术提供了新的思路，促使传统理论与方法革命性变化，即通过对仿真数据加工、计算、管理、分析，挖掘出数据之间潜藏的关联以及传统知识无法解释的物理规律，解决航空发动机复杂系统中具有的非线性、时序性、多特征等传统理论方法无法解决的问题，在保证仿真精度的同时最大限度地简化模型，帮助设计人员深化对发动机内部运行本质的认识，提前暴露故障缺陷。

8.1.2 智能赋能的多学科、多部件仿真模型构建

人工智能是研究、开发用于模拟、延伸和扩展人的智能的理论、方法、技术及应用系统的一门新的技术科学[2]，随着以机器学习和知识计算为代表的算法爆发，其对海量数据的分析能力和对复杂动态系统的智能化推理决策水平能够让研究者不再局限于常规的"推导定理式"研究[3]，可以基于高维数据发现相关信息、建立统一数字模型而加速研究进程，尤其适合复杂航空发动机仿真系统。航空发动机仿真技术是对航空发动机整机、部件或系统等的高精度、高保真多学科耦合数值仿真[4]，需要融合旋转机械、高温部件等多子系统和气、热、固、机、电、液等多子学科的模型，同时结合海量整机级、部件级、零件级试验数据和其他数据。在如此海量异源异质数据面前，传统方法需要做很多假设或人为分割界面实现解耦，各学科各子系统在相对独立的边界下开展仿真分析，可能导致结果可靠性差、精度低等问题。引入人工智能技术，一方面，结合发动机物理规律和机器学习方法，获取融合多系统特征的发动机降阶模型，并在此基础上进行多学科耦合仿真，可实现高效率求解、获得高精度数值解，拓展仿真应用技术的边界；另一方面，利用知识计算技术，引入试验、装配及使用数据特性因子，构建适合航空发动机全流程仿真的统一权威真相源，提高模型的应用范围和仿真的可信度，若进一步与实时数据结合，可构建高保真发动机数字孪生体，实现发动机的整机实时仿真，并提供独特且有价值的可视化展示。

8.1.3 部件/整机级/飞机-发动机一体化全三维高保真仿真

随着计算机技术的飞速发展，E级（Exascale）计算机于近年投入使用，其超大规模的计算资源和对复杂模型的分析能力将给航空发动机仿真带来前所未有的发展机遇，目前航空发动机仿真中存在的因计算能力不足无法开展的问题将可能得到完美解决。对于全发动机湍流燃烧及整机进排气耦合模拟，当前普遍采用RANS方法降低部分网格量进行典型状态的差量计算，但对于涡扇发动机非设计状态的非定常仿真[5]，包含全环旋转部件、二次流、燃烧化学和耦合热传导等复杂几何和复杂流动现象，必须保证网格数量，其计算量无疑是巨大的。例如涡轮叶片的寿命预测是一个典型的多学科问题，要求模拟外部空气动力学问题、冷却通道流动、热传导、结构动力学和寿命预测，叶片故障通常由局部现象主导，因而高保真度仿真将会是提高寿命分析可靠性的基本因素，实际的分析只能采用高低保真度模型混合的方法，结果偏差较大。Burdet和Abhari估计准确模拟膜冷却涡轮叶片所需要的网格点数在5 000万到1亿个[6]。由此可知，随着发动机正向研制的深入，航空发动机仿真对象复杂度和网格规模快速提高，其庞大的计算量亟须E级计算技术的支持。

8.1.4 面向物理信息融合的数字孪生应用

随着计算技术(特别是嵌入式计算技术)、通信技术(特别是5G通信技术)、新型传感器技术(特别是无线传感器网络技术)和自动控制技术的飞速发展与日益成熟,信息物理融合系统(cyber physical systems,CPS)使航空发动机数值仿真实现了系统的实时感知、动态控制和信息服务。一方面,5G通信技术高速率、低延迟将使复杂分布式仿真中网络数据传输时延大大降低,从而可以大大提高仿真模型的复杂度和精度,提升仿真互操作的频度[7],同时5G对虚拟现实、增强现实、扩展现实等的促进,将大大提升航空发动机使用环境、试验、维修、控制等仿真的交互性、沉浸感;另一方面,计算技术的进步带来了边缘计算(edge computing)能力的大幅提升,新型传感器技术的发展支撑了航空发动机数字孪生技术的全面开花,结合多源实时传感器数据信息,数字孪生体可以在网络边缘模拟发动机运行状态,预测发动机各系统和零部件的趋势变化,实现对发动机全生命周期的健康状态监测与管理。

8.2 新时期仿真技术面临的关键问题

8.2.1 理论及方法革命

工业互联网技术、大数据技术和人工智能技术发展至今,对仿真技术的发展应用赋予了新的能量。利用大数据应用等技术手段,可进一步提高仿真的保真度和置信度;开展人工智能快速建模和机器学习训练算法等关键技术研究,进一步提升仿真计算效率,拓宽应用深度和广度。

将工业互联网和大数据技术深入应用于工艺建模、生产过程行为建模、生产过程智能优化等方面,重点突破基于工业互联网技术的人-机-物互联的生产过程全流程协同技术,打通飞机-发动机企业间的网络连接,形成基于全球一体的供应链协同,实现质量过程的管控/监督,构建质量稳定评价体系/保障质量稳定的过程体系。

在数字孪生方面,在设计、生产、交付试车和历史运行使用的全周期,通过高置信度联合仿真技术开展整机仿真,在此基础上引入机器学习模型训练算法建立数字孪生通用模型。通过大数据处理分析技术和数据动态交互技术将实物数据与数字孪生通用模型结合,形成发动机的数字孪生体,与实体发动机的运行使用形成虚实映射,从而实现数据驱动下实物产品与数字孪生体的同步研发、互促互进。

8.2.2 仿真系统体系的普适化

当前在航空发动机仿真领域,各个应用领域已开发了一批建模仿真方法,但每个领域的建模和仿真方法、标准规范及支撑工具不同。首先,各领域子系统需要在其他子系统关联参数固定的情况下独立进行仿真分析。其次,由于不同领域建模和仿真工具不同,各子系统间数据交互、信息共享和互操作方式都不同,需要大量的数据转换、模型格式转换和仿真互操作定义工作。最后,不同型号产品乃至零部件均对应不同模型,当产品发生细微变化时,当前建模和仿真方法乃至工具都不支持模型的灵活重用与演进。总体、分系统、单机/专业的模型难以并行协同,物理、信息系统难以关联优化。针对缺乏一个适用于不同领域的针对模型共性问题的方法体系,仿真的语法、语义和标准尚不统一的问题,需要建立领域无关的方法体系,为模型构建、管理、应用和维护等全生命周期提供全方位指导。从复杂系统跨域模型的关联与协同描述、统一建模语言的语义拓展和语法/语义感知的建模元语动态解析三个方面入手,建立面向航空发动机仿真的一体化建模仿真体系,贯穿需求设计和仿真验证等全流程、多学科、跨阶段的协同设计建模与优化,实现在不同仿真应用场景和仿真任务下对复杂产品全系统规范化协同化智能化建模[8]。

8.2.3 共享智慧高效仿真环境

仿真是将航空发动机实体进行虚拟化实现,而其中关键要素是通过大量信息化手段搭建高效的仿真平台环境进行虚实间的动态交互,来保证仿真结果与发动机实体的一致性及优化迭代,进而通过智能决策指导航空发动机设计、生产制造、使用维护等全流程。

航空发动机仿真模型不是一成不变的,而是随着多场景均应有特定模型支撑,同时随着模型进行调整,数据也相应发生变化,为此需构建统一权威的数字线索,实现覆盖需求、设计、仿真、试验、工艺、制造、使用和维修的航空发动机全生命周期数据端到端的打通。开展数据资源共用相关技术的研究,建立涵盖业务流程间共用信息知识在内的统一数据资源,为型号研制过程提供共性基础数据资源,支撑全生命周期工程数据的共用,实现对海量数据的存储、管理、分析及合理使用。然而现有的处理手段无法对海量数据进行有效及时的解析,需要引入大数据等前沿技术和手段不断从规模大、种类多、变化频繁的数据中不断挖掘价值,同时以数据为牵引,利用多源异构数据诊断,指导发动机预测及诊断,通过"人工智能+大数据+云计算",实现海量数据的综合处理。再借助物联网等先进技术可实现实时的数据信息交换,同时发展传感器与构件一体化、智能传感器、视觉传感器等技术手段,持续获取越来越多且越来越精准的零部件信息,实时监控生产、制造、服役及维护全生命周期的运行状态。

为有效支撑仿真的系统性需开展集成工具平台研究,将上述多物理场仿真、数据管理、大数据分析、智能决策分析等技术手段进行统一集成,同时有效利用虚拟现实(virtual reality, VR)和增强现实(augmented reality, AR)等可视化功能,帮助设计人员快速感知实际场景,实现有效控制和优化。

8.2.4 仿真可信度评估

可信度评估对于航空发动机仿真现阶段广泛使用的商用软件和未来的国产化仿真软件均具有重要意义,仿真软件必须经过可信度评估才能够推广过程化应用,进而提高航空发动机一次设计成功率。

仿真可信度评估在国外一直受到高度重视,美国、欧洲等在航空航天领域均开展过大规模、有组织、有计划的仿真验证与确认工作,NASA 更是指出 CFD 误差评估将是 CFD 技术未来 15 年的重点研究方向之一。与国外相比,我国仿真可信度评估起步较晚,尚未制定标准和规范,也没有建立完整的航空发动机仿真可信度评估概念体系,使得仿真技术的开发者、管理者和应用者在进行仿真可信度研究过程中无章可循。近些年来,随着仿真技术的发展,我国的可信度评估研究工作得到了一定程度的推动,但与国际先进水平相比,仍存在一定差距。

V&V(verification & validation)是从模型验证研究基础上逐渐发展而来的,吸收了软件工程、质量管理等的思想,针对仿真系统全生命周期可信性评估问题而产生的一套可信度评估方案。随着仿真系统的规模和复杂程度日益增加,仿真 V&V 的难度和要求不断提高,因此对大型复杂仿真系统,V&V 研究仍是今后的重点领域,提高 V&V 的有效性和计算机辅助工具的水平是解决大型复杂仿真可信度不足的关键。对比国内外在航空发动机仿真 V&V 研究的差距,目前国内仿真 V&V 的主要瓶颈包括:V&V 的理论方法没有完整融入仿真工具的开发校验;V&V 评价停留在单一误差,且缺乏完整指标体系,多误差指标体系评价困难;缺乏验证数据,无法支撑仿真软件的 V&V。航空发动机仿真涉及多部件、多学科、多各向异性物理场,这给仿真可信度评估带来了很大挑战。通过 V&V,可以实现全误差源管理和误差不确定度量化能力,标定误差,确保仿真结果可靠性,建立高保真算例数据库,最终形成并发布行业内标准和 VV&A 应用规范。

仿真可信度评估工作任重道远,一方面需要成立专门机构,制定国内仿真可信度评估标准和规范,向着标准化、规范化、工业化和产业化方向发展;另一方面,对关键科学性问题进行重点攻关,尽快与国际先进水平接轨,并积极与软件开发过程融合,推广工程化应用。

8.2.5 仿真支持跨域协同及量化决策

在论证阶段,开展多指标通用建模及多维度缩放、整机一体化集成仿真等各项关键技术研究并初步验证,实现对航空发动机使用效能、进度、费用等重要指标的评估,辅助用户在论证初期和工程研制阶段基于体系仿真、飞机-发动机一体系统仿真和发动机性能仿真的多层次仿真,开展多方案对比分析,更为科学地开展项目决策,有效实现技术风险、研制进度和全生命期费用之间的平衡。

在研发阶段,开展"面向对象"的航空发动机产品研发技术研究,完成信息化技术的融合,达到发动机产品研发过程流程化、显性化的目标,开展航空发动机产品敏捷研发技术研究,完成研发各领域仿真模型的充分融合与贯通,实现数字试车台的成熟应用。开展航空发动机产品预测研发技术研究,实现数字发动机产品在各个领域的成熟应用,达到发动机产品研发过程可预测的目标。

在制造阶段,开展智能工艺建模、生产过程行为建模、生产过程智能优化等研究内容,深入应用工业互联网和大数据技术,重点突破基于工业互联网技术的人-机-物互联的生产过程全流程协同技术,打通飞机-发动机企业间的网络连接,形成基于全球一体的供应链协同,实现质量过程的管控/监督,构建质量稳定评价体系/保障质量稳定的过程体系。

在使用保障阶段,开展基于航空发动机运维业务仿真的高精度/高置信度发动机虚拟运行环境开发、基于权威模型和数据的航空发动机数字维护保障、健康管理等研究内容,重点突破海量数据下发动机异构多源多模态数据解析、获取和融合技术,实现航空发动机视情维修,提升航空发动机运行维护效能。

8.2.6 仿真文化转型

新时期仿真技术在航空发动机全生命周期领域的运用对理念、流程、组织都会产生深远影响。例如,美国数字工程中的核心仿真软件 CREATE 项目已经培训与支持了超过 180 个组织和约 1 400 个用户,并融入各军种的学术研究和大学课程中。

为了持续推进文化转型,支撑新时期航空发动机仿真技术的全面应用,首先需要建立全数字化战略愿景,将数字化的理念融入企业的价值观、文化和运营模式中,构建超强感知能力、基于数据决策能力和快速执行能力,建立工业互联网和工业应用平台,持续优化各项业务。其次,将数据定位为战略资产,建立有效的数据管控机制,形成数据管理体系和大数据管理体系,不断提升科研生产的效率、质量和能力。最后,形成数字化治理组织,通过业务与技术的双轮驱动,建立数字化治理流程,不断提升数字化治理能力,通过内部培训、教育等手段持续提高推进数字化人才选拔,加快培养数字化专家,逐步打造一批业务过硬、勇于创新的高水平技术团队。在仿真人才队伍的培养方面,推进与高校的合作,开展航空发动机仿真软件教育版本的推广和培训,提前培养适应新时期航空发动机仿真文化的新的习惯和行为,强化仿真人才队伍储备,形成良好的仿真文化生态。

8.3 未来趋势及展望

(1)在数字工程方面,通过统一权威数据的支持,结合大数据方法,利用基于模型的系统工程等技术,并以共享建模和仿真框架为基础,管理从需求到测试整个技术栈中的连续虚拟数字线索。采用敏捷实践来快速创建和部署增量解决方案。建设航空发动机数字孪生体以将上述所有要素联系在一起，作为敏捷开发和能力测试以及无缝过渡到作战持续保障的一部分，与用户方进行协作。通过建立可互操作的、低延迟、安全、有弹性的数字基础网络设施，允许用户生成、操作和分析数据与模型，构成数字工程生态系统。

（2）在数字人才方面，建立与建模仿真、数据科学和软件开发相关的专业知识以及创新能力培养的总体文化，建立具备专业技能和仿真文化储备的人才梯队，形成良性循环的仿真生态。

（3）在数据方面，建立数字基础，在数据空间促进决策者之间开展直接协作，通过身临其境的可视化和可定制的工具来从大量数据中快速有效地辨别相关信息，以支持快速的、数据驱动的决策。

（4）在正向设计方面，引入基于建模仿真的系统工程（MSBSE），建立贯穿需求、架构、逻辑和物理的建模仿真方法体系和软件生态，实现与建模仿真技术的全面融合。MSBSE是MBSE与建模仿真技术深度融合的结果，是对MBSE理念的完善和深化，也是航空发动机等复杂产品正向设计需求驱动下，系统工程与建模仿真技术融合的产物，是航空发动机数字工程的重要内容。当前国内外对于MSBSE尚处于探索阶段，并没有形成较系统、完善的方法论和技术指导，需要结合航空发动机的研发开展深入的研究。

（5）在人工智能与仿真技术融合方面，由于发动机机理的高度复杂性，传统建模方法难以给出精确的模型，借助大数据、神经网络、强化学习、知识图谱等人工智能手段，对复杂系统的不确定性、涌现性等特性开展研究，在一定程度上拓展传统建模方法的能力。此外，利用人工智能技术可以构建云-边-端融合的智能化仿真平台，通过将各类仿真资源进行虚拟化、服务化、云化，实现可按需获取的建模、计算和分析等能力，实现人、机、物、环境融合的、分布式、高性能智能云仿真。

（6）在性能计算方面，为适应发动机仿真计算的高度复杂性，需要开发新一代高效能的并行仿真计算引擎，支持高并发、高吞吐、高并行、高可靠的计算。探索面向复杂系统的新型分布式仿真架构，构建由智能组件组成的仿真系统。布局相关研究，以适应未来新型高性能计算平台。

参考文献

[1] 朝乐门,邢春晓,张勇.数据科学研究的现状和趋势[J].计算机科学,2018,45(1)：1-13.

[2] 崔一辉.人工智能技术在航空发动机中的应用探索[J].航空动力,2019(4)：15-17.

[3] 中国信息通信研究院.人工智能白皮书[R/OL]. http://www.caict.ac.cn/kxyj/qwfb/bps/202204/P020220412613255124271.pdf.[2022-06-09].

[4] 曹建国.航空发动机仿真技术研究现状、挑战和展望[J].推进技术,2018,39(5)：961-970.

[5] 张来平,邓小刚,何磊,等. E 级计算给 CFD 带来的机遇与挑战[J]. 空气动力学学报, 2016,34(4):405-417.

[6] Burdet A, Abhari R. Three-dimensional flow prediction and improvement of holes arrangement of a film-cooled turbine blade using a feature-based jet model[J]. ASME Journal of Turbomachinery, 2007, 129(2):258-268.

[7] 张冰,马萍,杨明. 新时代仿真面临的机遇与挑战[J]. 计算机仿真,2020,37(7):1-3,19.

[8] 张霖,王昆玉,赖李媛君,等. 基于建模仿真的体系工程[J]. 系统仿真学报,2022,34(2):179-190.